# 측량 및 지형공간정보
## 기사·산업기사 실기

김용인·조준호 지음

## 도서 A/S 안내

당사에서 발행하는 모든 도서는 독자와 저자 그리고 출판사가 삼위일체가 되어 보다 좋은 책을 만들어 나갑니다.

독자 여러분들의 건설적 충고와 혹시 발견되는 오탈자 또는 편집, 디자인 및 인쇄, 제본 등에 대하여 좋은 의견을 주시면 저자와 협의하여 신속히 수정 보완하여 내용 좋은 책이 되도록 최선을 다하겠습니다.

채택된 의견과 오자, 탈자, 오답을 제보해 주신 독자 중 선정된 분에게는 기념품을 증정하여 드리고 있습니다. (당사 홈페이지 공지사항 참조)

구입 후 14일 이내에 발견된 부록 등의 파손은 무상 교환해 드립니다.

저자 문의 : jjh430@hanmail.net
본서 기획자 e-mail : hck8181@hanmail.net(황철규)
도서출판 성안당 e-mail : cyber@cyber.co.kr
홈페이지 : http://www.cyber.co.kr
전화 : 031)955-0511
독자상담실 : 080)544-0511

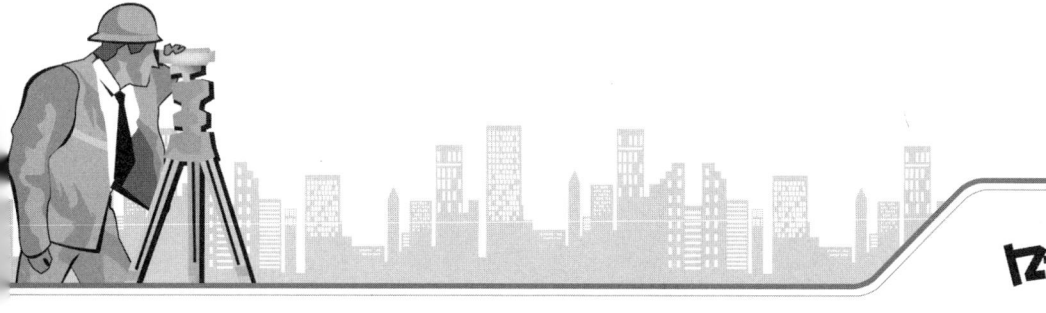

# 머리말

최근의 실기시험 문제를 분석해 보면, 단편적 사실을 묻는 기능적인 문제에서 탈피하여 구체적인 내용을 기술하는 형태로 점차 심도가 깊어지고 있다. 그러나 시중 서적을 살펴보면 실기시험 수준에 미치지 못하여 교재만으로는 자격시험에 충분한 대비가 부족한 실정이다.

이런 관점에서 본서는 측량 및 지형공간정보 기사 및 산업기사 실기시험에 철저히 대비할 수 있도록 최근 출제 문제들을 중심으로 연구 분석하여 기초부터 단계적으로 난해한 문제까지 수록하였으며 정확한 경향 파악을 위한 기출 문제를 마지막편에 수록하였다.

### 본서의 특징으로는

① 최근 출제된 과년도 기초 문제를 토대로 완벽한 문제 해설과 도해법 설명으로 타 교재와의 논란성을 배제시켰다.
② 문제의 난이도를 순서있게 배치하여 비전공자도 충분히 이해할 수 있게 하였다.
③ 제1편에는 좌표 측량(골격 측량) 부분으로 기본적인 망조정과 함께 좌표 측량의 이론을 확립시킬 수 있게 정리하였다.
④ 제2편에는 응용 측량 부분으로 공사 측량 이외에 세부 측량 및 사진 측량까지 별도로 추가하였다.
⑤ 제3편에는 수험생들이 가장 어려워하는 오차론을 오차 전파 법칙에서 최소 제곱의 원리, matrix 이론까지 분석하여 하나의 체계로 재구성하였다.
⑥ 제4편에는 최근에 출제가 빈번한 지리 정보 시스템의 GIS 공간 분석까지 새로 추가하였다.
⑦ 제5편에는 '외업' 수록 및 photo slide 기법으로 비전공자도 사진을 보면서 쉽게 이해할 수 있도록 하였고 특히, 수험생들이 실수를 많이 하는 부분을 주의 부분으로 재구성하였다.
⑧ 마지막 부록에는 최근 출제된 과년도 시험 문제를 모두 수록하여 수험생들의 편의를 도모하였다.

이상과 같이 체계적인 학습 방식을 기준으로 실기 수험생들의 노력의 열매를 반드시 거둘 수 있도록 심혈을 기울여 편집하였으나, 그래도 미비한 부분은 계속 수정 보완하여 좀 더 완벽한 지침서로 변모해 나갈 것이다.

끝으로 항상 좋은 책 만들기에 심혈을 기울이시는 성안당 이종춘 회장님과 황철규 상무님께 진심으로 감사를 드리며 이 책이 출간되기까지 물심양면 도움을 주신 여러 교수님께도 감사를 드린다.

본서의 출간이 우리나라 건설 분야의 발전에 일익을 담당하게 되기를 바란다.

저자 씀

# 출제기준

## 1. 내업(55점)

| 구 분 | 내 용 |
|---|---|
| 골격 측량 | • 트래버스 측량<br>• 삼각 측량<br>• 수준 측량 |
| 응용 측량 | • 면적 · 체적 측량<br>• 노선 측량<br>• 사진 측량<br>• 하천 측량 |
| 세부 측량 | • 평판 측량<br>• 지형 측량<br>• 시거 측량 |
| 오차론 | 오차 전파의 법칙 |
| | • 최소 제곱의 법칙    • 조건 방정식<br>• 관측 방정식<br>• matrix |
| GIS | • 지형 공간 정보 체계 |

## 2. 외업(45점)

| 구 분 | 내 용 |
|---|---|
| 외업 | • 평판 측량(15점)<br>• 트랜싯 측량(15점)<br>• 수준 측량(15점) |

# PART 1 좌표 측량 / 3

1. 트래버스 측량 ·································································································· 3
   ◎ 기초 문제 ································································································· 20
   ◎ 실전 문제 ································································································· 57
2. 삼각 측량 ······································································································ 118
   ◎ 기초 문제 ······························································································· 134
   ◎ 실전 문제 ······························································································· 168
3. 수준 측량 ······································································································ 202
   ◎ 기초 문제 ······························································································· 216
   ◎ 실전 문제 ······························································································· 228

# PART 2 응용 측량 / 257

1. 면적 및 체적 측량 ······················································································· 257
   ◎ 기초 문제 ······························································································· 273
   ◎ 실전 문제 ······························································································· 291
2. 노선 측량 ······································································································ 336
   ◎ 기초 문제 ······························································································· 350
   ◎ 실전 문제 ······························································································· 360
3. 사진 측량 ······································································································ 392
   ◎ 사진 측량 문제 ······················································································ 401
4. 세부 측량 ······································································································ 412
   ◎ 거리 측량 문제 ······················································································ 412
   ◎ 평판 측량 문제 ······················································································ 422
   ◎ 스타디아 측량 문제 ·············································································· 429
   ◎ 지형 측량 문제 ······················································································ 442

# PART 3 오차론 / 471

1. 관측값의 처리 ······························································································ 471

2. 오차의 전파 ········· 479
　✎ 실전 문제 ········· 485
3. 최소 제곱법 ········· 513
　✎ 실전 문제 ········· 524
4. Matrix(행렬) ········· 558
　✎ 실전 문제 ········· 569

## PART 4  GIS(지리 정보 시스템) / 599

1. GIS의 개요 ········· 599
2. GIS의 구성 요소 ········· 601
3. GIS 데이터 취득 ········· 603
4. GIS 데이터베이스 ········· 607
5. GIS 표준화 ········· 608
6. GIS 구축 과정 ········· 609
7. GIS의 응용 ········· 612
8. GIS의 공간 분석 ········· 617
9. GIS 문제 ········· 625

## PART 5  외업 / 635

1. 평판 측량 ········· 635
2. 수준 측량 ········· 662
3. 트랜싯 측량(삼각 측량) ········· 702
4. 외업 과년도 출제 문제 ········· 727

## 부록 / 751

내업 과년도 출제 문제 ········· 751

| 측량 및 지형공간정보 기사·산업기사 실기 | 수험생을 위한 |
| --- | --- |
| | 조금 특별한 약속 |

실기시험의 개념을 잡지 못해 방황하는 수험생들을 위해 두 가지 약속을 드리고자 합니다.

 절대로 "**시간 낭비**" 하지 않게 해 드리겠습니다.

측량 및 지형공간정보 기사·산업기사 실기시험이 어려워진 만큼 수험생들도 바뀐 시험 유형에 발빠르게 대처해야 합니다.

본 교재는 새로운 출제 경향에 맞춰 적절한 난이도와 풍부한 해설 외업 photo slide 등 꼭 필요한 문제만을 골라 필요 이상의 군살은 모두 빼고 실속으로 꽉 채웠습니다.

소중한 여러분의 시간을 단 일분도 헛되이 보내지 않게 해 드리겠습니다.

 절대로 "**맥**"을 놓쳐 헤매지 않게 해 드리겠습니다.

수년간 모아온 자료와 과년도 출제 문제를 완벽히 분석하여 나름대로의 강의 경험을 토대로 재구성한 교재입니다.

특히, 문제 배열을 난이도에 따라 구성하였고 모든 문제를 기본 문제, 실전 문제, 별해 문제로 수험생들이 시험의 유형을 파악할 수 있게 정리하였습니다.

여러분들의 노력의 열매를 반드시 거두어 낼 수 있게 해 드리겠습니다.

# PART 1 좌표 측량

1. 트래버스 측량
2. 삼각 측량
3. 수준 측량

# 01 트래버스 측량

제1편 | 좌표 측량

## 1 개요

### (1) 트래버스의 정의

트래버스 측량은 여러 측선을 연결하여 생긴 다각형 각 변의 방향과 거리를 측정하여 측점의 수평 위치$(x, y)$를 결정하는 측량이다. 트래버스 측량은 측량 지역에 대해 세부 측량의 기준이 되는 골조 측량으로서 측량 성과로부터 방위각, 방위, 위거, 경거를 계산하고 조정하여 각 측점의 좌표를 얻게 된다.

### (2) 트래버스의 종류 및 특징

① 개방 트래버스(open traverse)
시작하는 측점과 끝나는 측점간에 아무런 관련이 없는 트래버스이다.

② 폐합 트래버스(closed loop traverse)
한 기지점에서 차례로 측량을 하여 다시 처음 출발한 기지점으로 되돌아오는 측량 방법이다.

③ 결합 트래버스(closed traverse)
좌표를 알고 있는 기지점으로부터 출발하여 다른 기지점에 결합하는 측량 방법이다.

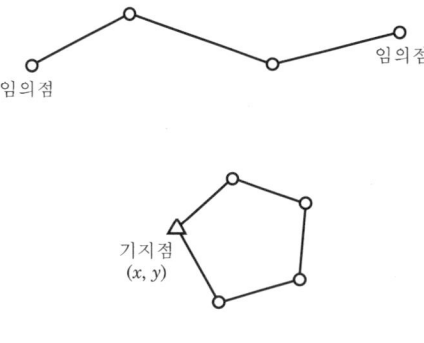

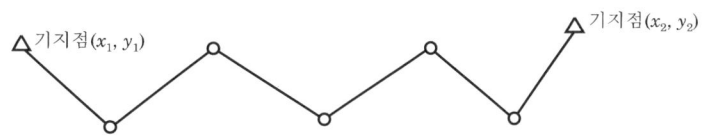

# 2 트래버스 계산 및 조정

## (1) 각 관측값의 오차

트래버스 측량의 관측이 전부 완료되면 그의 측각값을 기하학적 조건과 비교하여 오차가 허용 한계 내에 있는가를 검사한다. 만일 측각값의 오차가 허용 한계를 넘을 때에는 재측하여야 하고, 허용 한계 내에 들 때에는 오차를 합리적으로 조정해서 기하학적 조건에 만족하도록 한다.

① 폐합 트래버스의 측각 오차

㉮ 내각을 측정했을 때 측각 오차
$$\Delta \alpha = [\alpha] - 180°(n-2)$$

㉯ 외각을 측정했을 때 측각 오차
$$\Delta \alpha = [\alpha] - 180°(n+2)$$

㉰ 편각을 측정했을 때 측각 오차
$$\Delta \alpha = [\alpha] - 360°$$

여기서, $\Delta \alpha$ : 각오차
$[\alpha]$ : 관측각의 총합($\alpha_1 + \alpha_2 + \cdots\cdots + \alpha_n$)
$n$ : 측정각의 수

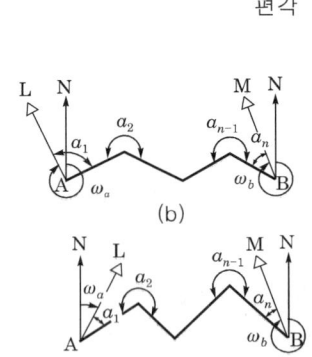

내각　　　외각

편각

② 결합 트래버스의 측각 오차

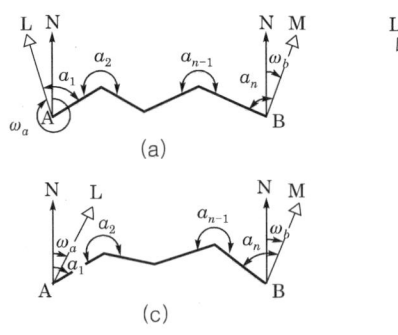

[결합 트래버스의 형태]

- (a)의 경우 : $\Delta \alpha = \omega_a + [\alpha] - 180°(n+1) - \omega_b$
- (b), (c)의 경우 : $\Delta \alpha = \omega_a + [\alpha] - 180°(n-1) - \omega_b$
- (d)의 경우 : $\Delta \alpha = \omega_a + [\alpha] - 180°(n-3) - \omega_b$

$\Delta \alpha$ : 각 오차
$\omega_a$ : $\overline{AL}$ 측선(처음 측선)의 방위각
$\omega_b$ : $\overline{BM}$ 측선(마지막 측선)의 방위각
$[\alpha]$ : 관측각의 총합
$n$ : 관측각의 수

## (2) 방위각($0° \leq \theta \leq 360°$)

진북선(자오선)을 기준으로 시계 방향으로 각 측선까지 이루는 각

① 교각에서 방위각 계산법
  ㉮ 교각이 진행 방향에서 우측에 있을 때 임의 측선 방위각
     =하나 앞 측선의 방위각+180°-교각

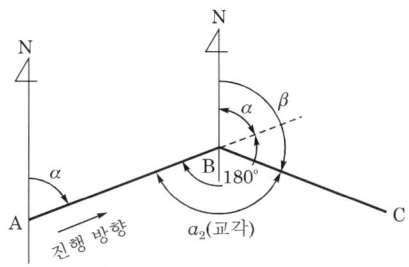

㉠ AB 측선의 방위각=$\alpha$
㉡ BC 측선의 방위각($\beta$)=$\alpha + 180° - a_2$

  ㉯ 교각이 진행 방향에서 좌측에 있을 때 임의 측선 방위각
     =하나 앞 측선의 방위각-180°+교각

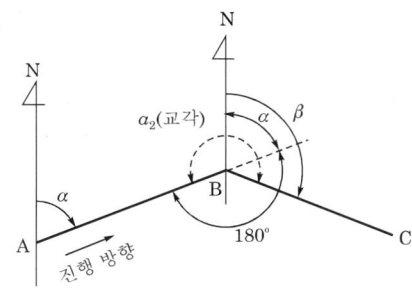

㉠ AB 측선의 방위각=$\alpha$
㉡ BC 측선의 방위각($\beta$)=$\alpha - 180° + a_2$

> **참고**
>
> **방위각의 특징**
> ① 방위각이 360°를 넘으면 360°를 감(-)한다.
> ② 방위각이 -값이 나오면 360°를 가(+)한다.
> ③ 방위각과 역방위각의 관계는 180° 차이가 있다.

② 편각에서 방위각 계산
  ㉮ 임의 측선 방위각
    =하나 앞 측선의 방위각±편각(우편각 +, 좌편각 −)

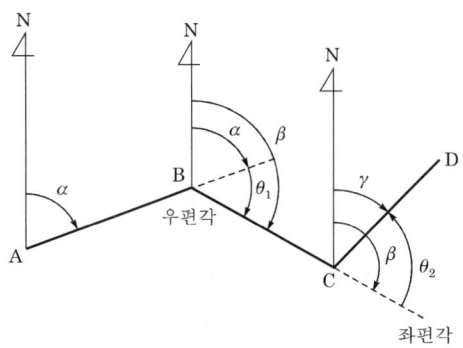

㉠ BC 측선의 방위각($\beta$) = $\alpha + \theta_1$
㉡ CD 측선의 방위각($\gamma$) = $\beta - \theta_2$

## (3) 방위

① 방위 계산($0° \leq \theta \leq 90°$)

[방위각과 방위]

| 상한 | 방위각($\alpha$) | 방위 |
|---|---|---|
| 제1상한 | 0°~90° | N $\alpha$ E |
| 제2상한 | 90°~180° | S($180° - \alpha$)E |
| 제3상한 | 180°~270° | S($\alpha - 180°$)W |
| 제4상한 | 270°~360° | N($360° - \alpha$)W |

㉮ 방위각을 4상한으로 나누고, 남북선(NS선)을 기준으로 하여 90° 이하의 각으로 표시한다.
㉯ 역방위는 방위에 180°를 더하며, 따라서 부호가 상대 부호로 바뀐다.

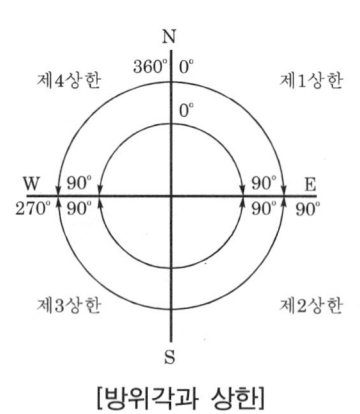

[방위각과 상한]

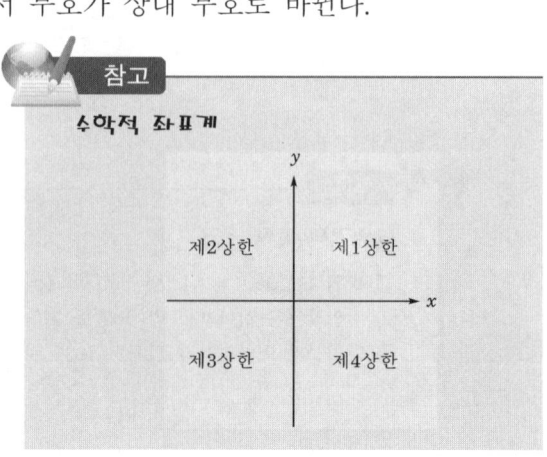

참고
수학적 좌표계

② 좌표에 의한 방위 계산

좌표를 알고 있는 두 개의 기준점이 있다면 측선의 거리와 방위를 결정할 수 있고 측선이 위치하는 상한을 고려하여 방위각을 계산할 수 있다.

㉮ A점$(X_A, Y_A)$, B점$(X_B, Y_B)$일 때

㉠ AB의 거리 $= \sqrt{(X_B - X_A)^2 + (Y_B - Y_A)^2}$

㉡ AB의 방위(각) $= \tan^{-1}\left(\dfrac{Y_B - Y_A}{X_B - X_A}\right)$

---

 **예제 1** $\overline{AB}$ 측선의 거리를 구하고 $\overline{AB}$ 측선의 방위각을 구하시오.

|   | A | B |
|---|---|---|
| $X$ | 10 | 20 |
| $Y$ | 15 | 7 |

**해설**

① $\overline{AB}$ 거리 $= \sqrt{(X_B - X_A)^2 + (Y_B - Y_A)^2}$
$= \sqrt{(20-10)^2 + (7-15)^2} = 12.81\text{m}$

② $\overline{AB}$ 방위각 $= \tan^{-1}\left(\dfrac{(Y_B - Y_A)}{(X_B - X_A)}\right) = \tan^{-1}\left(\dfrac{7-15}{20-10}\right)$
$= \text{N}\,38°\,39'\,35.3''\,\text{W}\,(4상한)$

∴ 방위각은 $360° - 38°\,39'\,35.3'' = 321°\,20'\,24.7''$

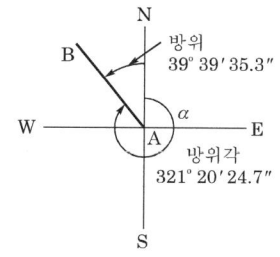

---

 **예제 2** 그림과 같은 폐합 트래버스에서 교각을 관측하고 방위각 및 방위를 계산하시오. (단, 각은 초단위로 하고 AB 측선의 방위각은 $40°\,18'\,30''$이다.)

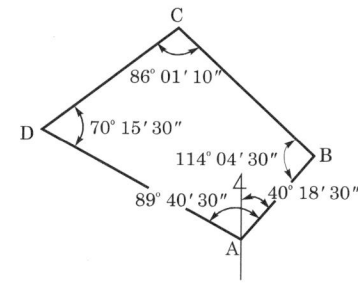

| 측점 | 교각 | 조정량 | 조정 교각 | 측선 | 방위각 | 방위 |
|---|---|---|---|---|---|---|
| A | 89° 40′ 30″ | −25″ | 89° 40′ 05″ | A-B | 40° 18′ 30″ | N 40° 18′ 30″ E |
| B | 114° 04′ 30″ | −25″ | 114° 04′ 05″ | B-C | 334° 22′ 35″ | N 25° 37′ 25″ W |
| C | 86° 01′ 10″ | −25″ | 86° 00′ 45″ | C-D | 240° 23′ 20″ | S 60° 23′ 20″ W |
| D | 70° 15′ 30″ | −25″ | 70° 15′ 05″ | D-A | 130° 38′ 25″ | S 49° 21′ 35″ E |
| 계 | 360° 01′ 40″ | −1′ 40″ | 360° 00′ 00″ | | | |

**해설**

① 조정량(내각)

$\Delta\alpha = [\alpha] - 180°(n-2) = 360°\,01'\,40'' - 180°(4-2)$
$= \oplus 100''$

따라서 측각의 오차량은 $\dfrac{\oplus 100''}{4} = \oplus 25''$

따라서 조정은 $\ominus 25''$씩

② 방위각(교각이 우측)

㉠ AB 측선의 방위각=40° 18′ 30″

㉡ BC 측선의 방위각=40° 18′ 30″−180°+114° 04′ 05″=334° 22′ 35″

㉢ CD 측선의 방위각=334° 22′ 35″−180°+86° 00′ 45″=240° 23′ 20″

㉣ DA 측선의 방위각=240° 23′ 20″−180°+70° 15′ 05″=130° 38′ 25″

③ 방위

㉠ AB 측선의 방위

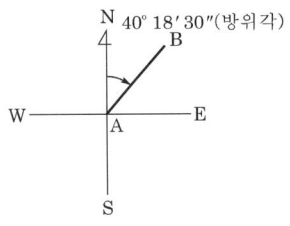

N 40° 18′ 30″ E

㉡ BC 측선의 방위

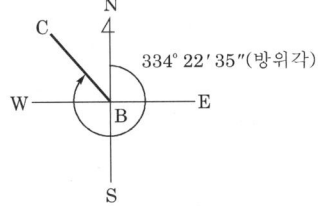

N 25° 37′ 25″ W

㉢ CD 측선의 방위

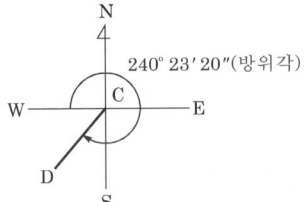

S 60° 23′ 20″ W

㉣ DA 측선의 방위

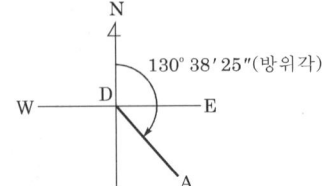

S 49° 21′ 35″ E

**예제 3** 다음 결합 트래버스에서 보정 내각과 방위각을 계산하시오.

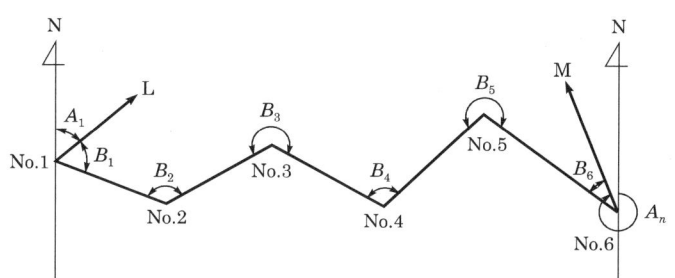

| 각명 | 관측값 |
|---|---|
| $A_1$ | 40° 25′ 16″ |
| $A_n$ | 337° 33′ 08″ |

**해설**

[보정 내각 및 방위각 계산표]

| 측점 | 측선 | 측정 내각 | 보정량 | 보정 내각 | 방위각 |
|---|---|---|---|---|---|
|  | 1-L |  |  |  | 40° 25′ 16″ |
| 1 | 1-2 | 72° 16′ 32″ | +1″ | 72° 16′ 33″ | 112° 41′ 49″ |
| 2 | 2-3 | 128° 36′ 17″ | +1″ | 128° 36′ 18″ | 61° 18′ 07″ |
| 3 | 3-4 | 241° 17′ 39″ | +1″ | 241° 17′ 40″ | 122° 35′ 47″ |
| 4 | 4-5 | 72° 43′ 26″ | +1″ | 72° 43′ 27″ | 15° 19′ 14″ |
| 5 | 5-6 | 289° 42′ 11″ | +1″ | 289° 42′ 12″ | 125° 01′ 26″ |
| 6 | 6-M | 32° 31′ 41″ | +1″ | 32° 31′ 42″ | 337° 33′ 08″ |
|  | 계 | 837° 07′ 46″ |  |  |  |

① 보정량

$\Delta\alpha = w_\alpha + [a] - 180°(n-3) - w_b$
  $= 40°25′16″ + 837°7′46″ - 180°(6-3) - 337°33′08″$
  $= \ominus 6″$ (결합 트래버스의 오차량)

따라서 보정은 $\dfrac{\oplus 6″}{6} = \oplus 1″$ 씩이다.

② 방위각

1-L 측선의 방위각 = 40° 25′ 16″
1-2 측선의 방위각 = 40° 25′ 16″ + 72° 16′ 33″ = 112° 41′ 49″
2-3 측선의 방위각 = 112° 41′ 49″ - 180° + 128° 36′ 18″ = 61° 18′ 07″
3-4 측선의 방위각 = 61° 18′ 07″ - 180° + 241° 17′ 40″ = 122° 35′ 47″
4-5 측선의 방위각 = 122° 35′ 47″ - 180° + 72° 43′ 26″ = 15° 19′ 14″
5-6 측선의 방위각 = 15° 19′ 14″ - 180° + 289° 42′ 12″ = 125° 01′ 26″
6-M 측선의 방위각 = 125° 01′ 26″ - 180° + 32° 31′ 42″ = 337° 33′ 08″

### (4) 위거 및 경거의 계산

① 위거와 경거
  ㉮ 위거
     일정한 자오선에 대한 어떤 측선의 정사투영 거리를 그의 위거라 하며 측선이 북쪽으로 향할 때 위거는 (+)이고 측선이 남쪽으로 향할 때 위거는 (−)이다.
  ㉯ 경거
     일정한 동서선에 대한 어떤 측선의 정사투영 거리를 그의 경거라 하며 측선이 동쪽으로 향할 때 경거는 (+)이고 측선이 서쪽으로 향할 때 경거는 (−)이다.

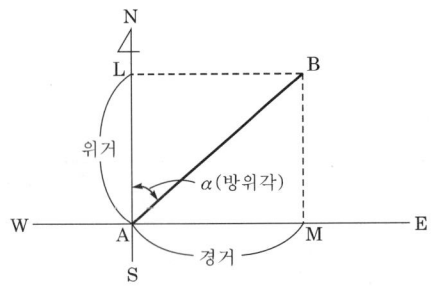

| 상한 | 위거 | 경거 |
|---|---|---|
| 제1상한 | + | + |
| 제2상한 | − | + |
| 제3상한 | − | − |
| 제4상한 | + | − |

$$\text{위거}(\overline{AL}) = \overline{AB} \cos \alpha$$
$$\text{경거}(\overline{AM}) = \overline{AB} \sin \alpha$$

② 방위를 이용한 위거와 경거 계산

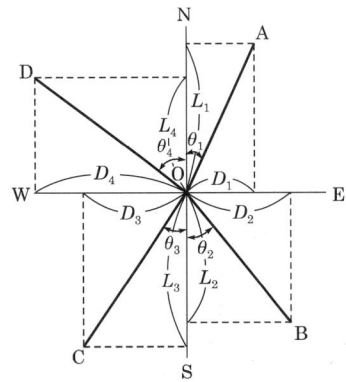

| $L$ : 위거 | $D$ : 경거 |
|---|---|
| $L_1 = +\overline{OA} \cos \theta_1$ | $D_1 = +\overline{OA} \sin \theta_1$ |
| $L_2 = -\overline{OB} \cos \theta_2$ | $D_2 = +\overline{OB} \sin \theta_2$ |
| $L_3 = -\overline{OC} \cos \theta_3$ | $D_3 = -\overline{OC} \sin \theta_3$ |
| $L_4 = +\overline{OD} \cos \theta_4$ | $D_4 = -\overline{OD} \sin \theta_4$ |

③ 방위각을 이용한 위거와 경거 계산

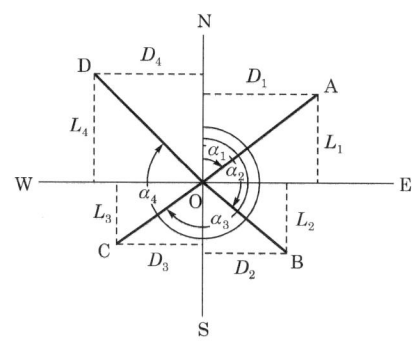

| $L$ : 위거 | $D$ : 경거 |
|---|---|
| $L_1 = \overline{OA} \cos \alpha_1$ | $D_1 = \overline{OA} \sin \alpha_1$ |
| $L_2 = \overline{OB} \cos \alpha_2$ | $D_2 = \overline{OB} \sin \alpha_2$ |
| $L_3 = \overline{OC} \cos \alpha_3$ | $D_3 = \overline{OC} \sin \alpha_3$ |
| $L_4 = \overline{OD} \cos \alpha_4$ | $D_4 = \overline{OD} \sin \alpha_4$ |

### (5) 폐합 오차

① 폐합 트래버스

다각 측량에서 거리와 각을 관측하여 출발점에 다시 돌아왔을 때 거리와 각의 관측 오차로 위거의 대수합($\sum L$)과 경거의 대수합($\sum D$)이 0이 안될 때 이때의 오차를 위거·경거 오차라 한다. 또, 이 두 오차의 폐합차를 폐합 오차라 한다.

$$E = \sqrt{\sum L^2 + \sum D^2} = \sqrt{(E_L)^2 + (E_D)^2}$$

여기서, $E_L$ : 위거의 오차,   $E_D$ : 경거의 오차

② 결합 트래버스

시점 A의 좌표가 $(x_A, y_A)$, 종점 B의 좌표가 $(x_B, y_B)$라 할 때 위거·경거의 오차를 다음 식으로 구한다.

$$E_L = (x_A + \sum L) - x_B$$
$$E_D = (y_A + \sum D) - y_B$$

여기서, $E_L$ : 위거의 오차,   $E_D$ : 경거 오차
       $\sum L$ : (조정)위거의 합,   $\sum D$ : (조정)경거의 합

### (6) 폐합비

폐합비는 측선 전체의 길이($\sum L$)에 대한 폐합 오차의 비율을 말하며 분자가 1인 분수의 형태로 표시한다.

$$\text{폐합비} = \frac{1}{m} = \frac{\sqrt{(E_L)^2 + (E_D)^2}}{\sum L} = \frac{\text{폐합 오차}}{\text{전체 길이}}$$

여기서, $E_L$ : 위거 오차, $E_D$ : 경거 오차, $\sum L$ : 전체 길이

### (7) 폐합 오차의 조정

폐합 오차를 합리적으로 배분하여 트래버스가 폐합하도록 하는데 오차의 배분 방법은 다음 두 가지가 있다.

① **컴퍼스 법칙**

각 관측과 거리 관측의 정밀도가 같을 때 조정하는 방법으로 각 측선 길이에 비례하여 폐합 오차를 배분한다.

- 위거 조정량 $= \dfrac{\text{보정할 측선 거리}}{\text{전 측선 거리}} \times \text{위거 오차} = \dfrac{L}{\sum L} \times E_L$
- 경거 조정량 $= \dfrac{\text{보정할 측선 거리}}{\text{전 측선 거리}} \times \text{경거 오차} = \dfrac{L}{\sum L} \times E_D$

② **트랜싯 법칙**

각 관측의 정밀도가 거리 관측의 정밀도보다 높을 때 조정하는 방법으로 위거, 경거의 크기에 비례하여 폐합 오차를 배분한다.

- 위거 조정량 $= \dfrac{\text{보정할 측선의 위거}}{\text{위거 절대치의 합}} \times \text{위거 오차} = \dfrac{L}{\sum |L|} \times E_L$
- 경거 조정량 $= \dfrac{\text{보정할 측선의 경거}}{\text{경거 절대치의 합}} \times \text{경거 오차} = \dfrac{D}{\sum |D|} \times E_D$

**예제 4** 다음 야장을 트랜싯 법칙에 의해 조정 위거와 조정 경거를 계산하시오. (단, 계산은 소수점 4자리에서 반올림할 것)

| 측선 | 위거(m) N(+) | 위거(m) S(−) | 경거(m) E(+) | 경거(m) W(−) | 조정 위거(m) N(+) | 조정 위거(m) S(−) | 조정 경거(m) E(+) | 조정 경거(m) W(−) |
|---|---|---|---|---|---|---|---|---|
| AB | 10.429 | | 61.117 | | 10.429 | | 61.120 | |
| BC | | 59.727 | 36.505 | | | 59.726 | 36.507 | |
| CD | | 35.983 | | 82.494 | | 35.982 | | 82.489 |
| DA | 85.277 | | | 15.139 | 85.279 | | | 15.138 |
| 계 | +95.706 | −95.710 | +97.622 | −97.633 | +95.708 | −95.708 | +97.627 | −97.627 |

**해설**

① 위거 조정량 $\left(\dfrac{\text{보정할 측선의 위거}}{\text{위거 절대치의 합}} \times \text{위거 오차}\right)$

  ㉠ AB 측선의 위거 조정량 $= \dfrac{10.429}{191.416} \times 0.004 = \oplus 0.000$

  ㉡ BC 측선의 위거 조정량 $= \dfrac{59.727}{191.416} \times 0.004 = \oplus 0.001$

  ㉢ CD 측선의 위거 조정량 $= \dfrac{35.983}{191.416} \times 0.004 = \oplus 0.001$

  ㉣ DA 측선의 위거 조정량 $= \dfrac{85.277}{191.416} \times 0.004 = \oplus 0.002$

  위거 오차가 ⊖0.004이므로 보정값은 ⊕0.004이다.

② 경거 조정량 $\left(\dfrac{\text{보정할 측선의 경거}}{\text{경거 절대치의 합}} \times \text{경거 오차}\right)$

  ㉠ AB 측선의 경거 조정량 $= \dfrac{61.117}{195.255} \times 0.011 = \oplus 0.003$

  ㉡ BC 측선의 경거 조정량 $= \dfrac{36.505}{195.255} \times 0.011 = \oplus 0.002$

  ㉢ CD 측선의 경거 조정량 $= \dfrac{82.494}{195.255} \times 0.011 = \oplus 0.005$

  ㉣ DA 측선의 경거 조정량 $= \dfrac{15.139}{195.255} \times 0.011 = \oplus 0.001$

  경거 오차가 ⊖0.011이므로 보정값은 ⊕0.011이다.

③ 조정위(경)거 = 위(경)거 + 위(경)거 조정량

---

**예제 5** 컴퍼스 법칙에 의하여 위거와 경거를 조정하시오.

| 측선 | 방위 | 거리(m) | 위거(m) | 경거(m) | 조정 위거 | 조정 경거 |
|---|---|---|---|---|---|---|
| AB | S 44° 00′ 00″ E | 91.320 | −65.690 | +63.436 | −65.689 | +63.448 |
| BC | N 48° 36′ 40″ E | 39.445 | +26.080 | +29.593 | +26.081 | +29.598 |
| CD | N 32° 40′ 00″ W | 27.530 | +23.175 | −14.859 | +23.175 | −14.855 |
| DE | N 36° 11′ 40″ E | 32.860 | +26.519 | +19.405 | +26.520 | +19.409 |
| DF | N 41° 50′ 40″ W | 56.385 | +42.004 | −37.615 | +42.005 | −37.608 |
| FA | S 49° 02′ 10″ W | 79.460 | −52.093 | −60.002 | −59.092 | −59.992 |
| 합계 | | $\sum S = 327.000$ | $\sum L = -0.005$ | $\sum D = -0.042$ | $\sum L = 0$ | $\sum D = 0$ |

**해설**

① 위거 조정량 $\left(\dfrac{\text{보정할 측선의 거리}}{\text{전 측선 거리}} \times \text{위거 오차}\right)$

　㉠ AB 측선의 위거 조정량 $= \dfrac{91.320}{327} \times 0.005 = \oplus 0.001$

　㉡ BC 측선의 위거 조정량 $= \dfrac{39.445}{327} \times 0.005 = \oplus 0.001$

　㉢ CD 측선의 위거 조정량 $= \dfrac{27.530}{327} \times 0.005 = \oplus 0.000$

　㉣ DE 측선의 위거 조정량 $= \dfrac{32.860}{327} \times 0.005 = \oplus 0.001$

　㉤ EF 측선의 위거 조정량 $= \dfrac{56.385}{327} \times 0.005 = \oplus 0.001$

　㉥ FA 측선의 위거 조정량 $= \dfrac{79.460}{327} \times 0.005 = \oplus 0.001$

위거 오차가 ⊖0.005이므로 보정은 ⊕0.005이다.
(위거 오차의 합($\Sigma$)이 ⊖값이므로 보정은 ⊕로 한다.)

② 경거 조정량 $\left(\dfrac{\text{보정할 측선의 거리}}{\text{전 측선 거리}} \times \text{경거 오차}\right)$

　㉠ AB 측선의 경거 조정량 $= \dfrac{91.320}{327} \times 0.042 = \oplus 0.012$

　㉡ BC 측선의 경거 조정량 $= \dfrac{39.445}{327} \times 0.042 = \oplus 0.005$

　㉢ CD 측선의 경거 조정량 $= \dfrac{27.530}{327} \times 0.042 = \oplus 0.004$

　㉣ DE 측선의 경거 조정량 $= \dfrac{32.860}{327} \times 0.042 = \oplus 0.004$

　㉤ EF 측선의 경거 조정량 $= \dfrac{56.385}{327} \times 0.042 = \oplus 0.007$

　㉥ FA 측선의 경거 조정량 $= \dfrac{79.460}{327} \times 0.042 = \oplus 0.010$

경거 오차가 ⊖0.042이므로 보정은 ⊕0.042이다.

③ 　조정위(경)거=위(경)거+위(경)거 조정량

### (8) 합위거, 합경거

합위거, 합경거란 각 측선의 위거, 경거를 이용하여 측점을 하나의 좌표치로서 구한 것이며 점의 종좌표를 합위거, 횡좌표를 합경거라 한다.

① 합위거

㉮ 3점의 합위거=2점의 합위거+$\overline{23}$ 측선의 위거

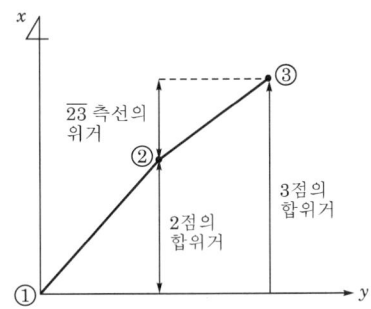

② 합경거

㉮ 3점의 합경거=2점의 합경거+$\overline{23}$ 측선의 경거

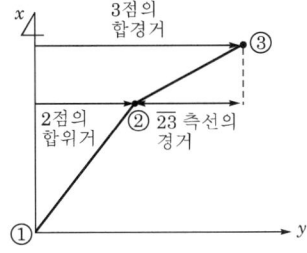

> **예제 6** 합위거, 합경거를 계산하시오. (단, 측점 1의 합위거와 합경거는 "0"이다.)
>
> ①
>
> | 측선 | 측점 | 조정 위거 | 합위거 계산 | 합위거 |
> |------|------|-----------|--------------|--------|
> | 1-2  | 1    | 33.436    | 0            | 0      |
> | 2-3  | 2    | 19.054    | 0+33.436     | 33.436 |
> | 3-4  | 3    | -34.868   | 33.436+19.054 | 52.490 |
> | 4-5  | 4    | -25.209   | 52.490+(-34.868) | 17.622 |
> | 5-1  | 5    | 7.587     | 17.622+(-25.209) | -7.587 |
>
> 임의 측선의 합위거=전 측선의 합위거+전 측선의 (조정)위거

제1장. 트래버스 측량

②

| 측선 | 측점 | 조정 경거 | 합경거 계산 | 합경거 |
|---|---|---|---|---|
| 1-2 | 1 | 7.230 | 0 | 0 |
| 2-3 | 2 | -37.069 | 0+7.230 | 7.230 |
| 3-4 | 3 | -34.190 | 7.230+(-37.069) | -29.839 |
| 4-5 | 4 | 34.394 | -29.839-34.190 | -64.029 |
| 5-1 | 5 | 29.635 | -64.029+34.394 | -29.635 |

임의 측선의 합경거=전 측선의 합경거+전 측선의 (조정)경거

**해설**

① 합위거 별해

| 측선 | 측점 | 조정 위거 | 합위거 | 합위거의 계산 방법 |
|---|---|---|---|---|
| 1-2 | 1 | ② | ① | ① |
| 2-3 | 2 | ④ | ③ | ①+②=③ |
| 3-4 | 3 | ⑥ | ⑤ | ③+④=⑤ |
| 4-5 | 4 | ⑧ | ⑦ | ⑤+⑥=⑦ |
| 5-1 | 5 | ⑩ | ⑨ | ⑦+⑧=⑨ |

② 합경거 별해

| 측선 | 측점 | 조정 경거 | 합경거 | 합경거의 계산 방법 |
|---|---|---|---|---|
| 1-2 | 1 | ② | ① | ① |
| 2-3 | 2 | ④ | ③ | ①+②=③ |
| 3-4 | 3 | ⑥ | ⑤ | ③+④=⑤ |
| 4-5 | 4 | ⑧ | ⑦ | ⑤+⑥=⑦ |
| 5-1 | 5 | ⑩ | ⑨ | ⑦+⑧=⑨ |

### (9) 배횡거(횡거의 2배)

면적을 계산할 때 횡거를 그대로 사용하면 분수가 생겨서 불편하므로 계산의 편리상 횡거를 2배하는데 이를 배횡거라 한다.

① 횡거

각 측선의 중점으로부터 자오선에 내린 수선의 길이

$$\overline{NN'} = \overline{N'P} + \overline{PQ} + \overline{QN}$$
$$= \overline{MM'} + \frac{1}{2}\overline{BB'} + \frac{1}{2}\overline{CC''}$$

여기서, NN′: 측선 BC의 횡거
MM′: 측선 AB의 횡거
BB′: 측선 AB의 경거
CC″: 측선 BC의 경거

임의 측선의 횡거=하나 앞 측선의 횡거+$\dfrac{하나\ 앞\ 측선의\ 경거}{2}$+$\dfrac{그\ 측선의\ 경거}{2}$

② 임의 측선의 배횡거

배횡거=하나 앞 측선의 배횡거+하나 앞 측선의 경거+그 측선의 경거

> **참고**
>
> **배횡거의 계산**
> ① 첫 측선의 배횡거는 첫 측선의 (조정)경거와 같다.
> ② 배횡거=전 측선의 배횡거+전 측선의 (조정)경거+그 측선의 (조정)경거
> ③ 마지막 측선의 배횡거는 마지막 측선의 조정 경거와 부호는 다르고 값은 같다.

## (10) 면적의 계산

그림을 배횡거에 의하여 구하면

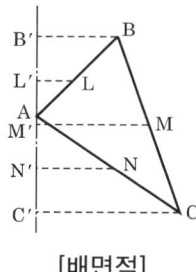

[배면적]

△ABC = 사다리꼴 BB′C′C − △ABB′ − △CC′A

$$= \frac{1}{2}\overline{B'C'}(\overline{BB'} + \overline{CC'}) - \frac{1}{2}\overline{AB'} \times \overline{BB'} - \frac{1}{2}\overline{AC'} \times \overline{CC'}$$

$$= \frac{1}{2}\overline{BC}\ 측선의\ 위거(\overline{BC}의\ 배횡거)$$

$$-\frac{1}{2}\overline{AB} \text{ 측선의 위거} \times \overline{AB}\text{의 배횡거}$$

$$-\frac{1}{2}\overline{AC} \text{ 측선의 위거} \times \overline{CA}\text{의 배횡거}$$

따라서,

$$2 \times \triangle ABC = (\overline{BC} \text{ 측선의 위거} \times \overline{BC}\text{의 배횡거})$$
$$- (\overline{AB} \text{ 측선의 위거} \times \overline{AB}\text{의 배횡거})$$
$$- (\overline{AC} \text{ 측선의 위거} \times \overline{CA}\text{의 배횡거})$$
$$= (\text{제2측선 위거} \times \text{제2측선 배횡거}) + (\text{제1측선 위거} \times \text{제1측선 배횡거})$$
$$+ (\text{제3측선 위거} \times \text{제3측선 배횡거})$$

① 배면적 = $\sum$각 측선의 (조정)위거 $\times$ 각 측선의 배횡거

② 면적 = $\dfrac{|\text{배면적}|}{2}$ (배면적은 절대값을 사용)

 **예제 7**  다음 트래버스 측량의 면적을 구하시오.

(단위 : m)

| 측선 | 조정 위거 | | 조정 경거 | | 배횡거 | 배면적 | |
|---|---|---|---|---|---|---|---|
| | (+) | (−) | (+) | (−) | | (+) | (−) |
| AB | 38.34 | | 25.08 | | +25.08 | 961.57 | |
| BC | | 29.47 | 42.95 | | +93.11 | | 2,743.95 |
| CD | | 40.38 | | 37.60 | +98.46 | | 3,975.81 |
| DA | 31.51 | | | 30.43 | +30.43 | 958.85 | |
| 계 | 69.85 | 69.85 | 68.03 | 68.03 | | 1,920.42 | 6,719.76 |
| | | | | | | 2A=4,799.34 | |

$$\text{면적} = \frac{\text{배면적}}{2} = \frac{4,799.34}{2} = 2,399.67 \text{m}^2$$

**해설**

| 측선 | 배횡거 | 배면적 |
|---|---|---|
| AB | 25.08<br>(첫 측선의 배횡거=첫 측선의 조정 경거) | 38.34×25.08=961.5672 |
| BC | 25.08+25.08+42.95=93.11 | −29.47×93.11=−2,743.9517 |
| CD | 93.11+42.95−37.60=98.46 | −40.38×98.46=−3,975.8148 |
| DA | 98.46−37.60−30.43=30.43 | 31.51×30.43=958.8493 |

※ 배횡거 별해

| 측선 | 측점 | 조정 경거 | 배횡거(계산 방법) | 배횡거 |
|---|---|---|---|---|
| 1-2 | 1 | ① | ① | ① |
| 2-3 | 2 | ④ | ①+①+④=③ | ③ |
| 3-4 | 3 | ⑥ | ③+④+⑥=⑤ | ⑤ |
| 4-5 | 4 | ⑧ | ⑤+⑥+⑧=⑦ | ⑦ |
| 5-1 | 5 | ⑩ | ⑦+⑧+⑩=-⑩ | -⑩ |

① 첫 측선의 배횡거는 첫 측선의 (조정)경거와 같다.
② 마지막 측선의 배횡거는 마지막 측선의 (조정)경거와 값은 같고 부호는 반대이다.

## (11) 좌표 계산

그림에서 삼각점 A, B, C 좌표를 각각 $(x_A, y_A)$, $(x_B, y_B)$, $(x_C, y_C)$라 하면 다음과 같은 관계식이 얻어진다.

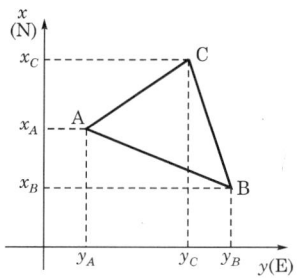

① $x_C = x_A + \text{AC 위거}(\overline{AC} \times \cos \text{AC 방위각})$

　$y_C = y_A + \text{AC 경거}(\overline{AC} \times \sin \text{AC 방위각})$

또는,

② $x_C = x_B + \text{BC 위거}(\overline{BC} \times \cos \text{BC 방위각})$

　$y_C = y_B + \text{BC 경거}(\overline{BC} \times \sin \text{BC 방위각})$

①식은 A점의 좌표를 알고 C점의 좌표를 구하는 식이며 ②식은 B점의 좌표를 알고 C점의 좌표를 구하는 식이다.
이론적으로는 ①식과 ②식의 값이 일치하지만 실제적인 계산에서는 두 가지의 계산을 한 후 평균을 취하는 동시에 계산 결과도 검사해 본다.

| 트래버스 측량 |

# 기/초/문/제

**01** 다음의 트래버스 측량 성과표를 완성하시오. (단, 조정은 컴퍼스 법칙으로 하고 답은 소수 4째자리에서 반올림할 것)

| 측선 | 거리 | 방위각 | 위거 N(+) | 위거 S(−) | 위거 조정량 | 경거 E(+) | 경거 W(−) | 경거 조정량 |
|---|---|---|---|---|---|---|---|---|
| 1−2 | 34.210 | 12° 12′ 12″ | | | | | | |
| 2−3 | 41.679 | 297° 12′ 18″ | | | | | | |
| 3−4 | 48.832 | 224° 26′ 17″ | | | | | | |
| 4−5 | 42.643 | 126° 14′ 10″ | | | | | | |
| 5−1 | 30.591 | 75° 38′ 18″ | | | | | | |

| 조정 위거 N(+) | 조정 위거 S(−) | 조정 경거 E(+) | 조정 경거 W(−) | 측선 | 측점 | 합위거 | 합경거 | 배횡거 | 배면적 + | 배면적 − |
|---|---|---|---|---|---|---|---|---|---|---|
| | | | | 1−2 | 1 | 0 | 0 | | | |
| | | | | 2−3 | 2 | | | | | |
| | | | | 3−4 | 3 | | | | | |
| | | | | 4−5 | 4 | | | | | |
| | | | | 5−1 | 5 | | | | | |

(1) 면적  (2) 폐합 오차  (3) 폐합비

(단위 : m)

| 측선 | 거리 | 방위각 | 위거 N(+) | 위거 S(−) | 위거 조정량 | 경거 E(+) | 경거 W(−) | 경거 조정량 |
|---|---|---|---|---|---|---|---|---|
| 1−2 | 34.210 | 12° 12′ 12″ | 33.437 | | −0.001 | 7.231 | | −0.001 |
| 2−3 | 41.679 | 297° 12′ 18″ | 19.055 | | −0.001 | | 37.068 | −0.001 |
| 3−4 | 48.832 | 224° 26′ 17″ | | 34.866 | −0.002 | | 34.189 | −0.001 |
| 4−5 | 42.643 | 126° 14′ 10″ | | 25.207 | −0.002 | 34.395 | | −0.001 |
| 5−1 | 30.591 | 75° 38′ 18″ | 7.588 | | −0.001 | 29.635 | | 0 |
| 합 | 197.955 | | ⊕0.007 | ⊖0.007 | | ⊕0.004 | ⊖0.004 | |

| 조정 위거 | | 조정 경거 | | 측선 | 측점 | 합위거 | 합경거 | 배횡거 | 배면적 | |
|---|---|---|---|---|---|---|---|---|---|---|
| N(+) | S(−) | E(+) | W(−) | | | | | | + | − |
| 33.436 | | | 7.230 | 1-2 | 1 | 0 | 0 | 7.230 | 241.742 | |
| 19.054 | | | 37.069 | 2-3 | 2 | 33.436 | 7.230 | −22.609 | | 430.792 |
| | 34.868 | | 34.190 | 3-4 | 3 | 52.490 | −29.868 | −93.868 | 3,272.989 | |
| | 25.209 | 34.394 | | 4-5 | 4 | 17.622 | −64.029 | −93.664 | 2,361.176 | |
| 7.587 | | | 29.635 | 5-1 | 5 | −7.587 | −29.635 | −29.635 | | 224.841 |

이 트래버스는 1측점에서 시작해서 다시 1측점으로 폐합되는 폐합 트래버스이다.

(1) 위거

위거=거리×cos θ (θ는 방위각임)

| 측선 | 거리 | 방위각 | 위거 계산 | 위거 |
|---|---|---|---|---|
| 1-2 | 34.210 | 12° 12′ 12″ | 34.210×cos 12° 12′ 12″ | 33.437 |
| 2-3 | 41.679 | 297° 12′ 18″ | 41.679×cos 297° 12′ 18″ | 19.055 |
| 3-4 | 48.832 | 224° 26′ 17″ | 48.832×cos 224° 26′ 17″ | −34.866 |
| 4-5 | 42.643 | 126° 14′ 10″ | 42.643×cos 126° 14′ 10″ | −25.207 |
| 5-1 | 30.591 | 75° 38′ 18″ | 30.591×cos 75° 38′ 18″ | 7.588 |

(2) 위거 조정량

▶컴퍼스 법칙

$$위거\ 조정량 = \frac{측선\ 거리}{전체\ 거리} \times 위거\ 오차$$

| 측선 | 거리 | 방위각 | 위거 | 위거 조정량 계산 | 조정량 |
|---|---|---|---|---|---|
| 1-2 | 34.210 | 12° 12′ 12″ | 34.437 | $\frac{34.210}{197.955} \times 0.007 = -0.001$ | ⊖0.001 |
| 2-3 | 41.679 | 297° 12′ 18″ | 19.055 | $\frac{41.679}{197.955} \times 0.007 = -0.001$ | ⊖0.001 |
| 3-4 | 48.832 | 224° 26′ 17″ | −34.866 | $\frac{48.832}{197.955} \times 0.007 = -0.002$ | ⊖0.001 |
| 4-5 | 42.643 | 126° 14′ 10″ | −25.207 | $\frac{42.643}{197.955} \times 0.007 = -0.002$ | −0.002 |
| 5-1 | 30.591 | 75° 38′ 18″ | 7.588 | $\frac{30.591}{197.955} \times 0.007 = -0.001$ | −0.001 |
| 합 | 197.955 | | +0.007 | | −0.007 |

> **참고** • 위거, 경거 조정량의 부호 결정
> 
> 폐합 트래버스에서는 위거, 경거의 합이 '0'이 되어야 한다. '0'이 안 되었을 때의 값을 위거, 경거의 오차라 한다. 따라서 위거, 경거 오차값과 위거, 경거 조정량의 합은 같고 부호는 반대이다.
> 즉, |위거, 경거 오차값| = |위거, 경거 조정량의 합|

(3) 경거

경거 = 거리 × sin θ (θ는 방위각임)

| 측선 | 거리 | 방위각 | 경거 계산 | 경거 |
|---|---|---|---|---|
| 1-2 | 34.210 | 12° 12′ 12″ | 34.210 × sin 12° 12′ 12″ | 7.231 |
| 2-3 | 41.679 | 297° 12′ 18″ | 41.679 × sin 297° 12′ 18″ | -37.068 |
| 3-4 | 48.832 | 224° 26′ 17″ | 48.832 × sin 224° 26′ 17″ | -34.189 |
| 4-5 | 42.643 | 126° 14′ 10″ | 42.643 × sin 126° 14′ 10″ | 34.395 |
| 5-1 | 30.591 | 75° 38′ 18″ | 30.591 × sin 75° 38′ 18″ | 29.635 |

(4) 경거 조정량

▶ **컴퍼스 법칙**

$$경거\ 조정량 = \frac{측선\ 거리}{전체\ 거리} \times 경거\ 오차$$

| 측선 | 거리 | 방위각 | 경거 | 경거 조정량 계산 | 조정량 |
|---|---|---|---|---|---|
| 1-2 | 34.210 | 12° 12′ 12″ | 7.231 | $\frac{34.210}{197.955} \times 0.004 = -0.001$ | ⊖0.001 |
| 2-3 | 41.679 | 297° 12′ 18″ | -37.068 | $\frac{41.679}{197.955} \times 0.004 = -0.001$ | ⊖0.001 |
| 3-4 | 48.832 | 224° 26′ 17″ | -34.189 | $\frac{48.832}{197.955} \times 0.004 = -0.001$ | ⊖0.001 |
| 4-5 | 42.643 | 126° 14′ 10″ | 34.395 | $\frac{42.643}{197.955} \times 0.004 = -0.001$ | ⊖0.001 |
| 5-1 | 30.591 | 75° 38′ 18″ | 29.635 | $\frac{30.591}{197.955} \times 0.004 = -0.001$ | 0 |
| 합 | 197.955 | | +0.004 | | -0.004 |

>  5-1 측선의 경거 조정량은 '0'이다.
> 그러나 실제 계산값은 $\frac{30.591}{197.955} \times 0.004 = 0.001$이다.
> 그러면 경거 오차값은 '+0.004'이고, 경거 조정량의 합은 '-0.005'가 된다.
> 즉, |위거, 경거 오차값| ≠ |위거, 경거 조정량의 합|이 된다.
> 따라서 경거 조정량의 합을 -0.005에서 -0.004로 만들어 주어야 한다.
> 즉 거리가 가장 적은 5-1 측선에서 0.001만큼 빼준다.
> ∴ 0.001-0.001=0이다.

• 조정 계산법

|오차값|=|조정량의 합|이 되어야 하지만, 만약 일치하지 않는 경우
① 조정량 값이 모두 다를 경우는 가장 큰 조정량 값에서 더하거나 빼준다.
② 조정량 값이 모두 같을 경우
  ㉠ 컴퍼스 법칙일 때는
    ⓐ 거리가 가장 큰 측선에서 더하여 준다.
    ⓑ 거리가 가장 작은 측선에서 빼준다.
  ㉡ 트랜싯 법칙일 때는
    ⓐ 위거 또는 경거값이 가장 큰 측선에서 더하여 준다.
    ⓑ 위거 또는 경거값이 가장 적은 측선에서 빼준다.

### (5) 조정 위거

조정 위거=위거+위거 조정량

| 위거 | 위거 조정량 | 조정 위거 계산 | 조정 위거 |
|---|---|---|---|
| 33.437 | −0.001 | 33.437+(−0.001) | 33.436 |
| 19.055 | −0.001 | 19.055+(−0.001) | 19.054 |
| −34.866 | −0.002 | −34.866+(−0.002) | −34.868 |
| −25.207 | −0.002 | −25.207+(−0.002) | −25.209 |
| 7.588 | −0.001 | 7.588+(−0.001) | 7.587 |
| 합 | | | 0 |

### (6) 조정 경거

조정 경거=경거+경거 조정량

| 경거 | 경거 조정량 | 조정 경거 계산 | 조정 경거 |
|---|---|---|---|
| 7.231 | −0.001 | 7.231+(−0.001) | 7.230 |
| −37.068 | −0.001 | −37.069+(−0.001) | 37.069 |
| −34.189 | −0.001 | −34.189+(0.001) | −34.190 |
| −34.395 | −0.001 | −34.395+(−0.001) | −34.394 |
| 29.635 | 0.000 | 29.635+(0.000) | 29.635 |
| 합 | | | 0 |

### (7) 합위거

임의 측선의 합위거=전 측선의 합위거+전 측선의 (조정)위거

| 측선 | 측점 | 조정 위거 | 합위거 계산 | 합위거 |
|---|---|---|---|---|
| 1-2 | 1 | 33.436 | 0 | 0 |
| 2-3 | 2 | 19.054 | 0+33.436 | 33.436 |
| 3-4 | 3 | −34.868 | 33.436+19.054 | 52.490 |
| 4-5 | 4 | −25.209 | 52.490+(−34.868) | 17.622 |
| 5-1 | 5 | 7.587 | 17.622+(−25.209) | −7.587 |

### (8) 합경거

임의 측선의 합경거=전 측선의 합경거+전 측선의 (조정)경거

| 측선 | 측점 | 조정 경거 | 합경거 계산 | 합경거 |
|---|---|---|---|---|
| 1-2 | 1 | 7.230 | 0 | 0 |
| 2-3 | 2 | −37.069 | 0+7.230 | 7.230 |
| 3-4 | 3 | −34.190 | 7.230+(−37.069) | −29.839 |
| 4-5 | 4 | 34.394 | −29.839−34.190 | −64.029 |
| 5-1 | 5 | 29.635 | −64.029+34.394 | −29.635 |

### (9) 배횡거 계산

① 첫 측선의 배횡거는 첫 측선의 (조정)경거와 같다.
② 배횡거=전 측선의 배횡거+전 측선의 (조정)경거+그 측선의 (조정)경거
③ 마지막 측선의 배횡거는 마지막 측선의 조정 경거와 부호는 다르고 값은 같다.

| 측선 | 측점 | 조정 경거 | 배횡거 계산 | 배횡거 |
|---|---|---|---|---|
| 1-2 | 1 | 7.230 | 7.230 | 7.230 |
| 2-3 | 2 | -37.069 | 7.230+7.230-(-37.069) | -22.609 |
| 3-4 | 3 | -34.190 | (-22.609)+(-37.069)+(-34.190) | -93.868 |
| 4-5 | 4 | 34.394 | (-93.868)+(-34.109)+34.394 | -93.664 |
| 5-1 | 5 | 29.635 | (-93.664)+34.394+29.635 | -29.635 |

(10) 면적 계산

배면적=(조정)위거×배횡거

| 측선 | 측점 | 조정 위거 | 배횡거 | 배면적 계산 | 배면적 (+) | 배면적 (-) |
|---|---|---|---|---|---|---|
| 1-2 | 1 | 33.436 | 7.230 | 33.436×7.230 | 241.742 | |
| 2-3 | 2 | 19.054 | -22.609 | 19.054×(-22.609) | | 430.792 |
| 3-4 | 3 | -34.868 | -93.868 | (-34.868)×(-93.868) | 3,272.989 | |
| 4-5 | 4 | -25.209 | -93.664 | (-25.209)×(-93.664) | 2,361.176 | |
| 5-1 | 5 | 7.587 | -29.635 | (7.587)×(-29.635) | | 224.841 |
| 합계 | | | | | $2A$=5,220.274m² | |

① 면적

$$면적 = \frac{배면적}{2} = \frac{5,220.274}{2} = 2,610.137 \mathrm{m}^2$$

② 폐합 오차

- 폐합 오차=$\sqrt{위거\ 오차^2 + 경거\ 오차^2}$
- 폐합 트래버스일 경우 : 위거 오차 → 위거의 합
  경거 오차 → 경거의 합

$$폐합\ 오차 = \sqrt{위거\ 오차^2 + 경거\ 오차^2}$$
$$= \sqrt{0.007^2 + 0.004^2} = \pm 0.008 \mathrm{m}$$

③ 폐합비

$$폐합비 = \frac{폐합\ 오차}{전체\ 거리} = \frac{0.008}{197.955} = \frac{1}{24,744.375} ≒ \frac{1}{24,744}$$

**02** 다음과 같은 폐합 트래버스 관측값이 있을 때 각 점의 좌표를 구하시오. (단, 계산은 소수점 아래 3자리에서 반올림하고, A점의 좌표는 (10.000, 10.000)이다. 또 오차는 컴퍼스 법칙에 의하여 조정하시오.)

| 측선 | 거리(m) | 방위 | 위거 + | 위거 − | 경거 + | 경거 − | 위거 조정량 | 경거 조정량 |
|---|---|---|---|---|---|---|---|---|
| AB | 285.10 | N 26° 10′ E | | | | | | |
| BC | 610.45 | S 75° 25′ E | | | | | | |
| CD | 720.48 | S 15° 30′ W | | | | | | |
| DE | 203.00 | N 1° 42′ W | | | | | | |
| EA | 647.02 | N 53° 06′ W | | | | | | |
| 계 | | | | | | | | |

| 측선 | 조정 위거 + | 조정 위거 − | 조정 경거 + | 조정 경거 − | 측점 | 합위거 | 합경거 |
|---|---|---|---|---|---|---|---|
| AB | | | | | A | 10.000 | 10.000 |
| BC | | | | | B | | |
| CD | | | | | C | | |
| DE | | | | | D | | |
| EA | | | | | E | | |
| 계 | | | | | A | | |

(1) 폐합 오차
(2) 폐합비

| 측선 | 거리(m) | 방위 | 위거 + | 위거 − | 경거 + | 경거 − | 위거 조정량 | 경거 조정량 |
|---|---|---|---|---|---|---|---|---|
| AB | 285.10 | N 26° 10′ E | 255.88 | | 125.72 | | +0.08 | −0.06 |
| BC | 610.45 | S 75° 25′ E | | 153.70 | 590.78 | | +0.18 | −0.13 |
| CD | 720.48 | S 15° 30′ W | | 694.28 | | 192.54 | +0.20 | −0.16 |
| DE | 203.00 | N 1° 42′ W | 202.91 | | | 6.02 | +0.06 | −0.04 |
| EA | 647.02 | N 53° 06′ W | 388.48 | | | 517.41 | +0.19 | −0.14 |
| 계 | 2,466.05 | | −0.71 | | +0.53 | | +0.71 | −0.53 |

| 측선 | 조정 위거 | | 조정 경거 | | 측점 | 합위거 | 합경거 |
|---|---|---|---|---|---|---|---|
| | + | − | + | − | | | |
| AB | 255.96 | | 125.66 | | A | 10.00 | 10.00 |
| BC | | 153.52 | 590.65 | | B | 265.96 | 135.66 |
| CD | | 694.08 | | 192.70 | C | 112.44 | 726.31 |
| DE | 202.97 | | | 6.06 | D | −581.64 | 533.61 |
| EA | 388.67 | | | 517.55 | E | −378.67 | 527.55 |
| 계 | | | | | A | 10.00 | 10.00 |

(1) 위거, 경거 조정량(컴퍼스 법칙)

① 위거 조정량 $\left(\dfrac{측선\ 거리}{전체\ 거리} \times 위거\ 오차\right)$

㉠ AB 측선 = $\dfrac{285.10}{2,466.05} \times 0.71 = \oplus 0.08$

㉡ BC 측선 = $\dfrac{610.45}{2,466.05} \times 0.71 = \oplus 0.18$

㉢ CD 측선 = $\dfrac{720.48}{2,466.05} \times 0.71 = \oplus 0.21 \to \oplus 0.20$

㉣ DE 측선 = $\dfrac{203.00}{2,466.05} \times 0.71 = \oplus 0.06$

㉤ EA 측선 = $\dfrac{647.02}{2,466.05} \times 0.71 = \oplus 0.19$

② 경거 조정량 $\left(\dfrac{측선\ 거리}{전체\ 거리} \times 경거\ 오차\right)$

㉠ AB 측선 = $\dfrac{285.10}{2,466.05} \times 0.53 = \ominus 0.06$

㉡ BC 측선 = $\dfrac{610.45}{2,466.05} \times 0.53 = \ominus 0.13$

㉢ CD 측선 = $\dfrac{720.48}{2,466.05} \times 0.53 = \oplus 0.15 \to \oplus 0.16$

㉣ DE 측선 = $\dfrac{203.00}{2,466.05} \times 0.53 = \ominus 0.04$

㉤ EA 측선 = $\dfrac{647.02}{2,466.05} \times 0.53 = \ominus 0.14$

(2) 합위거, 합경거

① 합위거

㉠ A점의 합위거 : 10.000

㉡ B점의 합위거 : 10.000+255.96=265.96

㉢ C점의 합위거 : 265.96−153.52=−112.44

제1장. 트래버스 측량

ㄹ D점의 합위거 : 112.44−694.08=−581.64

ㅁ E점의 합위거 : −581.64+202.97=−378.67

ㅂ A점의 합위거 : −378.67+388.67=10.000

② 합경거

ㄱ A점의 합경거 : 10.000

ㄴ B점의 합경거 : 10.000+125.66=135.66

ㄷ C점의 합경거 : 135.66+590.65=726.31

ㄹ D점의 합경거 : 726.31−192.70=533.61

ㅁ E점의 합경거 : 533.61−6.06=527.55

ㅂ A점의 합경거 : 527.55−517.55=10.000

(3) 폐합 오차, 폐합비

① 폐합 오차 $= \sqrt{(-0.71)^2 + (0.53)^2} = \pm 0.89 \mathrm{m}$

② 폐합비 $= \dfrac{0.89}{2,466.05} = \dfrac{1}{2,770.842} \fallingdotseq \dfrac{1}{2,771}$

**03** 다음 측정값을 보고 $X$, $Y$ 좌표를 계산하시오. (단, 위·경거 계산은 소수점 아래 3자리에서 반올림할 것)

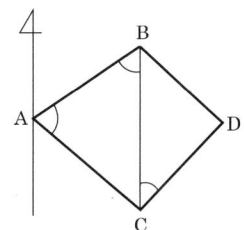

∠BAC = 56° 34′ 29″
∠ABC = 56° 23′ 45″
∠BCD = 67° 56′ 23″

| 측점 | 측선 | 거리(m) | 방위각 | 위거 | 경거 | $X$ | $Y$ |
|---|---|---|---|---|---|---|---|
| A | A-B | 125.633 | 45° 12′ 12″ | | | 100.00 | 500.00 |
| B | B-C | 136.265 | | | | | |
| C | C-D | 166.385 | | | | | |
| D | | | | | | | |
| 계 | | | | | | | |

### 해설

| 측점 | 측선 | 거리(m) | 방위각 | 위거 | 경거 | $X$ | $Y$ |
|---|---|---|---|---|---|---|---|
| A | A-B | 125.633 | 45° 12′ 12″ | 88.52 | 89.15 | 100.00 | 500.00 |
| B | B-C | 136.265 | 168° 48′ 27″ | -133.67 | 26.45 | 188.52 | 589.15 |
| C | C-D | 166.385 | 56° 44′ 50″ | 91.23 | 139.14 | 54.85 | 615.60 |
| D | | | | | | 146.08 | 754.74 |
| 계 | | | | | | | |

(1) 방위각
  ① AB의 방위각=45° 12′ 12″
  ② BC의 방위각=45° 12′ 12″+180°-56° 23′ 45″=168° 48′ 27″
  ③ CD의 방위각=168° 48′ 27″-180°+67° 56′ 23″=56° 44′ 50″

(2) 합위거($X$), 합경거($Y$)
  ① 합위거($X$)
    ㉠ A점의 $X$=100.00         ㉡ B점의 $X$=100.00+88.52=188.52
    ㉢ C점의 $X$=188.52-133.67=54.85  ㉣ D점의 $X$=54.85+91.23=146.08
  ② 합경거($Y$)
    ㉠ A점의 $Y$=500.00         ㉡ B점의 $Y$=500.00+89.15=589.15
    ㉢ C점의 $Y$=589.15+26.45=615.60  ㉣ D점의 $Y$=615.60+139.14=754.74

## 04

다음 트래버스의 성과표를 완성하고 면적을 구하시오. (단, 내각은 조정되었으며, 위·경거 조정은 트랜싯 법칙으로 하고 계산은 소수점 아래 3자리에서 반올림할 것)

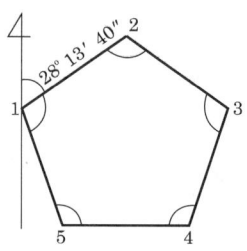

| 측점 | 관측각 | 측선 | 거리(m) | 방위각 | 방위 | 위거 | 경거 |
|---|---|---|---|---|---|---|---|
| 1 | 104° 02′ 20″ | 1-2 | 53.521 | | | | |
| 2 | 116° 07′ 20″ | 2-3 | 56.236 | | | | |
| 3 | 103° 39′ 40″ | 3-4 | 57.944 | | | | |
| 4 | 104° 51′ 20″ | 4-5 | 58.127 | | | | |
| 5 | 111° 19′ 20″ | 5-1 | 56.775 | | | | |

| 측선 | 위거 조정량 | 조정 위거 | 경거 조정량 | 조정 경거 | 측점 | 합위거 | 합경거 | 배횡거 | 배면적 |
|---|---|---|---|---|---|---|---|---|---|
| 1-2 | | | | | 1 | 0 | 0 | | |
| 2-3 | | | | | 2 | | | | |
| 3-4 | | | | | 3 | | | | |
| 4-5 | | | | | 4 | | | | |
| 5-1 | | | | | 5 | | | | |

### 해설

| 측점 | 관측각 | 측선 | 거리(m) | 방위각 | 방위 | 위거 | 경거 |
|---|---|---|---|---|---|---|---|
| 1 | 104° 02′ 20″ | 1-2 | 53.521 | 28° 13′ 40″ | N 28° 13′ 40″ E | 47.16 | 25.31 |
| 2 | 116° 07′ 20″ | 2-3 | 56.236 | 92° 06′ 20″ | S 87° 53′ 40″ E | -2.07 | 56.20 |
| 3 | 103° 39′ 40″ | 3-4 | 57.944 | 168° 26′ 40″ | S 11° 33′ 20″ E | -56.77 | 11.61 |
| 4 | 104° 51′ 20″ | 4-5 | 58.127 | 243° 35′ 20″ | S 63° 35′ 20″ W | -25.86 | -52.06 |
| 5 | 111° 19′ 20″ | 5-1 | 56.775 | 312° 16′ 00″ | N 47° 44′ 00″ W | 38.19 | -42.01 |

| 측선 | 위거 조정량 | 조정 위거 | 경거 조정량 | 조정 경거 | 측점 | 합위거 | 합경거 | 배횡거 | 배면적 |
|---|---|---|---|---|---|---|---|---|---|
| 1-2 | -0.18 | 46.98 | 0.13 | 25.44 | 1 | 0 | 0 | 25.44 | 1,195.17 |
| 2-3 | -0.01 | -2.08 | 0.29 | 56.49 | 2 | 46.98 | 25.44 | 107.37 | -223.33 |
| 3-4 | -0.21 | -56.98 | 0.06 | 11.67 | 3 | 44.90 | 81.93 | 175.53 | -10,001.70 |
| 4-5 | -0.10 | -25.96 | 0.26 | -51.80 | 4 | -12.08 | 93.60 | 135.40 | -3,514.98 |
| 5-1 | -0.15 | 38.04 | 0.21 | -41.80 | 5 | -38.04 | 41.80 | 41.80 | 1,590.07 |

(1) 방위각

　① 1-2 측선의 방위각=28° 13′ 40″

　② 2-3 측선의 방위각=28° 13′ 40″+180°-116° 07′ 20″=92° 06′ 20″

　③ 3-4 측선의 방위각=92° 06′ 20″+180°-103° 39′ 40″=168° 26′ 40″

　④ 4-5 측선의 방위각=168° 26′ 40″+180°-104° 51′ 20″=243° 35′ 20″

　⑤ 5-1 측선의 방위각=243° 35′ 20″+180°-111° 19′ 20″=312° 16′ 00″

(2) 방위

　① 1-2 측선의 방위　　　　　② 2-3 측선의 방위

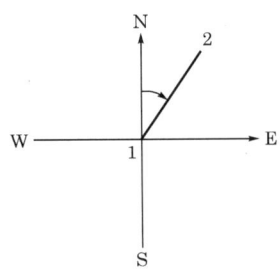

　　　N 28° 13′ 40″ E　　　　　　　S 87° 53′ 40″ E

　③ 3-4 측선의 방위　　　　　④ 4-5 측선의 방위

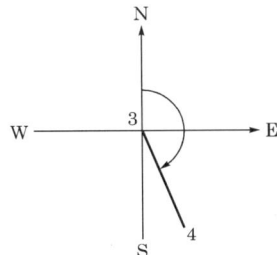
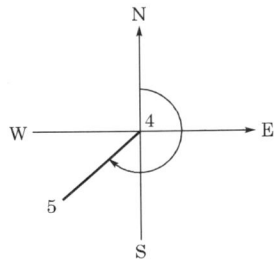

　　　S 11° 33′ 20″ E　　　　　　　S 63° 35′ 20″ W

⑤ 5-1 측선의 방위

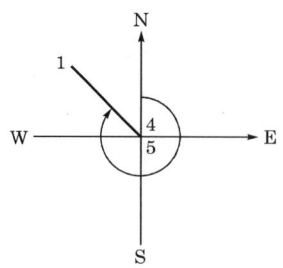

N 47° 44′ 00″ W

(3) 위거 : 거리×cos θ (θ는 방위각)

경거 : 거리×sin θ (θ는 방위각)

(4) 위거, 경거 조정량
① 위거 조정량

> ▶트랜싯 법칙
> 
> 위거 조정량 = $\dfrac{조정할\ 점의\ 위거}{위거의\ 절대치합}$ × 위거 오차

| 측선 | 거리 | 위거 N(+) | 위거 S(−) | 위거 조정량 계산 | 위거 조정량 |
|---|---|---|---|---|---|
| 1-2 | 53.521 | 47.16 | | $\dfrac{47.16}{170.05}$×0.65 | ⊖0.18 |
| 2-3 | 56.236 | | 2.07 | $\dfrac{2.07}{170.05}$×0.65 | ⊖0.01 |
| 3-4 | 57.944 | | 56.77 | $\dfrac{56.77}{170.05}$×0.65 | ⊖0.21 |
| 4-5 | 58.127 | | 25.86 | $\dfrac{25.86}{170.05}$×0.65 | ⊖0.10 |
| 5-1 | 56.775 | 38.19 | | $\dfrac{38.19}{170.05}$×0.65 | ⊖0.15 |
| 계 | | +0.65 | | | ⊖0.65 |

② 경거 조정량

> ▶트랜싯 법칙
> 
> 경거 조정량 = $\dfrac{조정할\ 점의\ 경거}{경거의\ 절대치합}$ × 경거 오차

| 측선 | 거리 | 경거 N(+) | 경거 S(−) | 경거 조정량 계산 | 경거 조정량 |
|---|---|---|---|---|---|
| 1−2 | 285.10 | 25.31 | | $\dfrac{25.31}{187.19} \times 0.95$ | ⊕0.13 |
| 2−3 | 610.45 | 56.20 | | $\dfrac{56.20}{187.19} \times 0.95$ | ⊕0.29 |
| 3−4 | 720.48 | 11.61 | | $\dfrac{11.61}{187.19} \times 0.95$ | ⊕0.06 |
| 4−5 | 203.00 | | 52.06 | $\dfrac{52.06}{187.19} \times 0.95$ | ⊕0.26 |
| 5−1 | 647.02 | | 42.01 | $\dfrac{42.01}{187.19} \times 0.95$ | ⊕0.21 |
| 계 | 2,466.05 | −0.95 | | | ⊕0.95 |

### (5) 조정 위거, 조정 경거

① 조정 위거

> 조정 위거=위거+위거 조정량

| 위거 | 위거 조정량 | 조정 위거 |
|---|---|---|
| 47.16 | −0.18 | 46.98 |
| −2.07 | −0.01 | −2.08 |
| −56.77 | −0.20 | −56.98 |
| −25.86 | −0.10 | −25.96 |
| 38.19 | −0.15 | −38.04 |

② 조정 경거

> 조정 경거=경거+경거 조정량

| 경거 | 경거 조정량 | 조정 경거 |
|---|---|---|
| 25.31 | +0.13 | 25.44 |
| 56.20 | +0.29 | 56.49 |
| 11.61 | +0.06 | 11.67 |
| −52.06 | +0.26 | −51.80 |
| −42.01 | +0.21 | −41.80 |

### (6) 합위거, 합경거
① 합위거

| 측선 | 측점 | 조정 위거 | 합위거 계산 | 합위거 |
|---|---|---|---|---|
| 1-2 | 1 | 46.98 | | 0 |
| 2-3 | 2 | -2.08 | 0+46.98 | 46.98 |
| 3-4 | 3 | -56.98 | 46.98-0.28 | 44.90 |
| 4-5 | 4 | -25.96 | 44.90-56.98 | -12.08 |
| 5-1 | 5 | 38.04 | -12.08-25.96 | -38.04 |

② 합경거

| 측선 | 측점 | 조정 경거 | 합경거 계산 | 합경거 |
|---|---|---|---|---|
| 1-2 | 1 | 25.44 | | 0 |
| 2-3 | 2 | 56.49 | 0+25.44 | 25.44 |
| 3-4 | 3 | 11.67 | 25.44+56.49 | 81.93 |
| 4-5 | 4 | -51.80 | 81.93+11.67 | 93.60 |
| 5-1 | 5 | -41.80 | 93.60-51.80 | 41.80 |

### (7) 배횡거

| 측선 | 측점 | 조정 경거 | 배횡거 계산 | 배횡거 |
|---|---|---|---|---|
| 1-2 | 1 | 25.44 | | 25.44 |
| 2-3 | 2 | 56.49 | 25.44+25.44+56.49 | 107.37 |
| 3-4 | 3 | 11.67 | 107.37+56.49+11.67 | 175.53 |
| 4-5 | 4 | -51.80 | 175.53+11.67-51.80 | 135.40 |
| 5-1 | 5 | -41.80 | 135.40-51.80-41.80 | 41.80 |

### (8) 면적 계산

> 배면적=조정(위거)×배횡거

| 측선 | 측점 | 조정 위거 | 배횡거 | 배면적 계산 | 배면적 (+) | 배면적 (-) |
|---|---|---|---|---|---|---|
| 1-2 | 1 | 46.98 | 25.44 | 46.98×25.44 | 1,195.17 | |
| 2-3 | 2 | -2.08 | 107.37 | -2.08×107.37 | | 223.33 |
| 3-4 | 3 | -56.98 | 175.53 | -56.98×175.53 | | 10,001.70 |
| 4-5 | 4 | -25.96 | 135.40 | -25.96×135.40 | | 3,514.98 |
| 5-1 | 5 | 38.04 | 41.80 | 38.04×41.80 | 1,590.07 | |
| | | | 합 계 | | | 10,954.77 |

① 면적

$$면적 = \frac{배면적}{2}$$

배면적($2A$)합계$=10,954.77\text{m}^2$

∴ 면적($A$)$=\dfrac{배면적}{2}=\dfrac{10,954.77}{2}=5,477.39\text{m}^2$

**05** 터널 측량을 실시한 결과 다음과 같은 성과표를 얻었다. 미완성된 성과표를 완성하고 중심선 AF의 거리와 FA의 방위를 계산하시오. (단, 거리는 소수점 아래 4자리에서 반올림하고 각은 0.01초 단위까지 계산할 것)

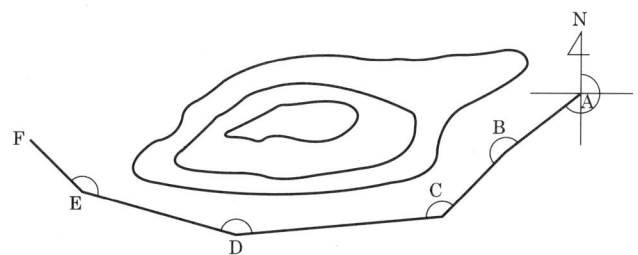

| 측점 | 측선 | 거리 | 관측각 | 방위각 | 방위 | 위거 | | 경거 | |
|---|---|---|---|---|---|---|---|---|---|
| | | | | | | N(+) | S(−) | E(+) | W(−) |
| A | AB | 26.857 | 235° 20′ 35″ | | | | | | |
| B | BC | 30.503 | 201° 22′ 15″ | | | | | | |
| C | CD | 26.366 | 99° 30′ 38″ | | | | | | |
| D | DE | 42.324 | 151° 29′ 30″ | | | | | | |
| E | EF | 29.902 | 162° 57′ 48″ | | | | | | |
| F | | | | | | | | | |

(1) FA의 방위    (2) AF의 거리

**(1) 방위각**

교각이 우측에 있을 때 ➡ 전 측선의 방위각+180°−교각
교각이 좌측에 있을 때 ➡ 전 측선의 방위각−180°+교각

① AB 측선의 방위각=235° 20′ 35″
② BC 측선의 방위각=235° 20′ 35″+180°−201° 22′ 15″=213° 58′ 20″
③ CD 측선의 방위각=213° 58′ 20″+180°−99° 30′ 38″=294° 27′ 42″
④ DE 측선의 방위각=294° 27′ 42″+180°−151° 29′ 30″=322° 58′ 12″
⑤ EF 측선의 방위각=322° 58′ 12″+180°−162° 57′ 48″=340° 00′ 24″

(2) 방위

① AB 측선의 방위 → AB 측선의 방위각
=235° 20′ 35″

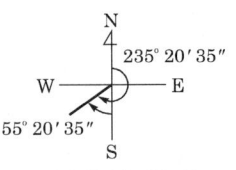

S 55° 20′ 35″ E

② BC 측선의 방위 → BC 측선의 방위각
=213° 58′ 20″

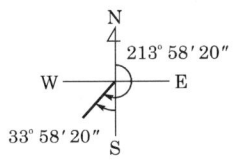

S 33° 58′ 20″ E

③ CD 측선의 방위 → CD 측선의 방위각
=294° 27′ 42″

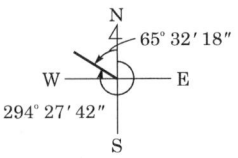

N 65° 32′ 18″ W

④ DE 측선의 방위 → DE 측선의 방위각
=322° 58′ 12″

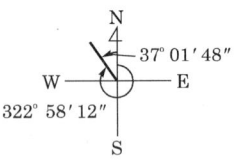

N 37° 01′ 48″ W

⑤ EF 측선의 방위 → EF 측선의 방위각
=340° 00′ 24″

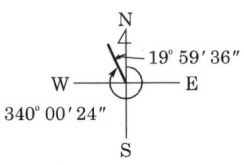

N 19° 59′ 36″ W

### (3) 위거(거리×cos θ)
① AB 측선의 위거=26.857×cos 235° 20′ 35″=-15.273
② BC 측선의 위거=30.503×cos 213° 58′ 20″=-25.296
③ CD 측선의 위거=26.366×cos 294° 27′ 42″=10.918
④ DE 측선의 위거=42.324×cos 322° 58′ 12″=33.788
⑤ EF 측선의 위거=29.902×cos 340° 00′ 24″=28.100

### (4) 경거(거리×sin θ)
① AB 측선의 경거=26.857×sin 235° 20′ 35″=-22.092
② BC 측선의 경거=30.503×sin 213° 58′ 20″=-17.045
③ CD 측선의 경거=26.366×sin 294° 27′ 42″=-23.999
④ DE 측선의 경거=42.324×sin 322° 58′ 12″=-25.489
⑤ EF 측선의 경거=29.902×sin 340° 00′ 24″=-10.224

### (5) FA의 방위

> **참고** • 방위각(좌표가 주어졌을 때)
> ① 합위거, 합경거를 먼저 구한다.
> ② AB의 방위각
> $$= \tan^{-1}\left(\frac{\text{B점 합경거} - \text{A점 합경거}}{\text{B점 합위거} - \text{A점 합위거}}\right) = \tan^{-1}\left(\frac{Y_B - Y_A}{X_B - X_A}\right)$$

| 측선 | 측점 | 위거 | 합위거 계산 | 합위거 |
|---|---|---|---|---|
| A | AB | -15.273 | 0 | 0 |
| B | BC | -25.296 | 0-15.273=-15.273 | -15.273 |
| C | CD | 10.918 | -15.273-25.296=-40.569 | -40.569 |
| D | DE | 33.788 | -40.569+10.918=-29.651 | -29.651 |
| E | EF | 28.100 | -29.651+33.788=4.137 | 4.137 |
| F | | | 4.137+28.100=32.237 | 32.237 |

| 측선 | 측점 | 경거 | 합경거 계산 | 합경거 |
|---|---|---|---|---|
| A | AB | -22.092 | 0 | 0 |
| B | BC | -17.045 | 0-22.092=-22.092 | -22.092 |
| C | CD | -23.999 | -22.092-17.045=-39.137 | -39.137 |
| D | DE | -25.489 | -39.137-23.999=-63.136 | -63.136 |
| E | EF | -10.224 | -63.136-25.489=-88.625 | -88.625 |
| F | | -98.849 | -88.625-10.224=-98.849 | -98.849 |

① FA의 방위=$\tan^{-1}\left(\dfrac{y_A - y_F}{x_A - x_F}\right)$ = $\tan^{-1}\left(\dfrac{0-(-98.849)}{0-32.237}\right)$

$\qquad\qquad\qquad = S\,71°56'15.45''\,E$

∴ FA의 방위각=$180° - 71°56'15.45'' = 108°03'44.55''$

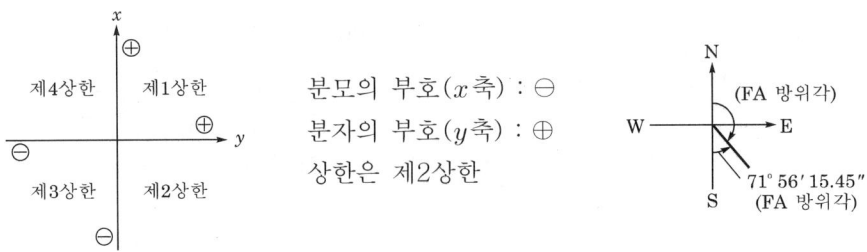

(6) AF의 거리

> ✏ • AB 거리
> 
> AB 거리
> $= \sqrt{(B점의\ 합위거 - A점의\ 합위거)^2 + (B점의\ 합경거 - A점의\ 합경거)^2}$
> $= \sqrt{(x_B - x_A)^2 + (y_B - y_A)^2}$

AF 거리 = $\sqrt{(x_F - x_A)^2 + (y_F - y_A)^2}$ = $\sqrt{(32.237-0)^2 + (-98.849-0)^2}$

$\qquad\quad = 103.973\,\text{m}$

**06** 다음의 결합 다각 측량 결과에 의하여 성과표를 완성하시오. (단, 위·경거 계산은 소수 4자리에서 반올림하고 조정 방법은 컴퍼스 법칙으로 하시오.)

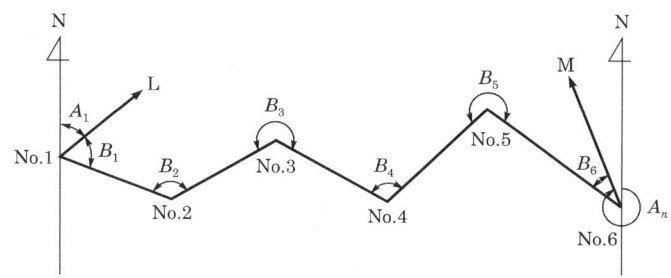

| 각명 | 관측값 |
|---|---|
| $A_1$ | 40° 25′ 16″ |
| $A_n$ | 337° 33′ 08″ |

| 측점 | 좌 표 | |
|---|---|---|
| | X | Y |
| 1 | 500.000 | 500.000 |
| 6 | 508.088 | 776.212 |

(1) 보정 내각 및 방위각 계산표

| 측점 | 측선 | 측정 내각 | 보정량 | 보정 내각 | 방위각 계산 |
|---|---|---|---|---|---|
| | 1-L | | | | 40° 25′ 16″ |
| 1 | 1-2 | 72° 16′ 32″ | | | |
| 2 | 2-3 | 128° 36′ 17″ | | | |
| 3 | 3-4 | 241° 17′ 39″ | | | |
| 4 | 4-5 | 72° 43′ 26″ | | | |
| 5 | 5-6 | 289° 42′ 11″ | | | |
| 6 | 6-M | 32° 31′ 41″ | | | |

(2) 결합 다각 측량성과 계산표

| 측선 | 방위각 | 거리(m) | 위거 | | 경거 | |
|---|---|---|---|---|---|---|
| | | | N(+) | S(−) | E(+) | W(−) |
| 1-L | | | | | | |
| 1-2 | | 57.469 | | | | |
| 2-3 | | 79.534 | | | | |
| 3-4 | | 60.123 | | | | |
| 4-5 | | 84.329 | | | | |
| 5-6 | | 98.434 | | | | |
| 6-M | | | | | | |

제1장. 트래버스 측량  39

| 측선 | 조정 위거 | | 조정 경거 | | 측점 | 합위거 | 합경거 |
|---|---|---|---|---|---|---|---|
| | N(+) | S(−) | E(+) | W(−) | | | |
| 1-L | | | | | 1 | 500.000 | 500.000 |
| 1-2 | | | | | 2 | | |
| 2-3 | | | | | 3 | | |
| 3-4 | | | | | 4 | | |
| 4-5 | | | | | 5 | | |
| 5-6 | | | | | 6 | | |
| 6-M | | | | | | | |

(1) 폐합 오차  (2) 폐합비

### (1) 보정 내각

| 측점 | 측선 | 측정 내각 | 보정량 | 보정 내각 |
|---|---|---|---|---|
| | 1-L | | | |
| 1 | 1-2 | 72° 16′ 32″ | +1″ | 72° 16′ 33″ |
| 2 | 2-3 | 128° 36′ 17″ | +1″ | 128° 36′ 18″ |
| 3 | 3-4 | 241° 17′ 39″ | +1″ | 241° 17′ 40″ |
| 4 | 4-5 | 72° 43′ 26″ | +1″ | 72° 43′ 27″ |
| 5 | 5-6 | 289° 42′ 11″ | +1″ | 289° 42′ 12″ |
| 6 | 6-M | 32° 31′ 41″ | +1″ | 32° 31′ 42″ |
| 합 | | 837° 07′ 46″ | | |

① 보정량

$$W_a = [\alpha] - 180°(n-3) - W_b = A_1 + [\alpha] - 180°(n-3) - A_n$$
$$= 40°25′16″ + 837°07′46″ - 180°(6-3) - 337°33′08″$$
$$= -6″ \text{ (오차가 } -6″\text{이니까 보정은 } +6″\text{로 한다.)}$$
$$\therefore +6/6 = +1″$$

### (2) 방위각

| 측선 | 방위각 |
|---|---|
| 1-L | 40° 25′ 16″ |
| 1-2 | 40° 25′ 16″+72° 16′ 33″=112° 41′ 49″ |
| 2-3 | 112° 41′ 49″−180°+128° 36′ 18″=61° 18′ 07″ |
| 3-4 | 61° 18′ 07″−180°+241° 17′ 40″=122° 35′ 47″ |
| 4-5 | 122° 35′ 47″−180°+72° 43′ 27″=15° 19′ 14″ |
| 5-6 | 15° 19′ 14″−180°+289° 42′ 12″=125° 01′ 26″ |
| 6-M | 125° 01′ 26″−180°+32° 31′ 42″=337° 33′ 08″ |

(3) 위거, 경거

| 측선 | 방위각 | 거리(m) | 위거 | 경거 |
|---|---|---|---|---|
| 1-L | 40° 25′ 16″ | | | |
| 1-2 | 112° 41′ 49″ | 57.469 | 57.479×cos 112° 41′ 49″=-22.175 | 57.479×sin 112° 41′ 49″=53.019 |
| 2-3 | 61° 18′ 07″ | 79.534 | 79.534×cos 61° 18′ 07″=38.192 | 79.534×sin 61° 18′ 07″=69.764 |
| 3-4 | 122° 35′ 47″ | 60.123 | 60.123×cos 122° 35′ 47″=-32.389 | 60.123×sin 122° 35′ 47″=50.653 |
| 4-5 | 15° 19′ 14″ | 84.329 | 84.329×cos 15° 19′ 14″=81.332 | 84.329×sin 15° 19′ 14″=22.281 |
| 5-6 | 125° 01′ 26″ | 98.434 | 98.434×cos 125° 01′ 26″=-56.493 | 98.434×sin 125° 01′ 26″=80.609 |
| 6-M | 337° 33′ 08″ | | | |

$$\therefore \sum L = 8.467 \qquad \therefore \sum D = 276.326$$

(4) 조정 위거, 조정 경거

| 측선 | 조정 위거 | | 조정 경거 | |
|---|---|---|---|---|
| | N | S | E | W |
| 1-L | | | | |
| 1-2 | | 22.232 | 53.002 | |
| 2-3 | 38.113 | | 69.740 | |
| 3-4 | | 32.449 | 50.635 | |
| 4-5 | 81.248 | | 22.256 | |
| 5-6 | | 56.592 | 80.579 | |
| 6-M | | | | |

> **참고** 1. 경·위거 조정(컴퍼스 조정)
>
> ① 위거 조정량 = $\dfrac{\text{측선 거리}}{\text{전체 거리}} \times$ 위거 오차
>
> ② 경거 조정량 = $\dfrac{\text{측선 거리}}{\text{전체 거리}} \times$ 경거 오차
>
> 2. 결합 트래버스에서 위거, 경거 오차
>
> ① 위거 오차 = $(X_1 + \sum L) - X_n$
>
> ② 경거 오차 = $(Y_1 + \sum D) - Y_n$

- 위거 오차=(500+8.647)-508.088=+0.379
- 경거 오차=(500+276.326)-776.212=+0.114

① 조정 위거

위거 오차가 ⊕이므로 조정은 ⊖로 한다.

| 측선 | 위거 조정량 | 조정 위거 |
|---|---|---|
| 1-2 | $\dfrac{57.469}{379.889} \times 0.379 = -0.057$ | $-22.175 - 0.057 = 22.232$ |
| 2-3 | $\dfrac{79.534}{379.889} \times 0.379 = -0.079$ | $38.192 - 0.079 = 38.113$ |
| 3-4 | $\dfrac{60.123}{379.889} \times 0.379 = -0.060$ | $-32.389 - 0.060 = -32.449$ |
| 4-5 | $\dfrac{84.329}{379.889} \times 0.379 = -0.084$ | $81.332 - 0.084 = 81.248$ |
| 5-6 | $\dfrac{98.434}{379.889} \times 0.379 = -0.098 \rightarrow 0.099$ | $-56.493 - 0.099 = -56.592$ |

- 조정 계산
  ① 조정량값이 다르다면 조정량이 가장 큰 측선에서 더해주거나 빼준다.
  ② 조정량값이 같다면
    ㉠ 컴퍼스 법칙일 때는
      - 거리가 큰 측선에서 더해주고
      - 거리가 작은 측선에서 빼준다.
    ㉡ 트랜싯 법칙일 때는
      - 위거(경거)가 큰 측선에서 더해주고
      - 위거(경거)가 작은 측선에서 빼준다.
  따라서,
    - 위거 오차 : +0.379
    - 위거 조정 : -0.378
  ∴ 조정량이 가장 큰 5-6측선(0.098)을 0.099로 바꿈

② 조정 경거

경거 오차가 ⊕이므로 조정은 ⊖로 한다.

| 측선 | 경거 조정량 | 조정 경거 |
|---|---|---|
| 1-2 | $\dfrac{57.469}{379.889} \times 0.114 = -0.017$ | 53.019−0.017=53.002 |
| 2-3 | $\dfrac{79.534}{379.889} \times 0.114 = -0.024$ | 69.764−0.024=69.740 |
| 3-4 | $\dfrac{60.123}{379.889} \times 0.114 = -0.018$ | 50.653−0.018=50.635 |
| 4-5 | $\dfrac{84.329}{379.889} \times 0.114 = -0.025$ | 22.281−0.025=22.256 |
| 5-6 | $\dfrac{98.434}{379.889} \times 0.114 = -0.030$ | 80.069−0.030=80.579 |

(5) 합위거, 합경거

| 측점 | 합위거 | 합경거 |
|---|---|---|
| 1 | 500.000 | 500.000 |
| 2 | 500+(−22.232)=477.768 | 500+53.002=553.002 |
| 3 | 477.768+38.113=515.881 | 553.002+69.740=622.742 |
| 4 | 515.881+(−32.449)=483.432 | 622.742+50.635=673.377 |
| 5 | 483.432+81.248=564.680 | 673.377+22.256=695.633 |
| 6 | 564.680+(−56.592)=508.088 | 695.633+80.579=776.212 |

(6) 폐합 오차

$$\text{폐합 오차} = \sqrt{(\text{위거 오차})^2 + (\text{경거 오차})^2} = \sqrt{(0.379)^2 + (0.114)^2}$$
$$= \pm 0.396 \text{m}$$

(7) 폐합비

$$\text{폐합비} = \frac{\text{폐합 오차}}{\text{전체 거리}} = \frac{0.396}{379.889} = \frac{1}{959.316} \fallingdotseq \frac{1}{959}$$

**07** 다음 결합 다각 측량 결과에 의하여 각을 조정하고 성과표를 작성하시오.

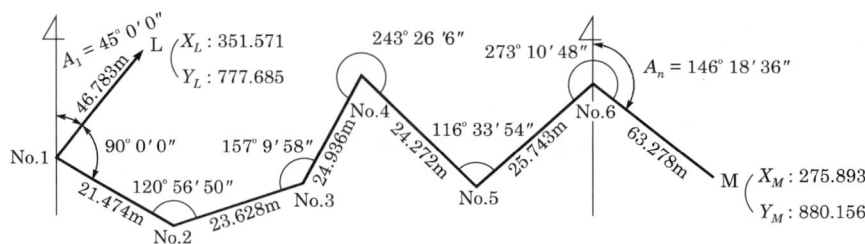

(1) 방위각 계산

| 측점 | 관측각 | 보정량 | 보정각 | 측선 | 방위각 계산 |
|---|---|---|---|---|---|
| 1 | | | | L-1 | |
| 2 | | | | 1-2 | |
| 3 | | | | 2-3 | |
| 4 | | | | 3-4 | |
| 5 | | | | 4-5 | |
| 6 | | | | 5-6 | |
| 계 | | | | 6-M | |

(2) 성과표

(단, 위·경거는 컴퍼스 법칙으로 조정하고, 계산은 소수점 아래 4자리에서 반올림하시오.)

| 측선 | 거리(m) | 방위각 | 위거 + | 위거 − | 경거 + | 경거 − | 위거 조정량 | 조정 위거 | 경거 조정량 | 조정 경거 | 측점 | 합위거 | 합경거 |
|---|---|---|---|---|---|---|---|---|---|---|---|---|---|
| L-1 | | | | | | | | | | | L | | |
| 1-2 | | | | | | | | | | | 1 | | |
| 2-3 | | | | | | | | | | | 2 | | |
| 3-4 | | | | | | | | | | | 3 | | |
| 4-5 | | | | | | | | | | | 4 | | |
| 5-6 | | | | | | | | | | | 5 | | |
| 6-M | | | | | | | | | | | 6 | | |
| | | | | | | | | | | | M | | |

## 해설

### (1) 방위각 계산

| 측점 | 관측각 | 보정량 | 보정각 | 측선 | 방위각 계산 |
|---|---|---|---|---|---|
| 1 | 90° 00′ 00″ | +10″ | 90° 00′ 10″ | L−1 | 45°+180°=225° 00′ 00″ |
| 2 | 120° 56′ 50″ | +10″ | 120° 57′ 00″ | 1−2 | 45°+90° 00′ 10″=135° 00′ 10″ |
| 3 | 157° 09′ 58″ | +10″ | 157° 10′ 08″ | 2−3 | 135° 00′ 10″−180°+120° 57′ 00″=75° 57′ 10″ |
| 4 | 243° 26′ 06″ | +10″ | 243°26′ 16″ | 3−4 | 75° 57′ 10″−180°+157° 10′ 08″=53° 07′ 18″ |
| 5 | 116° 33′ 54″ | +10″ | 116° 34′ 04″ | 4−5 | 53° 07′ 18″−180°+243° 26′ 16″=116° 33′ 34″ |
| 6 | 273° 10′ 48″ | +10″ | 273° 10′ 58″ | 5−6 | 116° 33′ 34″−180°+116° 34′ 04″=53° 07′ 38″ |
| 계 | 1001° 17′ 36″ | +10″ |  | 6−M | 53° 07′ 38″−180°+273° 10′ 58″=146°18′ 36″ |

$$\Delta \alpha = A_1 + [\alpha] - 180°(n-1) - A_n$$
$$= 45° + 1001° 17′ 36″ - 180°(6-1) - 146° 18′ 36″ = -1′$$

∴ 보정량 $= \dfrac{60″}{6} = \oplus 10″$

### (2) 성과표

| 측선 | 거리(m) | 방위각 | 위거 + | 위거 − | 경거 + | 경거 − |
|---|---|---|---|---|---|---|
| L−1 | 46.783m | 225° 00′ 00″ |  | 33.081 |  | 33.081 |
| 1−2 | 21.474m | 135° 00′ 10″ |  | 15.185 | 15.184 |  |
| 2−3 | 23.628m | 75° 57′ 10″ | 5.735 |  | 22.921 |  |
| 3−4 | 24.936m | 53° 07′ 18″ | 14.965 |  | 19.947 |  |
| 4−5 | 24.272m | 116° 33′ 34″ |  | 10.853 | 21.711 |  |
| 5−6 | 25.743m | 53° 07′ 38″ | 15.447 |  | 20.594 |  |
| 6−M | 63.278m | 146° 18′ 36″ |  | 52.651 | 35.100 |  |

| 측선 | 위거 조정량 | 조정 위거 | 경거 조정량 | 조정 경거 | 측점 | 합위거 | 합경거 |
|---|---|---|---|---|---|---|---|
| L−1 | −0.011 | −33.092 | +0.019 | −33.062 | L | 351.571 | 777.685 |
| 1−2 | −0.005 | −15.190 | +0.009 | 15.193 | 1 | 318.479 | 744.623 |
| 2−3 | −0.006 | 5.729 | +0.010 | 22.931 | 2 | 303.289 | 759.816 |
| 3−4 | −0.006 | 14.959 | +0.010 | 19.957 | 3 | 309.018 | 782.747 |
| 4−5 | −0.006 | −10.859 | +0.010 | 21.721 | 4 | 323.977 | 802.704 |
| 5−6 | −0.006 | 15.441 | +0.011 | 20.605 | 5 | 313.118 | 824.425 |
| 6−M | −0.015 | −52.666 | +0.026 | 35.126 | 6 | 328.559 | 845.030 |
|  |  |  |  |  | M | 275.893 | 880.156 |

① 위거 오차$(\Delta L) = (X_L + \sum L) - X_M = (351.571 \ominus 75.623) - 275.893 = 0.055$

② 경거 오차$(\Delta D) = (Y_L + \sum D) - Y_M = (777.685 \oplus 102.376) - 880.156$
$$= -0.095$$

③ 위거, 경거 조정량(컴퍼스 법칙)

㉠ 위거 조정량

 ⓐ L-1 측선 위거 조정량 $= \dfrac{46.783}{230.114} \times 0.055 = \ominus 0.011$

 ⓑ 1-2 측선 위거 조정량 $= \dfrac{21.474}{230.114} \times 0.055 = \ominus 0.005$

 ⓒ 2-3 측선 위거 조정량 $= \dfrac{23.628}{230.114} \times 0.055 = \ominus 0.006$

 ⓓ 3-4 측선 위거 조정량 $= \dfrac{24.936}{230.114} \times 0.055 = \ominus 0.006$

 ⓔ 4-5 측선 위거 조정량 $= \dfrac{24.272}{230.114} \times 0.055 = \ominus 0.006$

 ⓕ 5-6 측선 위거 조정량 $= \dfrac{25.743}{230.114} \times 0.055 = \ominus 0.006$

 ⓖ 6-M 측선 위거 조정량 $= \dfrac{63.278}{230.114} \times 0.055 = \ominus 0.015$

㉡ 경거 조정량

 ⓐ L-1 측선 경거 조정량 $= \dfrac{46.783}{230.114} \times 0.095 = \oplus 0.019$

 ⓑ 1-2 측선 경거 조정량 $= \dfrac{21.474}{230.114} \times 0.095 = \oplus 0.009$

 ⓒ 2-3 측선 경거 조정량 $= \dfrac{23.628}{230.114} \times 0.095 = \oplus 0.010$

 ⓓ 3-4 측선 경거 조정량 $= \dfrac{24.936}{230.114} \times 0.095 = \oplus 0.010$

 ⓔ 4-5 측선 경거 조정량 $= \dfrac{24.272}{230.114} \times 0.095 = \oplus 0.010$

 ⓕ 5-6 측선 경거 조정량 $= \dfrac{25.743}{230.114} \times 0.095 = \oplus 0.011$

 ⓖ 6-M 측선 경거 조정량 $= \dfrac{63.278}{230.114} \times 0.095 = \oplus 0.026$

④ 합위거, 합경거
  ㉠ 합위거

| 측선 | 조정 위거 | 측점 | 합위거 |
|---|---|---|---|
| L-1 | -33.092 | L | 351.571 |
| 1-2 | -15.190 | 1 | 351.571-33.092=318.479 |
| 2-3 | 5.729 | 2 | 318.479-15.190=303.289 |
| 3-4 | 14.959 | 3 | 303.289+5.729=309.018 |
| 4-5 | -10.859 | 4 | 309.018+14.959=323.977 |
| 5-6 | 15.441 | 5 | 323.977-10.859=313.118 |
| 6-M | -52.666 | 6 | 313.118+15.441=328.559 |
|  |  | M | 328.559-52.666=275.893 |

  ㉡ 합경거

| 측선 | 조정 경거 | 측점 | 합경거 |
|---|---|---|---|
| L-1 | -33.062 | L | 777.685 |
| 1-2 | 15.193 | 1 | 777.685-33.062=744.623 |
| 2-3 | 22.931 | 2 | 744.623+15.193=759.816 |
| 3-4 | 19.957 | 3 | 759.816+22.931=782.747 |
| 4-5 | 21.721 | 4 | 782.747+19.957=802.704 |
| 5-6 | 20.605 | 5 | 802.704+21.721=824.425 |
| 6-M | 35.126 | 6 | 824.425+20.605=845.030 |
|  |  | M | 845.030+35.126=880.156 |

## 08 그림과 같은 삼각형의 성과가 주어졌을 때 다음 요소를 계산하시오.

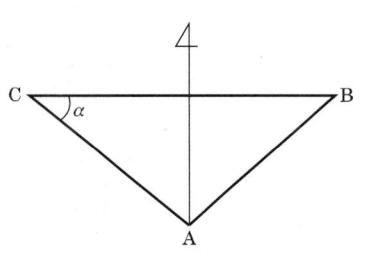

| 측점 | 좌표 | |
|---|---|---|
| | X | Y |
| A | 12,270.60 | 10,580.40 |
| B | 14,340.30 | 13,350.50 |

| AC 방위각 | 330° 10′ 20″ |
|---|---|
| BC 방위각 | 265° 32′ 40″ |

(1) 측선 AB의 거리는? (단, 계산은 소수점 아래 4자리에서 반올림할 것)
(2) C점의 각 $\alpha$는?
(3) 측선 AC 및 BC의 거리는? (각은 0.1초 단위까지 계산하고, 거리는 소수점 아래 4자리에서 반올림할 것)
(4) C점의 좌표는? (소수점 아래 4자리에서 반올림할 것)
  ① $X_C$  ② $Y_C$

(1) AB의 거리

$$\overline{AB} = \sqrt{(X_B - X_A)^2 + (Y_B - Y_A)^2}$$
$$= \sqrt{(14,340.30 - 12,270.60)^2 + (13,350.50 - 10,580.40)^2}$$
$$= 3,457.906 \text{m}$$

(2) C점의 각 $\alpha$

$\alpha$ = CA 방위각 − CB 방위각
  = (330° 10′ 20″ + 180°) − (265° 32′ 40″ + 180°) = 64° 37′ 40″

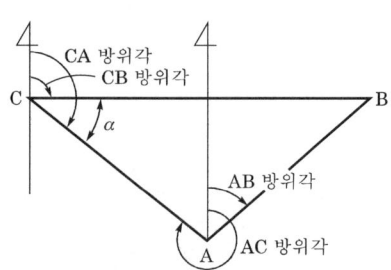

(3) 측선 AC 및 BC의 거리

① $\overline{AC}$ 거리(sin 법칙)

$$\overline{AC} \text{ 거리} = \frac{\overline{AB}}{\sin \angle C} \times \sin \angle B = \frac{3,457.906}{\sin 64°37'40''} \times \sin 32°18'35.8''$$
$$= 2,045.555\text{m}$$

> ▶ ∠A, ∠B
> ∠A = 360° − AC 방위각 + AB 방위각
>     = 360° − 330°10′20″ + 53°14′04.2″ = 83°03′44.2″
> ∠B = 180° − (∠A + ∠α)
>     = 180° − (83°03′44.2″ + 64°37′40″) = 32°18′35.8″

② $\overline{BC}$ 거리(sin 법칙)

$$\overline{BC} \text{ 거리} = \frac{\overline{AB}}{\sin \angle C} \times \sin \angle A = \frac{3,457.906}{\sin 64°37'40''} \times \sin 83°03'44.2''$$
$$= 3,799.030\text{m}$$

(4) C점의 평균 좌표

① 기지점 A를 이용

$X_C = X_A + A_C$ 측선의 위거 = 12,270.60 + 1,774.569 = 14,045.169
$Y_C = Y_A + A_C$ 측선의 경거 = 10,580.40 + (−1,017.448) = 9,562.952

> ▶ AC 위거, AC 경거
> AC 위거 = AC 거리 × cos AC 방위각 = 2,045.555 × cos 330°10′20″
>         = 1,774.569
> AC 경거 = AC 거리 × sin AC 방위각 = 2,045.555 × sin 330°10′20″
>         = −1,017.448

② 기지점 B를 이용

$X_C = X_B + $ BC 위거 = 14,340.30 + (−295.131) = 14,045.169
$Y_C = Y_B + $ BC 위거 = 13,350.50 + (−3,787.549) = 9,562.951

> ▶ BC 위거, BC 경거
> BC 위거 = BC 거리 × cos BC 방위각 = 3,799.030 × cos 265°32′40″
>         = −295.131
> BC 경거 = BC 거리 × sin BC 방위각 = 3,799.030 × sin 265°32′40″
>         = −3,787.549

∴ C점의 평균 좌표는 $X_C$ = 14,045.169, $Y_C$ = 9,562.952

**09** P점에 광파 측거의를 설치하고 다음 값을 측정하였다. 이때 다음 물음에 답하시오. (단, 계산은 소수점 아래 3자리까지, 각은 0.1″까지 구할 것)

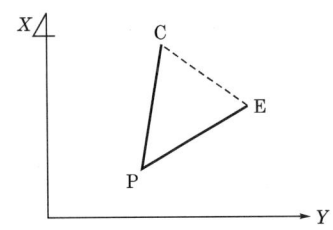

$\overline{PC} = 4,176.708$m
$\overline{PE} = 2,739.177$m
C점 좌표(8,503.22, 5,482.77)
E점 좌표(4,920.30, 6,095.81)

(1) 측선 CE의 거리를 구하시오.
(2) EC의 방위각을 구하시오.
(3) ∠PEC를 구하시오.
(4) EP의 방위각을 구하시오.
(5) P점의 좌표를 구하시오.

### 해설

(1) 측선 CE의 거리

$$\text{CE 거리} = \sqrt{(X_E - X_C)^2 + (Y_E - Y_C)^2}$$
$$= \sqrt{(4,920.30 - 8,503.22)^2 + (6,095.81 - 5,482.77)^2}$$
$$= 3,634.987\text{m}$$

| 측점 | C점 | 측점 | E점 |
|---|---|---|---|
| $X_C$ | 8,503.22 | $X_E$ | 4,920.30 |
| $Y_C$ | 5,482.77 | $Y_E$ | 6,095.81 |

(2) EC의 방위각

$$\tan^{-1}\left(\frac{Y_C - Y_E}{X_C - X_E}\right) = \tan^{-1}\left(\frac{5,482.77 - 6,095.81}{8,503.22 - 4,920.30}\right) = N\,9°\,42'\,33.6''\,W$$

∴ $360° - 9°\,42'\,33.6'' = 350°\,17'\,26.4''$

(3) ∠PEC

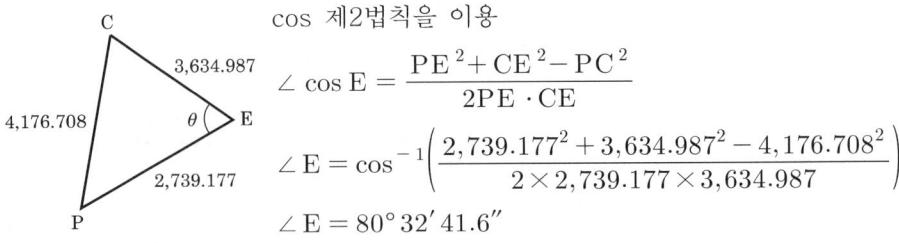

cos 제2법칙을 이용

$$\angle \cos E = \frac{PE^2 + CE^2 - PC^2}{2PE \cdot CE}$$

$$\angle E = \cos^{-1}\left(\frac{2,739.177^2 + 3,634.987^2 - 4,176.708^2}{2 \times 2,739.177 \times 3,634.987}\right)$$

$$\angle E = 80°\,32'\,41.6''$$

(4) EP의 방위각

  EC의 방위각 $-\angle E = 350°17'26.4'' - 80°32'41.6'' = 269°44'44.8''$

(5) P점의 좌표

$Y_P = Y_E + \text{EP 거리} \cos \text{EP 방위각}$

  $= 4,920.30 + 2,739.177 \times \cos 269°44'44.8''$

  $= 4,908.146\text{m}$

$Y_P = Y_E + \text{EP 거리} \sin \text{EP 방위각}$

  $= 6,095.81 + 2,739.177 \times \sin 269°44'44.8''$

  $= 3,356.660\text{m}$

---

❖ ∠PEC 별해

헤론의 공식(삼변법)으로 면적을 구한다.

$$S = \frac{a+b+c}{2} = \frac{4,176.708 + 3,634.987 + 2,739.177}{2} = 5,275.436$$

$\therefore A = \sqrt{S(S-a)(S-b)(S-c)}$

  $= \sqrt{5,275.436(5,275.436-4,176.708)(5,275.436-3,634.987)}$

   $\sqrt{(5,275.436-2,739.177)}$

  $= 4,910,802.21$

따라서, (이변 협각법=삼변법)

$$\frac{b \times c \times \sin \theta}{2} = 4,910,802.21$$

$$\frac{3,634.987 \times 2,739.177 \times \sin \angle E}{2} = 4,910,802.21$$

$$\sin \angle E = \frac{4,910,802.21 \times 2}{3,634.987 \times 2,739.177}$$

$$\angle E = \sin^{-1}\left(\frac{4,910,802.21 \times 2}{3,634.987 \times 2,739.177}\right)$$

$\therefore \angle E = 80°32'41.6''$

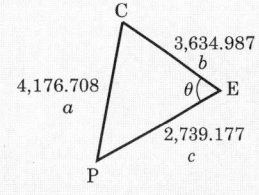

**10** 다음 성과표에 의하여 각 요소를 구하시오. (단, 거리 계산은 소수점 아래 4자리에서 반올림하고, 각은 0.01″까지 구할 것)

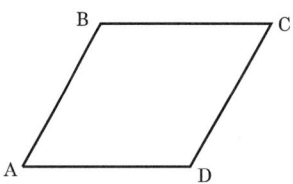

|   | $X$ | $Y$ |
|---|---|---|
| A | 125 | 110 |
| B | 160 | 135 |
| C | 160 | 205 |
| D | 125 | 198 |

(1) AB의 거리    (2) BC의 거리    (3) CD의 거리    (4) AD의 거리
(5) AB 방위각    (6) BC 방위각    (7) CD 방위각    (8) DA 방위각

(1) AB의 거리 $= \sqrt{(X_B - X_A)^2 + (Y_B - Y_A)^2} = \sqrt{35^2 + 25^2} = 43.012\,\text{m}$

(2) BC의 거리 $= \sqrt{(X_C - X_B)^2 + (Y_C - Y_B)^2} = \sqrt{0 + 70^2} = 70.000\,\text{m}$

(3) CD의 거리 $= \sqrt{(X_D - X_C)^2 + (Y_D - Y_C)^2} = \sqrt{(-35)^2 + (-7)^2} = 35.693\,\text{m}$

(4) AD의 거리 $= \sqrt{(X_D - X_A)^2 + (Y_D - Y_A)^2} = \sqrt{0 + 88^2} = 88.000\,\text{m}$

(5) AB 방위각 $= \tan^{-1}\left(\dfrac{Y_B - Y_A}{X_B - X_A}\right) = \tan^{-1}\left(\dfrac{135 - 110}{160 - 125}\right) = 35°\,32'\,15.64''$

(6) BC 방위각 $= \tan^{-1}\left(\dfrac{Y_C - Y_B}{X_C - X_B}\right) = \tan^{-1}\left(\dfrac{205 - 135}{160 - 160}\right) = 90°$

(7) CD 방위각 $= \tan^{-1}\left(\dfrac{Y_D - Y_C}{X_D - X_C}\right) = \tan^{-1}\left(\dfrac{198 - 205}{125 - 160}\right) = $ S $11°\,18'\,35.76''$ W
$= 180° + 11°\,18'\,35.76'' = 191°\,18'\,35.76''$

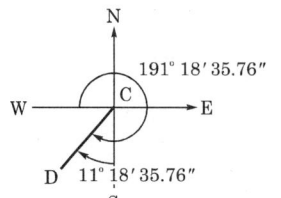

CD 방위 = S 11° 18′ 35.76″ W (3상한)

(8) DA 방위각 $= \tan^{-1}\left(\dfrac{Y_A - Y_D}{X_A - X_D}\right) = \tan^{-1}\left(\dfrac{110 - 198}{125 - 125}\right)$
$= -90° = 360° - 90° = 270°$

**11** 그림과 같이 AB 측선을 NS축으로 하고, B점을 원점(O, O)으로 하여 다음 요소들을 구하시오. (단, 계산은 소수점 아래 4자리에서 반올림할 것)

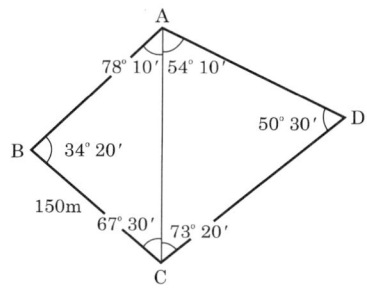

(1) AB 거리
(2) AC 거리
(3) AD 거리
(4) AD 방위각
(5) AD 위거, AD 경거
(6) AD 합위거, AD 합경거
(7) BD 거리

### 해설

(1) AB 거리(sin 법칙) $= \dfrac{150}{\sin 78°10'} \times \sin 67°30' = 141.591\text{m}$

(2) AC 거리(sin 법칙) $= \dfrac{150}{\sin 78°10'} \times \sin 34°20' = 86.438\text{m}$

(3) AD 거리(sin 법칙) $= \dfrac{86.438}{\sin 52°30'} \times \sin 73°20' = 104.376\text{m}$

(4) AD 방위각 $= 180° - 78°10' - 54°10' = 47°40'00''$

(5) AD 위거 $= \overline{AD} \times \cos\theta = 104.376 \times \cos 47°40'00'' = 70.291\text{m}$
    AD 경거 $= \overline{AD} \times \sin\theta = 104.376 \times \sin 47°40'00'' = 77.159\text{m}$

(6) AB 측선이 NS 축 → A점 좌표(141.501, 0)
    ∴ AD 합위거 $= X_A + $ AD 위거 $= 141.591 + 70.291 = 211.882\text{m}$
    ∴ AD 합경거 $= Y_A + $ AD 경거 $= 0 + 77.159 = 77.159\text{m}$

(7) BD 거리 $= \sqrt{(X_D - X_B)^2 + (Y_D - Y_B)^2} = \sqrt{(211.882-0)^2 + (77.159-0)^2}$
    $= 225.494\text{m}$

**12** 다음 그림에서 C점의 평균 좌표를 구하시오.

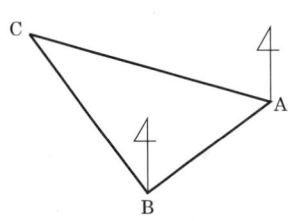

$X_A = 1,206.74$
$Y_A = 1,308.41$
$X_B = 1,130.84$
$Y_B = 1,216.33$
$\overline{AC} = 313.84$, AC 방위각$= 308°07'30''$
$\overline{BC} = 310.95$, BC 방위각$= 330°08'26''$

#### 해설

C점의 평균 좌표는 먼저 A점을 기준으로 구하고 다음에 B점을 기준으로 구한 뒤에 이 두 값을 평균해서 구한다.

$$\begin{cases} X_C = X_A + \overline{AC} \cos\theta = 1,206.74 + 313.84 \times \cos 308°07'30'' = 1,400.50 \\ Y_C = Y_A + \overline{AC} \sin\theta = 1,308.41 + 313.84 \times \sin 308°07'30'' = 1,061.52 \end{cases}$$

$$\begin{cases} X_C = X_B + \overline{BC} \cos\theta = 1,130.84 + 310.95 \times \cos 330°08'26'' = 1,400.51 \\ Y_C = Y_B + \overline{BC} \sin\theta = 1,216.33 + 310.95 \times \sin 330°08'26'' = 1,061.52 \end{cases}$$

그러므로 구하고자 하는 C점의 평균 좌표는

$$X_C = \frac{X_{\overline{AC}} + X_{\overline{BC}}}{2} = 1,400.51$$

$$Y_C = \frac{Y_{\overline{AC}} + Y_{\overline{BC}}}{2} = 1,061.52$$

**13** 그림과 같이 세 측선의 방위각과 좌표에 의하여 세 각과 세 변의 길이를 구하시오. (단, 계산은 소수점 아래 4자리에서 반올림할 것)

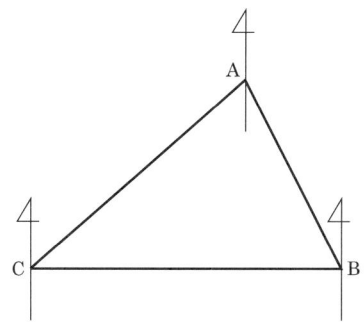

AB 방위각 : 137° 25′ 40″
BC 방위각 : 249° 04′ 18″
CA 방위각 : 19° 41′ 22″

| 측점 | $X$(m) | $Y$(m) |
| --- | --- | --- |
| A | 424.254 | 674.545 |
| B | 253.991 | 830.958 |
| C | 157.696 | 579.159 |

(1) 내각 계산
　① ∠A,　　　　　② ∠B,　　　　　③ ∠C
(2) 거리 계산
　① $\overline{AB}$,　　　　② $\overline{BC}$,　　　　③ $\overline{AC}$

(1) 내각 계산

① ∠A = AC 방위각 − AB 방위각 = (19° 41′ 22″ + 180°) − 137° 25′ 40″
　　= 62° 15′ 42″

② ∠B = BA 방위각 − BC 방위각 = (137° 25′ 40″ + 180°) − 249° 04′ 18″
　　= 68° 21′ 22″

③ ∠C = CB 방위각 − CA 방위각 = (249° 04′ 18″ − 180°) − 19° 41′ 22″
　　= 49° 22′ 56″

(2) 거리 계산

① $\overline{AB} = \sqrt{(X_B - X_A)^2 + (Y_B - Y_A)^2} = 231.202\text{m}$

② $\overline{BC} = \sqrt{(X_C - X_B)^2 + (Y_C - Y_B)^2} = 269.584\text{m}$

③ $\overline{AC} = \sqrt{(X_C - X_A)^2 + (Y_C - Y_A)^2} = 283.111\text{m}$

**14** 다음 그림에서 삼각점 A로부터 C점의 위치를 구하기 위해 그림과 같은 보조점 B와 C를 설치하여 다음과 같은 성과를 얻었을 때 AC의 평균 거리, AC 방위각, C점의 좌표를 구하시오.

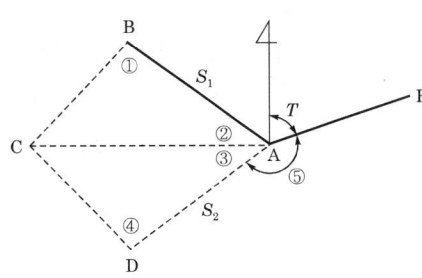

$S_1 = 65.250\text{m}$,  $S_2 = 84.950\text{m}$

① $63°25'19''$   $X_A = 6,389.25\text{m}$

② $82°03'46''$   $Y_A = -4,637.51\text{m}$

③ $54°06'06''$

④ $73°36'29''$

⑤ $153°00'10''$

$T = 65°20'26''$

(1) AC의 평균 거리
(2) AC 방위각
(3) C점 좌표($X_C$), C점 좌표($Y_C$)

(1) AC의 평균 거리

$$\dfrac{\overline{AC}}{\sin ①} = \dfrac{S_1}{\sin \angle BCA} \qquad \therefore \overline{AC} = 102.986\text{m}$$

$$\dfrac{\overline{AC}}{\sin ④} = \dfrac{S_2}{\sin \angle ACD} \qquad \therefore \overline{AC} = 103.015\text{m}$$

$$\therefore AC = \dfrac{102.986 + 103.015}{2} = 103.001\text{m}$$

(2) AC 방위각

$T + ⑤ + ③ = 65°20'26'' + 153°00'10'' + 54°06'06'' = 272°26'42''$

(3) C점 좌표

$X_C = X_A + \text{AC 거리} \times \cos\theta = 6,389.25 + 103.001 \times \cos 272°26'42''$
$\quad = 6,393.64\text{m}$

$X_C = X_A + \text{AC 거리} \times \sin\theta = -4,637.51 + 103.001 \times \sin 272°26'42''$
$\quad = -4,740.42\text{m}$

# 01 실/전/문/제

**01** 다음과 같은 그림에서 성과표를 완성하고, 1~3의 직선 거리를 구하시오. (단, 계산은 소수점 아래 3자리에서 반올림할 것)

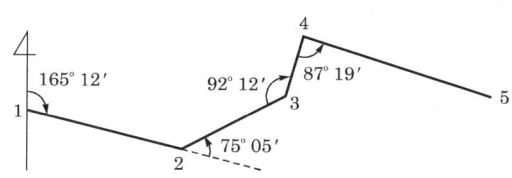

| 측점 | 측선 | 거리 | 방위각 | 위거 | 경거 | 측점 | 합위거 | 합경거 |
|---|---|---|---|---|---|---|---|---|
| 1 | 1-2 | 120.25 | 165° 12′ | | | 1 | 0 | 0 |
| 2 | 2-3 | 102.38 | | | | 2 | | |
| 3 | 3-4 | 52.38 | | | | 3 | | |
| 4 | 4-5 | 140.65 | | | | 4 | | |
| 5 | | | | | | 5 | | |

| 측점 | 측선 | 거리 | 방위각 | 위거 | 경거 | 측점 | 합위거 | 합경거 |
|---|---|---|---|---|---|---|---|---|
| 1 | 1-2 | 120.25 | 165° 12′ | -116.26 | 30.72 | 1 | 0 | 0 |
| 2 | 2-3 | 102.38 | 91° 07′ | -2.00 | 102.36 | 2 | -116.26 | 30.72 |
| 3 | 3-4 | 52.38 | 3° 19′ | 52.29 | 3.03 | 3 | -118.26 | 133.08 |
| 4 | 4-5 | 140.65 | 96° 00′ | -14.70 | 139.88 | 4 | -65.97 | 136.11 |
| 5 | | | | | | 5 | -80.67 | 275.99 |

(1) 방위각

 ① 1-2 측선의 방위각=165° 12′

 ② 2-3 측선의 방위각=165° 12′-74° 05′=91° 07′

 ③ 3-4 측선의 방위각=91° 07′-180°+92° 12′=3° 19′

 ④ 4-5 측선의 방위각=3° 19′+180°-87° 19′=96°

(2) 합위거, 합경거

① 합위거
  ㉠ 1점의 합위거 : 0
  ㉡ 2점의 합위거 : 0−116.26=−116.26
  ㉢ 3점의 합위거 : −116.26−2.00=−118.26
  ㉣ 4점의 합위거 : −118.26+52.29=−65.97
  ㉤ 5점의 합위거 : −65.97−14.70=−80.67

② 합경거
  ㉠ 1점의 합경거 : 0
  ㉡ 2점의 합경거 : 0+30.72=30.72
  ㉢ 3점의 합경거 : 30.72+102.36=133.08
  ㉣ 4점의 합경거 : 133.08+3.03=136.11
  ㉤ 5점의 합경거 : 136.11+139.88=275.99

(3) 위거, 경거

① 위거
  ㉠ 1−2 측선의 위거=120.25×cos 165° 12′=−116.26
  ㉡ 2−3 측선의 위거=102.38×cos 91° 07′=−2.00
  ㉢ 3−4 측선의 위거=52.38×cos 3° 19′=52.29
  ㉣ 4−5 측선의 위거=140.65×cos 96° 00′=−14.70

② 경거
  ㉠ 1−2 측선의 경거=120.25×sin 165° 12′=30.72
  ㉡ 2−3 측선의 경거=102.38×sin 91° 07′=102.36
  ㉢ 3−4 측선의 경거=52.38×sin 3° 19′=3.03
  ㉣ 4−5 측선의 경거=140.65×sin 96° 00′=139.88

(4) 1~3 거리

$$1\text{~}3\ 거리 = \sqrt{(x_3-x_1)^2+(y_3-y_1)^2} = \sqrt{(-118.26-0)^2+(133.08-0)^2}$$
$$= 178.03\text{m}$$

그러므로 구하고자 하는 1~3의 직선 거리는 178.03m이다.

**02** 다음 그림은 결합 트래버스의 한 예이다. 망조정을 실시하고 각 측점의 좌표를 구하시오. (단, 경거, 위거의 폐합 오차는 컴퍼스 법칙에 의하여 조정하고 폐합 오차의 크기와 폐합비를 구할 것)

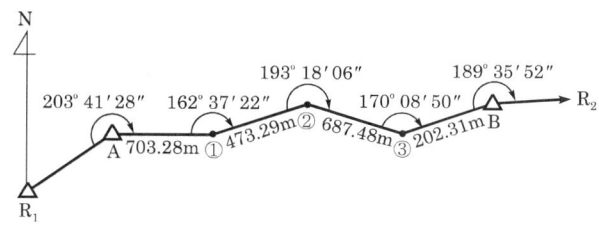

방위각 : 측선 $\overrightarrow{R_1A}$ : 48° 27′ 30″

측선 $\overrightarrow{BR_2}$ : 67° 48′ 48″

| 좌표 | E | N |
|---|---|---|
| A | 3,208.49m | 4,375.29m |
| B | 5,074.49m | 5,227.47m |

| 측점 | 측정각 | 조정량 | 조정각 | 측선 | 거리 | 방위각 | 방위 |
|---|---|---|---|---|---|---|---|
| A |  |  |  | A-① |  |  |  |
| ① |  |  |  | ①-② |  |  |  |
| ② |  |  |  | ②-③ |  |  |  |
| ③ |  |  |  | ③-B |  |  |  |
| B |  |  |  |  |  |  |  |
| 계 |  |  |  |  |  |  |  |

| 측점 | 위거 | 위거 조정량 | 조정 위거 | 경거 | 경거 조정량 | 조정 경거 | 측점 | 좌표 X | 좌표 Y |
|---|---|---|---|---|---|---|---|---|---|
|  |  |  |  |  |  |  | A |  |  |
|  |  |  |  |  |  |  | ① |  |  |
|  |  |  |  |  |  |  | ② |  |  |
|  |  |  |  |  |  |  | ③ |  |  |
|  |  |  |  |  |  |  | B |  |  |

| 측점 | 측정각 | 조정량 | 조정각 | 측선 | 거리 | 방위각 | 방위 |
|---|---|---|---|---|---|---|---|
| A | 203° 41′ 28″ | −4″ | 203° 41′ 24″ | A-① | 703.28 | 72° 08′ 54″ | N 72° 08′ 54″ E |
| ① | 162° 37′ 22″ | −4″ | 162° 37′ 18″ | ①-② | 473.29 | 54° 46′ 12″ | N 54° 46′ 12″ E |
| ② | 193° 18′ 06″ | −4″ | 193° 18′ 02″ | ②-③ | 687.48 | 68° 04′ 14″ | N 68° 04′ 14″ E |
| ③ | 170° 08′ 50″ | −4″ | 170° 08′ 46″ | ③-B | 202.31 | 58° 12′ 58″ | N 58° 12′ 58″ E |
| B | 189° 35′ 52″ | −4″ | 189° 35′ 48″ | | | | |
| 계 | 919° 21′ 38″ | −20″ | | | 2,066.36 | | |

| 측점 | 위거 | 위거 조정량 | 조정 위거 | 경거 | 경거 조정량 | 조정 경거 | 측점 | 좌표 X | 좌표 Y |
|---|---|---|---|---|---|---|---|---|---|
| A-① | 215.593 | +0.085 | 215.678 | 669.419 | +0.092 | 669.511 | A | 4,375.290 | 3,208.490 |
| ①-② | 273.022 | +0.058 | 273.080 | 386.604 | +0.062 | 386.666 | ① | 4,590.968 | 3,878.001 |
| ②-③ | 256.756 | +0.083 | 256.839 | 637.735 | +0.089 | 637.824 | ② | 4,864.048 | 4,264.667 |
| ③-B | 106.560 | +0.024 | 106.584 | 171.972 | +0.026 | 171.998 | ③ | 5,120.866 | 4,902.492 |
| | | | | | | | B | 5,227.470 | 5,074.490 |
| 계 | 851.931 | +0.249 | | 1,865.730 | +0.270 | | | | |

(1) 폐합 오차

폐합 오차 $= \sqrt{위거\ 오차^2 + 경거\ 오차^2} = \sqrt{0.249^2 + 0.270^2} = \pm 0.367\,\mathrm{m}$

▶위거 오차, 경거 오차
- 위거 오차 = (4,375.29 + 851.931) − 5,227.47 = −0.249
- 경거 오차 = (3,208.49 + 1,865.730) − 5,074.49 = −0.270

(2) 폐합비

폐합비 $= \dfrac{폐합\ 오차}{총\ 거리} = \dfrac{0.367}{2,066.36} = \dfrac{1}{5,630.409} ≒ \dfrac{1}{5,630}$

**03** 다음 그림을 보고 성과표를 작성하시오. 또한 $\overline{AD}$ 거리 및 $\overline{AD}$ 방위각을 구하시오. (단, 위, 경거 조정은 컴퍼스 법칙으로 하고 계산은 소수점 아래 4자리에서 반올림할 것)

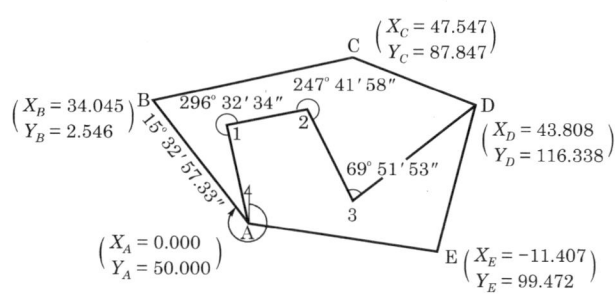

(1) 좌표 계산

| 측선 | 방위각 | 방위 | 거리(m) | 위거 | | 경거 | | 위거 조정량 | 경거 조정량 |
|---|---|---|---|---|---|---|---|---|---|
| | | | | N(+) | S(−) | E(+) | W(−) | | |
| A−1 | | | 36.924 | | | | | | |
| 1−2 | | | 42.005 | | | | | | |
| 2−3 | | | 38.325 | | | | | | |
| 3−D | | | 46.173 | | | | | | |
| 계 | | | | | | | | | |

| 측선 | 조정 위거 | | 조정 경거 | | 측점 | 합위거 | 합경거 |
|---|---|---|---|---|---|---|---|
| | N(+) | S(−) | E(+) | W(−) | | | |
| A−1 | | | | | A | | |
| 1−2 | | | | | 1 | | |
| 2−3 | | | | | 2 | | |
| 3−D | | | | | 3 | | |
| 계 | | | | | 계 | | |

(2) $\overline{AD}$ 거리 계산

(3) $\overline{AD}$ 방위각 계산(각은 0.01″까지 구할 것)

(4) $\overline{AD}$ 방위 계산

(5) 폐합 오차($E$), 폐합비($B$)

제1장. 트래버스 측량

### 해설

**(1) 좌표 계산**

| 측선 | 방위각 | 방위 | 거리(m) | 위거 N(+) | 위거 S(−) | 경거 E(+) | 경거 W(−) | 위거 조정량 | 경거 조정량 |
|---|---|---|---|---|---|---|---|---|---|
| A−1 | 321° 12′ 22″ | N 38° 47′ 38″ W | 36.924 | 28.779 |  |  | 23.134 | 0.001 | 0 |
| 1−2 | 77° 44′ 56″ | N 77° 44′ 56″ E | 42.005 | 8.913 |  | 41.048 |  | 0.001 | −0.001 |
| 2−3 | 145° 26′ 54″ | S 34° 33′ 06″ E | 38.325 |  | 31.565 | 21.736 |  | 0.001 | 0 |
| 3−D | 35° 18′ 47″ | N 35° 18′ 47″ E | 46.173 | 37.677 |  | 26.690 |  | 0.001 | −0.001 |
| 계 |  |  | 163.427 | 75.369 | 31.565 | 89.474 | 23.134 |  |  |

| 측선 | 조정 위거 N(+) | 조정 위거 S(−) | 조정 경거 E(+) | 조정 경거 W(−) | 측점 | 합위거 | 합경거 |
|---|---|---|---|---|---|---|---|
| A−1 | 28.780 |  |  | 23.134 | A | 0 | 50.000 |
| 1−2 | 8.914 |  | 41.047 |  | 1 | 28.780 | 26.866 |
| 2−3 |  | 31.564 | 21.736 |  | 2 | 37.694 | 67.913 |
| 3−D | 37.678 |  | 26.689 |  | 3 | 6.130 | 89.649 |
| 계 |  |  |  |  | 계 | 43.808 | 116.338 |

**(2) $\overline{AD}$ 거리 계산**

$$\overline{AD} = \sqrt{(X_D - X_A)^2 + (Y_D - Y_A)^2} = 79.498\,\text{m}$$

**(3) $\overline{AD}$ 방위각 계산(각은 0.01″까지 구할 것)**

$$\theta = \tan^{-1}\left(\frac{Y_D - Y_A}{X_D - X_A}\right) = \tan^{-1}\left(\frac{116.338 - 50}{43.808 - 0}\right)$$

$$\therefore \theta = 56° 33′ 36.72″$$

그러므로, $\overline{AD}$ 방위각 = 56° 33′ 36.72″

**(4) $\overline{AD}$ 방위 계산**

N 56° 33′ 36.72″ E

**(5) 폐합 오차($E$), 폐합비($R$)**

$$\text{폐합 오차}(E) = \sqrt{0.004^2 + 0.002^2} = \pm 0.004\,\text{m}$$

$$\text{폐합비}(R) = \frac{0.004}{163.427} = \frac{1}{40,856} \fallingdotseq \frac{1}{40,857}$$

**04** 다음의 폐합 트래버스를 컴퍼스 법칙을 이용하여 조정하고, 좌표를 계산하고 배면적을 구하시오. (단, 계산은 소수점 아래 3자리에서 반올림할 것)

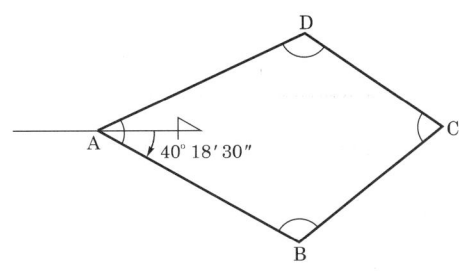

| 측선 | 거리(m) | 조정 내각 | 방위 | 위거 | 경거 | 위거 조정량 | 경거 조정량 |
|---|---|---|---|---|---|---|---|
| AB | 73.61 | 89° 40′ 07″ | | | | | |
| BC | 111.20 | 114° 04′ 08″ | | | | | |
| CD | 126.18 | 86° 00′ 37″ | | | | | |
| DA | 145.01 | 70° 15′ 08″ | | | | | |
| 계 | | | | | | | |

| 측선 | 조정 위거 | 조정 경거 | 측점 | 합위거 | 합경거 | 배횡거 | 배면적 |
|---|---|---|---|---|---|---|---|
| AB | | | A | 100.00 | 50.00 | | |
| BC | | | B | | | | |
| CD | | | C | | | | |
| DA | | | D | | | | |
| 계 | | | 계 | | | | |

(1) 폐합 오차   (2) 폐합비   (3) 면적($A$)

| 측선 | 거리(m) | 조정 내각 | 방위 | 위거 | 경거 | 위거 조정량 | 경거 조정량 |
|---|---|---|---|---|---|---|---|
| AB | 73.61 | 89° 40′ 07″ | N 40° 18′ 30″ E | 56.13 | 47.62 | 0.07 | 0.02 |
| BC | 111.20 | 114° 04′ 08″ | N 25° 37′ 22″ W | 100.26 | −48.09 | 0.10 | 0.03 |
| CD | 126.18 | 86° 00′ 37″ | S 60° 23′ 15″ W | −62.35 | −109.70 | 0.11 | 0.04 |
| DA | 145.01 | 70° 15′ 08″ | S 49° 21′ 37″ E | −94.45 | 110.04 | 0.13 | 0.04 |
| 계 | 456.00 | | | (−0.41) | (−0.13) | | |

| 측선 | 조정 위거 | 조정 경거 | 측점 | 합위거 | 합경거 | 배횡거 | 배면적 |
|---|---|---|---|---|---|---|---|
| AB | 56.20 | 47.64 | A | 100.00 | 50.00 | 47.64 | 2,677.37 |
| BC | 100.36 | −48.06 | B | 156.20 | 97.64 | 47.22 | 4,739.00 |
| CD | −62.24 | −109.66 | C | 256.56 | 49.58 | −110.50 | 6,877.52 |
| DA | −94.32 | 110.08 | D | 194.32 | −60.08 | −110.08 | 10,382.75 |
| 계 | 0 | 0 | 계 | | | | (24,676.64) |

(1) 폐합 오차 $= \sqrt{0.41^2 + 0.13^2} = \pm 0.43\,\text{m}$

(2) 폐합비 $= \dfrac{0.43}{456} = \dfrac{1}{1,060.47} \fallingdotseq \dfrac{1}{1,060}$

(3) 면적$(A) = \dfrac{\text{배면적}}{2} = \dfrac{24,676.64}{2} = 12,338.32\,\text{m}^2$

**05** 다음 그림과 같은 터널 측량을 하였다. A-G 거리와 G-A의 방위각 및 방위를 구하시오. (단, 각도는 조정 내각이고, 점 A의 좌표는 (0.000, 100.000)이다.)

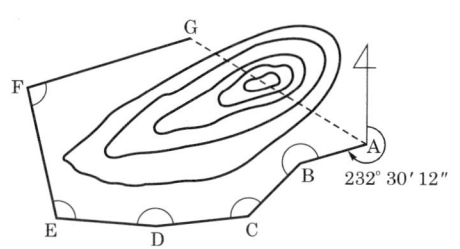

∠B = 205°41′02″,  $\overline{AB}$ = 88.128m
∠C = 136°05′35″,  $\overline{BC}$ = 117.504m
∠D = 145°00′28″,  $\overline{CD}$ = 108.173m
∠E = 122°16′47″,  $\overline{DE}$ = 127.181m
∠F = 108°03′14″,  $\overline{EF}$ = 126.144m
                  $\overline{FG}$ = 162.778m

(1) 좌표 계산

| 측선 | 거리(m) | 관측각 | 방위각 | 방위 |
|---|---|---|---|---|
| A-B |  |  |  |  |
| B-C |  |  |  |  |
| C-D |  |  |  |  |
| D-E |  |  |  |  |
| E-F |  |  |  |  |
| F-G |  |  |  |  |
| 계 |  |  |  |  |

| 측선 | 위거 | 경거 | 측점 | 합위거 | 합경거 |
|---|---|---|---|---|---|
| A-B |  |  | A |  |  |
| B-C |  |  | B |  |  |
| C-D |  |  | C |  |  |
| D-E |  |  | D |  |  |
| E-F |  |  | E |  |  |
| F-G |  |  | F |  |  |
| 계 |  |  | G |  |  |

(2) A - G 의 거리(소수점 아래 4자리에서 반올림할 것)
(3) $\overline{GA}$ 의 방위각(계산은 0.01″까지 계산할 것)
(4) $\overline{GA}$ 의 방위
(5) $\overline{EB}$ 거리 및 방위각

(1) 좌표 계산

| 측선 | 거리(m) | 관측각 | 방위각 | 방위 |
|---|---|---|---|---|
| A-B | 88.128 | | 232° 30′ 12″ | S 52° 30′ 12″ W |
| B-C | 117.504 | 205° 41′ 02″ | 206° 49′ 10″ | S 26° 49′ 10″ W |
| C-D | 108.173 | 136° 05′ 35″ | 250° 43′ 35″ | S 70° 43′ 35″ W |
| D-E | 127.181 | 145° 00′ 28″ | 285° 43′ 07″ | N 74° 16′ 53″ W |
| E-F | 126.144 | 122° 16′ 47″ | 343° 26′ 20″ | N 16° 33′ 40″ W |
| F-G | 162.778 | 108° 03′ 14″ | 55° 23′ 06″ | N 55° 23′ 06″ E |
| 계 | | | | |

| 측선 | 위거 | 경거 | 측점 | 합위거 | 합경거 |
|---|---|---|---|---|---|
| A-B | −53.645 | −69.920 | A | 0.000 | 100.000 |
| B-C | −104.864 | −53.016 | B | −53.645 | 30.080 |
| C-D | −35.706 | −102.110 | C | −158.509 | −22.936 |
| D-E | 34.455 | −122.425 | D | −194.215 | −125.046 |
| E-F | 120.911 | −35.956 | E | −159.760 | −247.471 |
| F-G | 92.468 | 133.964 | F | −38.849 | −283.427 |
| 계 | (53.619) | (−249.463) | G | 53.619 | −149.463 |

(2) A − G 거리

$$\overline{AG} = \sqrt{(x_G - x_A)^2 + (y_G - y_A)^2} = \sqrt{(53.619 - 0)^2 + (-149.463 - 100)^2}$$
$$= 255.160 \text{m}$$

(3) $\overline{GA}$ 의 방위각

$$\tan^{-1}\left(\frac{y_A - y_G}{x_A - x_G}\right) = \tan^{-1}\left(\frac{100 - (-149.463)}{0 - 53.619}\right) = S\, 77°\, 52′\, 10.32″\, E$$

∴ $180° - 77°\, 52′\, 10.32″ = 102°\, 07′\, 49.68″$

(4) $\overline{GA}$ 의 방위

S 77° 52′ 10.32″ E

(5) $\overline{EB}$ 거리 및 방위각

① $\overline{EB} = \sqrt{(x_B - x_E)^2 + (y_B - y_E)^2}$
$= \sqrt{\{-53.645 - (-159.760)\}^2 + \{30 - (-247.471)\}^2} = 297.145 \text{m}$

② $\overline{EB}$ 방위각

$$\tan^{-1}\left(\frac{y_B - y_E}{x_B - x_E}\right) = \tan^{-1}\left(\frac{30.080 - (-247.471)}{-53.645 - (-159.760)}\right) = 69°\, 04′\, 36.62″$$

**06** 다음은 터널 측량 결과이다. AD 거리 및 DA 방위각, DA 방위를 구하시오. (단, A점 좌표는 (0, 0)되고 계산은 소수점 아래 4자리에서 반올림하고 각은 0.1″까지 구할 것)

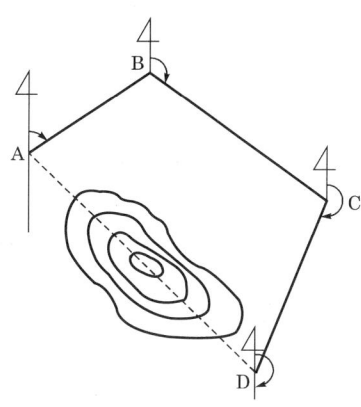

(1) 방위각 계산

| 측점 | 관측각 | 측선 | 방위각 계산 | 방위 |
|---|---|---|---|---|
| A | 30° 10′ 20″ | | | |
| B | 120° 50′ 40″ | A-B | | |
| C | 210° 25′ 20″ | B-C | | |
| D | 180° 00′ 00″ | C-D | | |

(2) 좌표 계산

| 측선 | 거리(m) | 방위 | 위거 | | 경거 | | 측점 | 합위거 | 합경거 |
| | | | N(+) | S(-) | E(+) | W(-) | | | |
|---|---|---|---|---|---|---|---|---|---|
| A-B | 30.105 | | | | | | A | | |
| B-C | 35.673 | | | | | | B | | |
| C-D | 40.252 | | | | | | C | | |
| 계 | | | | | | | D | | |

(3) A-D 거리

(4) DA 방위각

(5) DA 방위

(1) 방위각 계산

| 측점 | 관측각 | 측선 | 방위각 계산 | 방위 |
|---|---|---|---|---|
| A | 30° 10′ 20″ | | | |
| B | 120° 50′ 40″ | A-B | 30° 10′ 20″ | N 30° 10′ 20″ E |
| C | 210° 25′ 20″ | B-C | 120° 50′ 40″ | S 59° 09′ 20″ E |
| D | 180° 00′ 00″ | C-D | 210° 25′ 20″ | S 30° 25′ 20″ W |

(2) 좌표 계산

| 측선 | 거리(m) | 방위 | 위거 N(+) | 위거 S(−) | 경거 E(+) | 경거 W(−) | 측점 | 합위거 | 합경거 |
|---|---|---|---|---|---|---|---|---|---|
| A-B | 30.105 | N 30° 10′ 20″ E | 26.026 | | 15.131 | | A | 0 | 0 |
| B-C | 35.673 | S 59° 09′ 20″ E | | 18.290 | 30.627 | | B | 26.026 | 15.131 |
| C-D | 40.252 | S 30° 25′ 20″ W | | 34.710 | | 20.382 | C | 7.736 | 45.758 |
| 계 | | | | | | | D | −26.974 | 25.376 |

(3) A-D 거리

$$\sqrt{(X_D - X_A)^2 + (Y_D - Y_A)^2} = \sqrt{(-26.974 - 0)^2 + (25.376 - 0)^2} = 37.034\,\mathrm{m}$$

(4) DA 방위각

$$\tan^{-1}\left(\frac{Y_A - Y_D}{X_A - X_D}\right) = \tan^{-1}\left(\frac{0 - 25.376}{0 - (-26.974)}\right) = \mathrm{N}\,43°\,15′\,05.7″\,\mathrm{W}$$

∴ $360° - 43°\,15′\,05.7″ = 316°\,44′\,54.3″$

(5) DA 방위

N 43° 15′ 05.7″ W

**07** 그림과 같은 개방 트래버스에서 다음 물음에 답하시오. (단, 거리와 면적은 소수점 아래 4자리에서 반올림하고, 각은 초단위까지 계산할 것)

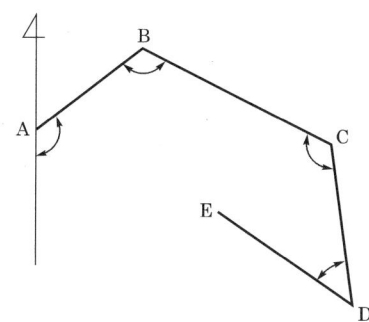

∠A = 134°55′20″,  $\overline{AB}$ = 44.95m
∠B = 111°31′40″,  $\overline{BC}$ = 57.63m
∠C = 105°38′20″,  $\overline{CD}$ = 63.25m
∠D = 34°47′30″,  $\overline{DE}$ = 50.06m

(1) 성과표 작성

| 측선 | 거리 | 방위각 | 위거 | 경거 | 측점 | 합위거 | 합경거 |
|---|---|---|---|---|---|---|---|
| AB |  |  |  |  | A | 10 | 50 |
| BC |  |  |  |  | B |  |  |
| CD |  |  |  |  | C |  |  |
| DE |  |  |  |  | D |  |  |
| 계 |  |  |  |  | E |  |  |

(2) △CED의 면적 계산
(3) 측선 AD의 거리 계산
(4) 측선 AE의 방위각 계산

### 해설

(1) 성과표 작성

| 측선 | 거리 | 방위각 | 위거 | 경거 | 측점 | 합위거 | 합경거 |
|---|---|---|---|---|---|---|---|
| AB | 44.95 | 45°04′40″ | 31.741 | 31.828 | A | 10.000 | 50.000 |
| BC | 57.63 | 113°33′00″ | −23.026 | 52.830 | B | 41.741 | 81.828 |
| CD | 63.25 | 187°54′40″ | −62.648 | −8.706 | C | 18.715 | 134.658 |
| DE | 50.06 | 333°07′10″ | 44.651 | −22.634 | D | −43.933 | 125.952 |
| 계 |  |  |  |  | E | 0.718 | 103.318 |

① 방위각

㉠ AB 방위각 = 180° − 134°55′20″ = 45°04′40″

㉡ BC 방위각 = 45°04′40″ + 180° − 111°31′40″ = 113°33′00″

㉢ CD 방위각 = 113°33′00″ + 180° − 105°38′20″ = 187°54′40″

㉣ DE 방위각 = 187°54′40″ + 180° − 34°47′30″ = 333°07′10″

(2) △CED의 면적 계산

$$\frac{\overline{CD} \times \overline{DE} \times \sin D}{2} = \frac{63.25 \times 50.06 \times \sin 34°47'30''}{2} = 903.335 \text{m}^2$$

(3) 측선 AD의 거리 계산

$$\sqrt{(X_D - X_A)^2 + (Y_D - Y_A)^2} = \sqrt{(-43.933 - 10)^2 + (125.952 - 50)^2}$$
$$= 93.153 \text{m}$$

(4) 측선 AE의 방위각 계산

$$\tan^{-1}\left(\frac{Y_E - Y_A}{X_E - X_A}\right) = \tan^{-1}\left(\frac{103.318 - 50}{0.718 - 10}\right) = S\,80°07'28''\,E$$

∴ $180° - 80°07'28'' = 99°52'32''$

**08** A와 G점을 연결하는 터널을 설치하기 위해 A와 G를 트래버스로 연결하였다. 이 경우 터널의 길이 AG와 터널의 방위($\alpha$)를 구하시오. (단, 각은 오차 조정이 된 각이며 소수점 아래 4자리에서 반올림하고, A점의 좌표는 (100.00m, 100.00m)이다.)

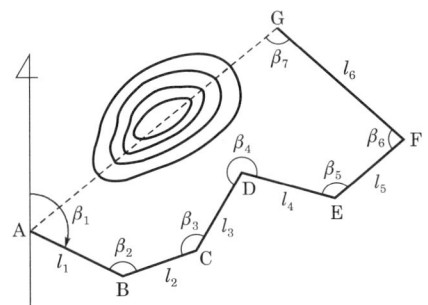

$\beta_1 = 100°20'20''$, $l_1 = 72.625$m

$\beta_2 = 120°25'40''$, $l_2 = 35.251$m

$\beta_3 = 140°50'30''$, $l_3 = 20.325$m

$\beta_4 = 260°45'50''$, $l_4 = 43.203$m

$\beta_5 = 145°23'10''$, $l_5 = 16.704$m

$\beta_6 = 90°17'20''$, $l_6 = 66.023$m

(1) 방위각 계산

| 측선 | 방위각 계산 |
|---|---|
| AB | |
| BC | |
| CD | |
| DE | |
| EF | |
| FG | |

(2) 경·위거, 합위거·합경거 계산

| 측선 | 거리 | 방위 | 위거 N | 위거 S |
|---|---|---|---|---|
| AB | | | | |
| BC | | | | |
| CD | | | | |
| DE | | | | |
| EF | | | | |
| FG | | | | |
| 계 | | | | |

| 측선 | 경거 | | 측점 | 합위거 | 합경거 |
|---|---|---|---|---|---|
| | E | W | | | |
| AB | | | A | | |
| BC | | | B | | |
| CD | | | C | | |
| DE | | | D | | |
| EF | | | E | | |
| FG | | | F | | |
| 계 | | | G | | |

(3)  거리,  방위

### 해설

(1) 방위각의 계산

| 측선 | 방위각 계산 |
|---|---|
| AB | 100° 20′ 20″ |
| BC | 100° 20′ 20″−180°+120° 25′ 40″=40° 46′ 00″ |
| CD | 40° 46′ 00″−180°+140° 50′ 30″=1° 36′ 30″ |
| DE | 1° 36′ 30″−180°+260° 45′ 50″=82° 22′ 20″ |
| EF | 82° 22′ 20″−180°+145° 23′ 10″=47° 45′ 30″ |
| FG | 47° 45′ 30″−180°+90° 17′ 20″=318° 02′ 50″ |

(2) 경·위거, 합위거·합경거 계산

| 측선 | 거리 | 방위 | 위거 | |
|---|---|---|---|---|
| | | | N | S |
| AB | 72.625 | S 79° 39′ 40″ E | | 13.034 |
| BC | 35.251 | N 40° 46′ 00″ E | 26.698 | |
| CD | 20.325 | N 1° 36′ 30″ E | 20.317 | |
| DE | 43.203 | N 82° 22′ 20″ E | 5.735 | |
| EF | 16.704 | N 47° 45′ 30″ E | 11.229 | |
| FG | 66.023 | N 41° 57′ 10″ W | 49.101 | |
| 계 | | | 113.080 | 13.034 |

| 측선 | 경거 E | 경거 W | 측점 | 합위거 | 합경거 |
|---|---|---|---|---|---|
| AB | 71.446 | | A | 100.000 | 100.000 |
| BC | 23.018 | | B | 86.966 | 171.446 |
| CD | 0.570 | | C | 113.664 | 194.464 |
| DE | 42.821 | | D | 133.981 | 195.034 |
| EF | 12.366 | | E | 139.716 | 237.855 |
| FG | | 44.138 | F | 150.945 | 250.221 |
| 계 | 150.221 | 44.138 | G | 200.046 | 206.083 |

(3) $\overline{AG}$ 거리, $\overline{AG}$ 방위

① $\overline{AG}$ 거리 $= \sqrt{(200.046-100)^2 + (206.083-100)^2}$
$= \sqrt{(100.046)^2 + (106.083)^2} = 145.818\text{m}$

② $\overline{AG}$ 방위 $= \tan^{-1}\left(\dfrac{Y_G - Y_A}{X_G - X_A}\right) = \tan^{-1}\left(\dfrac{106.083}{100.046}\right) = \text{N }46°40'39.25''\text{E}$

**09** 그림과 같은 다각 측량 관측 결과가 다음과 같을 때 이들 값을 이용하여 대지의 면적을 구하시오. (단, 경·위거 조정은 트랜싯 법칙을 이용하고 계산은 소수점 아래 4자리에서 반올림할 것)

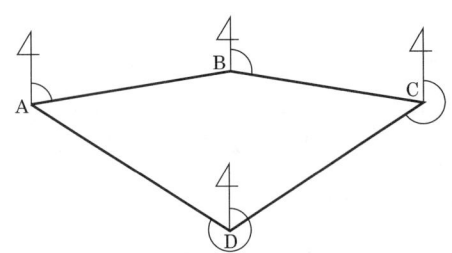

| 측선 | 거리(m) | 방위각 | 방위 | 위거 | 경거 |
|---|---|---|---|---|---|
| AB | 26.161 | 40° 20′ 15″ | | | |
| BC | 65.823 | 106° 12′ 48″ | | | |
| CD | 90.584 | 211° 29′ 33″ | | | |
| DA | 84.605 | 335° 55′ 20″ | | | |
| 계 | | | | | |

| 측선 | 위거 조정량 | 경거 조정량 | 조정 위거 | 조정 경거 | 배횡거 | 배면적 |
|---|---|---|---|---|---|---|
| AB | | | | | | |
| BC | | | | | | |
| CD | | | | | | |
| DA | | | | | | |
| 계 | | | | | | |

### 해설

| 측선 | 거리(m) | 방위각 | 방위 | 위거 | 경거 |
|---|---|---|---|---|---|
| AB | 26.161 | 40° 20′ 15″ | N 40° 20′ 15″ E | 19.941 | 16.934 |
| BC | 65.823 | 106° 12′ 48″ | S 73° 47′ 12″ E | −18.379 | 63.205 |
| CD | 90.584 | 211° 29′ 33″ | S 31° 29′ 33″ W | −77.242 | −47.320 |
| DA | 84.605 | 335° 505′ 20″ | N 24° 04′ 40″ W | 77.244 | −34.517 |
| 계 | | | | 1.564 | −1.698 |

| 측선 | 위거 조정량 | 경거 조정량 | 조정 위거 | 조정 경거 | 배횡거 | 배면적 |
|---|---|---|---|---|---|---|
| AB | −0.162 | +0.178 | 19.779 | 17.112 | 17.112 | 338.458 |
| BC | −0.149 | +0.662 | −18.528 | 63.867 | 98.091 | −1,817.430 |
| CD | −0.626 | +0.496 | −77.868 | −46.824 | 115.134 | −8,965.254 |
| DA | −0.627 | +0.362 | 76.617 | −34.155 | 34.155 | 2,616.854 |
| 계 | | | | | | $2A = -7,827.372$ |

∴ 면적 $(A) = \dfrac{배면적}{2} = \dfrac{7,827.372}{2} = 3,913.686 \mathrm{m}^2$

**(1) 위거·경거 조정량(트랜싯 법칙)**

① 위거 조정량 $\left(\dfrac{조정할\ 측선\ 위거}{|위거합|} \times 위거\ 오차\right)$

㉠ AB 측선의 위거 조정량 $= \dfrac{19.941}{192.806} \times 1.564 = \ominus 0.162$

㉡ BC 측선의 위거 조정량 $= \dfrac{18.379}{192.806} \times 1.564 = \ominus 0.149$

㉢ CD 측선의 위거 조정량 $= \dfrac{77.242}{192.806} \times 1.564 = \ominus 0.627 \to \ominus 0.626$

㉣ DA 측선의 위거 조정량 $= \dfrac{77.244}{192.806} \times 1.564 = \ominus 0.627$

② 경거 조정량 $\left(\dfrac{조정할\ 측선\ 경거}{|경거합|} \times 경거\ 오차\right)$

㉠ AB 측선의 경거 조정량 $= \dfrac{16.934}{161.976} \times 1.698 = \oplus 0.178$

㉡ BC 측선의 경거 조정량 $= \dfrac{63.205}{161.976} \times 1.698 = \oplus 0.663 \to \oplus 0.662$

㉢ CD 측선의 경거 조정량 $= \dfrac{47.320}{161.976} \times 1.698 = \oplus 0.496$

㉣ DA 측선의 경거 조정량 $= \dfrac{34.517}{161.976} \times 1.698 = \oplus 0.362$

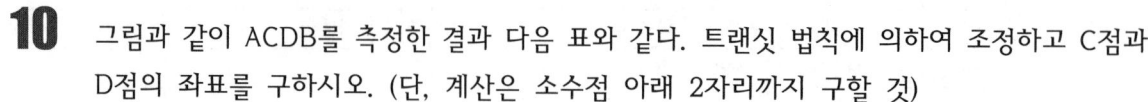

**10** 그림과 같이 ACDB를 측정한 결과 다음 표와 같다. 트랜싯 법칙에 의하여 조정하고 C점과 D점의 좌표를 구하시오. (단, 계산은 소수점 아래 2자리까지 구할 것)

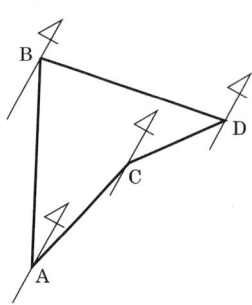

- A점 좌표
  E = 0.00, N = 0.00
- B점 좌표
  E = 0.00, N = 89.64
- C점 좌표
  E, N
- D점 좌표
  E, N

| 측선 | AC | CD | DB |
|---|---|---|---|
| 거리 | 48.06m | 29.20m | 44.81m |
| 방위각 | 25° 19′ | 37° 53′ | 301° 00′ |

**해설**

| 측선 | 거리 | 방위각 | 위거 + | 위거 − | 경거 + | 경거 − |
|---|---|---|---|---|---|---|
| AC | 48.06 | 25° 19′ | 43.44 | | 20.55 | |
| CD | 29.20 | 37° 53′ | 23.05 | | 17.93 | |
| DB | 44.81 | 301° 00′ | 23.08 | | | 38.41 |

| 측선 | 조정 위거 + | 조정 위거 − | 조정 경거 + | 조정 경거 − | 측점 | 합위거(X) | 합경거(Y) |
|---|---|---|---|---|---|---|---|
| AC | 43.47 | | 20.53 | | A | 0 | 0 |
| CD | 23.07 | | 17.91 | | C | 43.47 | 20.53 |
| DB | 23.10 | | | 38.44 | D | 66.54 | 38.44 |
| | | | | | B | 89.64 | 0 |

(1) 위거, 경거 조정량

① 위거 조정량(트랜싯 법칙)

㉠ AC 측선의 위거 조정량 = $\dfrac{43.44}{89.57} \times 0.07 = \oplus 0.03$

㉡ CD 측선의 위거 조정량 = $\dfrac{23.05}{89.57} \times 0.07 = \oplus 0.02$

ⓒ DB 측선의 위거 조정량 = $\frac{23.08}{89.57} \times 0.07 = \oplus 0.02$

② 경거 조정량(트랜싯 법칙)

　ⓐ AC 측선의 경거 조정량 = $\frac{20.55}{76.89} \times 0.07 = \ominus 0.02$

　ⓑ CD 측선의 경거 조정량 = $\frac{17.93}{76.89} \times 0.07 = \ominus 0.02$

　ⓒ DB 측선의 경거 조정량 = $\frac{38.41}{76.89} \times 0.07 = \ominus 0.03$

그러므로 구하고자 하는 C점, D점의 좌표는

- C점 좌표
  E : 20.53, N : 43.47
- D점 좌표
  E : 38.44, N : 66.54

## 11

그림과 같은 성과표를 이용하여 다음 요소를 계산하시오. (단, $\alpha$ : 45° 25′ 30″, $IA$ : 84° 48′ 07.2″, $R=40$m임)

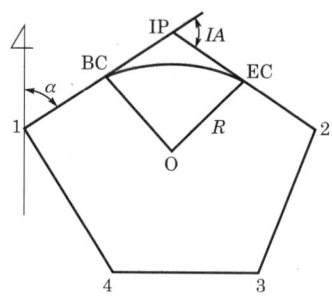

| 측점 | 측선 | 거리(m) | 내각 |
|---|---|---|---|
| 1 |  |  | 85° 42′ 30″ |
| BC | 1-BC | 21.147 |  |
| EC | BC-EC |  |  |
| 2 | EC-2 |  | 72° 55′ 17.2″ |
| 3 | 2-3 | 30.256 | 155° 45′ 20″ |
| 4 | 3-4 | 38.946 | 130° 25′ 00″ |
| 1 | 4-1 | 46.425 | 85° 42′ 30″ |

(1) 폐합 트래버스 계산(단, 거리는 소수점 아래 4자리에서, 위·경거는 소수점 아래 5자리에서 반올림하고 위·경거 조정은 트랜싯 법칙으로 할 것)

| 측점 | 측선 | 거리(m) | 방위각 | 위거 | 경거 |
|---|---|---|---|---|---|
| 1 |  |  |  |  |  |
| BC | 1-BC | 21.147 |  |  |  |
| EC | BC-EC |  |  |  |  |
| 2 | EC-2 |  |  |  |  |
| 3 | 2-3 | 30.256 |  |  |  |
| 4 | 3-4 | 38.946 |  |  |  |
| 1 | 4-1 | 46.425 |  |  |  |

| 측점 | 측선 | 조정 위거 | 조정 경거 | X 좌표 | Y 좌표 |
|---|---|---|---|---|---|
| 1 | | | | 100.000 | 100.000 |
| BC | 1-BC | | | | |
| EC | BC-EC | | | | |
| 2 | EC-2 | | | | |
| 3 | 2-3 | | | | |
| 4 | 3-4 | | | | |
| 1 | 4-1 | | | | |

(2) 접선장($TL$) 계산

| 측점 | 측선 | 거리(m) | 내각 |
|---|---|---|---|
| 1 | | | 85° 42′ 30.0″ |
| BC | 1-BC | 21.147 | 137° 35′ 56.4″ |
| EC | BC-EC | 53.945 | 137° 35′ 56.4″ |
| 2 | EC-2 | 39.270 | 72° 55′ 17.2″ |
| 3 | 2-3 | 30.256 | 155° 45′ 20.0″ |
| 4 | 3-4 | 38.946 | 130° 25′ 00.0″ |
| 1 | 4-1 | 46.425 | 85° 42′ 30.0″ |

(1) BC 및 EC의 내각 및 거리

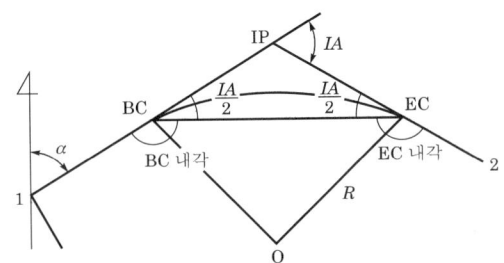

① BC 내각=EC 내각=$180° - \dfrac{IA}{2} = 180° - \dfrac{84°48′07.2″}{2} = 137°35′56.4″$

② BC-EC의 거리(장현)

$\quad$ 장현$(C) = 2R \times \sin\dfrac{IA}{2} = 2 \times 40 \times \sin\dfrac{84°48′07.2″}{2} = 53.945\text{m}$

③ BC-2의 거리=IP에서 2점까지의 거리-$TL$

$\begin{cases} X_4 = 100 + 46.425\cos 131°08′ = 69.4610 \\ Y_4 = 100 + 46.425\sin 131°08′ = 134.9664 \end{cases}$

$$\begin{cases} X_3 = 69.4610 + 38.946 \cos 81°33' = 75.1840 \\ Y_3 = 134.9664 + 38.946 \sin 81°33' = 173.4896 \end{cases}$$

$$\begin{cases} X_2 = 75.1840 + 30.256 \cos 57°18'20'' = 91.5270 \\ Y_2 = 173.4896 + 30.256 \sin 57°18'20'' = 198.9519 \end{cases}$$

$$\begin{cases} X_{IP} = 100 + 57.673 \cos 45°25'30'' = 140.4774 \\ Y_{IP} = 100 + 57.673 \sin 45°25'30'' = 141.0823 \end{cases}$$

∴ IP~2점까지의 거리 $= \sqrt{(X_2 - X_{IP})^2 + (Y_2 - Y_{IP})^2}$
$$= \sqrt{(91.5270 - 140.4774)^2 + (198.9519 - 141.0823)^2}$$
$$= 75.796\text{m}$$

그러므로 구하고자 하는 EC~2점까지의 거리는
(IP~2점까지의 거리) $- TL$

▶ TL

$$TL = R \cdot \tan \frac{IA}{2} = 40 \times \tan \frac{84°48'7.2''}{2} = 36.526$$

∴ EC~2의 거리=75.796−36.526=39.270m

(2) 계산

| 측점 | 측선 | 거리(m) | 방위각 | 위거 | 경거 |
|---|---|---|---|---|---|
| 1 | | | | | |
| BC | 1−BC | 21.147 | 45°25'30'' | 14.8419 | 15.0637 |
| EC | BC−EC | 53.945 | 87°49'33.6'' | 2.0464 | 53.9062 |
| 2 | EC−2 | 39.270 | 130°13'37.2'' | −25.3613 | 29.9823 |
| 3 | 2−3 | 30.256 | 237°18'20'' | −16.3430 | −25.4623 |
| 4 | 3−4 | 38.946 | 261°33'00'' | −5.7230 | −38.5232 |
| 1 | 4−1 | 46.425 | 311°08'00'' | 30.5390 | −34.9664 |
| 계 | | | | 0 | ⊕0.0003 |

| 측점 | 측선 | 조정 위거 | 조정 경거 | X 좌표 | Y 좌표 |
|---|---|---|---|---|---|
| 1 | | | | 100.0000 | 100.0000 |
| BC | 1−BC | 14.8419 | 15.0637 | 114.8419 | 115.0637 |
| EC | BC−EC | 2.0464 | 53.9061 | 116.8883 | 168.9698 |
| 2 | EC−2 | −25.3613 | 29.9823 | 91.5270 | 198.9521 |
| 3 | 2−3 | −16.3430 | −25.4623 | 75.1840 | 173.4898 |
| 4 | 3−4 | −5.7230 | −38.5233 | 69.4610 | 134.9665 |
| 1 | 4−1 | 30.5390 | −34.9965 | 100.0000 | 100.0000 |
| 계 | | | | | |

**12** A에서 D 방향으로 도로를 계획하고 있다. 도중에 터널을 설치하기 위하여 ABEFG로 트래버스를 측량한 결과가 다음과 같다. (단, 각은 초단위까지, 거리는 소수점 아래 2자리까지 구할 것)

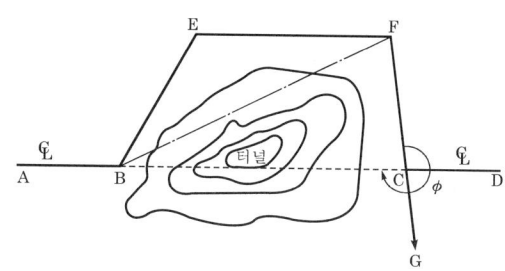

| 측선 | 방위각 | 수평 거리 | 비고 |
|---|---|---|---|
| AB | 88° 00′ 00″ | – | 노선의 중심선 |
| BE | 46° 30′ 00″ | 495.80m | |
| EF | 90° 00′ 00″ | 350.00m | |
| FG | 174° 12′ 00″ | – | |

(1) F에서 G 방향에 C점을 측설하기 위한 수평 거리를 구하시오(FC 거리).
(2) C점에서 CF를 기준으로 하는 터널 중심선의 방향각($\phi$)를 구하시오.
(3) 터널 길이 BC를 구하시오.

### 해설

**(1) FC 거리**

$$\frac{FC}{\sin \angle FBC} = \frac{BF}{\sin \angle BCF} \qquad \therefore FC = \frac{BF}{\sin \angle BCF} \times \sin \angle FBC$$

① BF 거리(B점 좌표(0,0))

$$\begin{cases} X_E = X_B + BE \text{ 위거} = X_B + BE \text{ 거리} \times \cos BE \text{ 방위각} \\ \qquad = 0 + 495.80 \times \cos 46° 30′ 00″ = 341.29\text{m} \\ Y_E = Y_B + BE \text{ 경거} = Y_B + BE \text{ 거리} \times \sin BE \text{ 방위각} \\ \qquad = 0 + 495.80 \times \sin 46° 30′ 00″ = 359.64\text{m} \end{cases}$$

$$\begin{cases} X_F = X_E + EF \text{ 위거} = X_E + EF \text{ 거리} \times \cos EF \text{ 방위각} \\ \qquad = 341.29 + 350.00 \times \cos 90° = 341.29\text{m} \\ Y_F = Y_E + EF \text{ 경거} = Y_E + EF \text{ 거리} \times \sin EF \text{ 방위각} \\ \qquad = 359.64 + 350.00 \times \sin 90° = 709.64\text{m} \end{cases}$$

따라서 BF 거리 $= \sqrt{(341.29-0)^2 + (709.64-0)^2} = 787.44\text{m}$이다.

제1장. 트래버스 측량 **81**

② ∠BCF

∠BCF = 180° − ∠FBC − ∠BFC = 180° − 23°41′04″ − 70°06′56″
 = 86°12′00″

㉠ ∠FBC = AB 방위각 − BF 방위각
 = 88°0′00″ − 64°18′56″ = 23°41′04″

▶ BF 방위각

$$\tan^{-1}\left(\frac{Y_F - Y_B}{X_F - X_B}\right) = \tan^{-1}\left(\frac{709.64 - 0}{341.29 - 0}\right) = 64°18′56″$$

㉡ ∠BFC = FB 방위각 − FG 방위각
 = (180° + 64°18′56″) − 174°12′00″ = 70°06′56″

③ ∠FBC

∠FBC = AB 방위각 − BF 방위각 = 88°00′00″ − 64°18′56″ = 23°41′04″

그러므로, 구하고자 하는 FC는

$$FC = \frac{BF}{\sin \angle BCF} \times \sin \angle FBC = \frac{787.44}{\sin 86°12′00″} \times 23°41′04″$$
 = 317.01 m

(2) 터널 중심선의 방향각($\phi$)

$\phi$ = 360 − ∠BCF = 360° − 86°12′00″ = 273°48′00″

(3) BC 거리

$$\frac{BC}{\sin \angle BFC} = \frac{BF}{\sin \angle BCF}$$

$$\therefore BC = \frac{BF}{\sin \angle BCF} \times \sin \angle BFC = \frac{787.44}{\sin 86°12′00″} \times \sin 70°06′56″$$
 = 742.13 (m)

그러므로 구하는 답은

① FC 거리 = 317.01 m

② $\phi$ = 273°48′00″

③ BC 거리 = 742.13 m

**13** 다음 그림과 같이 2개의 터널을 동시에 굴착하여 지점 X에서 만나게 할 예정이다. 두 터널이 만나기 위해서는 지점 B와 지점 F에서 얼마만큼 더 굴착해야 되는지 거리 $\overline{BX}$와 $\overline{FX}$를 소수 2자리까지 구하시오. AB 방위각은 15°이고, FE 방위각은 100°이다. (단, 각은 초 단위까지 구할 것)

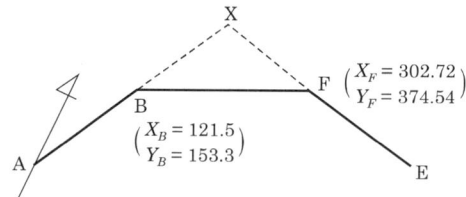

(1) BX 거리 　　　　　　　　　　　　(2) FX 거리

### 해설

(1) BX 거리

$$\frac{\overline{BX}}{\sin \angle XFB} = \frac{\overline{BF}}{\sin \angle BXF}$$

▶ BF
$$BF = \sqrt{(X_F - X_B)^2 + (Y_F - Y_B)^2} = 285.99\text{m}$$

▶ ∠BXF
$$\angle BXF = 180° - \angle XBF - \angle XFB = 95°00'00''$$

① ∠XBF

　BF 방위각 − AB 방위각 = 50°40'43'' − 15° = 35°40'43''

- BF 방위각 $= \tan^{-1}\left(\dfrac{Y_F - Y_B}{X_F - X_B}\right) = \tan^{-1}\left(\dfrac{374.54 - 153.3}{302.72 - 121.5}\right) = 50°40'43''$

② ∠XFB

　FX 방위각 − FB 방위각 = 280° − 230°40'43'' = 49°19'17''

그러므로

$$BX = \frac{BF}{\sin \angle BXF} \times \sin \angle XFB = \frac{285.99}{\sin 95°} \times \sin 49°19'17'' = 217.72\text{m}$$

(2) FX 거리

$$\frac{BF}{\sin \angle BXF} = \frac{FX}{\sin \angle XBF}, \quad FX = \frac{285.99}{\sin 95°} \times \sin 35°40'43'' = 167.44\text{m}$$

그러므로, 구하는 답은 ① BX = 217.72m, ② FX = 167.44m 이다.

**14** 그림과 같이 트래버스 ABCDE로 둘러싸인 면적을 측선 AB에 나란한 선분 GF로 분할하고자 한다. $\overline{AG}$의 길이가 150m라고 하면 $\overline{BF}$ 및 $\overline{GF}$ 길이를 구하시오. (단, 계산은 거리 cm단위까지, 각은 초단위까지 구할 것)

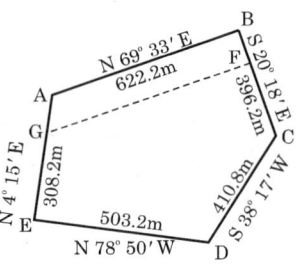

(1) BF 길이         (2) GF 길이

**해설**

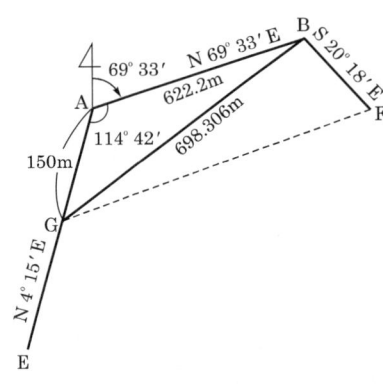

- AB 방위각=69° 33′
- AG 방위각=EA 방위각+180°
  =4° 15′+180°=184° 15′
- ∠A=AG 방위각−AB 방위각
  =184° 15′−69° 33′=114° 42′

(1) BF 거리

$$\frac{\mathrm{BF}}{\sin \angle \mathrm{BGF}} = \frac{\mathrm{BG}}{\sin \angle \mathrm{BFG}}$$

① BG 거리
$$\mathrm{BG} = \sqrt{150^2 + 622.2^2 - 2 \times 150 \times 622.2 \times \cos 114° 42′} = 698.306\mathrm{m}$$

② ∠BGF
∠BGF = GF 방위각− GB 방위각= 69° 33′ − 58° 17′ 48″ = 11° 15′ 12″

▶GB 방위각

GB 방위각= EA 방위각+ ∠AGB = 58° 17′ 48″

$$\angle \mathrm{AGB} = \cos^{-1} \frac{150^2 + 698.306^2 - 622.2^2}{2 \times 150 \times 698.306} = 54° 02′ 48″$$

③ ∠BFG

$$\angle BFG = 180° - \angle BGF - \angle GBF = 180° - 11°15'12'' - 78°35'48''$$
$$= 90°09'$$

> ▶ ∠GBF
> $\angle GBF = BG$ 방위각$- BF$ 방위각
> $= (180° + 58°17'48'') - (180° - 20°18')$
> $= 78°35'48''$

따라서 BF 거리는

$$\frac{BF}{\sin \angle BGF} = \frac{BG}{\sin \angle BFG} = \frac{\sin \angle BGF}{\sin \angle BFG} \times BG$$

$$\therefore BF = \frac{\sin 11°15'12''}{\sin 90°09'} \times 698.306 = 136.27\text{m}$$

(2) GF 거리

$$\frac{GF}{\sin \angle GBF} = \frac{BG}{\sin \angle BFG}, \quad GF = \frac{\sin \angle GBF}{\sin \angle BFG} \times BG$$

$$\therefore GF = \frac{\sin 78°35'48''}{\sin 90°09'} \times 698.306 = 684.52\text{m}$$

그러므로 구하는 답은

① $BF = 136.27\text{m}$

② $GF = 684.52\text{m}$

**15** 측점 P에서 방위각 100°가 되는 방향으로 350m가 되는 지점 R을 측설하고자 하였으나 PR 선상에 장애물이 있어 부득이 PSTU의 트래버스를 만들었다. R과 U는 직접 시통이 가능하다. 트래버스 측정 결과는 다음과 같다. (단, 계산은 길이 cm까지, 각은 분(分)까지만 한다.)

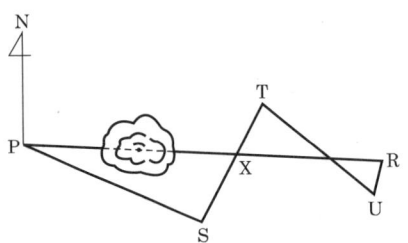

PS의 거리 : 174.34m
PS의 방위각 : 115°
ST의 거리 : 94.74m
S에서의 편각 : −83°
TU의 거리 : 157.92m
T에서의 편각 : +92°

(1) UR의 거리 및 ∠TUR을 구하시오.
(2) 만일 측선 $\overline{PR}$과 $\overline{ST}$가 X에서 교차한다면 PX의 거리는 얼마인가?

(1) UR의 거리 및 ∠TUR

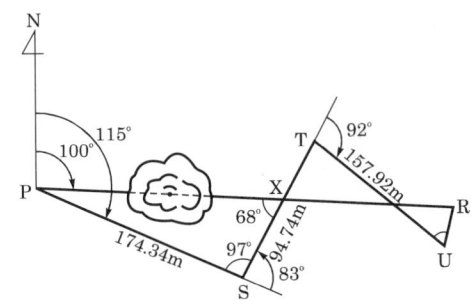

| 측선 | 거리 | 방위각 | 위거 | 경거 | 측점 | X | Y |
|---|---|---|---|---|---|---|---|
| PS | 174.34 | 115° | −73.679 | 158.006 | P | 0 | 0 |
| ST | 94.74 | 32° | 80.344 | 50.205 | S | −73.679 | 158.006 |
| TU | 157.92 | 124° | −88.308 | 130.922 | T | 6.665 | 208.211 |
| PR | 350 | 100° | −60.777 | 344.683 | U | −81.643 | 339.133 |
|  |  |  |  |  | R | −60.777 | 344.683 |

① UR 거리

$$\sqrt{(X_B - X_U)^2 + (Y_R - Y_U)^2}$$
$$= \sqrt{(-60.777-(81.643))^2 + (344.683-339.133)^2} = 21.59\text{m}$$

② ∠TUR

측선 UR 방위각+(360°−측선 UT 방위각)

㉠ UR 방위각 $= \tan^{-1}\left(\dfrac{Y_R - Y_U}{X_R - X_U}\right) = \tan^{-1}\left(\dfrac{344.683 - 339.133}{-60.777 - (-81.643)}\right)$
$= 14°53'$

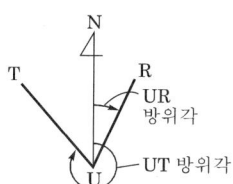

㉡ UT 방위각 $= \tan^{-1}\left(\dfrac{Y_T - Y_U}{X_T - X_U}\right) = \tan^{-1}\left(\dfrac{208.211 - 339.133}{6.665 - (-81.643)}\right)$
$= 304°00'$

∴ ∠TUR $= 14°53' + (360° - 304°00') = 70°53'$

(2) $\overline{PX}$의 거리

$$\dfrac{\overline{PX}}{\sin\angle PSX} = \dfrac{\overline{PS}}{\sin\angle PXS}$$

$$\dfrac{\overline{PX}}{\sin 97°} = \dfrac{174.34}{\sin 68°}$$

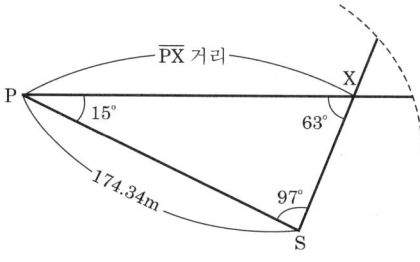

그러므로 구하는 답은

① $\overline{UR} = 21.59\text{m}$
② ∠TUR $= 70°53'$
③ $\overline{PX} = 186.63\text{m}$

## 16

다음 곡선 측량에서 요소들을 구하시오. (단, AB의 호의 길이는 40m이고, 계산은 소수점 아래 3자리까지 구하고 각은 초단위까지 할 것)

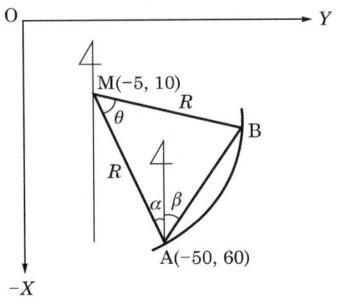

(1) ∠θ  (2) ∠α
(3) ∠β  (4) 현 $\overline{AB}$
(5) B점 평균 좌표

### 해설

(1) ∠θ

$$\frac{\theta°}{360°} = \frac{40}{2\pi R}$$

$$\theta° = \frac{360°}{2\pi R} \times 40 = \frac{360°}{2 \times \pi \times 67.268} \times 40 = 34°04'13''$$

▶ $R$
MA 거리
$= R = \sqrt{(X_A - X_M)^2 + (Y_A - Y_M)^2} = \sqrt{(-50-(-5))^2 + (60-10)^2}$
$= 67.268\text{m}$

(2) ∠α

∠α = 180° − MA 방위각 = 180° − 131°59'14'' = 48°00'46''

▶ MA 방위각

$\tan^{-1}\left(\dfrac{Y_A - Y_M}{X_A - X_M}\right) = \tan^{-1}\left(\dfrac{60-10}{-50-(-5)}\right) = $ S 48°00'46'' E

따라서 180° − 48°00'46'' = 131°59'14''

(3) ∠β

반지름이 똑같은 이등변 삼각형

$$\angle A = \angle B = \frac{180° - 34°04'13''}{2}$$
$$= 72°57'54''$$
$$\therefore \alpha + \beta = 72°57'54''$$
$$\beta = 72°57'54'' - \alpha$$
$$= 72°57'54'' - 48°00'46''$$
$$= 24°57'08''$$

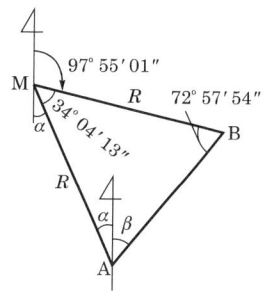

(4) 현 $\overline{AB}$

$$C = 2R\sin\frac{\theta}{2} = 2 \times 67.268 \times \sin\frac{34°04'13''}{2} = 39.413\text{m}$$

(5) B점 평균 좌표

① $\begin{cases} X_B = X_M + \text{MB 거리} \times \cos \text{MB 방위각} = -5 + 67.268 \times \cos 97°55'01'' \\ \qquad = -14.265 \\ Y_B = Y_M + \text{MB 거리} \times \sin \text{MB 방위각} = 10 + 67.268 \times \sin 97°55'01'' \\ \qquad = 76.627 \end{cases}$

> ▶MB 방위각
>
> MB 방위각 = MA 방위각 $-\theta = 131°59'14'' - 34°04'13''$
> $\qquad\qquad\qquad = 97°55'01''$

② $\begin{cases} X_B = X_A + \text{AB 거리} \times \cos \text{AB 방위각} = -50 + 39.413 \times \cos 24°57'08'' \\ \qquad = -14.266 \\ Y_B = Y_A + \text{AB 거리} \times \sin \text{AB 방위각} = 60 + 39.413 \times \sin 24°57'08'' \\ \qquad = 76.627 \end{cases}$

$$\therefore \begin{cases} X_B = \dfrac{-(14.265 + 14.266)}{2} = -14.266\text{m} \\ Y_B = 76.627\text{m} \end{cases}$$

그러므로 구하는 답은

- ∠θ = 34°04'13''
- ∠α = 48°00'46''
- ∠β = 24°57'08''
- $\overline{AB}$ = 39.413m
- B점 평균 좌표($X_B = -14.266$, $Y_B = 76.627$)

제1장. 트래버스 측량

**17** 그림과 같은 폐합 트래버스의 한 변 EF를 도로 $P_1$, $P_2$가 교차한다고 한다. F에서 각각 $P_1$, $P_2$에 이르는 거리와 방향이 그림과 같으며 F점의 E좌표 789.12m, N좌표 1,032.5m이라면, $P_1$, $P_2$의 좌표와 도로($P_1$, $P_2$)의 방위각을 계산하시오. (단, $\overline{EF}$ 측선의 방위각은 300° 45′, 좌표의 계산은 cm, 각의 계산은 분(分)까지만 할 것)

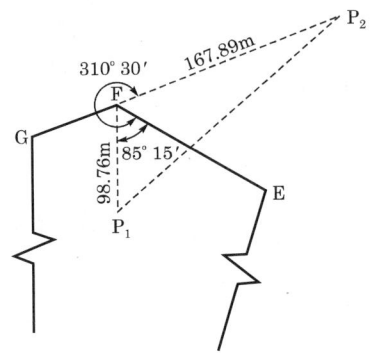

(1) $P_1$ 좌표　　　(2) $P_2$ 좌표　　　(3) $P_1$, $P_2$ 방위각

(1) $P_1$ 좌표

$$\begin{cases} X_{P_1} = X_F + FP_1 \text{ 거리} \times \cos FP_1 \text{ 방위각} = 1{,}032.5 + 98.76 \times \cos 206° \\ \qquad = 943.74 \\ Y_{P_1} = Y_F + FP_1 \text{ 거리} \times \sin FP_1 \text{ 방위각} = 789.12 + 98.76 \times \sin 206° \\ \qquad = 745.83 \end{cases}$$

▶$FP_1$ 방위각
　$FP_1$ 방위각 = FE 방위각 + 85°15′ = 120°45′ + 85°15′ = 206°

(2) $P_2$ 좌표

$$\begin{cases} X_{P_2} = X_F + FP_2 \text{ 거리} \times \cos FP_2 \text{ 방위각} = 1{,}032.5 + 167.89 \times \cos 71°15′ \\ \qquad = 1{,}086.47 \\ Y_{P_2} = Y_F + FP_2 \text{ 거리} \times \sin FP_2 \text{ 방위각} = 789.12 + 167.89 \times \sin 71°15′ \\ \qquad = 948.10 \end{cases}$$

∴ $X_{P_2} = 1{,}086.47$, $Y_{P_2} = 948.10$

▶$FP_2$ 방위각
　$FP_2$ 방위각 = FE 방위각 − (360° − 310°30′) = 71°15′

(3) $P_1$, $P_2$ 방위각

$$\theta = \tan^{-1}\left(\frac{Y_{P_2} - Y_{P_1}}{X_{P_2} - X_{P_1}}\right) = \tan^{-1}\left(\frac{948.10 - 745.83}{1,086.47 - 943.74}\right) = 54°47'29.9''$$

그러므로 구하는 답은

① $P_1 = E(745.83)$, $N(943.74)$

② $P_2 = E(948.10)$, $N(1,086.47)$

③ $P_1 P_2$ 방위각 $= 54°47'$

**18** 그림과 같이 $R=750$m인 단곡선 노선을 수도관 QR이 관통할 때 단곡선과 수도관의 교점 P의 평균 좌표를 구하시오. (단, cm 단위까지 계산할 것. QR의 측선 방위각을 $30°50'$이며 Q점과 단곡선의 중심 O의 좌표는 다음과 같다.)

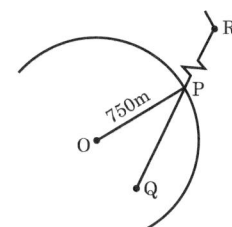

|   | X | Y |
|---|---|---|
| Q | 2,310.64 | 2,560.92 |
| O | 2,561.05 | 2,110.45 |

**해설**

P의 평균 좌표

$\begin{cases} X_P = X_O + (\text{OP 거리} \times \cos \text{OP 방위각}) \\ Y_P = Y_O + (\text{OP 거리} \times \sin \text{OP 방위각}) \end{cases}$

$\begin{cases} X_P = X_Q + (\text{QP 거리} \times \cos \text{QP 방위각}) \\ Y_P = Y_Q + (\text{QP 거리} \times \sin \text{QP 방위각}) \end{cases}$

(1) O점을 기준으로 한 P점 좌표

① OP 거리(반지름) $= 750$m

② OP 방위각(OQ 방위각 $-\angle$QOP) $= 119°04'09'' - 44°51'13''$
$= 74°12'56''$

㉠ OQ 방위각 $= \tan^{-1}\left(\dfrac{Y_Q - Y_O}{X_Q - X_O}\right) = \tan^{-1}\left(\dfrac{2,560.92 - 2,110.45}{2,310.64 - 2,561.05}\right)$
$= S\,60°55'51''\,E$

∴ $180° - 60°55'51'' = 119°04'09''$

ⓒ ∠QOP = 180° − (∠OQP + ∠OPQ)
       = 180° − (91°45′51″ + 43°22′56″)
       = 44°51′13″

ⓐ ∠QOP = 360° − QO 방위각 + QR 방위각
       = 360° − (119°04′09″ + 180°) + 30°50′
       = 91°45′51″

ⓑ ∠OPQ

$$\frac{750(R)}{\sin 91°45′51″} = \frac{515.39(\overline{QO})}{\sin \angle OPQ}$$

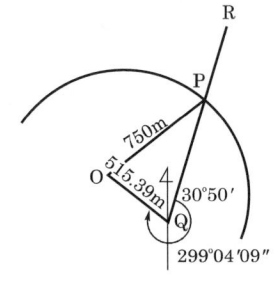

▶ QO 거리

QO 거리 $= \sqrt{(X_O - X_Q)^2 + (Y_O - Y_Q)^2}$
       $= \sqrt{(2{,}561.05 - 2{,}310.64)^2 + (2{,}110.45 - 2{,}560.92)^2}$
       $= 515.39\text{m}$

∴ ∠OPQ = 43°22′56″

∴ O점을 기준으로 한 P점 좌표

$\begin{cases} X_P = X_O + (\text{OP 거리} \times \cos \text{OP 방위각}) \\ \quad = 2{,}561.05 + (750 \times \cos 74°12′56″) = 2{,}765.06 \\ X_P = Y_O + (\text{OP 거리} \times \sin \text{OP 방위각}) \\ \quad = 2{,}110.45 + (750 \times \sin 74°12′56″) = 2{,}832.17 \end{cases}$

(2) Q점을 기준으로 한 P점 좌표

① QP 거리

$$\frac{QP}{\sin \angle QOP} = \frac{750}{\sin \angle OQP}, \quad \frac{QP}{\sin 44°51′13″} = \frac{750}{\sin 91°45′51″}$$

∴ QP = 529.22m

② QP 방위각(QR 방위각) = 30°50′

∴ Q점을 기준으로 한 P점 좌표

$\begin{cases} X_P = X_Q + (\text{QP 거리} \times \cos \text{QP 방위각}) \\ \quad = 2{,}310.64 + (529.22 \times \cos 30°50′) = 2{,}765.06 \\ Y_P = Y_Q + (\text{QP 거리} \times \sin \text{QP 방위각}) \\ \quad = 2{,}560.92 + (529.22 \times \sin 30°50′) = 2{,}832.17 \end{cases}$

따라서, P점의 평균 좌표는

$X_P = \dfrac{2{,}765.06 + 2{,}765.06}{2} = 2{,}765.06$

$Y_P = \dfrac{2{,}832.17 + 2{,}832.17}{2} = 2{,}832.17$

그러므로, 구하고자 하는 답은 $X_P = 2{,}765.06$, $Y_P = 2{,}832.17$이다.

**19** 직접 측정이 불가능한 측선 PQ의 거리와 방위각을 구하기 위하여 트래버스의 점 $T_5$에서 각각 P와 Q에 이르는 거리와 방향각을 측정한 결과 그림과 같이 측선 $\overline{T_4-T_5}$의 방위각은 306° 30′, $T_5$의 좌표는 E=1,234.56m, N=2,345.67m이라고 한다. $\overline{PQ}$의 거리와 방위각을 구하시오. (단, 각은 초단위까지, 거리는 cm까지 구할 것)

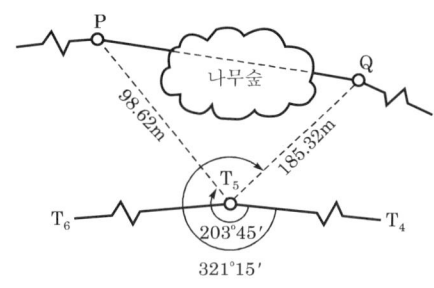

(1) PQ 거리                           (2) PQ 방위각

(1) PQ 거리

$$\overline{PQ} = \sqrt{98.62^2 + 185.32^2 - 2 \times 98.62 \times 185.32 \times \cos 117° 30′} = 246.88\,\mathrm{m}$$

> ▶ $\angle PT_5Q$
>
> $\angle PT_5Q = 360° - (203° 45′ + 360° - 321° 15′) = 117° 30′$
>
> • cos 제2법칙(참고)
>
> ㉠ $a = \sqrt{b^2 + c^2 - 2bc \cos A}$
>
> ㉡ $\angle A = \cos^{-1}\left(\dfrac{b^2 + c^2 - a^2}{2bc}\right)$
>
>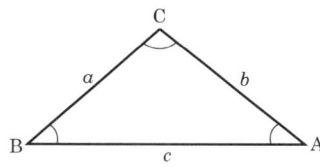

❖ **별해**(P점과 Q점의 좌표를 이용해서 구하여도 된다.)

$$\begin{cases} X_P = X_{T_5} + \overline{T_5P}\text{ 거리 cos }\overline{T_5P}\text{ 방위각} = 2,345.67 + 98.62 \times \cos 330°15' \\ \qquad = 2,431.29\text{m} \\ Y_P = Y_{T_5} + \overline{T_5P}\text{ 거리 sin }\overline{T_5P}\text{ 방위각} = 1,234.56 + 98.62 \times \sin 330°15' \\ \qquad = 1,185.62\text{m} \end{cases}$$

$$\begin{cases} X_Q = X_{T_5} + \overline{T_5Q}\text{ 거리} \times \cos \overline{T_5Q}\text{ 방위각} = 2,345.67 + 185.32 \times \cos 87°45' \\ \qquad = 2,352.95\text{m} \\ Y_Q = Y_{T_5} + \overline{T_5Q}\text{ 거리} \times \sin \overline{T_5Q}\text{ 방위각} = 1,234.56 + 185.32 \times \sin 87°45' \\ \qquad = 1,419.74\text{m} \end{cases}$$

$$\therefore \overline{PQ} = \sqrt{(X_Q - X_P)^2 + (Y_Q - Y_P)^2} = 246.88\text{m}$$

(2) PQ 방위각

PQ 방위각 = $T_5P$ 방위각 + 180° − ∠$T_5PQ$ = 330°15' + 180° − 41°44'40"
            = 108°30'20"

▶ ∠$T_5PQ$

$$\angle T_5PQ = \cos^{-1}\frac{98.62^2 + 246.88^2 - 185.32^2}{2 \times 98.62 \times 246.88} = 41°44'40''$$

그러므로 구하고자 하는 답은

① PQ = 246.88m
② PQ 방위각 = 108°30'20"

**20** ABCD는 어느 상수도 관의 개방 트래버스이며, A, B, C, D의 좌표는 다음과 같다.

|   | A | B | C | D |
|---|---|---|---|---|
| E | 0 | 9.04m | 91.78m | 141.52m |
| N | 0 | −59.31m | −146.51m | −154.09m |

점 X(좌표 E=25.32, N=−110.70)로부터 상수도관의 한 점 Y까지 연결하고자 하며, 이때 $\overline{XY}$의 거리는 최단 거리로 하고자 한다. $\overline{XY}$의 거리와 방위각을 구하시오. (단, 각은 초단위까지, 거리는 소수점 아래 2자리까지 계산할 것)

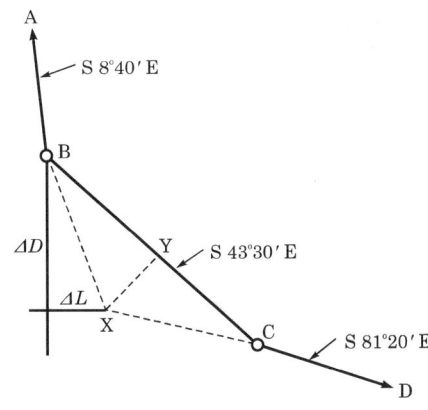

(1) XY 거리        (2) XY 방위각

(1) XY 거리(최단 거리)

  XY 거리 = $\overline{BX} \times \sin \angle XBY$

  ① BX 거리
$$= \sqrt{(X_X - X_B)^2 + (Y_X - Y_B)^2}$$
$$= \sqrt{\{(-110.70)-(-59.31)\}^2 + (25.32-9.04)^2}$$
$$= 53.91\text{m}$$

  ② ∠XBY = BX 방위각 − BC 방위각
     = 162°25′20″ − 136°30′ = 25°55′20″

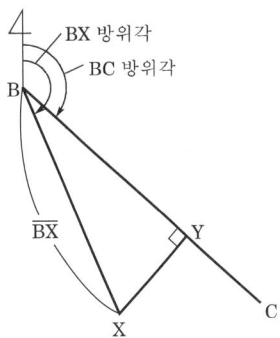

▶ BX 방위각

$$\tan^{-1}\left(\frac{Y_X - Y_B}{X_X - X_B}\right) = \tan^{-1}\left(\frac{25.32 - 9.04}{-110.70 - (-59.31)}\right) = S\,17°34'40''\,E$$

∴ BX 방위각은 $180° - 17°34'40'' = 162°25'20''$

▶ BC 방위각

$180° - 43°30' = 136°30'$

∴ XY 거리 $= BX \times \sin\angle XBY = 53.91 \times \sin 25°55'20'' = 23.57\,\text{m}$

(2) XY 방위각

   XY 방위각 $=$ BX 방위각 $- 180° + \angle BXY$

▶ ∠BXY

$\angle BXY = 180° - \angle XBY - \angle BYX = 180° - 25°55'20'' - 90°$
$= 64°04'40''$

∴ XY 방위각 $= 162°25'20'' - 180° + 64°04'40'' = 46°30'$

그러므로, 구하고자 하는 답은

① XY 거리 $= 23.57\,\text{m}$

② XY 방위각 $= 46°30'$

**21** 지상의 점 C(N=1119.32m, E=375.78m)와 C'(N=1115.70m, E=375.37m)에서 추를 내리고, 인접하는 터널과의 연결을 실시하고 있다. F와 G의 좌표를 구하시오. (단, 측정치는 CD=3.64m, DE=4.46m, EF=13.12m, FG=57.50m, ∠CC'E=179° 59' 12", ∠DEC =38", ∠CEF=167° 10' 20", ∠EFG=87° 23' 41")(각은 초단위, 거리는 소수점 아래 3자리까지 구할 것)

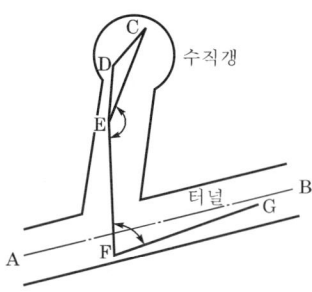

(1) F점 좌표            (2) G점 좌표

### 해설

**(1) F점 좌표**

$X_F = X_E + \overline{EF}$ 거리 $\times \cos$ EF 방위각

$Y_F = Y_E + \overline{EF}$ 거리 $\times \sin$ EF 방위각

① E점 좌표

$X_E = X_C + \overline{CE}$ 거리 $\times \cos$ CE 방위각
$= 1,119.32 + 8.142 \times \cos 186° 27' 15'' = 1,111.230\text{m}$

$Y_E = Y_C + \overline{CE}$ 거리 $\times \sin$ CE 방위각
$= 375.78 + 8.142 \times \sin 186° 27' 15'' = 374.865\text{m}$

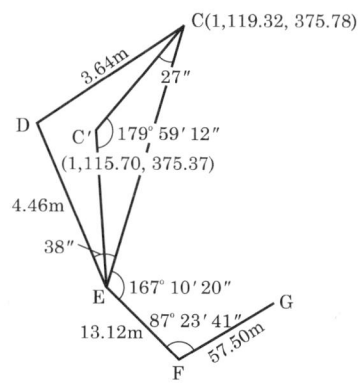

▶ $\overline{CE}$

△CDE 에서 sin 법칙

$$\frac{CE}{\sin \angle CDE} = \frac{3.64}{\sin 0°00'38''}$$

▶ ∠CDE

$$\frac{4.46}{\sin \angle DCE} = \frac{3.64}{\sin 0°00'38''} \quad \therefore \angle DEC = 0°00'47''$$

그러므로 ∠CDE = 180° − 0°00'38'' − 0°00'47'' = 179°58'35''

$$\therefore CE = \frac{3.64}{\sin 0°00'38''} \times \sin \angle CDE$$

$$= \frac{3.64}{\sin 0°00'38''} \times \sin 179°58'35'' = 8.142$$

▶ $\overline{CE}$ 방위각

CE 방위각 = CC' 방위각 − ∠C'CE = 186°27'42 − 0°00'27
$= 186°27'15''$

그러므로 구하고자 하는 F점 좌표는

$X_F = X_E + EF$ 거리 $\times \cos EF$ 방위각
$= 1,111.230 + 13.12 \times \cos 173°37'35'' = 1,098.191 \text{m}$

$Y_F = Y_E + EF$ 거리 $\times \sin EF$ 방위각
$= 374.865 + 13.12 \times \sin 173°37'35'' = 376.321 \text{m}$

▶ EF 방위각

EF 방위각 = CE 방위각 − 180° + ∠CEF
$= 180°27'15'' − 180° + 167°10'20'' = 173°37'35''$

(2) G점 좌표

$X_G = X_F + FG$ 거리 $\times \cos FG$ 방위각
$= 1,098.191 + 57.50 \times \cos 81°01'16'' = 1,107.165 \text{m}$

$Y_G = Y_F + FG$ 거리 $\times \sin FG$ 방위각
$= 376.321 + 57.50 \times \sin 81°01'16'' = 433.116 \text{m}$

▶ FG 방위각

FG 방위각 = EF 방위각 − 180° + ∠EFG
$= 173°37'35'' − 180° + 87°23'41'' = 81°01'16''$

## 22
그림을 보고 다음 요소를 계산하시오. AC, BC의 방위각, C점의 좌표 및 $\alpha$, $\beta$, $\gamma$의 내각을 구하시오. (단, 거리는 소수점 이하 4자리에서 반올림하고 각도는 0.1″까지 계산할 것)

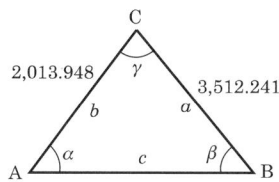

- $X_A = 12,300.50$, $X_B = 14,320.50$
- $Y_A = 11,050.30$, $Y_B = 13,550.20$

### 해설

**(1) 측선 AB의 거리**

$$\overline{AB} = \sqrt{(14,320.50 - 12,300.50)^2 + (13,550.20 - 11,050.30)^2} = 3,214.016\,\text{m}$$

**(2) $\alpha$, $\beta$, $\gamma$의 내각**

㉠ $\alpha = \cos^{-1}\dfrac{b^2 + c^2 - a^2}{2 \cdot b \cdot c} = \cos^{-1}\dfrac{(2,013.348)^2 + (3,214.016)^2 - (3,512.241)^2}{2 \times 2,013.948 \times 3,214.016}$
$= 80°53'18.4''$

㉡ $\beta = \cos^{-1}\dfrac{a^2 + c^2 - b^2}{2 \cdot a \cdot c} = \cos^{-1}\dfrac{(3,512.241)^2 + (3,214.016)^2 - (2,013.948)^2}{2 \times 3,512.241 \times 3,214.016}$
$= 34°29'01.6''$

㉢ $\gamma = \cos^{-1}\dfrac{a^2 + b^2 - c^2}{2 \cdot a \cdot b} = \cos^{-1}\dfrac{(3,512.241)^2 + (2,013.948)^2 - (3,214.016)^2}{2 \times 3,512.241 \times 2,013.948}$
$= 64°37'40.0''$

**(3) AC, BC의 방위각**

㉠ $\overline{AB}$ 방위각 $= \tan^{-1}\left(\dfrac{Y_B - Y_A}{X_B - X_A}\right) = 51°03'38.4''$

∴ $\overline{BC}$ 방위각 $= \overline{BA}$ 방위각 $+ \angle \beta = (51°03'38.4'' + 180°) + 34°29'01.6''$
$= 265°32'40''$

㉡ $\overline{CA}$ 방위각 $= \overline{CB}$ 방위각 $+ \angle \gamma$
$= 265°32'40'' - 180° + 64°37'40.0'' = 150°10'20''$

∴ $\overline{AC}$ 방위각 $= \overline{CA}$ 방위각 $+ 180° = 150°10'20'' + 180° = 330°10'20''$

**(4) C점의 좌표**

㉠ $X_C = X_A + \overline{AC}$ 거리 $\times \cos \overline{AC}$ 방위각
$= 12,300.50 + 2,013.948 \times \cos 330°10'20'' = 14,047.649\,\text{m}$

㉡ $Y_C = Y_A + \overline{AC}$ 거리 $\times \sin \overline{AC}$ 방위각
$= 11,050.30 + 2,013.948 \times \sin 330°10'20'' = 10,048.573\,\text{m}$

**23** 그림에서와 같이 AP₁, P₂, ……, 트래버스 측량하기 위하여 시준이 곤란한 AB를 P점에서 편심 관측하였다. AB 측선의 방향각이 29° 15′ 28″, AB=1,800m인 경우 P₁P₂의 방향각과 A점을 원점으로 하는 P₁의 좌표를 구하시오. (단, 각은 초단위, 거리는 소수점 4자리에서 반올림할 것)

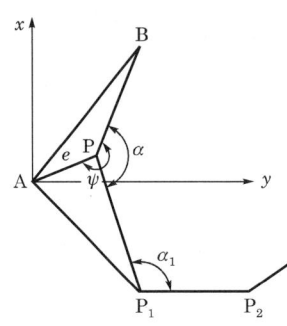

- $e$ : 5.000m
- $\phi$ : 214° 30′
- $\alpha$ : 126° 25′ 10″
- $\alpha_1$ : 160° 30′ 25″
- $AP_1$ : 558.010m

(1) P₁P₂의 방향각  (2) P₁의 좌표

(1) P₁P₂ 방향각 = AP₁ 방향각 − 180° + (∠AP₁P + $\alpha_1$)

① AP₁ 방향각

$$AP_1 \text{ 방향각} = AB \text{ 방향각} + \angle BAP + \angle PAP_1$$

㉠ AB 방향각 = 29° 15′ 28″
㉡ ∠BAP = 180° − {∠B + (360° − $\phi$)}
= 180° − {0° 05′ 25″ + (360° − 214° 30′)}
= 34° 24′ 35″

▶ ∠B (sin 법칙)
$$\angle B = \sin^{-1}\left(\frac{\sin(360° - 214°30′)}{1,800} \times 5\right) = 0°05′25″$$

㉢ ∠PAP₁
∠PAP₁ = 180° − ∠AP₁P − ($\phi$ − $\alpha$)
= 180° − 0° 30′ 47″ − (214° 30′ − 126° 25′ 10″)
= 91° 24′ 23″

▶ ∠AP₁P (sin 법칙)

$$\angle AP_1P = \sin^{-1}\frac{\sin(\phi-\alpha)}{AP_1}\times e = \frac{\sin(214°30'-126°25'10'')}{558.010}\times 5$$
$$= 0°30'47''$$

그러므로, AP₁ 방향각 = AB 방향각 + ∠BAP + ∠PAP₁
$$= 29°15'28'' + 34°24'35'' + 91°24'23''$$
$$= 155°04'26''$$

따라서 구하고자 하는

P₁P₂ 방향각 = AP₁ 방향각 − 180° + (∠AP₁P + α₁)
$$= 155°04'26'' - 180° + (0°30'47'' + 160°30'20'')$$
$$= 136°05'38''$$

(2) P₁의 좌표

$$\begin{cases} X_{P_1} = X_A + AP_1 \times \cos AP_1 \text{ 방향각} \\ \quad = 0 + 558.010 \times \cos 155°04'26'' \\ \quad = -506.033 \\ Y_{P_1} = Y_A + AP_1 \times \sin AP_1 \text{ 방향각} \\ \quad = 0 + 558.010 \times \sin 155°04'26'' \\ \quad = 235.173 \end{cases}$$

그러므로 구하고자 하는 답은

① P₁P₂의 방향각 = 136°05'38''

② P₁의 좌표($X_{P_1} = -506.033$, $Y_{P_1} = 235.173$)

제1장. 트래버스 측량

**24** 다음과 같은 그림에서 $\theta_1$, $\theta_2$ 및 $x$의 거리를 구하시오. (단, 거리는 소수점 아래 4자리에서 반올림하고, 각은 초단위까지 계산할 것)

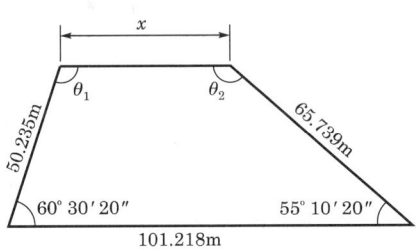

(1) $\theta_1$          (2) $\theta_2$          (3) $x$

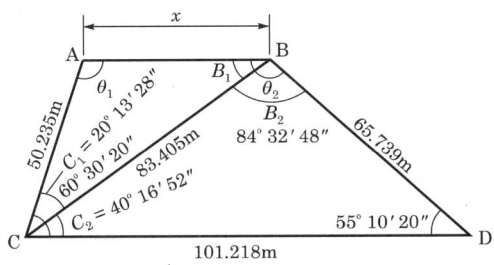

(1) △BCD에서

① $BC = \sqrt{65.739^2 + 101.218^2 - (2 \times 65.739 \times 101.218 \times \cos 55°10'20'')}$
$= 83.465 \text{m}$

② $\angle C_2 = \cos^{-1} \dfrac{83.465^2 + 101.218^2 - 65.739^2}{2 \times 83.465 \times 101.218} = 40°16'52''$

③ $\angle B_2 = 180° - \angle D - \angle C_2 = 180° - 55°10'20'' - 40°16'52'' = 84°32'48''$

④ $\angle C_1 = 60°30'20'' - \angle C_2 = 60°30'20'' - 40°16'52'' = 20°13'28''$

(2) △ABC에서

① $AB(x) = \sqrt{50.235^2 + 83.465^2 - 2 \times 50.235 \times 83.465 \times \cos 20°13'28''}$
$= 40.265 \text{m}$

② $\theta_1 = \cos^{-1} \dfrac{50.235^2 + 40.265^2 - 83.465^2}{2 \times 50.235 \times 40.265} = 134°13'29''$

③ $\angle B_1 = 180° - \angle \theta_1 - \angle C_1 = 180° - 134°13'29'' - 20°13'28'' = 25°33'03''$

따라서 구하고자 하는 답은

① $\theta_1 = 134°13'29''$

② $\theta_2 = \angle B_1 + \angle B_2 = 25°33'03'' + 84°32'48'' = 110°05'51''$

③ $x = 40.265 \text{m}$

**25** 폐합 트래버스 ABCDA를 측량한 결과 다음 그림과 같다. 누락된 측정값 ∠B, ∠C 및 BC 간의 거리를 구하시오. (단, 폐합 오차가 없는 것으로 하며 각은 분단위, 거리는 소수점 아래 2자리까지 나타낸다.)

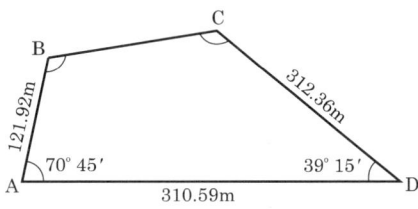

(1) ∠B  (2) ∠C  (3) $\overline{BC}$

**해설**

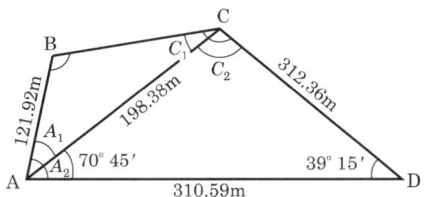

(1) $\overline{AC}$

$\overline{AC} = \sqrt{213.36^2 + 310.59^2 - (2 \times 213.36 \times 310.59 \times \cos 39°15')} = 198.38 \text{m}$

(2) $\angle A_2$

$\dfrac{198.38}{\sin 39°15'} = \dfrac{213.36}{\sin \angle A_2}$  ∴ $A_2 = 42°52'$

그러므로 $\angle A_1 = 27°53'$, $\angle C_2 = 97°53'$ 이다.

(3) $\overline{BC}$

$\overline{BC} = \sqrt{121.92^2 + 198.38^2 - (2 \times 121.92 \times 198.38 \times \cos 27°53')} = 107.06 \text{m}$

(4) ∠B

$\angle B = \cos^{-1}\left(\dfrac{121.92^2 + 107.06^2 - 198.38^2}{2 \times 121.92 \times 107.06}\right) = 119°56'$

(5) ∠C

$\angle C_1 = 180° - (27°53' + 119°56') = 32°11'$

따라서 $\angle C = \angle C_1 + \angle C_2 = 32°11' + 97°53' = 130°04'$

그러므로, 구하고자 하는 답은

① ∠B = 119°56',  ② ∠C = 130°04',  ③ $\overline{BC}$ = 107.06m

## 26

그림과 같은 필지의 면적을 $\overline{AE}$ 및 $\overline{CD}$에 수직되는 분할선 $\overline{PQ}$로 2등분하려고 한다. $\overline{AE}$와 분할선의 교점을 P, $\overline{CD}$와 분할선의 교점을 Q로 하여 $\overline{PE}$ 및 $\overline{QD}$의 거리를 계산하시오. (단, $\overline{AE}//\overline{CD}$)

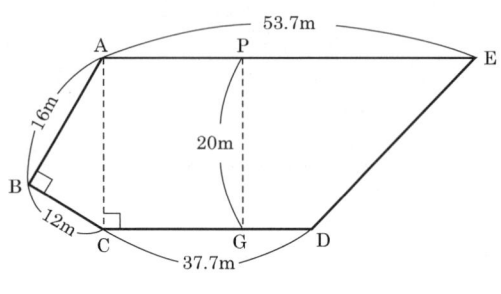

(1) $\overline{PE}$ (2) $\overline{QD}$

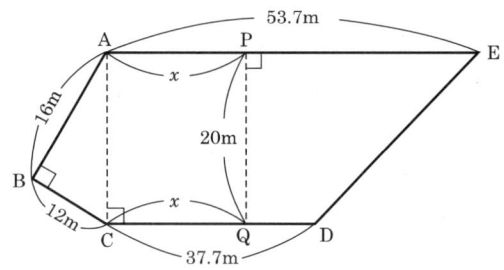

(1) 도형의 전면적

도형의 전면적 $= \left(16 \times 12 \times \dfrac{1}{2}\right) + \left((53.7 + 37.7) \times 20 \times \dfrac{1}{2}\right) = 1,010 \text{m}^2$

(2) 도형 ABCQP 면적

$\left(16 \times 12 \times \dfrac{1}{2}\right) + (x \times 20) = 505$

$96 + 20x = 505 \quad \therefore \ x = 20.45 \text{m}$

(3) $\overline{PE}$ 거리 : $\overline{AE} - \overline{AP} = 53.7 - 20.45 = 33.25 \text{m}$

(4) $\overline{QD}$ 거리 : $\overline{CD} - \overline{CQ} = 37.7 - 20.45 = 17.25 \text{m}$

그러므로, 구하고자 하는 답은

① $\overline{PE} = 33.25 \text{m}$

② $\overline{QD} = 17.25 \text{m}$

**27** 다음 측량 결과에 의하여 PQ 거리를 구하시오. (단, AB=216.900m이며, 거리는 소수점 아래 4자리에서 반올림할 것)

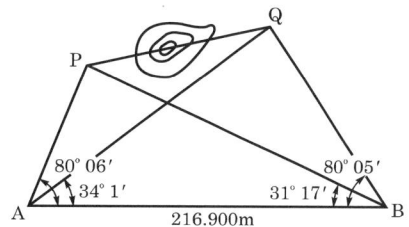

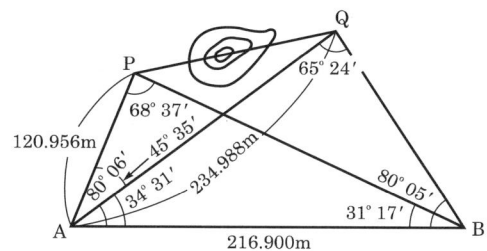

(1) AP

$$\frac{\overline{AP}}{\sin 31°17'} = \frac{216.900}{\sin 68°37'} \quad \therefore \quad \overline{AP} = \frac{216.900}{\sin 68°37'} \times \sin 31°17' = 120.956\,\mathrm{m}$$

(2) AQ

$$\frac{\overline{AQ}}{\sin 80°05'} = \frac{216.900}{\sin 65°24'} \quad \therefore \quad \overline{AQ} = \frac{216.900}{\sin 65°24'} \times \sin 80°05' = 234.988\,\mathrm{m}$$

그러므로 구하고자 하는 $\overline{PQ}$는

$$\overline{PQ} = \sqrt{120.956^2 + 234.988^2 - (2 \times 120.956 \times 234.988 \times \cos 45°35')}$$
$$= 173.391\,\mathrm{m}$$

❖ **별해**(AP를 진북으로 보고 좌표에 의해 구한다.)

$(X_A = 0,\ Y_A = 0)$

① $\begin{cases} X_P = X_A + \overline{AP} \times \cos\text{방위각} = 0 + 120.956 \times \cos 0 \\ \qquad = 120.956 \\ Y_P = Y_A + \overline{AP} \times \sin\text{AP 방위각} = 0 + 120.956 \times \sin 0 \\ \qquad = 0 \end{cases}$

② $\begin{cases} X_Q = X_A + \overline{AQ} \times \cos\text{AQ 방위각} = 0 + 234.988 \times \cos 45°35' \\ \qquad = 164.461\,\mathrm{m} \\ Y_Q = Y_A + \overline{AQ} \times \sin\text{AQ 방위각} = 0 + 234.988 \times \sin 45°35' \\ \qquad = 167.845(\mathrm{m}) \end{cases}$

$$\therefore \overline{PQ} = \sqrt{(X_Q - X_P)^2 + (Y_Q - Y_P)^2} = 173.392\,\mathrm{m}$$

## 28

다음 그림은 어느 농장 주변의 개방 트래버스 예이다. A점을 직각 좌표의 원점으로 하고 $\overrightarrow{AB}$선을 북으로 할 때 다음 사항을 계산하시오. (단, 각은 10초 단위에서 반올림하여 분단위까지만 계산하고, 거리와 좌표는 소수점 아래 3자리에서 반올림할 것)

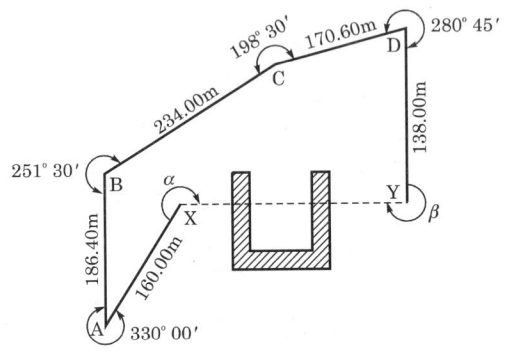

(1) 각 점의 좌표

(2) X, Y를 연결하고자 한다. $\overline{XY}$ 길이와 방위각을 구하시오.
   ① XY 거리
   ② XY 방위각

(3) 측선 $\overline{XY}$ 를 각각 X점, Y점에서 측설하고자 한다.
   ① X점에서의 측설각(측선 $\overline{AX}$ 를 기준으로 하는 방향각) $\alpha$
   ② Y점에서의 측설각(측선 $\overline{DY}$ 를 기준으로 하는 방향각) $\beta$

(1) 각 점의 좌표

| 측선 | 거리 | 방위각 계산 | 방위각 | 위거 | 경거 | 측점 | 합위거 | 합경거 |
|---|---|---|---|---|---|---|---|---|
| AB | 186.4 | 0° | 0° | 186.40 | 0 | A | 0 | 0 |
| BC | 234 | 251°30′−180° | 71°30′ | 74.25 | 221.91 | B | 186.40 | 0 |
| CD | 170.6 | 71°30′+180°−161°30′ | 90° | 0 | 170.60 | C | 260.65 | 221.91 |
| DY | 138 | 90°+180°−79°15′ | 190°45′ | −135.58 | −25.74 | D | 260.65 | 392.51 |
| AX | 160 | 360°−330° | 30° | 138.56 | 80.00 | Y | 125.07 | 366.77 |
|  |  |  |  |  |  | X | 138.56 | 80.00 |

(2) $\overline{XY}$ 거리와 방위각

① XY 거리

$$\sqrt{(X_Y - X_X)^2 + (Y_Y - Y_X)^2} = \sqrt{(125.07 - 138.56)^2 + (366.77 - 80.00)^2}$$
$$= 287.09\,\text{m}$$

② XY 방위각

$$\tan^{-1}\left(\frac{Y_Y - Y_X}{X_Y - X_X}\right) = \tan^{-1}\left(\frac{366.77 - 80.00}{125.07 - 138.56}\right) = S\,87°\,18'\,E$$

따라서 XY 방위각 $= 180° - 87°\,18' = 92°\,42'$

(3) 측선 $\overline{XY}$를 각각 X점, Y점에서 측설하고자 한다.

① X점에서의 측설각(측선 $\overline{AX}$를 기준으로 하는 방향각) $\alpha$는
$\alpha = 180° + (XY\ 방위각 - AX\ 방위각)$

> ▶ AX 방위각
> 
> AX 방위각 $= \tan^{-1}\left(\dfrac{80}{138.56}\right) = 30°\,00'$

$= 180° + (92°\,42' - 30°\,00') = 242°\,42'$

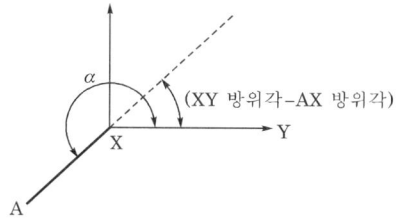

② Y점에서의 측설각(측선 $\overline{DY}$를 기준으로 하는 방향각) $\beta$는
$\beta = 180° + (XY\ 방위각 - YD\ 방위각)$

> ▶ YD 방위각
> 
> YD 방위각 $= (DY\ 방위각 + 180°)$
> $= 190°\,45' + 180° = 10°\,45'$

$= 180° + (92°\,42' - 10°\,45') = 261°\,57'$

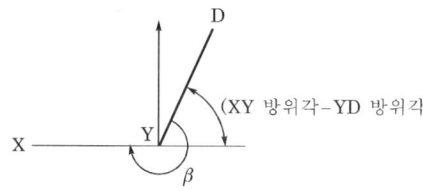

**29** 다음은 폐합 트래버스 ABCDEFA의 경거($\Delta E$), 위거($\Delta N$)를 나타낸 것이다.

| 변 | $\Delta E$(m) | $\Delta N$(m) |
|---|---|---|
| AB | -76.35 | -138.26 |
| BC | 145.12 | -67.91 |
| CD | 20.97 | 109.82 |
| DE | 187.06 | 31.73 |
| EF | -162.73 | 77.36 |
| FA | -87.14 | -25.24 |

(1) 폐합 오차를 구하시오.

(2) A점에 세오돌라이트(theodolite)를 세우고 D에 표척을 세워 시거선(stadia선)을 읽은 결과 각각 1.737m, 2.530m, 3.322m를 얻었다. 이때 망원경의 연직각은 -24°였다고 한다. 만일 폐합 오차의 원인이 변의 길이 측정 오차에서 기인되었다고 한다면 이 폐합 오차는 어느 변의 측정 오차에서 발생되었다고 보는가? (단, 사용 기계 정수 $K$=100, $C$=0임)

### 해설

(1) 폐합 오차

$$\sqrt{\sum \Delta E^2 + \sum \Delta N^2} = \sqrt{(26.93)^2 + (-12.5)^2} = \pm 29.69 \text{m}$$

(2) 폐합 오차의 벡터 방향을 보면

방위각 $\tan \theta = \dfrac{26.93}{-12.50} \fallingdotseq \dfrac{2}{1}$ (S 65°06′3.09″ E)

따라서 오차가 발생한 변은 그 방향이 폐합 오차의 벡터 방향과 같아야 하므로(변에서만 오차가 발생했으므로)

$$\therefore \left( BC \tan \theta = \dfrac{145.12}{-67.91} \fallingdotseq \dfrac{2}{1}, \quad EF \tan \theta = \dfrac{-162.73}{77.36} \fallingdotseq \dfrac{2}{1} \right)$$

즉, $\overline{BC}$, $\overline{EF}$ 변에서만 방향이 폐합 오차의 벡터 방향과 비슷하다. 다시 말해 오차는 반드시 BC 또는 EF에서 발생하였다.

$$\begin{cases} \text{스타디아 측량}(\overline{AD}) = Kl\cos^2\alpha = 100 \times (3.322 - 1.737)\cos^2 24° \\ \qquad\qquad\qquad\quad = 132.28\text{m} \\ \text{거리}(\overline{AD}) = \sqrt{\sum \Delta E^2 + \sum \Delta N^2} \\ \qquad\qquad\quad = \sqrt{(-76.35 + 145.12 + 20.97)^2 + (-138.26 - 67.91 + 109.82)^2} \\ \qquad\qquad\quad = 131.67\text{m} \end{cases}$$

따라서, $\overline{AD}$ 거리가 비슷한 것은 A~D 구간은 오차가 없음을 증명한다.
그러므로 오차가 내포된 변은 $\overline{EF}$ 이다.
구하고자 하는 답은

① 폐합 오차=±29.69m, ② 폐합 오차는 $\overline{EF}$ 변에서 발생하였다.

## 30
다음 성과표를 가지고 직선 $\overline{P_1P_2}$과 직선 $\overline{P_3P_4}$와의 교점 P의 좌표를 구하시오.

|   | P₁ | P₂ | P₃ | P₄ |
|---|---|---|---|---|
| $X$ | 104.218 | 333.818 | 134.132 | 372.816 |
| $Y$ | 248.816 | 486.782 | 420.084 | 349.058 |

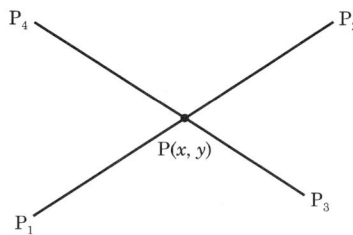

(1) P점 좌표 $X_P, Y_P$

### 해설

(1) 교점 P의 좌표

$$\begin{cases} X_P = X_{P_1} + \overline{P_1P} \times \cos P_1P \text{ 방위각} \\ Y_P = Y_{P_1} + \overline{P_1P} \times \sin P_1P \text{ 방위각} \end{cases}$$

▶ $\overline{P_1P}$

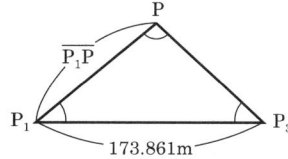

① $P_1P_3 = \sqrt{(X_{P_3} - X_{P_1})^2 + (Y_{P_3} - Y_{P_1})^2}$
$= \sqrt{(134.132 - 104.218)^2 + (420.084 - 248.816)^2}$
$= 173.861\text{m}$

② $\angle P_3 = P_3P_4$ 방위각 $- P_3P_1$ 방위각
$= \tan^{-1}\left(\dfrac{349.058 - 420.084}{372.816 - 134.132}\right) - \tan^{-1}\left(\dfrac{248.816 - 420.084}{104.218 - 134.132}\right)$
$= 83°20'09''$

③ $\angle P = P_2P_1$ 방위각 $- P_4P_3$ 방위각

$$= \tan^{-1}\left(\frac{248.816 - 486.782}{104.218 - 333.818}\right) - \tan^{-1}\left(\frac{420.084 - 349.058}{134.132 - 372.816}\right)$$

$$= 226°01'30.2'' - 163°25'42.2'' = 62°35'48''$$

∴ 구하는 $\overline{P_1P} = \frac{\overline{P_1P_3}}{\sin \angle P}\sin \angle P_3$

$$= \frac{173.861}{\sin 62°35'48''} \times \sin 83°20'09''$$

$$= 194.513 \text{m}$$

▶ $P_1P$ 방위각

$P_2P_1$ 방위각 $+ 180° = 226°01'30.2'' + 180° - 360° = 46°01'30.2''$

따라서, 구하고자 하는 P점의 좌표는

$X_P = 104.218 + 194.513 \times \cos 46°01'30.2'' = 239.277 \text{m}$

$Y_P = 248.816 + 194.513 \times \sin 46°01'30.2'' = 388.796 \text{m}$

❖ 별해

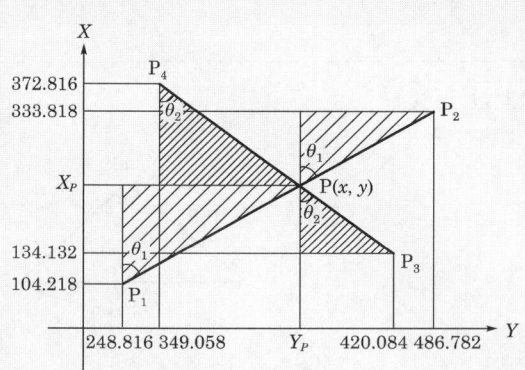

(1) $P_1P_2$ 직선에서

$\overline{P_1P}$ 방위각 $= \overline{PP_2}$ 방위각

$\tan\theta_1 = \left(\frac{Y_P - Y_{P1}}{X_P - X_{P1}}\right) = \left(\frac{X_{P2} - Y_P}{X_{P2} - X_P}\right) = \left(\frac{Y_P - 248.816}{X_P - 104.218}\right)$

$= \left(\frac{486.782 - Y_P}{333.818 - X_P}\right)$ ……①식

(2) $P_3P_4$ 직선에서

$$\tan\theta_2 = \left(\frac{Y_P - Y_{P_4}}{X_P - X_{P_4}}\right) = \left(\frac{X_{P_3} - Y_P}{X_{P_3} - X_P}\right) = \left(\frac{Y_P - 349.058}{X_P - 372.816}\right)$$

$$= \left(\frac{420.084 - Y_P}{134.132 - X_P}\right) \cdots\cdots ②식$$

(3) 정리

$(Y_P - 248.816)(333.818 - X_P) = (X_P - 104.218)(486.782 - Y_P) \cdots\cdots ①식$

$(Y_P - 349.058)(134.132 - X_P) = (X_P - 372.816)(420.084 - Y_P) \cdots\cdots ②식$

①식 전개

$333.818 Y_P - X_P \cdot X_P - 83,059.25949 + 248.816 X_P$

$= 486.782 X_P - X_P \cdot Y_P - 50,731.44648 + 104.218 Y_P$

정리하면

$237.966 X_P - 229.6 Y_P = -32,327.81301 \cdots\cdots ①'식$

②식 전개

$134.132 Y_P - X_P \cdot Y_P - 46,819.84766 + 349.058 X_P$

$= 420.084 X_P - X_P \cdot Y_P - 156,614.0365 + 372.816 Y_P$

정리하면

$71.026 X_P + 238.684 Y_P = 109,794.1888 \cdots\cdots ②'식$

①'식을 237.966으로 나누면

$X_P - 0.964843717 Y_P = -135.8505543 \cdots\cdots ①''식$

②'식을 71.026으로 나누면

$X_P + 3.360515867 Y_P = 1,545.830948 \cdots\cdots ②''식$

①''식 − ②''식

$-4.325359584 Y_P = -1,681.681502$

$\therefore Y_P = 388.7957682, \ X_P = 239.2766001$

그러므로, 구하고자 하는 P점 좌표

$X = 239.277, \ Y = 388.796$

**31** 그림과 같이 터널 ⓘ과 ⓘⓘ가 교차점 X를 향해서 굴착하고 있다. 각 터널이 서로 만날 때까지는 각각 얼마씩 더 굴착을 하여야 하는가? 즉 $\overline{XB}$, $\overline{FX}$의 거리는 얼마인가? (단, $\overrightarrow{AB}$의 방위각 : 15° 00′ 00″, $\overrightarrow{EF}$의 방위각 : 265° 00′ 00″, B점의 좌표 : E=624.30, N=1,300.50, F점의 좌표 : E=845.90, N=1,482.30이며 계산은 소수 아래 3자리에서 반올림할 것)

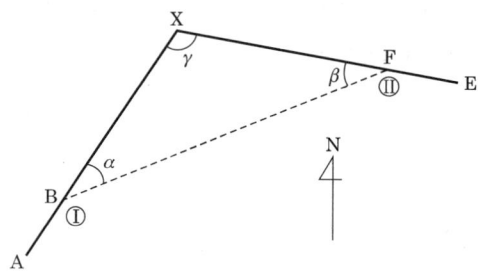

(1) $\overline{XB}$ (2) $\overline{FX}$

### 해설

(1) $\overline{XB}$ 거리

$$\frac{\overline{XB}}{\sin \angle \beta} = \frac{\overline{BF}}{\sin \angle \gamma}$$

▶ $\overline{BF}$
$$\sqrt{(1,482.30 - 1,300.50)^2 + (845.90 - 624.30)^2} = 286.63\text{m}$$

▶ $\angle \beta$
EF 방위각−FB 방위각= 265° 00′ 00″ = 265° 00′ 00″ − 230° 38′ 04.72″
= 34° 21′ 55.28″

▶ FB 방위각
$$= \tan^{-1}\left(\frac{Y_B - Y_F}{X_B - X_F}\right) = \tan^{-1}\left(\frac{624.30 - 845.90}{1,300.50 - 1,482.30}\right)$$
= 50° 38′ 04.72″ W
∴ FB 방위각 = 50° 38′ 04.72″ + 180° = 230° 28′ 04.72″

▶ ∠γ

∠γ = 180° − α − β = 180° − 35°38′04.72″ − 34°21′55.28″ = 110°

▶ α

α = BF 방위각 − BX 방위각 = (FB 방위각 + 180°) − 15°00′00″
= 35°38′04.72″

$$\therefore \overline{XB} = \frac{\overline{BF}}{\sin \angle \gamma} \times \sin \angle \beta = \frac{286.63}{\sin 110°} \times \sin 34°21′55.28″ = 172.18\text{m}$$

(2) $\overline{FX}$ 거리

$$\frac{\overline{FX}}{\sin \angle \alpha} = \frac{\overline{BF}}{\sin \angle \gamma}$$

$$\therefore \overline{FX} = \frac{\overline{BF}}{\sin \angle \gamma} \times \sin \alpha = \frac{286.63}{\sin 110°} \times \sin 35°38′04.72″ = 177.72\text{m}$$

그러므로, 구하고자 하는 답은

① $\overline{XB}$ : 172.18m

② $\overline{FX}$ : 177.71m

**32** 그림과 같은 간단한 삼변 삼각형이 있다. 각 측선의 길이와 A, B의 좌표가 다음 표와 같다고 한다. C점의 평균 좌표를 계산하시오.

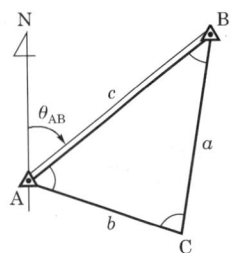

| 측선 | 측정 거리(m) | 측점 | 좌표(m) E | 좌표(m) N |
|---|---|---|---|---|
| $a$ | 1,814.05 | A | 1,500.00 | 2,500.00 |
| $b$ | 1,463.87 | B | 3,312.16 | 3,379.14 |

### 해설

C점의 좌표(평균 좌표)

$X_C = X_A + \overline{AC} \cos AC\ 방위각 \quad Y_C = Y_A + \overline{AC} \sin AC\ 방위각$
$\quad = X_B + \overline{BC} \cos BC\ 방위각 \quad\quad = Y_B + \overline{BC} \sin BC\ 방위각$

**(1) AC 방위각**

$AC\ 방위각 = \theta_{AB} + \angle A = 64°07'13.48'' + 60°26'32.49'' = 124°33'45.97''$

① $\theta_{AB} = \tan^{-1}\left(\dfrac{Y_B - Y_A}{X_B - X_A}\right) = \tan^{-1}\left(\dfrac{3,312.16 - 1,500.00}{3,379.14 - 2,500.00}\right) = 64°07'13.48''$

② $\angle A$

$\angle A = \cos^{-1}\left(\dfrac{b^2 + c^2 - a^2}{2bc}\right) = \cos^{-1}\left(\dfrac{1,463.87^2 + 2,014.15^2 - 1,814.05^2}{2 \times 1,463.87 \times 2,014.15}\right)$
$\quad = 60°26'32.49''$

※ $\overline{AB}(c) = \sqrt{(3,312.6 - 1,500)^2 + (3,379.14 - 2,500)^2} = 2,014.15\text{m}$

**(2) BC 방위각**

$BC\ 방위각 = \theta_{BA} - \angle B = 64°07'13.48'' + 180° - 44°34'59.49''$
$\qquad\qquad\quad = 199°32'13.99''$

▶ $\angle B$

$\angle B = \cos^{-1}\left(\dfrac{a^2 + c^2 - b^2}{2ac}\right) = \cos^{-1}\left(\dfrac{1,814.05^2 + 2,014.15^2 - 1,463.87^2}{2 \times 1,814.05 \times 2,014.15}\right)$
$\quad = 44°34'59.49''$

따라서

$X_C = X_A + \overline{AC} \cos AC$ 방위각 $= 2,500 + 1,463.87 \cos 124°33'45.97''$
$\phantom{X_C} = 1,669.53\text{m}$
$\phantom{X_C} = X_B + \overline{BC} \cos BC$ 방위각 $= 3,379.14 + 1,814.05 \cos 199°32'13.99''$
$\phantom{X_C} = 1,669.53\text{m}$

$Y_C = Y_A + \overline{AC} \sin AC$ 방위각 $= 1,500 + 1,463.87 \sin 124°33'45.97''$
$\phantom{Y_C} = 2,705.50\text{m}$
$\phantom{Y_C} = Y_B + \overline{BC} \sin BC$ 방위각 $= 3,312.16 + 1,814.05 \sin 199°32'13.99''$
$\phantom{Y_C} = 2,705.51\text{m}$

그러므로, C점의 평균 좌표는

- $X_C = 1,669.53\text{m}$
- $Y_C = \dfrac{2,705.50 + 2,705.51}{2} = 2,705.51\text{m}$

**33** 그림과 같은 트래버스 ABC가 있다. D점과 C점에서 각각 수평 표척을 세우고 그 낀 각을 측정하였다(수평 표척의 길이=2m). $\overrightarrow{AB}$ 측선의 방향을 정북으로 할 때 C점의 좌표를 구하시오. (단, A점의 좌표는 E=100.00m, N=100.00m이다.)

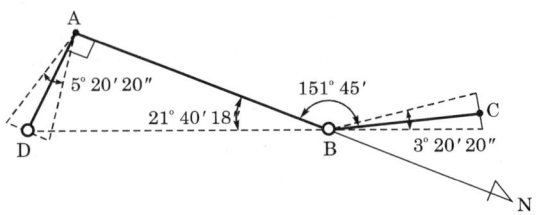

### 해설

먼저 B점의 좌표를 구한다.

$X_B = X_A + \overline{AB} \times \cos AB$ 방위각 $= 100 + (\overline{AB} \times \cos 0°) = 153.974$m

$Y_B = Y_A + \overline{AB} \times \sin AB$ 방위각 $= 100 + (\overline{AB} \times \sin 0°) = 100$m

> ▶ $\overline{AB}$
> $\overline{AB} = \overline{AD} \times \cot 21°40'18''$m
> $= \left(\dfrac{2}{2} \times \cot \dfrac{5°20'20''}{2}\right) \times \cot 21°40'18'' = 53.974$m

따라서 C점의 좌표는

$X_C = X_B + \overline{BC} \times \cos BC$ 방위각 $= 153.974 + \{(\overline{BC} \times \cos(180° + 151°45'))\}$
$= 184.198$m

$Y_C = Y_B + \overline{BC} \times \cos BC$ 방위각 $= 100 + \{(\overline{BC} \times \sin(180° + 151°45'))\}$
$= 83.760$m

> ▶ $\overline{BC}$
> $\overline{BC} = \dfrac{b}{2} \times \cot \dfrac{\alpha}{2}$
> $= \dfrac{2}{2} \times \cot \dfrac{3°20'20''}{2} = 34.311$m

그러므로, 구하고자 하는 C점의 좌표는
  $X_C = 184.198$m, $Y_C = 83.760$m

**34** A, B, C, D의 좌표는 다음과 같다. AC를 연결하는 직선과 BD를 연결하는 직선의 교각은 얼마인가?

| 좌표＼측점 | A | B | C | D |
|---|---|---|---|---|
| $X$ | +413.25m | +129.66m | −398.64m | −236.46m |
| $Y$ | +306.33m | −400.29m | −102.39m | +512.13m |

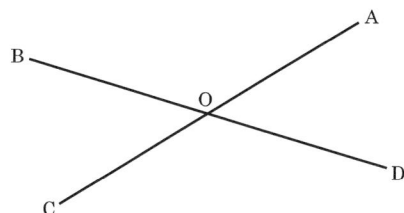

(1) ∠AOD  (2) ∠DOC

### 해설

(1) ∠AOD

$$\angle \text{AOD} = \text{BD 방위각} - \text{CA 방위각}$$
$$= \tan^{-1}\left(\frac{Y_D - Y_B}{X_D - X_B}\right) - \tan^{-1}\left(\frac{Y_A - Y_C}{X_A - X_C}\right)$$
$$= \tan^{-1}\left(\frac{512.13 + 400.29}{-236.46 - 129.66}\right) - \tan^{-1}\left(\frac{306.33 + 102.39}{413.25 + 398.64}\right)$$
$$= 111°51'49.48'' - 26°43'17.42'' = 85°08'32.06''$$

(2) ∠DOC

$$\angle \text{DOC} = \text{AC 방위각} - \text{BD 방위각}$$
$$= \tan^{-1}\left(\frac{Y_C - Y_A}{X_C - X_A}\right) - \tan^{-1}\left(\frac{Y_D - Y_B}{X_D - X_B}\right)$$
$$= (\text{CA 방위각} + 180°) - \tan^{-1}\left(\frac{512.13 + 400.29}{-236.46 - 129.66}\right)$$
$$= 206°43'17.42'' - 111°51'49.48'' = 94°51'27.95''$$

그러므로, 구하고자 하는 교각은
① ∠AOD = 85°08′32.06″
② ∠DOC = 94°51′27.95″

# 02 삼각 측량

## 1 정의

### (1) 삼각 측량의 정의

삼각 측량은 기선 거리와 삼각망을 이루는 삼각형의 내각을 관측하고 삼각법을 이용하여 각 측점의 좌표를 계산하는 측량 방법이다. 각 측점을 연결하여 다수의 삼각형을 만들고 삼각형 한 변을 정밀하게 측정해서 기선으로 한다. 그리고 삼각형 각각의 내각을 관측하여 삼각법에 의해 각 변의 길이를 차례로 계산한 다음 조건식에 의해 조정 계산하여 수평 위치$(x, y)$를 결정하는 방법이다.

## 2 삼각망의 종류

### (1) 단열 삼각망

폭이 좁고 길이가 긴 지역에 적합하며, 하천 측량, 노선 측량, 터널 측량 등에 이용된다.

거리에 비해 관측 수가 적으므로 측량이 신속하고, 조건식이 적기 때문에 정밀도가 낮다.

[단열 삼각망]

### (2) 유심 삼각망

방대한 지역 측량에 적합하다. 동일 측점 수에 비하여 포함 면적이 가장 넓다. 정밀도는 단열 삼각망보다 높으나, 사변형보다는 낮다.

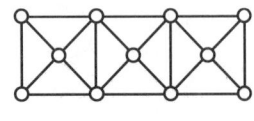

[유심 삼각망]

### (3) 사변형 삼각망

조건식 수가 가장 많아 정밀도가 가장 높다. 조정이 복잡하고 포함 면적이 적으며, 시간과 비용이 많이 요구되는 결점이 있다.

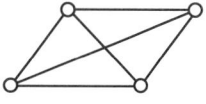

[사변형 삼각망]

## 3 삼각망의 조정

### (1) 단열 삼각망

① 단열 삼각망 조정 《Type 1》

㉮ 각 조건 조정

삼각형 내각의 합은 $180°$가 되어야 한다.

$$(\alpha° + \beta° + \gamma°) - 180° = \pm W_1$$

그러므로 보정각 $\alpha'$, $\beta'$, $\gamma'$는

$$\alpha' = \alpha \mp \frac{W_1}{3}$$

$$\beta' = \beta \mp \frac{W_1}{3}$$

$$\gamma' = \gamma \mp \frac{W_1}{3}$$

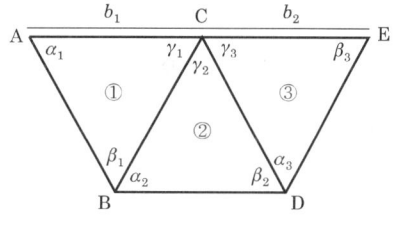

㉯ 변 조건 조정

삼각망의 임의의 한 변의 길이는 계산해 가는 순서와는 관계없이 항상 일정하다. 즉, 기선 $\overline{AC}$를 출발하여 sin 법칙 공식에 의하여 각 변장을 산정하여 최후의 검기선 $\overline{CE}$로 산정한다.

$$(\log b_1 + \Sigma \log \sin \alpha) - (\log b_2 + \Sigma \log \sin \beta) = W_2$$

각 삼각형의 $\alpha$, $\beta$ 각에 대한 변조정량은

$$\frac{W_2}{\Sigma 표차} = \frac{(\log b_1 + \Sigma \log \sin \alpha) - (\log b_2 + \Sigma \log \sin \beta)}{\Sigma 표차}$$

### 참고

**표차**

- $\log \sin \theta$와 $\log \sin(\theta \pm 1'')$의 차이값이다. 또한 대수는 보통 소수 7자리까지 취하므로 약식으로 계산한다.

  표차 $= \dfrac{1}{\tan \theta} \times 21.055$ 또는 $21.055 \div \tan \theta$로 구한다.

예를 들어 $\sum \log \sin \alpha = 39.2826114$이고 $\sum \log \sin \beta = 39.2828331$일 때 $\sum$표차$=197.2$ 이다. 이 때의 변조정량은?

$$\text{변조정량} = \frac{\sum \log \sin \alpha - \sum \log \sin \beta}{\sum \text{표차}} = \frac{39.2826114 - 39.2828331}{197.2}$$
$$= \ominus 0.000001124$$

$\log \sin$은 7자리까지 취하므로 $\ominus 11.2''$가 된다.

∴ 변조정은 $\alpha$각에 $\oplus 11.2''$ 조정, $\beta$각에 $\ominus 11.2''$ 조정을 한다.

❖ **별해**

$$\text{변조정량} = \frac{\sum \log \sin \alpha - \sum \log \sin \beta}{\sum \text{표차}} = \frac{39.2826114 - 39.2828331}{197.2}$$
$$= \frac{\cancel{39.2}826114 - \cancel{39.2}828331}{197.2} \rightarrow \frac{6114 - 8331}{197.2} = \ominus 11.2''$$

따라서 조정은 $\alpha$각은 $\oplus$조정, $\beta$각은 $\ominus$조정이다.

---

**예제 1** 그림과 같은 단열 삼각망을 측량한 결과 다음과 같은 성과표를 얻었다. 이 성과표를 이용하여 각 조정 및 변 조정을 하시오. (단, $b_1 = 20.983$m, $b_2 = 17.130$m이며, 조정각은 0.1초 단위까지 계산하고 표차는 소수점 아래 3자리에서 반올림할 것)

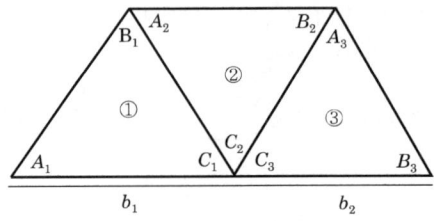

| 삼각형 | 각명 | 관측각 | 각조건 | | 변조건 | |
|---|---|---|---|---|---|---|
| | | | 조정량 | 조정각 | 조정량 | 조정각 |
| ① | $A_1$ | 61° 34′ 20″ | +7″ | 61° 34′ 27″ | −7.7″ | 61° 34′ 19.3″ |
| | $B_1$ | 58° 13′ 59″ | +7″ | 58° 14′ 06″ | +7.7″ | 58° 14′ 13.7″ |
| | $C_1$ | 60° 11′ 20″ | +7″ | 60° 11′ 27″ | 0.0″ | 60° 11′ 27.0″ |
| | 계 | 179° 59′ 39″ | +21″ | 180° 00′ 00″ | 0.0″ | 180° 00′ 00.0″ |
| ② | $A_2$ | 52° 36′ 20″ | −7″ | 52° 36′ 13″ | −7.7″ | 52° 36′ 05.3″ |
| | $B_2$ | 55° 51′ 21″ | −7″ | 55° 51′ 14″ | +7.7″ | 55° 51′ 21.7″ |
| | $C_2$ | 71° 32′ 40″ | −7″ | 71° 32′ 33″ | 0.0″ | 71° 32′ 33.0″ |
| | 계 | 180° 00′ 21″ | −21″ | 180° 00′ 00″ | 0.0″ | 180° 00′ 00.0″ |
| ③ | $A_3$ | 44° 24′ 40″ | +6″ | 44° 24′ 46″ | −7.7″ | 44° 24′ 38.3″ |
| | $B_3$ | 58° 19′ 22″ | +6″ | 58° 19′ 28″ | +7.7″ | 58° 19′ 35.7″ |
| | $C_3$ | 77° 15′ 40″ | +6″ | 77° 15′ 46″ | 0.0″ | 77° 15′ 46.0″ |
| | 계 | 179° 59′ 42″ | +18″ | 180° 00′ 00″ | 0.0″ | 180° 00′ 00.0″ |

| 각명 | 각조건 조정각 | log sin A | 표차 | 각명 | 각조건 조정각 | log sin B | 표차 |
|---|---|---|---|---|---|---|---|
| $A_1$ | 61° 34′ 27″ | 9.9442033 | 11.40 | $B_1$ | 58° 14′ 06″ | 9.9295285 | 13.04 |
| $A_2$ | 52° 36′ 13″ | 9.9000682 | 16.10 | $B_2$ | 55° 51′ 14″ | 9.9178251 | 14.28 |
| $A_3$ | 44° 24′ 46″ | 9.8449880 | 21.49 | $B_3$ | 58° 19′ 28″ | 9.9299475 | 12.99 |
| 계 | | 29.6892595 | | 계 | | 29.7773011 | |

$$\therefore \log b_1 = 1.3218676 \qquad \therefore \log b_2 = 1.2337574$$

**해설**

① 각 조건(180° 조정)

  ㉠ 삼각형 ① : 179° 59′ 39″−180°=−21″  ∴ 각각에 $\left(\dfrac{21''}{3}\right) = \oplus 7''$ 씩 조정

  ㉡ 삼각형 ② : 180° 00′ 21″−180°=+21″  ∴ 각각에 $\left(\dfrac{21''}{3}\right) = \ominus 7''$ 씩 조정

  ㉢ 삼각형 ③ : 179° 59′ 42″−180°=−18″  ∴ 각각에 $\left(\dfrac{18''}{3}\right) = \oplus 6''$ 씩 조정

② 변조정

  ㉠ log sin값(log sin α +10)

   ⓐ A각

    $A_1$ 각의 log sin $A_1$ : log sin 61° 34′ 27″+10=9.9442033
    $A_2$ 각의 log sin $A_2$ : log sin 52° 36′ 13″+10=9.9000682
    $A_3$ 각의 log sin $A_3$ : log sin 44° 24′ 46″+10=9.8449880

ⓑ $B$각

$B_1$ 각의 $\log \sin B_1$ : $\log \sin 58° 14' 06'' + 10 = 9.9295285$

$B_2$ 각의 $\log \sin B_2$ : $\log \sin 55° 51' 14'' + 10 = 9.9178251$

$B_3$ 각의 $\log \sin B_3$ : $\log \sin 58° 19' 28'' + 10 = 9.9299475$

ⓒ 표차 $\left(\dfrac{1}{\tan \theta} \times 21.055\right)$

ⓐ $A$각

$A_1$ 각의 표차 $= \dfrac{1}{\tan 61° 34' 27''} \times 21.055 = 11.40$

$A_2$ 각의 표차 $= \dfrac{1}{\tan 52° 36' 13''} \times 21.055 = 16.10$

$A_3$ 각의 표차 $= \dfrac{1}{\tan 44° 24' 46''} \times 21.055 = 21.49$

ⓑ $B$각

$B_1$ 각의 표차 $= \dfrac{1}{\tan 58° 14' 06''} \times 21.055 = 13.04$

$B_2$ 각의 표차 $= \dfrac{1}{\tan 55° 51' 14''} \times 21.055 = 14.28$

$B_3$ 각의 표차 $= \dfrac{1}{\tan 58° 19' 28''} \times 21.055 = 12.99$

ⓓ 변조정량

$$\dfrac{(\log b_1 + \Sigma \log \sin \alpha) - (\log b_2 + \Sigma \log \sin \beta)}{\Sigma \text{표차}} = \dfrac{31.0111271 - 31.0110585}{89.3}$$

$$= \dfrac{31.0111271 - 31.0110585}{89.3} \rightarrow \dfrac{1271 - 585}{89.3} = \oplus 7.7''$$

따라서 $A$각은 $\ominus 7.7''$ 조정 $B$각은 $\oplus 7.7''$ 조정이다.

ⓔ 변조정 조정각

$A_1 - 7.7'' = 61° 34' 19.3''$   $B_1 + 7.7'' = 58° 14' 13.7''$

$A_2 - 7.7'' = 52° 36' 05.3''$   $B_2 + 7.7'' = 55° 51' 21.7''$

$A_3 - 7.7'' = 44° 24' 38.3''$   $B_3 + 7.7'' = 58° 19' 35.7''$

② 단열 삼각망 조정 《Type 2》

㉮ 각조건 조정

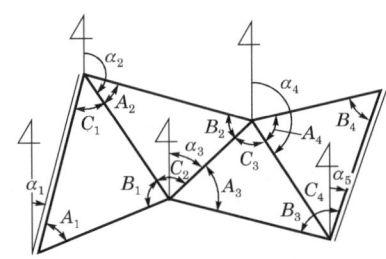

㉠ 제1조정(180° 조정)

$$(\alpha° + \beta° + \gamma°) - 180° = \pm W_1$$

보정각은 $\alpha' = \alpha \mp \dfrac{W_1}{3}$

$$\beta' = \beta \mp \dfrac{W_1}{3}$$

$$\gamma' = \gamma \mp \dfrac{W_1}{3}$$

㉡ 제2조정($C$각 조정)

각 $C_1$에 대하여 계산한 방위각을 $\alpha_1, \alpha_2, \alpha_3 \cdots\cdots, \alpha_n$라 하면

$$\left.\begin{array}{l}\alpha_1 = \alpha_0 + 180° - C_1 \\ \alpha_2 = \alpha_1 - 180° + C_2 \\ \alpha_3 = \alpha_2 + 180° - C_3\end{array}\right\}\text{이다.}$$

그러므로, $\alpha_n' = \alpha_{n-1} \pm 180° \mp C_n$이 되고

일반식으로는

$$\alpha_n' = \alpha_o \pm 180° \times n + \sum C_1(\text{좌측각}) - \sum C(\text{우측각})\text{이 된다.}$$

또 $\alpha_n' - \alpha_n = W_o$라는 오차가 생기게 된다.

이때 좌측각(+$C$각)에는 $\ominus \dfrac{W_0}{n}$를, 우측각($-C$각)에는 $\oplus \dfrac{W_0}{n}$를 조정한다.

그 다음 $+C_1$각을 포함하는 삼각형의 나머지 각 $A_1, B_1$에는 $+\dfrac{W_0}{2n}$을 $\ominus C_1$각을 포함하는 삼각형의 $A_1, B_1$에는 $\ominus \dfrac{W_0}{2n}$을 보정해 주면, 제1조정 조건도 만족하게 된다.

㉢ 변조건 조정

삼각망의 임의의 한 변의 길이는 계산해 가는 순서와 관계없이 항상 일정하다.

즉, 기선 $\overline{AC}$를 출발하여 sin 법칙 공식에 의하여 각 변장을 산정하여 최후의 검기선 $\overline{CE}$로 산정한다.

$$(\log b_1 + \sum \log \sin \alpha) - (\log b_2 + \sum \log \sin \beta) = 0$$

$$\therefore W_2 = (\log b_1 + \sum \log \sin \alpha) - (\log b_2 + \sum \log \sin \beta)$$

각 삼각형의 $\alpha, \beta$ 각에 대한 변조정량은

$$\dfrac{W_2}{\sum \text{표차}} = \dfrac{(\log b_1 + \sum \log \sin \alpha) - (\log b_2 + \sum \log \sin \beta)}{\sum \text{표차}}$$

> **참고**
>
> **표차**
> - $\log \sin \theta$와 $\log \sin(\theta \pm 1'')$의 차이값이다. 또한 대수는 보통 소수 7자리까지 취하므로 약식으로 계산한다.
>   표차 $= \dfrac{1}{\tan \theta} \times 21.055$ 또는 $21.055 \div \tan \theta$로 구한다.

**예제 2**  그림과 같은 삼각망을 측정하여 다음과 같은 결과를 얻었다. 이 삼각망을 조정하시오. (단, 각은 $0.1''$까지, 대수는 7자리까지 계산할 것)

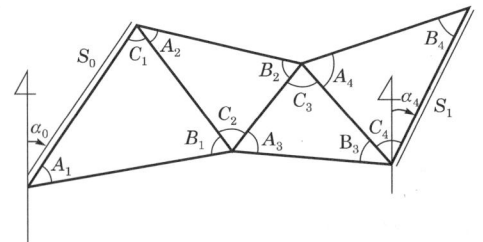

$\alpha_0 = 23° 47' 35''$
$\alpha_4 = 24° 22' 01''$
$S_0 = 231.426\text{m}$
$S_1 = 136.157\text{m}$

**해설**

[제1조정 계산(180° 조정)]

| 삼각형 | 각 | 관측각 | $W_1$ | $-\dfrac{W_1}{3}$ | 제1조정각 |
|---|---|---|---|---|---|
| ① | $A_1$ | 54° 56' 20'' |  | −4.0'' | 54° 56' 16'' |
|   | $B_1$ | 71° 28' 34'' |  | −4.0'' | 71° 28' 30'' |
|   | $C_1$ | 53° 35' 18'' |  | −4.0'' | 53° 35' 14'' |
|   | 계 | 180° 00' 12'' | +12'' | −12'' | 180° 00' 00'' |
| ② | $A_2$ | 42° 38' 21'' |  | +7.0'' | 42° 38' 28'' |
|   | $B_2$ | 69° 17' 37'' |  | +7.0'' | 69° 17' 44'' |
|   | $C_2$ | 68° 03' 41'' |  | +7.0'' | 68° 03' 48'' |
|   | 계 | 179° 59' 39'' | −21'' | +21'' | 180° 00' 00'' |
| ③ | $A_3$ | 62° 43' 40'' |  | +5.0'' | 62° 43' 45'' |
|   | $B_3$ | 39° 08' 57'' |  | +5.0'' | 39° 09' 02'' |
|   | $C_3$ | 78° 07' 08'' |  | +5.0'' | 78° 07' 13'' |
|   | 계 | 179° 59' 45'' | −15'' | +15'' | 180° 00' 00'' |

| 삼각형 | 각 | 관측각 | $W_1$ | $-\dfrac{W_1}{3}$ | 제1조정각 |
|---|---|---|---|---|---|
| ④ | $A_4$ | 40° 19′ 13″ | | −5.0″ | 40° 19′ 08″ |
| | $B_4$ | 75° 27′ 44″ | | −5.0″ | 75° 27′ 39″ |
| | $C_4$ | 64° 13′ 18″ | | −5.0″ | 64° 13′ 13″ |
| | 계 | 180° 00′ 15″ | +15″ | −15″ | 180° 00′ 00″ |

[제2조정 계산(180° 조정)]

| 삼각형 | 각 | 제1조정각 | $\pm\dfrac{W_0}{n}$ | $\dfrac{W_0}{2n}$ | 제2조정각 |
|---|---|---|---|---|---|
| ① | $A_1$ | 54° 56′ 16″ | | −1.0″ | 54° 56′ 16″ |
| | $B_1$ | 71° 28′ 30″ | | −1.0″ | 71° 28′ 29″ |
| | $C_1$ | 53° 35′ 14″ | +2.0″ | | 53° 35′ 16″ |
| | 계 | 180° 00′ 00″ | | | 180° 00′ 00″ |
| ② | $A_2$ | 42° 38′ 28″ | | +1.0″ | 42° 38′ 29″ |
| | $B_2$ | 69° 17′ 44″ | | +1.0″ | 69° 17′ 45″ |
| | $C_2$ | 68° 03′ 48″ | −2.0″ | | 68° 03′ 46″ |
| | 계 | 180° 00′ 00″ | | | 180° 00′ 00″ |
| ③ | $A_3$ | 62° 43′ 45″ | | −1.0″ | 62° 43′ 44″ |
| | $B_3$ | 39° 09′ 02″ | | −1.0″ | 39° 09′ 01″ |
| | $C_3$ | 78° 07′ 13″ | +2.0″ | | 78° 07′ 15″ |
| | 계 | 180° 00′ 00″ | | | 180° 00′ 00″ |
| ④ | $A_4$ | 40° 19′ 08″ | | +1.0″ | 40° 19′ 09″ |
| | $B_4$ | 75° 27′ 39″ | | +1.0″ | 75° 27′ 40″ |
| | $C_4$ | 64° 13′ 13″ | −2.0″ | | 64° 13′ 11″ |
| | 계 | 180° 00′ 00″ | | | 180° 00′ 00″ |

① 방위각

$\alpha_0' = 23° 47′ 35″$

$\alpha_1' = 23° 47′ 35″ + 180° − 53° 35′ 14″ = 150° 12′ 21″$

$\alpha_2' = 150° 12′ 21″ − 180° + 68° 03′ 48″ = 38° 16′ 09″$

$\alpha_3' = 38° 16′ 09″ + 180° − 78° 07′ 13″ = 149° 08′ 56″$

$\alpha_4' = 140° 08′ 56″ − 180° + 64° 13′ 13″ = 24° 22′ 09″$

② 오차

$\alpha_n' − \alpha_n = W_0$

$\alpha_4' − \alpha_4 = 24° 22′ 09″ − 24° 22′ 01″ = \oplus 8″$

따라서 좌측 $C$각(+각)에는 $\dfrac{8″}{4} = \ominus 2″$ 씩, 우측 $C$각(−각)에는 $\dfrac{8″}{4} = \oplus 2″$ 씩 보정

[제3변조건 조정 계산]

| 각 | 제2조정각 | log sin | 표차 | 변조건 조정량 | 변조건 조정각 |
|---|---|---|---|---|---|
| $A_1$ | 54° 56′ 15″ | 9.9130324 | 14.77 | +1.8″ | 54° 56′ 16.8″ |
| $A_2$ | 42° 38′ 29″ | 9.8308500 | 22.86 | +1.8″ | 42° 38′ 30.8″ |
| $A_3$ | 62° 43′ 44″ | 9.9488277 | 10.85 | +1.8″ | 62° 43′ 45.8″ |
| $A_4$ | 40° 19′ 09″ | 9.8109344 | 24.81 | +1.8″ | 40° 19′ 10.8″ |
| 계 |  | 39.5036445 | 73.29 |  |  |
| $B_1$ | 71° 28′ 29″ | 9.9768924 | 7.05 | −1.8″ | 71° 28′ 27.2″ |
| $B_2$ | 69° 17′ 45″ | 9.9710059 | 7.96 | −1.8″ | 69° 17′ 43.2″ |
| $B_3$ | 39° 09′ 01″ | 9.8002747 | 25.86 | −1.8″ | 39° 09′ 59.2″ |
| $B_4$ | 75° 27′ 40″ | 9.9858653 | 5.46 | −1.8″ | 75° 27′ 38.2″ |
| 계 |  | 39.7340383 | 46.34 |  |  |

$$\text{변조정량} = \frac{(\sum \log \sin \alpha + \log S_o) - (\sum \log \sin \beta + \log S_1)}{\sum \text{표차}}$$

$$= \frac{(39.5036445 + 2.3644121) - (39.7340383 + 2.1340400)}{119.63}$$

$$= \frac{41.8680566 - 41.8680783}{119.63}$$

$$= \frac{566 - 783}{119.63} = \ominus 1.8″$$

∴ $A$각은 ⊕1.8″씩 보정, $B$각은 ⊖1.8″씩 보정

## (2) 유심 삼각망

① 유심 삼각망의 조정

㉮ 각조건 조정식

삼각형 내각의 합은 180°가 되어야 한다. 즉, 단열 삼각망의 각조건 조정식과 동일한 방법으로 각각의 삼각형을 조정하면 된다.

$$(\alpha° + \beta° + \gamma°) - 180° = \pm W_4$$

조정량은 $\alpha' = \alpha \mp \dfrac{W_4}{3}$

$\beta' = \beta \mp \dfrac{W_4}{3}$

$\gamma' = \gamma \mp \dfrac{W_4}{3}$

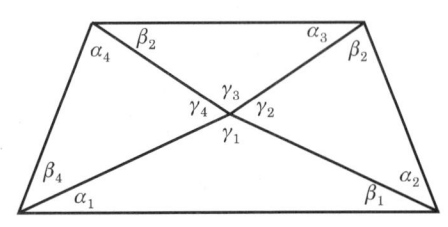

㉯ 점조건 조정식
  ㉠ 한 측점 주위의 각의 합은 360°가 되어야 한다.
  ㉡ 한 측점 주위의 여러 각의 합은 그것을 한 각으로 하여 측정한 값과 같아야 한다.
    ⓐ $(\gamma_1° + \gamma_2° + \gamma_3° + \gamma_4°) - 360° = \pm W$

    조정량은 $\gamma_1' = \gamma_1 \mp \dfrac{W}{4}, \quad \gamma_2' = \gamma_2 \mp \dfrac{W}{4}$

    $\gamma_3' = \gamma_3 \mp \dfrac{W}{4}, \quad \gamma_4' = \gamma_4 \mp \dfrac{W}{4}$

    ⓑ 180° 조정
      ⓐ의 조정량을 2등분하여 각각의 삼각형의 나머지 각에 보정한다(단, $\gamma$의 조정량의 부호와는 반대의 부호를 취한다).
      ㉰ $\gamma_1$에 $+4''$를 보정하면 $\alpha_1$과 $\beta_1$에는 각각 $-2''$을 보정한다(180° 조정).

㉰ 변조건 조정식
  각각의 변장을 sin 법칙을 이용하여 정리하면
  $\sin \alpha_1 \cdot \sin \alpha_2 \cdot \sin \alpha_3 \cdot \sin \alpha_4 = \sin \beta_1 \cdot \sin \beta_2 \cdot \sin \beta_3 \cdot \sin \beta_4$
  이것의 양변에 대수를 취하면
  $(\log \sin \alpha_1 + \log \sin \alpha_2 + \log \sin \alpha_3 + \log \sin \alpha_4)$
  $- (\log \sin \beta_1 + \log \sin \beta_2 + \log \sin \beta_3 + \log \sin \beta_4) = 0$

  $\therefore$ 변조정량 $= \dfrac{\sum \log \sin \alpha - \sum \log \sin \beta}{\sum 표차}$

---

**예제 3** 다음 그림과 같은 유심 다각망을 조정하시오. (단, 표차는 소수점 아래 2자리까지 계산하고, 각도 계산은 0.1초 단위까지 계산할 것)

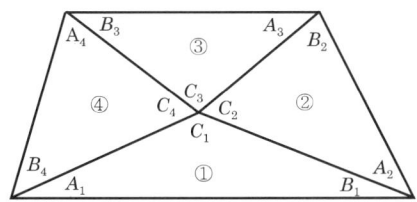

**해설**

| 도형 | 각명 | 관측각 | 제1 조정량 | 제1조정각 | 제2 조정량 | 제2조정각 | 변조 정량 | 변조정각 |
|---|---|---|---|---|---|---|---|---|
| ① | $A_1$ | 61° 52′ 44″ | +1″ | 61° 52′ 45″ | +1″ | 61° 52′ 46″ | −43.8″ | 61° 52′ 02.2″ |
| | $B_1$ | 62° 09′ 44″ | +1″ | 62° 09′ 45″ | +1″ | 62° 09′ 46″ | +43.8″ | 62° 10′ 29.8″ |
| | $C_1$ | 55° 57′ 29″ | +1″ | 55° 57′ 30″ | −2″ | 55° 57′ 28″ | | 55° 57′ 28.0″ |
| | 계 | 179° 59′ 57″ | +3″ | | | | | |
| ② | $A_2$ | 39° 44′ 45″ | −1″ | 39° 44′ 44″ | +1″ | 39° 44′ 45″ | −43.8″ | 39° 44′ 01.2″ |
| | $B_2$ | 39° 23′ 27″ | −1″ | 39° 23′ 26″ | +1″ | 39° 23′ 27″ | +43.8″ | 39° 24′ 10.8″ |
| | $C_2$ | 100° 51′ 51″ | −1″ | 100° 51′ 50″ | −2″ | 100° 51′ 48″ | | 100° 51′ 48.0″ |
| | 계 | 180° 00′ 03″ | −3″ | | | | | |
| ③ | $A_3$ | 53° 42′ 23″ | −1″ | 53° 42′ 22″ | +1″ | 53° 42′ 23″ | −43.8″ | 53° 41′ 39.2″ |
| | $B_3$ | 53° 20′ 04″ | −1″ | 53° 20′ 03″ | +1″ | 53° 20′ 04″ | +43.8″ | 53° 20′ 47.8″ |
| | $C_3$ | 72° 57′ 36″ | −1″ | 72° 57′ 35″ | −2″ | 72° 57′ 33″ | | 72° 57′ 33.0″ |
| | 계 | 180° 00′ 03″ | −3″ | | | | | |
| ④ | $A_4$ | 24° 47′ 14″ | +1″ | 24° 47′ 15″ | +1″ | 24° 47′ 16″ | −43.8″ | 24° 46′ 32.2″ |
| | $B_4$ | 24° 59′ 31″ | +1″ | 24° 59′ 32″ | +1″ | 24° 59′ 33″ | +43.8″ | 25° 00′ 16.8″ |
| | $C_4$ | 130° 13′ 12″ | +1″ | 130° 13′ 13″ | −2″ | 130° 13′ 11″ | | 130° 13′ 11.0″ |
| | 계 | 179° 59′ 57″ | +3″ | | | | | |

| 각명 | log sin A | 표차 | 각명 | log sin B | 표차 |
|---|---|---|---|---|---|
| $A_1$ | 9.9454478 | 11.25 | $B_1$ | 9.9465887 | 11.12 |
| $A_2$ | 9.8057611 | 25.32 | $B_2$ | 9.8025048 | 25.64 |
| $A_3$ | 9.9063320 | 15.46 | $B_3$ | 9.9042473 | 15.67 |
| $A_4$ | 9.6224818 | 45.59 | $B_4$ | 9.6258263 | 45.17 |
| 계 | 39.2800227 | 97.62 | 계 | 39.2791671 | 97.60 |

① 제1조정

　㉠ ①각
　　ⓐ $A_1+B_1+C_1=179°\ 59′\ 57″$
　　ⓑ 조정량 : $\left(\dfrac{-3″}{3}\right)$ : +1″씩 조정
　　ⓒ $A_1+1″=61°\ 52′\ 45″$
　　ⓓ $B_1+1″=62°\ 09′\ 45″$
　　ⓔ $C_1+1″=55°\ 57′\ 30″$

　㉡ ②각
　　ⓐ $A_2+B_2+C_2=180°\ 00′\ 03″$
　　ⓑ 조정량 : $\left(\dfrac{+3″}{3}\right)$ : −1″씩 조정
　　ⓒ $A_2-1″=39°\ 44′\ 44″$
　　ⓓ $B_2-1″=39°\ 23′\ 26″$
　　ⓔ $C_2-1″=100°\ 51′\ 50″$

　㉢ ③각
　　ⓐ $A_3+B_3+C_3=180°\ 00′\ 03″$
　　ⓑ 조정량 : $\left(\dfrac{+3″}{3}\right)$ : −1″씩 조정

　㉣ ④각
　　ⓐ $A_4+B_4+C_4=179°\ 59′\ 57″$
　　ⓑ 조정량 : $\left(\dfrac{-3″}{3}\right)$ : +1″씩 조정

   ⓒ $A_3 - 1'' = 53° 42' 22''$      ⓒ $A_4 + 1'' = 24° 47' 15''$
   ⓓ $B_3 - 1'' = 53° 20' 03''$      ⓓ $B_4 + 1'' = 24° 59' 32''$
   ⓔ $C_3 - 1'' = 72° 57' 35''$      ⓔ $C_4 + 1'' = 130° 13' 13''$

② 제2조정
  제2조정 : $C_1 + C_2 + C_3 + C_4 = 360° 00' 08''$    ∴ $+8''/4 = -2''$씩 조정

③ 변조정
  ㉠ 표차
   ⓐ $A_1$ 표차 $= \dfrac{21.055}{\tan 61° 52' 46''} = 11.25$
   ⓑ $A_2$ 표차 $= \dfrac{21.055}{\tan 39° 44' 45''} = 25.32$
   ⓒ $A_3$ 표차 $= \dfrac{21.055}{\tan 53° 42' 23''} = 15.46$
   ⓓ $A_4$ 표차 $= \dfrac{21.055}{\tan 24° 47' 16''} = 45.59$
   ⓔ $B_1$ 표차 $= \dfrac{21.055}{\tan 62° 09' 46''} = 11.12$
   ⓕ $B_2$ 표차 $= \dfrac{21.055}{\tan 39° 23' 27''} = 25.64$
   ⓖ $B_3$ 표차 $= \dfrac{21.055}{\tan 53° 20' 04''} = 15.67$
   ⓗ $B_4$ 표차 $= \dfrac{21.055}{\tan 24° 59' 33''} = 45.17$

  ㉡ 변조정량
   변조정량 $= \dfrac{\sum \log \sin A - \sum \log \sin B}{\sum \text{표차}} = \dfrac{39.2800227 - 39.2791671}{195.22}$
   $= \dfrac{800227 - 791671}{195.22} = \oplus 43.8''$

   따라서, $A$각은 $\ominus 43.8''$, $B$각은 $\oplus 43.8''$ 조정

  ㉢ 조정각
   ⓐ $A_1 - 43.8'' = 61° 52' 02.2''$    ⓑ $B_1 + 43.8'' = 62° 10' 29.8''$
   ⓒ $A_2 - 43.8'' = 39° 44' 01.2''$    ⓓ $B_2 + 43.8'' = 39° 24' 10.8''$
   ⓔ $A_3 - 43.8'' = 53° 41' 39.2''$    ⓕ $B_3 + 43.8'' = 53° 20' 47.8''$
   ⓖ $A_4 - 43.8'' = 24° 46' 32.2''$    ⓗ $B_4 + 43.8'' = 25° 00' 16.8''$

## (3) 사변형 삼각망

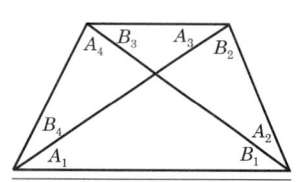

① 사변형 삼각망의 조정
  ㉮ 각조건 조정식
   ㉠ $(A_1° + B_1° + A_2° + B_2° + A_3° + B_3° + A_4° + B_4°) - 360° = \oplus W_1$

**제2장. 삼각 측량**

보정 : $\ominus \dfrac{W_1}{8}$을 각 관측각에 조정

ⓒ $\begin{pmatrix} (A_1+B_1)-(A_3+B_3) = \oplus W_2 \\ (A_2+B_2)-(A_4+B_4) = \ominus W_3 \end{pmatrix}$

보정 $\begin{pmatrix} \ominus \dfrac{W_2}{4} 를\ A_1,\ B_1에\ 조정하고,\ \oplus \dfrac{W_2}{4} 를\ A_3,\ B_3에\ 조정한다. \\ \oplus \dfrac{W_3}{4} 를\ A_2,\ B_2에\ 조정하고,\ \ominus \dfrac{W_3}{4} 를\ A_4,\ B_4에\ 조정한다. \end{pmatrix}$

  **예제 4** 다음 사변형의 각을 조정하시오. (단, 각도는 0.01″까지 계산할 것)

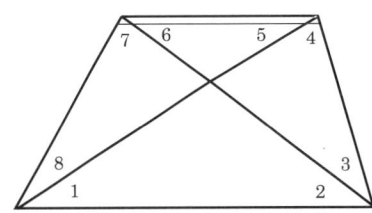

$\angle 1 = 62°46'12''$, $\angle 2 = 44°49'15''$
$\angle 3 = 51°27'45''$, $\angle 4 = 20°56'40''$
$\angle 5 = 10°28'50''$, $\angle 6 = 97°06'40''$
$\angle 7 = 49°42'20''$, $\angle 8 = 22°42'00''$

[각 조건에 의한 조정표]

| 각의 명칭 | 실측각 | $V_1$ | 조정각 | $V_2$ | $V_3$ | 조정각 | $V_4$ | 조정각 |
|---|---|---|---|---|---|---|---|---|
| ∠1 | 62°46′12″ | +2.25 | 62°46′14.25″ | +0.75 | | 62°46′15.0″ | −1.15 | 62°46′13.85″ |
| ∠2 | 44°49′15″ | +2.25 | 44°49′17.25″ | +0.75 | | 44°49′18.0″ | +1.15 | 44°49′19.15″ |
| ∠3 | 51°27′45″ | +2.25 | 51°27′47.25″ | | −1.25 | 51°27′46.0″ | −1.15 | 51°27′44.85″ |
| ∠4 | 20°56′40″ | +2.25 | 20°56′42.25″ | | −1.25 | 20°56′41.0″ | +1.15 | 20°56′42.15″ |
| ∠5 | 10°28′50″ | +2.25 | 10°28′52.25″ | −0.75 | | 10°28′51.5″ | −1.15 | 10°28′50.35″ |
| ∠6 | 97°06′40″ | +2.25 | 97°06′42.25″ | −0.75 | | 97°06′41.5″ | +1.15 | 97°06′42.65″ |
| ∠7 | 49°42′20″ | +2.25 | 49°42′22.25″ | | +1.25 | 49°42′23.5″ | −1.15 | 49°42′22.35″ |
| ∠8 | 22°42′00″ | +2.25 | 22°42′02.25″ | | +1.25 | 22°42′03.5″ | +1.15 | 22°42′04.65″ |

① $V_1$ 조정(360° 조정)

∠1+∠2+∠3+∠4+∠5+∠6+∠7+∠8=359°59′42″

∴ 359°59′42″−360°=⊖18″,  $\dfrac{18''}{8}=2.25''$,

각각에 ⊕2.25″씩 조정

② $V_2$ 조정

㉠ $(\angle 1 + \angle 2) - (\angle 5 + \angle 6) = W$

(62° 46′ 14.25″ + 44° 49′ 17.25″) − (10° 28′ 52.25″ + 97° 06′ 42.25″) = ⊖3″

∴ $\dfrac{-3}{4} = \ominus 0.75″$ (∠1, ∠2에는 ⊕0.75″씩 조정, ∠5, ∠6에는 ⊖0.75″씩 조정)

㉡ $(\angle 3 + \angle 4) - (\angle 7 + \angle 8) = W'$

(51° 27′ 47.25″ + 20° 56′ 42.25″) − (49° 42′ 22.25″ + 22° 42′ 02.25″) = ⊕5″

∴ $\dfrac{5″}{4} = \oplus 1.25″$ (∠3, ∠4에는 ⊖1.25″씩 조정, ∠7, ∠8에는 ⊕1.25″씩 조정)

[변 조건에 의한 조정표]

| 각의 명칭 | 각 조건 조정량 | log sin | 표차 | 각의 명칭 | 각 조건 조정량 | log sin | 표차 |
|---|---|---|---|---|---|---|---|
| ∠1 | 62° 46′ 15.0″ | 9.9489914 | 10.83 | ∠2 | 44° 49′ 18.0″ | 9.8481290 | 21.19 |
| ∠3 | 51° 27′ 46.0″ | 9.8933198 | 16.77 | ∠4 | 20° 56′ 41.0″ | 9.5532361 | 55.01 |
| ∠5 | 10° 28′ 51.5″ | 9.2598541 | 113.81 | ∠6 | 97° 06′ 41.5″ | 9.9966461 | −2.63 |
| ∠7 | 49° 42′ 23.5″ | 9.8823777 | 17.85 | ∠8 | 22° 42′ 03.5″ | 9.5864992 | 50.33 |

③ 변조정량

$$\dfrac{\sum \log \sin \alpha (\text{홀수각}) - \sum \log \sin \beta (\text{짝수각})}{\sum \text{표차}} = \dfrac{38.9845430 - 38.9845104}{283.16}$$

$$= \dfrac{430 - 104}{283.16} = \oplus 1.15″$$

따라서 홀수각인 α각에는 ⊖1.15″씩 조정, 짝수각인 β각에는 ⊕1.15″씩 조정함.

### 참고

**특수각 조정**

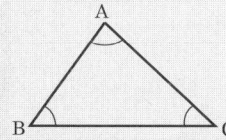

∠A : 92° 21′ 20″
∠B : 52° 30′ 30″
∠C : 35° 08′ 30″

- 변장 계산시 sin 법칙을 사용하는데 각 1″에 대한 표차값은 0°, 180°일 때의 값이 가장 크고 90°에 가까운 값일수록 표차값이 가장 적다. 따라서 특수각 조정은 90°에 가까운 값에다 보정을 한다. (각 오차가 같을수록 변장에 미치는 영향은 각이 적을수록 크다.)

즉, 현재 각오차(⊕20″)의 배분은 ⊖7″, ⊖7″, ⊖6″이다. 이때 ⊖6″는 ∠A에 보정을 한다.

따라서 A각 : −6″ 보정
　　　　B각 : −7″ 보정
　　　　C각 : −7″ 보정

# 4 편심 관측

기계를 $e$만큼 떨어진 점 B에 고정시키고, $t$, $\psi$, $e$를 관측할 때 삼각점 C에 있어서

$$T = t + x_2 - x_1 \quad \cdots\cdots\cdots\cdots ①$$

여기서 sin 법칙을 이용하면, $x_1$ 및 $x_2$는 미소하므로

$$x_1 = \frac{e}{S_1} \sin(360° - \psi)\rho'' \quad \cdots\cdots ②$$

$$x_2 = \frac{e}{S_2} \sin(360° - \psi + t)\rho'' \quad \cdots\cdots ③$$

식 ② 및 ③에서 $x_1$과 $x_2$를 구하여 식 ①에 대입하면 각 $T$가 계산된다.

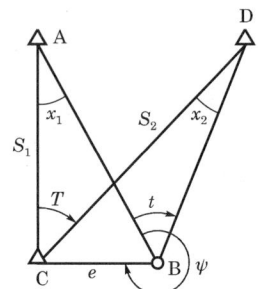

**예제 5** 그림에 의하면 $e = 0.450\text{m}$, $t = 40° 13' 25''$, $\psi = 320° 15'$, $S_1 = 1.5\text{km}$, $S_2 = 1\text{km}$일 때, 각 $T$는 얼마인가?

**해설**

$\angle CP_1B = x_1$, $\angle CP_2B = x_2$, $\overline{CP_1} = S_1'$, $\overline{CP_2} = S_2'$일 때

$$\frac{e}{\sin x_1} = \frac{S_1'}{\sin(360° - \psi)}$$

또, $\triangle P_2CB$에 있어서

$$\frac{e}{\sin x_2} = \frac{S_2'}{\sin(360° - \psi + t)}$$

$e$는 $S_1'$, $S_2'$에 비교하여 극소이므로 $x_1 ≒ 0°$, $x_2 ≒ 0°$로 하면,

$$x_1 = \frac{e \cdot \sin(360° - \psi)}{S_1'} \rho''$$

$$x_2 = \frac{e \cdot \sin(360° - \psi + t)}{S_2'} \rho''$$

여기에 $e ≤ S_1$, $S_2$이므로, $S_1' ≒ S_1$, $S_2' ≒ S_2$로 하면,

$$x_1 = \frac{e \sin(360° - \psi)}{S_1} \rho''$$

$$x_2 = \frac{e \sin(360° - \psi + t)}{S_2} \rho''$$

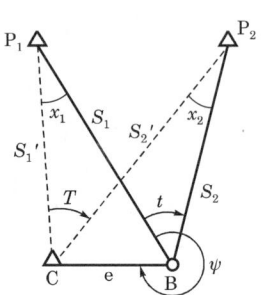

위 식에서 모든 값을 대입하면,

$$x_1 = \frac{0.45 \times \sin(360° - 320°15')}{1,500} \times 206,265'' = 40''$$

$$x_2 = \frac{0.45 \times \sin(360° - 320°15' + 40°13'25'')}{1,000} \times 206,265'' = 91''$$

따라서,

$t = 40°13'25''$, $x_1 = 40''$, $x_2 = 91''$를 대입하여 구한 각 $T$는

$$T = t + x_2 - x_1 = 40°13'25'' + 91'' - 40'' = 40°14'16''$$ 이다.

## 기/초/문/제

**01** 그림과 같은 단열 삼각망을 측량한 결과 다음과 같은 성과표를 얻었다. 이 성과표를 이용하여 각조정 및 변조정을 하시오. (단, $b_1 = 20.983$, $b_2 = 17.130$이며, 조정각은 0.1초 단위까지 계산하고, 표차는 소수점 아래 3자리에서 반올림할 것)

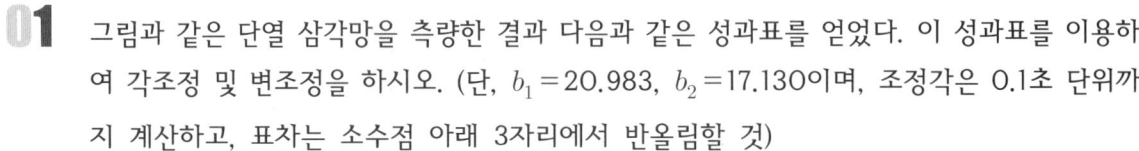

| 삼각형 | 각명 | 관측각 | 각조건 | | 변조건 | |
|---|---|---|---|---|---|---|
| | | | 조정량 | 조정각 | 조정량 | 조정각 |
| ① | $A_1$ | 61° 34′ 20″ | | | | |
| | $B_1$ | 58° 13′ 59″ | | | | |
| | $C_1$ | 60° 11′ 20″ | | | | |
| | 계 | 179° 59′ 39″ | | | | |
| ② | $A_2$ | 52° 36′ 20″ | | | | |
| | $B_2$ | 55° 51′ 21″ | | | | |
| | $C_2$ | 71° 32′ 40″ | | | | |
| | 계 | 180° 00′ 21″ | | | | |
| ③ | $A_3$ | 44° 24′ 40″ | | | | |
| | $B_3$ | 58° 19′ 22″ | | | | |
| | $C_3$ | 77° 15′ 40″ | | | | |
| | 계 | 179° 59′ 42″ | | | | |

| 각명 | 각조건 조정각 | log sin $A$ | 표차 | 각명 | 각조건 조정각 | log sin $B$ | 표차 |
|---|---|---|---|---|---|---|---|
| $A_1$ | | | | $B_1$ | | | |
| $A_2$ | | | | $B_2$ | | | |
| $A_3$ | | | | $B_3$ | | | |
| 계 | | | | 계 | | | |

## 해설

### (1) 각조정

| 삼각형 | 각명 | 관측각 | 각조건 | |
|---|---|---|---|---|
| | | | 조정량 | 조정각 |
| ① | $A_1$ | 61° 34′ 20″ | +7″ | 61° 34′ 27″ |
| | $B_1$ | 58° 13′ 59″ | +7″ | 58° 14′ 06″ |
| | $C_1$ | 60° 11′ 20″ | +7″ | 60° 11′ 27″ |
| | 계 | 179° 59′ 39″ | +21″ | 180° 00′ 00″ |

① 179° 59′ 39″−180°=⊖21″,　② $\dfrac{21″}{3}=7″$ (각각 ⊕7″씩)

※ 180°에서 21″가 부족 → 보정은 21″를 더한다.

| 삼각형 | 각명 | 관측각 | 각조건 | |
|---|---|---|---|---|
| | | | 조정량 | 조정각 |
| ② | $A_2$ | 52° 36′ 20″ | −7″ | 52° 36′ 13″ |
| | $B_2$ | 55° 51′ 21″ | −7″ | 55° 51′ 14″ |
| | $C_2$ | 71° 32′ 40″ | −7″ | 71° 32′ 33″ |
| | 계 | 180° 00′ 21″ | −21″ | 180° 00′ 00″ |

① 180° 00′ 21″−180°=⊕21″,　② $\dfrac{21″}{3}=7″$ (각각 ⊖7″씩)

※ 180°에서 21″가 큼 → 보정은 21″를 감한다.

| 삼각형 | 각명 | 관측각 | 각조건 | |
|---|---|---|---|---|
| | | | 조정량 | 조정각 |
| ③ | $A_3$ | 44° 24′ 40″ | +6″ | 44° 24′ 46″ |
| | $B_3$ | 58° 19′ 22″ | +6″ | 58° 19′ 28″ |
| | $C_3$ | 77° 15′ 40″ | +6″ | 77° 15′ 46″ |
| | 계 | 179° 59′ 42″ | +18″ | 180° 00′ 00″ |

① 179° 59′ 42″−180°=⊖18″,　② $\dfrac{18″}{3}=6″$ (각각 ⊕6″씩)

※ 180°에서 18″가 부족 → 보정은 18″를 더한다.

### (2) 변조정

> **참고 • 변조정량과 표차**
>
> ① 변조정량 : $\dfrac{(\sum \log \sin \alpha + \log b_1) - (\sum \log \sin \beta + \log b_2)}{\sum 표차}$
>
> ② 표차 : $\dfrac{1}{\tan \theta} \times 21.055$

①

| 각명 | 각조건 조정각 | log sin A | 표차 |
|---|---|---|---|
| $A_1$ | 61° 34′ 27″ | 9.9442033 | 11.40 |
| $A_2$ | 52° 36′ 13″ | 9.9000682 | 16.10 |
| $A_3$ | 44° 24′ 46″ | 9.8449880 | 21.49 |
| 계 |  | 29.6892595 | 48.99 |

㉠ log sin A(소수점 7자리까지)

$\log \sin A_1 \rightarrow \log \sin 61°34'27'' + 10 = 9.9442033$

$\log \sin A_2 \rightarrow \log \sin 52°36'13'' + 10 = 9.9000682$

$\log \sin A_3 \rightarrow \log \sin 44°24'46'' + 10 = 9.8449880$

㉡ 표차

$A_1$ 표차 $= \dfrac{1}{\tan 61°34'27''} \times 21.055 = 11.40$

$A_2$ 표차 $= \dfrac{1}{\tan 52°36'13''} \times 21.055 = 16.10$

$A_3$ 표차 $= \dfrac{1}{\tan 44°24'46''} \times 21.055 = 21.49$

②

| 각명 | 각조건 조정각 | log sin A | 표차 |
|---|---|---|---|
| $B_1$ | 58° 14′ 06″ | 9.9295285 | 13.04 |
| $B_2$ | 55° 51′ 14″ | 9.9178251 | 14.28 |
| $B_3$ | 58° 19′ 28″ | 9.9299475 | 12.99 |
| 계 |  | 29.7773011 | 40.31 |

㉠ log sin B(소수점 7자리까지)

$\log \sin B_1 \rightarrow \log \sin 58°14'06'' + 10 = 9.9295285$

$\log \sin B_2 \rightarrow \log \sin 55°51'14'' + 10 = 9.9178251$

$\log \sin B_3 \rightarrow \log \sin 58°19'28'' + 10 = 9.9299475$

㉡ 표차

$B_1$ 표차 $= \dfrac{1}{\tan 58°14'06''} \times 21.055 = 13.04$

$B_2$ 표차 $= \dfrac{1}{\tan 55°51'14''} \times 21.055 = 14.28$

$B_3$ 표차 $= \dfrac{1}{\tan 58°19'28''} \times 21.055 = 12.09$

③ 변조정량

$$\dfrac{(\sum \log \sin A + \log b_1) - (\sum \log \sin B + \log b_2)}{\sum 표차}$$

㉠ $\sum \log \sin \alpha = 29.6892595$,    ㉡ $\log b_1 = 1.3218676$

㉢ $\sum \log \sin \beta = 29.7773011$,    ㉣ $\log b_2 = 1.2337574$

㉤ $\sum$ 표차 $= 48.99 + 40.31 = 89.30$

$$\therefore 변조정량 = \frac{(\sum \log \sin \alpha + \log b_1) - (\sum \log \sin \beta + \log b_2)}{\sum 표차}$$

$$= \frac{(29.6892595 + 1.3218676) - (29.7773011 + 1.2337574)}{89.30}$$

$$= \frac{31.0111271 - 31.0110585}{89.30}$$

$$= \frac{1271 - 585}{89.30} = +7.7''$$

따라서 $\begin{cases} A_1 : \ominus 7.7'' \text{ 조정} \\ A_2 : \ominus 7.7'' \text{ 조정} \\ A_3 : \ominus 7.7'' \text{ 조정} \end{cases}$ $\begin{cases} B_1 : \oplus 7.7'' \text{ 조정} \\ B_2 : \oplus 7.7'' \text{ 조정} \\ B_3 : \oplus 7.7'' \text{ 조정} \end{cases}$

| 삼각형 | 각명 | 변조건 ||
|---|---|---|---|
| | | 조정량 | 조정각 |
| ① | $A_1$ | $-7.7''$ | 61° 34′ 19.3″ |
| | $B_1$ | $+7.7''$ | 58° 14′ 13.7″ |
| | $C_1$ | | 60° 11′ 27.0″ |
| | 계 | | 180° |
| ② | $A_2$ | $-7.7''$ | 52° 36′ 05.3″ |
| | $B_2$ | $+7.7''$ | 55° 51′ 21.7″ |
| | $C_2$ | | 71° 32′ 33.0″ |
| | 계 | | 180° |
| ③ | $A_3$ | $-7.7''$ | 44° 24′ 38.3″ |
| | $B_3$ | $+7.7''$ | 58° 19′ 35.7″ |
| | $C_3$ | | 77° 15′ 46″ |
| | 계 | | 180° |

**참고 • 부호 결정**

① $\dfrac{A-B}{표차} = \oplus$

큰 수($A$)에서 작은 수($B$)를 빼니까 부호가 $\oplus$이다.

$\therefore$ 큰 수($A$) : $\ominus$보정,  작은 수($B$) : $\oplus$보정

② $\dfrac{A-B}{표차} = \ominus$

작은 수($A$)에서 큰 수($B$)를 빼니까 부호가 $\ominus$이다.

$\therefore$ 작은 수($A$) : $\oplus$보정,  큰 수($B$) : $\ominus$보정

**02** 다음 단열 삼각망 측량 결과에 의하여 각을 조정하시오. (단, 각은 0.1″까지 표차는 소수점 아래 2자리에서 반올림할 것)

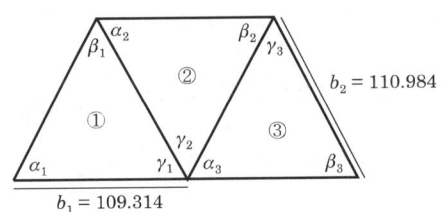

(1) 각 조건식

| 삼각형 | 각명 | 관측각 | 계 | 오차 분배 | 조정각 | 변조정량 | 변조정각 |
|---|---|---|---|---|---|---|---|
| ① | $\alpha_1$ | 59° 44′ 54″ | | | | | |
| | $\beta_1$ | 61° 37′ 51″ | | | | | |
| | $\gamma_1$ | 58° 37′ 00″ | | | | | |
| ② | $\alpha_2$ | 60° 24′ 19″ | | | | | |
| | $\beta_2$ | 60° 34′ 23″ | | | | | |
| | $\gamma_2$ | 59° 01′ 27″ | | | | | |
| ③ | $\alpha_3$ | 61° 43′ 20″ | | | | | |
| | $\beta_3$ | 58° 13′ 39″ | | | | | |
| | $\gamma_3$ | 60° 02′ 49″ | | | | | |

(2) 변 조건식

| 삼각형 | $\alpha$각 | log sin$\alpha$ | 표차 | 삼각형 | $\beta$각 | log sin$\beta$ | 표차 |
|---|---|---|---|---|---|---|---|
| ① | | | | ① | | | |
| ② | | | | ② | | | |
| ③ | | | | ③ | | | |

### 해설

**(1) 각 조건식**

| 삼각형 | 각명 | 관측각 | 계 | 오차 분배 | 조정각 |
|---|---|---|---|---|---|
| ① | $\alpha_1$ | 59° 44′ 54″ | | +5″ | 59° 44′ 59″ |
| ① | $\beta_1$ | 61° 37′ 51″ | 179° 59′ 45″ | +5″ | 61° 37′ 56″ |
| ① | $\gamma_1$ | 58° 37′ 00″ | | +5″ | 58° 37′ 05″ |
| ② | $\alpha_2$ | 60° 24′ 19″ | | −3″ | 60° 24′ 16″ |
| ② | $\beta_2$ | 60° 34′ 23″ | 180° 00′ 09″ | −3″ | 60° 34′ 20″ |
| ② | $\gamma_2$ | 59° 01′ 27″ | | −3″ | 59° 01′ 24″ |
| ③ | $\alpha_3$ | 61° 43′ 20″ | | +4″ | 61° 43′ 24″ |
| ③ | $\beta_3$ | 58° 13′ 39″ | 179° 59′ 48″ | +4″ | 58° 13′ 43″ |
| ③ | $\gamma_3$ | 60° 02′ 49″ | | +4″ | 60° 02′ 53″ |

**(2) 변 조건식**

| 삼각형 | $\alpha$각 | $\log \sin \alpha$ | 표차 | 삼각형 | $\beta$각 | $\log \sin \beta$ | 표차 |
|---|---|---|---|---|---|---|---|
| ① | 59° 44′ 59″ | 9.9364298 | 12.3 | ① | 61° 37′ 56″ | 9.9444412 | 11.4 |
| ② | 60° 24′ 16″ | 9.9392862 | 12.0 | ② | 60° 34′ 20″ | 9.9400060 | 11.9 |
| ③ | 61° 43′ 24″ | 9.9448134 | 11.3 | ③ | 58° 13′ 43″ | 9.9294985 | 13.0 |

| 삼각형 | 각명 | 조정각 | 변조정량 | 변조정각 |
|---|---|---|---|---|
| ① | $\alpha_1$ | 59° 44′ 59″ | +0.1″ | 59° 44′ 59.1″ |
| ① | $\beta_1$ | 61° 37′ 56″ | −0.1″ | 61° 37′ 55.9″ |
| ① | $\gamma_1$ | 58° 37′ 05″ | | 58° 37′ 05.0″ |
| ② | $\alpha_2$ | 60° 24′ 16″ | +0.1″ | 60° 24′ 16.1″ |
| ② | $\beta_2$ | 60° 34′ 20″ | −0.1″ | 60° 34′ 19.9″ |
| ② | $\gamma_2$ | 59° 01′ 24″ | | 59° 01′ 24.0″ |
| ③ | $\alpha_3$ | 61° 43′ 24″ | +0.1″ | 61° 43′ 24.1″ |
| ③ | $\beta_3$ | 58° 13′ 43″ | −0.1″ | 58° 13′ 42.9″ |
| ③ | $\gamma_3$ | 60° 02′ 53″ | | 60° 02′ 53.0″ |

$$\therefore \text{변조정량} = \frac{(\sum \log \sin \alpha + \log b_1) - (\sum \log \sin \beta + \log b_2)}{\sum \text{표차}}$$

$$= \frac{31.8592052 - 31.8592061}{71.9}$$

$$= \frac{52 - 61}{71.9} = -0.1″$$

**03** 다음 삼각망의 변장을 계산하시오. (단, 변장 계산은 소수점 아래 4자리에서 반올림할 것)

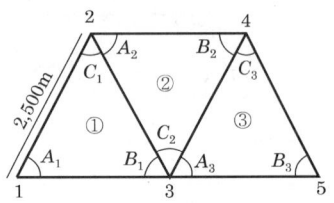

|  | ① | ② | ③ |
|---|---|---|---|
| ∠A | 67° 39′ 30″ | 79° 14′ 55″ | 46° 24′ 55″ |
| ∠B | 42° 23′ 10″ | 34° 30′ 00″ | 45° 37′ 05″ |
| ∠C | 69° 57′ 20″ | 66° 15′ 05″ | 87° 58′ 00″ |

(1) $\overline{23}$  (2) $\overline{13}$
(3) $\overline{34}$  (4) $\overline{24}$
(5) $\overline{45}$  (6) $\overline{35}$

(1) $\overline{23} = \dfrac{2,500}{\sin B_1} \times \sin A_1 = \dfrac{2,500}{\sin 42° 23′ 10″} \times \sin 67° 39′ 30″ = 3,430.135\text{m}$

(2) $\overline{13} = \dfrac{2,500}{\sin B_1} \times \sin C_1 = \dfrac{2,500}{\sin 42° 23′ 10″} \times \sin 69° 57′ 20″ = 3,483.884\text{m}$

(3) $\overline{34} = \dfrac{3,430.135}{\sin B_2} \times \sin A_2 = \dfrac{3,430.135}{\sin 34° 30′ 00″} \times \sin 79° 14′ 55″ = 5,949.656\text{m}$

(4) $\overline{24} = \dfrac{3,430.135}{\sin B_2} \times \sin C_2 = \dfrac{3,430.135}{\sin 34° 30′ 00″} \times \sin 66° 15′ 05″ = 5,543.151\text{m}$

(5) $\overline{45} = \dfrac{5,949.656}{\sin B_3} \times \sin A_3 = \dfrac{5,949.656}{\sin 45° 37′ 05″} \times \sin 46° 24′ 55″ = 6,030.095\text{m}$

(6) $\overline{35} = \dfrac{5,949.656}{\sin B_3} \times \sin C_3 = \dfrac{5,949.656}{\sin 45° 37′ 05″} \times \sin 87° 58′ 00″ = 8,319.528\text{m}$

**04** 다음 단열 삼각망의 측량값을 보고 B, C, D, E점의 좌표를 계산하시오. (단, 계산은 소수점 아래 4자리에서 반올림하고, 각은 0.1″까지 구할 것)

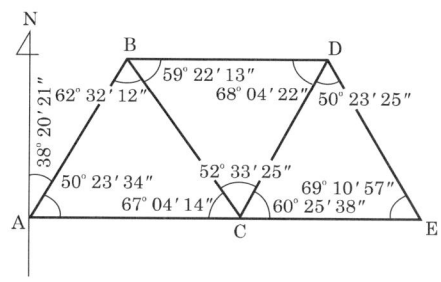

(1) 성과표

| 측점 | 관측각 | 측선 | 거리(m) | 방위각 | 위거 | 경거 | X | Y |
|---|---|---|---|---|---|---|---|---|
| A | 50° 23′ 34″ | AB | 126.325 | 38° 20′ 21″ | | | | |
| B | 62° 32′ 12″ | BC | 185.025 | | | | | |
| C | 52° 33′ 25″ | CD | 132.006 | | | | | |
| D | 50° 23′ 25″ | DE | 135.123 | | | | | |
| E | 69° 10′ 57″ | | | | | | | |

(2) AE 방위각

(3) AE 거리

(1) 성과표

| 측점 | 관측각 | 측선 | 거리(m) | 방위각 | 위거 | 경거 | X | Y |
|---|---|---|---|---|---|---|---|---|
| A | 50° 23′ 34″ | AB | 126.325 | 38° 20′ 21″ | 99.083 | 78.361 | 100.000 | 100.000 |
| B | 62° 32′ 12″ | BC | 185.025 | 155° 48′ 09″ | −168.768 | 75.839 | 199.083 | 178.361 |
| C | 52° 33′ 25″ | CD | 132.006 | 28° 21′ 34″ | 116.163 | 62.703 | 30.315 | 254.200 |
| D | 50° 23′ 25″ | DE | 135.123 | 157° 58′ 09″ | −125.257 | 50.685 | 146.478 | 316.903 |
| E | 69° 10′ 57″ | | | | | | 21.221 | 367.588 |

(2) 방위각 계산

① AB 측선의 방위각 = 38° 20′ 21″

② BC 측선의 방위각 = 38° 20′ 21″ + 180° − 62° 32′ 12″ = 155° 48′ 09″

③ CD 측선의 방위각 = 155° 48′ 09″ − 180° + 52° 33′ 25″ = 28° 21′ 34″

④ DE 측선의 방위각 = 28° 21′ 34″ + 180° − 50° 23′ 25″ = 157° 59′ 09″

(3) 위거, 경거 계산
   ① 위거=거리$\times \cos\theta$
   ② 경거=거리$\times \sin\theta$

(4) $X$(합위거), $Y$(합경거) 계산
   ① $X_{임의점\ 좌표} = X_{기지점\ 좌표} +$ 위거
   ② $Y_{임의점\ 좌표} = X_{기지점\ 좌표} +$ 경거

(5) AE 방위각

$$\tan^{-1}\left(\frac{Y_E - Y_A}{X_E - X_A}\right) = \tan^{-1}\left(\frac{367.588 - 100}{21.211 - 100}\right) = S\,73°\,35'\,43.2''\,E$$

∴ AE 방위각 $= 180° - 73°\,35'\,43.2'' = 106°\,24'\,16.7''$

(6) AE 거리

$$\sqrt{(X_E - X_A)^2 + (Y_E - Y_A)^2} = \sqrt{(21.211-100)^2 + (367.588-100)^2}$$
$$= 278.943\,\text{m}$$

**05** 그림과 같은 삼각망에서 $b_1$이 300m일 때 각측선의 변장을 구하시오. (단, 대수는 7자리까지, 거리는 소수점 아래 4자리에서 반올림할 것)

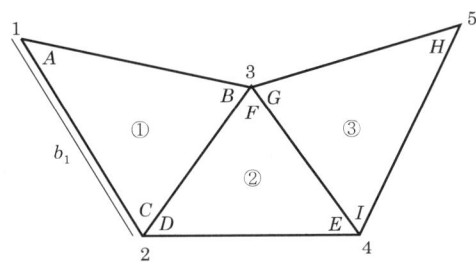

(1) 성과표

| 삼각형 | 각명 | 관측각 | log sin | colog sin | 거리의 대수 | 변의 길이 | 변명 |
|---|---|---|---|---|---|---|---|
| ① | A | 58° 34′ 01″ | | | | | $\overline{23}$ |
| | B | 57° 48′ 35″ | | | | | $\overline{12}$ |
| | C | 63° 37′ 24″ | | | | | $\overline{13}$ |
| ② | D | 62° 14′ 10″ | | | | | $\overline{34}$ |
| | E | 58° 00′ 30″ | | | | | $\overline{23}$ |
| | F | 59° 45′ 20″ | | | | | $\overline{24}$ |
| ③ | G | 58° 32′ 21″ | | | | | $\overline{45}$ |
| | H | 64° 24′ 55″ | | | | | $\overline{34}$ |
| | I | 57° 02′ 44″ | | | | | $\overline{35}$ |

**해설**

| 삼각형 | 각명 | 관측각 | log sin | colog sin | 거리의 대수 | 변의 길이 | 변명 |
|---|---|---|---|---|---|---|---|
| ① | A | 58° 34′ 01″ | 9.9310763 | −0.0689237 | 2.4806823 | 302.470 | $\overline{23}$ |
| | B | 57° 48′ 35″ | 9.9275159 | −0.0724841 | 2.4771213 | 300.000 | $\overline{12}$ |
| | C | 63° 37′ 24″ | 9.9522560 | −0.0477440 | 2.5018613 | 317.586 | $\overline{13}$ |
| ② | D | 62° 14′ 10″ | 9.9468818 | −0.0531182 | 2.4991040 | 315.576 | $\overline{34}$ |
| | E | 58° 00′ 30″ | 9.9284599 | −0.0715401 | 2.4806823 | 302.470 | $\overline{23}$ |
| | F | 59° 45′ 20″ | 9.9364556 | −0.0635444 | 2.4886776 | 308.090 | $\overline{24}$ |
| ③ | G | 58° 32′ 21″ | 9.9309476 | −0.0690524 | 2.4748701 | 298.449 | $\overline{45}$ |
| | H | 64° 24′ 55″ | 9.9551814 | −0.0448186 | 2.4991040 | 315.576 | $\overline{34}$ |
| | I | 57° 02′ 44″ | 9.9238155 | −0.0761845 | 2.4677383 | 293.588 | $\overline{35}$ |

(1) colog sin $\theta$ = log sin $\theta$ − 10

### (2) 변의 길이

① 삼각형

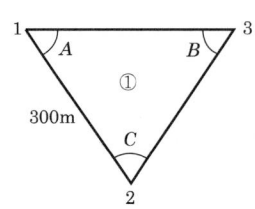

㉠ 1-2 측선의 거리 : 300m

㉡ 2-3 측선의 거리

$$\frac{300}{\sin B} \times \sin A$$

$$= \frac{300}{\sin 57°48'35''} \times \sin 58°34'01''$$

$$= 302.470 \text{m}$$

㉢ 1-3 측선의 거리

$$\frac{300}{\sin B} \times \sin C$$

$$= \frac{300}{\sin 57°48'35''} \times \sin 63°37'24''$$

$$= 317.586 \text{m}$$

② 삼각형

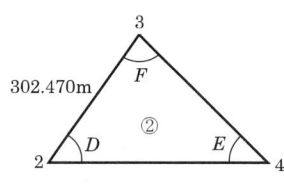

㉠ 3-4 측선의 거리

$$\frac{302.470}{\sin E} \times \sin D$$

$$= \frac{302.470}{\sin 58°00'30''} \times \sin 62°14'10'' = 315.576 \text{m}$$

㉡ 2-4 측선의 거리

$$\frac{302.470}{\sin E} \times \sin F$$

$$= \frac{302.470}{\sin 58°00'30''} \times \sin 59°45'20'' = 308.090 \text{m}$$

③ 삼각형

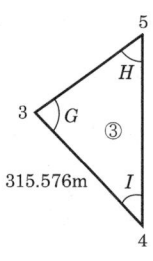

㉠ 4-5 측선의 거리

$$\frac{315.576}{\sin H} \times \sin G$$

$$= \frac{315.576}{\sin 64°24'55''} \times \sin 58°32'21'' = 298.449 \text{m}$$

㉡ 3-5 측선의 거리

$$\frac{315.576}{\sin H} \times \sin I$$

$$= \frac{315.576}{\sin 64°24'55''} \times \sin 57°02'44'' = 293.588 \text{m}$$

**06** 다음 유심 삼각망을 조정하시오. (단, ∠QPR = 91° 35′ 18″, 각은 0.1″ 단위까지 계산하고, 표차는 소수점 아래 3자리에서 반올림할 것)

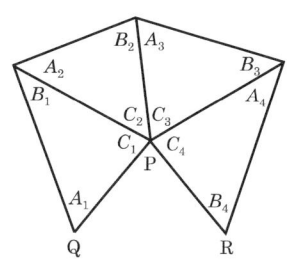

| 각명 | 관측각 | 각조건 | | 방향각 조건 | | |
|---|---|---|---|---|---|---|
| | | $V_1$ | 조정각 | $V_2$ | $V_3$ | 조정각 |
| $A_1$ | 64° 37′ 33″ | | | | | |
| $B_1$ | 64° 36′ 34″ | | | | | |
| $C_1$ | 50° 46′ 05″ | | | | | |
| 계 | 180° 00′ 12″ | | | | | |
| $A_2$ | 60° 10′ 17″ | | | | | |
| $B_2$ | 59° 36′ 34″ | | | | | |
| $C_2$ | 60° 13′ 00″ | | | | | |
| 계 | 179° 59′ 51″ | | | | | |
| $A_3$ | 56° 44′ 39″ | | | | | |
| $B_3$ | 55° 45′ 40″ | | | | | |
| $C_3$ | 67° 29′ 50″ | | | | | |
| 계 | 180° 00′ 09″ | | | | | |
| $A_4$ | 44° 31′ 27″ | | | | | |
| $B_4$ | 45° 31′ 27″ | | | | | |
| $C_4$ | 89° 56′ 02″ | | | | | |
| 계 | 179° 59′ 57″ | | | | | |

| 각명 | log sin A · B | 표차 | 변조건 | |
|---|---|---|---|---|
| | | | $V_4$ | 조정각 |
| $A_1$ | | | | |
| $B_1$ | | | | |
| $C_1$ | | | | |
| 계 | | | | |
| $A_2$ | | | | |
| $B_2$ | | | | |
| $C_2$ | | | | |
| 계 | | | | |
| $A_3$ | | | | |
| $B_3$ | | | | |
| $C_3$ | | | | |
| 계 | | | | |
| $A_4$ | | | | |
| $B_4$ | | | | |
| $C_4$ | | | | |
| 계 | | | | |

### 해설

| 각명 | 관측각 | 각조건 | | 방향각 조건 | | |
|---|---|---|---|---|---|---|
| | | $V_1$ | 조정각 | $V_2$ | $V_3$ | 조정각 |
| $A_1$ | 64° 37' 33" | −4" | 64° 37' 29" | | +1.5" | 64° 37' 30.5" |
| $B_1$ | 64° 36' 34" | −4" | 64° 36' 30" | | +1.5" | 64° 36' 31.5" |
| $C_1$ | 50° 46' 05" | −4" | 50° 46' 01" | −3" | | 50° 45' 58.0" |
| 계 | 180° 00' 12" | −12" | | −3" | +3" | 180° 00' 00" |
| $A_2$ | 60° 10' 17" | +3" | 60° 10' 20" | | +1.5" | 60° 10' 21.5" |
| $B_2$ | 59° 36' 34" | +3" | 59° 36' 37" | | +1.5" | 59° 36' 38.5" |
| $C_2$ | 60° 13' 00" | +3" | 60° 13' 03" | −3" | | 60° 13' 00.0" |
| 계 | 179° 59' 51" | +9" | | −3" | +3" | 180° 00' 00" |
| $A_3$ | 56° 44' 39" | −3" | 56° 44' 36" | | +1.5" | 56° 44' 37.5" |
| $B_3$ | 55° 45' 40" | −3" | 55° 45' 37" | | +1.5" | 55° 45' 38.5" |
| $C_3$ | 67° 29' 50" | −3" | 67° 29' 47" | −3" | | 67° 29' 44.0" |
| 계 | 180° 00' 09" | −9" | | −3" | +3" | 180° 00' 00" |
| $A_4$ | 44° 32' 28" | +1" | 44° 32' 29" | | +1.5" | 44° 32' 30.5" |
| $B_4$ | 45° 31' 27" | +1" | 45° 31' 28" | | +1.5" | 45° 31' 29.5" |
| $C_4$ | 89° 56' 02" | +1" | 89° 56' 03" | −3" | | 89° 56' 00.0" |
| 계 | 179° 59' 57" | +3" | | −3" | +3" | 180° 00' 00" |

| 각명 | log sin $A \cdot B$ | 표차 | 변조건 | |
|---|---|---|---|---|
| | | | $V_4$ | 조정각 |
| $A_1$ | 9.9559394 | 9.99 | $-5.6''$ | 64° 37′ 24.9″ |
| $B_1$ | 9.9558805 | 9.99 | $+5.6''$ | 64° 36′ 37.1″ |
| $C_1$ | | | | 50° 45′ 58.0″ |
| 계 | | | | 180° 00′ 00″ |
| $A_2$ | 9.9382835 | 12.07 | $-5.6''$ | 60° 10′ 15.9″ |
| $B_2$ | 9.9358135 | 12.35 | $+5.6''$ | 59° 36′ 44.1″ |
| $C_2$ | | | | 60° 13′ 00.0″ |
| 계 | | | | 180° 00′ 00″ |
| $A_3$ | 9.9223238 | 13.81 | $-5.6''$ | 56° 44′ 31.9″ |
| $B_3$ | 9.9173452 | 14.33 | $+5.6''$ | 55° 45′ 44.1″ |
| $C_3$ | | | | 67° 29′ 44.0″ |
| 계 | | | | 180° 00′ 00″ |
| $A_4$ | 9.8459840 | 21.39 | $-5.6''$ | 44° 32′ 24.9″ |
| $B_4$ | 9.8534272 | 20.67 | $+5.6''$ | 45° 31′ 35.1″ |
| $C_4$ | | | | 89° 56′ 00.0″ |
| 계 | | 114.6 | | 180° 00′ 00″ |

(1) $V_2$ 조정($C$각 조정)

$$\frac{(\angle C_1 + \angle C_2 + \angle C_3 + \angle C_4) - (360° - \angle \text{QPR})}{4} = \frac{12''}{4} = +3''$$

∴ $C$각에는 ⊖3″씩 조정

(2) $V_3$ 조정($A$, $B$각 조정)

| 각명 | $A$ | $B$ | $C$ |
|---|---|---|---|
| $V_2$ | | | $-3''$ |
| $V_3$ | $+1.5''$ | $+1.5''$ | |

(3) 변조정

$$\begin{cases} \sum \log \sin A = 39.6625307 \\ \sum \log \sin B = 39.6624664 \\ \sum \text{표차} = 114.6 \end{cases}$$

∴ 변조정량 $= \dfrac{\sum \log \sin A - \sum \log \sin B}{\sum \text{표차}} = \dfrac{39.6625307 - 39.6624664}{114.6}$

$= \dfrac{5,307 - 4,664}{114.6} = +5.6''$

그러므로,

$A$각에는 ⊖5.6″ 조정

$B$각에는 ⊕5.6″ 조정

**07** 다음 그림과 같은 유심 삼각망을 관측한 결과 다음과 같은 성과를 얻었다. 이 성과를 이용하여 방위각 및 좌표를 계산하시오. (단, OA의 방위각은 0″이고, O점의 좌표는 $X=$ 1,000이며, $Y=1,000$이며 방위각은 0.01″ 단위까지 좌표는 소수점 아래 4자리에서 반올림할 것)

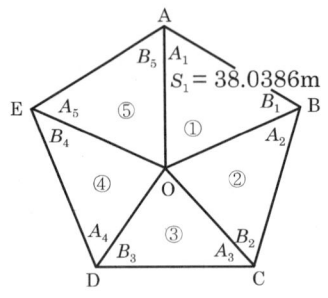

| 측선 | 변길이(m) | 측선 | 변길이(m) |
|---|---|---|---|
| AB | 48.7730 | AO | 38.0386 |
| BC | 32.3214 | BO | 24.1260 |
| CD | 37.1117 | CO | 25.1648 |
| DE | 34.1878 | DO | 36.2363 |
| EA | 32.7981 | EO | 38.3840 |

| 각명 | A | B | C |
|---|---|---|---|
| 1 | 29° 03′ 03.58″ | 49° 57′ 35.75″ | 100° 59′ 20.67″ |
| 2 | 50° 25′ 49.26″ | 47° 38′ 56.74″ | 81° 55′ 14.00″ |
| 3 | 68° 04′ 24.62″ | 40° 06′ 28.05″ | 71° 49′ 07.33″ |
| 4 | 65° 58′ 48.90″ | 59° 34′ 32.10″ | 54° 26′ 39.00″ |
| 5 | 64° 02′ 25.01″ | 65° 07′ 55.99″ | 50° 49′ 39.00″ |

(1) 좌표 계산

| 측점 | 계산란 | X | Y |
|---|---|---|---|
| A |  |  |  |
| B |  |  |  |
| C |  |  |  |
| D |  |  |  |
| E |  |  |  |

(2) 방위각 계산

| 측점 | 방위각 계산 |
|---|---|
| OB |  |
| OC |  |
| OD |  |
| OE |  |

### (1) 좌표 계산

| 측점 | 계산란 | $X$ | $Y$ |
|---|---|---|---|
| A | $X_A = 1,000 + 38.0386 \cos 0° = 1,038.039$<br>$Y_A = 1,000 + 38.0386 \sin 0° = 1,000.000$ | 1,038.039 | 1,000.000 |
| B | $X_B = 1,000 + 24.1260 \cos 100°59'20.67'' = 995.401$<br>$Y_B = 1,000 + 24.1260 \sin 100°59'20.67'' = 1,023.684$ | 995.401 | 1,023.6384 |
| C | $X_C = 1,000 + 25.1648 \cos 182°54'34.67'' = 974.868$<br>$Y_C = 1,000 + 25.1648 \sin 182°54'34.67'' = 998.723$ | 974.868 | 998.723 |
| D | $X_D = 1,000 + 36.2363 \cos 254°43'42'' = 990.456$<br>$Y_D = 1,000 + 36.2363 \sin 254°43'42'' = 965.043$ | 990.456 | 965.043 |
| E | $X_E = 1,000 + 38.3840 \cos 309°10'21'' = 1,024.246$<br>$Y_E = 1,000 + 38.3840 \sin 309°10'21'' = 970.243$ | 1024.246 | 970.243 |

### (2) 방위각 계산

| 측선 | 방위각 계산 |
|---|---|
| OB | $100°59'20.67''$ |
| OC | $\angle C_1 + \angle C_2 = 100°59'20.67'' + 81°55'14'' = 182°54'34.67''$ |
| OD | $\angle C_1 + \angle C_2 + \angle C_3 = 182°54'34.67'' + 71°49'07.33'' = 254°43'42''$ |
| OE | $\angle C_1 + \angle C_2 + \angle C_3 + \angle C_4 = 254°43'42'' + 54°26'39'' = 309°10'21''$ |

## 08

그림과 같은 유심 다각망을 조정하시오. (단, 표차 계산은 소수점 아래 2자리에서 반올림하고 각도 계산은 0.1″까지 계산할 것)

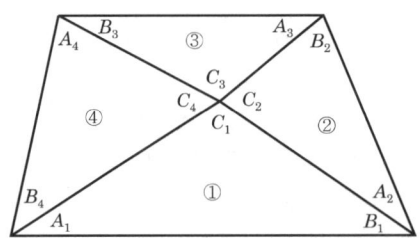

| 삼각형 | 각명 | 관측각 | 조정량 | | | | 각조정각 | 변조정량 | 변조정각 |
|---|---|---|---|---|---|---|---|---|---|
| | | | $V_1$ | $V_2$ | $V_3$ | 계 | | | |
| ① | $A_1$ | 48° 46′ 34″ | | | | | | | |
| | $B_1$ | 29° 13′ 01″ | | | | | | | |
| | $C_1$ | 102° 00′ 19″ | | | | | | | |
| | 계 | | | | | | | | |
| ② | $A_2$ | 40° 13′ 12″ | | | | | | | |
| | $B_2$ | 40° 43′ 49″ | | | | | | | |
| | $C_2$ | 99° 03′ 02″ | | | | | | | |
| | 계 | | | | | | | | |
| ③ | $A_3$ | 50° 50′ 38″ | | | | | | | |
| | $B_3$ | 48° 34′ 30″ | | | | | | | |
| | $C_3$ | 80° 35′ 01″ | | | | | | | |
| | 계 | | | | | | | | |
| ④ | $A_4$ | 35° 27′ 28″ | | | | | | | |
| | $B_4$ | 66° 10′ 46″ | | | | | | | |
| | $C_4$ | 78° 21′ 49″ | | | | | | | |
| | 계 | | | | | | | | |

| 각명 | 각조정각 | log sin A | 표차 | 각명 | 각조정각 | log sin B | 표차 |
|---|---|---|---|---|---|---|---|
| $A_1$ | | | | $B_1$ | | | |
| $A_2$ | | | | $B_2$ | | | |
| $A_3$ | | | | $B_3$ | | | |
| $A_4$ | | | | $B_4$ | | | |
| 계 | | | | 계 | | | |

### 해설

| 삼각형 | 각명 | 관측각 | 조정량 V₁ | 조정량 V₂ | 조정량 V₃ | 계 | 각조정각 | 변조정량 | 변조정각 |
|---|---|---|---|---|---|---|---|---|---|
| ① | $A_1$ | 48° 46′ 34″ | +2″ | | +1″ | +3″ | 48° 46′ 37″ | +0.5″ | 48° 46′ 37.5″ |
| | $B_1$ | 29° 13′ 01″ | +2″ | | +1″ | +3″ | 29° 13′ 04″ | −0.5″ | 29° 13′ 03.5″ |
| | $C_1$ | 102° 00′ 19″ | +2″ | −2″ | | 0 | 102° 00′ 19″ | | 102° 00′ 19.0″ |
| | 계 | 179° 59′ 54″ | | | | | | | |
| ② | $A_2$ | 40° 13′ 12″ | −1″ | | +1″ | 0 | 40° 13′ 12″ | +0.5″ | 40° 13′ 12.5″ |
| | $B_2$ | 40° 43′ 49″ | −1″ | | +1″ | 0 | 40° 43′ 49″ | −0.5″ | 40° 43′ 48.5″ |
| | $C_2$ | 99° 03′ 02″ | −1″ | −2″ | | −3″ | 99° 02′ 59″ | | 99° 02′ 59.0″ |
| | 계 | 180° 00′ 03″ | | | | | | | |
| ③ | $A_3$ | 50° 50′ 38″ | −3″ | | +1″ | −2″ | 50° 50′ 36″ | +0.5″ | 50° 50′ 36.5″ |
| | $B_3$ | 48° 34′ 30″ | −3″ | | +1″ | −2″ | 48° 34′ 28″ | −0.5″ | 48° 34′ 27.5″ |
| | $C_3$ | 80° 35′ 01″ | −3″ | −2″ | | −5″ | 80° 34′ 56″ | | 80° 34′ 56.0″ |
| | 계 | 180° 00′ 09″ | | | | | | | |
| ④ | $A_4$ | 35° 27′ 28″ | −1″ | | +1″ | 0 | 35° 27′ 28″ | +0.5″ | 35° 27′ 28.5″ |
| | $B_4$ | 66° 10′ 46″ | −1″ | | +1″ | 0 | 66° 10′ 46″ | −0.5″ | 66° 10′ 45.5″ |
| | $C_4$ | 78° 21′ 49″ | −1″ | −2″ | | −3″ | 78° 21′ 46″ | | 78° 21′ 46.0″ |
| | 계 | 180° 00′ 03″ | | | | | | | |

| 각명 | 각조정각 | log sin A | 표차 | 각명 | 각조정각 | log sin B | 표차 |
|---|---|---|---|---|---|---|---|
| $A_1$ | 48° 46′ 37″ | 9.8763043 | 18.4 | $B_1$ | 29° 13′ 04″ | 9.6885359 | 37.6 |
| $A_2$ | 40° 13′ 12″ | 9.8100471 | 24.9 | $B_2$ | 40° 43′ 49″ | 9.8145798 | 24.4 |
| $A_3$ | 50° 50′ 36″ | 9.8895383 | 17.1 | $B_3$ | 48° 34′ 28″ | 9.8749547 | 18.6 |
| $A_4$ | 35° 27′ 28″ | 9.7635050 | 29.6 | $B_4$ | 66° 10′ 46″ | 9.9613332 | 9.3 |
| 계 | | 39.3393947 | 90.0 | 계 | | 39.3394036 | 89.9 |

(1) $V_2$ 조정

$(\angle C_1 + \angle C_2 + \angle C_3 + \angle C_4) - 360° = +8″$

$\therefore V_2 = \dfrac{8″}{4} = -2″$씩 조정

(2) 변조정량

$$\dfrac{\sum \log \sin A_1 - \sum \log \sin B_1}{\sum \text{표차}} = \dfrac{39.3393947 - 39.3394036}{180}$$

$$= \dfrac{3,947 - 4,036}{180}$$

$$= \dfrac{-89}{180}$$

$$= -0.5″$$

**09** 다음 유심 다각망을 조정하시오. (단, 표차 계산은 소수점 아래 3자리에서 반올림하고, 각은 0.01″에서 반올림할 것)

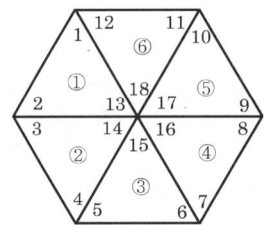

| 삼각형 | | 관측각 | 각조건 | | 점조건 | |
|---|---|---|---|---|---|---|
| | | | $V_1$ | 조정각 | $V_2$ | 조정각 |
| ① | 1 | 66° 22′ 24.7″ | | | | |
| | 2 | 71° 16′ 19.8″ | | | | |
| | 13 | 42° 21′ 06.5″ | | | | |
| | 계 | | | | | |
| ② | 3 | 66° 03′ 50.7″ | | | | |
| | 4 | 70° 05′ 50.7″ | | | | |
| | 14 | 43° 50′ 10.2″ | | | | |
| | 계 | | | | | |
| ③ | 5 | 35° 49′ 20.4″ | | | | |
| | 6 | 62° 37′ 40.3″ | | | | |
| | 15 | 81° 33′ 05.3″ | | | | |
| | 계 | | | | | |
| ④ | 7 | 57° 36′ 41.0″ | | | | |
| | 8 | 36° 11′ 26.1″ | | | | |
| | 16 | 86° 11′ 36.7″ | | | | |
| | 계 | | | | | |
| ⑤ | 9 | 49° 21′ 31.3″ | | | | |
| | 10 | 74° 52′ 21.3″ | | | | |
| | 17 | 55° 46′ 10.6″ | | | | |
| | 계 | | | | | |
| ⑥ | 11 | 85° 42′ 09.6″ | | | | |
| | 12 | 44° 00′ 10.6″ | | | | |
| | 18 | 50° 17′ 50.3″ | | | | |
| | 계 | | | | | |

| 삼각형 | 관측각 | log sin α, β | 표차 | 점조건 $V_3$ | 조정각 |
|---|---|---|---|---|---|
| ① | 1 | | | | |
| | 2 | | | | |
| | 13 | | | | |
| | 계 | | | | |
| ② | 3 | | | | |
| | 4 | | | | |
| | 14 | | | | |
| | 계 | | | | |
| ③ | 5 | | | | |
| | 6 | | | | |
| | 15 | | | | |
| | 계 | | | | |
| ④ | 7 | | | | |
| | 8 | | | | |
| | 16 | | | | |
| | 계 | | | | |
| ⑤ | 9 | | | | |
| | 10 | | | | |
| | 17 | | | | |
| | 계 | | | | |
| ⑥ | 11 | | | | |
| | 12 | | | | |
| | 18 | | | | |
| | 계 | | | | |

**해설**

| 삼각형 | | 관측각 | 각조건 $V_1$ | 조정각 | 점조건 $V_2$ | 조정각 |
|---|---|---|---|---|---|---|
| ① | 1 | 66° 22′ 24.7″ | +3.0″ | 66° 22′ 27.7″ | +3.0″ | 66° 22′ 28.0″ |
| | 2 | 71° 16′ 19.8″ | +3.0″ | 71° 16′ 22.8″ | +0.4″ | 71° 16′ 23.2″ |
| | 13 | 42° 21′ 06.5″ | +3.0″ | 42° 21′ 09.5″ | −0.7″ | 42° 21′ 08.8″ |
| | 계 | 179° 59′ 51″ | | | | |
| ② | 3 | 66° 03′ 50.7″ | +2.8″ | 66° 03′ 53.5″ | +3.0″ | 66° 03′ 53.8″ |
| | 4 | 70° 05′ 50.7″ | +2.8″ | 70° 05′ 53.5″ | +0.4″ | 70° 05′ 53.9″ |
| | 14 | 43° 50′ 10.2″ | +2.8″ | 43° 50′ 13.0″ | −0.7″ | 43° 50′ 12.3″ |
| | 계 | 179° 59′ 51.6″ | | | | |

| 삼각형 | 관측각 | | 각조건 | | 점조건 | |
|---|---|---|---|---|---|---|
| | | | $V_1$ | 조정각 | $V_2$ | 조정각 |
| ③ | 5 | 35° 49′ 20.4″ | −2.0″ | 35° 49′ 18.4″ | +3.0″ | 35° 49′ 18.7″ |
| | 6 | 62° 37′ 40.3″ | −2.0″ | 62° 37′ 38.3″ | +0.4″ | 62° 37′ 38.7″ |
| | 15 | 81° 33′ 05.3″ | −2.0″ | 81° 33′ 03.3″ | −0.7″ | 81° 33′ 02.6″ |
| | 계 | | | | | |
| ④ | 7 | 57° 36′ 41.0″ | +5.4″ | 57° 36′ 46.4″ | +0.4″ | 57° 36′ 46.8″ |
| | 8 | 36° 11′ 26.1″ | +5.4″ | 36° 11′ 31.5″ | +0.3″ | 36° 11′ 31.8″ |
| | 16 | 86° 11′ 36.7″ | +5.4″ | 86° 11′ 42.1″ | −0.7″ | 86° 11′ 41.4″ |
| | 계 | | | | | |
| ⑤ | 9 | 49° 21′ 31.3″ | −1.1″ | 49° 21′ 30.2″ | +3.0″ | 49° 21′ 30.5″ |
| | 10 | 74° 52′ 21.3″ | −1.0″ | 74° 52′ 20.3″ | +0.4″ | 74° 52′ 20.7″ |
| | 17 | 55° 46′ 10.6″ | −1.1″ | 55° 46′ 09.5″ | −0.7″ | 55° 46′ 08.8″ |
| | 계 | | | | | |
| ⑥ | 11 | 85° 42′ 09.6″ | −3.5″ | 85° 42′ 06.1″ | +0.4″ | 85° 42′ 06.5″ |
| | 12 | 44° 00′ 10.6″ | −3.5″ | 44° 00′ 07.1″ | +0.3″ | 44° 00′ 07.4″ |
| | 18 | 50° 17′ 50.3″ | −3.5″ | 50° 17′ 46.8″ | −0.7″ | 50° 17′ 46.1″ |
| | 계 | | | | | |

| 삼각형 | 관측각 | log sin α, β | 표차 | 점조건 | |
|---|---|---|---|---|---|
| | | | | $V_3$ | 조정각 |
| ① | 1 | 9.9619827 | 9.21 | −0.7″ | 66° 22′ 27.3″ |
| | 2 | 9.9763774 | 7.14 | +0.7″ | 71° 16′ 23.9″ |
| | 13 | | | | 42° 21′ 08.8″ |
| | 계 | | | | |
| ② | 3 | 9.9609490 | 9.35 | −0.7″ | 66° 03′ 53.1″ |
| | 4 | 9.9732563 | 7.62 | +0.7″ | 70° 05′ 54.6″ |
| | 14 | | | | 43° 50′ 12.3″ |
| | 계 | | | | |
| ③ | 5 | 9.7473541 | 29.17 | −0.7″ | 35° 49′ 18.0″ |
| | 6 | 9.9484303 | 10.90 | +0.7″ | 62° 37′ 39.4″ |
| | 15 | | | | 81° 33′ 02.6″ |
| | 계 | | | | 180° 00′ 00″ |
| ④ | 7 | 9.9265737 | 13.36 | −0.7″ | 57° 36′ 46.1″ |
| | 8 | 9.7712165 | 28.78 | +0.7″ | 36° 11′ 32.5″ |
| | 16 | | | | 86° 11′ 41.4″ |
| | | | | | |

| 삼각형 | 관측각 | log sin α, β | 표차 | 점조건 | |
|---|---|---|---|---|---|
| | | | | $V_3$ | 조정각 |
| ⑤ | | | | | |
| | | | | | |
| | | | | | |
| | | | | | |
| ⑥ | | | | | |
| | | | | | |
| | | | | | |

$$\therefore \text{변조정량} = \frac{\sum \log \sin \alpha - \sum \log \sin \beta}{\sum \text{표차}} = \frac{59.4957633 - 59.4957514}{162.67}$$

$$= \frac{633 - 514}{162.67} = +0.7''$$

**10** 다음 사변형 삼각망을 조정하시오. (단, 표차는 소수점 아래 1자리까지, 조정각은 소수점 아래 2자리에서 반올림할 것)

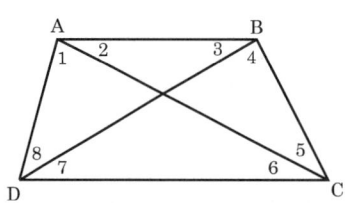

∠1 = 42° 25′ 30″
∠2 = 50° 27′ 10″
∠3 = 41° 43′ 20″
∠4 = 30° 13′ 30″
∠5 = 57° 36′ 10″
∠6 = 55° 19′ 30″
∠7 = 36° 50′ 30″
∠8 = 45° 24′ 00″

| 각명 | 관측각 | 조정량 | | | 각조정각 |
|---|---|---|---|---|---|
| | | $V_1$ | $V_2$ | $V_3$ | |
| 1 | | | | | |
| 2 | | | | | |
| 3 | | | | | |
| 4 | | | | | |
| 5 | | | | | |
| 6 | | | | | |
| 7 | | | | | |
| 8 | | | | | |
| 계 | | | | | |

| 각명 | log sin | 표차 | 변조정량 | 변조정각 |
|---|---|---|---|---|
| 1 | | | | |
| 2 | | | | |
| 3 | | | | |
| 4 | | | | |
| 5 | | | | |
| 6 | | | | |
| 7 | | | | |
| 8 | | | | |
| 계 | | | | |

### 해설

| 각명 | 관측각 | 조정량 V₁ | 조정량 V₂ | 조정량 V₃ | 각조건 조정각 |
|---|---|---|---|---|---|
| 1 | 42° 25′ 30″ | +2.5″ | +2.5″ |  | 42° 25′ 35″ |
| 2 | 50° 27′ 10″ | +2.5″ |  | −7.5″ | 50° 27′ 05″ |
| 3 | 41° 43′ 20″ | +2.5″ |  | −7.5″ | 41° 43′ 15″ |
| 4 | 30° 13′ 30″ | +2.5″ | −2.5″ |  | 30° 13′ 30″ |
| 5 | 57° 36′ 10″ | +2.5″ | −2.5″ |  | 57° 36′ 10″ |
| 6 | 55° 19′ 30″ | +2.5″ |  | +7.5″ | 55° 19′ 40″ |
| 7 | 36° 50′ 30″ | +2.5″ |  | +7.5″ | 36° 50′ 40″ |
| 8 | 45° 24′ 00″ | +2.5″ | +2.5″ |  | 45° 24′ 05″ |
| 계 | 359° 59′ 40″ |  |  |  |  |

| 각명 | log sin | 표차 | 변조정량 | 변조정각 |
|---|---|---|---|---|
| 1 | 9.8290737 | 23.0 | −1.6″ | 42° 25′ 33.4″ |
| 2 | 9.8871021 | 17.4 | +1.6″ | 50° 27′ 06.6″ |
| 3 | 9.8231492 | 23.6 | −1.6″ | 41° 43′ 13.4″ |
| 4 | 9.7019106 | 36.1 | +1.6″ | 30° 13′ 31.6″ |
| 5 | 9.9265245 | 13.4 | −1.6″ | 57° 36′ 08.4″ |
| 6 | 9.9150936 | 14.6 | +1.6″ | 55° 19′ 41.6″ |
| 7 | 9.7778939 | 28.1 | −1.6″ | 36° 50′ 38.4″ |
| 8 | 9.8525063 | 20.8 | +1.6″ | 45° 24′ 06.6″ |
| 계 |  | 177.0 |  |  |

(1) $V_1$ 조정

$$\frac{360° - 359° 59' 40''}{8} = \frac{20''}{8} = 2.5''$$

따라서 각각 ⊕2.5″씩 조정

(2) $V_2$ 조정

$$\begin{cases} \angle 1 + \angle 8 = 87° 49' 35'' \\ \angle 4 + \angle 5 = 87° 49' 45'' \end{cases}$$

$(\angle 1 + \angle 8 -) - (\angle 4 + \angle 5) = -10''$

$\therefore V_2 = \dfrac{10''}{4} = 2.5''$

따라서, ∠1, ∠8은 ⊕2.5″씩 조정
∠4, ∠5은 ⊖2.5″씩 조정

(3) $V_3$ 조정

$$\begin{cases} \angle 2 + \angle 3 = 92°10'35'' \\ \angle 6 + \angle 7 = 92°10'05'' \end{cases}$$

$(\angle 2 + \angle 3 -) - (\angle 6 + \angle 7) = \oplus 30''$

$\therefore V_2 = \dfrac{30''}{4} = 7.5''$

따라서, ∠2, ∠3은 ⊖7.5″씩 조정
　　　　∠4, ∠5는 ⊕7.5″씩 조정

(4) 변조정

$$\begin{cases} \sum \log \sin \alpha = 39.3566413 \\ \sum \log \sin \beta = 39.3566126 \end{cases}$$

$\therefore$ 변조정량 $= \dfrac{\sum \log \sin \alpha - \sum \log \sin \beta}{\sum \text{표차}} = \dfrac{39.3566413 - 39.3566126}{177}$

$\qquad\qquad = \dfrac{413 - 126}{177} = \oplus 1.6''$

따라서, ∠α(홀수각)은 ⊖1.6″씩 조정
　　　　∠β(짝수각)은 ⊕1.6″씩 조정

**11** 다음 사변형의 각을 조정하시오. (단, 계산은 각은 0.1″까지, 표차는 소수점 아래 2자리에서 반올림할 것)

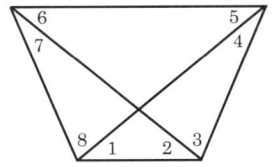

| 각번호 | 관측각 | 각번호 | 관측각 |
|---|---|---|---|
| 1 | 39° 23′ 08″ | 5 | 65° 00′ 14″ |
| 2 | 52° 28′ 45″ | 6 | 26° 51′ 23″ |
| 3 | 38° 13′ 07″ | 7 | 36° 54′ 54″ |
| 4 | 49° 55′ 07″ | 8 | 51° 13′ 46″ |

| 각번호 | 관측각 | $V_1$ | 제1조정각 | $V_2$ | $V_3$ | 제2조정각 |
|---|---|---|---|---|---|---|
| 1 | | | | | | |
| 2 | | | | | | |
| 3 | | | | | | |
| 4 | | | | | | |
| 5 | | | | | | |
| 6 | | | | | | |
| 7 | | | | | | |
| 8 | | | | | | |
| 계 | | | | | | |

| 각번호 | log sin | 표차 | $V_4$ | 변조정각 |
|---|---|---|---|---|
| 1 | | | | |
| 2 | | | | |
| 3 | | | | |
| 4 | | | | |
| 5 | | | | |
| 6 | | | | |
| 7 | | | | |
| 8 | | | | |
| 계 | | | | |

| 각번호 | 관측각 | $V_1$ | 제1조정각 | $V_2$ | $V_3$ | 제2조정각 |
|---|---|---|---|---|---|---|
| 1 | 39° 23′ 08″ | −3″ | 39° 23′ 05″ | −4″ | | 39° 23′ 01.0″ |
| 2 | 52° 28′ 45″ | −3″ | 52° 28′ 42″ | −4″ | | 52° 28′ 38.0″ |
| 3 | 38° 13′ 07″ | −3″ | 38° 13′ 04″ | | +6.5″ | 38° 13′ 10.5″ |
| 4 | 49° 55′ 07″ | −3″ | 49° 55′ 04″ | | +6.5″ | 49° 55′ 10.5″ |
| 5 | 65° 00′ 14″ | −3″ | 65° 00′ 11″ | +4″ | | 65° 00′ 15.0″ |
| 6 | 26° 51′ 23″ | −3″ | 26° 51′ 20″ | +4″ | | 26° 51′ 24.0″ |
| 7 | 36° 54′ 54″ | −3″ | 36° 54′ 51″ | | −6.5″ | 36° 54′ 44.5″ |
| 8 | 51° 13′ 46″ | −3″ | 51° 13′ 43″ | | −6.5″ | 51° 13′ 36.5″ |
| 계 | 360° 00′ 24″ | −24″ | 360° 00′ 00″ | | | |

| 각번호 | log sin | 표차 | $V_4$ | 변조정각 |
|---|---|---|---|---|
| 1 | 9.8024381 | 25.6 | +5.5″ | 39° 23′ 06.5″ |
| 2 | 9.8993341 | 16.2 | −5.5″ | 52° 28′ 32.5″ |
| 3 | 9.7914639 | 26.7 | +5.5″ | 38° 13′ 16.0″ |
| 4 | 9.8837418 | 17.7 | −5.5″ | 49° 55′ 05.0″ |
| 5 | 9.9572904 | 9.8 | +5.5″ | 65° 00′ 20.5″ |
| 6 | 9.6549709 | 41.6 | −5.5″ | 26° 51′ 18.5″ |
| 7 | 9.7785801 | 28.0 | +5.5″ | 36° 54′ 50.0″ |
| 8 | 9.8918891 | 16.9 | −5.5″ | 51° 13′ 31.0″ |
| 계 | | 182.5 | | |

(1) $V_1$ 보정

$360° - 360° 00′ 24″ = \ominus 24″$

$V_1 = \dfrac{24″}{8} = 3″$

따라서, 각각 −3″씩 조정

(2) $V_2$ 보정

$\begin{cases} \angle 1 + \angle 2 = 91° 51′ 47″ \\ \angle 5 + \angle 6 = 91° 51′ 31″ \end{cases}$

$(\angle 1 + \angle 2) - (\angle 5 + \angle 6) = 16″$

$\therefore V_2 = \dfrac{16″}{4} = 4″$

따라서, ∠1, ∠2은 ⊖4″씩 조정
∠5, ∠6은 ⊕4″씩 조정

(3) $V_3$ 보정

$$\begin{cases} \angle 3 + \angle 4 = 88°08'08'' \\ \angle 7 + \angle 8 = 88°08'34'' \end{cases}$$

$(\angle 3 + \angle 4) - (\angle 7 + \angle 8) = -26''$

$\therefore V_3 = \dfrac{26''}{4} = 6.5''$

따라서, ∠3, ∠4은 ⊕6.5″씩 조정

∠7, ∠8은 ⊖6.5″씩 조정

(4) $V_4$ 조정

$$\begin{aligned}
변조정량 &= \frac{\sum \log \sin \alpha - \sum \log \sin \beta}{\sum 표차} \\
&= \frac{39.3297725 - 39.3298729}{182.5} \\
&= \frac{7,725 - 8,729}{182.5} = -5.5''
\end{aligned}$$

따라서, ∠α(홀수각)은 ⊕5.5″씩 조정

∠β(짝수각)은 ⊖5.5″씩 조정

**12** 다음 사변형 측량 결과 각조정 및 변조정을 하시오. (단, 각은 초단위로 나타내고 표차는 소수점 아래 2자리에서 반올림할 것)

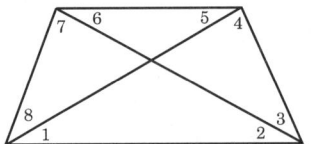

| 각명 | 실측각 | 각조정 | | | | 변조정 | |
|---|---|---|---|---|---|---|---|
| | | 조정량 | 제1조정각 | 조정량 | 제2조정각 | 조정량 | 제3조정각 |
| ∠1 | 30° 15′ 20″ | | | | | | |
| ∠2 | 19° 39′ 14″ | | | | | | |
| ∠3 | 86° 17′ 24″ | | | | | | |
| ∠4 | 43° 47′ 50″ | | | | | | |
| ∠5 | 23° 07′ 53″ | | | | | | |
| ∠6 | 26° 46′ 49″ | | | | | | |
| ∠7 | 31° 41′ 11″ | | | | | | |
| ∠8 | 98° 24′ 35″ | | | | | | |
| 계 | | | | | | | |

[변조건 조정표]

| 각명 | 각조건 조정각 | log sin $A$ | 표차 | 각명 | 각조건 조정각 | log sin $B$ | 표차 |
|---|---|---|---|---|---|---|---|
| ∠1 | | | | ∠2 | | | |
| ∠3 | | | | ∠4 | | | |
| ∠5 | | | | ∠6 | | | |
| ∠7 | | | | ∠8 | | | |
| 계 | | | | 계 | | | |

### 해설

#### (1) 각조정표

| 각명 | 실측각 | 각조정 |  |  |  | 변조정 |  |
|---|---|---|---|---|---|---|---|
|  |  | 조정량 | 제1조정각 | 조정량 | 제2조정각 | 조정량 | 제3조정각 |
| ∠1 | 30° 15′ 20″ | −2″ | 30° 15′ 18″ | +2″ | 30° 15′ 20″ | +3″ | 30° 15′ 23″ |
| ∠2 | 19° 39′ 14″ | −2″ | 19° 39′ 12″ | +2″ | 19° 39′ 14″ | −3″ | 19° 39′ 11″ |
| ∠3 | 86° 17′ 24″ | −2″ | 86° 17′ 22″ | +8″ | 86° 17′ 30″ | +3″ | 86° 17′ 33″ |
| ∠4 | 43° 47′ 50″ | −2″ | 43° 47′ 48″ | +8″ | 43° 47′ 56″ | −3″ | 43° 47′ 53″ |
| ∠5 | 23° 07′ 53″ | −2″ | 23° 07′ 51″ | −2″ | 23° 07′ 49″ | +3″ | 23° 07′ 52″ |
| ∠6 | 26° 46′ 49″ | −2″ | 26° 46′ 47″ | −2″ | 26° 46′ 45″ | −3″ | 26° 46′ 42″ |
| ∠7 | 31° 41′ 11″ | −2″ | 31° 41′ 09″ | −8″ | 31° 41′ 01″ | +3″ | 31° 41′ 04″ |
| ∠8 | 98° 24′ 35″ | −2″ | 98° 24′ 33″ | −8″ | 98° 24′ 25″ | −3″ | 98° 24′ 22″ |
| 계 | 360° 00′ 16″ |  | 360° 00′ 00″ |  |  |  | 360° 00′ 00″ |

#### (2) 변조정표

| 각명 | 각조건 조정각 | log sin A | 표차 | 각명 | 각조건 조정각 | log sin B | 표차 |
|---|---|---|---|---|---|---|---|
| ∠1 | 30° 15′ 20″ | 9.7023079 | 36.1 | ∠2 | 19° 39′ 14″ | 9.5267752 | 59.0 |
| ∠3 | 86° 17′ 30″ | 9.9990897 | 1.4 | ∠4 | 43° 47′ 56″ | 9.8401872 | 22.0 |
| ∠5 | 23° 07′ 49″ | 9.5941971 | 49.3 | ∠6 | 26° 46′ 45″ | 9.6537458 | 41.7 |
| ∠7 | 31° 41′ 01″ | 9.7203481 | 34.1 | ∠8 | 98° 24′ 25″ | 9.9953081 | −3.1 |
| 계 |  | 39.0159428 | 120.9 | 계 |  | 39.0160163 | 119.6 |

#### (3) 각조정 조정량

$360° 00′ 16″ − 360° = 16″$

따라서 $\dfrac{-16″}{8} = \ominus 2″$씩 보정

#### (4) 변조정량

$$\dfrac{\sum \log \sin \alpha - \sum \log \sin \beta}{\sum 표차}$$

$$= \dfrac{39.0159428 - 39.0160163}{240.5}$$

$$= \dfrac{59,428 - 60,163}{240.5} = -3″$$

따라서, ∠α(홀수각)은 ⊕3″씩 조정

∠β(짝수각)은 ⊖3″씩 조정

**13** 그림과 같은 4변형의 내각을 관측한 결과 다음과 같은 성과표를 얻었다. 이들 관측값을 조정하시오. (단, 기지각 ∠ABC = 87° 40′ 09″이고 조정각은 0.1초 단위까지 계산할 것)

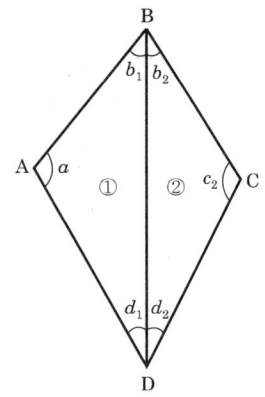

| 삼각형 | 각명 | 관측각 | 제1조정 | | 제2조정 | | |
|---|---|---|---|---|---|---|---|
| | | | 조정량 | 조정각 | $e/n$ | $e/2n$ | 조정각 |
| ① | $a_1$ | 78° 40′ 23″ | | | | | |
| | $b_1$ | 42° 13′ 45″ | | | | | |
| | $d_1$ | 59° 05′ 40″ | | | | | |
| | 계 | | | | | | |
| ② | $b_2$ | 45° 26′ 32″ | | | | | |
| | $c_2$ | 81° 35′ 16″ | | | | | |
| | $d_2$ | 52° 58′ 06″ | | | | | |
| | 계 | | | | | | |

### 해설

**(1) 제1조정(180° 변조정)**

| 삼각형 | 각명 | 관측각 | 제1조정 | |
|---|---|---|---|---|
| | | | 조정량 | 조정각 |
| ① | $a_1$ | 78° 40′ 23″ | +4″ | 78° 40′ 27″ |
| | $b_1$ | 42° 13′ 45″ | +4″ | 42° 13′ 49″ |
| | $d_1$ | 59° 05′ 40″ | +4″ | 59° 05′ 44″ |
| | 계 | 179° 59′ 48″ | +12″ | 180° |
| ② | $b_2$ | 45° 26′ 32″ | +2″ | 45° 26′ 34″ |
| | $c_2$ | 81° 35′ 16″ | +2″ | 81° 35′ 18″ |
| | $d_2$ | 52° 58′ 06″ | +2″ | 52° 58′ 08″ |
| | 계 | 179° 59′ 54″ | +6″ | 180° |

## (2) 제2조정(변조정)

| 삼각형 | 각명 | 조정각 | 제2조정 | | |
|---|---|---|---|---|---|
| | | | $e/n$ | $e/2n$ | 조정각 |
| ① | $a_1$ | 78° 40′ 27″ | | +3.5″ | 78° 40′ 30.5″ |
| | $b_1$ | 42° 13′ 49″ | −7″ | | 42° 13′ 42.0″ |
| | $d_1$ | 59° 05′ 44″ | | +3.5″ | 59° 05′ 47.5″ |
| | 계 | 180° | −7″ | +7″ | 180° |
| ② | $b_2$ | 45° 26′ 34″ | −7″ | | 45° 26′ 27″ |
| | $c_2$ | 81° 35′ 18″ | | +3.5″ | 81° 35′ 21.5″ |
| | $d_2$ | 52° 58′ 08″ | | +3.5″ | 52° 58′ 11.5″ |
| | 계 | 180° | −7″ | +7″ | 180° |

① $\dfrac{e}{n}$

$\angle \mathrm{ABC} - (\angle b_1 + \angle b_2) = 87° 40′ 09″ - (42° 13′ 49″ + 45° 26′ 34″) = -14″$

따라서, $\angle b_1, \angle b_2$에는 $\ominus \dfrac{14″}{2}$씩 조정

② $\dfrac{e}{2n}$

$\dfrac{14}{2 \times 2} = 3.5″$

따라서, $\angle a, \angle c$에는 $\oplus 3.5″$씩 조정

**14** 그림에서와 같이 C점에서는 A, D가 보이지 않으므로 B점에 편심 관측하였다. 정확한 값 $T$를 구하시오. (단, 각은 0.1″까지 계산할 것)

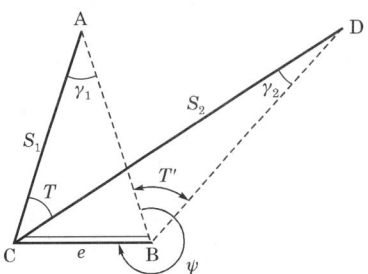

$T' = 40° 13' 25''$
$e = 45 \text{cm}$
$\psi = 320° 15' 00''$
$S_1 = 1.5 \text{km}$
$S_2 = 1.0 \text{km}$

(1) $\gamma_1$ 및 $\gamma_2$의 계산　　　　　　(2) $T$의 계산

### 해설

(1) $\gamma_1$ 및 $\gamma_2$의 계산

① $\gamma_1$

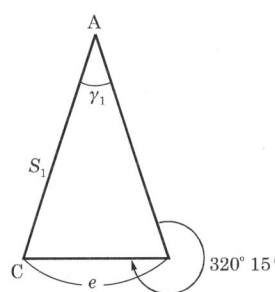

$$\frac{S_1}{\sin(360° - 320° 15')} = \frac{e}{\sin \gamma_1}$$

$$\gamma_1 = \sin^{-1}\left(\frac{e}{S_1} \sin(360° - 320° 15')\right)$$

$$= \sin^{-1}\left(\frac{0.45}{1,500} \times \sin 39° 45'\right)$$

$$= 39.6''$$

② $\gamma_2$

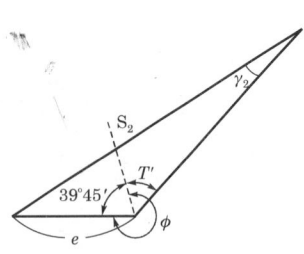

$$\frac{S_2}{\sin(T' + 39° 45')} = \frac{e}{\sin \gamma_2}$$

$$\gamma_2 = \sin^{-1}\left(\frac{e}{S_2} \sin(T' + 39° 45')\right)$$

$$= \sin^{-1}\left(\frac{0.45}{1,000} \times \sin(40° 13' 25'' + 39° 45')\right)$$

$$= 1' 31.4''$$

(2) $T$의 계산

$T + \gamma_1 = T' + \gamma_2$

$\therefore T = T' + \gamma_2 - \gamma_1 = 40° 13' 25'' + 1' 31.4'' - 39.6'' = 40° 14' 16.8''$

그러므로, 구하고자 하는 값은 $\gamma_1 = 39.6''$, $\gamma_2 = 1' 31.4''$, $T = 40° 14' 16.8''$이다.

**15** 그림에서와 같이 삼각점의 중심 A에서 P, Q의 방향이 보이지 않아 B점에서 $\gamma$, $e$, $\psi$를 측정하고, $S_1=1,885.6$m, $S_2=2,235.4$m일 때 $\beta$의 값을 구하시오. (단, $\gamma=50°12'25''$, $\psi=310°15'30''$, $e=1.26$m이며 각은 초단위까지 계산할 것)

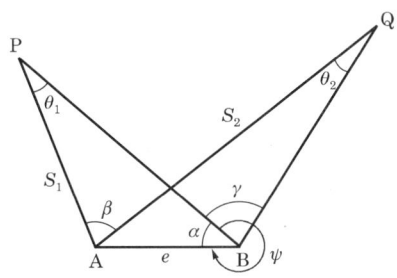

> 구하고자 하는 $\beta$는 삼각형의 기하학적인 조건을 이용하여
> $\theta_1+\beta=\theta_2+\gamma$
> $\therefore \beta=\theta_2+\gamma-\theta_1$
>
> $$\theta_1 = \frac{e}{S_1}\sin(360-\psi)\cdot\rho''$$
> $$= \frac{1.26}{1,885.6}\times\sin(49°44'30'')\times\rho'' = 1'45''$$
> $$\theta_2 = \frac{e}{S_2}\sin(\alpha+\gamma)\cdot\rho''$$
> $$= \frac{1.26}{2,235.4}\times\sin(49°44'30''+50°12'25'')\times\rho'' = 1°55''$$
>
> $\beta = 1°55' + 50°12'25'' - 1'45'' = 50°12'35''$
> 따라서, 구하는 답은 $\beta=50°12'35''$이다.

| 삼각 측량 |

# 실/전/문/제

**01** 그림과 같은 삼각망을 관측한 결과 다음과 같은 관측각을 얻었다. 이 관측각을 각조건, 방향각조건, 변조건식에 의하여 각조정을 하시오. (단, $T_a = 123°\,45'\,18''$, $T_b = 174°\,31'\,16''$, $b_1 = 517.131\text{m}$, $b_2 = 386.185\text{m}$, 표차는 소수점 아래 3자리에서 반올림하고, 각은 $0.1''$ 단위까지 계산할 것)

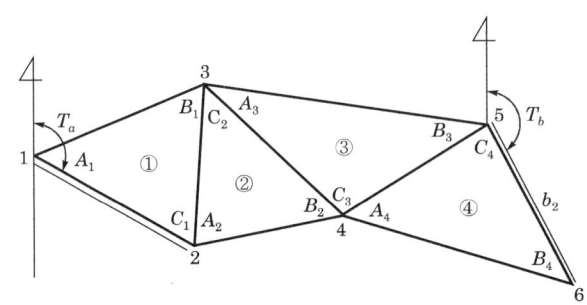

| 삼각형 | 각명 | 관측각 | 각조건 | | 방향각 조건 | | |
|---|---|---|---|---|---|---|---|
| | | | $V_1$ | 조정각 | $V_2$ | $V_3$ | 조정각 |
| ① | $A_1$ | 52° 25′ 34″ | | | | | |
| | $B_1$ | 67° 43′ 24″ | | | | | |
| | $C_1$ | 59° 51′ 14″ | | | | | |
| | 계 | | | | | | |
| ② | $A_2$ | 81° 36′ 52″ | | | | | |
| | $B_2$ | 68° 12′ 43″ | | | | | |
| | $C_2$ | 30° 10′ 10″ | | | | | |
| | 계 | | | | | | |
| ③ | $A_3$ | 42° 29′ 17″ | | | | | |
| | $B_3$ | 60° 48′ 36″ | | | | | |
| | $C_3$ | 76° 41′ 58″ | | | | | |
| | 계 | | | | | | |
| ④ | $A_4$ | 65° 14′ 28″ | | | | | |
| | $B_4$ | 59° 08′ 48″ | | | | | |
| | $C_4$ | 55° 36′ 41″ | | | | | |
| | 계 | | | | | | |

| 삼각형 | 각명 | 조정각 | 변조건 ||||
|---|---|---|---|---|---|---|
| | | | log sin | 표차 | $V_4$ | 조정각 |
| ① | $A_1$ | | | | | |
| | $B_1$ | | | | | |
| | $C_1$ | | | | | |
| | 계 | | | | | |
| ② | $A_2$ | | | | | |
| | $B_2$ | | | | | |
| | $C_2$ | | | | | |
| | 계 | | | | | |
| ③ | $A_3$ | | | | | |
| | $B_3$ | | | | | |
| | $C_3$ | | | | | |
| | 계 | | | | | |
| ④ | $A_4$ | | | | | |
| | $B_4$ | | | | | |
| | $C_4$ | | | | | |
| | 계 | | | | | |

### 해설

(1) 각조정, 방향각 조정

| 삼각형 | 각명 | 관측각 | 각조건 || 방향각 조건 |||
|---|---|---|---|---|---|---|---|
| | | | $V_1$ | 조정각 | $V_2$ | $V_3$ | 조정각 |
| ① | $A_1$ | 52° 25′ 34″ | −4″ | 52° 25′ 30″ | | +2″ | 52° 25′ 34″ |
| | $B_1$ | 67° 43′ 24″ | −4″ | 67° 43′ 20″ | | +2″ | 67° 43′ 24″ |
| | $C_1$ | 59° 51′ 14″ | −4″ | 59° 51′ 10″ | −4″ | | 59° 51′ 14″ |
| | 계 | 180° 00′ 12″ | | | | | 180° 00′ 12″ |
| ② | $A_2$ | 81° 36′ 52″ | +5″ | 81° 36′ 57″ | | −2″ | 81° 36′ 52″ |
| | $B_2$ | 68° 12′ 43″ | +5″ | 68° 12′ 48″ | | −2″ | 68° 12′ 43″ |
| | $C_2$ | 30° 10′ 10″ | +5″ | 30° 10′ 15″ | +4″ | | 30° 10′ 10″ |
| | 계 | 179° 59′ 45″ | | | | | 179° 59′ 45″ |
| ③ | $A_3$ | 42° 29′ 17″ | +3″ | 42° 29′ 20″ | | +2″ | 42° 29′ 17″ |
| | $B_3$ | 60° 48′ 36″ | +3″ | 60° 48′ 39″ | | +2″ | 60° 48′ 36″ |
| | $C_3$ | 76° 41′ 58″ | +3″ | 76° 42′ 01″ | −4″ | | 76° 41′ 58″ |
| | 계 | 179° 59′ 51″ | | | | | 179° 59′ 51″ |

| 삼각형 | 각명 | 관측각 | 각조건 | | 방향각 조건 | | |
|---|---|---|---|---|---|---|---|
| | | | $V_1$ | 조정각 | $V_2$ | $V_3$ | 조정각 |
| ④ | $A_4$ | 65° 14′ 28″ | +1″ | 65° 14′ 29″ | | −2″ | 65° 14′ 27″ |
| | $B_4$ | 59° 08′ 48″ | +1″ | 59° 08′ 49″ | | −2″ | 59° 08′ 47″ |
| | $C_4$ | 55° 36′ 41″ | +1″ | 55° 36′ 42″ | +4″ | | 55° 36′ 46″ |
| | 계 | 179° 59′ 57″ | | | | | |

• 방향각 조정($C$각 조정)

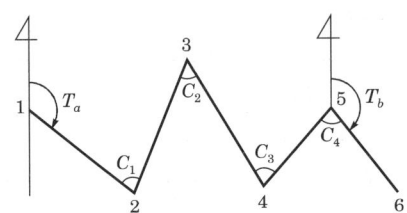

주어진 5-6 측선의 방위각은 174° 31′ 16″($T_b$)이다. 실제로 5-6 측선의 방위각을 구해보면

   1-2 측선의 방위각=123° 45′ 18″

   2-3 측선의 방위각=123° 45′ 18″−180°+59° 51′ 10″($C_1$)=3° 36′ 28″

   3-4 측선의 방위각=3° 36′ 28″+180°−30° 10′ 15″($C_2$)=153° 26′ 13″

   4-5 측선의 방위각=153° 26′ 13″−180°+76° 42′ 01″($C_3$)=50° 08′ 14″

   5-6 측선의 방위각=50° 08′ 14″+180°−55° 36′ 42″($C_4$)

                       =174° 31′ 32″($T_b'$)

∴ 오차는 $T_b' - T_b = W$, 174° 31′ 32″−174° 31′ 16″=⊕16″

따라서, 좌측각($C_1$, $C_3$)은 ⊖4″씩, 우측각($C_2$, $C_4$)은 ⊕4″씩 보정

> **참고** • $C$각 조정
>
> 각 $C_1$에 대하여 계산한 방위각을 $\alpha_1'$, $\alpha_2'$, $\alpha_3'$, ……, $\alpha_n'$라 하면
>
> $$\left.\begin{array}{l}\alpha_1' = \alpha_0 + 480° - C_1 \\ \alpha_2' = \alpha_1' - 180° + C_2 \\ \alpha_3' = \alpha_2' + 180° - C_3\end{array}\right\}$$ 이다.
>
> 그러므로 $\alpha_n' = \alpha_{n-1}' \pm 180° + C_n$이 되고 일반식으로는
>
> $\alpha_n' = \alpha_0 \pm 180° \times n + \sum C_1(좌측각) - \sum C_1(우측각)$이 된다.
>
> 폐합변의 $\alpha_n'$는 관측 방위각의 $\alpha_n$과 같아야 하지만 일반적으로
>
> $\alpha_n' - \alpha_n = W_0$라는 오차가 생기게 된다.
>
> 이때 좌측각(+)에는 $\ominus \dfrac{W_0}{n}$을 우측각(−)에는 $\oplus \dfrac{W_0}{n}$을 보정한다.

(2) 변조정

| 삼각형 | 각명 | 조정각 | 변조건 ||||
|---|---|---|---|---|---|---|
| | | | log sin | 표차 | $V_4$ | 조정각 |
| ① | $A_1$ | 52° 25′ 32″ | 9.8990331 | 16.20 | −1.1″ | 52° 25′ 30.9″ |
| | $B_1$ | 67° 43′ 22″ | 9.9663110 | 8.63 | +1.1″ | 67° 43′ 23.1″ |
| | $C_1$ | 59° 51′ 06″ | | | | |
| | 계 | 180° 00′ 00″ | | | | |
| ② | $A_2$ | 81° 36′ 55″ | 9.9953329 | 3.10 | −1.1″ | 81° 36′ 53.9″ |
| | $B_2$ | 68° 12′ 46″ | 9.9678140 | 8.42 | +1.1″ | 68° 12′ 47.1″ |
| | $C_2$ | 30° 10′ 19″ | | | | |
| | 계 | 180° 00′ 00″ | | | | |
| ③ | $A_3$ | 42° 29′ 22″ | 9.8295960 | 22.99 | −1.1″ | 42° 29′ 20.9″ |
| | $B_3$ | 60° 48′ 41″ | 9.9410237 | 11.76 | +1.1″ | 60° 48′ 42.1″ |
| | $C_3$ | 76° 41′ 57″ | | | | |
| | 계 | 180° 00′ 00″ | | | | |
| ④ | $A_4$ | 65° 14′ 27″ | 9.9581223 | 9.71 | −1.1″ | 65° 14′ 25.9″ |
| | $B_4$ | 59° 08′ 47″ | 9.9337304 | 12.58 | +1.1″ | 59° 08′ 48.1″ |
| | $C_4$ | 55° 36′ 46″ | | | | |
| | 계 | 180° 00′ 00″ | | 93.39 | | |

① $\sum \log \sin A + \log b_1 = 39.6820843 + 2.7136006 = 42.3956849$

② $\sum \log \sin B + \log b_2 = 39.8088791 + 2.5867954 = 42.3956745$

$$\therefore 변조정량 = \frac{(\sum \log \sin \alpha + \log b_1) - (\sum \log \sin \beta + \log b_2)}{표차합}$$

$$= \frac{849 - 745}{93.39} = +1.1″$$

그러므로, $\alpha$ 각에는 ⊖1.1″씩 조정

$\beta$ 각에는 ⊕1.1″씩 조정

**02** 다음 그림에서 실측각과 $\alpha_o$, $\alpha_n$이 주어지고 log $S_0$ = 2.2329521, log $S_n$ = 2.1940375일 때 각변장을 구하시오. (단, 각은 초단위로 계산하고, 표차는 소수 첫째 자리까지 계산할 것)

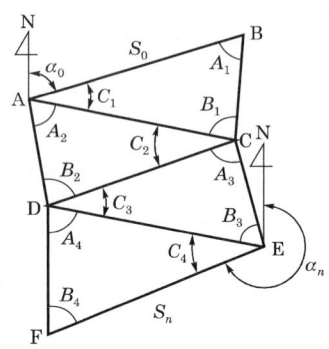

- $\alpha_0 = 85°16'28''$
- $\alpha_n = 251°23'03''$

(1) 각 조정량

| 점 | 각 | 실측각 | $V_1$ | 조정각 | $V_2$ | 조정각 |
|---|---|---|---|---|---|---|
| A | $A_1$ | 51° 21' 10" | | | | |
| B | $B_1$ | 85° 31' 12" | | | | |
| C | $C_1$ | 43° 07' 31" | | | | |
| | 계 | 179° 59' 53" | | | | |
| B | $A_2$ | 47° 39' 45" | | | | |
| C | $B_2$ | 55° 30' 01" | | | | |
| D | $C_2$ | 76° 50' 17" | | | | |
| | 계 | 180° 00' 03" | | | | |
| C | $A_3$ | 65° 48' 37" | | | | |
| D | $B_3$ | 38° 37' 47" | | | | |
| E | $C_3$ | 75° 33' 26" | | | | |
| | 계 | 179° 59' 50" | | | | |
| D | $A_4$ | 55° 52' 15" | | | | |
| E | $B_4$ | 68° 23' 41" | | | | |
| F | $C_4$ | 55° 44' 05" | | | | |
| | 계 | 180° 00' 01" | | | | |

(2) 변 조정량

| 각 | log sin | 표차 | $V_3$ | 조정각 |
|---|---|---|---|---|
| $A_1$ | | | | |
| $B_1$ | | | | |
| $C_1$ | | | | |
| 계 | | | | |
| $A_2$ | | | | |
| $B_2$ | | | | |
| $C_2$ | | | | |
| 계 | | | | |
| $A_3$ | | | | |
| $B_3$ | | | | |
| $C_3$ | | | | |
| 계 | | | | |
| $A_4$ | | | | |
| $B_4$ | | | | |
| $C_4$ | | | | |
| 계 | | | | |

### 해설

(1) 각 조정량

| 점 | 각 | 실측각 | $V_1$ | 조정각 | $V_2$ | 조정각 |
|---|---|---|---|---|---|---|
| A | $A_1$ | 51° 21′ 10″ | +2″ | 51° 21′ 12″ | +1″ | 51° 21′ 13″ |
| B | $B_1$ | 85° 31′ 12″ | +3″ | 85° 31′ 15″ | +1″ | 85° 31′ 16″ |
| C | $C_1$ | 43° 07′ 31″ | +2″ | 43° 07′ 33″ | −2″ | 43° 07′ 31″ |
| | 계 | 179° 59′ 53″ | +7″ | 180° 00′ 00″ | | 180° 00′ 00″ |
| B | $A_2$ | 47° 39′ 45″ | −1″ | 47° 39′ 44″ | 0″ | 47° 39′ 44″ |
| C | $B_2$ | 55° 30′ 01″ | −1″ | 55° 30′ 00″ | −1″ | 55° 29′ 59″ |
| D | $C_2$ | 76° 50′ 17″ | −1″ | 76° 50′ 16″ | +1″ | 76° 50′ 17″ |
| | 계 | 180° 00′ 03″ | −3″ | 180° 00′ 00″ | | 180° 00′ 00″ |
| C | $A_3$ | 65° 48′ 37″ | +3″ | 65° 48′ 40″ | +1″ | 65° 48′ 41″ |
| D | $B_3$ | 38° 37′ 47″ | +3″ | 38° 37′ 50″ | +1″ | 38° 37′ 51″ |
| E | $C_3$ | 75° 33′ 26″ | +4″ | 75° 33′ 30″ | −2″ | 75° 33′ 28″ |
| | 계 | 179° 59′ 50″ | +10″ | 180° 00′ 00″ | | 180° 00′ 00″ |
| D | $A_4$ | 55° 52′ 15″ | 0″ | 55° 52′ 15″ | −1″ | 55° 52′ 14″ |
| E | $B_4$ | 68° 23′ 41″ | −1″ | 68° 23′ 40″ | −1″ | 68° 23′ 39″ |
| F | $C_4$ | 55° 44′ 05″ | 0″ | 55° 44′ 05″ | +2″ | 55° 44′ 07″ |
| | 계 | 180° 00′ 01″ | −1″ | 180° 00′ 00″ | | 180° 00′ 00″ |

① $V_1$ 조정 → 180° 조정

$A_1$, $C_3$, $B_4$는 특수각 조정

② $V_2$ 조정($C$각 조정)

AC 측선의 방위각 $= \alpha_0 + C_1 = 85° 16' 28'' + 43° 07' 33'' = 128° 24' 01''$

CD 측선의 방위각 $= 128° 24' 01'' + 180° - 76° 50' 16'' = 231° 33' 45''$

DE 측선의 방위각 $= 231° 33' 45'' - 180° + 75° 33' 30'' = 127° 07' 15''$

EF 측선의 방위각 $= 127° 07' 15'' + 180° - 55° 44' 05'' = 251° 23' 10''$

∴ $\alpha_{n'} - \alpha_n = 251° 23' 10'' - 251° 23' 03'' = \oplus 7''$

그러므로 좌측각(+)에는 ⊖2″씩, 우측각(−)에는 ⊕2″씩 보정

 $C_2$는 특수각이므로 ⊕2″가 아니고 ⊕″임에 주의
($C_1$, $C_2$, $C_3$, $C_4$ 중에서 각이 가장 큰 $C_2$에서 보정)

### (2) 변 조정량

| 각 | log sin | 표차 | $V_3$ | 조정각 |
|---|---|---|---|---|
| $A_1$ | 9.8926594 | 16.8 | +8″ | 51° 21' 21″ |
| $B_1$ | 9.9986717 | 1.6 | −8″ | 85° 31' 08″ |
| $C_1$ | | | | 43° 07' 31″ |
| 계 | | | | 180° 00' 00″ |
| $A_2$ | 9.8687544 | 19.2 | +8″ | 47° 39' 52″ |
| $B_2$ | 9.9159923 | 14.5 | −8″ | 55° 29' 51″ |
| $C_2$ | | | | 76° 50' 17″ |
| 계 | | | | 180° 00' 00″ |
| $A_3$ | 9.9600908 | 9.5 | +8″ | 65° 48' 49″ |
| $B_3$ | 9.7953934 | 26.3 | −8″ | 38° 37' 43″ |
| $C_3$ | | | | 75° 33' 28″ |
| 계 | | | | 180° 00' 00″ |
| $A_4$ | 9.9179108 | 14.3 | +8″ | 55° 52' 22″ |
| $B_4$ | 9.9683611 | 8.3 | −8″ | 68° 23' 31″ |
| $C_4$ | | | | 55° 44' 07″ |
| 계 | | | | 180° 00' 00″ |

① $V_3$ 조정

$$변조정량 = \frac{\sum \log \sin \alpha - \sum \log \sin \beta}{\sum 표차} = \frac{41.8723675 - 41.8724560}{110.5}$$

$$= \frac{3,675 - 4,560}{110.5} = -8''$$

∴ $\alpha$각에는 ⊕8″씩, $\beta$각에는 ⊖8″씩 보정

**03** 다음과 같은 삼각 측량을 얻었다. 성과표를 완성하시오.

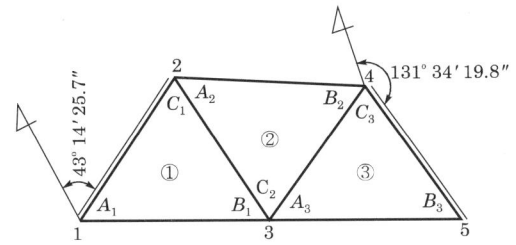

$\overline{12}$ 방위각 = 43° 14′ 25.7″
$\overline{45}$ 방위각 = 131° 34′ 19.8″
$\overline{12}$ 변장 = 78.524m
$\overline{45}$ 변장 = 189.395m

| 각명칭 | ① | ② | ③ |
|---|---|---|---|
| $A$ | 67° 39′ 29.4″ | 79° 14′ 53.2″ | 46° 24′ 51.9″ |
| $B$ | 42° 23′ 18.5″ | 34° 29′ 59.7″ | 45° 37′ 04.4″ |
| $C$ | 69° 57′ 14.2″ | 66° 15′ 02.6″ | 87° 58′ 00.1″ |

(1) 각조정(각은 0.1″까지, 표차는 소수점 아래 3자리에서 반올림할 것)

| 삼각형 | 각명 | 관측각 | $V_1$ | 조정각 | $V_2$ | 조정각 |
|---|---|---|---|---|---|---|
| ① | $A_1$ | | | | | |
|   | $B_1$ | | | | | |
|   | $C_1$ | | | | | |
|   | 계 | | | | | |
| ② | $A_2$ | | | | | |
|   | $B_2$ | | | | | |
|   | $C_2$ | | | | | |
|   | 계 | | | | | |
| ③ | $A_3$ | | | | | |
|   | $B_3$ | | | | | |
|   | $C_3$ | | | | | |
|   | 계 | | | | | |

| 삼각형 | 각명 | log sin | 표차 | $V_3$ | 변조정각 |
|---|---|---|---|---|---|
| ① | $A_1$ | | | | |
| | $B_1$ | | | | |
| | $C_1$ | | | | |
| | 계 | | | | |
| ② | $A_2$ | | | | |
| | $B_2$ | | | | |
| | $C_2$ | | | | |
| | 계 | | | | |
| ③ | $A_3$ | | | | |
| | $B_3$ | | | | |
| | $C_3$ | | | | |
| | 계 | | | | |

(2) 좌표 계산(위·경거 계산은 소수점 아래 4자리에서 반올림할 것)

| 측선 | 거리 | 방위각 | 위거 | |
|---|---|---|---|---|
| | | | N | S |
| $\overline{12}$ | | | | |
| $\overline{23}$ | | | | |
| $\overline{34}$ | | | | |
| $\overline{45}$ | | | | |
| 계 | | | | |

| 측선 | 경거 | | 측점 | 합위거 | 합경거 |
|---|---|---|---|---|---|
| | E | W | | | |
| $\overline{12}$ | | | 1 | 0 | 0 |
| $\overline{23}$ | | | 2 | | |
| $\overline{34}$ | | | 3 | | |
| $\overline{45}$ | | | 4 | | |
| 계 | | | 5 | | |

**해설**

(1) 각조정(각은 0.1″까지, 표차는 소수점 아래 3자리에서 반올림할 것)

| 삼각형 | 각명 | 관측각 | $V_1$ | 조정각 | $V_2$ | 조정각 |
|---|---|---|---|---|---|---|
| ① | $A_1$ | 67° 39′ 29.4″ | −0.7″ | 67° 39′ 28.7″ | +0.8″ | 67° 39′ 29.5″ |
|   | $B_1$ | 42° 23′ 18.5″ | −0.7″ | 42° 23′ 17.8″ | +0.8″ | 42° 23′ 18.6″ |
|   | $C_1$ | 69° 57′ 14.2″ | −0.7″ | 69° 57′ 13.5″ | −1.6″ | 69° 57′ 11.9″ |
|   | 계 | 180° 00′ 02.1″ | | | | |
| ② | $A_2$ | 79° 14′ 53.2″ | +1.5″ | 79° 14′ 54.7″ | −0.8″ | 79° 14′ 53.9″ |
|   | $B_2$ | 34° 29′ 59.7″ | +1.5″ | 34° 30′ 01.2″ | −0.8″ | 34° 30′ 00.4″ |
|   | $C_2$ | 66° 15′ 02.6″ | +1.5″ | 66° 15′ 04.1″ | +1.6″ | 66° 15′ 05.7″ |
|   | 계 | 179° 59′ 55.5″ | | | | |
| ③ | $A_3$ | 46° 24′ 51.9″ | +1.2″ | 46° 24′ 53.1″ | +0.8″ | 46° 24′ 53.9″ |
|   | $B_3$ | 45° 37′ 04.4″ | +1.2″ | 45° 37′ 05.6″ | +0.8″ | 45° 37′ 06.4″ |
|   | $C_3$ | 87° 58′ 00.1″ | +1.2″ | 87° 58′ 01.3″ | −1.6″ | 87° 57′ 59.7″ |
|   | 계 | 179° 59′ 56.4″ | | | | |

| 삼각형 | 각명 | log sin | 표차 | $V_3$ | 변조정각 |
|---|---|---|---|---|---|
| ① | $A_1$ | 9.9661101 | 8.65 | +0.9″ | 67° 39′ 30.4″ |
|   | $B_1$ | 9.8287592 | 23.07 | −0.9″ | 42° 23′ 17.7″ |
|   | $C_1$ | | | | 69° 57′ 11.9″ |
|   | 계 | | | | 180° |
| ② | $A_2$ | 9.9923082 | 4.00 | +0.9″ | 79° 14′ 54.8″ |
|   | $B_2$ | 9.7531293 | 30.64 | −0.9″ | 34° 29′ 59.5″ |
|   | $C_2$ | | | | 66° 15′ 05.7″ |
|   | 계 | | | | 180° |
| ③ | $A_3$ | 9.8599497 | 20.04 | +0.9″ | 46° 24′ 54.8″ |
|   | $B_3$ | 9.8541225 | 20.61 | −0.9″ | 45° 37′ 05.5″ |
|   | $C_3$ | | | | 87° 57′ 59.7″ |
|   | 계 | | 107.01 | | 180° |

(2) 좌표 계산(위·경거 계산은 소수점 아래 4자리에서 반올림할 것)

| 측선 | 거리 | 방위각 | 위거 N | 위거 S |
|---|---|---|---|---|
| $\overline{12}$ | 78.524 | 43° 14′ 25.7″ | 57.204 | |
| $\overline{23}$ | 107.735 | 153° 17′ 13.8″ | | 96.237 |
| $\overline{34}$ | 186.869 | 39° 32′ 19.5″ | 144.112 | |
| $\overline{45}$ | 189.395 | 131° 34′ 19.8″ | | 125.675 |
| 계 | | | | |

제2장. 삼각 측량

| 측선 | 경거 | | 측점 | 합위거 | 합경거 |
|---|---|---|---|---|---|
| | E | W | | | |
| $\overline{12}$ | 53.794 | | 1 | 0 | 0 |
| $\overline{23}$ | 48.429 | | 2 | 57.204 | 53.794 |
| $\overline{34}$ | 118.961 | | 3 | −39.033 | 102.223 |
| $\overline{45}$ | 141.690 | | 4 | 105.079 | 221.184 |
| 계 | | | 5 | −20.596 | 362.874 |

① $V_2$ 조정($C$각 조정)

　　1-2 측선의 방위각=43° 14′ 25.7″

　　2-3 측선의 방위각=43° 14′ 25.7″+180°−69° 57′ 01.0″($C_1$)
　　　　　　　　　　　=153° 17′ 12.2″

　　3-4 측선의 방위각=153° 17′ 12.2″−180°+66° 15′ 04.1″($C_2$)
　　　　　　　　　　　=39° 32′ 16.3″

　　4-5 측선의 방위각=39° 32′ 16.3″+180°−87° 58′ 01.3″($C_3$)
　　　　　　　　　　　=131° 34′ 15″

　　따라서, $T_b' - T_b$=131° 34′ 15″−131° 34′ 19.8″=⊖4.8″

　　∴ $\dfrac{-4.8}{3}=-1.6''$　$\begin{cases} C_1,\ C_3 \text{는 } \ominus 1.6'' \text{보정} \\ C_2 \text{는 } \oplus 1.6'' \text{보정} \end{cases}$

② $V_3$ 조정

　　변조정량=$\dfrac{(\sum \log \sin \alpha + \log a) - (\sum \log \sin \beta + \log b)}{\sum \text{표차}}$

　　　　　　=$\dfrac{(29.8183680 + 1.8950024) - (29.4360110 + 2.2773685)}{107.01}$

　　　　　　=$\dfrac{4-95}{107.01} = -0.9''$

**04** 그림과 같은 삼각망을 관측하여 다음과 같은 측정값을 얻었다. 각방정식, 변방정식에 의해 각을 조정하시오. (단, 각은 0.1″까지 계산할 것, 표차는 소수점 아래 2자리까지)

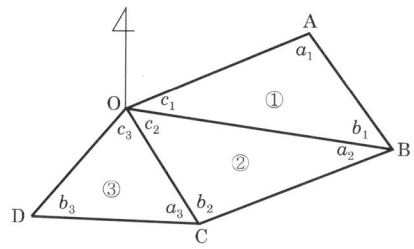

⟨기지 여건⟩

- $\overline{OA}$의 방향각 : 44° 40′ 09″
- $\overline{OA}$의 거리 : 736.3579m
- $\overline{OD}$의 거리 : 758.0396m
- ∠AOD의 교각 : 141° 16′ 40″

| 삼각형 | 각명 | 관측각 | 제1조정 | | 제2조정 | |
|---|---|---|---|---|---|---|
| | | | $V_1$ | 조정각 | $V_2$ | 조정각 |
| ① | $a_1$ | 49° 44′ 40″ | | | | |
| | $b_1$ | 91° 16′ 50″ | | | | |
| | $c_1$ | 38° 58′ 27″ | | | | |
| | 계 | | | | | |
| ② | $a_2$ | 72° 06′ 50″ | | | | |
| | $b_2$ | 60° 40′ 18″ | | | | |
| | $c_2$ | 47° 12′ 30″ | | | | |
| | 계 | | | | | |
| ③ | $a_3$ | 73° 51′ 52″ | | | | |
| | $b_3$ | 51° 02′ 47″ | | | | |
| | $c_3$ | 55° 05′ 40″ | | | | |
| | 계 | | | | | |

| 삼각형 | 각명 | 조정각 | 제3조정 | | | |
|---|---|---|---|---|---|---|
| | | | log sin | 표차 | $V_3$ | 조정각 |
| ① | $a_1$ | | | | | |
| | $b_1$ | | | | | |
| | $c_1$ | | | | | |
| | 계 | | | | | |
| ② | $a_2$ | | | | | |
| | $b_2$ | | | | | |
| | $c_2$ | | | | | |
| | 계 | | | | | |

| 삼각형 | 각명 | 조정각 | 제3조정 | | | |
|---|---|---|---|---|---|---|
| | | | log sin | 표차 | $V_3$ | 조정각 |
| ③ | $a_3$ | | | | | |
| | $b_3$ | | | | | |
| | $c_3$ | | | | | |
| | 계 | | | | | |

**해설**

| 삼각형 | 각명 | 관측각 | 제1조정 | | 제2조정 | |
|---|---|---|---|---|---|---|
| | | | $V_1$ | 조정각 | $V_2$ | 조정각 |
| ① | $a_1$ | 49° 44′ 40″ | +1″ | 49° 44′ 41.0″ | −0.1″ | 49° 44′ 40.9″ |
| | $b_1$ | 91° 16′ 50″ | +1″ | 91° 16′ 51.0″ | −0.2″ | 91° 16′ 50.8″ |
| | $c_1$ | 38° 58′ 27″ | +1″ | 38° 58′ 28.0″ | +0.3″ | 38° 58′ 28.3″ |
| | 계 | 179° 59′ 57″ | | | | |
| ② | $a_2$ | 72° 06′ 50″ | +7.4″ | 72° 06′ 57.4″ | −0.2″ | 72° 06′ 57.2″ |
| | $b_2$ | 60° 40′ 18″ | +7.3″ | 60° 40′ 25.3″ | −0.1″ | 60° 40′ 25.2″ |
| | $c_2$ | 47° 12′ 30″ | +7.3″ | 47° 12′ 37.3″ | +0.3″ | 47° 12′ 37.6″ |
| | 계 | 179° 59′ 38″ | | | | |
| ③ | $a_3$ | 73° 51′ 52″ | −6.4″ | 73° 51′ 45.6″ | −0.2″ | 73° 51′ 45.4″ |
| | $b_3$ | 51° 02′ 47″ | −6.3″ | 51° 02′ 40.7″ | −0.2″ | 51° 02′ 40.5″ |
| | $c_3$ | 55° 05′ 40″ | −6.3″ | 55° 05′ 33.7″ | +0.4″ | 55° 05′ 34.1″ |
| | 계 | 180° 00′ 19″ | | | | |

| 삼각형 | 각명 | 조정각 | 제3조정 | | | |
|---|---|---|---|---|---|---|
| | | | log sin | 표차 | $V_3$ | 조정각 |
| ① | $a_1$ | 49° 44′ 40.9″ | 9.8826228 | 17.82 | +9.1″ | 49° 44′ 50.0″ |
| | $b_1$ | 91° 16′ 50.8″ | 9.9998915 | −0.47 | −9.1″ | 91° 16′ 41.7″ |
| | $c_1$ | 38° 58′ 28.3″ | | | | 38° 58′ 28.3″ |
| | 계 | 180° 00′ 00″ | | | | |
| ② | $a_2$ | 72° 06′ 57.2″ | 9.9784908 | 6.79 | +9.1″ | 72° 07′ 06.3″ |
| | $b_2$ | 60° 40′ 25.2″ | 9.9404389 | 11.83 | −9.1″ | 60° 40′ 16.1″ |
| | $c_2$ | 47° 12′ 37.6″ | | | | 47° 12′ 37.6″ |
| | 계 | 180° 00′ 00″ | | | | |
| ③ | $a_3$ | 73° 51′ 45.4″ | 9.9825417 | 6.09 | +9.1″ | 73° 51′ 54.5″ |
| | $b_3$ | 51° 02′ 40.5″ | 9.8907760 | 17.02 | −9.1″ | 51° 02′ 31.4″ |
| | $c_3$ | 55° 05′ 34.1″ | | | | 55° 05′ 34.1″ |
| | 계 | 180° 00′ 00″ | | 59.08 | | |

(1) 제2조정

① $\angle AOD - (\angle c_1 + \angle c_2 + \angle c_3) = 0$

$141°16'40'' - (38°58'28'' + 47°12'37.3'' + 55°05'33.7'') = 1''$

$\dfrac{1''}{3} ≒ 0.3$씩

∴ $\angle c_1 = \oplus 0.3''$
  $\angle c_2 = \oplus 0.3''$
  $\angle c_3 = \oplus 0.4''$

(2) 제3조정

① $\sum \log \sin \alpha = 29.8436553$ ⎤ $32.7107443$
  $\log OA = 2.8670890$ ⎦

② $\sum \log \sin \beta = 29.8311064$ ⎤ $32.7107983$
  $\log OD = 2.8796919$ ⎦

∴ 보정량 $= \dfrac{(\sum \log \sin \alpha + \log OA) - (\sum \log \sin \beta + \log OD)}{\sum 표차}$

$= \dfrac{443 - 983}{59.09} = -9.1''$

∴ $\alpha$각 → $\oplus 9.1''$, $\beta$각 → $\ominus 9.1''$ 조정

# 측량 및 지형공간정보

**05** 사변형 삼각망을 관측한 결과 다음과 같은 성과표를 얻었다. 이 성과표를 이용하여 각을 조정하고 변길이를 구하시오. (단, 거리 계산은 소수점 아래 4자리에서 반올림하고 각은 0.01″까지, 표차는 소수점 아래 2자리에서 반올림할 것)

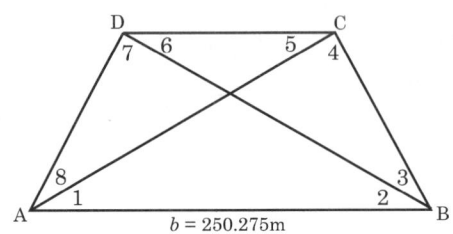

(1) 각조정 계산

| 각명 | 관측각 | 각조건 조정량 | | | 각조건 조정각 |
|---|---|---|---|---|---|
| | | $V_1$ | $V_2$ | $V_3$ | |
| ∠1 | 36° 03′ 30″ | | | | |
| ∠2 | 43° 23′ 50″ | | | | |
| ∠3 | 52° 15′ 33″ | | | | |
| ∠4 | 48° 17′ 27″ | | | | |
| ∠5 | 17° 07′ 24″ | | | | |
| ∠6 | 62° 19′ 49″ | | | | |
| ∠7 | 83° 06′ 40″ | | | | |
| ∠8 | 17° 26′ 15″ | | | | |

| 각명 | 조정각 | log sin | 표차 | 변조정각 | |
|---|---|---|---|---|---|
| | | | | $V_4$ | 조정각 |
| ∠1 | | | | | |
| ∠2 | | | | | |
| ∠3 | | | | | |
| ∠4 | | | | | |
| ∠5 | | | | | |
| ∠6 | | | | | |
| ∠7 | | | | | |
| ∠8 | | | | | |

(2) 변장 계산

① AD,　　② CD,　　③ BC,　　④ AC,　　⑤ BD

### 해설

**(1) 각조정 계산**

| 각명 | 관측각 | 각조건 조정량 | | | 각조건 조정각 |
|---|---|---|---|---|---|
| | | $V_1$ | $V_2$ | $V_3$ | |
| ∠1 | 36° 03′ 30″ | −3.5″ | −1.75″ | | 36° 03′ 24.75″ |
| ∠2 | 43° 23′ 50″ | −3.5″ | −1.75″ | | 43° 23′ 44.75″ |
| ∠3 | 52° 15′ 33″ | −3.5″ | | −1.25″ | 52° 15′ 28.25″ |
| ∠4 | 48° 17′ 27″ | −3.5″ | | −1.25″ | 48° 17′ 22.25″ |
| ∠5 | 17° 07′ 24″ | −3.5″ | +1.75″ | | 17° 07′ 22.25″ |
| ∠6 | 62° 19′ 49″ | −3.5″ | +1.75″ | | 62° 19′ 47.25″ |
| ∠7 | 83° 06′ 40″ | −3.5″ | | +1.25″ | 83° 06′ 37.75″ |
| ∠8 | 17° 26′ 15″ | −3.5″ | | +1.25″ | 17° 26′ 12.75″ |

$$\therefore \sum = 360° 00′ 28″$$

| 각명 | 조정각 | log sin | 표차 | 변조정각 | |
|---|---|---|---|---|---|
| | | | | $V_4$ | 조정각 |
| ∠1 | 36° 03′ 24.75″ | 9.7698114 | 28.9 | +8.85″ | 36° 03′ 33.60″ |
| ∠2 | 43° 23′ 44.75″ | 9.8369781 | 22.3 | −8.85″ | 43° 23′ 35.90″ |
| ∠3 | 52° 15′ 28.25″ | 9.8980521 | 16.3 | +8.85″ | 52° 15′ 37.10″ |
| ∠4 | 48° 17′ 22.25″ | 9.8730394 | 18.8 | −8.85″ | 48° 17′ 13.40″ |
| ∠5 | 17° 07′ 22.25″ | 9.4689694 | 68.3 | +8.85″ | 17° 07′ 31.10″ |
| ∠6 | 62° 19′ 47.25″ | 9.9472549 | 11.0 | −8.85″ | 62° 19′ 38.40″ |
| ∠7 | 83° 06′ 37.75″ | 9.9968527 | 2.5 | +8.85″ | 83° 06′ 46.60″ |
| ∠8 | 17° 26′ 12.75″ | 9.4766213 | 67.0 | −8.85″ | 17° 26′ 03.90″ |

$$\therefore \sum = 360° 00′ 00″$$

① $V_1$ 조정

$360° 00′ 28″ - 360 = \oplus 28″$

$\dfrac{28″}{8} = \ominus 3.5″$ 씩 보정

② $V_2$ 조정

$(\angle 1 + \angle 2) - (\angle 5 + \angle 6) = +7″$

$\dfrac{7″}{4} = 1.75″$

∴ ∠1, ∠2는 $\ominus 1.75″$ 조정

∠5, ∠6은 $\oplus 1.75″$ 조정

③ $V_3$ 조정

$(\angle 3 + \angle 4) - (\angle 7 + \angle 8) = +5''$

$\dfrac{5''}{4} = 1.25''$

∴ $\angle 3, \angle 4$는 $\ominus 1.25''$ 조정

$\angle 7, \angle 8$은 $\oplus 1.25''$ 조정

④ 변조정량

$V_4 = \dfrac{(\sum \log \sin \alpha + \log \beta)}{\sum \text{표차}} = \dfrac{39.1336856 - 39.1338937}{235.1}$

$= \dfrac{6,856 - 8,937}{235.1} = -8.85''$

따라서 홀수각에는 $+8.85''$씩 조정

짝수각에는 $-8.85''$씩 조정

(2) 변장 계산(sin 법칙)

① AD : $\dfrac{250.275}{\sin 83° 06' 46.6''} \times \sin 43° 23' 35.9'' = 173.189\text{m}$

② CD : $\dfrac{AD}{\sin 17° 07' 31.1''} \times \sin 17° 26' 03.9'' = 176.219\text{m}$

③ BC : $\dfrac{250.275}{\sin 48° 17' 13.4''} \times \sin 36° 03' 33.6'' = 197.348\text{m}$

④ AC : $\dfrac{250.275}{\sin 48° 17' 13.4''} \times \sin(43° 23' 35.9'' + 52° 15' 37.1'') = 333.639\text{m}$

⑤ BD : $\dfrac{250.275}{\sin 83° 06' 46.6''} \times \sin(36° 03' 33.6'' + 17° 26' 03.9'') = 202.631\text{m}$

**06** 그림과 같은 단열 삼각망을 측량한 결과 다음과 같은 성과표를 얻었다. 이 성과표를 이용하여 각조정 및 변조정을 하시오. (단, $b_1 = 246.566$m, $b_2 = 185.492$m이며, 조정각은 초단위까지, 표차는 소수점 아래 3자리에서 반올림할 것)

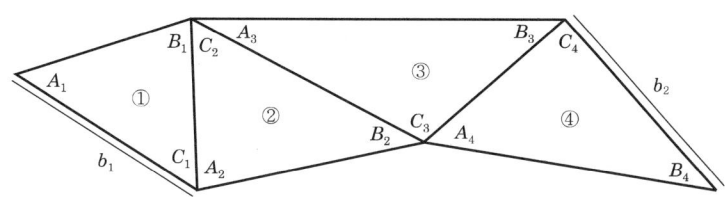

| 삼각형 | 각명 | 관측각 | 각조건 | | 변조건 | | | |
|---|---|---|---|---|---|---|---|---|
| | | | 조정량 | 조정각 | log sin | 표차 | 조정량 | 조정각 |
| ① | $A_1$ | 62° 30′ 55″ | | | | | | |
| | $B_1$ | 31° 48′ 45″ | | | | | | |
| | $C_1$ | 85° 40′ 29″ | | | | | | |
| | 계 | | | | | | | |
| ② | $A_2$ | 34° 11′ 31″ | | | | | | |
| | $B_2$ | 81° 31′ 08″ | | | | | | |
| | $C_2$ | 64° 17′ 09″ | | | | | | |
| | 계 | | | | | | | |
| ③ | $A_3$ | 66° 36′ 40″ | | | | | | |
| | $B_3$ | 55° 48′ 18″ | | | | | | |
| | $C_3$ | 57° 35′ 20″ | | | | | | |
| | 계 | | | | | | | |
| ④ | $A_4$ | 45° 06′ 20″ | | | | | | |
| | $B_4$ | 88° 32′ 40″ | | | | | | |
| | $C_4$ | 46° 20′ 45″ | | | | | | |
| | 계 | | | | | | | |

| 삼각형 | 각명 | 관측각 | 각조건 || 변조건 ||||
|---|---|---|---|---|---|---|---|---|
| | | | 조정량 | 조정각 | log sin | 표차 | 조정량 | 조정각 |
| ① | $A_1$ | 62° 30′ 55″ | −3″ | 62° 30′ 52″ | 9.9479859 | 10.95 | +16″ | 62° 31′ 08″ |
| | $B_1$ | 31° 48′ 45″ | −3″ | 31° 48′ 42″ | 9.7219168 | 33.93 | −16″ | 31° 48′ 26″ |
| | $C_1$ | 85° 40′ 29″ | −3″ | 85° 40′ 26″ | | | | 85° 40′ 26″ |
| | 계 | 180° 00′ 09″ | | | | | | |
| ② | $A_2$ | 34° 11′ 31″ | +4″ | 34° 11′ 35″ | 9.7497233 | 30.98 | +16″ | 34° 11′ 51″ |
| | $B_2$ | 81° 31′ 08″ | +4″ | 81° 31′ 12″ | 9.9952259 | 3.14 | −16″ | 81° 30′ 56″ |
| | $C_2$ | 64° 17′ 09″ | +4″ | 64° 17′ 13″ | | | | 64° 17′ 13″ |
| | 계 | 179° 59′ 48″ | | | | | | |
| ③ | $A_3$ | 66° 36′ 40″ | −6″ | 66° 36′ 34″ | 9.9627576 | 9.11 | +16″ | 66° 36′ 50″ |
| | $B_3$ | 55° 48′ 18″ | −6″ | 55° 48′ 12″ | 9.9175650 | 14.30 | −16″ | 55° 47′ 56″ |
| | $C_3$ | 57° 35′ 20″ | −6″ | 57° 35′ 14″ | | | | 57° 35′ 14″ |
| | 계 | 180° 00′ 18″ | | | | | | |
| ④ | $A_4$ | 45° 06′ 20″ | +5″ | 45° 06′ 25″ | 9.8502941 | 20.97 | +16″ | 45° 06′ 41″ |
| | $B_4$ | 88° 32′ 40″ | +5″ | 88° 32′ 45″ | 9.9998601 | 0.53 | −16″ | 88° 32′ 29″ |
| | $C_4$ | 46° 20′ 45″ | +5″ | 46° 20′ 50″ | | | | 46° 20′ 50″ |
| | 계 | 179° 59′ 45″ | | | | | | |

- 변조정량

$$\frac{(\sum \log \sin \alpha + \log b_1) - (\sum \log \sin \beta + \log b_2)}{\sum \text{표차}}$$

$$= \frac{41.9026941 - 41.9028930}{123.95}$$

$$= \frac{6,941 - 8,930}{123.95} = -16″$$

∴ $\alpha$(A각)에는 ⊕16″씩 보정, $\beta$(B각)에는 ⊖16″씩 보정한다.

**07** 그림과 같은 단열 삼각망의 각을 측정하고 변조정까지 하였다. 이때 $\overline{1\text{-}2}$변을 기선으로 하여 각변을 구하고 측점의 좌표를 구하시오. (단, $\overline{1\text{-}2}=231.4260\text{m}$이며, 계산은 소수점 아래 5자리에서 반올림할 것)

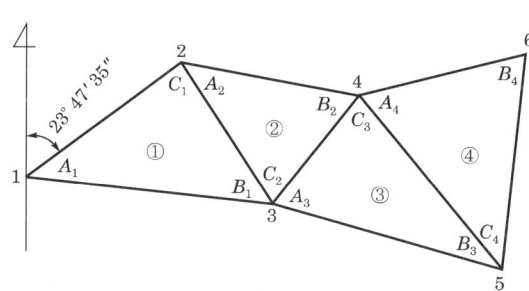

| 삼각형 | 각명 | 변조정각 | 변장 | 변명 |
|---|---|---|---|---|
| ① | $A_1$ | 54° 56′ 15″ | | 1-2 |
| ① | $B_1$ | 71° 28′ 31″ | | 2-3 |
| ① | $C_1$ | 53° 35′ 14″ | | 1-3 |
| ② | $A_2$ | 42° 38′ 26″ | | 2-3 |
| ② | $B_2$ | 69° 17′ 46″ | | 3-4 |
| ② | $C_2$ | 68° 03′ 48″ | | 2-4 |
| ③ | $A_3$ | 62° 43′ 42″ | | 3-4 |
| ③ | $B_3$ | 39° 09′ 05″ | | 4-5 |
| ③ | $C_3$ | 78° 07′ 13″ | | 3-5 |
| ④ | $A_4$ | 40° 19′ 05″ | | 4-5 |
| ④ | $B_4$ | 75° 27′ 41″ | | 4-6 |
| ④ | $C_4$ | 64° 13′ 14″ | | 5-6 |

| 측선 | 측선 길이 | 방위각 | 방위 | 위거 |
|---|---|---|---|---|
| 1-2 | | | | |
| 2-3 | | | | |
| 3-4 | | | | |
| 4-5 | | | | |
| 5-6 | | | | |

| 측선 | 경거 | 좌표 X | 좌표 Y | 측점 |
|---|---|---|---|---|
|  |  | 100.0000 | 100.0000 | 1 |
| 1-2 |  |  |  | 2 |
| 2-3 |  |  |  | 3 |
| 3-4 |  |  |  | 4 |
| 4-5 |  |  |  | 5 |
| 5-6 |  |  |  | 6 |

### 해설

| 삼각형 | 각명 | 변조정각 | 변장 | 변명 |
|---|---|---|---|---|
| ① | $A_1$ | 54° 56′ 15″ | 231.4260 | 1-2 |
| ① | $B_1$ | 71° 28′ 31″ | 199.7794 | 2-3 |
| ① | $C_1$ | 53° 35′ 14″ | 196.4199 | 1-3 |
| ② | $A_2$ | 42° 38′ 26″ | 199.7794 | 2-3 |
| ② | $B_2$ | 69° 17′ 46″ | 144.6729 | 3-4 |
| ② | $C_2$ | 68° 03′ 48″ | 198.1087 | 2-4 |
| ③ | $A_3$ | 62° 43′ 42″ | 144.6729 | 3-4 |
| ③ | $B_3$ | 39° 09′ 05″ | 203.6703 | 4-5 |
| ③ | $C_3$ | 78° 07′ 13″ | 224.2329 | 3-5 |
| ④ | $A_4$ | 40° 19′ 05″ | 203.6703 | 4-5 |
| ④ | $B_4$ | 75° 27′ 41″ | 189.4670 | 4-6 |
| ④ | $C_4$ | 64° 13′ 14″ | 136.1402 | 5-6 |

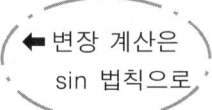

← 변장 계산은 sin 법칙으로

| 측선 | 측선 길이 | 방위각 | 방위 | 위거 |
|---|---|---|---|---|
| 1-2 | 231.4260 | 23° 47′ 35″ | N 23° 47′ 35″ E | 211.7568 |
| 2-3 | 199.7794 | 150° 12′ 21″ | S 29° 47′ 39″ E | −173.3718 |
| 3-4 | 144.6729 | 38° 16′ 09″ | N 38° 16′ 09″ E | 113.5841 |
| 4-5 | 203.6703 | 140° 08′ 56″ | S 39° 51′ 04″ E | −156.3602 |
| 5-6 | 136.1402 | 24° 22′ 10″ | N 24° 22′ 10″ E | 124.0106 |

| 측선 | 경거 | 좌 표 | | 측점 |
|---|---|---|---|---|
| | | X | Y | |
| | | 100.0000 | 100.0000 | 1 |
| 1-2 | 93.3652 | 311.7568 | 193.3652 | 2 |
| 2-3 | 99.2675 | 138.3850 | 292.6327 | 3 |
| 3-4 | 89.6041 | 251.9691 | 382.2368 | 4 |
| 4-5 | 130.5109 | 95.6089 | 572.7477 | 5 |
| 5-6 | 56.1740 | 219.6195 | 568.9271 | 6 |

[계산 방법]

| 측선 | 방위각 | 방위 |
|---|---|---|
| $\overline{1-2}$ | 23° 47′ 35″ | 0°+23° 47′ 35″=N 23° 47′ 35″ E |
| $\overline{2-3}$ | 23° 47′ 35″+180°−53° 35′ 14″=150° 12′ 21″ | 180°−150° 12′ 21″=S 29° 47′ 39″ E |
| $\overline{3-4}$ | 150° 12′ 21″−180°+68° 03′ 48″=38° 16′ 09″ | 0°+38° 16′ 09″=N 38° 16′ 09″ E |
| $\overline{4-5}$ | 38° 16′ 09″+180°−78° 07′ 13″=140° 08′ 56″ | 180°−140° 08′ 56″=S 39° 51′ 04″ E |
| $\overline{5-6}$ | 140° 08′ 56″−180°+64° 13′ 14″=24° 22′ 10″ | 0°+24° 22′ 10″=N 24° 22′ 10″ E |

| 측선 | 위거 | 경거 |
|---|---|---|
| $\overline{1-2}$ | 231.426×cos 23° 47′ 35″=211.7568 | 231.426×sin 23° 47′ 35″=93.3652 |
| $\overline{2-3}$ | 199.779×cos 150° 12′ 21″=−173.3718 | 199.779×sin 150° 12′ 21″=99.2675 |
| $\overline{3-4}$ | 144.688×cos 38° 16′ 09″=113.5841 | 144.688×sin 38° 16′ 09″=89.6041 |
| $\overline{4-5}$ | 203.692×cos 140° 08′ 56″=−156.3602 | 203.692×sin 140° 08′ 56″=130.5109 |
| $\overline{5-6}$ | 136.154×cos 24° 22′ 10″=124.0106 | 136.154×sin 24° 22′ 10″=56.1740 |

| 측점 | X | Y |
|---|---|---|
| 1 | 100.000 | 100.000 |
| 2 | 100.000+211.7568=311.7568 | 100.000+93.3652=193.3652 |
| 3 | 311.757−173.3718=138.3850 | 193.365+99.2675=292.6327 |
| 4 | 138.386+113.5841=251.9691 | 292.632+89.6041=382.2368 |
| 5 | 251.982−156.3602=95.6089 | 382.245+130.5109=512.7477 |
| 6 | 95.605+124.0106=219.6195 | 512.770+56.1740=568.9217 |

**08** 다음 그림과 같은 삼각망의 변의 길이를 구하시오. (단, $\log b_1 = 2.397940$, 대수는 소수점 아래 7자리까지, 거리는 소수점 아래 4자리에서 반올림할 것)

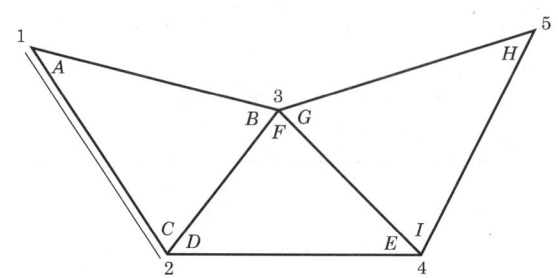

| 삼각형 | 각명 | 관측각 | log sin | colog sin | 거리의 대수 | 변의 길이 | 변명 |
|---|---|---|---|---|---|---|---|
| ① | A | 57° 34′ 01″ | | | | | 2-3 |
| | B | 56° 48′ 35″ | | | 2.3979400 | 250.000 | 1-2 |
| | C | 65° 37′ 24″ | | | | | 1-3 |
| ② | D | 64° 14′ 10″ | | | | | 3-4 |
| | E | 56° 00′ 30″ | | | | | 2-3 |
| | F | 59° 45′ 20″ | | | | | 2-4 |
| ③ | G | 58° 32′ 21″ | | | | | 4-5 |
| | H | 66° 24′ 55″ | | | | | 3-4 |
| | I | 55° 02′ 44″ | | | | | 3-5 |

**해설**

| 삼각형 | 각명 | 관측각 | log sin | colog sin | 거리의 대수 | 변의 길이 | 변명 |
|---|---|---|---|---|---|---|---|
| ① | A | 57° 34′ 01″ | 9.9263520 | −0.0736480 | 2.4016400 | 252.139 | 2-3 |
| | B | 56° 48′ 35″ | 9.9226514 | −0.0773486 | 2.3979400 | 250.000 | 1-2 |
| | C | 65° 37′ 24″ | 9.9594477 | −0.0405523 | 2.4347365 | 272.105 | 1-3 |
| ② | D | 64° 14′ 10″ | 9.9545285 | −0.0454715 | 2.4375524 | 273.875 | 3-4 |
| | E | 56° 00′ 30″ | 9.9186168 | −0.0813832 | 2.4016400 | 252.139 | 2-3 |
| | F | 59° 45′ 20″ | 9.9364556 | −0.0635444 | 2.4194783 | 262.711 | 2-4 |
| ③ | G | 58° 32′ 21″ | 9.9309476 | −0.0690524 | 2.4063818 | 254.907 | 4-5 |
| | H | 66° 24′ 55″ | 9.9621180 | −0.0378820 | 2.4375524 | 273.875 | 3-4 |
| | I | 55° 02′ 44″ | 9.9136061 | −0.0863939 | 2.3890402 | 244.929 | 3-5 |

- $\text{colog sin}\,\theta = \log \sin \theta - 10$

**09** 다음에서 삼각망의 변의 길이를 계산하시오. (단, 대수는 소수 이하 7자리, 거리는 소수 3자리까지 계산할 것)

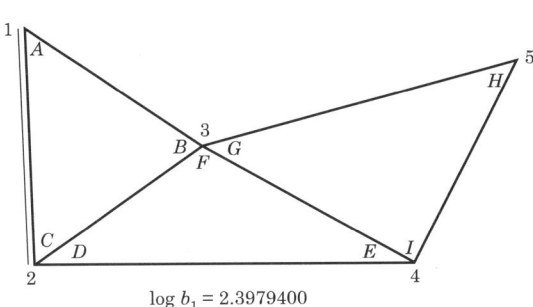

$A : 58°29'43''$
$B : 71°22'56''$
$C : 50°07'21''$
$D : 61°34'27''$
$E : 61°29'34''$
$F : 56°55'59''$
$G : 57°11'18''$
$H : 70°44'35''$
$I : 52°04'07''$

(1) 2-3 측선 길이  
(2) 1-3 측선 길이  
(3) 3-4 측선 길이  
(4) 2-4 측선 길이  
(5) 3-5 측선 길이  
(6) 4-5 측선 길이  

### 해설

면적 $b_1$을 구하면

$$y = \log_{10} x$$
$$x = 10^y$$

$\log b_1 = 2.3979400 \rightarrow b_1 = 10^{2.3979400} = 250\text{m}$

∴ $b_1 = 250\text{m}$ 이다.

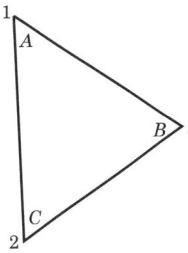

(1) 2-3 변의 길이

$$2\text{-}3 = \frac{b_1}{\sin \angle B} \sin \angle A = \frac{250}{\sin 71°22'56''} \times \sin 58°29'43'' = 224.919\text{m}$$

(2) 1-3 변의 길이

$$1\text{-}3 = \frac{b_1}{\sin \angle B} \sin \angle C = \frac{250}{\sin 71°22'56''} \times \sin 50°07'21'' = 202.448\text{m}$$

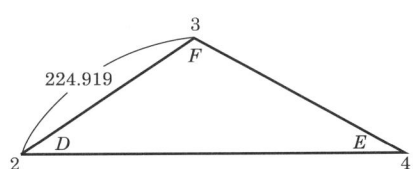

제2장. 삼각 측량

(3) 3-4 변의 길이

$$3-4 = \frac{224.919}{\sin \angle E} \sin \angle D = \frac{224.919}{\sin 61°29'34''} \times \sin 61°34'27'' = 225.092\text{m}$$

(4) 2-4 변의 길이

$$2-4 = \frac{224.919}{\sin \angle E} \sin \angle F = \frac{224.919}{\sin 61°29'34''} \times \sin 56°55'59'' = 214.496\text{m}$$

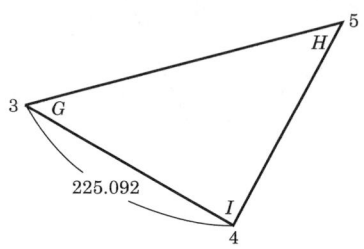

(5) 3-5 변의 길이

$$3-5 = \frac{225.092}{\sin \angle H} \sin \angle I = \frac{225.092}{\sin 70°44'35''} \times \sin 52°04'07'' = 188.063\text{m}$$

(6) 4-5 변의 길이

$$4-5 = \frac{225.092}{\sin \angle H} \sin \angle G = \frac{225.092}{\sin 70°44'35''} \times \sin 57°11'18'' = 200.392\text{m}$$

그러므로 구하고자 하는 답은

① 2-3 측선 길이 : 224.919m

② 1-3 측선 길이 : 202.448m

③ 3-4 측선 길이 : 225.092m

④ 2-4 측선 길이 : 214.496m

⑤ 3-5 측선 길이 : 188.063m

⑥ 4-5 측선 길이 : 200.392m

**10** 다음 삼각망과 성과표를 보고 변장을 계산하시오. (단, 소수점 아래 5자리에서 반올림할 것)

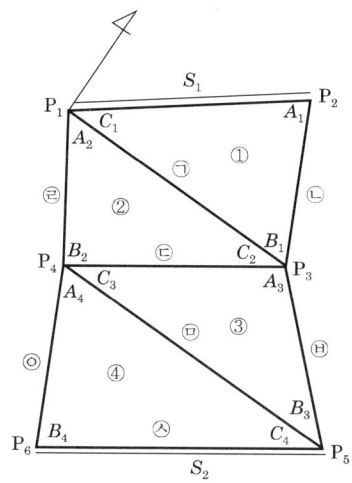

- $S_1 = 931.0942\text{m}$
- $S_2 = 561.0163\text{m}$

| 삼각형 | 각 | log sin | 변장 계산 | | | |
|---|---|---|---|---|---|---|
| | | | 기호 | 변장 | 기호 | 변장 |
| ① | $A_1$ | 9.9283139 | $\log S_1$ | | $\log S_1$ | |
| | $B_1$ | 9.9461563 | $\text{colog sin } B_1$ | | $\text{colog sin } B_1$ | |
| | $C_1$ | 9.9373882 | $\log \sin A_1$ | | $\log \sin C_1$ | |
| | | | $\log ㉠$ | | $\log ㉡$ | |
| | | | 거리 ㉠ | | 거리 ㉡ | |
| ② | $A_2$ | 9.8103706 | $\log ㉠$ | | $\log ㉠$ | |
| | $B_2$ | 9.9968683 | $\text{colog sin } B_2$ | | $\text{colog sin } B_2$ | |
| | $C_2$ | 9.9216892 | $\log \sin A_2$ | | $\log \sin C_2$ | |
| | | | $\log ㉢$ | | $\log ㉣$ | |
| | | | 거리 ㉢ | | 거리 ㉣ | |
| ③ | $A_3$ | 9.9788330 | $\log ㉢$ | | $\log ㉢$ | |
| | $B_3$ | 9.8585645 | $\text{colog sin } B_3$ | | $\text{colog sin } B_3$ | |
| | $C_3$ | 9.9439808 | $\log \sin A_3$ | | $\log \sin C_3$ | |
| | | | $\log ㉤$ | | $\log ㉥$ | |
| | | | 거리 ㉤ | | 거리 ㉥ | |
| ④ | $A_4$ | 9.8542844 | $\log ㉤$ | | $\log ㉤$ | |
| | $B_4$ | 9.9902309 | $\text{colog sin } B_4$ | | $\text{colog sin } B_4$ | |
| | $C_4$ | 9.9209407 | $\log \sin A_4$ | | $\log \sin C_4$ | |
| | | | $\log ㉦$ | | $\log ㉧$ | |
| | | | 거리 ㉦ | | 거리 ㉧ | |

| 삼각형 | 각 | log sin | 변장 계산 | | | |
|---|---|---|---|---|---|---|
| | | | 기호 | 변장 | 기호 | 변장 |
| ① | $A_1$ | 9.9283139 | $\log S_1$ | 2.9689936 | $\log S_1$ | 2.9689936 |
| | $B_1$ | 9.9461563 | colog sin $B_1$ | −0.0538437 | colog sin $B_1$ | −0.0538437 |
| | $C_1$ | 9.9373882 | log sin $A_1$ | 9.9283139 | log sin $C_1$ | 9.9373882 |
| | | | log ㉠ | 2.9511512 | log ㉡ | 2.9602256 |
| | | | 거리 ㉠ | 893.6164 | 거리 ㉡ | 912.4847 |
| ② | $A_2$ | 9.8103706 | log ㉠ | 2.9511512 | log ㉠ | 2.9511512 |
| | $B_2$ | 9.9968683 | colog sin $B_2$ | −0.0031317 | colog sin $B_2$ | −0.0031317 |
| | $C_2$ | 9.9216892 | log sin $A_2$ | 9.8103706 | log sin $C_2$ | 9.9216892 |
| | | | log ㉢ | 2.7646534 | log ㉣ | 2.8759721 |
| | | | 거리 ㉢ | 581.6389 | 거리 ㉣ | 751.5746 |
| ③ | $A_3$ | 9.9788330 | log ㉢ | 2.7646534 | log ㉢ | 2.7646534 |
| | $B_3$ | 9.8585645 | colog sin $B_3$ | −0.1414355 | colog sin $B_3$ | −0.1414355 |
| | $C_3$ | 9.9439808 | log sin $A_3$ | 9.9788330 | log sin $C_3$ | 9.9439808 |
| | | | log ㉤ | 2.8849220 | log ㉥ | 2.8500698 |
| | | | 거리 ㉤ | 767.2236 | 거리 ㉥ | 708.0595 |
| ④ | $A_4$ | 9.8542844 | log ㉤ | 2.8849220 | log ㉤ | 2.884922 |
| | $B_4$ | 9.9902309 | colog sin $B_4$ | −0.0097691 | colog sin $B_4$ | −0.0097691 |
| | $C_4$ | 9.9209407 | log sin $A_4$ | 9.8542844 | log sin $C_4$ | 9.9209407 |
| | | | log ㉦ | 2.7489755 | log ㉧ | 2.8156317 |
| | | | 거리 ㉦ | 561.0163 | 거리 ㉧ | 654.0813 |

(1) 삼각형 ①의 변장 계산

| 삼각형 | 각 | log sin | 변장 계산 | | | |
|---|---|---|---|---|---|---|
| | | | 기호 | 변장 | 기호 | 변장 |
| ① | $A_1$ | 9.9283139 | $\log S_1$ | 2.9689936 | $\log S_1$ | 2.9689936 |
| | $B_1$ | 9.9461563 | colog sin $B_1$ | −0.0538437 | colog sin $B_1$ | −0.0538437 |
| | $C_1$ | 9.9373882 | log sin $A_1$ | 9.9283139 | log sin $C_1$ | 9.9373882 |
| | | | log ㉠ | 2.9511511 | log ㉡ | 2.9602256 |
| | | | 거리 ㉠ | 893.6164 | 거리 ㉡ | 912.4847 |

① colog sin $B_1$ = log sin $B_1$ − 10 = 9.9461563 − 10 = −0.0538437

② 거리 ㉠

$$\frac{S_1}{\sin \angle B_1} \times \sin \angle A_1 = \frac{931.0942}{\sin \angle B_1} \times \sin \angle A_1$$

$$= 893.6164\text{m}$$

▶ ∠$B_1$, ∠$A_1$

① ∠$B_1$  ㉠ $\log \sin B_1 - 10 = -0.0538437$

㉡ $10^{-0.0538437} = 0.8833978$

㉢ $\angle B_1 = \sin^{-1} 0.8833978 = 62°03'18''$

② ∠$A_1$  ㉠ $\log \sin A_1 - 10 = -0.0716861$

㉡ $10^{-0.0716861} = 0.8478400$

㉢ $\angle A_1 = \sin^{-1} 0.8478400 = 57°58'39''$

③ 거리 ㉡

$$\frac{S_1}{\sin \angle B_1} \times \sin \angle C_1 = 912.4847\text{m}$$

▶ ∠$C_1$

① ∠$C_1$  ㉠ $\log \sin C_1 - 10 = -0.0626118$

㉡ $10^{-0.0626118} = 0.8657414$

㉢ $C_1 = \sin^{-1} 0.8657414 = 59°58'03''$

(2) 삼각형 ②의 변장 계산

| 삼각형 | 각 | log sin | 변장 계산 | | | |
|---|---|---|---|---|---|---|
| | | | 기호 | 변장 | 기호 | 변장 |
| ② | $A_2$ | 9.8103706 | log ㉠ | 2.9511511 | log ㉠ | 2.9511511 |
| | $B_2$ | 9.9968683 | colog sin $B_2$ | −0.0031317 | colog sin $B_2$ | −0.0031317 |
| | $C_2$ | 9.9216892 | log sin $A_2$ | 9.8103706 | log sin $C_2$ | 9.9216892 |
| | | | log ㉢ | 2.7646534 | log ㉣ | 2.8759721 |
| | | | 거리 ㉢ | 581.6389 | 거리 ㉣ | 751.5746 |

① colog sin $B_2$ = log sin $B_2$ − 10 = 9.9968683 − 10 = −0.0031317

② 거리 ㉢

$$\frac{㉠}{\sin \angle B_2} \times \sin \angle A_2 = \frac{893.6164}{\sin \angle B_2} \times \sin \angle A_2 = 581.6390\text{m}$$

▶ ∠$A_2$, ∠$B_2$

① ∠$A_2$  ㉠ $9.8103706 - 10 = -0.1896294$

㉡ $10^{-0.1896294} = 0.6462054$

㉢ $\angle A_2 = \sin^{-1} 0.6462054 = 40°15'22''$

② ∠$B_2$ ㉠ $9.9968683 - 10 = -0.0031317$

㉡ $10^{-0.0031317} = 0.9928149$

㉢ ∠$B_2 = \sin^{-1} 0.9928149 = 83°07'39''$

③ 거리 ㉣

$$\frac{㉠}{\sin \angle B_2} \times \sin \angle C_2 = \frac{893.6164}{\sin \angle B_2} \times \sin \angle C_2 = 751.5746\text{m}$$

▶ ∠$C_2$

① ∠$C_2$ ㉠ $9.9216892 - 10 = -0.0783108$

㉡ $10^{-0.0783108} = 0.8350052$

㉢ ∠$C_2 = \sin^{-1} 0.8350052 = 56°36'59''$

(3) 삼각형 ③의 변장 계산

| 삼각형 | 각 | log sin | 변장 계산 ||||
|---|---|---|---|---|---|---|
| | | | 기호 | 변장 | 기호 | 변장 |
| ③ | $A_3$ | 9.9788330 | log ㉢ | 2.7646534 | log ㉢ | 2.7646534 |
| | $B_3$ | 9.8585645 | colog sin $B_3$ | −0.1414355 | colog sin $B_3$ | −0.1414355 |
| | $C_3$ | 9.9439808 | log sin $A_3$ | 9.9788330 | log sin $C_3$ | 9.9439808 |
| | | | log ㉤ | 2.8849220 | log ㉥ | 2.8500698 |
| | | | 거리 ㉤ | 767.2236 | 거리 ㉥ | 708.0595 |

① 거리 ㉤

$$\frac{㉢}{\sin \angle B_3} \times \sin \angle A_3 = 767.2237\text{m}$$

▶ ∠$B_3$, ∠$A_3$

① ∠$B_3$ ㉠ $\log \sin B_3 - 10 = -0.1414355$

㉡ $10^{-0.1414355} = 0.7220454$

㉢ ∠$B_3 = \sin^{-1} 0.7220454 = 46°13'25''$

② ∠$A_3$ ㉠ $\log \sin A_3 - 10 = -0.021167$

㉡ $10^{-0.021167} = 0.9524299$

㉢ ∠$A_3 = \sin^{-1} 0.9524299 = 72°15'23''$

② 거리 ㉥

$$\frac{㉢}{\sin \angle B_3} \times \sin \angle C_3 = 708.0596\text{m}$$

▶ ∠$C_3$

① ∠$C_3$  ㉠ $\log \sin C_3 - 10 = -0.0560192$

㉡ $10^{-0.0560192} = 0.8789837$

㉢ ∠$C_3 = \sin^{-1} 0.8789837 = 61°31'12''$

**(4) 삼각형 ④의 변장 계산**

| 삼각형 | 각 | log sin | 변장 계산 ||||
|---|---|---|---|---|---|---|
| | | | 기호 | 변장 | 기호 | 변장 |
| ④ | $A_4$ | 9.8542844 | log ㉢ | 2.8849220 | log ㉢ | 2.884922 |
| | $B_4$ | 9.9902309 | colog sin $B_4$ | −0.0097691 | colog sin $B_4$ | −0.0097691 |
| | $C_4$ | 9.9209407 | log sin $A_4$ | 9.8542844 | log sin $C_4$ | 9.9209407 |
| | | | log ㉰ | 2.7489755 | log ㉱ | 2.8156317 |
| | | | 거리 ㉰ | 561.0163 | 거리 ㉱ | 654.0813 |

① 거리 ㉰

$$\frac{㉢}{\sin \angle B_4} \times \sin \angle A_4 = 561.0614 \text{m}$$

▶ ∠$B_4$, ∠$A_4$

① ∠$B_4$  ㉠ $\log \sin B_4 - 10 = -0.0097691$

㉡ $10^{-0.0097691} = 0.9777569$

㉢ ∠$B_4 = \sin^{-1} 0.9777569 = 77°53'34''$

② ∠$A_4$  ㉠ $\log \sin A_4 - 10 = -0.1457156$

㉡ $10^{-0.1457156} = 0.7149644$

㉢ ∠$A_4 = \sin^{-1} 0.7149644 = 45°38'25''$

② 거리 ㉱

$$\frac{㉢}{\sin \angle B_4} \times \sin \angle C_4 = 654.0814 \text{m}$$

▶ ∠$C_4$

① ∠$C_4$  ㉠ $\log \sin C_4 - 10 = -0.0790593$

㉡ $10^{-0.0790593} = 0.8335674$

㉢ $C_4 = \sin^{-1} 0.8335674 = 56°28'01''$

## 11
각각의 조정각을 구하시오. (단, log 대수는 4자리까지, 분단위 이하는 계산하지 말 것, 표차는 3자리에서 반올림, 제3조정각은 변조정임)

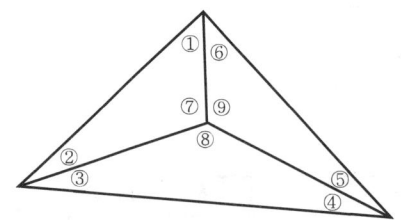

〈각〉

① 30°, ② 30°, ③ 30°
④ 30°, ⑤ 30°, ⑥ 33°
⑦ 120°, ⑧ 120°, ⑨ 120°

| 각명 | 제1조정각 | 제2조정각 | 제3조정각 |
|---|---|---|---|
| ① | | | |
| ② | | | |
| ③ | | | |
| ④ | | | |
| ⑤ | | | |
| ⑥ | | | |
| ⑦ | | | |
| ⑧ | | | |
| ⑨ | | | |

### 해설

| 각명 | 제1조정각 | 제2조정각 | 제3조정각 |
|---|---|---|---|
| ① | 30° | 29° 50′ | 30° 18′ |
| ② | 30° | 29° 50′ | 29° 22′ |
| ③ | 30° | 29° 50′ | 30° 18′ |
| ④ | 30° | 29° 50′ | 29° 22′ |
| ⑤ | 29° | 28° 50′ | 29° 18′ |
| ⑥ | 32° | 31° 50′ | 31° 22′ |
| ⑦ | 120° | 120° 20′ | 120° 20′ |
| ⑧ | 120° | 120° 20′ | 120° 20′ |
| ⑨ | 119° | 119° 20′ | 119° 20′ |

(1) 1조정(180° 조정)

$\angle 1 + \angle 2 + \angle 7 = 180°$

$\angle 3 + \angle 4 + \angle 8 = 180°$

$\angle 5 + \angle 6 + \angle 9 = 183° (\ominus 1° \text{ 조정})$

(2) 2조정(360° 조정)

① ∠7 + ∠8 + ∠9 = 359°

∴ $\frac{1°}{3} = \oplus 20'$ 조정

② ∠1 + ∠2 + ∠3 + ∠4 + ∠5 + ∠6 = 181°

∴ $\frac{1°}{6} = \ominus 10'$ 조정

(3) 3조정(변조정)

| 각 | log sin α | 표차 | 각 | log sin β | 표차 |
|---|---|---|---|---|---|
| ① | 9.6968 | 0.04 | ② | 9.6968 | 0.04 |
| ③ | 9.6968 | 0.04 | ④ | 9.6968 | 0.04 |
| ⑤ | 9.6833 | 0.04 | ⑥ | 9.7222 | 0.03 |
| 합 | 29.0769 | | 합 | 29.1158 | |

조정량 $= \dfrac{(\sum \log \sin \alpha + \sum \log \sin \beta)}{\sum 표차}$

$= \dfrac{769 - 1,158}{0.23} = -1,691'' = -28'$

따라서, α 각에는 ⊕28′ 조정

β 각에는 ⊖28′ 조정

---

▶ **유효 숫자 소수점 표기**

$1'' = \dfrac{\pi}{180} \times 60' \times 60'' = 0.0000048 \, \text{rad}$

유효 숫자 자리는 소수점 이하 6자리이면 되므로 6자리 대수표를 사용한다.

예 0.1″ → 7자리 대수,  0.01″ → 8자리 대수

**12** 다음 편심 측량 결과를 계산하시오. (단, 계산은 각은 초단위까지, 좌표는 소수점 아래 4자리에서 반올림할 것)

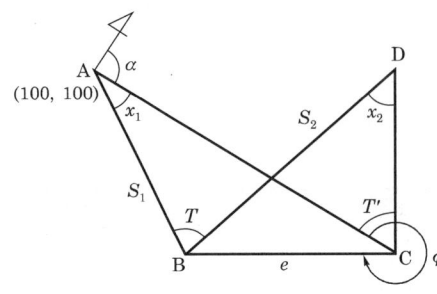

$S_1 = 2,000$m
$S_2 = 2,500$m
$e = 0.5$m
$\phi = 314°30'$
$\alpha = 65°42'$
$T' = 60°36'$

(1) $x_1, x_2$      (2) $T$      (3) D점 좌표$(x_D, y_D)$

### 해설

(1) $x_1 = \sin^{-1}\left(\dfrac{e}{S_1}\sin(360° - \phi)\right)$

$= \sin^{-1}\left(\dfrac{0.5}{2,000} \times \sin(360° - 314°30')\right) = 0°00'37''$

$x_2 = \sin^{-1}\left(\dfrac{e}{S_2}\sin(360° - \phi + T')\right)$

$= \sin^{-1}\left(\dfrac{0.5}{2,000} \times \sin(360° - 314°30' + 60°36')\right) = 0°00'40''$

(2) $T = T' + x_2 - x_1 = 60°36' + 0°00'40'' - 0°00'37'' = 60°36'03''$

(3) D점 좌표

> AB 방위각 $= \alpha + x_1 = 65°42' + 0°00'37'' = 65°42'37''$
> BD 방위각 $=$ AB 방위각 $+ 180° + T = 65°42'37'' + 180° + 60°36'03''$
> $= 306°18'40''$

$\begin{cases} x_B = x_A + S_1 \cos\theta = 100 + 2,000 \cos 65°42'37'' = 922.702\text{m} \\ y_B = y_A + S_1 \sin\theta = 100 + 2,000 \sin 65°42'37'' = 1,922.954\text{m} \end{cases}$

$\begin{cases} x_D = x_B + S_2 \cos\theta = 922.702 + 2,500 \cos 306°18'40'' = 2,403.126\text{m} \\ y_D = y_B + S_2 \sin\theta = 1,922.954 + 2,500 \sin 306°18'40'' = -91.580\text{m} \end{cases}$

∴ D점 좌표$(x_D : 2,403.126,\ y_D : -91.580)$

**13** 그림에서 A, B, C를 삼각점으로 하고 A점에서 측표의 편심이 있을 때 다음을 구하시오.

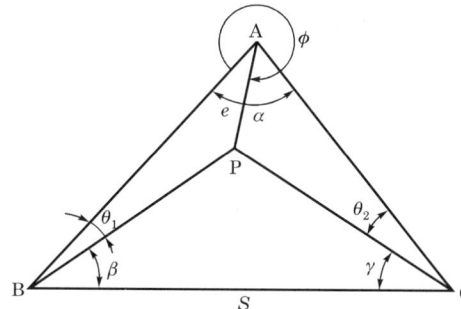

$\alpha = 93°01'32''$
$\beta = 20°37'22''$
$\gamma = 66°20'51''$
$\phi = 283°01'00''$
$e = 0.15\text{m}$
$S = 3,010.00\text{m}$

(1) $\overline{PB}$ 및 $\overline{PC}$의 변장 계산(거리는 소수점 아래 5자리에서 반올림할 것)
 ① PB,  ② PC

(2) $\theta_1$ 및 $\theta_2$의 계산(각은 0.01″까지 계산할 것)
 ① $\theta_1$,  ② $\theta_2$

(3) ∠B 및 ∠C의 보정각은?
 ① ∠B,  ② ∠C

### 해설

(1) $\overline{PB}$ 및 $\overline{PC}$의 변장 계산

① $\overline{PB} = \dfrac{S}{\sin P} \times \sin\gamma \dfrac{3,010.00}{\sin(180 - 20°37'22'' - 66°20'51'')} \times \sin 66°20'51''$

 $= 2,761.0057\text{m}$

② $\overline{PC} = \dfrac{S}{\sin P} \times \sin\beta \dfrac{3,010.00}{\sin 93°01'47''} \times \sin 20°37'22'' = 1,061.6473\text{m}$

(2) $\theta_1$ 및 $\theta_2$의 계산

① $\theta_1 = \sin^{-1}\left(\dfrac{e}{\text{PB}} \times \sin(360° - \phi)\right)$

 $= \sin^{-1}\left(\dfrac{0.15}{2,761.0057} \times \sin(360° - 283°01'00'')\right) = 10.92''$

② $\theta_2 = \sin^{-1}\left[\dfrac{e}{\text{PC}} \times \sin(\alpha - (360° - \phi))\right]$

 $= \sin^{-1}\left[\dfrac{0.15}{1,061.6473} \times \sin\{93°01'32'' - (360° - 283°01'00'')\}\right] = 8.05''$

(3) ∠B 및 ∠C의 보정각

① ∠B $= \beta + \theta_1 = 20°37'22'' + 0°00'10.92'' = 20°37'32.92''$

② ∠C $= \gamma + \theta_2 = 66°20'51'' + 0°00'08.05'' = 66°20'59.05''$

제1편 | 좌표 측량

# 03 수준 측량

## 1 개요

### (1) 수준 측량의 정의

수준 측량은 고저 측량이라고도 하며 지표면상의 여러 점 사이의 고저차를 레벨 등의 장비에 의하여 결정하는 것으로서 그 기준면은 평균 해수면이 된다. 즉 모든 점의 지반고는 이 평균 해수면으로부터 표고에 의해 결정된다. 수준 측량은 도로, 수로, 하천 등의 공사 계획을 세우거나 토공량을 산출하는 등 토목 공사의 기초가 되는 측량이다.

## 2 직접 수준 측량

### (1) 용어

① 후시(*BS* : Back Sight)
  표고를 이미 알고 있는 점(기지점)에 세운 표척 눈금의 읽음값

② 전시(*FS* : Fore Sight)
  표고를 알고자 하는 점(미지점)에 세운 표척 눈금의 읽음값
  ㉮ 중간점(IP : Intermediate Point)
    어느 한 점의 표고를 구하기 위해 그 점에 표척을 세우고 전시만 읽는 점
  ㉯ 이기점(TP : Turning Point)
    측량 도중 레벨을 옮겨 세우기 위해 한 측점에서 전시와 후시를 동시에 읽는 점

③ 기계고(*IH* : Hight of Instrument)
  평균 해수면(기준면)에서 망원경의 시준선까지의 높이

$$IH = GH + BS$$

④ 지반고(GH : Ground Hight)
   평균 해수면(기준면)에서 어느 점까지의 표고

   $$GH = IH - FS$$

⑤ 계획고(DH)
   설계시 기준 라인

   임의점의 계획고=첫 측점의 계획고±(추가 거리×구배)

   +: 상향 구배, -: 하향 구배

⑥ 절토고

   지반고-계획고=⊕인 경우

   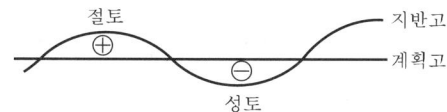

⑦ 성토고

   지반고-계획고=⊖인 경우

⑧ 구배(경사, 물매)

   $$\frac{1}{m} = \frac{h}{D} = \frac{고저차}{수평 거리}$$

⑨ 승

   후시-전시=⊕

⑩ 강

   후시-전시=⊖

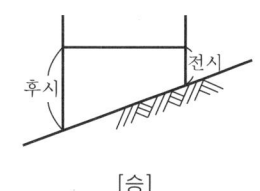

[승]

[강]

>
> 
> ① 기계고($IH$) ➡ 지반고($GH$)+후시($BS$)
> ② 지반고($GH$) ➡ 기계고($IH$)-전시($FS$)
> ③ 계획고($DH$) ➡ 첫 측점의 계획고±(추가 거리×구배)
> ④ 절토고 ➡ 지반고-계획고=⊕
> ⑤ 성토고 ➡ 지반고-계획고=⊖
> ⑥ 승 ➡ 후시-전시=⊕
> ⑦ 강 ➡ 후시-전시=⊖

### (2) 직접 수준 측량의 원리

① 기계를 한번 세울 때

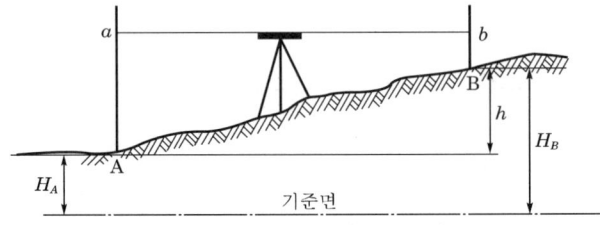

㉮ AB 간의 고저차($h$)

$$h = a - b$$

㉯ B점의 표고($H_B$)

$$H_B = H_A + a - b$$

② 기계를 여러번 세울 때

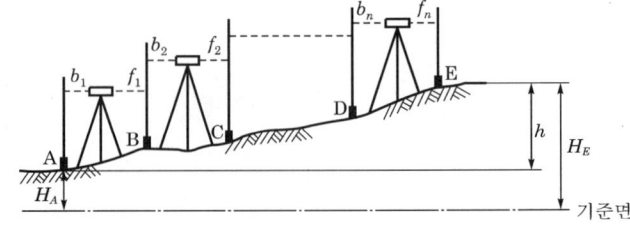

㉮ AE점의 고저차

$$h = (b_1 - f_1) + (b_2 - f_2) + (b_3 - f_3) + \cdots + (b_n - f_n)$$
$$= (b_1 + b_2 + b_3 + \cdots + b_n) - (f_1 + f_2 + f_3 + \cdots + f_n)$$
$$= \Sigma BS - \Sigma FS$$

㉯ B점의 표고

$$H_E = H_A + (\Sigma BS - \Sigma FS)$$

## 3 야장 기입 방법

### (1) 고차식

가장 간단한 방법으로 단지 2점 사이의 고저차를 구하는 것이 주목적이며, 그림을 야장에 기입하면 표와 같다.

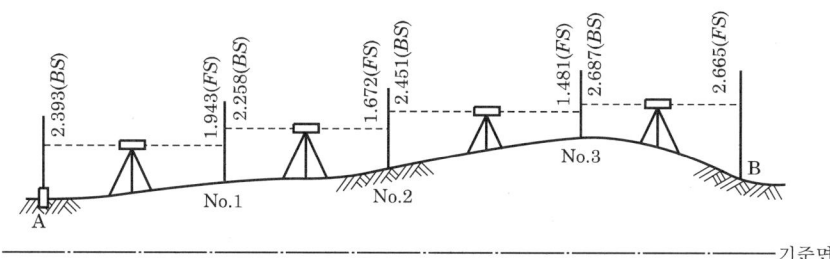

[수준 측량의 예(고차식)]

[고차식 야장 기입]

| 측점 | 후시($BS$) | 전시($FS$) | 지반고($GH$) |
|---|---|---|---|
| A | 2.393 | | 100.000 |
| No.1 | 2.258 | 1.943 | 100.450 |
| No.2 | 2.451 | 1.627 | 101.081 |
| No.3 | 2.687 | 1.481 | 102.051 |
| B | | 2.665 | 102.073 |
| 계 | 9.789 | 7.716 | |

제3장. 수준 측량

## (2) 기고식

이 방법은 종단 및 횡단 수준 측량에서 중간점(IP)이 많은 경우에 편리하다. 어떠한 점의 표고에 그 점의 후시를 더하면 기계고를 얻을 수 있고, 이 기계고(시준고)에서 표고를 알고자 하는 점의 전시를 빼면 그 점의 표고를 얻게 된다.

① 기고식 야장 기입의 예

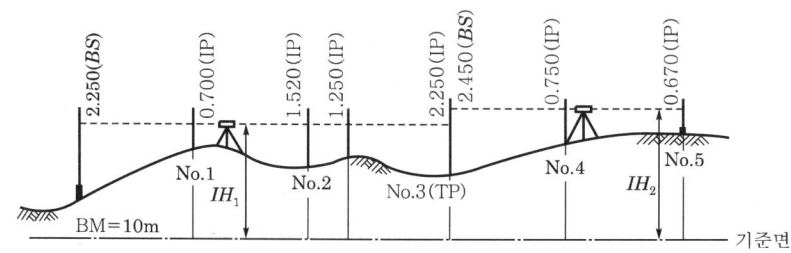

[수준 측량의 예(기고식)]

| 측점(S) | 거리(D) | 후시(BS) | 기계고(IH) | 전시(FS) | | 지반고(GH) |
|---|---|---|---|---|---|---|
| | | | | TP | IP | |
| BM | 0 | 2.520 | 12.520 | | | 10.000 |
| No.1 | 20 | | | | 0.700 | 11.820 |
| No.2 | 40 | | | | 1.520 | 11.000 |
| No.2$^{+5}$ | 45 | | | | 1.250 | 11.270 |
| No.3 | 60 | 2.450 | 12.720 | 2.250 | | 10.270 |
| No.4 | 80 | | | | 0.750 | 11.970 |
| No.5 | 100 | | | 0.670 | | 12.050 |
| 계 | | 4.970 | | 2.920 | | |

㉮ 기계고(시준고)=지반고+후시

㉯ 지반고=기계고(시준고)−전시

㉰ 검산 방법은 $\sum BS - \sum FS$ = (No.5의 지반고) − (BM 지반고)
  여기서는 4.970−2.920=12.050−10.000
    2.050=2.050(이상 없음)

## (3) 승강식

후시에서 전시를 빼면 고저차가 되므로, 그 값이 (+)이면 승, (−)일 때에는 강의 난에 기입하여 그 승강의 값을 대수합하여 그 차에다 먼저 점의 지반고(GH)에 더하거나 빼서 그 점의 지반고를 구하는 방식이다.

① 승강식 야장 기입의 예

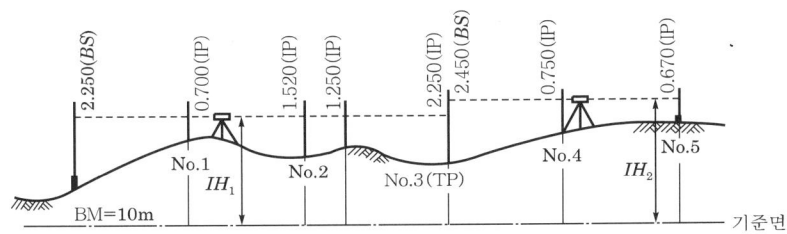

[수준 측량의 예(승강식)]

| 측점(S) | 거리(D) | 후시(BS) | 전시(FS) TP | 전시(FS) IP | 승(+) | 강(-) | 지반고(GH) |
|---|---|---|---|---|---|---|---|
| B.M | 0 | 2.520 | | | | | 10.000 |
| No.1 | 20 | | | 0.700 | 1.820 | | 11.820 |
| No.2 | 40 | | | 1.520 | 1.000 | | 11.000 |
| No.2$^{+5}$ | 45 | | | 1.250 | 1.270 | | 11.270 |
| No.3 | 60 | 2.450 | 2.250 | | 0.270 | | 10.270 |
| No.4 | 80 | | | 0.750 | 1.700 | | 11.970 |
| No.5 | 100 | | 0.670 | | 1.780 | | 12.050 |
| 계 | | 4.970 | 2.920 | | 2.050 | 0.000 | |

㉮ 후시 − 전시 $\begin{cases} \oplus : (승) 란에 \\ \ominus : (강) 란에 \end{cases}$

㉯ 지반고 계산 $\begin{cases} 전측점의\ 지반고\ +승 \\ 전측점의\ 지반고\ -강 \end{cases}$

㉰ 검산
   $(\sum BS - \sum FS) = (\sum 승 - \sum 강) = (마지막\ 지반고 - 처음\ 지반고)$

# 4 교호 수준 측량

큰 강이나 계곡을 건너서 수준 측량을 할 때에는 기계를 두 점의 중앙에 세울 수가 없기 때문에 전시와 후시의 시준 거리의 차가 커서 정확성이 없어진다.

그러므로 양안에서 측량하여 2점의 표고차를 2회 산출하여 평균한다. 이러한 측량을 교호 수준 측량이라 한다.

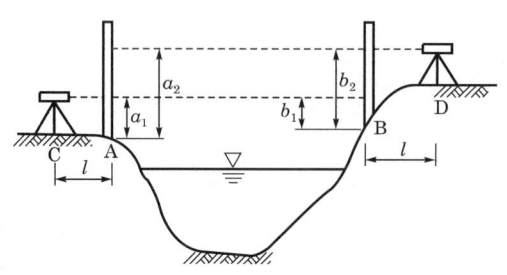

[교호 수준 측량]

### (1) A점과 B점의 표고차($\Delta h$)

$$\Delta h = H_B - H_A = \frac{(a_1 - b_1) + (a_2 - b_2)}{2}$$

### (2) B점의 지반고

$$H_B = H_A + \Delta h$$

# 5 삼각 수준 측량

두 점 사이의 연직각과 거리를 측정하고 고저차는 계산에 의하여 구하는 간접 수준 측량이다.

### (1) 거리와 연직각을 측정할 수 있는 경우

$$H_B = H_A + i_A + D \tan \alpha_A - h_B$$

여기서, $H_A$ : 점 A의 표고
 $H_B$ : 점 B의 표고
 $i_A$ : 기계고
 $h_B$ : 점 B에 세운 표척을 읽은 값
 $\alpha_A$ : 시준점에 대한 연직각
 $D$ : AB간의 수평 거리

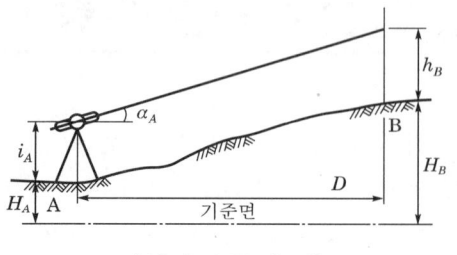

[삼각 수준 측량]

## (2) 양차를 고려하면

거리 $D$가 크면 지구 곡률 때문에 오차가 생기게 되는데 이를 구차라 하고 빛의 굴절 오차를 기차라 한다. 이 두 오차를 합한 것을 양차 $\left(\dfrac{D^2(1-k)}{2R}\right)$라 하며 양차를 고려한 B점의 지반고 $(H_B)$는

$$H_B = H_A + i_A + D\tan\alpha_A - h_B + \dfrac{D^2(1-k)}{2R}$$

여기서, $k$ : 빛의 굴절 계수
$R$ : 지구의 반지름

## (3) 점 B에 기계를 세우고 점 A를 관측하는 경우

$$H_A = H_B + i_B - D\tan\alpha_B - h_A + \dfrac{D^2(1-k)}{2R}$$

$$\therefore H_B = H_A - i_B + D\tan\alpha_B + h_A - \dfrac{D^2(1-k)}{2R}$$

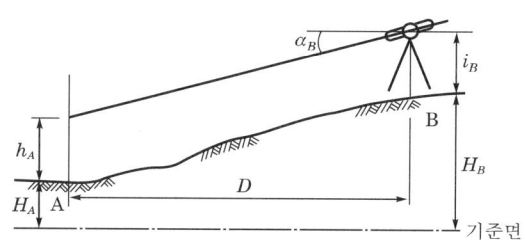

[삼각 수준 측량]

## (4) 기계로부터 거리($D$)를 잴 수 없는 경우

점 A에 트랜싯을 세워 수평각 $\alpha$를 측정하고, 연직각 $\theta$를 측정한 다음 점 B로 옮겨 수평각 $\beta$를 측정하면, 구하는 높이 $H = \overline{AQ}\tan\theta + I$에서

$$\dfrac{\overline{AQ}}{\sin\beta} = \dfrac{S}{\sin\{180°-(\alpha+\beta)\}} = \dfrac{S}{\sin(\alpha+\beta)}$$

$$\overline{AQ} = \dfrac{S\sin\beta}{\sin(\alpha+\beta)}$$

$$\therefore H = \dfrac{S\sin\beta}{\sin(\alpha+\beta)}\tan\theta + I$$

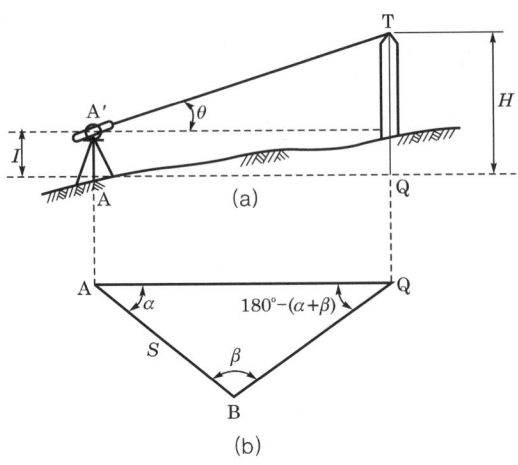

[삼각 수준 측량]

# 6 레벨의 말뚝 조정법(항정법)

## (1) 조정법

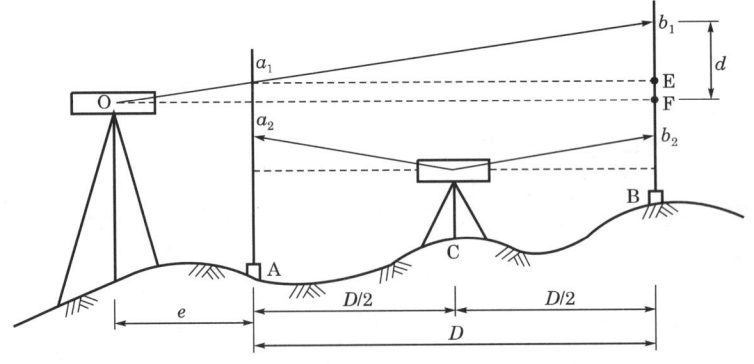

$a_1, b_1$ : 시준선 오차에 의한 A, B 표척 읽음값
$a_2, b_2$ : 등거리상에 있는 A, B 표척 읽음값
$d$ : B점 표척상에서 보정하여야 할 높이

$\triangle a_1 b_1 \mathrm{E} \propto \triangle \mathrm{O} b_1 \mathrm{F}$ 이며 $b_1 \mathrm{E}$ 는 (관측값 − 최확값)이므로

$$D : (a_1 - b_1) - (a_2 - b_2) = (D + e) : d$$

$$\therefore d = \frac{D+e}{D}\{(a_1 - b_1)(a_2 - b_2)\}$$

**예제 1** 다음 레벨의 조정에서 실제 표척값($d$)은? (단, $d$는 C점의 기계점으로부터 B점의 표척을 시준하여 수평으로 읽을 때의 값임)

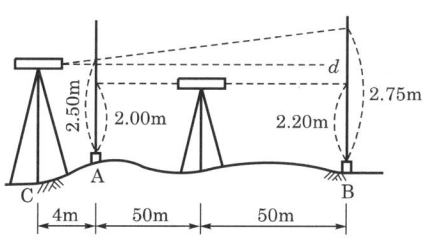

**[해설]**

조정량 $= \dfrac{D+e}{D}\{(a_1 - b_1) - (a_2 - b_2)\}$

$= \dfrac{104}{100}\{(2.750 - 2.500) - (2.200 - 2.000)\} = 0.052\mathrm{m}$

∴ 실제 표척값($d$) $= 2.750 - 0.052 = 2.698\mathrm{m}$

# 7 기포관의 감도

## (1) 감도는 기포관의 기포

한 눈금(2mm)이 움직이는 데 대한 중심각을 말하며, 중심각이 작을수록 감도는 좋다(감도에 큰 영향을 미치는 것은 관내면 곡률이다).

## (2) 감도 측정

① 감도

$$\theta'' = \frac{e}{nD} \cdot \rho''$$

② 곡률 반경

$$R = \frac{nSD}{l}, \quad R = \frac{S \cdot \rho''}{\theta''}$$

여기서, $\theta''$ : 감도
  $l$ : 표척 독치차($a_2 - a_1$)
  $n$ : 기포 이동 눈금수($ns$ : 기포 이동량)
  $D$ : 수평 거리
  $S$ : 기포 1눈금 간격(2mm)
  $R$ : 기포관 곡률 반경
  $\rho''$ : 1라디안 초수

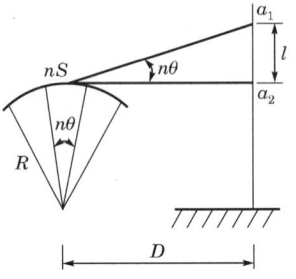

[기포관의 감도 측정]

**예제 2**  레벨의 2mm 눈금의 기포관을 3눈금 기울인 경우 $D=60$ 거리에 있는 함척의 읽음차가 18mm일 때 기포관의 감도는?

**해설**

$$감도(\theta'') = \frac{l}{nD}\rho'' = \frac{0.018}{3 \times 60} \times 206,265'' = 20.6265''$$

# 8 직접 수준 측량의 오차 조정

## (1) 동일 기지점의 왕복 관측 또는 다른 표고 기준점에 폐합한 경우

각 측점의 오차는 노선 거리에 비례하여 보정한다.

$$각\ 측점\ 조정량 = \frac{조정할\ 측점까지의\ 거리}{총\ 거리(\Sigma L)} \times 폐합\ 오차$$

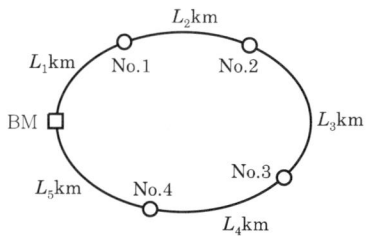

[환폐합의 수준 측량]

## (2) 두 점간의 직접 수준 측량의 오차 조정

동일 조건으로 두 점간의 왕복 관측한 경우에는 산술 평균 방식으로 최확값을 산정하고 2점 간의 거리를 2개 이상의 다른 노선을 따라 측량한 경우에는 경중률을 고려한 최확값을 산정한다.

① 경중률

$$P_A : P_B : P_C = \frac{1}{L_A} : \frac{1}{L_B} : \frac{1}{L_C}$$

② 최확치

$$H_P = \frac{\sum P \cdot H}{\sum P} = \frac{P_A \cdot H_A + P_B \cdot H_B + P_C \cdot H_C}{P_A + P_B + P_B}$$

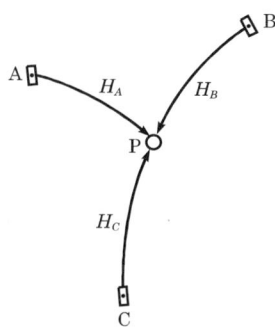

[기지점으로부터 P점 결정]

③ 평균 제곱 오차($m_0$)

$$\pm \sqrt{\frac{\sum PV^2}{\sum P \cdot (n-1)}}$$

④ 확률 오차($\gamma_0$)

평균 제곱 오차($m_0$) × 0.6745

**예제 3**  다음의 수준환을 조정하여 조정량과 조정 지반고를 구하시오.

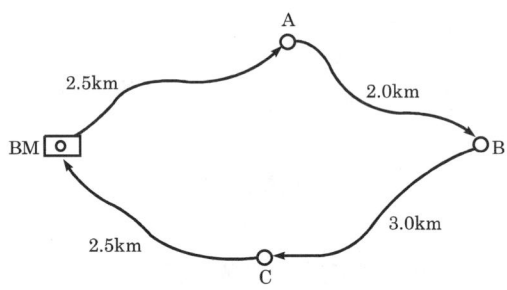

| 측점 | 측점간 거리(km) | 관측 지반고 | 조정량 | 조정 지반고 |
|---|---|---|---|---|
| BM |  | 135.617 |  |  |
| A | 2.5 | 111.570 |  |  |
| B | 2.0 | 89.734 |  |  |
| C | 3.0 | 120.239 |  |  |
| BM | 2.5 | 135.701 |  |  |

**해설**

| 측점 | 측점간 거리(km) | 관측 지반고 | 조정량 | 조정 지반고 |
|---|---|---|---|---|
| BM |  | 135.617 |  | 135.617 |
| A | 2.5 | 111.570 | −0.021 | 111.549 |
| B | 2.0 | 89.734 | −0.038 | 89.696 |
| C | 3.0 | 120.239 | −0.063 | 120.176 |
| BM | 2.5 | 135.701 | −0.084 | 135.617 |

① 총 거리=2.5+2.0+3.0+2.5=10km
② 수준 오차(총 오차)=135.701−135.617=+0.084m
   이때 오차가 (+)이므로 조정은 그 반대 부호(−)로 한다.
③ 수준환의 조정량 계산

$$조정량 = \frac{출발점에서 \ 그 \ 측점까지 \ 거리}{총 \ 거리} \times 수준 \ 오차$$

A점 : $\frac{2.5}{10} \times 0.084 = 0.021$

B점 : $\frac{4.5}{10} \times 0.084 = 0.038$

C점 : $\frac{7.5}{10} \times 0.084 = 0.063$

BM점 : $\frac{10}{10} \times 0.084 = 0.084$

④ 조정 지반고 계산 : 관측 지반고±조정량
  BM : 135.617
   A : 111.570−0.021=111.549
   B : 89.734−0.038=89.696
   C : 120.239−0.063=120.176
  BM : 135.701−0.084=135.617
  즉 BM(Bench Mark)에서 출발하여 A →B →C →BM으로 다시 돌아올 때 오차는 0m가 되어야 한다.

**예제 4** A, B, C 세 지점에서 P점까지 그림과 같이 수준 측량을 하여 고저차 $h$를 얻었다. P점 표고의 최확치를 구하시오.

(1) P점 표고의 최확치

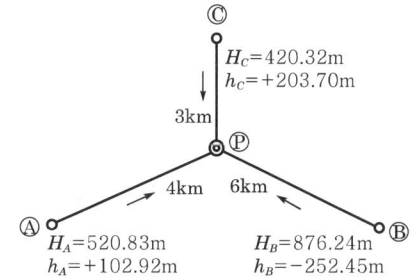

| 노선 | P점의 표고 | 경중률 |
|---|---|---|
| A→P | | |
| B→P | | |
| C→P | | |

**해설**

① P점 표고
   $H_P = H_A + h_A = 520.83 + 102.92 = 623.75$m
   $H_P = H_B + h_B = 876.24 - 252.45 = 623.79$m
   $H_P = H_C + h_C = 420.32 + 203.70 = 624.02$m

② 경중률
   $P_A : P_B : P_C = \dfrac{1}{4} : \dfrac{1}{6} : \dfrac{1}{3} = 3 : 2 : 4$

| 노선 | P점의 표고 | 경중률 |
|---|---|---|
| A→P | 623.75 | 3 |
| B→P | 623.79 | 2 |
| C→P | 624.02 | 4 |

∴ P점 표고의 최확치
$$= \dfrac{P_1 l_1 + P_2 l_2 + P_3 l_3}{P_1 + P_2 + P_3} = \dfrac{(3 \times 623.75) + (2 \times 623.79) + (4 \times 624.02)}{3+2+4} = 623.88\text{m}$$

# 03 기/초/문/제

| 수준 측량 |

**01** 수준 측량을 한 결과 다음과 같은 성과표를 얻었다. 이 성과표를 이용하여 기계고, 지반고, 계획고, 성토고, 절토고를 구하시오. (단, No.0점의 계획고는 104.450m이며, 4.0% 상향 구배임, 단위는 소수점 아래 4자리에서 반올림할 것)

| 측점 | 추가<br>거리 | 후시 | 전시 | | 기계고 | 지반고 | 계획고 | 성토고 | 절토고 | 비고 |
|------|------|------|------|------|------|------|------|------|------|------|
|      |      |      | 이점 | 중간점 |      |      |      |      |      |      |
| No.0 | 0 | 2.725 | | | | 102.805 | 104.450 | | | |
| No.1 | 20 | | | 2.314 | | | | | | |
| No.2 | 40 | 2.340 | 0.475 | | | | | | | |
| No.2$^{+8}$ | 48 | | | 2.426 | | | | | | |
| No.3 | 60 | | 3.508 | | | | | | | |

### 해설

| 측점 | 추가<br>거리 | 후시 | 전시 | | 기계고 | 지반고 | 계획고 | 성토고 | 절토고 | 비고 |
|------|------|------|------|------|------|------|------|------|------|------|
|      |      |      | 이점 | 중간점 |      |      |      |      |      |      |
| No.0 | 0 | 2.725 | | | 105.530 | 102.805 | 104.450 | 1.645 | | |
| No.1 | 20 | | | 2.314 | | 103.216 | 105.250 | 2.034 | | |
| No.2 | 40 | 2.340 | 0.475 | | 107.395 | 105.055 | 106.050 | 0.995 | | |
| No.2$^{+8}$ | 48 | | | 2.426 | | 104.969 | 106.370 | 1.401 | | |
| No.3 | 60 | | 3.508 | | | 103.887 | 106.850 | 2.963 | | |

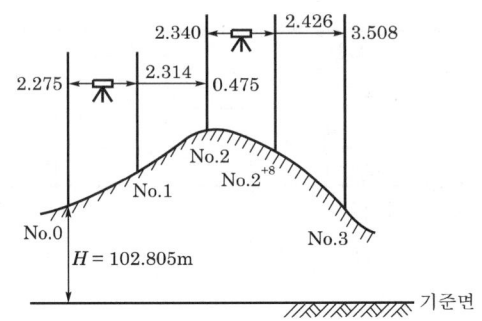

(1) 기계고, 지반고

No.0의 기계고 : 지반고+후시=102.805+2.725=105.530m

No.1의 지반고 : 기계고-전시=105.530-2.314=103.216m

No.2의 지반고 : 기계고-전시=105.530-0.475=105.055m

No.2의 기계고 : 지반고+후시=105.055+2.340=107.395m

No.$2^{+8}$의 지반고 : 기계고-전시=107.395-2.426=104.969m

No.3의 지반고 : 기계고-전시=107.395-3.508=103.887m

(2) 계획고

(임의점의 계획고=첫 측점의 계획고±추가 거리×구배), (+ : 상향, - : 하향)

No.0점의 계획고=104.450(첫 측점의 계획고)

No.1점의 계획고=104.450+(20×0.04)=105.250

No.2점의 계획고=104.450+(40×0.04)=106.050

No.$2^{+8}$점의 계획고=104.450+(48×0.04)=106.370

No.3점의 계획고=104.450+(60×0.04)=106.850

(3) 성토고, 절토고

No.0점의 성토, 절토고=102.805-104.450=-1.645(성토)

No.1점의 성토, 절토고=103.216-105.250=-2.034(성토)

No.2점의 성토, 절토고=105.055-106.050=-0.995(성토)

No.$2^{+8}$점의 성토, 절토고=104.969-106.370=-1.401(성토)

No.3점의 성토, 절토고=103.887-106.850=-2.963(성토)

❖ 별해

| 측점 | 추가거리 | 후시 | 전시 이점 | 전시 중간점 | 기계고 | 지반고 | 계획고 | 성토고 | 절토고 | 비고 |
|---|---|---|---|---|---|---|---|---|---|---|
| No.0 | 0 | 2.725 | | | 105.530 | 102.805 | 104.450 | 1.645 | | |
| No.1 | 20 | | | 2.341 | | 103.216 | 105.250 | 2.034 | | |
| No.2 | 40 | 2.340 | 0.475 | | 107.395 | 105.055 | 106.050 | 0.955 | | |
| No.$2^{+8}$ | 48 | | | 2.426 | | 104.969 | 106.370 | 1.401 | | |
| No.3 | 60 | | 3.508 | | | 103.887 | 106.850 | 2.963 | | |

**02** 수준 측량을 한 결과 다음과 같은 성과표를 얻었다. 이 성과표를 이용하여 지반고, 계획고, 절토고, 성토고를 계산하시오. (단, No.0점의 계획고는 105.650m이며, 구배는 4.5% 상향 구배임. 또한 말뚝 간격은 20m이고 단위는 소수점 아래 4자리에서 반올림할 것)

| 측점 | 추가 거리 | 후시 ($BS$) | 전시($FS$) 이점 (TP) | 전시($FS$) 중간점 (IP) | 기계고 ($IH$) | 지반고 ($GH$) | 계획고 | 성토고 | 절토고 |
|---|---|---|---|---|---|---|---|---|---|
| No.0 | | 3.255 | | | | | | | |
| No.1 | | | | 2.257 | | | | | |
| No.2 | | 2.635 | 0.555 | | | | | | |
| No.2$^{+8}$ | | | | 2.508 | | | | | |
| No.3 | | | | 3.685 | | | | | |
| No.4 | | 2.754 | 0.403 | | | | | | |
| No.4$^{+14}$ | | | | 1.885 | | | | | |
| No.5 | | | | 1.955 | | | | | |

 해설

| 측점 | 추가 거리 | 후시 ($BS$) | 전시($FS$) 이점 (TP) | 전시($FS$) 중간점 (IP) | 기계고 ($IH$) | 지반고 ($GH$) | 계획고 | 성토고 | 절토고 |
|---|---|---|---|---|---|---|---|---|---|
| No.0 | 0 | 3.255 | | | 107.760 | 104.505 | 105.650 | 1.145 | |
| No.1 | 20 | | | 2.257 | | 105.503 | 106.550 | 1.047 | |
| No.2 | 40 | 2.635 | 0.555 | | 109.840 | 107.205 | 107.450 | 0.245 | |
| No.2$^{+8}$ | 48 | | | 2.508 | | 107.332 | 107.810 | 0.478 | |
| No.3 | 60 | | | 3.685 | | 106.155 | 108.350 | 2.195 | |
| No.4 | 80 | 2.754 | 0.403 | | 112.191 | 109.437 | 109.250 | | 0.187 |
| No.4$^{+14}$ | 94 | | | 1.885 | | 110.306 | 109.880 | | 0.426 |
| No.5 | 100 | | 1.955 | | | 110.236 | 110.150 | | 0.086 |

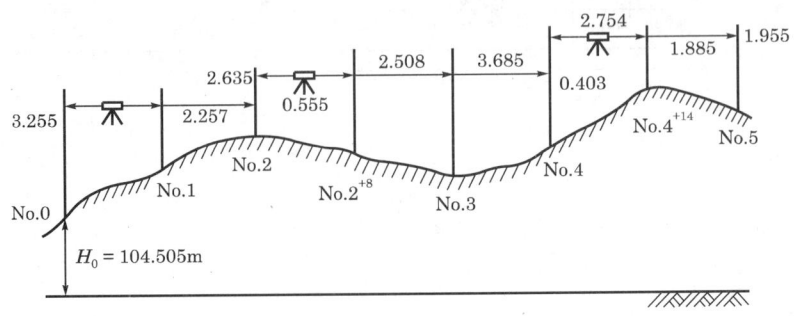

**03** 다음 측량 야장을 보고 승, 강, 지반고, 계획고, 절토고, 성토고를 소수점 아래 3자리까지 구하시오. (단, 계획선은 No.1과 No.4 계획고를 직선 연결한 것임)

| 측점 | 추가거리 | 후시 | 전시 이점 | 전시 중간점 | 승 | 강 | 지반고 | 계획고 | 성토고 | 절토고 |
|---|---|---|---|---|---|---|---|---|---|---|
| No.1 | 0 | 4.543 | | | | | 105.737 | 106.300 | | |
| No.2 | 20 | | | 2.040 | | | | | | |
| No.2$^{+15}$ | 35 | | | 3.430 | | | | | | |
| No.3 | 40 | | | 3.370 | | | | | | |
| No.3$^{+5}$ | 45 | 4.362 | 0.978 | | | | | | | |
| No.4 | 60 | | 1.153 | | | | | 110.380 | | |

| 측점 | 추가거리 | 후시 | 전시 이점 | 전시 중간점 | 승 | 강 | 지반고 | 계획고 | 성토고 | 절토고 |
|---|---|---|---|---|---|---|---|---|---|---|
| No.1 | 0 | 4.543 | | | | | 105.737 | 106.300 | 0.563 | |
| No.2 | 20 | | | 2.040 | 2.503 | | 108.240 | 107.660 | | 0.580 |
| No.2$^{+15}$ | 35 | | | 3.430 | 1.113 | | 106.850 | 108.680 | 1.830 | |
| No.3 | 40 | | | 3.370 | 1.173 | | 106.910 | 109.020 | 2.110 | |
| No.3$^{+5}$ | 45 | 4.362 | 0.978 | | 3.565 | | 109.302 | 109.360 | 0.058 | |
| No.4 | 60 | | 1.153 | | | 3.209 | 112.511 | 110.380 | | 2.131 |

(1) $\begin{cases} \text{승} \Rightarrow \text{후시} - \text{전시} = \oplus \\ \text{강} \Rightarrow \text{후시} + \text{전시} = \ominus \end{cases}$

(2) **구배**

$$\frac{\text{계획차}}{\text{총 거리}} \times 100 = \frac{110.380 - 106.300}{60} \times 100 = 6.8\%$$

**04** 수준 측량을 한 결과 다음과 같은 성과표를 얻었다. 이 성과표를 이용하여 지반고, 계획고, 절토고, 성토고를 계산하시오. (단, No.0의 계획고는 105.650m이며, 구배는 0%, 말뚝 간격은 20m이다. 계산은 소수점 아래 3자리까지 계산할 것)

| 측점 | 추가거리 | 후시 | 전시 이점 | 전시 중간점 | 기계고 | 지반고 | 계획고 | 성토고 | 절토고 |
|---|---|---|---|---|---|---|---|---|---|
| No.0 | 0 | 3.525 | | | | 105.000 | | | |
| No.1 | 20 | | | 2.525 | | | | | |
| No.2 | 40 | 2.536 | 0.555 | | | | | | |
| No.2<sup>+12</sup> | 52 | | | 2.805 | | | | | |
| No.3 | 60 | | | 3.856 | | | | | |
| No.4 | 80 | 2.457 | 0.304 | | | | | | |
| No.4<sup>+5</sup> | 85 | | | 3.858 | | | | | |
| No.5 | 100 | | | 1.559 | | | | | |

| 측점 | 추가거리 | 후시 | 전시 이점 | 전시 중간점 | 기계고 | 지반고 | 계획고 | 성토고 | 절토고 |
|---|---|---|---|---|---|---|---|---|---|
| No.0 | 0 | 3.525 | | | 108.525 | 105.000 | 105.650 | 0.650 | |
| No.1 | 20 | | | 2.525 | | 106.000 | 105.650 | | 0.350 |
| No.2 | 40 | 2.536 | 0.555 | | 110.506 | 107.970 | 105.650 | | 2.320 |
| No.2<sup>+12</sup> | 52 | | | 2.805 | | 107.701 | 105.650 | | 2.051 |
| No.3 | 60 | | | 3.856 | | 106.650 | 105.650 | | 1.000 |
| No.4 | 80 | 2.457 | 0.304 | | 112.659 | 110.202 | 105.650 | | 4.552 |
| No.4<sup>+5</sup> | 85 | | | 3.858 | | 108.801 | 105.650 | | 3.1511 |
| No.5 | 100 | | | 1.559 | | 111.100 | 105.650 | | 5.450 |

(1) 구배는 0%이니까 모든 측점의 계획고는 같다.

(2) 지반고−계획고 $\begin{cases} \oplus \text{ 절토고} \\ \ominus \text{ 성토고} \end{cases}$

**05** 다음 터널 내를 수준 측량한 결과이다. 각 점의 지반고를 계산하시오. (단, No.1의 지반고는 123.450m이고, No.1, No.4, No.5의 측점은 천정에 있음. 단위는 mm까지 계산한다.)

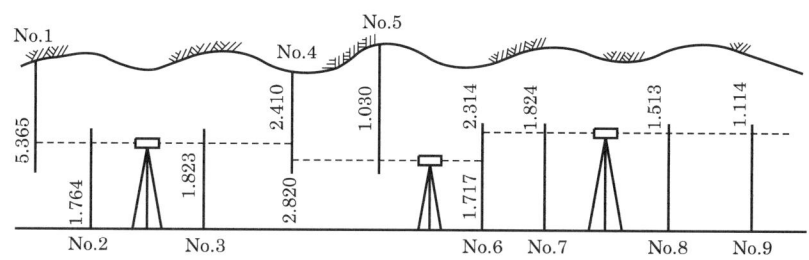

(단위 : m)

| 측점 | 거리 | 후시 | 전시 이기점 | 전시 중간점 | 기계고 | 지반고 | 비고 |
|---|---|---|---|---|---|---|---|
| No.1 | 0.00 | | | | | | |
| No.2 | 20.00 | | | | | | |
| No.3 | 20.00 | | | | | | |
| No.4 | 20.00 | | | | | | |
| No.5 | 20.00 | | | | | | |
| No.6 | 20.00 | | | | | | |
| No.7 | 20.00 | | | | | | |
| No.8 | 20.00 | | | | | | |
| No.9 | 20.00 | | | | | | |

**해설**

(단위 : m)

| 측점 | 거리 | 후시 | 전시 이기점 | 전시 중간점 | 기계고 | 지반고 | 비고 |
|---|---|---|---|---|---|---|---|
| No.1 | 0.00 | −5.365 | | | 118.085 | 123.450 | |
| No.2 | 20.00 | | | 1.764 | | 116.321 | |
| No.3 | 20.00 | | | 1.823 | | 116.262 | |
| No.4 | 20.00 | −2.820 | −2.410 | | 117.675 | 120.495 | |
| No.5 | 20.00 | | | −1.030 | | 118.705 | |
| No.6 | 20.00 | 2.314 | 1.717 | | 118.272 | 115.958 | |
| No.7 | 20.00 | | | 1.824 | | 116.448 | |
| No.8 | 20.00 | | | 1.513 | | 116.759 | |
| No.9 | 20.00 | | 1.114 | | | 117.158 | |

# 06

A, B, C 세 지점에서 P점까지 그림과 같이 수준 측량을 하여 고저차 $h$를 얻었다. P점 표고의 최확치 및 평균 제곱 오차를 구하시오. (단, 단위는 cm까지 계산할 것)

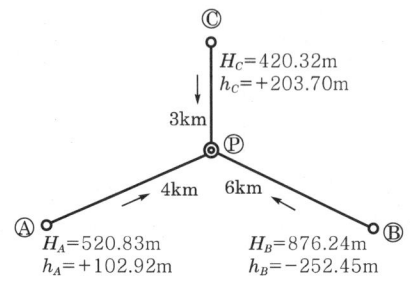

(1)

| 노선 | P점의 표고 | 경중률 |
|---|---|---|
| A→P | | |
| B→P | | |
| C→P | | |

• P점 표고의 최확치

(2)

| 측점 | 측정치 | 최확치 | $V$ | $V^2$ | $P$ | $PV^2$ |
|---|---|---|---|---|---|---|
| A→P | | | | | | |
| B→P | | | | | | |
| C→P | | | | | | |

• 평균 제곱 오차

(1)

| 노선 | P점의 표고 | 경중률 |
|---|---|---|
| A→P | 623.75 | 3 |
| B→P | 623.79 | 2 |
| C→P | 624.02 | 4 |

① P점의 표고

㉠ 노선 A → P = $H_A + h_A$ = 520.83 + 102.92 = 623.75m

㉡ 노선 B → P = $H_B + h_B$ = 876.24 + (−252.45) = 623.79m

㉢ 노선 C → P = $H_C + h_C$ = 420.32 + 203.70 = 624.02m

② 경중률(거리에 반비례)

$$A : B : C = \frac{1}{4} : \frac{1}{6} : \frac{1}{3} = 3 : 2 : 4$$

(2)

| 측점 | 측정치 | 최확치 | $V$ | $V^2$ | $P$ | $PV^2$ |
|---|---|---|---|---|---|---|
| A→P | 623.75 | 623.88 | 0.13 | 0.0169 | 3 | 0.0507 |
| B→P | 623.79 | 623.88 | 0.09 | 0.0081 | 2 | 0.0162 |
| C→P | 624.02 | 623.88 | −0.14 | 0.0196 | 4 | 0.0784 |

$$\therefore \sum P = 9, \ \sum PV^2 = 0.1453$$

① 최확치 $= \dfrac{P_A l_A + P_B l_B + P_C l_C}{P_A + P_B + P_C}$

$= \dfrac{(623.75 \times 3) + (623.79 \times 2) + (624.02 \times 4)}{3 + 2 + 4}$

$= 623.88\mathrm{m}$

여기서, $l$ : 측정값

　　　　$P$ : 경중률

② 잔차($V$)=최확치−측정치

　㉠ 측선(A→P)=623.88−623.75=0.13

　㉡ 측선(B→P)=623.88−623.79=0.09

　㉢ 측선(C→P)=623.88−624.02=−0.14

③ $PV^2$

　㉠ (A→P)=3×(0.0169)²=0.0507

　㉡ (B→P)=2×(0.0081)²=0.0162

　㉢ (C→P)=4×(0.0196)²=0.0784

$\therefore \sum PV^2 = 0.1453$

④ 평균 제곱 오차 $= \sqrt{\dfrac{\sum PV^2}{\sum P(n-1)}} = \sqrt{\dfrac{0.1453}{9 \times (3-1)}} = \pm 0.09\mathrm{m}$

따라서, 구하고자 하는 답은

　① P점 표고의 최확치=623.88m

　② 평균 제곱 오차=±0.09m

**07** 수준점 A, B, C로부터 P점의 표고를 구하기 위하여 직접 고저 측량을 실시한 결과이다. 미지점 P의 최확치 및 50%의 확률 오차를 구하시오. (단, 단위는 mm까지 계산할 것)

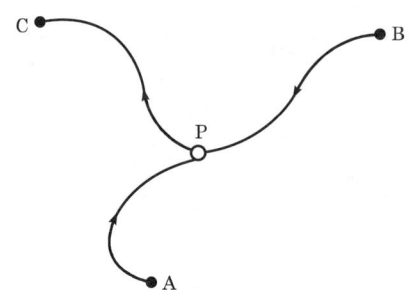

| 측점 | 표고(m) | 측정 방향 | 고저차(m) | 거리(km) |
|---|---|---|---|---|
| A | 122.341 | A→P | +5.439 | 2.0 |
| B | 128.670 | B→P | −1.010 | 4.0 |
| C | 124.120 | P→C | −3.671 | 5.0 |

(1) P점의 표고 계산
  ① $P_A$,    ② $P_B$,    ③ $P_C$
(2) 경중률 계산
  $P_A : P_B : P_C$
(3) 최확치 및 50%의 확률 오차

(1) P점의 표고
  $P_A = 122.341 + 5.439 = 127.780$m
  $P_B = 128.670 - 1.010 = 127.660$m
  $P_C = 124.120 - (-3.671) = 127.791$m

(2) 경중률 계산
  $P_A : P_B : P_C = \dfrac{1}{2} : \dfrac{1}{4} : \dfrac{1}{5} = 10 : 5 : 4$

(3) ① 최확치
  $\dfrac{P_A l_A + P_B l_B + P_C l_C}{P_A + P_B + P_C} = \dfrac{(10 \times 127.780) + (5 \times 127.660) + (4 \times 127.791)}{10 + 5 + 4}$
  $= 127.751$m

② 50%의 확률오차

|   | 측정값 | 최확값 | 잔차($V$) | 잔차$^2$($V^2$) | $P$ | $PV^2$ |
|---|---|---|---|---|---|---|
| A | 127.780 | 127.751 | 0.029 | 0.000841 | 10 | 0.00841 |
| B | 127.660 | 127.751 | −0.091 | 0.008281 | 5 | 0.041405 |
| C | 127.791 | 127.751 | 0.040 | 0.0016 | 4 | 0.0064 |

따라서 $\sum P = 19$이고, $\sum PV^2 = 0.056215$이다.

먼저 평균 제곱 오차는

$$m_0 = \sqrt{\frac{\sum PV^2}{\sum P(n-1)}} = \sqrt{\frac{0.056215}{19(3-1)}} = \pm 0.038\text{m}$$

그러므로 구하고자 하는 50%의 확률 오차($\gamma_0$)는

$$\gamma_0 = m_0 \times 0.6745 = 0.038 \times 0.6745 = \pm 0.026\text{m}$$

**08** 앨리데이드를 이용하여 표고 145.8m의 기지점 A로부터 구하는 점 B를 시준하니 +3.8분획이었다. B점의 표고를 얼마인가? (단, B점의 표척고는 3.5m, A점의 기계고는 1.3m, AB 두 점간의 거리는 1 : 12,000의 지적도상에서 28.5cm이고 단위는 cm까지 계산할 것)

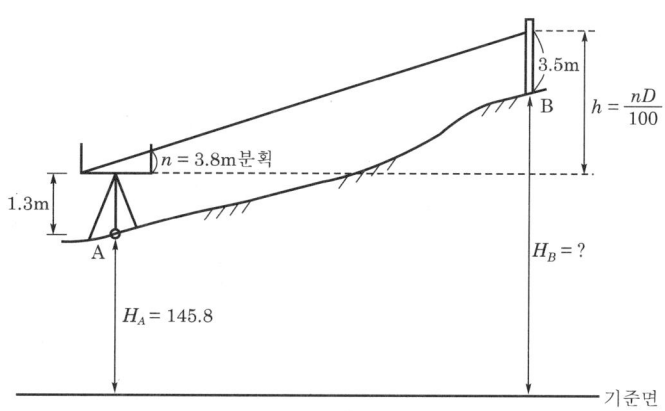

$H_B = H_A + I + h - s = 145.8 + 1.3 + 129.96 - 3.5 = 273.56\text{m}$

▶ $h$

$$h = \frac{nD}{100} = \frac{3.8 \times (0.285 \times 12{,}000)}{100} = 129.96\text{m}$$

**09** A점에 기계를 세워 B점의 수준척 높이 1.93m를 시준하여 연직각 −32°10″을 얻었다. B점의 지반고를 계산하시오. (단, A점의 지반고 : 125.31m, A점에서 트랜싯의 수평축까지의 높이 : 1.03m, A점에서 B점까지 수평 거리 : 116.45m이고, 계산은 소수점 아래 3자리에서 반올림할 것)

**해설**

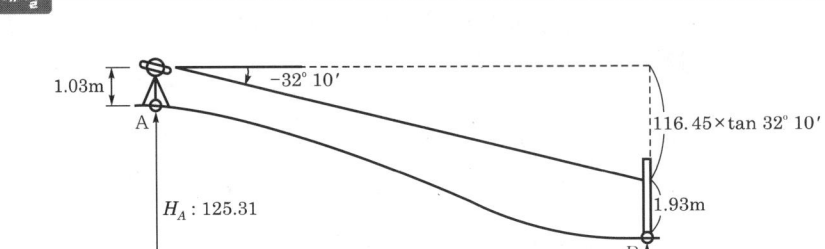

$$H_B = H_A + I + h - s = 125.31 + 1.03 - (116.45 \times \tan 32°10') - 1.93 = 51.17\text{m}$$

$$\therefore H_B = 51.17\text{m}$$

**10** 덤피 레벨의 조정에서 말뚝 조정법으로 검사한 결과 그 조정량 0.052m를 얻었다. A점과 D점의 거리는?

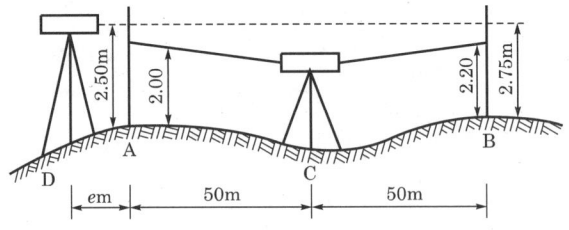

**해설**

$$d = \frac{D+e}{D}\{(a_1 - b_1) - (a_2 - b_2)\}, \quad d = \frac{100+e}{100}\{(2.00 - 2.20) - (2.5 - 2.75)\}$$

$$0.052 = \frac{100+e}{100} \times (0.05)$$

$$\therefore e = \frac{0.2}{0.05} = 4\text{m}$$

**11** 트랜싯으로 길이 3m인 수평 표척(substance bar)의 양 끝점을 관측한 결과 30°를 얻었다면 트랜싯을 세운 지점과 표척을 설치한 곳까지의 거리는? (단, 단위는 소수점 아래 2자리까지 계산할 것)

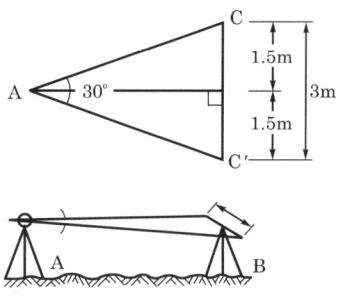

**해설**

참고 수평 표척(substance bar)에서의 거리

$$\tan\frac{\alpha}{2} = \frac{\frac{b}{2}}{D}, \quad D = \frac{\frac{b}{2}}{\tan\frac{\alpha}{2}}$$

$$\therefore D = \frac{b}{2} \cdot \cot\frac{\alpha}{2}$$

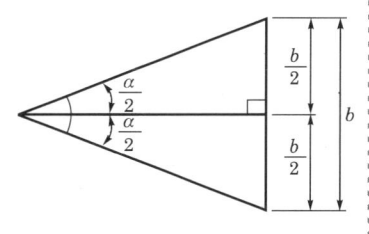

$$D = \frac{b}{2} \cdot \cot\frac{\alpha}{2} = \frac{3}{2} \cdot \cot\frac{30°}{2} = 5.60\text{m}$$

$$\boxed{\cot\theta = \frac{1}{\tan\theta}}$$

$\therefore D = 5.60\text{m}$

| 수준 측량 |

# 03 실/전/문/제

**01** 그림과 같은 수준망의 관측 결과 다음과 같은 폐합 오차를 얻었다. 정확도가 가장 높은 구간은?

| 구간 | 총 거리(km) | 폐합 오차(mm) |
|---|---|---|
| I | 20 | 20 |
| II | 16 | 18 |
| III | 12 | 15 |
| IV | 8 | 13 |

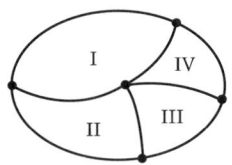

**해설**

- 1km에 대한 오차가 적은 사람이 가장 정확하다고 볼 수 있다.

$e = \delta\sqrt{L}$

여기서, $e$ : 폐합 오차
 $\delta$ : 1회 관측시 오차
 $L$ : 총 거리

I 구간 : $\delta = \dfrac{20}{\sqrt{20}} = 4.47\text{mm}$

II 구간 : $\delta = \dfrac{18}{\sqrt{16}} = 4.50\text{mm}$

III 구간 : $\delta = \dfrac{15}{\sqrt{12}} = 4.33\text{mm}$

IV 구간 : $\delta = \dfrac{13}{\sqrt{8}} = 4.60\text{mm}$

그러므로 정확도가 가장 높은 구간은 III구간이다.

**02** 다음 P, L의 표고를 구하시오. (단, 계산은 소수점 아래 4자리에서 반올림할 것)

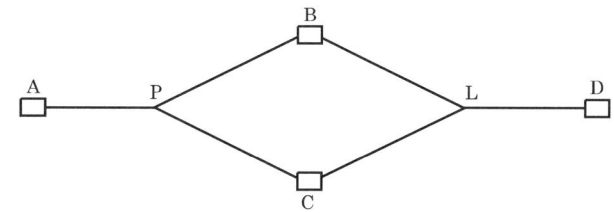

| 측선 | 거리 | 고저차 | 지반고 |
|---|---|---|---|
| AP | 2.5km | +1.694m | 30.361m |
| BP | 2.0km | −2.793m | 34.843m |
| CP | 5.0km | +5.775m | 26.284m |
| BL | 2.5km | −9.084m | 34.843m |
| CL | 4.0km | −0.538m | 26.284m |
| DL | 1.25km | +1.254m | 24.500m |

(1) 측정값

① $H_{AP}$, ② $H_{BP}$, ③ $H_{CP}$, ④ $H_{BL}$, ⑤ $H_{CL}$, ⑥ $H_{DL}$

(2) 경중률
(3) 최확치

① $H_P$, ② $H_L$

### 해설

(1) 측정값

$\begin{cases} H_{AP} = 30.361 + 1.694 = 32.055\text{m} \\ H_{BP} = 34.843 - 2.793 = 32.050\text{m} \\ H_{CP} = 26.284 + 5.775 = 32.059\text{m} \end{cases}$
$\begin{cases} H_{BL} = 34.843 - 9.084 = 25.759\text{m} \\ H_{CL} = 26.284 - 0.538 = 25.746\text{m} \\ H_{DL} = 24.500 + 1.254 = 25.754\text{m} \end{cases}$

(2) 경중률

① $P_{AP} : P_{BP} : P_{CP} = \dfrac{1}{2.5} : \dfrac{1}{2} : \dfrac{1}{5} = 4 : 5 : 2$

② $P_{BL} : P_{CL} : P_{DL} = \dfrac{1}{2.5} : \dfrac{1}{4.0} : \dfrac{1}{1.25} = 8 : 5 : 16$

(3) 최확치

① $H_P = \dfrac{32.055 \times 4 + 32.05 \times 5 + 32.059 \times 2}{4 + 5 + 2} = 32.053\text{m}$

② $H_L = \dfrac{25.759 \times 8 + 25.746 \times 5 + 25.754 \times 16}{8 + 5 + 16} = 25.754\text{m}$

## 03

그림과 같은 표고 135.617m BMI에서 10km의 노선에 따라 직접 수준 측량을 하여 다음과 같은 결과를 얻었다. 각 점의 표고를 구하시오. (단, 계산은 소수점 아래 4자리에서 반올림할 것)

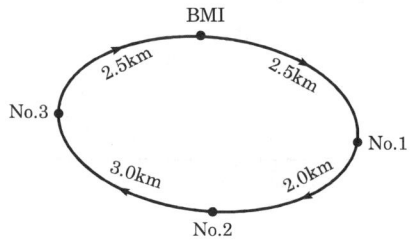

| 측점 | 측점간 거리(km) | 관측 표고(m) | 보정량(m) | 조정 표고(m) |
|---|---|---|---|---|
| BMI |  | 135.617 |  |  |
| No.1 | 2.5 | 111.570 |  |  |
| No.2 | 2.0 | 89.734 |  |  |
| No.3 | 3.0 | 120.239 |  |  |
| BMI | 2.5 | 135.701 |  |  |

### 해설

| 측점 | 측점간 거리(km) | 관측 표고(m) | 보정량(m) | 조정 표고(m) |
|---|---|---|---|---|
| BMI |  | 135.617 | 0 | 135.617 |
| No.1 | 2.5 | 111.570 | −0.021 | 111.549 |
| No.2 | 2.0 | 89.734 | −0.038 | 89.696 |
| No.3 | 3.0 | 120.239 | −0.063 | 120.176 |
| BMI | 2.5 | 135.701 | −0.084 | 135.617 |

∴ ∑10km

오차 = 135.701 − 135.617 = 0.084m

각 측점의 표고 보정량은 측선 거리에 비례하여 보정

$$\left(즉,\ e = 폐합\ 오차 \times \frac{그\ 측점까지의\ 거리}{\sum l}\right)$$

**04** 왕복 수준 측량한 스케치를 보고 야장을 정리하고 허용 오차 이내로 보고 지반고를 조정하시오.

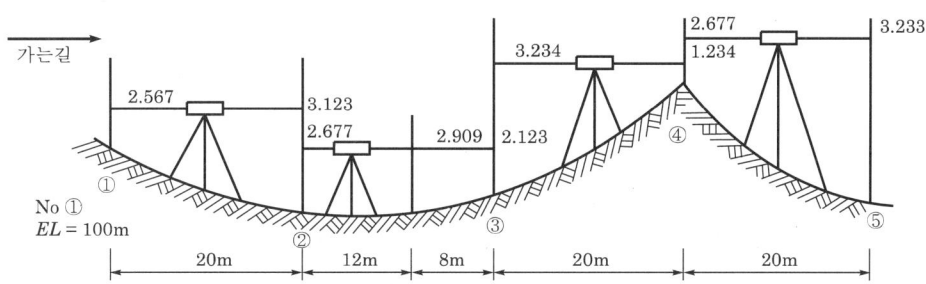

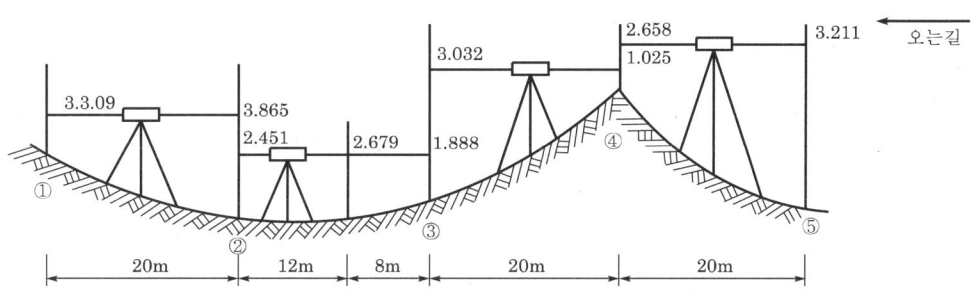

| 측점 | 거리 | 후시 | 중간점 | 이기점 | 기계고 | 지반고 | 조정량 | 조정 지반고 | 비고 |
|---|---|---|---|---|---|---|---|---|---|
| ① | | | | | | | | | |
| ② | | | | | | | | | |
| ②⁺¹² | | | | | | | | | |
| ③ | | | | | | | | | |
| ④ | | | | | | | | | |
| ⑤ | | | | | | | | | |
| ⑤ | | | | | | | | | |
| ④ | | | | | | | | | |
| ③ | | | | | | | | | |
| ③⁺⁸ | | | | | | | | | |
| ② | | | | | | | | | |
| ① | | | | | | | | | |
| 계 | | | | | | | | | |

제3장. 수준 측량

| 측점 | 거리 | 후시 | 중간점 | 이기점 | 기계고 | 지반고 | 조정량 | 조정 지반고 | 비고 |
|---|---|---|---|---|---|---|---|---|---|
| ① | 0 | 2.567 | | | 102.567 | 100.000 | 0 | 100.000 | |
| ② | 20 | 2.677 | | 3.123 | 102.121 | 99.444 | +0.002 | 99.446 | |
| ②⁺¹² | 32 | | 2.909 | | | 99.212 | +0.004 | 99.216 | |
| ③ | 40 | 3.234 | | 2.123 | 103.232 | 99.998 | +0.005 | 100.003 | |
| ④ | 60 | 2.677 | | 1.234 | 104.675 | 101.998 | +0.007 | 102.005 | |
| ⑤ | 80 | | | 3.233 | | 101.442 | +0.010 | 101.452 | |
| ⑤ | 80 | 3.211 | | | 104.653 | 101.442 | +0.010 | 101.452 | |
| ④ | 100 | 1.025 | | 2.658 | 103.020 | 101.995 | +0.012 | 102.007 | |
| ③ | 120 | 1.888 | | 3.032 | 101.876 | 99.988 | +0.014 | 100.002 | |
| ③⁺⁸ | 128 | | 2.679 | | | 99.197 | +0.015 | 99.212 | |
| ② | 140 | 3.865 | | 2.451 | 103.290 | 99.425 | +0.017 | 99.442 | |
| ① | 160 | | | 3.309 | | 99.981 | +0.019 | 100.000 | |
| 계 | | 21.144 | | 21.163 | | | | | |

(오차 = −0.019)   지반고차 0.019

- 조정 계산: 결합망 또는 폐합망에서 거리에 비례해서 보정
2점 이상에서 수준 측량시 노선 거리에 반비례하여 비중으로 구함.

<가는 길>

①점 조정량 $= 0.019 \times \dfrac{0}{160} = 0$

②점 조정량 $= 0.019 \times \dfrac{20}{160} = 0.002$

②⁺¹²점 조정량 $= 0.019 \times \dfrac{32}{160} = 0.004$

③점 조정량 $= 0.019 \times \dfrac{40}{160} = 0.005$

④점 조정량 $= 0.019 \times \dfrac{60}{160} = 0.007$

⑤점 조정량 $= 0.019 \times \dfrac{80}{160} = 0.01$

<오는 길>

④점 조정량 $= 0.019 \times \dfrac{100}{160} = 0.012$

③점 조정량 $= 0.019 \times \dfrac{120}{160} = 0.014$

③⁺⁸점 조정량 $= 0.019 \times \dfrac{128}{160} = 0.015$

②점 조정량 $= 0.019 \times \dfrac{140}{160} = 0.017$

①점 조정량 $= 0.019 \times \dfrac{160}{160} = 0.019$

## 05 다음 측량의 결과를 보고 지반고를 완성하시오.

(1) B, C 사이에 폭 200m의 강이 있어 P 및 Q에서 교호 수준 측량을 하였다. A점 표고 2.545m 로부터 각 측점의 표척 읽음차가 다음과 같을 때 D점의 지반고를 구하시오.

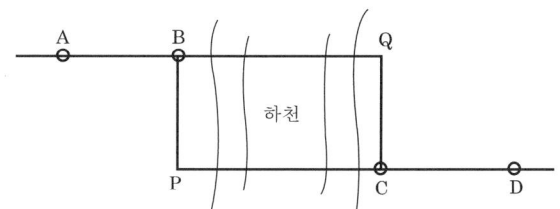

$$A \to B = -0.512m$$
$$P점에서 \quad B \to C = -0.344m$$
$$Q점에서 \quad C \to B = +0.386m$$
$$C \to D = +0.636m$$

(2) 지반고 125.31m의 지점 A에 기계고 1.23m의 트랜싯을 세워 수평 거리 116.00m의 지점 B에 세운 높이 1.95m의 측선을 시준하면서 부각 30°를 얻었다. B점의 지반고는?

### 해설

(1) $A \to B = -0.512m$
- P점에서 $B \to C = -0.344m$
- Q점에서 $C \to B = +0.386m \, (B \to C = -0.386)$
- $C \to D = +0.636m$

$$H_D = H_A + h_{AB} \pm \left(\frac{h_{BC} + h_{CB}}{2}\right) + h_{CD}$$
$$= 2.545 - 0.512 - \left(\frac{0.344 + 0.386}{2}\right) + 0.636 = 2.304m$$

∴ $H_D = 2.304m$

(2) $H_B = H_A + I \pm h - s$

$$= 125.31 + 1.23 - 116 \tan 30° - 1.95 = 57.62m$$

∴ $H_B = 57.62m$

# 06

다음 그림에서와 같이 삼각점 A에서 B까지 앨리데이드를 사용한 전진법에 의한 도근 측량에서 표와 같은 결과를 얻었다. 각 점의 표고는 얼마인가? (단, 삼각점 A의 표고를 155.4m, B의 표고를 179.0m라 하고, 각 점에서의 평판고와 target(목표판)고는 같다고 하고, 폐합 오차의 제한은 0.4m로 한다. 계산은 소수점 아래 2자리에서 반올림할 것)

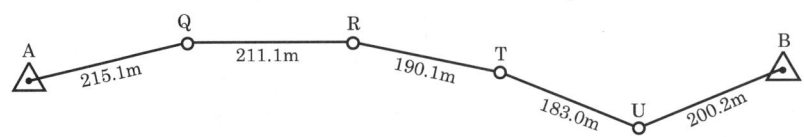

| 점의 기호 | 거리 | 앨리데이드 읽음값 | | 수준차 | | 점의 표고 | |
|---|---|---|---|---|---|---|---|
| | | 정 | 반 | + | − | 계산 표고 | 개정 표고 |
| A | 215.1m | +3.5분획 | −3.5분획 | | | | |
| Q | 211.1m | +2.1분획 | −1.9분획 | | | | |
| R | 190.1m | +3.2분획 | −3.2분획 | | | | |
| T | 183.0m | −1.4분획 | +1.6분획 | | | | |
| U | 200.2m | +4.1분획 | −4.1분획 | | | | |
| B | | | | | | | |

### 해설

| 점의 기호 | 거리 | 앨리데이드 읽음값 | | 수준차 | | 점의 표고 | |
|---|---|---|---|---|---|---|---|
| | | 정 | 반 | + | − | 계산 표고 | 개정 표고 |
| A | 215.1m | +3.5분획 | −3.5분획 | 7.5m | | 155.4m | 155.4m |
| Q | 211.1m | +2.1 | −1.9 | 4.2m | | 162.9m | 163.0m |
| R | 190.1m | +3.2 | −3.2 | 6.1m | | 167.1m | 167.2m |
| T | 183.0m | −1.4 | +1.6 | | 2.7m | 173.2m | 173.4m |
| U | 200.2m | +4.1 | −4.1 | 8.2m | | 170.5m | 170.7m |
| B | | | | | | 178.7m | 179.0m |

∴ $\sum 999.5\text{m}$

(1) 수준차 $\left(평판\ h = \dfrac{nD}{100}\right)$

① $h_A = \left(\dfrac{(3.5+3.5)\times 215.1}{100} \times \dfrac{1}{2}\right) = 7.5\text{m}$

② $h_Q = \left(\dfrac{(2.1+1.9)\times 211.1}{100} \times \dfrac{1}{2}\right) = 4.2\text{m}$

③ $h_R = \left(\dfrac{(3.2+3.2) \times 190.1}{100} \times \dfrac{1}{2}\right) = 6.1\text{m}$

④ $h_T = \left(-\dfrac{(1.4+1.6) \times 183.0}{100} \times \dfrac{1}{2}\right) = -2.7\text{m}$

⑤ $h_u = \left(\dfrac{(4.1+4.1) \times 200.2}{100} \times \dfrac{1}{2}\right) = 8.2\text{m}$

(2) 표고

① $H_Q = H_A + h_A = 155.4 + 7.5 = 162.9\text{m}$

② $H_R = h_Q + h_Q = 162.9 + 4.2 = 167.1\text{m}$

③ $H_T = H_R + h_R = 167.1 + 6.1 = 173.2\text{m}$

④ $H_U = H_T + h_T = 173-2 + (-2.7) = 170.5\text{m}$

⑤ $H_B = H_U + h_U = 170.5 + 8.2 = 178.7\text{m}$

(3) 폐합 오차

$179.0\text{m} - 178.7\text{m} = 0.3\text{m}$

(4) 조정량

① $\Delta Q = \dfrac{\text{그 측선까지의 누적 거리}}{\text{총 거리}} \times \text{폐합 오차}$

$= \dfrac{215.1}{999.5} \times 0.3 = 0.1\text{m}$

② $\Delta R = \dfrac{\text{그 측선까지의 누적 거리}}{\text{총 거리}} \times \text{폐합 오차}$

$= \dfrac{215.1 + 211.1}{999.5} \times 0.3 = 0.1\text{m}$

③ $\Delta T = \dfrac{\text{그 측선까지의 누적 거리}}{\text{총 거리}} \times \text{폐합 오차}$

$= \dfrac{215.1 + 211.1 + 190.1}{999.5} \times 0.3 = 0.2\text{m}$

④ $\Delta U = \dfrac{\text{그 측선까지의 누적 거리}}{\text{총 거리}} \times \text{폐합 오차}$

$= \dfrac{215.1 + 211.1 + 190.1 + 183.0}{999.5} \times 0.3 = 0.2\text{m}$

⑤ $\Delta B = \dfrac{\text{그 측선까지의 누적 거리}}{\text{총 거리}} \times \text{폐합 오차}$

$= \dfrac{215.1 + 211.1 + 190.1 + 183.0 + 200.2}{999.5} \times 0.3 = 0.3\text{m}$

**07** 삼각 수준 측량을 실시한 결과이다. AB간 고저차를 구하시오.

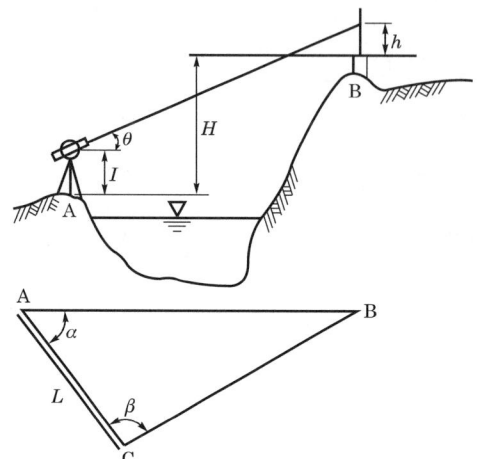

$I = 1.24\text{m}$, $h = 0.85\text{m}$
$L = 50.00\text{m}$, $\alpha = 54°$
$\beta = 62°$, $\theta = 45°$

### 해설

$H = \text{AB} \tan\theta + I - h$

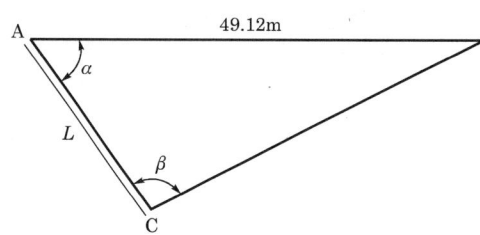

$$\frac{L}{\sin(180° - \alpha - \beta)} = \frac{\text{AB}}{\sin\beta}$$

$$\therefore \text{AB} = \frac{L \times \sin\beta}{\sin(180° - \alpha - \beta)}$$

따라서

$$H = \frac{L \times \sin\beta}{\sin(180° - \alpha - \beta)} \times \tan\theta + I - h$$

▶ $h$

① 평판 $(h) = \dfrac{nD}{100}$

② 스타디아 $(h) = \dfrac{1}{2} kl \sin 2\alpha + C \sin\alpha$

③ 경사 거리 $(h) = L \times \sin\alpha$

④ 수평 거리 $(h) = D \cdot \tan\alpha$

$H = \dfrac{50 \times \sin 62° \times \tan 45°}{\sin(180° - 54° - 62°)} + 1.24 - 0.85 = 49.51\text{m}$

$\therefore H = 49.51\text{m}$

**08** 그림의 A와 B에서 각을 측정하여 다음과 같은 성과를 얻었을 때 높이 $H$를 구하시오. (단, 거리 계산은 소수점 아래 4자리에서 반올림할 것)

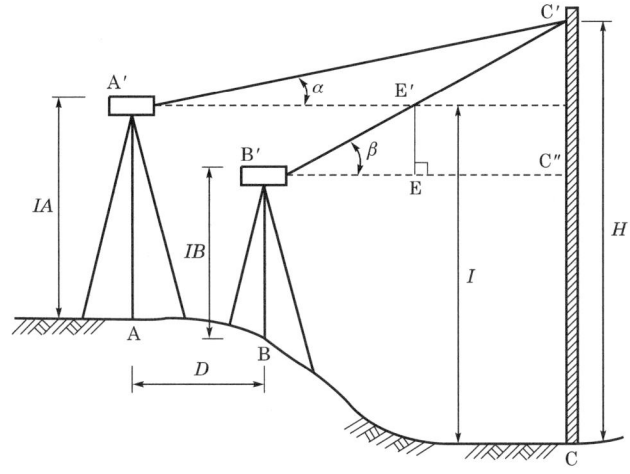

$\alpha = 24°55'20$,　　$\beta = 43°41'40'$
$D = 5.50\text{m}$,　　$IA = 1.35\text{m}$
$IB = 1.57\text{m}$,　　$H_A = 540.218\text{m}$
$H_B = 538.473\text{m}$,　$H_C = 497.645\text{m}$

### 해설

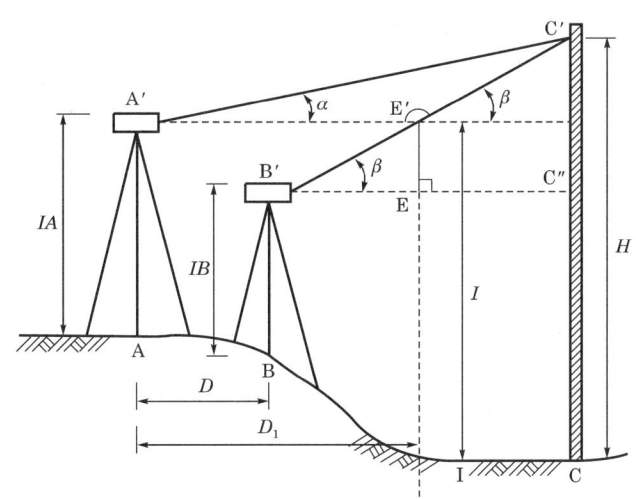

제3장. 수준 측량 **237**

(1) $H = I + A'C' \sin\alpha$ ········································· ①

(2) $\dfrac{A'C'}{\sin(180° - \beta)} = \dfrac{D_1}{\sin(180° - \alpha - (180° - \beta))}$ ········ ②

(3) $D_1 = D + \dfrac{EE'}{\tan\beta}$ ···································· ③

(4) $EE' = H_A + I_A - (H_B + I_B)$ ······························· ④

윗식을 정리하면

$$H = I + \frac{\sin\alpha \cdot \sin\beta}{\sin(\beta-\alpha)} \times \left(D + \frac{EE'}{\tan\beta}\right)$$

$$= (H_A + I_A - H_C) + \frac{\sin\alpha \cdot \sin\beta}{\sin(\beta-\alpha)} \times \left(D + \frac{EE'}{\tan\beta}\right)$$

$$= (540.218 + 1.35 - 497.645) + \left(\frac{\sin 24°55'20'' \times \sin 43°41'40''}{\sin(43°41'40'' - 24°55'20'')} \times 5.5\right.$$

$$\left.\frac{1.525}{\tan 43°41'40''}\right) = 50.342\text{m}$$

▶ $EE'$
$EE' = H_A + I_A - I_B - H_B = 540.218 + 1.35 - 1.57 - 538.473 = 1.525\text{m}$

❖ 별해

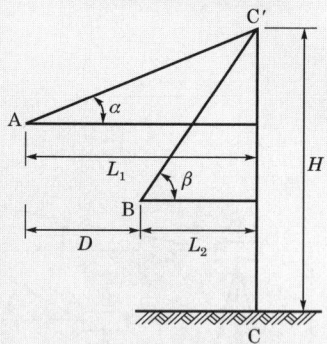

$H = H_A + IA + L_1 \tan\alpha - H_C$ ····················· ①
$H = H_B + IB + (L_1 - D)\tan\beta - H_C$ ············· ②

따라서 식을 정리하여 $L_1$을 구하면

$(H_A - H_B) + (IA - IB) + L_1(\tan\alpha - \tan\beta) + D\tan\beta = 0$

$1.745 - 0.22 + L_1(\tan 24°55'20'' - \tan 43°41'40'') + 5.5\tan 43°41'40'' = 0$

∴ $L_1 = 13.815\text{m}$

그러므로 구하고자 하는 $H$는 50.342m이다.

**09** 전자파 거리 측정기(EDM)로 경사 거리 165.360m(보정된 값)을 얻었다. 이때 두 점 A, B의 높이는 각각 457.401m, 455.389m이고, A점의 EDM 높이는 1.417m, B점의 반사경 높이는 1.615m이다. AB의 수평 거리는 몇 m인가?

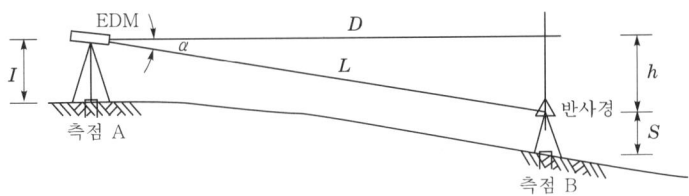

**해설**

AB 수평 거리$(D) = L \times \cos \alpha$

▶ $\alpha$
$H_A + I = H_B + S + h(L \sin \alpha)$
$457.401 + 1.417 = 455.389 + 1.615 + 165.360 \times \sin \alpha$
$\therefore \alpha = \sin^{-1}\left(\dfrac{1.814}{165.360}\right)$
$= 37' 42.77''$

그러므로
AB 수평 거리$(D) = L \times \cos \alpha$
$= 165.360 \times \cos 37' 42.77''$
$= 165.350 \text{m}$

**10** 1등 수준점 A에서 출발하여 1등 수준점 B로 폐합하는 수준 측량을 하여 다음과 같은 결과를 얻었다. 각 측점의 표고는 얼마인가? (단, A의 표고를 2.134m, 1등 수준점 B의 표고를 24.678m로 한다.)

| 측점 | 고저차 | | | 관측 표고 | 조정값 | 조정 표고 |
|---|---|---|---|---|---|---|
| | 왕측 | 복측 | 평균 | | | |
| A | | | | 2.134 | | |
| 1 | +3.643 | −3.651 | | | | |
| 2 | +25.325 | −25.31 | | | | |
| 3 | +78.476 | −78.488 | | | | |
| 4 | −18.934 | +18.945 | | | | |
| 5 | −52.717 | +52.706 | | | | |
| B | −13.282 | +13.292 | | | | |

| 측점 | 고저차 | | | 관측 표고 | 조정값 | 조정 표고 |
|---|---|---|---|---|---|---|
| | 왕측 | 복측 | 평균 | | | |
| A | | | | 2.134 | 0 | 2.134 |
| 1 | +3.643 | −3.651 | +3.647 | 5.781 | +0.006 | 5.787 |
| 2 | +25.325 | −25.31 | +25.318 | 31.099 | +0.012 | 31.111 |
| 3 | +78.476 | −78.488 | +78.482 | 109.581 | +0.018 | 109.599 |
| 4 | −18.934 | +18.945 | −18.940 | 90.641 | +0.024 | 90.665 |
| 5 | −52.717 | +52.706 | −52.712 | 37.929 | +0.030 | 37.959 |
| B | −13.282 | +13.292 | −13.287 | 24.642 | +0.036 | 24.678 |

- 오차 = 24.678 − 24.642 = 0.036m
- 조정량 = $\dfrac{0.036}{6}$ = 0.006m씩 증가함.

**11** 다음 수준 측량의 결과이다. 각각의 값을 구하시오. (단, 지반고는 소수점 아래 4자리에서 반올림할 것)

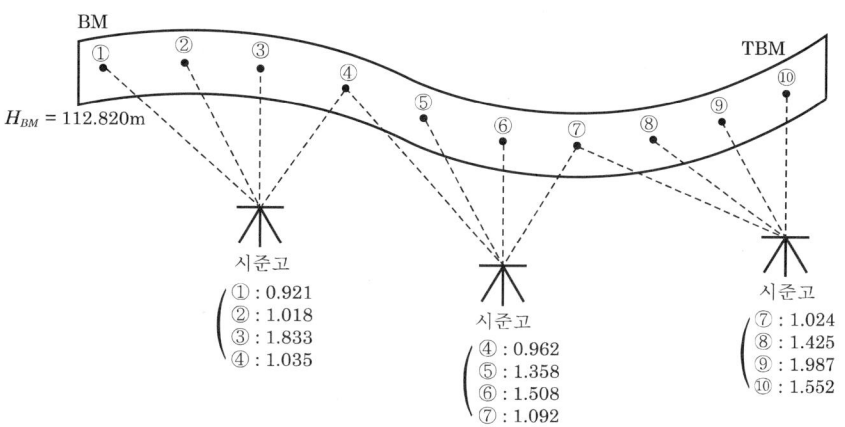

(1) 측량 결과를 보고 TBM 지반고를 구하시오.
(2) 모든 시준고가 0° 06′ 00″ 상위를 시준하였을 때 TBM 지반고를 계산하시오. (단, 전시는 30m, 후시는 100m이다.)
(3) 모든 함척이 앞으로 5° 00′ 00″ 기울어져 있을 때 TBM 지반고를 구하시오.

### 해설

(1) TBM 지반고

$$H_{TBM} = H_{BM} + (\Sigma BS - \Sigma FS)$$
$$= 112.820 + (0.921 + 0.962 + 1.024) - (1.035 + 1.092 + 1.552)$$
$$= 112.048 \text{m}$$

(2) 모든 시준고가 0° 06′ 00″ 상위를 시준하였을 때 TBM 지반고

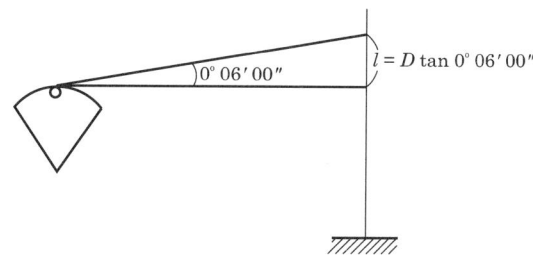

후시($l'$) $= D \tan \alpha = 100 \tan 0° 06′ 00″$
전시($l'$) $= D' \tan \alpha = 30 \tan 0° 06′ 00″$

$$H_{TBM} = H_{BM} + \{\sum BS - (100\tan 0°06'00'' \times 3)\}$$
$$- \{\sum FS - (30\tan 00°06'0'' \times 3)\}$$
$$= 112.820 + (2.907 - 0.524) - \{3.679 \times (-0.157)\}$$
$$= 111.681 \text{m}$$

(3) 함척이 앞으로 5° 00′ 00″ 기울어져 있을 때 TBM 지반고

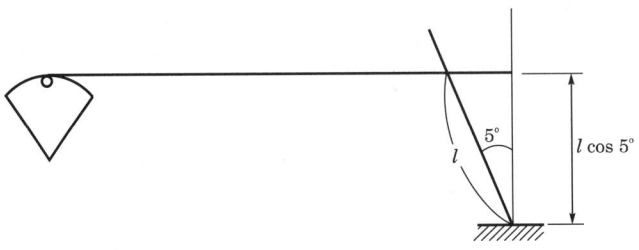

$$H_{TBM} = H_{BM} + (\sum BS \times \cos 5°) - (\sum FS \times \cos 5°)$$
$$= 112.820 + (2.907 \times \cos 5°) - (3.679 \times \cos 5°)$$
$$= 112.051 \text{m}$$

**12** 그림에서 C점의 표고를 계산하시오. $a_1=0.82$m, $a_2=1.43$m, $b_1=0.55$m, $b_2=1.11$m, $b_3=2.01$m, $c_1=1.32$m이다. (단, A점의 표고는 110.00m이다.)

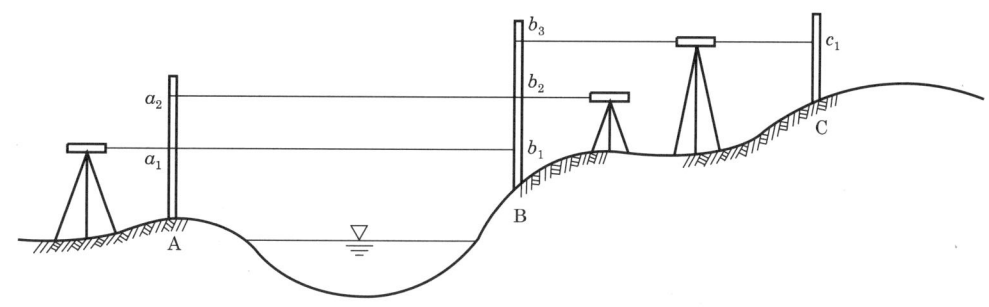

### 해설

(1) $H_C = H_B + b_3 - c_1$

(2) $H_B = H_A + \dfrac{(a_1-b_1)+(a_2-b_2)}{2}$

먼저 $H_B = 110 + \dfrac{(0.85-0.55)+(1.43-1.11)}{2} = 110.31$m

∴ $H_C = 110.31 + 2.01 - 1.32 = 111.00$m

$H_C = 111.00$m

**13** 어떤 협각을 갑, 을, 병 3인의 관측각에 의해 결정하고자 한다. 관측각은 다음과 같고 결정 협각은 얼마인가? (단, 초 이하 1자리까지 구하시오.) 또한 결정 협각의 평균 제곱 오차는 얼마인가?

갑 : $\alpha_1 = 68° 26' 32'' \pm 3.2''$

을 : $\alpha_2 = 68° 26' 27'' \pm 2.9''$

병 : $\alpha_3 = 68° 26' 25'' \pm 3.6''$

### 해설

**(1) 최확값**

$$68° 26' + \frac{(32'' \times 1) + (27'' \times 1.22) + (25'' \times 0.79)}{1 + 1.22 + 0.79} = 68° 26' 28.1''$$

▶ $\alpha$

경중률 $\propto \dfrac{1}{\text{오차}^2}$

$\dfrac{1}{3.2^2} : \dfrac{1}{2.9^2} : \dfrac{1}{3.6^2} = \dfrac{1}{10.24} : \dfrac{1}{8.41} : \dfrac{1}{12.91} = 1 : 1.22 : 0.79$

**(2) 평균 제곱 오차**

| 측정치 | $V$ | $V^2$ | $P$ | $PV^2$ |
|---|---|---|---|---|
| 68° 26′ 32″ | −3.9″ | 15.21 | 1 | 15.21 |
| 68° 26′ 27″ | 1.1″ | 1.21 | 1.22 | 1.4762 |
| 68° 26′ 25″ | 3.1″ | 9.61 | 0.79 | 7.5919 |

$$m_0 = \sqrt{\frac{\sum PV^2}{\sum P(n-1)}} = \sqrt{\frac{24.2781}{3.01 \times (3-1)}} = \pm 2.0''$$

그러므로 구하는 답은

결정 협각 : 68° 26′ 28.1″
평균 제곱 오차 : ±2.0″

**14** 3점 A, B, C로부터 P점으로 삼각 수준 측량한 결과이다. 오차가 거리에 비례한다고 가정하여 P점의 표고에 의한 최확치와 그 표준 오차를 구하시오. (단, 소수점 아래 4자리에서 반올림할 것, $K=0.14$)

| 측점 | 표고(m) | 경사 거리(m) | 연직각 | 기계 | 시준고(m) |
|---|---|---|---|---|---|
| A | 3.14 | 2,140.01 | 8° 12′ 57″ | 0.756 | 2.000 |
| B | 5.88 | 1,364.15 | 12° 48′ 39″ | 1.010 | 2.000 |
| C | 11.46 | 510.99 | 35° 28′ 10″ | 1.487 | 2.000 |

**해설**

(1) $H_P$

① $H_P = H_A + I + h - S + $ 양차

$= 3.14 + 0.756 + (2,140.01 \times \sin 8°12′57″) - 2$

$\quad + \dfrac{(2,140.01 \times \cos 8°12′57″)^2 \times (1-0.14)}{2 \times 6,370,000}$

$= 308.11 \text{m}$

② $H_P = H_B + I + h - S + $ 양차

$= 5.88 + 1.010 + (1,346.15 \times \sin 12°48′39″) - 2$

$\quad + \dfrac{(1,364.15 \times \cos 12°48′39″)^2 \times (1-0.14)}{2 \times 6,370,000}$

$= 307.486 \text{m}$

③ $H_P = H_C + I + h - S + $ 양차

$= 11.46 + 1.487 + (510.99 \times \sin 35°28′10″) - 2$

$\quad + \dfrac{(510.99 \times \cos 35°28′10″)^2 \times (1-0.14)}{2 \times 6,370,000}$

$= 307.470 \text{m}$

(2) 경중률($P$)

$$P_A : P_B : P_C = \dfrac{1}{(2,140.01)^2} : \dfrac{1}{(1,364.15)^2} : \dfrac{1}{(510.99)^2}$$

$$= \dfrac{1}{4,579,642.80} : \dfrac{1}{1,860,905.223} : \dfrac{1}{261,110.7801}$$

각항에 4,579,642.80을 곱하면

$P_A : P_B : P_C = 1 : 2.460998843 : 17.539077977$

(3) 최확치

$$H_P = \dfrac{(308.011 \times 1) + (307.486 \times 2.461) + (307.470 \times 17.539)}{1 + 2.461 + 17.539} = 307.498 \text{m}$$

### (4) 평균 제곱 오차

| 측점 | 최확치 | 관측값 | 잔차($V$) | $V^2$ | $P$ | $PV^2$ |
|---|---|---|---|---|---|---|
| A | 307.498 | 308.011 | −0.513 | 0.263169 | 1 | 0.263169 |
| B | 307.498 | 307.486 | 0.012 | 0.000144 | 2.460998843 | 0.0003543838335 |
| C | 307.498 | 307.470 | 0.028 | 0.000784 | 17.539077977 | 0.013750638 |

$$\therefore \sum P = 21, \quad \sum PV^2 = 0.278244357$$

따라서, 평균 제곱 오차는

$$\sqrt{\frac{\sum PV^2}{\sum P(n-1)}} = \sqrt{\frac{0.278244357}{21(3-1)}} = \pm 0.081 \text{m}$$

그러므로, 구하고자 하는 최확치는 307.498m이고, 표준 오차는 ±0.081m이다.

## 15

A점에서 B점의 고도각을 관측하여 다음 결과를 얻었다. B점의 표고를 구하시오. (단, $\alpha = 7°40'30''$, A점 표고=432.62m, AB의 거리=600m, 기계고 $i_1$=1.05m, 시준고 $i_2$=3.65m, $k$=0.14)

**해설**

$$H_B = H_A + I + h - S + \text{양차}\left(\frac{D^2(1-k)}{2R}\right)$$

$$= 432.62 + 1.05 + 600\tan 7°40'30'' - 3.65 + \left(\frac{600^2(1-0.14)}{2 \times 6{,}370 \times 10^3}\right)$$

$$= 510.90 \text{m}$$

**16** 삼각점 A에서 B의 표고를 구하기 위하여 그림과 같이 고도각 $\alpha_1$, $\alpha_2$를 쟀다. AB 거리를 1,700m, A의 표고가 $H_A = 368.19$m일 때 B의 평균 표고 $H_B$는 얼마인가? (단, 이 경우 양차는 0.2m로 한다.)

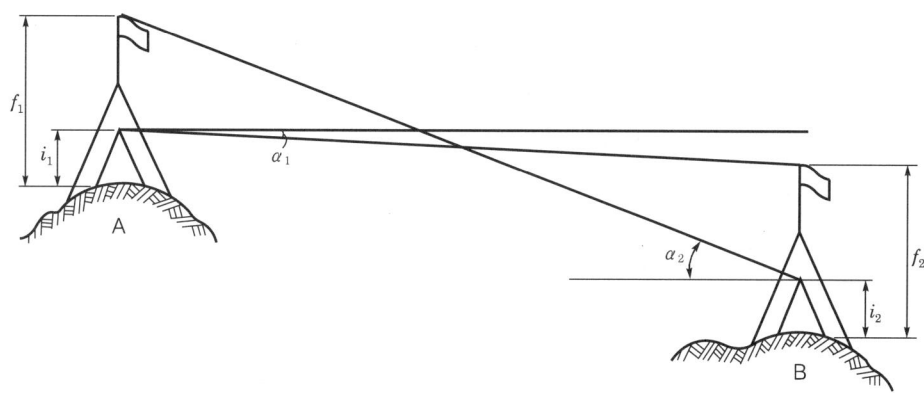

$$\alpha_1 = -2°14', \quad \alpha_2 = +2°22'$$
$$i_1 = 1.39\text{m}, \quad i_2 = 1.28\text{m}$$
$$f_1 = 4.20\text{m}, \quad f_2 = 2.89\text{m}$$

**해설**

$H_B = H_A + I + h - S +$ 양차$(k)$를 이용

(1) $H_B = H_A + i_1 - D\tan\alpha_1 - f_2 + k$
$\quad = 368.19 + 1.39 - (1,700\tan 2°14') - 2.89 + 0.2$
$\quad = 300.59\text{m}$

(2) $H_A = H_B + i_2 + D\tan\alpha_2 - f_1 + k$
$\quad \therefore H_B = H_A - i_2 - D\tan\alpha_2 + f_1 - k$
$\quad = 368.19 + 1.28 - (1,700\tan 2°22') + 4.2 - 0.2$
$\quad = 300.65\text{m}$

따라서, B점의 평균 표고$(H_2) = \dfrac{300.59 + 300.65}{2} = 300.62\text{m}$

**17** 말뚝 조정에서 A와 B의 중앙 M에 세운 기계로써 읽음값이 다음과 같다.

|  | 기계 M(중앙점) | P |
|---|---|---|
| A점의 표척 읽음 | 3.612 | 1.862 |
| B점의 표척 읽음 | 3.284 | 1.549 |

M은 중앙에 있고 P는 A점에서 4m, B점에서 54m에 있을 때
(1) 두 점간의 고저차는 얼마인가?
(2) P점에 있을 때 B점의 표척 읽음이 얼마가 되게 기포관을 조정해야 하는가? (단, 사용한 레벨의 감도는 20″이다.)
(3) 이때의 A점의 읽음값은 얼마가 되어야 하는가?
(4) 두 점간의 정확한 고저차는 얼마인가?

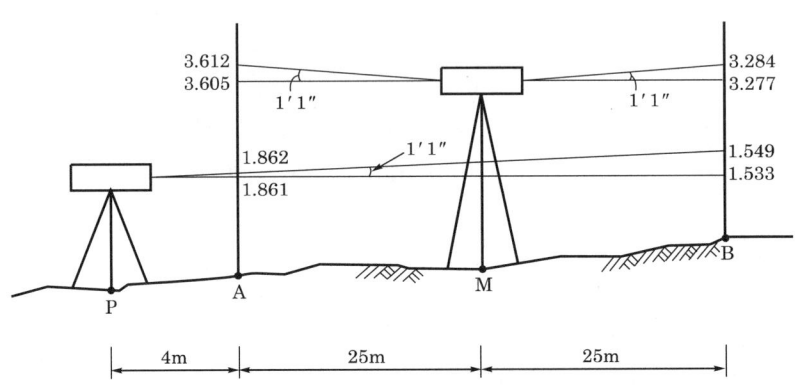

(1) 두 점간의 고저차는 얼마인가?
$$H = \frac{(a_1-b_1)+(a_2-b_2)}{2} = \frac{(3.612-3.284)+(1.862-1.549)}{2}$$
$$= 0.321\text{m}$$

(2) P점에 있을 때 B점의 표척 읽음이 얼마가 되게 기포관을 조정해야 하는가?
① 조정량$(e) = \frac{D+d}{D}\{(a_1-b_1)-(a_2-b_2)\}$
$= \frac{54}{50}\{(3.612-3.284)-(1.862-1.549)\}$
$= 0.016$

따라서,

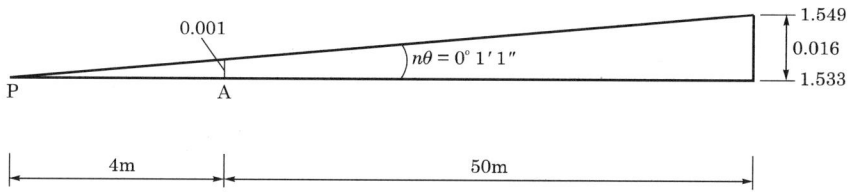

$$\tan\theta = \frac{0.016}{54}$$

따라서 $\theta = 0°1'1''$

그러므로, $n\theta = 0°1'1''$

$$\therefore n\theta = \frac{0°1'1''}{\theta} = \frac{0°1'1''}{20''} = \frac{61}{20} ≒ 3눈금$$

따라서 B점의 표척 읽음이 1.533이 되게 기포관을 3눈금 조정한다.

**(3) A점의 읽음값**

$1.862 - 4\tan 1'1'' = 1.861\text{m}$

**(4) 정확한 고저차**

$$H = \frac{(3.605 - 3.277) + (1.861 - 1.533)}{2} = 0.328\text{m}$$

**18** 다음은 직접 수준 측량 결과를 야장에 기입한 결과이다. 계산을 완성하기 위하여 공란 (a), (b), (c), (d), (e), (f), (g), (h), (i), (j), (k), (l), (m)에 알맞은 숫자를 넣으시오.

| 후시(BS) | 중간시(IS) | 전시(FS) | 승(+) | 강(-) | 지반고 | 비고 |
|---|---|---|---|---|---|---|
| 0.719 | | | | | 36.990 | B.M |
| | (a) | | | 0.591 | | |
| 1.234 | | 2.222 | | (b) | | |
| | (c) | | | 1.359 | | |
| | 1.314 | | (d) | | | |
| | 2.112 | | | (e) | | |
| | (f) | | | 0.069 | 34.540 | |
| (g) | | 2.374 | | 1.140 | | |
| | 0.981 | | 0.481 | | | |
| | (h) | | | 0.687 | 34.141 | |
| | 1.990 | | | (i) | | |
| | (j) | | 0.784 | | 34.603 | |
| (l) | | 1.786 | | (k) | | |
| | | (m) | | 0.945 | | |
| (합계)4.560 | | | | | | |

**해설**

(a) 0.719+0.591=1.310

(b) 0.719−2.222=1.503

(c) 1.234+1.359=2.593

(d) 1.234−1.314=−0.08

(e) 1.234−2.112=0.878

(f) 1.234+0.069=1.303

(g) 0.481+0.981=1.462

(h) 1.462+0.687=2.149

(i) 1.462−1.990=0.528

(j) 1.462−0.784=0.678

(k) 1.462−1.786=0.324

(l) 4.560−(0.719+1.234+1.462)=1.145

(m) 1.145+0.945=2.09

| 후시(BS) | 중간시(IS) | 전시(FS) | 승(+) | 강(−) | 지반고 | 비고 |
|---|---|---|---|---|---|---|
| 0.719 | | | | | 36.990 | B.M |
| | (a) 1.310 | | | 0.591 | | |
| 1.234 | | 2.222 | | (b) 1.503 | | |
| | (c) 2.593 | | | 1.359 | | |
| | 1.314 | | (d) −0.08 | | | |
| | 2.112 | | | (e) 0.878 | | |
| | (f) 1.303 | | | 0.069 | 34.540 | |
| (g) 1.462 | | 2.374 | | 1.140 | | |
| | 0.981 | | 0.481 | | | |
| | (h) 2.149 | | | 0.687 | 34.141 | |
| | 1.990 | | | (i) 0.528 | | |
| | (j) 0.678 | | 0.784 | | 34.603 | |
| (l) 1.145 | | 1.786 | | (k) 0.324 | | |
| | | (m) 2.090 | | 0.945 | | |
| (합계) 4.560 | | | | | | |

**19** 수준점 A, B 사이에 수준점 1, 2, 3, 4를 1km 간격으로 신설하여, 왕복 수준 측량을 행하여, 다음 표의 결과를 얻었다. 왕복 관측값의 교차가 허용 범위를 초과한 구간은 어느 구간인가? (단, 교차의 허용 범위는 $12\text{mm}\sqrt{L(\text{km})}$ 이다.)

| 측점 | 관측값 | 측점 | 관측값 |
|---|---|---|---|
| A | 0.000m | B | 0.000m |
| 1 | +13.156m | 4 | +6.591m |
| 2 | +9.265m | 3 | +4.311m |
| 3 | +15.635m | 2 | −2.071m |
| 4 | +17.928m | 1 | +1.831m |
| B | +11.328m | A | −11.334m |

 해설

| 구간 | 정 | 반 | 오차 |
|---|---|---|---|
| A−1 | 13.156 | 13.165 | 9mm |
| 1−2 | 3.891 | 3.902 | 11mm |
| 2−3 | 6.370 | 6.382 | 12mm |
| 3−4 | 2.293 | 2.280 | 13mm |
| 4−B | 6.600 | 6.591 | 9mm |

교차의 허용 범위는 $12\text{mm}\sqrt{L(\text{km})}$ 이므로
$12\sqrt{1} = 12\text{mm}$
따라서 허용 오차 12mm를 초과한 구간은 3−4구간이다.

## 20
그림과 같은 고저 측량망 또는 수준망에 있어서 고저 측량을 행한 결과 다음 값을 얻었다. 재측을 필요로 하는 노선은? (단, 폐합 오차는 7.5mm$\sqrt{L}$로 한다.)

| 노선 | 거리(km) | 고저차(m) |
|---|---|---|
| ① | 1 | +3.600 |
| ② | 2 | +1.385 |
| ③ | 1 | −5.023 |
| ④ | 1 | +1.105 |
| ⑤ | 1 | +2.523 |
| ⑥ | 0.5 | −3.912 |

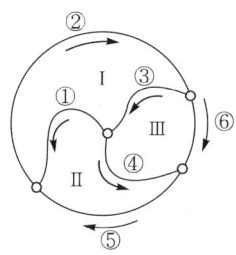

### 해설

먼저 구간별 오차를 구한 뒤 폐합 오차와 비교한다.

**(1) 구간별 고저차의 오차**

① Ⅰ구간 고저차의 오차
→ ①+②+③=0
→ 3.600+1.385−5.023 = −0.038m

② Ⅱ구간 고저차의 오차
→ ①−⑤−④=0
→ 3.600−2.523−1.105 = −0.028m

③ Ⅲ구간 고저차의 오차
→ ③+④−⑥=0
→ −5.023+1.105+3.912 = −0.006m

**(2) 구간별 폐합 오차**

① Ⅰ구간
$7.5\sqrt{4} = 0.015$m

② Ⅱ구간
$7.5\sqrt{3} = 0.013$m

③ Ⅲ구간
$7.5\sqrt{2.5} = 0.012$m

**(3) 재측을 필요로 하는 노선**

Ⅰ구간과 Ⅱ구간의 고저차의 오차가 폐합 오차의 허용 범위를 초과하므로 Ⅰ구간과 Ⅱ구간의 공통 노선 ①을 재측하여야 한다.

측량 및 지형공간정보 기사 · 산업기사 실기

# PART 2 응용 측량

1. 면적 및 체적 측량
2. 노선 측량
3. 사진 측량
4. 세부 측량

# 면적 및 체적 측량

제2편 | 응용 측량

## 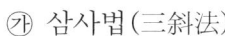 면적 계산

### (1) 면적의 정의

토지의 면적이란 토지를 둘러싼 경계선을 기준면(평균 해수면)에 투영시켰을 때의 넓이로 그 계산에는 수치 계산법과 도해 계산법 및 기기 측정법이 있다.

### (2) 직선에 둘러싸인 면적의 계산

① 삼각형법

면적 측정 방법으로는 삼사법과 협각법, 삼변법 등이 있다. 그림에서 삼각형 ABC의 변장을 $a$, $b$, $c$, 내각을 $\alpha$, $\beta$, $\gamma$, 높이를 $h$라 할 때 다음 공식을 사용한다.

㉮ 삼사법(三斜法)

$$A = \frac{1}{2}ah$$

㉯ 협각법

$$A = \frac{1}{2}ab\sin\gamma = \frac{1}{2}ac\sin\beta = \frac{1}{2}bc\sin\alpha$$

㉰ 삼변법(헤론의 공식)

$$A = \sqrt{s(s-a)(s-b)(s-c)}$$

단, $s = \frac{1}{2}(a+b+c)$

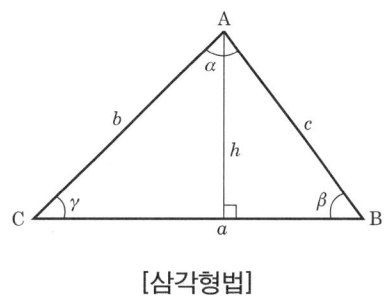

[삼각형법]

 예제 1

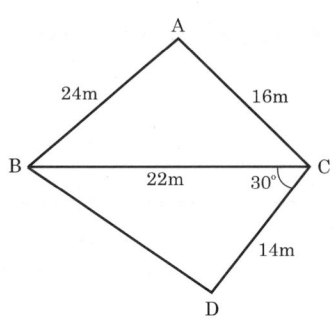

해설

① 삼각형 ABC의 면적(삼변법)

$$s = \frac{a+b+c}{2} = \frac{24+16+22}{2} = 31\text{m}$$

$$A_1 = \sqrt{s(s-a)(s-b)(s-c)} = \sqrt{31(31-24)(31-16)(31-22)} = 171.16\text{m}^2$$

② 삼각형 BCD의 면적(협각법)

$$A_2 = \frac{a \cdot b \cdot \sin\theta}{2} = \frac{22 \times 14 \times \sin 30°}{2} = 77\text{m}^2$$

$$\therefore A = A_1 + A_2 = 171.16 + 77 = 248.16\text{m}^2$$

② **좌표법**

각 측점 사이의 거리 및 방위각을 알 수 없으나 그 점들의 좌표를 알고 있을 때 그 점들로 구성된 면적을 측정하는 방법이다.

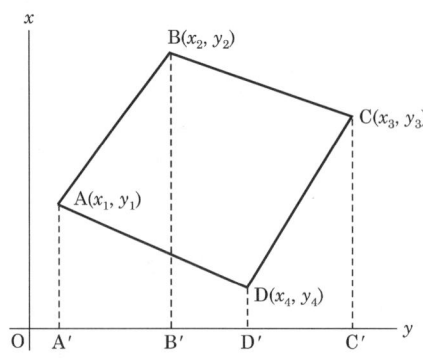

[좌표에 의한 방법]

$$A = (A'ABB') + (B'BCC') - (A'ADD') - (D'DCC')$$

여기서, $A'ABB' : \frac{1}{2}(x_1+x_2)(y_2-y_1)$,  $B'BCC' : \frac{1}{2}(x_2+x_3)(y_3-y_2)$

$A'ADD' : \frac{1}{2}(x_1+x_4)(y_4-y_1)$,  $D'DCC' : \frac{1}{2}(x_4+x_3)(y_3-y_4)$

그러므로,

$$A = \frac{1}{2}\{(x_1+x_2)(y_2-y_1)+(x_2+x_3)(y_3-y_2)$$
$$-(x_1+x_4)(y_4-y_1)-(x_4+x_3)(y_3-y_4)\}$$

또는,

$$A = \frac{1}{2}\{x_1(y_2-y_4)+x_2(y_3-y_1)+x_3(y_4-y_2)+x_4(y_1-y_3)\}$$

$$A = \frac{1}{2}\{y_1(x_4-x_2)+y_2(x_1-x_3)+y_3(x_2-x_4)+y_4(x_3-x_1)\}$$

그러므로, 다각형의 면적을 구하는 일반식은 다음과 같다.

$$A = \frac{1}{2}\{y_1(x_n-x_2)+y_2(x_1-x_3)+y_3(x_2-x_4)+\cdots\cdots+y_n(x_{n-1}-x_1)\}$$

$$A = \frac{1}{2}\sum y_n(x_{n-1}-x_{n+1})$$

또는,

$$A = \frac{1}{2}\{x_1(y_n-y_2)+x_2(y_1-y_3)+x_3(y_2-y_4)+\cdots\cdots+x_n(y_{n-1}-y_1)\}$$

$$A = \frac{1}{2}\sum x_n(y_{n-1}-y_{n+1})$$

> **참고**
>
> **간이 계산법**
>
>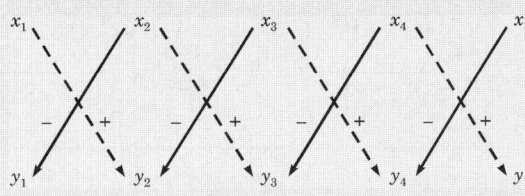
>
> 즉, 각 측점의 $X(Y)$좌표를 윗줄에, $Y(X)$좌표를 아랫줄에 순서대로 쓰고, 각 측점의 $x$와 그 전후의 $y$값을 곱하여 합계를 구하면 배면적이 구해진다.
>
> 그림과 같이 오른쪽을 향한 점선은 (+), 왼쪽을 향한 실선은 (−)로 하여 계산한다.
>
> $$A = \frac{1}{2}\sum x_i(y_{i+1}-y_{i-1}) = \frac{1}{2}\sum y_i(x_{i+1}-x_{i-1})$$

 **예제 2** 그림과 같은 트래버스의 면적을 구하시오.

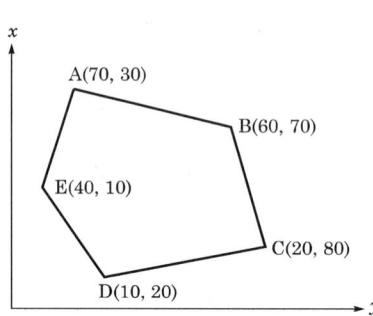

[좌표에 의한 면적 계산]

① 좌표법

| 측점 | $x$ | $y$ | $(y_{i-1}-y_{i+1})x$ |
|---|---|---|---|
| A | 70 | 30 | $(10-70)\times70=-4,200$ |
| B | 60 | 70 | $(30-80)\times60=-3,000$ |
| C | 20 | 80 | $(70-20)\times20=1,000$ |
| D | 10 | 20 | $(80-10)\times10=700$ |
| E | 40 | 10 | $(20-30)\times40=-400$ |

$$\therefore \sum = -5,900$$

$\therefore 2A = -5,900$

$\therefore A = \dfrac{|-5,900|}{2} = 2,950 \text{m}^2$

② 간이 계산법

$$\dfrac{30}{\oplus 70 \ominus} \searrow \dfrac{70}{\oplus 60 \ominus} \searrow \dfrac{80}{\oplus 20 \ominus} \searrow \dfrac{20}{\oplus 10 \ominus} \searrow \dfrac{10}{\oplus 40 \ominus} \searrow \dfrac{30}{\oplus 70 \ominus}$$

$2A = (30\times60) + \{70\times(-70)\} + (70\times20) + \{80\times(-60)\} + (80\times10) + \{20\times(-20)\}$
$\quad + (20\times40) + \{10\times(-10)\} + (10\times70) + \{30\times(-40)\}$

$2A = -5,900 \quad \therefore A = \dfrac{|-5,900|}{2} = 2,950\text{m}^2$

③ **배횡거법**

폐합 트래버스에서 조정 계산을 하고 각 변의 위거, 경거가 산출되었다면 그들의 값을 이용하여 면적을 계산할 수 있다.

$$2A = \sum\{(각\ 측선의\ 배횡거)\times(각\ 측선의\ 조정\ 위거)\}$$

## (3) 곡선으로 둘러싸인 면적의 계산

### ① 지거법

㉮ 사다리꼴 공식 : 간격($d$)를 좁게 나누면 곡선을 직선으로 볼 수 있다.

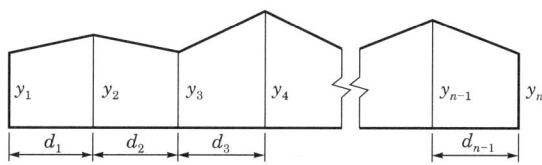

[사다리꼴의 공식에 의한 방법]

$$A = d_1\left(\frac{y_1+y_2}{2}\right) + d_2\left(\frac{y_2+y_3}{2}\right) + \cdots\cdots + d_{n-1}\left(\frac{y_{n-1}+y_n}{2}\right)$$

$$\therefore A = d\left(\frac{y_1+y_n}{2} + y_2 + y_3 + y_4 + \cdots\cdots + y_{n-1}\right)$$

$(d_1 = d_2 = d_3 \cdots\cdots = d_{n-1} = d$ 일 때)

㉯ 심프슨(Simpson)의 제1법칙($\frac{1}{3}$법칙) : 지거 간격($d$)을 일정하게 나눈다.

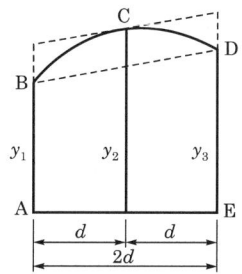 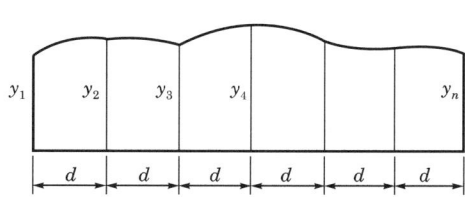

[심프슨 제1법칙에 의한 면적 계산]

지거 간격을 2개씩 1조로 하여 이 부분의 경계선을 2차 포물선으로 가정하면

A = {사다리꼴(ABDE) + 포물선(BCD)}

($\therefore$ 포물선 면적은 직사각형의 $\frac{2}{3}$이다.)

$$= \left(\frac{y_1+y_3}{2} \times 2d\right) + \left[\left\{d \times \left(y_2 - \frac{y_1+y_3}{2}\right) \times \frac{2}{3}\right\} \times 2개\right]$$

(∵ 같은 방법으로 정리하면)

$$= \frac{d}{3}\{y_1 + y_n + 4(y_2 + y_4 + \cdots + y_{n-1}) + 2(y_3 + y_5 + \cdots + y_{n-2})\}$$

$$A = \frac{d}{3}(y_1 + y_n + 4\Sigma y \text{ 짝수} + 2\Sigma y \text{ 홀수})$$

여기서, $n$ : 지거의 수이며 홀수이어야 한다.
(만일, 마지막 지거($n$)의 수가 짝수일 때는 따로 사다리꼴 공식으로 계산하여 합산한다.)

㉰ 심프슨(Simpson)의 제2법칙($\frac{3}{8}$ 법칙)

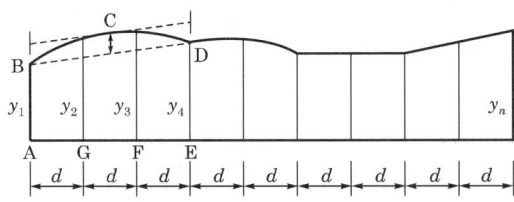

[심프슨 제2법칙에 의한 면적 계산]

지거 간격을 3개씩 1조로 하여 그 부분의 경계선을 3차 포물선으로 가정하면
$A =$ {사다리꼴(ABDE) + 3차 포물선(BCD)}

(∵ 3차 포물선 면적은 직사각형의 $\frac{3}{4}$ 이다.)

$$= \left(\frac{y_1 + y_4}{2} \times 3d\right) + \left[3d \times \left(\frac{y_2 + y_3}{2} - \frac{y_1 + y_4}{2}\right) \times \frac{3}{4}\right]$$

(∵ 같은 방법으로 정리하면)

$$A = \frac{3d}{8}\{y_1 + y_n + 3(y_2 + y_3 + y_5 + y_6 + \cdots) + 2(y_4 + y_7 + \cdots)\}$$

여기서, $n$ : 지거의 수이며 $n-1$이 3배수이어야 한다. 남은 면적은 사다리꼴 공식으로 계산하여 합산한다.

**예제 3** 다음 그림과 같은 지형의 면적을 사다리꼴의 공식, 심프슨 제1법칙, 심프슨 제2법칙으로 구하여 그 차를 비교하시오.

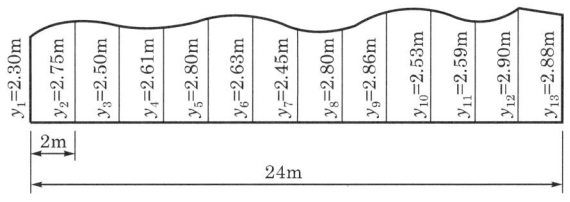

[단면적 계산의 예]

**해설**

① 사다리꼴의 공식

$$A = 2\left(\frac{2.30+2.88}{2} + 2.75 + 2.50 + 2.61 + 2.80 + 2.63 + 2.45 + 2.80 + 2.86 + 2.53\right.$$
$$\left. + 2.59 + 2.90\right) = 64.02\text{m}^2$$

∴ $A = 64.02\text{m}^2$

② 심프슨 제1법칙에 의하여

우선, $d=2\text{m}$, $y_1 = 2.30\text{m}$, $y_{13} = 2.88\text{m}$

㉮ $y_2 + y_4 + \cdots + y_{12} = 2.75 + 2.61 + 2.63 + 2.80 + 2.53 + 2.90 = 16.22\text{m}$

㉯ $y_3 + y_5 + \cdots + y_{11} = 2.50 + 2.80 + 2.45 + 2.86 + 2.59 = 13.2\text{m}$

$$A = \frac{2}{3} \times (2.30 + 2.88 + 4 \times 16.22 + 2 \times 13.2) = 64.31\text{m}^2$$

∴ $A = 64.31\text{m}^2$

③ 심프슨 제2법칙에 의하여

우선, $d=2\text{m}$, $y_1 = 2.30\text{m}$, $y_{13} = 2.88\text{m}$

㉮ $y_2 + y_3 + y_5 + y_6 + y_8 + y_9 + y_{11} + y_{12}$
$= 2.75 + 2.50 + 2.80 + 2.63 + 2.80 + 2.86 + 2.59 + 2.90$
$= 21.83\text{m}$

㉯ $y_4 + y_7 + y_{10} = 2.61 + 2.45 + 2.53 = 7.59\text{m}$

$$A = \frac{3}{8} \times 2 \times (2.30 + 2.88 + 3 \times 21.83 + 2 \times 7.59) = 64.39\text{m}^2$$

∴ $A = 64.39\text{m}^2$

② **구적기(플래니미터)법**

㉮ 도면의 축척과 구적기의 축척이 같을 경우

$A = C \cdot n$

여기서, $C$ : 플래니미터 정수
$n : (n_2 - n_1)$

㉯ 도면의 축척과 구적기의 축척이 다를 경우

$$A = \left(\frac{S}{L}\right)^2 \cdot C \cdot n$$

여기서, $S$ : 도형의 축척 분모수
$L$ : 구적기 축척 분모수

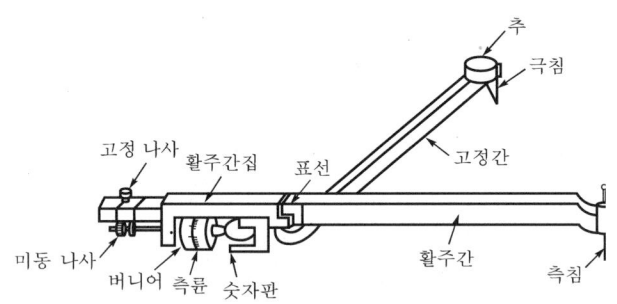

[플래니미터의 각부 명칭]

**예제 4** 극식 플래니미터를 이용하여 활주간의 위치를 축척 $\frac{1}{500}$의 표선에 맞추고, 축척 $\frac{1}{800}$의 도상 면적을 측정하여 제1읽음값 3,825, 제2읽음값 5,966의 결과를 얻었다. 실제 면적을 구하시오.

**해설**

$$A = \left(\frac{S}{L}\right)^2 \cdot C \cdot n$$

여기서, $C = 5$,
$S = 800$
$L = 500$
$n = 5,966 - 3,825 = 2,141$

$A = \left(\frac{S}{L}\right)^2 \cdot C \cdot n = \left(\frac{800}{500}\right)^2 \times 5 \times 2,141 = 27,404.8 \text{m}^2$

∴ $A = 27,405 \text{m}^2$

## (4) 면적 분할

어느 토지를 두 개 이상으로 나누는 것을 면적 분할이라 한다.

① **삼각형의 분할**

㉮ 한 변에 평행한 직선에 의한 분할

㉠ 1변에 평행한 직선에 따른 분할

△ABC를 $m:n$으로 BC//DE로 분할할 때

$$\frac{\triangle ADE}{\triangle ABC} = \frac{m}{m+n} = \left(\frac{DE}{BC}\right)^2 = \left(\frac{AD}{AB}\right)^2 = \left(\frac{AE}{AC}\right)^2$$

$$\therefore AD = AB\sqrt{\frac{m}{m+n}}$$

$$\left[\because AE = AC\sqrt{\frac{m}{m+n}}\right]$$

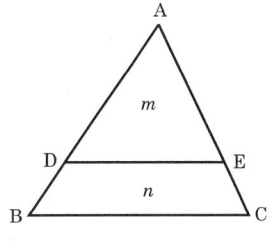

[1변에 평행한 분할]

㉡ 1변의 임의의 정점을 통하는 분할

△ABC를 $m:n$으로 정점 D를 통하여 분할할 때

$$\frac{\triangle ADE}{\triangle ABC} = \frac{m}{m+n} = \frac{(AD \cdot AE)}{(AB \cdot AC)}$$

$$\therefore AD = \frac{AB \cdot AC}{AE} \cdot \frac{m}{m+n}$$

$$\left[\because AE = \frac{AB \cdot AC}{AD} \cdot \frac{m}{m+n}\right]$$

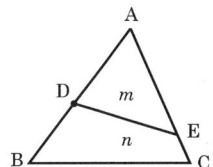

[1변의 정점(D점)을 통한 분할]

㉢ 삼각형의 꼭지점(정점)을 통하는 분할

△ABC를 $m:n$으로 정점 A를 통하여 분할할 때

$$\frac{\triangle ABD}{\triangle ABC} = \frac{m}{m+n} = \frac{BD}{BC}$$

$$\left(\frac{\triangle ABD}{\triangle ABC} = \frac{\frac{BC \times h}{2}}{\frac{BC \times h}{2}}\right)$$

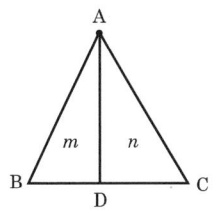

[꼭지점(정점)을 통한 분할]

$$\therefore BD = BC \cdot \frac{m}{m+n} \quad \left[\because DC = BC \cdot \frac{n}{m+n}\right]$$

② 사다리꼴 분할

$$\overline{AP} = \overline{AB}\,\frac{\overline{PQ}-\overline{AD}}{\overline{BC}-\overline{AD}}$$

$$\overline{DQ} = \overline{CD}\,\frac{\overline{PQ}-\overline{AD}}{\overline{BC}-\overline{AD}}$$

$$\overline{PQ} = \sqrt{\frac{m\overline{BC}^2 + n\overline{AD}^2}{m+n}}$$

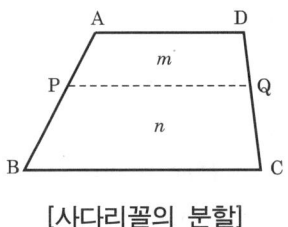

[사다리꼴의 분할]

**예제 5** 그림에서 $\overline{AB}=16.42\text{m}$, $\overline{BC}=18.56\text{m}$, $\overline{AC}=14.08\text{m}$일 때 BC에 나란한 DE로 면적을 분할할 때 $\overline{AD}$와 $\overline{AE}$를 구하시오. (단, △ADE : △ABC = 2 : 5이다.)

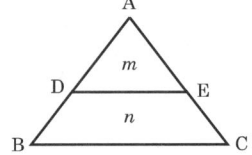

해설

$$\overline{AD} = \overline{AB}\cdot\sqrt{\frac{m}{m+n}} = 16.42\cdot\sqrt{\frac{2}{5}} = 10.25\text{m}$$

$$\overline{AE} = \overline{AC}\cdot\sqrt{\frac{m}{m+n}} = 14.08\cdot\sqrt{\frac{2}{5}} = 8.90\text{m}$$

**예제 6** 그림과 같은 토지의 한 변 BC = 52m상의 점 D와 AC = 46m상의 점 E를 연결하여 △ABC의 면적을 2등분하려면 AE의 길이를 얼마로 하면 좋은가?

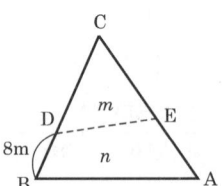

해설

$$CE = \frac{AC\times BC}{CD}\times\frac{n}{m+n} = \frac{46\times 52}{44}\times\frac{1}{2} = 27.2\text{m}$$

$$\therefore\ AE = AC - CE = 46 - 27.2 = 18.8\text{m}$$

## (5) 체적 계산

체적(용적)은 토공량 및 저수 용량을 산정하는 것으로 철도, 도로, 수도 등에서 단면간의 토공량(절토량, 성토량)을 산정하는 단면법, 건물 부지의 지균(地均)이나 토취장 및 토사장의 용적 측정 등 넓은 지역의 택지 공사에 쓰이는 점고법, 주로 건물 부지의 지균 및 저수지 용량 추정에 사용되는 등고선법 등이 있다.

### ① 단면법

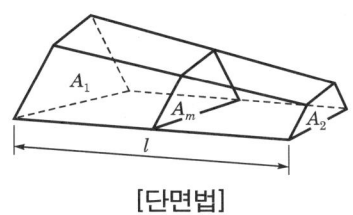

[단면법]

㉮ 양단면 평균법(end area formula)

$$\therefore V = \frac{1}{2}(A_1 + A_2) \cdot l$$

여기서, $A_1, A_2$ : 양끝 단면적
$A_m$ : 중앙 단면적
$l$ : $A_1$에서 $A_2$까지의 길이

㉯ 중앙 단면법(middle area formula)

$$\therefore V = A_m \cdot l$$

㉰ 각주 공식(prismoidal farmula) → 심프슨 제1법칙 적용

$$\therefore V = \frac{l/2}{3}(A_1 + 4A_m + A_2)$$

> **참고**
>
> **단면법**
> ① 단면법은 철도, 도로, 수로 등에서 단면간의 토공량(절토량, 성토량)을 계산할 때 사용된다.
> ② 단면법에 의해 구해진 토량은 일반적으로
> 양단면 평균법(과다) > 각주 공식(정확) > 중앙 단면법(과소)을 갖는다.

② 점고법

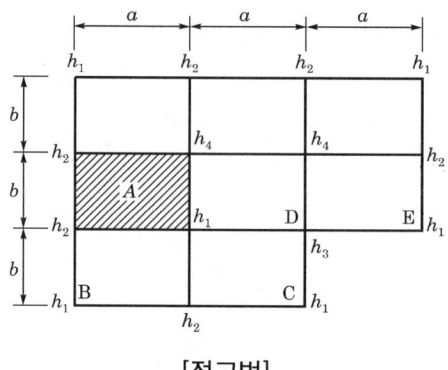

[점고법]

㉮ 사각형으로 분할시(사분법)

$$체적(V) = \frac{A}{4}(\sum h_1 + 2\sum h_2 + 3\sum h_3 + 4\sum h_4)$$

$$시공\ 기준고(계획고)(H) = \frac{V}{nA}$$

여기서, $A$ : 사각형으로 분할된 1개 면적($A = a \times b$)
  $h_1, h_2, \cdots\cdots h_n$ : 귀퉁이의 낀 각수로서 높이 표시
  $n$ : 분할된 면적의 개수

㉯ 삼각형으로 분할시(사분법)

$$\therefore V = \frac{A}{3}(\sum h_1 + 2\sum h_2 + \cdots\cdots + n\sum h_n)$$

여기서, $A$ : 삼각형으로 분할된 1개 면적$\left(A = \frac{a \cdot b}{2}\right)$
  $h_n$ : 귀퉁이의 각수로서 높이 표시(8개까지 분할)

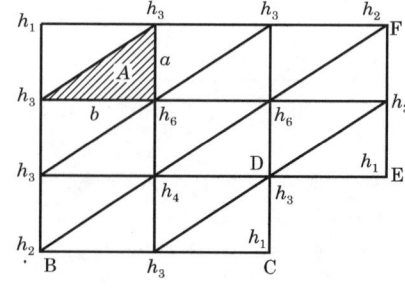

[점고법]

 **예제 7** 그림과 같은 지역의 토량을 직사각형 분할법과 삼각형 분할법으로 구하시오.

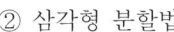

① 직사각형 분할법

$\sum h_1 = 1.42 + 1.84 + 1.84 + 2.48 = 7.58\text{m}$

$\sum h_2 = 1.56 + 1.96 + 2.22 + 2.06 + 1.72 + 1.68$
$\quad\quad = 11.2\text{m}$

$\sum h_4 = 1.80 + 1.92 = 3.72\text{m}$

$\therefore V = \dfrac{A}{4}(\sum h_1 + 2\sum h_2 + 4\sum h_4)$

$\quad = \dfrac{150}{4}(7.58 + 2 \times 11.2 + 4 \times 3.72)$

$\quad = 1,682.25\text{m}^3$

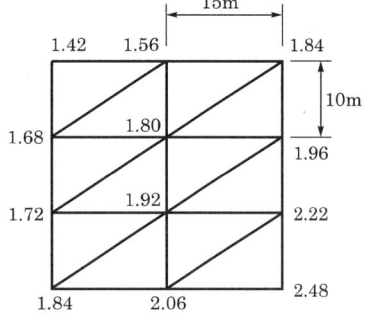

② 삼각형 분할법

$\sum h_1 = 1.42 + 2.48 = 3.90\text{m}$

$\sum h_2 = 1.84 + 1.84 = 3.68\text{m}$

$\sum h_3 = 1.56 + 1.96 + 2.22 + 2.06 + 1.72 + 1.68 = 11.2\text{m}$

$\sum h_6 = 1.80 + 1.92 = 3.72\text{m}$

$\therefore V = \dfrac{A}{3}(\sum h_1 + 2\sum h_2 + 3\sum h_4 + 6\sum h_6)$

$\quad = \dfrac{75}{3}(3.9 + 2 \times 3.68 + 3 \times 11.2 + 6 \times 3.72) = 1,679.5\text{m}^3$

③ 등고선법

심프슨 제1법칙을 적용한다.

$$V = \dfrac{h}{3}\{A_1 + A_n + 4(A_2 + A_4 + \cdots) + 2(A_3 + A_5 + \cdots)\}$$

여기서, $h$ : 등고선 간격

$A_1, A_2, A_n$ : 각 등고선으로 둘러싸인 면적

$n$ : 홀수이어야 함

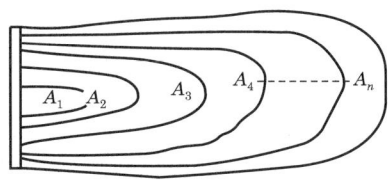

[등고선법]

제1장. 면적 및 체적 측량

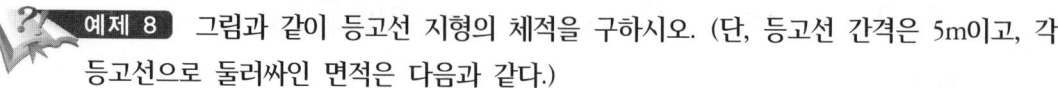

**예제 8** 그림과 같이 등고선 지형의 체적을 구하시오. (단, 등고선 간격은 5m이고, 각 등고선으로 둘러싸인 면적은 다음과 같다.)

$215m : A_1 = 3,800m^2,$  $\quad\quad 220m : A_2 = 2,900m^2$
$225m : A_3 = 1,800m^2,$  $\quad\quad 230m : A_4 = 900m^2$
$235m : A_5 = 200m^2$

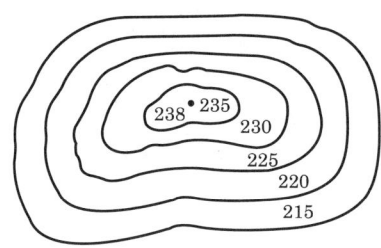

[등고선법의 예]

**해설**

각주 공식과 원뿔 공식에 의하여

$$V = \frac{h}{3}\{(A_1 + A_5) + 4(A_2 + A_4) + 2A_3\}$$
$$= \frac{5}{3} \times \{3,800 + 200 + 4 \times (2,900 + 900) + 2 \times 1,800\}$$
$$= 38,000 m^3$$

④ 유토(토적) 곡선(mass curve)에 의한 토공량 계산

㉮ 유토(토적) 곡선

측량 성과로 이루어진 종단면도와 횡단면도에서 각 측점에서의 토공량을 계산하여 토공량을 해당 측점에 집중하는 것으로 생각하여, 절토면 정(+), 성토면 부(-)로 하고 순차적으로 각 측점에 대하여 대수합을 구하고, 이것을 적절한 축척으로 작도하여 얻어진 곡선이 유토 곡선(토적 곡선 : mass curve)이다.

토량 배분에는 토적도(또는 토적 곡선(mass curve))를 이용하는 것이 편리하며, 토적도를 작성하려면 먼저 토량 계산서를 작성하여야 한다.

㉯ 토량 계산서 작성

㉠ 측량에 의한 종횡 단면도에서 각 측점마다 절토와 성토량을 계산한다.

㉡ 토량의 변화율을 고려한다.

$$\left(\because C = \frac{\text{다져진 후의 토량}(\text{m}^3)}{\text{본바닥 자연 상태인 토량}(\text{m}^3)}\right)$$

절토 보정 토량 = 성토량 × $\frac{1}{C}$ (토적도를 절토량으로 작성하는 경우)

성토 보정 토량 = 절토량 × $C$ (토적도를 성토량으로 작성하는 경우)

ⓒ 토량의 계산은 토량 계산서를 작성하여 토량 변화율을 고려한 보정 토량을 각 측점마다 계산하여 차인 토량(差引土量)과 누가 토량(累加土量)을 계산한다.

㉰ 유토(토적 : mass curve) 곡선 작성

ⓐ 측량 결과에 의해 종횡 단면도를 그린다.

ⓑ 종단면도 아래에 토적 곡선을 그린다. 이때 누가 토량에 의해 토적 곡선을 작성한다.

ⓒ 기선 $\overline{ab}$를 그리고, 횡축에 누가 토량을 취하고, 종축에 거리를 취하여 종단면도의 각 측점에 대응해서 누가 토량을 plot해서 토적 곡선이 작도된다.

㉱ 유토 곡선의 성질

ⓐ 곡선의 하향 구간은 성토 구간, 상향 구간은 절토 구간이다.

ⓑ 곡선의 저점은 성토에서 절토로, 정점은 절토에서 성토로 옮기는 변이점이다. 변이점은 반드시 종단면의 지반면과 성토 계획면과의 교차점 바로 아래에 오지는 않는다.

ⓒ 극대치와 그 다음에 오는 극대치와의 두 점간의 종거의 차는 이 2점간의 전체 절토 또는 성토로서, 전체 토공량을 표시하는 것이다.

ⓓ 수평선이 유토 곡선을 자르는 양점간에서는 절토는 바로 성토와 균형된 것이다. 이 수평선은 토공 평형선(balancing line)이라 한다.

ⓔ 기선($\overline{ab}$)에서 임의의 평행선을 그었을 때 인접하는 교차점(d와 f) 사이의 토공량은 절토와 성토가 평형하고 있다. 그림에서 곡선 def에서는 d에서 e까지의 절토량이 e에서 f까지의 성토량과 같다.

ⓕ 평형선에서 곡선까지의 높이는 절토에서 성토까지의 운반 토량을 표시한다. 즉, 곡선 def에서 전토량, 즉, 운반 토량 $\overline{re}$로 표시한다.

ⓖ 절토에서 성토까지의 평균 운반 거리는 절토, 성토에서 중심간의 거리로 표시한다. 즉, def에서 종거리 $\overline{re}$의 중간점 s를 구해서 그를 지나는 수평선을 그어 곡선과 교차하는 점을 p, q라 할 때, 그 길이가 평균 운반 거리($\overline{pq}$)를 표시한다.

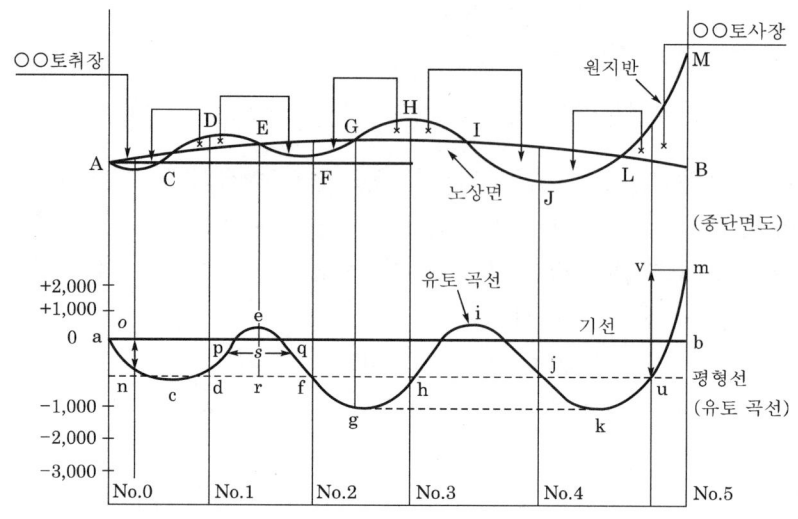

[종단면도와 유토 곡선]

㉮ 유토 곡선을 작성하는 이유

㉠ 시공 방법을 결정한다.

㉡ 평균 운반 거리를 산출한다.

㉢ 운반 거리에 의한 토공 기계의 선정을 할 수 있다.

㉣ 토량을 배분한다.

# 기/초/문/제

**01** 다음 ABCD 사각형 면적을 구하시오

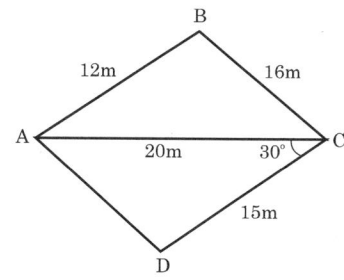

### 해설

(1) $s = \dfrac{1}{2}(a+b+c) = \dfrac{1}{2}(12+16+20) = 24$

$A_1 = \sqrt{s(s-a)(s-b)(s-c)} = \sqrt{24(24-12)(24-16)(24-20)} = 96\text{m}^2$

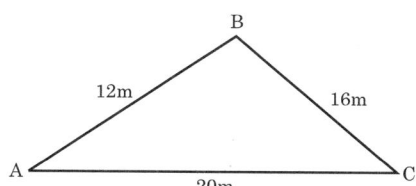

(2) $A_2 = \dfrac{a \times b \times \sin\theta}{2} = \dfrac{1}{2}(20 \times 15 \times \sin 30°) = 75\text{m}^2$

따라서, 면적$(A) = A_1 + A_2 = 96 + 75 = 171\text{m}^2$

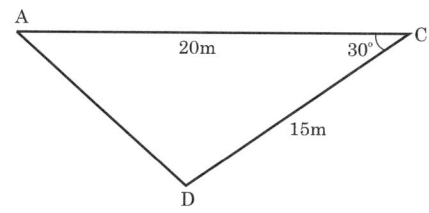

## 02 다음 그림과 같은 면적을 계산하시오.

(1) 심프슨 제1법칙으로 계산하라.
(2) 심프슨 제2법칙으로 계산하라.

### 해설

(1) 심프슨 제1법칙

$$A = \frac{d}{3}\{y_1 + y_n + 4(짝수) + 2(홀수)\}$$
$$= \frac{5}{3}\{9 + 15.1 + 4 \times (10.3 + 7.15 + 11.35) + 2 \times (7 + 9)\} = 285.5\text{m}^2$$

(2) 심프슨 제2법칙

$$A = \frac{3}{8}(y_1 + y_n + 3중 + 2가)$$
$$= \frac{3}{8} \times 5\{9 + 15.10 + 3(10.30 + 7.00 + 9.00 + 11.35) + (2 \times 7.15)\}$$
$$= 283.8\text{m}^2$$

**03** 다각 측량을 하여 A, B, C, D, E의 좌표값을 얻었다. 면적을 구하시오.

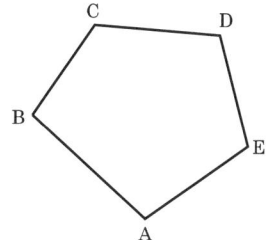

| 측점 | $X$(m) | $Y$(m) |
|---|---|---|
| A | 120 | 170 |
| B | 300 | 80 |
| C | 450 | 150 |
| D | 400 | 200 |
| E | 150 | 250 |

**해설**

좌표법에 의해서

| 측점 | $X$(m) | $Y$(m) | $(X_{i-1}-X_{i+1})Y_i$ |
|---|---|---|---|
| A | 120 | 170 | $(150-300)\times 170 = -25{,}500$ |
| B | 300 | 80 | $(120-450)\times 80 = -26{,}400$ |
| C | 450 | 150 | $(300-400)\times 150 = -15{,}000$ |
| D | 400 | 200 | $(450-150)\times 200 = 60{,}000$ |
| E | 150 | 250 | $(400-120)\times 250 = 70{,}000$ |

∴ 배면적 $=\Sigma 63{,}100$

∴ 면적$(A) = \dfrac{배면적}{2} = \dfrac{63{,}100}{2} = 31{,}550\,\mathrm{m}^2$

**04** 축척 $\dfrac{1}{1{,}200}$로 그려진 도면의 면적을 구하기 위해 구적기의 측간을 2□m, 1 : 600에 맞추고 극점을 도형 외에 설치하여 정회전시켜 제1독수 1,536, 제2독수 1,826을 얻었다면 면적은 얼마인가?

**해설**

$$A = \left(\dfrac{S}{L}\right)^2 \times C \times n$$
$$= \left(\dfrac{1{,}200}{600}\right)^2 \times 2 \times (1{,}826 - 1{,}536)$$
$$= 2{,}320\,\mathrm{m}^2$$

∴ 면적 $= 2{,}320\,\mathrm{m}^2$

**참고** 2□m, 1/1,000이란 눈금에 표선을 맞추어서 축척 $\dfrac{1}{1{,}000}$의 도면의 면적을 측정하면 버니어의 눈금 하나가 2m²가 되는 것을 의미한다.

**05** 다음 그림과 같은 측량 결과를 가지고 □ABCD의 면적을 구하시오. (단, 계산은 소수점 아래 4자리에서 반올림할 것)

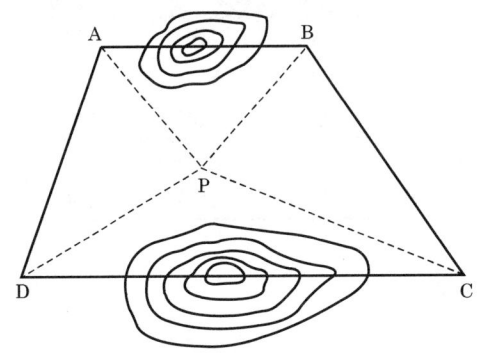

$AP = 70m$, ∠$APB = 60°$
$BP = 60m$, ∠$BPC = 90°$
$CP = 65m$, ∠$CPD = 120°$
$DP = 64m$, ∠$APD = 90°$

**해설**

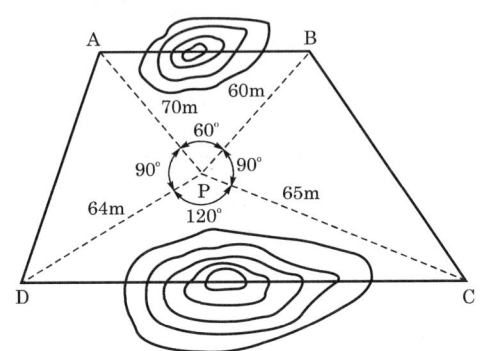

△면적 = $\dfrac{ab \sin \theta}{2}$ 공식을 이용하면

□ABCD 면적 = $\dfrac{70 \times 60 \times \sin 60°}{2} + \dfrac{60 \times 65 \times \sin 90°}{2}$

$+ \dfrac{65 \times 64 \times \sin 120°}{2} + \dfrac{64 \times 70 \times \sin 90°}{2}$

$= 1,818.653 + 1,950 + 1,801.333 + 2,240$

$= 7,809.986 m^2$

그러므로, 구하고자 하는 □ABCD 면적 = $7,809.986 m^2$ 이다.

**06** 그림과 같이 $(x, y)$ 좌표를 주어졌을 경우 단면적을 구하시오.

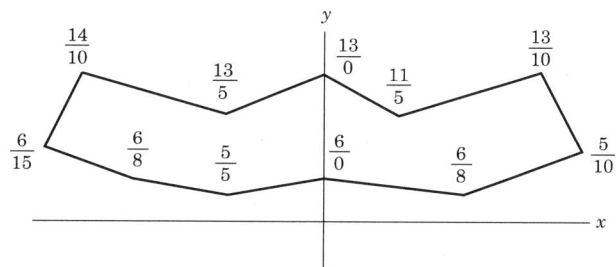

### 해설

간이법으로 풀면

$$\frac{6}{0} \searrow \frac{5}{\ominus 5 \oplus} \searrow \frac{6}{\ominus 8 \oplus} \searrow \frac{6}{\ominus 15 \oplus} \searrow \frac{14}{\ominus 10 \oplus} \searrow \frac{13}{\ominus 5 \oplus} \searrow$$

$$\frac{13}{0} \searrow \frac{11}{\oplus 5 \ominus} \searrow \frac{13}{\oplus 10 \ominus} \searrow \frac{5}{\oplus 15 \ominus} \searrow \frac{6}{\oplus 8 \ominus} \searrow \frac{6}{0}$$

$2A = -6 \times 5 - 5 \times 8 + 5 \times 6 - 15 \times 6 + 8 \times 6 - 6 \times 10 + 15 \times 14 - 14 \times 5 + 10 \times 13$
$\qquad + 5 \times 13 + 13 \times 5 + 11 \times 10 - 5 \times 13 + 13 \times 15 - 10 \times 5$
$\qquad + 5 \times 8 - 15 \times 6 - 8 \times 6$
$\quad = 350$

$\therefore A = \dfrac{350}{2} = 175 \text{m}^2$

**07** 다음 폐합 트래버스의 스케치를 보고 성과표를 정리하여 면적을 계산하시오.

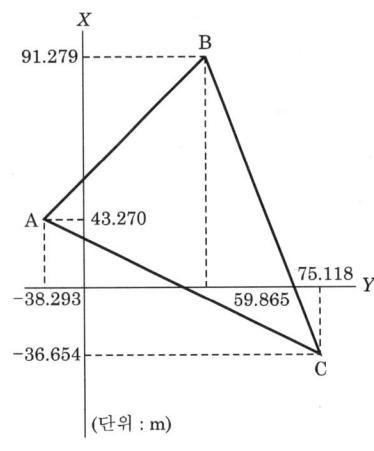

| 측선 | 위거 | 경거 | 측점 | 합위거 | 합경거 |
|------|------|------|------|--------|--------|
| AB   |      |      | A    |        |        |
| BC   |      |      | B    |        |        |
| CA   |      |      | C    |        |        |

| 측점 | $(X_{i-1}-X_{i+1}) \cdot Y$ | 배면적 |
|------|------------------------------|--------|
| A    |                              |        |
| B    |                              |        |
| C    |                              |        |

### 해설

| 측선 | 위거 | 경거 | 측점 | 합위거 | 합경거 |
|------|---------|----------|------|---------|---------|
| AB   | 48.009  | 98.158   | A    | 43.270  | −38.293 |
| BC   | −127.933| 15.253   | B    | 91.279  | 59.865  |
| CA   | 79.924  | −113.411 | C    | −36.654 | 75.118  |

| 측점 | $(X_{i-1}-X_{i+1}) \cdot Y$ | 배면적 |
|------|------------------------------|-----------|
| A    | $(-36.654-91.279) \times (-38.293)$ | 4,898.938 |
| B    | $\{(43.270-(-36.654)\} \times 59.865$ | 4,784.650 |
| C    | $(91.279-43.270) \times 75.118$ | 3,606.340 |

$2S = 13,289.928$

그러므로 구하고자 하는 면적 $S = 6,644.964\text{m}^2$이다.

(1) AB 측선의 위거 : 91.279−43.270=48.009
    AB 측선의 경거 : 59.865−(−38.293)=98.158
(2) BC 측선의 위거 : −36.654−91.279=−127.933
    BC 측선의 경거 : 75.118−59.865=15.253
(3) CA 측선의 위거 : 43.270−(−36.654)=79.924
    CA 측선의 경거 : −38.293−75.118=−113.411

**08** 다음과 같이 반지름 $R=10\text{m}$인 원에서 $\angle AOB=75°$일 때 빗금을 친 부분의 넓이는 얼마인가?

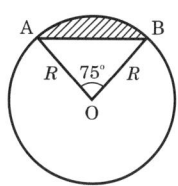

**해설**

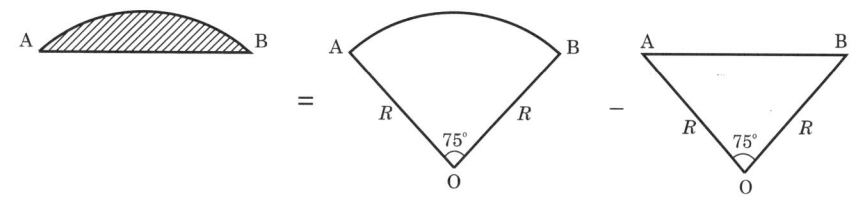

$$A = \left(\pi R^2 \times \frac{75°}{360°}\right) - \left(\frac{1}{2} \times R^2 \times \sin 75°\right) = 17.15\text{m}^2$$

**09** 어느 지형의 수준 측량 결과 다음과 같은 결과를 얻었다. 절토량을 구하시오. (단, 그림에서 각점의 숫자는 절토고이며 사분법을 이용하여 계산하라.)

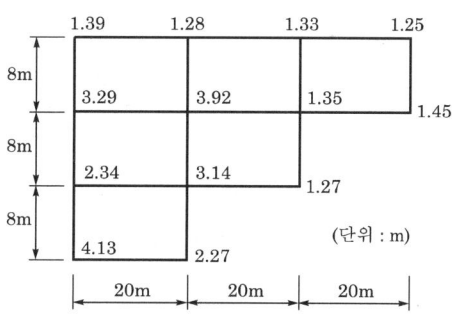

**해설**

$$V = \frac{A}{4}(1\sum h_1 + 2\sum h_2 + 3\sum h_3 + 4\sum h_4)$$

$$= \frac{8 \times 20}{4}\{(11.76 + (2 \times 8.24) + (3 \times 4.49) + (4 \times 3.92)\} = 2,295.6\text{m}^3$$

$$\begin{cases} \sum h_1 = 1.39 + 1.25 + 1.45 + 1.27 + 2.27 + 4.13 = 11.76 \\ \sum h_2 = 1.28 + 1.33 + 3.29 + 2.34 = 8.24 \\ \sum h_3 = 1.35 + 3.14 = 4.49 \\ \sum h_4 = 3.92 \end{cases}$$

**10** 다음 그림에서 빗금 친 부분의 넓이를 구하면 얼마인가? (단, $R = 50$m, $\angle AOB = 20°\,11'$, $\angle OCB = 90°$)

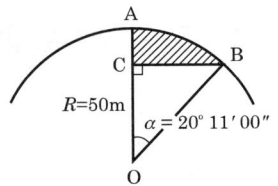

**해설**

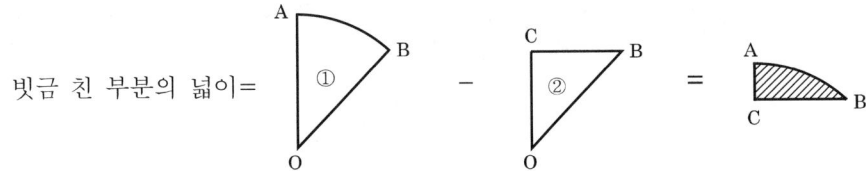

빗금 친 부분의 넓이 = ① − ② =

(1) 부채꼴 면적

$$A' = \pi R^2 \times \frac{20°\,11'\,00''}{360°} = \pi \times 50^2 \times \frac{20°\,11'\,00''}{360°} = 440.33\text{m}^2$$

(2) 삼각형 면적

> ▶ $\overline{OC}$, $\overline{CB}$
> 
> ① $\cos \alpha = \dfrac{\overline{OC}}{\overline{OB}}$ 에서 $\overline{OC} = 46.93$m
> 
> ② $CB = \sqrt{50^2 - 46.93^2} = 17.25$m

$$A'' = \overline{OC} \times \overline{CB} \times \frac{1}{2} = 46.93 \times 17.25 \times \frac{1}{2} = 404.77\text{m}^2$$

$\therefore A = A' - A'' = 440.33 - 404.77 = 35.5\text{m}^2$

따라서, 구하고자 하는 빗금친 부분의 넓이는 $35.5\text{m}^2$이다.

**11** 다음 그림에서 측량한 값으로 토량값을 구하시오. 또한 성토, 절토량이 갖게 되는 계획고를 구하시오. (단, 계산은 소수점 아래 4자리에서 반올림할 것)

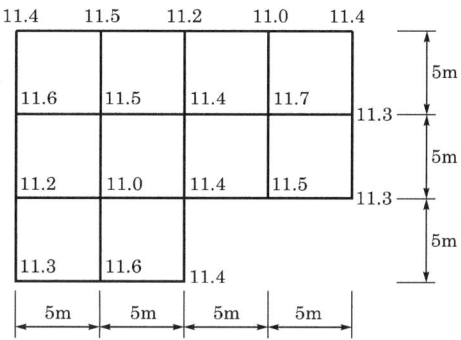

> 해설

(1) 토량

$$V = \frac{A}{4}(1\sum h_1 + 2\sum h_2 + 3\sum h_3 + 4\sum h_4)$$

$$= \frac{5\times 5}{4} \begin{cases} \sum h_1 = 11.4 + 11.4 + 11.3 + 11.4 + 11.8 = 57.3 \\ 2\sum h_2 = 2(11.5 + 11.2 + 11 + 11.3 + 11.5 + 11.6 + 11.2 + 11.6) \\ \qquad = 2 \times 90.9 = 181.8 \\ 3\sum h_3 = 3(11.4) = 34.2 \\ 4\sum h_4 = 4(11.5 + 11.4 + 11.7 + 11) = 45.6 \times 4 = 182.4 \end{cases}$$

$$= \frac{25}{4} \times 455.7 = 2,848.125 \mathrm{m}^3$$

(2) 계획고

$$H = \frac{V}{A \times n} = \frac{2,848.125}{5 \times 5 \times 10} = 11.393 \mathrm{m}$$

그러므로, 구하고자 하는

토량($V$) = 2,848.125m³

계획고($H$) = 11.393m

**12** 그림과 같이 수준 측량을 하였다. 절·성토량이 균형을 이루는 지반고는 얼마인가? 또 계획 지반고가 10m일 경우 절·성토량은 얼마인가? (단, 지반고는 소수점 아래 2자리까지 계산하라.)

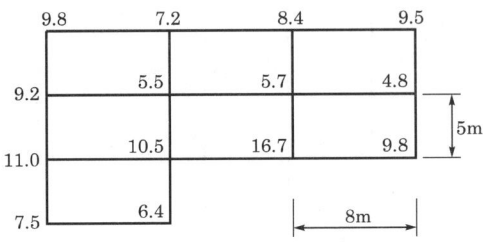

**해설**

먼저 토량을 구하면

$$V = \frac{A}{4}(1\sum h_1 + 2\sum h_2 + 3\sum h_3 + 4\sum h_4)$$

$$V = \frac{5 \times 8}{4}\{(9.8+9.5+9.8+6.4+7.5)+2(7.2+8.4+4.8+16.7+11+9.2) + 3(10.5)+4(5.5+5.7)\}$$

$$= 2,399 \text{m}^3$$

절·성토량이 균형을 이루는 지반고는

$$h = \frac{V}{nA} = \frac{2,339}{7 \times (5 \times 8)} = 8.35 \text{m}$$

∴ 계획고 10m일 때 토량

$$V = A \cdot h = (5 \times 8 \times 7) \times 10 = 2,800 \text{m}^3$$

절·성토량은

$$2,339 - 2,800 = -461 \text{m}^3 \text{ (부족 토량(성토량))}$$

그러므로 구하고자 하는

절·성토량이 균형을 이루는 지반고는 8.35m이다.

또한 계획 지반고가 10m일 경우 절·성토량은 성토량 461m³이다.

**13** 다음 그림과 같이 수준 측량을 하였다. 전 토량과 표준고를 구하시오.

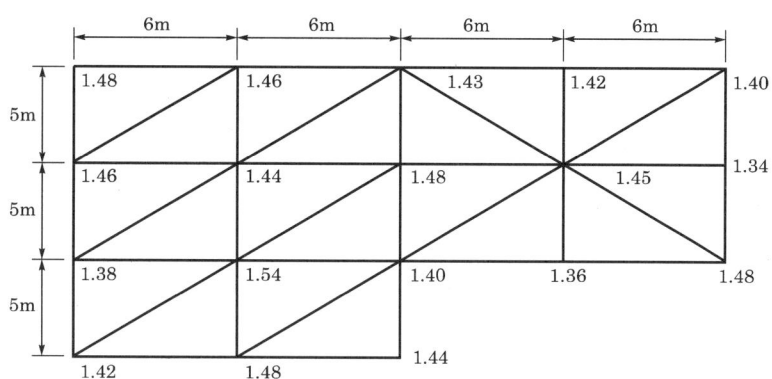

### 해설

$$토량(V) = \frac{A}{3}(1\sum h_1 + 2\sum h_2 + 3\sum h_3 + \cdots\cdots 8\sum h_8)$$

$$\begin{cases} 1\sum h_1 = 1.48 + 1.44 = 2.92 \\ 2\sum h_2 = 2(1.42 + 1.34 + 1.36 + 1.40 + 1.48 + 1.42) = 2 \times 8.42 = 16.84 \\ 3\sum h_3 = 3(1.46 + 1.48 + 1.38 + 1.46) = 3 \times 5.78 = 17.34 \\ 4\sum h_4 = 4(1.43) = 5.72 \\ 5\sum h_5 = 5(1.40 + 1.48) = 14.40 \\ 6\sum h_6 = 6(1.44 + 1.54) = 17.88 \\ 7\sum h_7 = 0 \\ 8\sum h_8 = 8(1.45) = 11.60 \end{cases}$$

$$= \frac{5 \times 6 \times \frac{1}{2}}{3}(2.92 + 16.84 + 17.34 + 5.72 + 14.40 + 17.88 + 11.60)$$

$$= 433.50 \text{m}^3$$

$$표준고(H) = \frac{V}{nA} = \frac{433.50}{20 \times \left(5 \times 6 \times \frac{1}{2}\right)} = 1.445\text{m}$$

그러므로, 구하고자 하는

전 토량($V$) = 433.50m³

표준고($H$) = 1.445m³

**14** 다음 그림의 No.1과 No.2의 각 횡단면으로부터 2점간의 토량을 구하시오. (단, 2점간 거리는 20m이다.)

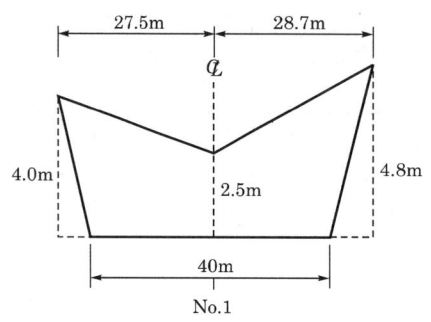

No.1

No.2

### 해설

(1) No.1 면적

$$A① = \left(\frac{(4+2.5)}{2} \times 27.5 - \frac{(7.5 \times 4)}{2}\right)$$

$$A② = \left(\frac{(2.5+4.8)}{2} \times 28.7 - \frac{(4.8 \times 8.7)}{2}\right)$$

∴ No.1 면적 = $A① + A② = 158.25\text{m}^2$

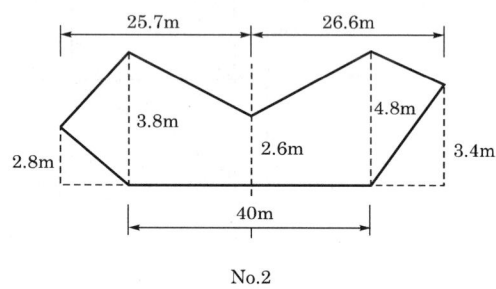

(2) No.2 면적

$$A① = \left(\frac{(2.8+3.8)}{2} \times 5.7 - \frac{(2.8 \times 5.7)}{2}\right)$$

$$A② = \left(\frac{(2.6+3.8)}{2} \times 20\right)$$

$$A③ = \left(\frac{(2.6+4.8)}{2} \times 20\right)$$

$$A④ = \left(\frac{(4.8+3.4)}{2} \times 6.6 - \frac{(6.6 \times 3.4)}{2}\right)$$

∴ No.2 면적 = $A① + A② + A③ + A④$
  = $164.67\text{m}^2$

그러므로, 구하고자 하는 2점간의 토량은

$$\text{토량}(V) = \frac{\text{No.1} + \text{No.2}}{2} \times l$$

$$= \frac{158.21 + 164.67}{2} \times 20$$

$$= 3,229.2\text{m}^3$$

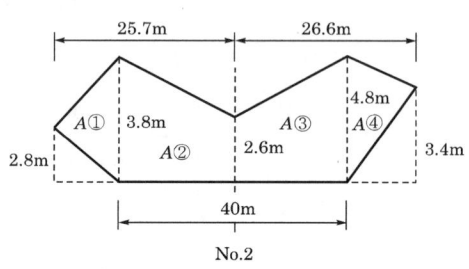

## 15 다음과 같은 단면에서 성토의 토량을 계산하시오.

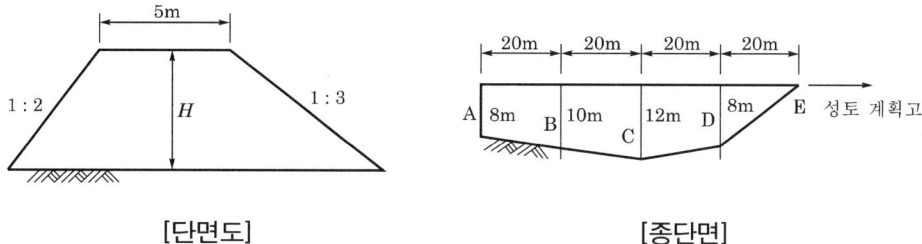

[단면도]    [종단면]

### 해설

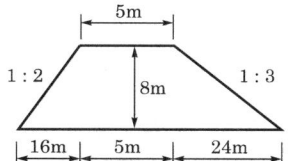

[A, D 단면도]

단면적 $= \dfrac{(5+45)}{2} \times 8 = 200\text{m}^2$

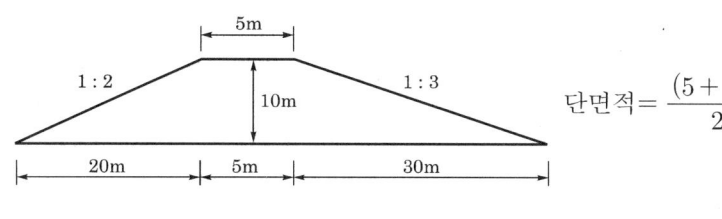

[B 단면도]

단면적 $= \dfrac{(5+55)}{2} \times 10 = 300\text{m}^2$

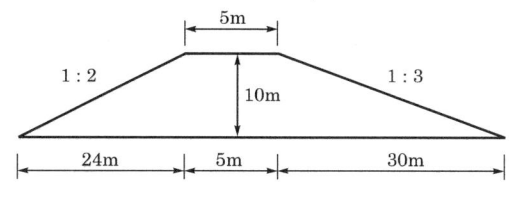

[C 단면도]

단면적 $= \dfrac{(5+65)}{2} \times 12 = 420\text{m}^2$

<성토량>

$$\begin{cases} V_{A-B} = \dfrac{(200+300)}{2} \times 20 = 5{,}000\text{m}^3 \\ V_{B-C} = \dfrac{(300+420)}{2} \times 20 = 7{,}200\text{m}^3 \\ V_{C-D} = \dfrac{(420+200)}{2} \times 20 = 6{,}200\text{m}^3 \\ V_{D-E} = \dfrac{(200+0)}{2} \times 20 = 2{,}000\text{m}^3 \end{cases}$$

그러므로, 구하고자 하는

성토량($V$) = 5,000 + 7,200 + 6,200 + 2,000 = 20,400m³ 이다.

**16** 그림과 같은 부지에서 사각형 각 꼭지점에 대한 표고가 표와 같을 때 절토량과 성토량을 같게 하려면 시공 기준고는 얼마로 해야 하는가?

| No. | 지반고 | No. | 지반고 |
|---|---|---|---|
| ① | 50.33 | ⑩ | 50.80 |
| ② | 50.45 | ⑪ | 50.25 |
| ③ | 50.58 | ⑫ | 50.70 |
| ④ | 50.65 | ⑬ | 50.98 |
| ⑤ | 50.20 | ⑭ | 51.30 |
| ⑥ | 50.30 | ⑮ | 51.45 |
| ⑦ | 50.58 | ⑯ | 50.10 |
| ⑧ | 50.95 | ⑰ | 50.18 |
| ⑨ | 51.20 | | |

**해설**

먼저, 토량을 구하면

$V = \dfrac{30 \times 20}{4} \{1 \times (50.33 + 50.10 + 50.18 + 51.45 + 50.20)$
$+ 2(50.30 + 50.25 + 50.98 + 51.30$
$+ 50.80 + 50.65 + 50.58 + 50.45) + 3(50.70) + 4(50.58 + 50.95 + 51.20)\}$
$= 273{,}885\text{m}^3$

따라서, 구하고자 하는

시공 기준고($H$) = $\dfrac{V}{A \cdot n} = \dfrac{273{,}885}{30 \times 20 \times 9} = 50.719\text{m}$ 이다.

**17** 다음 삼각형의 좌표에 의하여 성과표를 완성하시오.

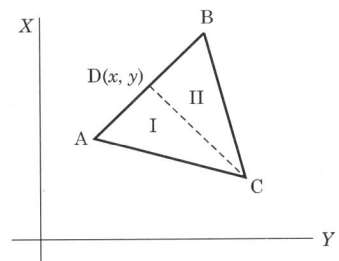

| 측점 | $X$(m) | $Y$(m) |
|---|---|---|
| A | 4 | 5 |
| B | 16 | 9 |
| C | 8 | 13 |

(1) 면적 계산표

| 측점 | $X$ | $Y$ | $(X_{i-1}-X_{i+1})\cdot Y$ |
|---|---|---|---|
| A | 4 | 5 | |
| B | 16 | 9 | |
| C | 8 | 13 | |

(2) 분할 계산표

C점을 지나 삼각형 ABC의 넓이를 2등분하는 선이 마주보는 변 AB와 만나는 점을 D라 할 때 D점의 좌표를 구하시오.

① 식을 위한 계산표

| 측점 | $X$ | $Y$ | $(X_{i-1}-X_{i+1})\cdot Y$ |
|---|---|---|---|
| A | 4 | 5 | |
| D | $x$ | $y$ | |
| C | 8 | 13 | |

② 식을 위한 계산표

| 측점 | $X$ | $Y$ | $(X_{i-1}-X_{i+1})\cdot Y$ |
|---|---|---|---|
| D | $x$ | $y$ | |
| B | 16 | 9 | |
| C | 8 | 13 | |

(1) 면적 계산표

| 측점 | $X$ | $Y$ | $(X_{i-1}-X_{i+1}) \cdot Y$ |
|---|---|---|---|
| A | 4 | 5 | $(8-16)\times 5 = -40$ |
| B | 16 | 9 | $(4-8)\times 9 = -36$ |
| C | 8 | 13 | $(16-4)\times 13 = 156$ |

$\therefore 2A = -40 - 36 + 156 = 80$

$A = 80/2 = 40\text{m}^2$

(2) 분할 계산표

①식을 위한 계산표

| 측점 | $X$ | $Y$ | $(X_{i-1}-X_{i+1}) \cdot Y$ |
|---|---|---|---|
| A | 4 | 5 | $(8-x)\times 5 = 40-5x$ |
| D | $x$ | $y$ | $(4-8)\times x = -4y$ |
| C | 8 | 13 | $(x-4)\times 13 = 13\times x - 52$ |

$-5x + 13x - 4y + 40 - 52 = 40$

$\therefore 8x - 4y = 52 \cdots\cdots ①$

②식을 위한 계산표

| 측점 | $X$ | $Y$ | $(X_{i-1}-X_{i+1}) \cdot Y$ |
|---|---|---|---|
| A | $x$ | $y$ | $(8-16)\times y = -8y$ |
| D | 16 | 9 | $(x-8)\times 9 = 9x-72$ |
| C | 8 | 13 | $(16-x)\times 13 = 208-13x$ |

$9x - 13x - 8y - 72 + 208 = 40$

$-4x - 8y = -96 \cdots\cdots ②$

①식과 ②식을 연립 방정식으로 풀면

$\begin{cases} 8x - 4y = 52 \cdots\cdots ①식 \\ 4x + 8y = 96 \cdots\cdots ②식 \end{cases}$

$\therefore \quad \begin{array}{r} |8x - 4y = 52 \\ -|8x + 16y = 192 \\ \hline -20y = -140 \end{array}$

∴ 따라서, 구하고자 하는 D점의 좌표는

$X_D = 10, \ Y_D = 7$

**18** 다음 그림에서 △ABC의 면적을 구하고 면적을 2등분할 경우 D점의 좌표를 구하시오.

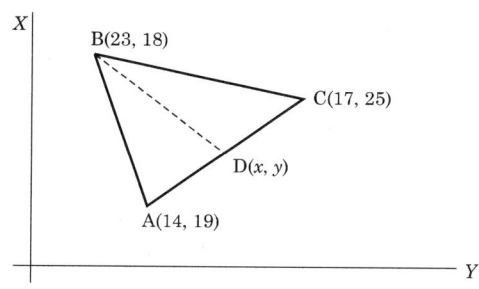

(1) 면적 계산

| 측점 | $X$ | $Y$ | $(X_{i-1} - X_{i+1}) \cdot Y_i$ |
|---|---|---|---|
| A | 14 | 19 | |
| B | 23 | 18 | |
| C | 17 | 25 | |

(2) 분할 계산

| 측점 | $X$ | $Y$ | $(X_{i-1} - X_{i+1}) \cdot Y_i$ |
|---|---|---|---|
| A | 14 | 19 | |
| B | 23 | 18 | |
| D | $x$ | $y$ | |

| 측점 | $X$ | $Y$ | $(X_{i-1} - X_{i+1}) \cdot Y_i$ |
|---|---|---|---|
| B | 23 | 18 | |
| C | 17 | 25 | |
| D | $x$ | $y$ | |

D점 좌표 $\begin{cases} x = \\ y = \end{cases}$

### (1) 면적 계산

| 측점 | $X$ | $Y$ | $(X_{i-1}-X_{i+1}) \cdot Y_i$ |
|---|---|---|---|
| A | 14 | 19 | $(17-23) \times 19 = -114$ |
| B | 23 | 18 | $(14-17) \times 18 = -54$ |
| C | 17 | 25 | $(23-14) \times 25 = 225$ |

$$2A = 57 \quad \therefore A = \frac{57}{2} = 28.5 \mathrm{m}^2$$

∴ △ABC의 면적은 $28.5\mathrm{m}^2$이다.

### (2) 분할 계산

| 측점 | $X$ | $Y$ | $(X_{i-1}-X_{i+1}) \cdot Y_i$ |
|---|---|---|---|
| A | 14 | 19 | $(x-23) \times 19 = 19x - 437$ |
| B | 23 | 18 | $(14-x) \times 18 = 252 - 18x$ |
| D | $x$ | $y$ | $(23-14) \times y = 9y$ |

$$\therefore x + 9y - 185 = 28.5$$

| 측점 | $X$ | $Y$ | $(X_{i-1}-X_{i+1}) \cdot Y_i$ |
|---|---|---|---|
| B | 23 | 18 | $(x-17) \times 18 = 18x - 306$ |
| C | 17 | 25 | $(23-x) \times 25 = 575 - 25x$ |
| D | $x$ | $y$ | $(17-23) \times y = -6y$ |

$$\therefore -7x - 6y + 269 = 28.5$$

①식과 ②식을 연립방정식으로 푼다.

$$x + 9y = 213.5 \cdots\cdots ①$$
$$7x + 6y = 240.5 \cdots\cdots ②$$

정리하면

$$\begin{array}{r} 7x + 63y = 1,494.5 \\ -\underline{7x + 6y = 240.5\phantom{0}} \\ 57y = 1,254\phantom{0} \end{array}$$

∴ $y = 22$, $x = 15.5$

그러므로, 구하고자 하는 D점의 좌표는

$X_D = 15.5$, $Y_D = 22$

# 01 실/전/문/제

**01** 변길이가 40km인 정삼각형 ABC의 내각을 오차없이 실측했을 때 내각의 합은? (단, $r$은 6,370km이다.)

**해설**

구과량을 고려해 주어야 한다.

내각 = 180° + 구과량($\varepsilon$)

$$구과량(\varepsilon) = \frac{A}{r^2}\rho'' = \frac{\frac{1}{2}\text{BC}\sin A}{r^2}\rho'' = \frac{\text{BC}\sin A}{2r^2} \times \frac{180°}{\pi} \times 60' \times 60''$$

$$= \frac{40 \times 40 \times \sin 60°}{2 \times 6,370^2} \times \frac{180°}{\pi} \times 60' \times 60'' = 3.52''$$

삼각형의 내각의 합 = 180° + $\varepsilon$ = 180° + 3.52″ = 180° 00′ 03.52″

**02** 4등 삼각점의 평균 변장은 1.5km이다. 이 삼각점이 점유하고 있는 면적은 얼마쯤 되는가?

**해설**

삼각점 1점이 점유하는 면적

$$A = \frac{\sqrt{3}}{2} \cdot l^2 = \frac{\sqrt{3}}{2} \times (1.5)^2 = 1.95\text{km}^2$$

그러므로, 구하는 답은 1.95km²이다.

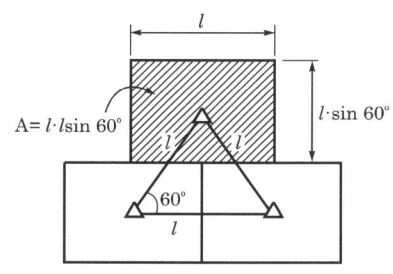

## 측량 및 지형공간정보

**03** 대형 파이프의 단면적을 알기 위하여 그림과 같이 파이프 단면상의 세 점간의 길이를 측정하였다. 이 파이프의 단면적은 얼마인가?

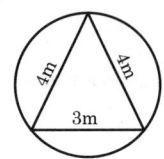

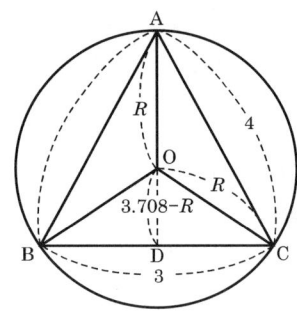

(1) AD의 거리

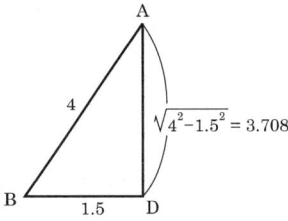

(2) $\overline{OD} = 3.708 - R$

(3) △COD 에서

$\overline{OC}^2(R^2) = (3.708 - R)^2 + 1.5^2 = 13.75 - 7.416R + R^2 + 2.25$

∴ $R^2 = 16 - 7.416R + R^2$

그러므로 $7.416R = 16$

∴ $R = 2.157$m

구하고자 하는 단면적은

$A = \pi r^2 = \pi \times (2.157)^2 = 14.617$m$^2$이다.

**04** 어느 지형의 택지 조성을 위해서 20m×20m 격자로 구획하여 표고를 측정한 결과가 다음과 같다. 전 지역을 계획고 15m로 땅고르기를 하였을 때 전 지역에서 절토하여 성토한 후 남는 토량은? (단, 빗금 친 부분은 공원 용지로 현상태를 보존하고자 한다.)

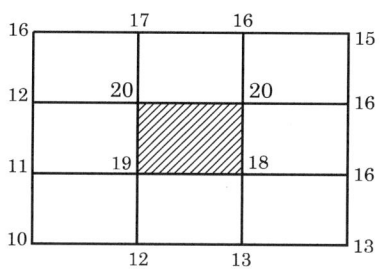

**해설**

전 지반 토량($V$) = $\dfrac{20 \times 20}{4}\{(16+15+13+10)+2(17+16+16+16+13+12+11+12)+4(20+20+19+18)\}$

= $58,800\text{m}^3$

전 계획 토량($V'$) = $\dfrac{20 \times 20}{4}(20+20+19+18)+(20 \times 20 \times 15 \times 8)$

= $55,700\text{m}^3$

따라서, 성토한 후 남는 토량은 $V - V' = 3,100\text{m}^3$이다.

❖ **별해**

절토고(+), 성토(−)

15m 계획고이므로

$V = \dfrac{20 \times 20}{4}\{(1+0-2-5)+2(2+1+1+1-2-3-4-3)+3(5+5+3+4)\}$

= $3,100\text{m}^3$ (절토량)

**05** 그림과 같은 모양의 면적을 사다리꼴 공식으로 구하시오. (단, 지거의 간격은 모두 2m이다. 또한 이 면적을 Simpson 제1법칙과 제2법칙으로 계산하라.)

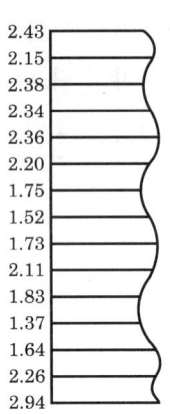

**해설**

(1) 사다리꼴 공식

$$A = d\left(\frac{y_1 + y_n}{2} + y_2 + y_3 + \cdots\cdots + y_{n-1}\right)$$

$$= 2 \times (\frac{2.43 + 2.94}{2} + 2.15 + 2.38 + 2.34 + 2.36 + 2.20 + 1.75 + 1.52$$

$$+ 1.73 + 2.11 + 1.83 + 1.37 + 1.64 + 2.26)$$

$$= 56.65 \text{m}^2$$

(2) 심프슨 제1법칙

$$A = \frac{d}{3}\{y_1 + y_n + 4(\text{짝}) + 2(\text{홀})\}$$

$$= \frac{2}{3}\{2.43 + 2.94 + 4(2.15 + 2.34 + 2.20 + 1.52 + 2.11 + 1.37 + 2.26)$$

$$+ 2(2.38 + 2.36 + 1.75 + 1.73 + 1.83 + 1.64)\}$$

$$= 56.37 \text{m}^2$$

(3) 심프슨 제2법칙

$$A = \frac{3}{8}\{y_1 + y_n + 3(y_2 + y_3 + y_5 + y_6 + \cdots\cdots) + 2(y_4 + y_7 + y_{10} + \cdots\cdots)\}$$

($n$은 $y_{13}$까지만 심프슨 제2법칙, 나머지는 양단면 평균법으로)

$$= \frac{3}{8} \times 2\{2.43 + 1.64 + 3(2.15 + 2.38 + 2.36 + 2.20 + 1.52 + 1.73$$

$$+ 1.83 + 1.37) + 2(2.34 + 1.75 + 2.11)\} + \left(\frac{(1.64 + 2.94)}{2} \times 4\right)$$

$$= 56.48 \text{m}^2$$

**06** 다음 그림과 같이 터널 측량을 실시하여 내공 단면을 관측하였다. 내공 단면을 산출하시오. (단, 면적은 cm² 단위까지 반올림하시오.)

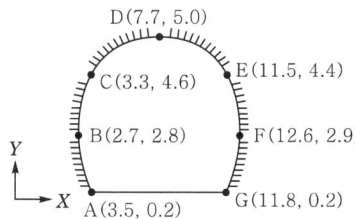

**해설**

|   | $X$ | $Y$ | $(X_{i-1}-X_{i+1})Y_i$ |
|---|---|---|---|
| A | 3.5 | 0.2 | (11.8−2.7)0.2=1.82 |
| B | 2.7 | 2.8 | (3.5−3.3)2.8=0.56 |
| C | 3.3 | 4.6 | (2.7−7.7)4.6=−23 |
| D | 7.7 | 5.0 | (3.3−11.5)5.0=−41 |
| E | 11.5 | 4.4 | (7.7−12.6)4.4=−21.56 |
| F | 12.6 | 2.9 | (11.5−11.8)2.9=−0.87 |
| G | 11.8 | 0.2 | (12.6−3.5)0.2=1.82 |

$2A = -82.23$

$\therefore A = \left| \dfrac{-82.23}{2} \right| = 41.12 \text{m}^2$

**07** 다음 표는 불규칙한 형으로 된 횡단면을 측정하였을 때의 값이다. 노폭은 8m로 하여 단면적을 계산하시오. (단, 계산은 소수점 아래 2자리까지)

$$\frac{1.4}{6.1},\ \frac{2.3}{4.0},\ \frac{3.7}{0},\ \frac{4.8}{3.3},\ \frac{5.6}{8.3},\ \frac{6.1}{13.2}$$

### 해 설

노폭이 8m임에 주의한다.

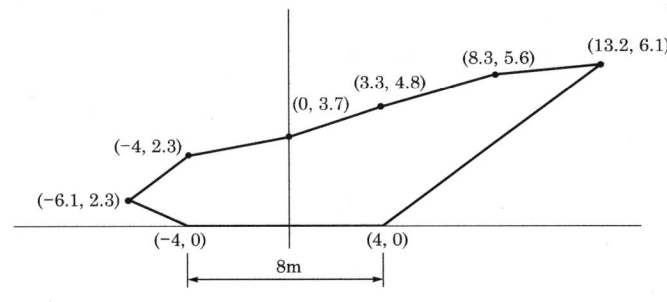

간이법으로 계산하면

$$\frac{0}{-4+}\ \bowtie\ \frac{1.4}{-6.1+}\ \bowtie\ \frac{2.3}{-4+}\ \bowtie\ \frac{3.7}{0}\ \bowtie\ \frac{4.8}{+3.3-}\ \bowtie\ \frac{5.6}{+8.3-}\ \bowtie$$

$$\frac{6.1}{+13.2-}\ \bowtie\ \frac{0}{+4-}$$

$$2A = (1.4 \times 4) - (1.4 \times 4) + (2.3 \times 6.1) + (3.7 \times 4) + (3.7 \times 3.3)$$
$$\quad + (4.8 \times 8.3) - (5.6 \times 3.3) + (5.6 \times 13.2) - (6.1 \times 8.3) + (6.1 \times 4)$$
$$= 110.09 \text{m}^2$$

그러므로, 구하고자 하는 단면적$(A) = 55.05\text{m}^2$이다.

**08** 다음은 경사도가 1 : 5인 지형 HADG에 옆면 도로 ABCD(노선폭 15m)를 신설하기 위한 측면도이다. 절토, 성토 면적을 구하시오. (단, 계산은 소수점 아래 3자리에서 반올림함)

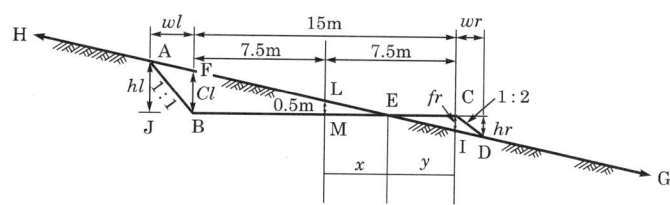

### (1) 절토 면적

① 먼저 $x$를 비례식으로 구한다.

$1 : 5 = 0.5 : x$  ∴ $x = 2.5$

② 그리고 $hl = wl$

비례식으로

$1 : 5 = hl : (wl + 7.5 + x)$

∴ $5hl = hl + 7.5 + x$

정리하면 $4hl = 7.5 + x$

$hl = \dfrac{7.5 + x}{4} = 2.5 = wl$

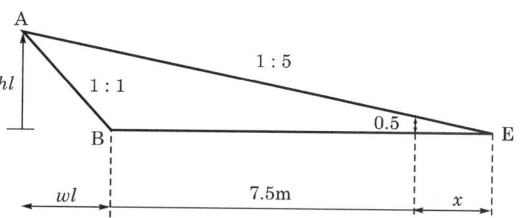

③ 따라서 절토 면적은

$A = \dfrac{(7.5 + 2.5)}{2} \times 2.5 = 12.50 \text{m}^2$

### (2) 성토 면적

① $wr = 2hr$

비례식으로

$1 : 5 = hr : (5 + 2hr)$

∴ $5hr = 5 + 2hr$

정리하면 $hr = \dfrac{5}{3} = 1.67 \text{m}$

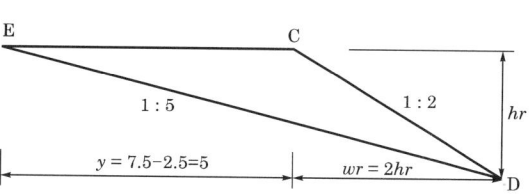

② 따라서 성토 면적은

$A = 5 \times 1.67 \times \dfrac{1}{2} = 4.18 \text{m}^2$

그러므로, 구하고자 하는

절토 면적 $= 12.50 \text{m}^2$

성토 면적 $= 4.18 \text{m}^2$

**09** 다음 표에서 횡단면도를 작성하고 횡단면적을 구하시오. (단, $C$는 절토고, 노폭은 8m, 법면 절토 구배 1 : 1임)

| 측점 | 횡단면 | | | 단면적 |
|---|---|---|---|---|
| | 좌 | 중앙 | 우 | |
| No.0 | $\dfrac{C4.0}{8}$ | $\dfrac{3}{0}$ | $\dfrac{C3.0}{7}$ | |
| No.1 | $\dfrac{C3.0}{7}$ | $\dfrac{1}{0}$ | $\dfrac{C4.0}{8}$ | |
| No.2 | $\dfrac{C3.0}{7}$ | $\dfrac{2}{0}$ | $\dfrac{C4.0}{8}$ | |
| No.3 | $\dfrac{C4.0}{8}$ | $\dfrac{4}{0}$ | $\dfrac{C3.0}{7}$ | |
| No.4 | $\dfrac{C2.0}{6}$ | $\dfrac{4}{0}$ | $\dfrac{C3.0}{7}$ | |
| No.5 | $\dfrac{C3.0}{7}$ | $\dfrac{2}{0}$ | $\dfrac{C5.0}{9}$ | |

**해설**

| 측점 | 횡단면 | | | 단면적 |
|---|---|---|---|---|
| | 좌 | 중앙 | 우 | |
| No.0 | $\dfrac{C4.0}{8}$ | $\dfrac{3}{0}$ | $\dfrac{C3.0}{7}$ | 36.5 |
| No.1 | $\dfrac{C3.0}{7}$ | $\dfrac{1}{0}$ | $\dfrac{C4.0}{8}$ | 21.5 |
| No.2 | $\dfrac{C3.0}{7}$ | $\dfrac{2}{0}$ | $\dfrac{C4.0}{8}$ | 29.0 |
| No.3 | $\dfrac{C4.0}{8}$ | $\dfrac{4}{0}$ | $\dfrac{C3.0}{7}$ | 44.0 |
| No.4 | $\dfrac{C2.0}{6}$ | $\dfrac{4}{0}$ | $\dfrac{C3.0}{7}$ | 36.0 |
| No.5 | $\dfrac{C3.0}{7}$ | $\dfrac{2}{0}$ | $\dfrac{C5.0}{9}$ | 32.0 |

(1) No.0 단면적

$$\dfrac{0}{\ominus 4 \oplus} \bowtie \dfrac{4}{\ominus 8 \oplus} \bowtie \dfrac{3}{0} \bowtie \dfrac{3}{\oplus 7 \ominus} \bowtie \dfrac{0}{\oplus 4 \ominus}$$

$2S = 16 + 24 + 21 + 12 = 73\text{m}^2$

$\therefore S = 36.5\text{m}^2$

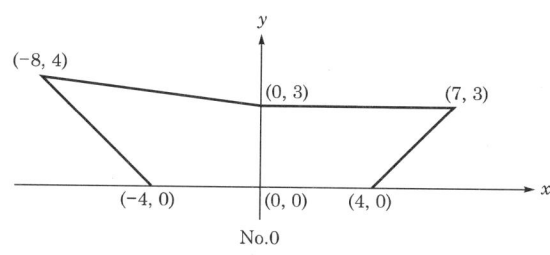

[No.0]

(2) No.1 단면적

$$\frac{0}{\ominus 4 \oplus} \bowtie \frac{3}{\ominus 7 \oplus} \bowtie \frac{1}{0} \bowtie \frac{4}{\oplus 8 \ominus} \bowtie \frac{0}{\oplus 4 \ominus}$$

$2S = 12 + 7 + 8 + 16 = 43\text{m}^2$

$\therefore S = 21.5\text{m}^2$

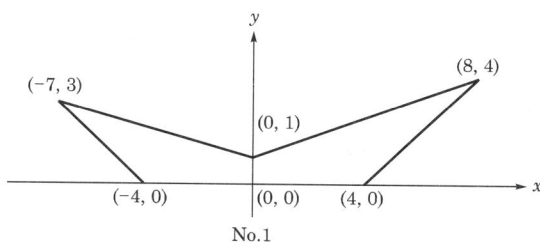

[No.1]

(3) No.2 단면적

$$\frac{0}{\ominus 4 \oplus} \bowtie \frac{3}{\ominus 7 \oplus} \bowtie \frac{2}{0} \bowtie \frac{4}{\oplus 8 \ominus} \bowtie \frac{0}{\oplus 4 \ominus}$$

$2S = 12 + 14 + 16 + 16 = 58\text{m}^2$

$\therefore S = 29\text{m}^2$

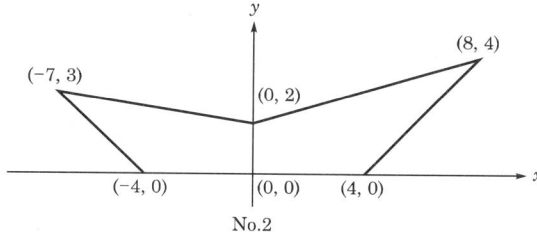

[No.2]

(4) No.3 단면적

$$\frac{0}{\ominus 4 \oplus} \bowtie \frac{4}{\ominus 8 \oplus} \bowtie \frac{4}{0} \bowtie \frac{3}{\oplus 7 \ominus} \bowtie \frac{0}{\oplus 4 \ominus}$$

제1장. 면적 및 체적 측량 **299**

$2S = 16 + 32 + 28 + 12 = 88\text{m}^2$

$\therefore S = 44\text{m}^2$

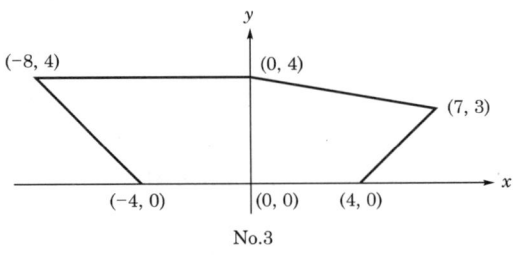

[No.3]

(5) No.4 단면적

$$\dfrac{0}{\ominus 4 \oplus} \bowtie \dfrac{2}{\ominus 6 \oplus} \bowtie \dfrac{4}{0} \bowtie \dfrac{3}{\oplus 7 \ominus} \bowtie \dfrac{0}{\oplus 4 \ominus}$$

$2S = 8 + 24 + 28 + 12 = 72\text{m}^2$

$\therefore S = 36\text{m}^2$

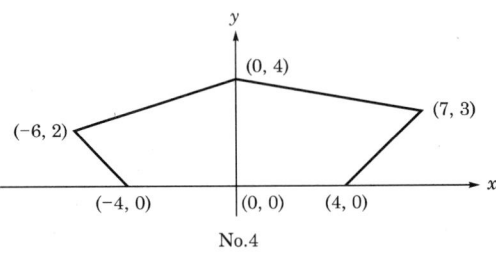

[No.4]

(6) No.5 단면적

$$\dfrac{0}{\ominus 4 \oplus} \bowtie \dfrac{3}{\ominus 7 \oplus} \bowtie \dfrac{2}{0} \bowtie \dfrac{5}{\oplus 9 \ominus} \bowtie \dfrac{0}{\oplus 4 \ominus}$$

$2S = 12 + 14 + 18 + 20 = 64\text{m}^2$

$\therefore S = 32\text{m}^2$

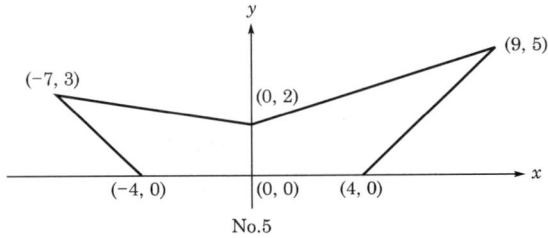

[No.5]

**10** 다음은 30m 도로를 만들기 위한 횡단도이다. 그림을 보고 각각을 구하시오. (단, 구배는 수직 : 수평이다.)

(1) 면적 $A_1 = A_2$일 때 $x$값은 얼마인가?

(2) 절토량 $V_2$값은 얼마인가? (길이는 100m이고, 계산은 소수점 아래 2자리까지 구할 것)

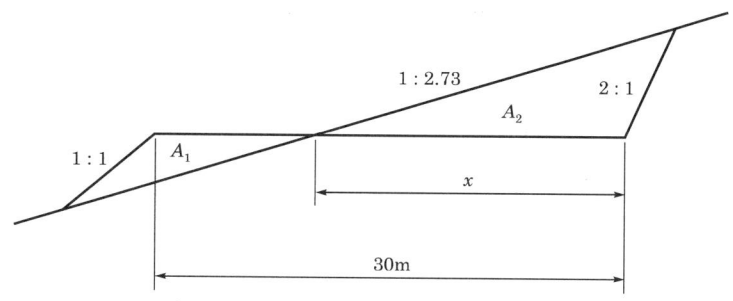

### 해설

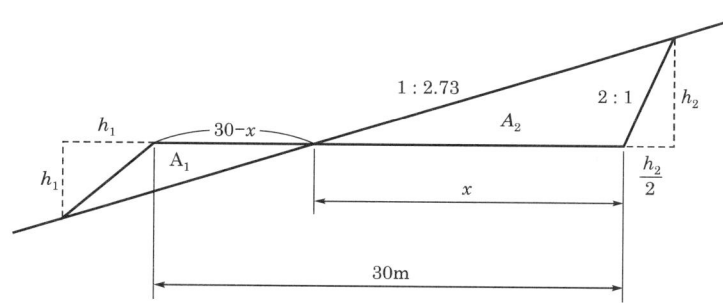

(1) $x$

$A_1 = A_2$이므로

$$\frac{h_1 \times (30-x)}{2} = \frac{h_2 \times x}{2} \quad \cdots\cdots ①$$

$$1 : 2.73 = h_2 : \left(x + \frac{h_2}{2}\right) \quad \therefore h_2 = \frac{x}{2.23} \quad \cdots\cdots ②$$

$$1 : 2.73 = h_1 : (30 - x + h_1) \quad \therefore h_1 = \frac{30-x}{1.73} \quad \cdots\cdots ③$$

①식에 ②, ③식을 대입하여 정리하면

$$\frac{\left(\frac{30-x}{1.73}\right)\times(30-x)}{2}=\frac{\left(\frac{x}{2.23}\right)\times x}{2}$$

$$\frac{(30-x)^2}{1.73}=\frac{x^2}{2.23}$$

∴ $2.23(900-60x+x^2)=1.73x^2$을 전개

$0.5x^2-133.8x+2,007=0$

근의 공식에 대입

> ▶ 근의 공식
> $ax^2+bx+c=0$에서
> $$x=\frac{-b\pm\sqrt{b^2-4ac}}{2a}$$

$$x=\frac{-(-133.8)\pm\sqrt{(133.8)^2-4\times0.5\times2,007}}{2\times0.5}$$

$x=251.65\text{m}$ 또는 $15.95\text{m}$

따라서 $x=15.95\text{m}$이다.

(2) $V_2$(절토량)

$$절토량(V_2)=\left(\frac{15.95\times7.15}{2}\right)\times100=5,702.13\text{m}^3$$

그러므로, 구하고자 하는

① $x=15.95\text{m}$

② 절토량$(V_2)=5,702.13\text{m}^3$

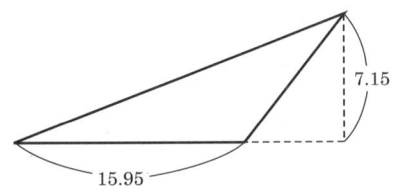

**11** 각 점의 좌표가 다음과 같을 때 점 1, 2, 3, 4로 연결되는(실선 연결) 도형의 면적을 m² 단위까지 구하시오. (단, $\pi = 3.1416$을 사용함.)

| 점 | N(m) | E(m) |
|---|---|---|
| 1 | 300.00 | 300.00 |
| 2 | 300.00 | 60.00 |
| 3 | 30.00 | 60.00 |
| 4 | 210.00 | 300.00 |

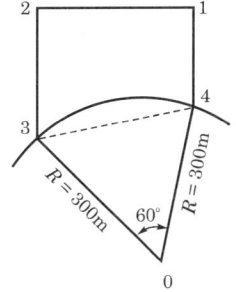

**해설**

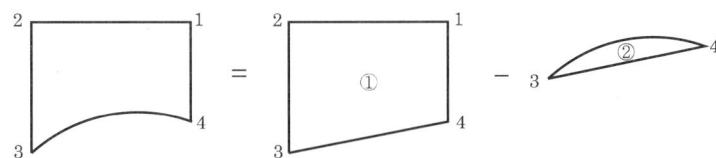

(1) ①면적

| 점 | $X$ | $Y$ | $(X_{i-1} - X_{i+1})Y_i$ |
|---|---|---|---|
| 1 | 300.00 | 300.00 | $(210-300) \times 300 = -27,000$ |
| 2 | 300.00 | 60.00 | $(300-30) \times 60 = 16,200$ |
| 3 | 30.00 | 60.00 | $(300-210) \times 60 = 5,400$ |
| 4 | 210.00 | 300.00 | $(30-300) \times 300 = -81,000$ |

$2A = 86,400$

∴ ①면적 $= 43,200 \text{m}^2$

(2) ②면적

$$②면적 = \left[\pi r^2 \times \left(\frac{60°}{360°}\right)\right] - \left(300 \times 300 \times \sin 60° \times \frac{1}{2}\right)$$

$$= \left[3.1416 \times 300^2 \times \left(\frac{60°}{360°}\right)\right] - \left(300 \times 300 \times \sin 60° \times \frac{1}{2}\right)$$

$$= 8,153 \text{m}^2$$

∴ $A = $ ①면적 $-$ ②면적 $= 43,200 - 8,153 = 35,047 \text{m}^2$

그러므로, 구하고자 하는 도형의 면적은 $35,047 \text{m}^2$이다.

**12** 경계점 좌표가 다음과 같은 그림의 □ABCD를 AD⊥PQ의 분할선 PQ로 분할하되 □ABQP 의 면적이 400m²가 되도록 하기 위한 AP 및 BQ의 거리를 cm단위까지 계산하시오.

[경계점 좌표]

| 점 | X(m) | Y(m) |
|---|---|---|
| A | 245.00 | 732.00 |
| B | 225.00 | 717.00 |
| C | 225.00 | 792.00 |
| D | 245.00 | 782.00 |

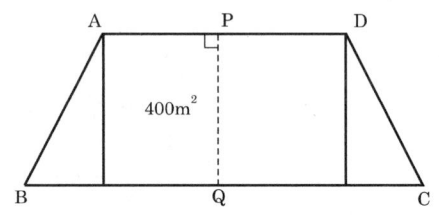

### 해설

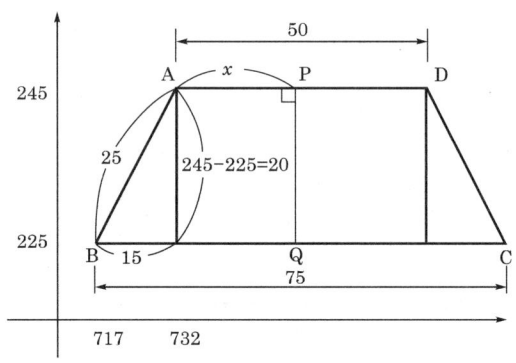

$$400 = \{x+(x+15)\} \times 20 \times \frac{1}{2} = (2x+15) \times 10$$

$$400 = 20x + 150$$

∴ $x = 12.50\text{m}$

그러므로, 구하고자 하는

① $\overline{\text{AP}}(x) = 12.50\text{m}$

② $\overline{\text{BQ}} = x + 15 = 12.50 + 15 = 27.50\text{m}$

**13** 30m에 대하여 6cm 늘어난 줄자(tape)를 사용하여 그림과 같이 AD//BC이고 AB⊥BC인 사변형 토지를 측량한 결과 AB=20m, AD=35m, BC=45m였다. 이 토지의 바른 면적을 구하시오. (단, 소수점 아래 3자리에서 반올림하여 0.01m² 단위까지 계산한다.)

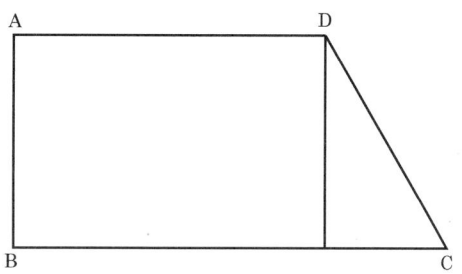

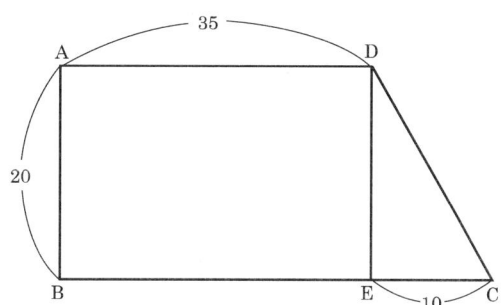

표준척 보정을 한 거리

(1) AD 거리 $= 35 + \left(35 \times \dfrac{0.06}{30}\right) = 35.07\text{m}$

(2) AB 거리 $= 20 + \left(20 \times \dfrac{0.06}{30}\right) = 20.04\text{m}$

(3) EC 거리 $= 45 + \left(45 \times \dfrac{0.06}{30}\right) = 45.09\text{m}$

∴ □ABED $= 35.07 \times 20.04 = 702.80\text{m}^2$

△DEC $= 20.04 \times 10.02 \times \dfrac{1}{2} = 100.40\text{m}^2$

그러므로, 구하고자 하는 바른 면적은 803.20m²이다.

**14** 그림의 면적 ABCDE를 변환하기 위해 정점 C로부터 직선 CP를 그어서 경계선 CDE를 정정하려 한다. AP거리를 구하시오. (단, 토량 단면의 변화는 없다.)

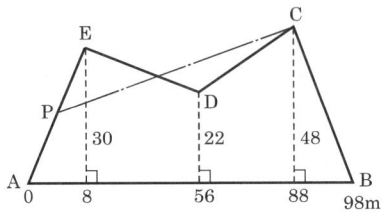

(1) 총 면적($A$)

$$\triangle AEF + \square EDGF + \square DCHG + \triangle CBH$$

$$= \left(\frac{8 \times 30}{2}\right) + \left(\frac{(30+22)}{2} \times 48\right)$$

$$+ \left(\frac{(22+48)}{2} \times 32\right) + \left(\frac{10 \times 48}{2}\right)$$

$$= 2,728 \text{m}^2$$

(2) 정정된 면적($A$)

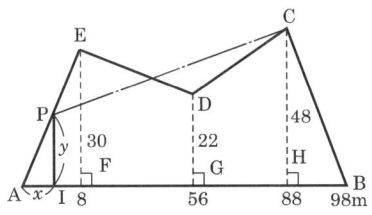

$$\triangle API + \square PCHI + \triangle CBH$$

$$= \left(\frac{x \times y}{2}\right) + \left(\frac{(y+48) \times (88-x)}{2}\right) + \left(\frac{10 \times 48}{2}\right)$$

$$= \frac{x \times \left(\frac{30}{8}x\right)}{2} + \frac{\left(\frac{30}{8}x + 48\right)(88-x)}{2} + \left(\frac{10 \times 48}{2}\right)$$

$\boxed{\begin{array}{l} 30 : y = 8 : x \\ \therefore y = \dfrac{30}{8}x \end{array}}$

$$= 1.875x^2 + \left(\frac{330x - 3.75x^2 + 4,224 - 48x}{2}\right) + 240$$

$$= 1.875x^2 - 1.875x^2 + 141x + 2,352$$

$$\therefore A = 141x + 2,352$$

따라서 $141x = A - 2,352$

$141x = 2,728 - 2,352$

$\therefore x = 2.67 \text{m}$

따라서 AP 거리는

$$AP = \sqrt{x^2 + y^2} = \sqrt{2.67^2 + 10^2} = 10.35 \text{m} \left(y = \frac{30}{8} \times 2.67 = 10.01 \text{m}\right)$$

그러므로, 구하고자 하는 AP는 10.36m이다.

**15** 그림에서 제방을 축조하는 경우에 토공 면적은 얼마인가? (단, 경사면의 경사도는 모두 1 : 2이다.)

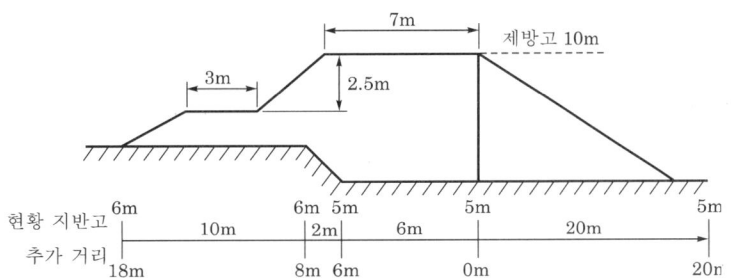

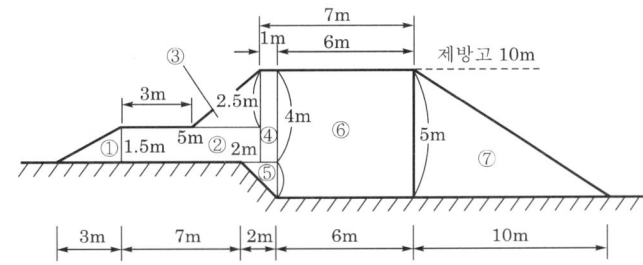

<토공 면적>

① 면적 : $3 \times 15 \times \dfrac{1}{2} = 2.25 \mathrm{m}^2$

② 면적 : $8 \times 1.5 = 12 \mathrm{m}^2$

③ 면적 : $5 \times 2.5 \times \dfrac{1}{2} = 6.25 \mathrm{m}^2$

④ 면적 : $1 \times 4 = 4 \mathrm{m}^2$

⑤ 면적 : $2 \times 1 \times \dfrac{1}{2} = 1 \mathrm{m}^2$

⑥ 면적 : $6 \times 5 = 30 \mathrm{m}^2$

⑦ 면적 : $10 \times 5 \times \dfrac{1}{2} = 25 \mathrm{m}^2$

따라서 토공 면적은

①+②+③+④+⑤+⑥+⑦ = 2.25+12+6.25+4+1+30+25
= $80.5 \mathrm{m}^2$

그러므로, 구하고자 하는 토공 면적은 $80.50 \mathrm{m}^2$이다.

**16** 다음 성과표를 보고 □ABQO의 면적이 600m²가 되도록 P 및 Q의 좌표를 구하시오. (단, AD//BC이고, ∠PQC=90°, 좌표 계산은 cm단위까지 할 것)

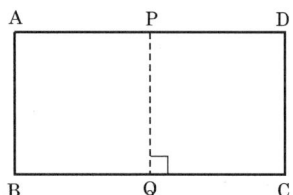

|   | X | Y |
|---|---|---|
| A | 811.58 | 350.92 |
| B | 787.01 | 350.64 |
| C | 784.96 | 424.42 |
| D | 809.53 | 424.70 |

### 해설

$$\begin{cases} X_P = X_A + \overline{AP} \cos AP\ 방위각 \\ Y_P = Y_A + \overline{AP} \sin AP\ 방위각 \end{cases}$$

$$\begin{cases} X_Q = X_B + \overline{BQ} \cos BQ\ 방위각 \\ Y_Q = Y_B + \overline{BQ} \sin BQ\ 방위각 \end{cases}$$

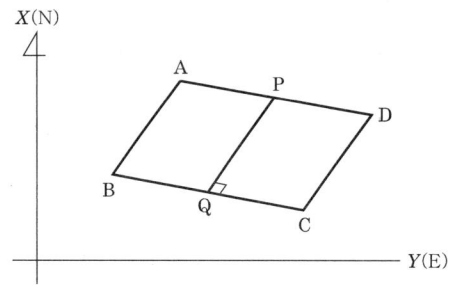
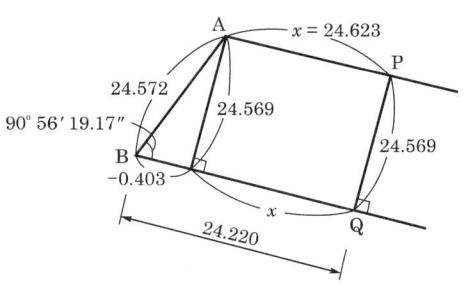

(1) $\overline{PQ} = \overline{AB} \sin \angle ABQ$

$\qquad = 24.572 \sin 90° 56' 19.17'' = 24.569$

(2) $x$

$\qquad \dfrac{x + (x - 0.403)}{2} \times 24.569 = 600$

$\qquad 2x = 49.245$

$\qquad \therefore\ x = 24.623\text{m}$

(3) AP 방위각 = AD 방위각 = BQ 방위각

$\qquad = \tan^{-1}\left(\dfrac{Y_D - Y_A}{X_D - X_A}\right) = 91° 35' 29.66''$

∴ P점 좌표는

$$X_P = X_A + \overline{AP} \cos AP \text{ 방위각}$$
$$= 811.58 + 24.623 \cos 91°35'29.66'' = 810.90\text{m}$$
$$Y_P = Y_A + \overline{AP} \sin AP \text{ 방위각}$$
$$= 350.92 + 24.623 \sin 91°35'29.66'' = 375.53\text{m}$$

∴ Q점 좌표는

$$X_Q = X_B + \overline{BQ} \cos BQ \text{ 방위각}$$
$$= 787.01 + 24.220 \cos 91°35'29.66'' = 786.34\text{m}$$
$$Y_Q = Y_B + \overline{BQ} \sin BQ \text{ 방위각}$$
$$= 350.64 + 24.220 \sin 91°35'29.66'' = 374.85\text{m}$$

그러므로, 구하고자 하는 P점과 Q점의 좌표는

$$X_P = 810.90\text{m}, \quad Y_P = 375.53\text{m}$$
$$X_Q = 786.34\text{m}, \quad Y_Q = 374.85\text{m}$$

**17** 그림과 같이 등고선이 있을 때 이 구릉의 토량은 얼마인가?
- 표고 40m 등고선으로 둘러싸인 면적 : 100m²
- 표고 35m 등고선으로 둘러싸인 면적 : 300m²
- 표고 30m 등고선으로 둘러싸인 면적 : 900m²
- 표고 25m 등고선으로 둘러싸인 면적 : 1,850m²
- 표고 20m 등고선으로 둘러싸인 면적 : 2,900m²
- 표고 15m 등고선으로 둘러싸인 면적 : 3,800m²

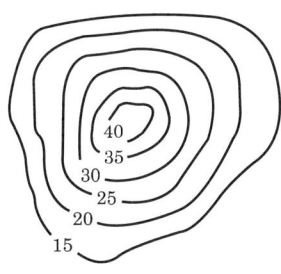

**해설**

등고선 토량 $(V) = \dfrac{h}{3}\{A_1 + A_n + 4(A_2 + A_4 + \cdots) + 2(A_3 + A_5 \cdots)\}$

(단, $n$은 홀수)

따라서, 40m 등고선에서 20m 등고선까지만 식이 성립하고 나머지는 양단 평균법 사용

$$V = \dfrac{5}{3}\{100 + 2,900 + 4 \times (300 + 1,850) + 2 \times 900\} + \left(\dfrac{2,900 + 3,800}{2}\right) \times 5$$
$$= 22,333.3 + 16,750 = 39,083.3\text{m}^3$$

그러므로, 구하고자 하는 토량은 $39,083.3\text{m}^3$이다.

**18** 490m에서 만수위가 되는 그림과 같은 저수지가 있으며, 각 등고선으로 둘러쌓인 면적은 다음과 같다.

(1) 만수위 때의 저수 용량을 구하라.
각주 공식(prismoidal formular)과 양단 평균법(end area method)에 의하여 각각 구하라.

(2) 저수 용량이 9,000,000m³ 될 때의 수면의 높이(표고)는 얼마인가? (양단 평균법을 사용하고, 소수점 아래 2자리까지 구하라. 또한 체적의 증감은 높이에 정비례한다고 가정한다.)

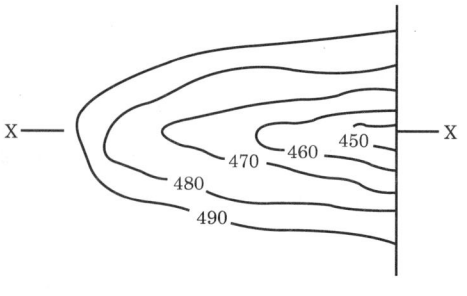

[단면 X-X]

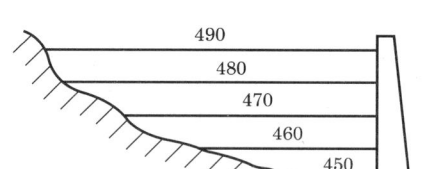

| 등고선 | 면적 |
|---|---|
| 450m | 46,000m² |
| 460m | 104,000m² |
| 470m | 291,000m² |
| 480m | 416,000m² |
| 490m | 521,000m² |

### 해설

(1) ① 각주 공식(심프슨 제1법칙)

$$V = \frac{h}{3}\{A_1 + A_5 + 4(A_2 + A_4) + 2(A_3)\}$$

$$= \frac{10}{3}\{46,000 + 521,000 + 4(104,000 + 416,000) + 2(291,000)\}$$

$$= 10,763,333 \text{m}^3$$

② 양단 평균법

$$V = \left(\frac{A_1 + A_5}{2} + A_2 + A_3 + A_4\right)h$$

$$= \left(\frac{46,000 + 521,000}{2} + 104,000 + 291,000 + 416,000\right) \times 10$$

$$= 10,945,000 \text{m}^3$$

(2) ① 480m까지의 용량을 구해보면

$$V_1 = \left(\frac{46,000+416,000}{2} + 104,000 + 291,000\right) \times 10$$

$$= 6,260,000 \text{m}^3$$

즉, 9,000,000m³가 안 된다. 따라서, 480m보다는 수면의 높이가 높다.

② 480~490m 저수량

$$V_2 = \left(\frac{416,000+521,000}{2}\right) \times 10 = 4,685,000 \text{m}^3$$

∴ 9,000,000 − 6,260,000 = 2,740,000m³

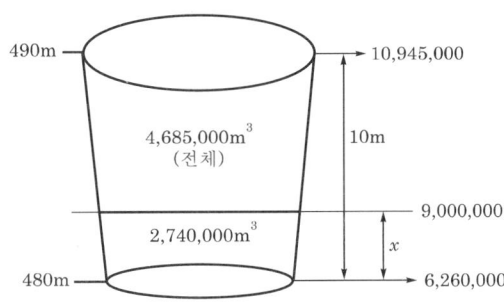

$$4,685,000 : 10 = 2,740,000 : h$$

∴ $h = 5.85$m

그러므로, 구하고자 하는

9,000,000m³의 저수량은 480+5.85=485.85m이다.

**19** 다음 그림은 DAM 건설 예정지의 지형이다. 기준면으로부터 482m선이 최고 만수위라고 한다. 최고 만수위 때의 저수량(m³)과 저수지에 물이 반$\left(\dfrac{1}{2}\right)$ 찼을 때의 수면의 높이를 구하시오. (단, 각 등고선으로 둘러싸인 면적은 다음 표와 같으며 체적의 계산은 양단 평균법에 의하며 이때 460m 이하의 체적은 무시한다. 또한, 인접 등고선 산지 내에서의 체적의 증감은 높이에 정비례한다고 가정한다.)

| 등고선 | 면적 |
|---|---|
| 460m | 31,000m² |
| 465m | 87,000m² |
| 470m | 106,000m² |
| 475m | 147,000m² |
| 480m | 205,000m² |
| 485m | 240,000m² |

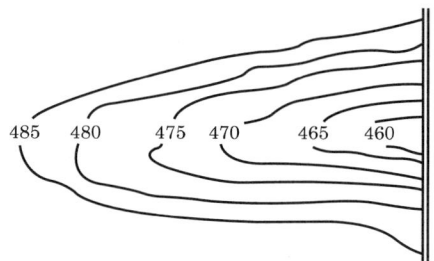

(1) 만수위(482m)일 때의 저수량

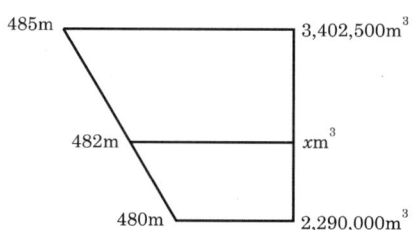

① 485m일 때 저수량
$$= \left(\dfrac{31,000+240,000}{2}+87,000+106,000+147,000+205,000\right)\times 5$$
$$= 3,402,500\text{m}^3$$

② 480m일 때 저수량
$$= \left(\dfrac{31,000+205,000}{2}+87,000+106,000+147,000\right)\times 5$$
$$= 2,290,000\text{m}^3$$

비례식으로 482m일 때의 저수량을 구하면
$$5 : 2 = (3,402,500 - 2,290,000) : (x - 2,290,000)$$
$$\therefore x = 2,735,000\text{m}^3$$

따라서 만수위일 때의 저수량은 2,735,000m³이다.

**(2) 저수지에 물이 반 찼을 때의 수면의 높이(1/10m단위만 표시)**

만수위일 때의 저수량이 $2,735,000\text{m}^3$이므로 물이 반 찼을 때의 저수량은 $1,367,500\text{m}^3$이다.

① 470m일 때 저수량

$$= \left(\frac{31,000+106,000}{2}+87,000\right)\times 5$$

$$= 777,500\text{m}^3$$

② 475m일 때 저수량

$$= \left(\frac{31,000+147,000}{2}+87,000+106,000\right)\times 5$$

$$= 1,410,000\text{m}^3$$

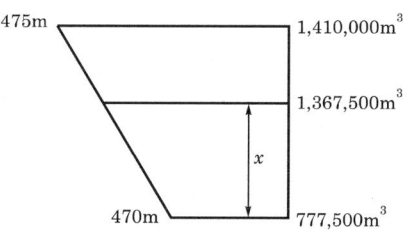

비례식으로 수면에 물이 반 찼을 때의 높이를 구하면

$5 : x = (1,410,000 - 777,500) : (1,367,500 - 777,500)$

∴ $x = 4.7\text{m}$

그러므로 저수지에 물이 반 찼을 때의 높이는 4.7m이다.

**20** 그림과 같은 구역에 30×30m의 방안을 짜 각 점의 표고를 구하였다. ABJLDEF의 토량을 구하시오.

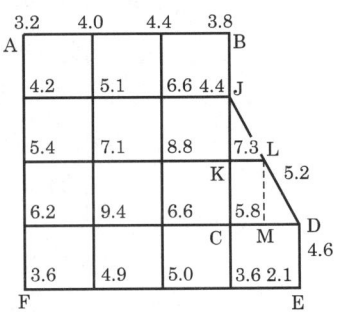

해설

$$V = V_{ABCDEF} + V_{JKL} + V_{KLMC} + V_{LMD}$$

(1) $V_{ABCDEF}$

$$V_{ABCDEF} = \frac{A}{4}(1\sum h_1 + 2\sum h_2 + 3\sum h_3 + 4\sum h_4)$$

$$= \frac{30 \times 30}{4}(1\sum h_1 + 2\sum h_2 + 3\sum h_3 + 4\sum h_4)$$

$$\begin{cases} \sum h_1 = (3.2+3.8+3.6+2.1+4.6) = 17.3 \\ 2\sum h_2 = 2(4.0+4.4+4.2+5.4+6.2+4.9+5.0+3.6+4.4+7.3) = 98.8 \\ 3\sum h_3 = 3(5.8) = 17.4 \\ 4\sum h_4 = 4(5.1+6.6+7.1+8.8+9.4+6.6) = 174.4 \end{cases}$$

$$= 69,277.5 \text{m}^3$$

(2) $V_{JKL}$

$$V_{JKL} = \frac{30 \times 15 \times \frac{1}{2}}{3}(4.4+7.3+5.2)$$

$$= 1,267.5 \text{m}^3$$

(3) $V_{KLMC}$

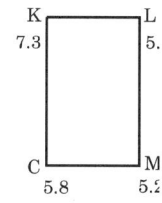

$$V_{KLMC} = \frac{30 \times 15}{4}(7.3 + 5.2 + 5.2 + 5.8)$$
$$= 2,643.75 \text{m}^3$$

▶ $h_m$

$$h_m = \frac{h_C + h_D}{2} = \frac{5.8 + 4.6}{2} = 5.2$$

(4) $V_{LMD}$

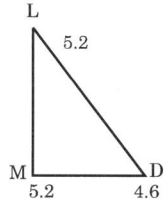

$$V_{LMD} = \frac{30 \times 15 \times \frac{1}{2}}{3}(5.2 + 5.2 + 4.6)$$
$$= 1,125 \text{m}^3$$

그러므로, 구하고자 하는 토량($V$)은

$V = 69,277.5 + 1,267.5 + 2,643.75 + 1,125 = 74,313.75 \text{m}^3$ 이다.

**21** 다음 수준 측량 성과를 보고 토량을 계산하시오. (단, 계산은 소수점 아래 3자리까지 할 것)

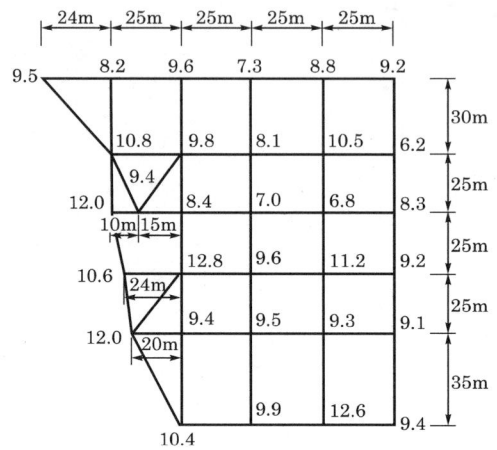

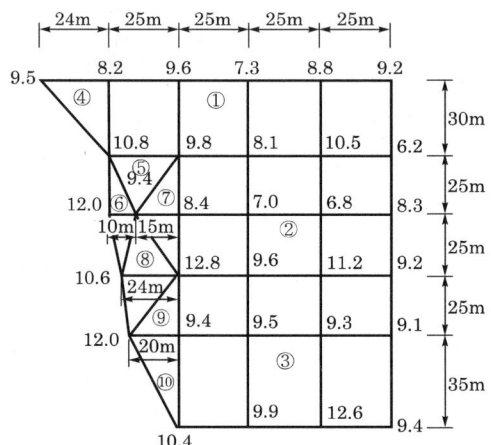

$$V_① = \frac{30 \times 25}{4}\{8.2+10.8+9.2+6.2+2(9.6+9.8+7.3+8.1+8.8+10.5)\}$$

$$= 26,737.5\text{m}^3$$

$$V_② = \frac{25 \times 25}{4}$$

$$\{9.8+6.2+9.1+9.4+2(8.1+10.5+8.3+9.2+9.3+9.5+12.8+8.4)$$

$$+4(7+6.8+9.6+11.2)\} = 50,796.875\text{m}^3$$

$$V_③ = \frac{25 \times 35}{4}\{9.4+9.1+9.4+10.4+2(9.5+9.3+9.9+12.6)\}$$

$$= 26,446.875\text{m}^3$$

$$V_{④} = \frac{24 \times 30}{6}(9.5 + 8.2 + 10.8) = 3,420 \text{m}^3$$

$$V_{⑤} = \frac{25 \times 25}{6}(10.8 + 9.8 + 9.4) = 3,125 \text{m}^3$$

$$V_{⑥} = \frac{10 \times 25}{6}\{10.8 + 10.6 + 2(12 + 9.4)\} = 2,675 \text{m}^3$$

$$V_{⑦} = \frac{15 \times 25}{6}\{9.8 + 12.8 + 2(9.4 + 8.4)\} = 3,637.5 \text{m}^3$$

$$V_{⑧} = \frac{24 \times 25}{6}\{9.4 + 12 + 2(10.6 + 12.8)\} = 6,820 \text{m}^3$$

$$V_{⑨} = \frac{20 \times 25}{6}(12.8 + 12 + 9.4) = 2,850 \text{m}^3$$

$$V_{⑩} = \frac{20 \times 35}{6}(12 + 9.4 + 10.4) = 3,710 \text{m}^3$$

$$\begin{aligned}
\therefore\ V &= V_{①} + V_{②} + V_{③} + V_{④} + V_{⑤} + V_{⑥} + V_{⑦} + V_{⑧} + V_{⑨} + V_{⑩} \\
&= 26,737.5 + 50,796.875 + 26,446.875 + 3,420 + 3,125 + 2,675 \\
&\quad + 3,637.5 + 6,820 + 2,850 + 3,710 \\
&= 130,218.75 \text{m}^3
\end{aligned}$$

**22** 계획에 따른 토량을 산출하고자 지형에 따라 다음과 같이 구분하였다. 계획고를 10.00m로 하려면 얼마의 양이 필요한가? (단, 소수점 계산은 소수 3째 자리에서 반올림하시오.)

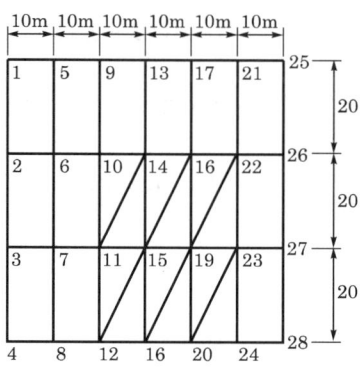

| 측점 No. | 표고(m) | 측점 No. | 표고(m) |
|---|---|---|---|
| 1 | 8.30 | 15 | 10.30 |
| 2 | 8.05 | 16 | 9.45 |
| 3 | 7.80 | 17 | 8.30 |
| 4 | 7.20 | 18 | 9.20 |
| 5 | 8.24 | 19 | 10.50 |
| 6 | 7.98 | 20 | 8.30 |
| 7 | 7.60 | 21 | 8.20 |
| 8 | 7.40 | 22 | 8.20 |
| 9 | 7.90 | 23 | 9.00 |
| 10 | 8.00 | 24 | 9.20 |
| 11 | 9.40 | 25 | 8.15 |
| 12 | 9.80 | 26 | 8.30 |
| 13 | 8.00 | 27 | 8.50 |
| 14 | 8.80 | 28 | 9.00 |

**해설**

(1) 사분법

$$V_1 = \frac{10 \times 20}{4} \{(8.3 + 8.15 + 7.2 + 9.8 + 9.2 + 9.0)$$
$$+ 2(8.24 + 7.9 + 8.0 + 8.3 + 8.2 + 8.05 + 7.8 + 9.4$$
$$+ 8.8 + 9.2 + 7.4 + 9.0 + 8.5 + 8.3) + 3(8.0 + 8.2) + 4(7.98 + 7.6)\}$$
$$= 19,837.50 \text{m}^3$$

(2) 삼분법

$$V_2 = \frac{10 \times 20}{6}$$
$$\{(8+9.2) + 2(9.8+8.2) + 3(8.8+9.2+9.00+8.3+9.45+9.4)$$
$$+ 6(10.3+10.5)\} = 11,348.33 \text{m}^3$$

$$\therefore V = V_1 + V_2 = 19,837.50 + 11,348.33 = 31,185.83 \text{m}^3$$

그러므로, 구하고자 하는 토량은
토량=(밑넓이×계획고 높이)−현재 토량
$= (60 \times 60 \times 10) - 31,185.83$
$= 4,814.17 \text{m}^3$ (성토량)

**23** 다음 그림에서 AC=30m, BC=50m, ∠C=120°일 때, ∠C의 2등분선과 $\overline{AB}$와 만나는 점을 D라 하면 CD의 길이는 얼마인가?

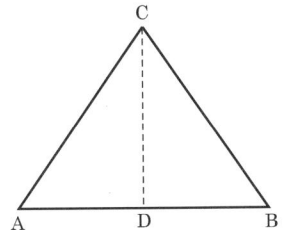

**해설**

△ABC = △ACD 면적 + △BCD 면적

$$\therefore \frac{30 \times 50 \times \sin 120°}{2} = \frac{30 \times \overline{CD} \times \sin 60°}{2} + \frac{50 \times \overline{CD} \times \sin 60°}{2}$$

$1,500 = 30\overline{CD} + 50\overline{CD}$

$80\overline{CD} = 1,500$

그러므로, 구하고자 하는 $\overline{CD} = 18.75$m 이다.

**24** 그림과 같은 4변형의 토지를 AB에 평행하게 $m:n=3:4$로 면적을 분할하고자 한다. AD=40m, AB=60m, CD=50m일 때 AX는 얼마가 되겠는가? (단, 거리 계산은 소수점 아래 2자리까지 구할 것)

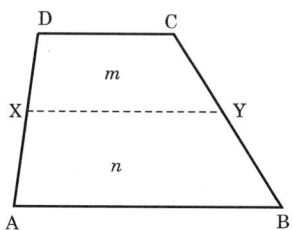

**해설**

$$XY = \sqrt{\frac{mAB^2 + nCD^2}{m+n}} = \sqrt{\frac{3 \times 60^2 + 4 \times 50^2}{3+4}} = 54.51\text{m}$$

$$\therefore AX = \frac{AD(AB - XY)}{AB - CD} = \frac{40 \times (60 - 54.51)}{60 - 50} = 21.96\text{m}$$

$$\left(\text{또는 } DX = \frac{AD(XY - CD)}{AB - CD} = 18.04\text{m}\right)$$

그러므로, 구하고자 하는 $AX = AD - AD = 21.96$m 이다.

**25** 그림과 같은 삼각형에서 삼각형 ABC의 한 변 AC의 중점 D를 지나고 면적을 1 : 3(△ADE : □BCDE)으로 분할하는 선이 변 AB와 만나는 점을 E라 할 때 다음 작업 요소를 구하시오. (단, 위·경거 조정은 트랜싯 법칙으로 계산하여 소수점 아래 4자리에서 반올림하고, 배면적은 소수점 아래 5자리에서 반올림할 것)

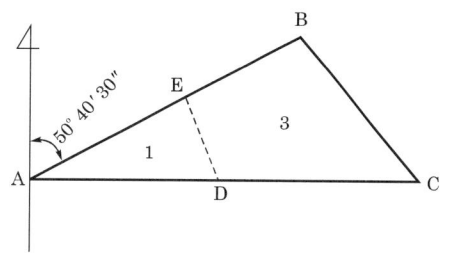

(1) 삼각형 ABC의 면적을 구하시오.

| 측점 | 관측각 | 조정량 | 조정각 | 측선 | 거리(m) | 방위각 | 방위 |
|---|---|---|---|---|---|---|---|
| A | 29° 11′ 56″ | | | AB | 86.015 | | |
| B | 81° 01′ 44″ | | | BC | 44.726 | | |
| C | 69° 46′ 35″ | | | CA | 90.544 | | |
| 계 | | | | | | | |

| 측점 | 위거 | 경거 | 조정 위거 | 조정 경거 | 합위거 | 합경거 | $(X_{i-1} - X_{i+1}) \cdot Y_i$ |
|---|---|---|---|---|---|---|---|
| A | | | | | 0 | 0 | |
| B | | | | | | | |
| C | | | | | | | |
| 계 | | | | | | | |

(2) E점의 좌표를 구하시오.

| 측점 | 합위거 | 합경거 | $(X_{i-1} - X_{i+1}) \cdot Y_i$ |
|---|---|---|---|
| E | $X$ | $Y$ | |
| B | | | |
| C | | | |
| D | | | |

| 측점 | 합위거 | 합경거 | $(X_{i-1} - X_{i+1}) \cdot Y_i$ |
|---|---|---|---|
| A | | | |
| E | $X$ | $Y$ | |
| D | | | |

(3) DE의 거리 및 DE의 방위각을 구하시오. (단, 거리는 소수점 아래 2자리까지, 방위각은 0.01″ 단위까지 구할 것)

**(1) 삼각형 ABC의 면적을 구하시오.**

| 측점 | 관측각 | 조정량 | 조정각 | 측선 | 거리(m) | 방위각 | 방위 |
|---|---|---|---|---|---|---|---|
| A | 29° 11′ 56″ | −5″ | 29° 11′ 51″ | AB | 86.015 | 50° 40′ 30″ | N 50° 40′ 30″ E |
| B | 81° 01′ 44″ | −5″ | 81° 01′ 39″ | BC | 44.726 | 149° 38′ 51″ | S 30° 21′ 09″ E |
| C | 69° 46′ 35″ | −5″ | 69° 46′ 30″ | CA | 90.544 | 259° 52′ 21″ | S 79° 52′ 21″ E |
| 계 | 180° 00′ 15″ | −15″ | | | | | |

| 측점 | 위거 | 경거 | 조정 위거 | 조정 경거 | 합위거 | 합경거 | $(X_{i-1}-X_{i+1}) \cdot Y_i$ |
|---|---|---|---|---|---|---|---|
| A | 54.509 | 65.538 | 54.513 | 66.536 | 0 | 0 | (15.920−54.513)×0=0 |
| B | −38.596 | 22.601 | −38.593 | 22.600 | 54.513 | 66.536 | (0−15.920)×66.536=−1,059.2531 |
| C | −15.921 | −89.133 | −15.920 | −89.136 | 15.920 | 89.136 | (54.513−0)×89.136=4,859.0708 |
| 계 | (−0.008) | (+0.006) | | | | | |

$$2S = 3,799.8177$$
$$\therefore S = 1,899.909 \text{m}^2$$

① 방위각

　AB 측선의 방위각 = 50° 40′ 30″

　BC 측선의 방위각 = 50° 40′ 30″ + 180° − 81° 01′ 39″ = 149° 38′ 51″

　CA 측선의 방위각 = 149° 38′ 51″ + 180° − 69° 46′ 30″ = 259° 52′ 21″

② 조정(트랜싯 법칙)

　㉠ 위거 조정

　　AB 측선의 위거 조정량 = $\dfrac{54.509}{109.026} \times 0.008 = \oplus 0.004$

　　BC 측선의 위거 조정량 = $\dfrac{38.596}{109.026} \times 0.008 = \oplus 0.003$

　　CA 측선의 위거 조정량 = $\dfrac{15.921}{109.026} \times 0.008 = \oplus 0.001$

　㉡ 경거 조정

　　AB 측선의 경거 조정량 = $\dfrac{66.538}{178.272} \times 0.006 = \ominus 0.002$

　　BC 측선의 경거 조정량 = $\dfrac{22.601}{178.272} \times 0.006 = \ominus 0.001$

　　CA 측선의 경거 조정량 = $\dfrac{89.133}{178.272} \times 0.006 = \ominus 0.003$

(2) E점의 좌표를 구하시오.

| 측점 | 합위거 | 합경거 | $(X_{i-1} - X_{i+1}) \cdot Y_i$ |
|---|---|---|---|
| E | $X$ | $Y$ | $(7.960 - 54.513) \times Y = -46.553Y$ |
| B | 54.513 | 66.536 | $(X - 15.920) \times 66.536 = 66.536X - 1,059.2531$ |
| C | 15.920 | 89.136 | $(54.513 - 7.960) \times 89.136 = -4,149.5482$ |
| D | 7.960 | 44.568 | $(15.920 - X) \times 44.568 = 709.5226 - 44.568X$ |

$\therefore 21.968X - 46.553Y + 3,799.8177 = 2,849.8633$ ·················· ①

| 측점 | 합위거 | 합경거 | $(X_{i-1} - X_{i+1}) \cdot Y_i$ |
|---|---|---|---|
| A | 0 | 0 | 0 |
| E | $X$ | $Y$ | $(-7.960) \times Y = -7.960Y$ |
| D | 7.960 | 44.568 | $(X - 0) \times 44.568 = 44.568X$ |

$\therefore 44.568X - 7.960Y = 949.9544$ ·················· ②

①식과 ②식을 연립 방정식으로 풀면

$X = 27.256, \quad Y = 33.268$

(3) ① DE 거리 $= \sqrt{(X_E - X_D)^2 + (Y_E + Y_D)^2}$
$= \sqrt{(27.257 - 7.960)^2 + (33.268 - 44.568)^2}$
$= 22.36\text{m}$

② DE의 방위각

$\theta = \tan^{-1}\left(\dfrac{Y_E - Y_D}{X_E - X_D}\right) = \tan^{-1}\left(\dfrac{33.268 - 44.568}{27.256 - 7.960}\right)$

$= \text{N} 30°21'13.75''\text{W}$

$= 329°38'50.91''$

그러므로, 구하고자 하는 답은

① △ABC의 면적 $= 1,899.909\text{m}^2$

② E점의 좌표 $= X_E : 27.256, \ Y_E : 33.268$

③ ㉠ DE 거리 $= 22.36\text{m}$
　㉡ DE 방위각 $= 329°38'46.25''$

**26** 그림과 같은 오각형의 면적이 $A=9,138.55\text{m}^2$일 때 점 1을 지나고 변 $\overline{34}$를 지나는 점선 $\overline{1\text{N}}$이 오각형의 면적을 등분할 때 다음을 구하시오. (단, 계산은 소수점 아래 4자리에서 반올림할 것)

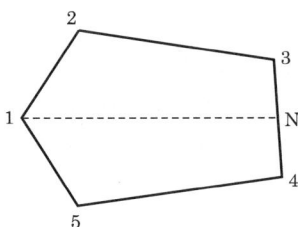

(1) N의 좌표를 구하시오.

| 측점 | 합위거 | 합경거 | $(X_{i-1}-X_{i+1}) \cdot Y_i$ |
|---|---|---|---|
| 1 | 109.013 | 50.297 | |
| 2 | 131.124 | 92.245 | |
| 3 | 87.468 | 169.443 | |
| N | $X$ | $Y$ | |

(2) $\overline{1\text{N}}$의 거리는?

| 측점 | 합위거 | 합경거 | $(X_{i-1}-X_{i+1}) \cdot Y_i$ |
|---|---|---|---|
| 1 | 109.013 | 50.297 | |
| N | $X$ | $Y$ | |
| 4 | 21.666 | 129.344 | |
| 5 | 54.987 | 30.018 | |

(1) N의 좌표를 구하시오.

| 측점 | 합위거 | 합경거 | $(X_{i-1}-X_{i+1}) \cdot Y_i$ |
|---|---|---|---|
| 1 | 109.013 | 50.297 | $(X-131.124)\times 50.297 = 50.297X-6,595.144$ |
| 2 | 131.124 | 92.245 | $(109.013-87.468)\times 92.245 = 1,987.419$ |
| 3 | 87.468 | 169.443 | $(131.124-X)\times 169.443 = 22,218.044-169.443X$ |
| N | $X$ | $Y$ | $(87.468-109.013)\times Y = -21.545Y$ |

∴ $50.297X - 169.443X - 21.545Y + 17,610.319 = 9,138.55$

정리하면

$119.146X + 21.545Y = 8,471.769$ ·········································①

(2) $\overline{1N}$의 거리

| 측점 | 합위거 | 합경거 | $(X_{i-1}-X_{i+1}) \cdot Y_i$ |
|---|---|---|---|
| 1 | 109.013 | 50.297 | $(54.987-X) \times 50.297 = 2,765.681 - 50.297X$ |
| N | $X$ | $Y$ | $(109.013-21.666) \times Y = 87.347Y$ |
| 4 | 21.666 | 129.344 | $(X-54.987) \times 129.344 = 129.344X - 7,112.239$ |
| 5 | 54.987 | 30.018 | $(21.666-109.013) \times 30.018 = -2,621.982$ |

$$\therefore -50.297X + 129.344X + 87.347Y - 6,968.54 = 9,138.55$$

정리하면

$$79.047X + 87.347Y = 16,107.090 \quad \cdots\cdots ②$$

①식과 ②식을 정리하면

$$X + 0.180828563Y = 71.10409917 \quad \cdots\cdots ①'$$
$$X + 1.105000822Y = 203.7659873 \quad \cdots\cdots ②'$$

②′식에서 ①′을 빼면

$$0.924172259Y = 132.6618881$$
$$\therefore Y = 143.5467109, \; X = 45.14675371$$

그러므로, 구하고자 하는 시점의 좌표는

$X_N = 45.147, \; Y_N = 143.547$

$\overline{1N}$의 거리

$$\overline{1N} = \sqrt{(X_N - X_1)^2 + (Y_N - Y_1)^2}$$
$$= \sqrt{(45.147 - 109.013)^2 + (143.547 - 50.297)^2}$$
$$= 113.024\text{m}$$

**27** 측량 성과를 가지고 다음을 구하시오. (단, 최종 답은 소수 첫째 자리까지, 각은 초단위까지 계산하라.)

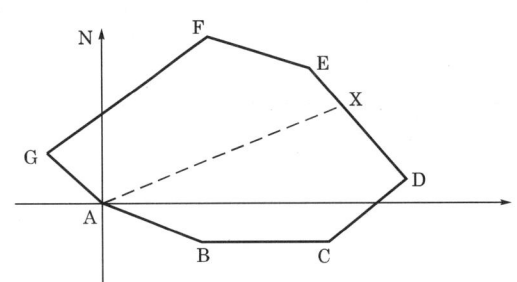

| 점 | 좌 표 | |
|---|---|---|
| | N | E |
| A | 1,000 | 1,000 |
| B | 1,200 | 840 |
| C | 1,630 | 795 |
| D | 2,000 | 1,070 |
| E | 1,720 | 1,400 |
| F | 1,310 | 1,540 |
| G | 905 | 1,135 |

(1) 측점 A, B, C, D, E, F, G로 둘러싸인 다각형의 면적을 구하라.

(2) 다각형의 면적을 2등분(二等分)하는 선분 $\overline{AX}$ 와 다각형의 한 변과 만나는 점(X)의 좌표를 구하라.

### 해설

(1) 측점 A, B, C, D, E, F, G로 둘러싸인 다각형의 면적을 구하라.

각 측점의 좌표를 알고 이들 측점을 이어서 만들어진 다각형의 면적을 구하면

① 배면적=(하나 앞 측점의 $Y$좌표-다음 측점의 $Y$좌표)×그 측점의 $X$좌표
   =$(Y_{i-1} - Y_{i+1}) \times X_i$

② 면적=배면적/2

| 점 | 좌 표 | | $(X_{i-1} - X_{i+1}) \cdot Y_i$ |
|---|---|---|---|
| | N | E | |
| A | 1,000 | 1,000 | (905−1,200)×1,000=−295,000 |
| B | 1,200 | 840 | (1,000−1,630)×840=−529,200 |
| C | 1,630 | 795 | (1,200−2,000)×795=−636,000 |
| D | 2,000 | 1,070 | (1,630−1,720)×1,070=−96,300 |
| E | 1,720 | 1,400 | (2,000−1,310)×1,400=966,000 |
| F | 1,310 | 1,540 | (1,720−905)×1,540=1,255,100 |
| G | 905 | 1,135 | (1,310−1,000)×1,135=351,850 |

∴ 합계= 1,016,450m²

- 배면적$(2A) = 1,016,450\text{m}^2$
- 면적$(A) = \dfrac{1,016,450}{2} = 508,225\text{m}^2$

**(2)** 다각형의 면적을 2등분하는 선분 $\overline{AX}$ 와 다각형의 한 변과 만나는 점(X)의 좌표를 구하라.

① 다각형 ABCDX에서

| 점 | $X$좌표 | $Y$좌표 | $(X_{i-1}-X_{i+1}) \cdot Y_i$ |
|---|---|---|---|
| A | 1,000 | 1,000 | $(x-1,200)\times 1,000 = 1,000x - 1,200,000$ |
| B | 1,200 | 840 | $(1,000-1,630)\times 840 = -529,200$ |
| C | 1,630 | 795 | $(1,200-2,000)\times 795 = -636,000$ |
| D | 2,000 | 1,070 | $(1,630-x)\times 1,070 = 1,744,100 - 1,070x$ |
| X | $x$ | $y$ | $(2,000-1,000)\times y = 1,000y$ |

$$\therefore \ \text{합계}(2A) = -70x + 1,000y - 621,100$$

② 다각형 AXEFG에서

| 점 | $X$좌표 | $Y$좌표 | $(X_{i-1}-X_{i+1}) \cdot Y_i$ |
|---|---|---|---|
| A | 1,000 | 1,000 | $(905-x)\times 1,000 = 905,000 - 1,000x$ |
| X | $x$ | $y$ | $(1,000-1,720)\times y = -720y$ |
| E | 1,720 | 1,400 | $(x-1,310)\times 1,400 = 1,400x - 1,834,000$ |
| F | 1,310 | 1,540 | $(1,720-905)\times 1,540 = 1,255,100$ |
| G | 905 | 1,135 | $(1,310-1,000)\times 1,135 = 351,850$ |

$$\therefore \ \text{합계}(2A) = 400x - 720y + 677,950$$

따라서, 다각형 ABCDX에서
$$-70x + 1,000y - 621,100 = 508,225$$
$$-70x + 1,000y = 1,129,325 \ \cdots\cdots\cdots ①$$

다각형 AXEFG에서
$$400x - 720y + 677,950 = 508,225$$
$$400x - 720y = -169,725 \ \cdots\cdots\cdots ②$$

①식에 0.72를 곱하여 정리하면

$$-\begin{array}{|l} -50.4x + 720y = 813,114 \\ \ \ 400x - 720y = -169,725 \end{array}$$
$$(400 - 50.4)x = 643,389 \quad \therefore \ x = 1,840.4$$

$$\therefore \ y = \dfrac{1,129,325 + (70\times 1,840.4)}{1,000} = 1,258.2$$

그러므로, 구하고자 하는 X점의 좌표

$X_X = 1,840.4, \ \ Y_X = 1,258.2$

## ❖ 별해

(2) 다각형의 면적을 2등분(二等分)하는 선분 $\overline{AX}$와 다각형의 한 변과 만나는 점(X)의 좌표를 구하라.

$$\begin{cases} X_X = X_D + (\text{DX 거리} \times \cos \text{DX 방위각}) \\ Y_X = Y_D + (\text{DX 거리} \times \sin \text{DX 방위각}) \end{cases}$$

- DX 거리

$$\triangle \text{AXD 면적} = \frac{\overline{AD} \times \overline{DX} \times \sin \angle ADX}{2}$$

$$\overline{DX} = \frac{2 \times \triangle \text{AXD 면적}}{\overline{AD} \times \sin \angle ADX}$$

- DX 방위각

  DX 방위각 = DE 방위각

① DX의 거리를 구하려면 △AXD의 면적을 구하여야 한다.

㉠ $\triangle \text{AXD 면적} = \dfrac{\text{전면적}}{2} - \square \text{ABCD 면적}$

$= \dfrac{508,225}{2} - 154,450 = 99,662.5 \text{m}^2$

▶ □ABCD 면적

$\square \text{ABCD 면적} = \dfrac{1}{2} \{(2,000 - 1,200) \times 100 + (1,000 - 1,630)$

$\times 840 + (1,200 - 2,000) \times 795 + (1,630 - 1,720)$

$\times 1,070 + (2,000 - 1,000) \times 1,400\}$

$= 154,450 \text{m}^2$

∴ $\triangle \text{AXD 면적} = \dfrac{\overline{AD} \times \overline{DX} \times \sin \angle ADX}{2} = 99,662.5 \text{m}^2$

ⓐ $\overline{AD} = \sqrt{(X_D - X_A)^2 + (Y_D - Y_A)^2}$

$= \sqrt{(1,070 - 1,000)^2 + (2,000 - 1,000)^2}$

$= 1,002.447 \text{m}$

ⓑ ∠ADX = DE 방위각 − DA 방위각

$= 319°41'09'' - 265°59'45''$

$= 53°41'24''$

▶ DE 방위각, AD 방위각

- DE 방위각 $= \tan^{-1}\left(\dfrac{Y_E - Y_D}{X_E - X_D}\right) = \tan^{-1}\left(\dfrac{1,720 - 2,000}{1,400 - 1,070}\right)$
  $= N\,40°\,18'\,51''\,W$
  $\therefore\ 360° - 40°\,18'\,51'' = 319°\,41'\,09''$

- AD 방위각 $= \tan^{-1}\left(\dfrac{Y_D - Y_A}{X_D - X_A}\right) = \tan^{-1}\left(\dfrac{2,000 - 1,000}{1,070 - 1,000}\right)$
  $= 85°\,59'\,45''$
  $\therefore\ $ DE 방위각 = AD 방위각 + $180°$ = $85°\,59'\,45'' + 180°$
  $= 265°\,59'\,45''$

$\therefore\ \overline{DX} = \dfrac{2 \times \triangle AXD\ 면적}{\overline{AD} \times \sin \angle ADX} = \dfrac{2 \times 99,662.5}{1,002.447 \times \sin 53°\,41'\,24''}$
$= 246.751\text{m}$

그러므로, 구하고자 하는 좌표는

$\begin{cases} X_X = X_D + DX\ 거리 \times \cos DX\ 방위각 \\ \quad = 1,070 + 246.751 \times \cos 319°\,41'\,09'' = 1,258.150 \\ Y_X = Y_D + DX\ 거리 \times \sin DX\ 방위각 \\ \quad = 2,000 + 246.751 \times \sin 319°\,41'\,09'' = 1,840.357 \end{cases}$

**28** 폐합 다각형 ABCDEA에서 각 측점의 좌표가 다음과 같다. QP의 방위각이 17°39′이고, 사각형 PCDQ의 면적이 30,000m²이 되도록 $r$과 $s$를 구하시오. (단, 최종 답은 소수점 아래 2자리까지 계산한다.)

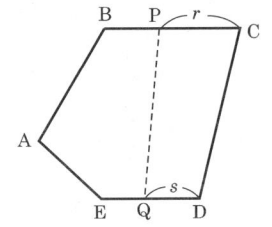

|      | A   | B   | C   | D   | E   |
|------|-----|-----|-----|-----|-----|
| E(m) | 350 | 500 | 900 | 650 | 470 |
| N(m) | 400 | 650 | 650 | 150 | 270 |

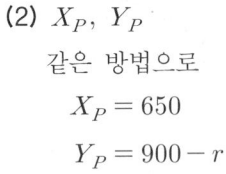

먼저 $r$, $s$의 관계식을 정한 후 P, Q의 좌표를 구한다.

ED의 거리 $= \sqrt{(X_D - X_E)^2 + (Y_D - Y_E)^2} = \sqrt{(150-270)^2 + (650-470)^2}$
$= 216.33\text{m}$

(1) $X_Q$, $Y_Q$

&lt;비례식&gt;

$120 : 216.33 = \Delta x : s$ ……①식

$180 : 216.33 = \Delta y : s$ ……②식

①식과 ②식을 정리

$$\Delta x (\text{DQ 위거}) = \frac{120}{216.33} S = 0.555\,S$$

$$\Delta y (\text{DQ 경거}) = \frac{180}{216.33} S = 0.832\,S$$

$\therefore X_Q = X_D + \text{DQ 위거}$
$= 150 + 0.555\,S$

$Y_Q = Y_D + \text{DQ 경거}$
$= 650 - 0.832\,S$

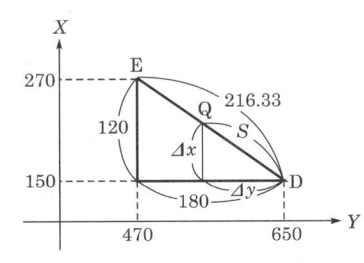

(2) $X_P$, $Y_P$

같은 방법으로

$X_P = 650$

$Y_P = 900 - r$

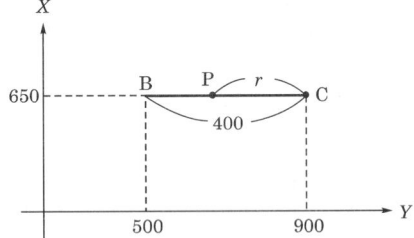

(3) QP의 방위각

$\tan \phi = \dfrac{Y_P - Y_Q}{X_P - X_Q} \rightarrow \tan 17°39' = \dfrac{(900-r) - (650-0.832\,S)}{650 - (150 + 0.555\,S)}$

$= 0.318179431$

$$\therefore 250 - r + 0.832S = 0.318179431(500 - 0.555S)$$
$$r = 90.910 + 1.009S$$

그러므로, 구하고자 하는 P점 좌표
$$\begin{cases} X_P = 650 \\ Y_P = 900 - r = 900 - (90.910 + 1.009S) \end{cases}$$

(4) □PCDQ 면적을 구하여 보면

| 점 | X(N) | Y(E) | $(X_{i-1} - X_{i+1}) \cdot Y_i$ |
|---|---|---|---|
| P | 650 | 809.089−1.009$S$ | $(-500+0.555S) \times (809.089-1.009S)$ $= -0.600S^2 + 953.544S - 404,544.500$ |
| C | 650 | 900 | $(650-150) \times 900 = 450,000$ |
| D | 150 | 650 | $(500-0.555S) \times 650 = 325,000 - 360.75S$ |
| Q | 150+0.555$S$ | 650−0.832$S$ | $-500 \times (650-0.832S) = -325,000 + 416S$ |

정리하면
$$-0.600S^2 + 953.544S - 404,544.500 + 450,000 + 325,000 - 360.75S$$
$$-325,000 + 416S = 30,000 \times 2$$
$$\therefore 0.600S^2 - 1,008.794S + 14,544.5 = 0$$

근의 공식에 대입하여 $S$를 구하면
$$S = \frac{-(-1,008.794) \pm \sqrt{(-1,008.794)^2 - 4 \times 0.600 \times 14,544.5}}{2 \times 600}$$

$\therefore S = 1,666.78$ or $14.54$

따라서, $S = 14.54$m이다.

또한 $r = 90.910 + 1.009S = 90.910 + (1.009 \times 14.54) = 105.58$m

그러므로, 구하고자 하는
$$S = 14.54\text{m}, \ r = 105.58\text{m}$$

**29** 그림과 같은 유토 곡선(mass curve)에서 유토 곡선의 성질을 설명한 부호를 기입하시오.

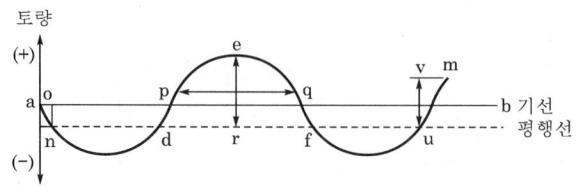

(1) 평균 운반 거리
(2) 전토량
(3) 보충 토량
(4) 사토량

### 해설

(1) 평균 운반 거리 : pq
(2) 전토량 : re
(3) 보충 토량 : no
(4) 사토량 : uv

**30** (1) 노선 측량의 성과가 다음과 같을 때 토량 계산서를 완성하고 유토 곡선(mass curve)을 작성하시오. (단, 토량 환산 계수 $f = 0.9$이다. 계산은 소수점 아래 1자리까지 구하라.)

| 측점 | 거리 (m) | 절토 | | | 성토 | | | | 차인 토량 (m³) | 누가 토량 (m³) |
|---|---|---|---|---|---|---|---|---|---|---|
| | | 단면적 (m²) | 평균 단면적 (m²) | 토량 (m³) | 단면적 (m²) | 평균 단면적 (m²) | 토량 (m³) | 보정 토량 (m³) | | |
| No.0 | 0 | 0 | | | 5 | | | | | |
| 1 | 20 | 20 | | | 10 | | | | | |
| 2 | 20 | 50 | | | 20 | | | | | |
| 3 | 20 | 30 | | | 10 | | | | | |
| 4 | 20 | 10 | | | 10 | | | | | |
| 5 | 20 | 20 | | | 30 | | | | | |
| 6 | 20 | 10 | | | 40 | | | | | |
| 7 | 20 | 0 | | | 10 | | | | | |
| 8 | 20 | 10 | | | 0 | | | | | |

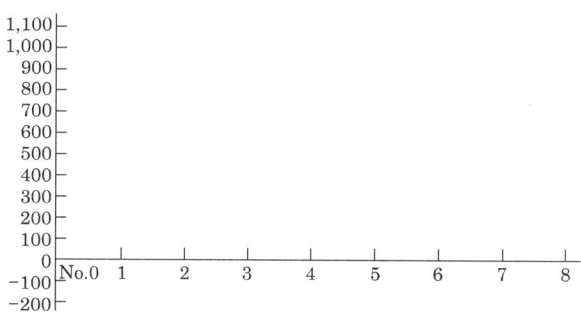

[mass curve]

(2) 토적도(mass curve)에 대한 설명으로 다음 빈 칸을 채우시오.

① 토적 곡선의 상승 부분 OA, CE 부분은 (　　) 부분이다.
　토적 곡선의 하향 부분 AC, EF 부분은 (　　) 부분이다.
② 토적 곡선의 loop가 산 모양일 때는 절취 굴 착도가 (　　)쪽에서 (　　)쪽으로 이동된다.
③ 기선 OX상의 점 B, D, F에서는 토량의 이 동이 (　　)다.
④ OB에서는 절·성토량이 (　　)다.
⑤ 토적 곡선이 기선 OX보다 아래에서 끝날 때는 토량이 (　　)하다.

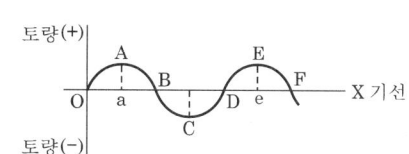

(1) 노선 측량의 성과가 다음과 같을 때 토량 계산서를 완성하고 유토 곡선(mass curve)을 작성하시오. (단, 토량 환산 계수 $f = 0.9$이다. 계산은 소수점 아래 1자리까지 구하시오.)

| 측점 | 거리 (m) | 절토 | | | 성토 | | | 보정 토량 ($m^3$) | 차인 토량 ($m^3$) | 누가 토량 ($m^3$) |
|---|---|---|---|---|---|---|---|---|---|---|
| | | 단면적 ($m^2$) | 평균 단면적 ($m^2$) | 토량 ($m^3$) | 단면적 ($m^2$) | 평균 단면적 ($m^2$) | 토량 ($m^3$) | | | |
| No.0 | 0 | 0 | | | 5 | | | | | |
| 1 | 20 | 20 | 10 | 200 | 10 | 7.5 | 150 | 166.7 | 33.3 | 33.3 |
| 2 | 20 | 50 | 35 | 700 | 20 | 15 | 300 | 333.3 | 366.7 | 400.0 |
| 3 | 20 | 30 | 40 | 800 | 10 | 15 | 300 | 333.3 | 466.7 | 866.7 |
| 4 | 20 | 10 | 20 | 400 | 10 | 10 | 200 | 222.2 | 177.8 | 1,044.5 |
| 5 | 20 | 20 | 15 | 300 | 30 | 20 | 400 | 444.4 | −144.4 | 900.1 |
| 6 | 20 | 10 | 15 | 300 | 40 | 35 | 700 | 777.8 | −477.8 | 422.3 |
| 7 | 20 | 0 | 5 | 100 | 10 | 25 | 500 | 555.6 | −455.6 | −33.3 |
| 8 | 20 | 10 | 5 | 100 | 0 | 5 | 100 | 111.1 | −11.1 | −44.4 |

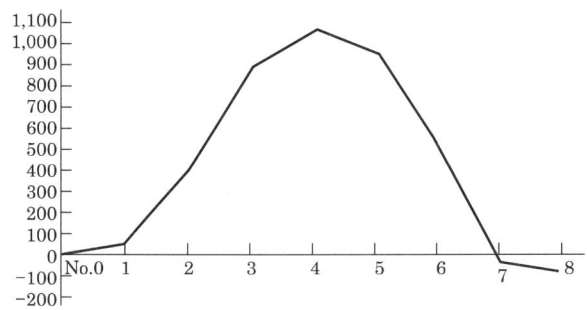

[mass curve]

① 토량 = 평균 단면적 × 거리

② 보정 토량 = 성토 토량 × $\dfrac{1}{f}$

③ 차인 토량 = 절토 토량 − 보정 토량

④ 누가 토량 = 차인 토량 누계

절토 보정 토량 = 성토량 × $\dfrac{1}{C}$ (토적도를 절토량으로)

성토 보정 토량 = 절토량 × $C$ (토적도를 성토량으로)

**(2)** 토적도(mass curve)에 대한 설명으로 다음 빈 칸을 채우시오.
　① 토적 곡선의 상승부분 OA, CE 부분은 (절토)부분이다.
　　토적 곡선의 하향 부분 AC, EF 부분은 (성토)부분이다.
　② 토적 곡선의 loop가 산 모양일 때는 절취 굴착도가 (왼)쪽에서 (오른)쪽으로 이동된다.
　③ 기선 OX상의 점 B, D, F에서는 토량의 이동이 (없)다.
　④ OB에서는 절·성토량이 (같)다.
　⑤ 토적 곡선이 기선 OX보다 아래에서 끝날 때는 토량이 (부족)하다.

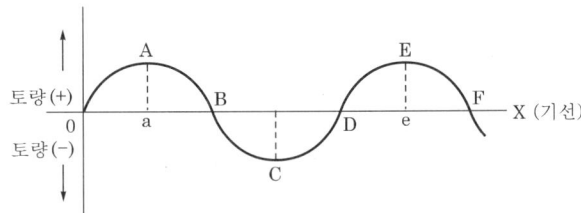

# 02 노선 측량

제2편 | 응용 측량

## 1 곡선의 종류

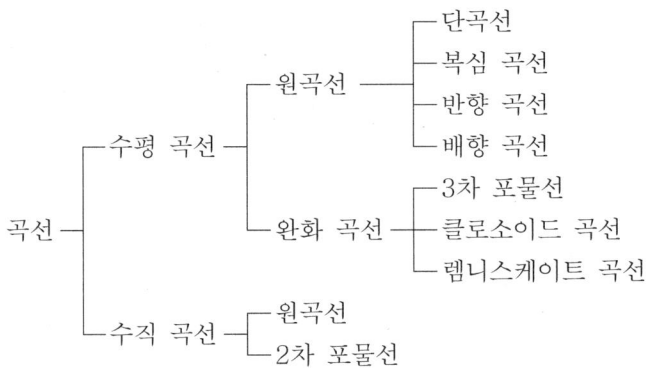

## 2 단곡선의 각부 명칭

### (1) 단곡선의 각부 명칭 및 기호

① A : 곡선 시점(BC)
② B : 곡선 종점(EC)
③ D : 교점(IP)
④ ∠CDB : 교각($I$ 또는 $IA$)
⑤ $\overline{OA} = \overline{OB}$ : 곡선 반지름($R$)
⑥ $\overline{AD} = \overline{BD}$ : 접선 길이($TL$)
⑦ $\overparen{APB}$ : 곡선 길이($CL$)

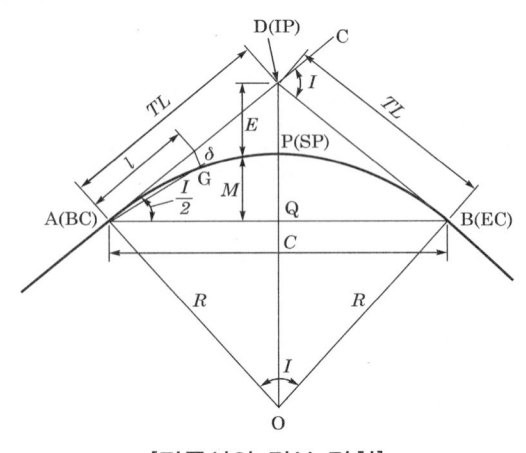

[단곡선의 각부 명칭]

⑧ $\overline{DP}$ : 외할($E$), ($SL$)

⑨ $\overline{PQ}$ : 중앙 종거($M$)

⑩ $\overline{AB}$ : 장현($C$)

⑪ $\overline{AG}$ : 시단현의 길이($l$)

⑫ ∠DAG : 편각($\delta$)

⑬ ∠DAB = ∠DBA : 총 편각$\left(\dfrac{I}{2}\right)$

# 3 단곡선의 설치

## (1) 편각 설치법

① 접선 길이

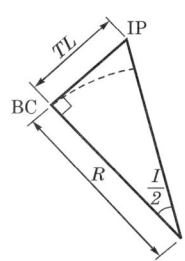

$$TL = R \cdot \tan \dfrac{I}{2}$$

② 곡선 길이

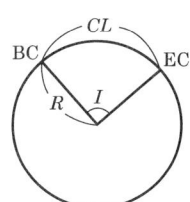

$$2\pi R : CL = 360° : I$$

$$CL = \dfrac{\pi}{180°} \cdot R \cdot I$$

③ 외할($E = SL$)

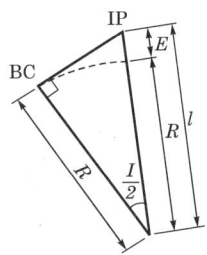

$$E = l - R$$
$$= R \cdot \sec \frac{I}{2} - R$$
$$= R\left(\sec \frac{I}{2} - 1\right)$$

▶ $l$
$$\cos \frac{I}{2} = \frac{R}{l}$$
$$l = R \cdot \sec \frac{I}{2}$$

④ 중앙 종거($M$)

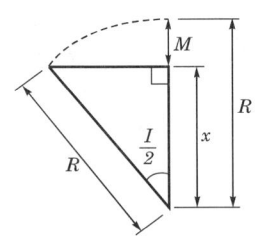

$$M = R - x = R - R \cdot \cos \frac{I}{2}$$
$$= R\left(1 - \cos \frac{I}{2}\right)$$

▶ $x$
$$\cos \frac{I}{2} = \frac{x}{R}$$
$$x = R \cdot \cos \frac{I}{2}$$

⑤ 장현($C$)

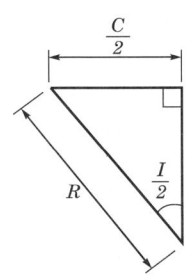

$$C = 2R \cdot \sin \frac{I}{2}$$

$$\sin \frac{I}{2} = \frac{C}{2R} \quad \therefore \ C = 2R \cdot \sin \frac{I}{2}$$

⑥ 편각($\delta$) $= \dfrac{l}{2R} \times \dfrac{180°}{\pi}$

⑦ 곡선 시점(BC) = IP $- TL$

⑧ 곡선 종점(EC) = BC $+ CL$

⑨ 시단현($l_1$) = BC점부터 BC 다음 말뚝까지의 거리

⑩ 종단현($l_2$) = EC점부터 EC 바로 앞 말뚝까지의 거리

**예제 1** 기점으로부터 교점까지 추가 거리가 648.54m이고 교각 $I = 28°36'$일 때 편각법으로 곡선을 설치하시오. (단, 곡선 반지름 $R = 200$m, 중심 말뚝 간격은 20m이다.)

**해설**

① 요소의 계산

㉠ $TL = R \tan \dfrac{I}{2} = 200 \times \tan \dfrac{28°36'}{2} = 50.98$m

㉡ $CL = R \cdot I \cdot \dfrac{\pi}{180°} = 200 \times 28°36' \times \dfrac{\pi}{180°} = 99.83$m

㉢ BC의 거리 = (교점의 추가 거리) − ($TL$) = 648.54 − 50.98 = 597.56m

㉣ EC의 거리 = (BC의 추가 거리) + ($CL$) = 597.56 + 99.83 = 697.39m

㉤ 시단현 길이($l_1$) = 600 − 597.56 = 2.44m

㉥ 종단현 길이($l_2$) = 697.39 − 680 = 17.39m

㉦ 시단현에 대한 편각($\delta_1$) = $\dfrac{l_1}{2R} \times \dfrac{180°}{\pi} = \dfrac{2.44}{2 \times 200} \times \dfrac{180°}{\pi} = 0°20'58''$

㉧ 종단현에 대한 편각($\delta_2$) = $\dfrac{l_2}{2R} \times \dfrac{180°}{\pi} = \dfrac{17.39}{2 \times 200} \times \dfrac{180°}{\pi} = 2°29'27''$

㉨ 20m에 대한 편각($\delta$) = $\dfrac{l}{2R} \times \dfrac{180°}{\pi} = \dfrac{20}{2 \times 200} \times \dfrac{180°}{\pi} = 2°51'53''$

[편각 곡선표]

| 측점 | 추가 거리(m) | 현길이(m) | 편각 | 비고 |
|---|---|---|---|---|
| No.29$^{+17.56}$ | 597.56 | 0 | 0° | BC |
| No.30 | 600.00 | 2.44 | $\delta_{30} = \delta_1 = 0°20'58''$ | |
| No.31 | 620.00 | 20.00 | $\delta_{31} = \delta_1 + \delta = 3°12'51''$ | |
| No.32 | 640.00 | 20.00 | $\delta_{32} = \delta_1 + 2\delta = 6°04'44''$ | |
| No.33 | 660.00 | 20.00 | $\delta_{33} = \delta_1 + 3\delta = 8°56'37''$ | |
| No.34 | 680.00 | 20.00 | $\delta_{34} = \delta_1 + 4\delta = 11°48'30''$ | |
| No.34$^{+17.39}$ | 697.39 | 17.39 | $\delta_{EC} = \delta_1 + 4\delta + \delta_2 = 14°17'57''$ | EC |
| | | 99.83 | | |

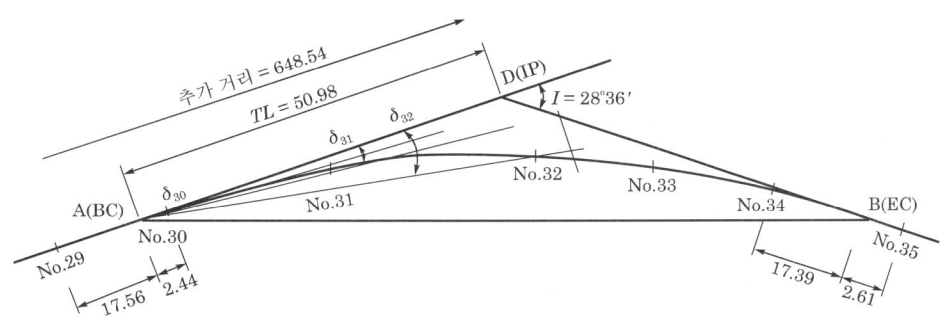

[편각법에 의한 단곡선 설치]

## (2) 중앙 종거법

중앙 종거 $M_1$을 구하고 $M_2$, $M_3$ …… 를 구하여 곡선을 설치한다.

$$\therefore M_n = R\left(1 - \cos\frac{I}{2^n}\right) \fallingdotseq \frac{M_{n-1}}{4}$$

$M_1 = R\left(1 - \cos\dfrac{I}{2}\right) = R \cdot \text{vers}\dfrac{I}{2}$

$\left(\because 1 - \cos\dfrac{I}{2} = \text{vers}\dfrac{I}{2}\right)$

$M_2 = R\left(1 - \cos\dfrac{I}{4}\right) \fallingdotseq \dfrac{M_1}{4}$

$M_3 = R\left(1 - \cos\dfrac{I}{8}\right) \fallingdotseq \dfrac{M_2}{4} = \dfrac{M_1}{16}$

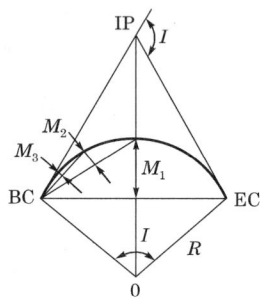

[중앙 종거법]

### 예제 2
기점으로부터 교점까지 추가 거리가 432.84m이고, 교각 $I = 54°\,12'$일 때 단곡선을 중앙 종거법에 의하여 설치하시오. (단, 곡선의 반지름 $R = 300$m이다.)

**해설**

① 요소의 계산

㉠ $TL = R\tan\dfrac{I}{2} = 300 \times \tan\dfrac{54°\,12'}{2} = 153.52$m

㉡ $CL = R \cdot I \cdot \dfrac{\pi}{180°} = 300 \times 54°\,12' \times \dfrac{\pi}{180°} = 283.79$m

㉢ $E = R\left(\sec\dfrac{I}{2} - 1\right) = 300 \times \left(\sec\dfrac{54°\,12'}{2} - 1\right) = 37.00$m

㉣ BC의 거리 = (교점 IP의 추가 거리) $-$ ($TL$) = 432.84 $-$ 153.52 = 279.32m

㉤ EC의 거리 = (BC의 추가 거리) $+$ ($CL$) = 279.32 $+$ 283.79 = 563.11m

㉥ 현의 길이

$C_1 = 2R\sin\dfrac{I}{2} = 600 \times \sin\dfrac{54°\,12'}{2} = 273.33$m

$C_2 = 2R\sin\dfrac{I}{2^2} = 600 \times \sin\dfrac{54°\,12'}{4} = 140.58$m

$C_3 = 2R\sin\dfrac{I}{2^3} = 600 \times \sin\dfrac{54°\,12'}{8} = 70.78$m

$C_4 = 2R\sin\dfrac{I}{2^4} = 600 \times \sin\dfrac{54°\,12'}{16} = 35.45$m

ⓢ 중앙 종거

$$M_1 = R\left(1-\cos\frac{I}{2}\right) = 300 \times \left(1-\cos\frac{54°12'}{2}\right) = 32.94\text{m}$$

$$M_2 = R\left(1-\cos\frac{I}{2^2}\right) = 300 \times \left(1-\cos\frac{54°12'}{4}\right) = 8.35\text{m}$$

$$M_3 = R\left(1-\cos\frac{I}{2^3}\right) = 300 \times \left(1-\cos\frac{54°12'}{8}\right) = 2.09\text{m}$$

$$M_4 = R\left(1-\cos\frac{I}{2^4}\right) = 300 \times \left(1-\cos\frac{54°12'}{16}\right) = 0.52\text{m}$$

# 4 완화 곡선

## (1) 완화 곡선의 정의 및 종류

### ① 정의
차량을 안전하게 통과시키기 위하여 직선부와 원곡선 사이에 넣는 특수 곡선을 완화 곡선이라 한다.

### ② 종류
㉮ 3차 포물선
㉯ Clothoid 곡선
㉰ Lemniscate 곡선

## (2) 완화 곡선의 용어

### ① 캔트(cant)
곡선부를 통과하는 열차가 원심력으로 인한 낙차를 고려하여 바깥쪽 레일을 안쪽보다 높이는 정도를 말한다.

$$C = \frac{S \cdot v^2}{R \cdot g}$$

여기서, $C$ : 캔트
$S$ : 궤간(레일의 간격)
$v$ : 차량 속도(m/sec)
$R$ : 곡선 반경
$g$ : 중력 가속도(9.8m/sec)

② 슬랙(slack)

탈선의 위험을 막기 위하여 레일 안쪽을 움직여 곡선부에서 궤간을 넓힌 치수

③ 편물매

도로에서 바깥 노면을 높이는 것

④ 확폭

도로에서 원심력에 저항할 수 있는 여유를 잡아 직선부보다 약간 넓히는 것

### (3) 완화 곡선 설치

① 3차 포물선($y = a^2 x^3$)의 정의

$$y = \frac{x^3}{6RL}$$

여기서, $y$ : 종거값
$x$ : 종거까지의 거리
$R$ : 원곡선의 반경
$L$ : 완화곡선의 길이

A를 BTC(Beginnig of Transion Curve)
B를 BCC(Beginning of Circular Curve)

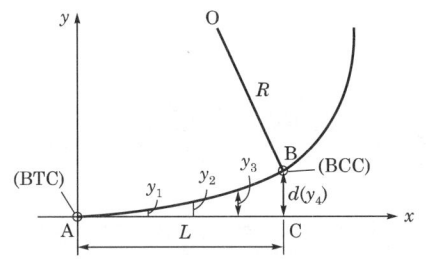

② $L$(완화 곡선 길이)

$$L = \frac{C \cdot N}{1,000}$$

여기서, $L$ : 완화 곡선 길이(단위는 m이고, 5m마다 반올림하여 표시한다.)
$C$ : 캔트(mm 단위를 사용)
$N$ : 완화 곡선 상수

③ 종거($y$) = $\dfrac{x^3}{6RL}$

> BCC의 종거($x = L$),    $d = \dfrac{L^2}{6R} = y_4$
>
> $x = \dfrac{3}{4}L$의 종거,    $y_3 = \dfrac{27}{64} y_4$
>
> $x = \dfrac{1}{2}L$의 종거,    $y_2 = \dfrac{1}{8} y_4$
>
> $x = \dfrac{1}{4}L$의 종거,    $y_1 = \dfrac{1}{64} y_4$

④ 3차 포물선의 설치

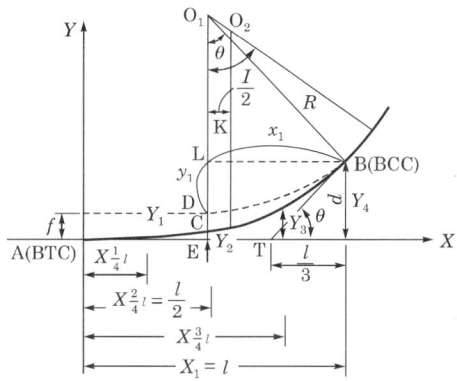

[완화 곡선(3차 포물선)]

㉮ 완화 곡선 길이 $l$을 구한다. $\left(\therefore l = \dfrac{C \cdot N}{1,000}\right)$

㉯ $f = \dfrac{l^2}{24R}$으로 $f$(이정)를 구하고, $d = 4f$로 $d$를 구한다.

㉰ $I \cdot E = (R+f) \cdot \tan \dfrac{I}{2}$를 계산하여 IP점(교점)에서 E점을 정한다.

㉱ E점에서 접선의 양쪽으로 $\dfrac{l}{2}$씩 잡아 A점과 F점을 결정한다. A점은 완화 곡선의 시작점(BTC)이고, $\overline{AF}$원곡선의 시작점 B의 횡거이다.

㉲ F점에서 $4f = d$ 만큼의 종거를 세워서 B점을 정한다.
(B점은 원곡선 시점(BCC))

㉳ $X$가 $l$, $\dfrac{3}{4}l$, $\dfrac{l}{2}$, $\dfrac{l}{4}$, …… $\dfrac{m}{n}l$일 때의 종거를 $Y_4$, $Y_3$, $Y_2$, $Y_1$ …… $Y_m$으로 정하여 $Y_4 = \dfrac{l'}{6R}$, $Y_3 = \dfrac{27}{64}Y_4$, $Y_2 = \dfrac{1}{8}Y_4$, $Y_1 = \dfrac{1}{64}Y_4$ …… $Y_m = \left(\dfrac{m}{n}\right)^3 \cdot Y_4$에 따라 완화 곡선을 설치한다.

㉴ $\overline{AT} = \dfrac{2l}{3}$로 T점을 구한다.

$\overline{TB}$는 원곡선의 시작점에서 접선 방향이므로, B점에 기계를 세우고 단곡선을 설치하면 된다.

⑤ 완화 곡선 길이 및 이정, $k$값

㉮ 완화 곡선 길이($l$)

$$l = \frac{CN}{1,000}$$

㉯ 중심 O와의 수직 좌표차 이정($f$)

$$f = \frac{l^2}{24R}$$

㉰ O와 O′의 차이값 $k$횡축(이정)

$$K = f \cdot \tan\frac{I}{2}$$

㉱ 완화 곡선의 접선 길이

$$TL_0 = \frac{l}{2} + (R+f)\tan\frac{I}{2}$$

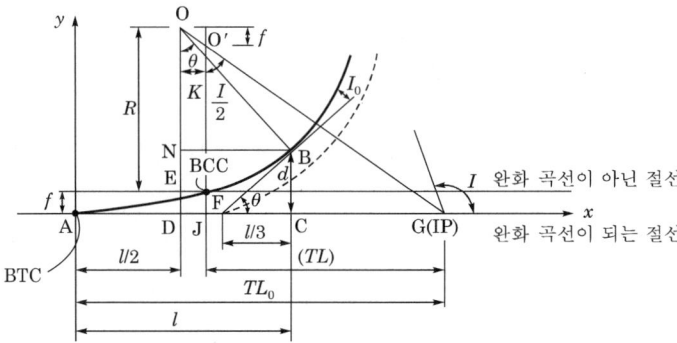

### 예제 3
$R = 400\text{m}$, $l = 30\text{m}$인 3차 포물선을 설치하시오.

**해설**

$x$가 $l$, $\frac{3}{4}l$, $\frac{l}{2}$, $\frac{l}{4}$일 때의 종거값을 구한다.

먼저 $x$를 구하면

① $x_1 = \dfrac{l}{4} = \dfrac{30}{4} = 7.5\text{m}$

② $x_2 = \dfrac{l}{2} = \dfrac{30}{2} = 15\text{m}$

③ $x_3 = \dfrac{3}{4}l = \dfrac{3}{4} \times 30 = 22.5\text{m}$

④ $x_4 = X = 30\text{m}$

&lt;종거값&gt;

$$y = \frac{x^3}{6Rl}$$

① $y_4 = \dfrac{l^2}{6R} = \dfrac{30^2}{6 \times 400} = 0.375\text{m}$

② $y_3 = \dfrac{27}{64} y_4 = \dfrac{27}{64} \times 0.375 = 0.158\text{m}$

③ $y_2 = \dfrac{1}{8} y_4 = \dfrac{1}{8} \times 0.375 = 0.047\text{m}$

④ $y_1 = \dfrac{1}{64} y_4 = \dfrac{1}{64} \times 0.375 = 0.006\text{m}$

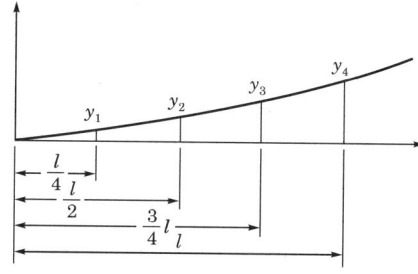

# 5 종단 곡선

## (1) 원곡선에 의한 종단 곡선 설치(철도)

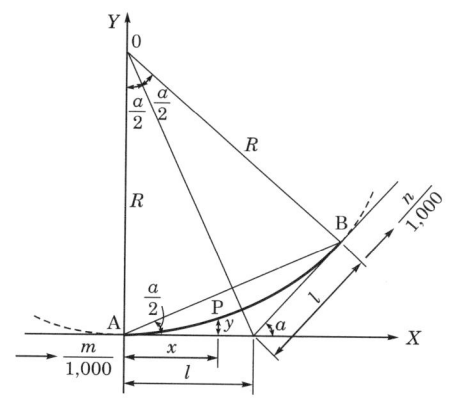

① 접선 길이$(l) = \dfrac{R}{2}(m-n)$

여기서, $m, n$ : 종단 경사(‰)
(상향 경사(+),
하향 경사(−))

② 종거$(y) = \dfrac{x^2}{2R}$

제2장. 노선 측량 **345**

### (2) 2차 포물선에 의한 종단 곡선 설치(도로)

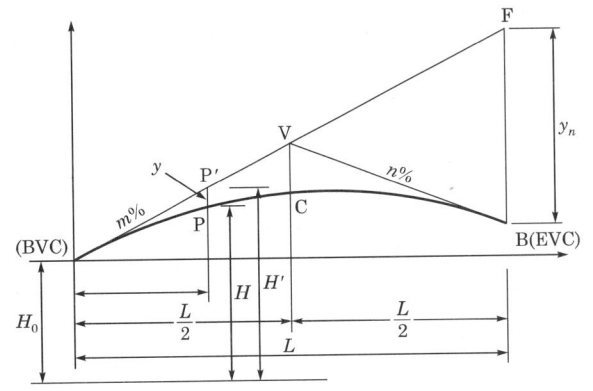

① 종곡선 길이$(L) = \dfrac{m-n}{3.6}V^2$

여기서, $V$ : 속도(km/h)

② 종거$(y) = \dfrac{(m-n)}{2L}x^2$

여기서, $y$ : 종거
$x$ : 횡거

③ 계획고$(H) = H' - y$

$(H' = H_0 + mx)$

여기서, $H'$ : 제1경사선 $\overline{AF}$ 위의 점 $P'$의 표고
$H_0$ : 종단 곡선 시점 A의 표고
$H$ : 점 A에서 $x$만큼 떨어져 있는 종단, 곡선 위의 점 P의 계획고

**예제 4** 오름 경사 3%, 내림 경사 3%인 그림과 같은 곳에서 길이 60m의 종거는 얼마인가? (단, $x = 40$m)

**해설**

$$종거(y) = \dfrac{(m-n)}{2L} \cdot x^2$$
$$= \dfrac{0.03 - (-0.03)}{2 \times 60} \times 40^2$$
$$= 0.8\text{m} = 800\text{mm}$$

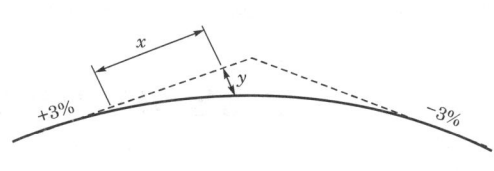

## 6 복심 곡선

### (1) 복심 곡선

반지름이 다른 두 개의 원곡선이 접속점에서 공통 접선을 가지며 그 중심이 같은 쪽에 있는 곡선(지형상 단곡선으로 설치하기에 공사비가 많이 들거나 장애물의 철거가 불가능한 곳에 설치)

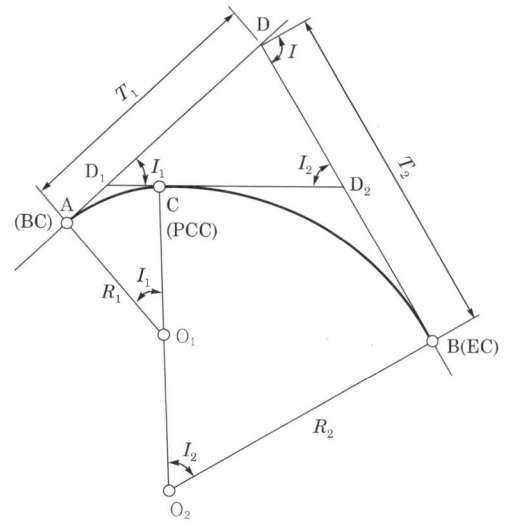

$R_1$ : 작은 원의 반경
$T_1$ : 작은 원의 접선장
$I_1$ : 작은 원의 교각
$D_1$ : 작은 원의 IP
$O_1$ : 작은 원의 중심
$D$ : 복곡선의 IP
$A$ : BC
$B$ : EC
$R_2$ : 큰 원의 반경
$T_2$ : 큰 원의 접선장
$I_2$ : 큰 원의 중심각
$D_2$ : 큰 원의 IP
$O_2$ : 큰 원의 중심
$I$ : 복곡선의 교각
$C$ : 복곡선 접속점

[복곡선의 명칭]

$R_1$, $R_2$, $T_1$, $T_2$, $I_1$, $I_2$, $I$의 7개의 값 중에서 4개가 주어진다면 다른 3개의 값은 표의 공식에서 산출된다.

여기에서 vers $\alpha = 1 - \cos \alpha$ 이다.

실제로 복곡선(複曲線)을 설치하는 경우 교선점 D를 정하여 교각 $I$를 재고 다시 현지의 상황에 맞게 하여 다시 3개의 양을 적당히 판정하면 다른 3개의 값을 구할 수 있다.

[복곡선의 공식]

| 주어진 원 | 구하는 원 | 계산식 |
|---|---|---|
| $R_1$ | $I$ | $I = I_1 + I_2$ |
| $R_2$ | $T_1$ | $T_1 = \dfrac{R_1 \text{vers} I + (R_2 - R_1) \text{vers} I_2}{\sin I}$ |
| $I_1$ | | |
| $I_2$ | $T_2$ | $T_2 = \dfrac{R_2 \text{vers} I + (R_2 - R_1) \text{vers} I_1}{\sin I}$ |
| $R_1$ | $T_2$ | $\text{vers} I_2 = \dfrac{T_1 \sin I - R_1 \text{vers} I}{R - R}$ |
| $R_2$ | $I_1$ | $I_1 = I - I_2$ |
| $T_1$ | | |
| $I$ | $I_2$ | $T_2 = \dfrac{R_2 \text{vers} I + (R_2 - R_1) \text{vers} I_1}{\sin I}$ |

| 주어진 원 | 구하는 원 | 계산식 |
|---|---|---|
| $R_1$, $R_2$, $T_2$, $I$ | $I_1$ | $\text{vers } I_1 = \dfrac{R_2 \text{vers } I - T_2 \sin I}{R_2 - R_1}$ |
| | $I_2$ | $I_2 = I - I_1$ |
| | $T_1$ | $T_1 = \dfrac{R_1 \text{vers } I + (R_2 - R_1) \text{vers } I_2}{\sin I}$ |
| $R_1$, $T_1$, $T_2$, $I$ | $I_2$ | $\tan \dfrac{I_2}{2} = \dfrac{T_1 \sin I - R_1 \text{vers } I}{T_2 + T_1 \cos I - R_1 \sin I}$ |
| | $I_1$ | $I_1 = I - I_2$ |
| | $R_2$ | $R_2 = R_1 + \dfrac{T_1 \sin I - R_1 \text{vers } I}{\text{vers } I_2}$ |
| $R_2$, $T_1$, $T_2$, $I$ | $I_1$ | $\tan \dfrac{I_1}{2} = \dfrac{R_2 \text{vers } I - T_2 \sin I}{R_2 \sin I - T_2 \cos I - T_1}$ |
| | $I_2$ | $I_1 = I - I_2$ |
| | $R_1$ | $R_1 = R_2 - \dfrac{R_2 \text{vers } I - T_2 \sin I}{\text{vers } I_1}$ |
| $R_1$, $T_1$, $I_1$, $I$ | $I_2$ | $I_2 = I - I_1$ |
| | $R_2$ | $R_2 = R_1 + \dfrac{T_1 \sin I - R_1 \text{vers } I}{\text{vers } I_2}$ |
| | $T_2$ | $T_2 = \dfrac{R_2 \text{vers } I - (R_2 - R_1) \text{vers } I_1}{\sin I}$ |
| $R_2$, $T_2$, $I_1$, $I$ | $I_1$ | $I_1 = I - I_2$ |
| | $R_1$ | $R_1 = R_2 - \dfrac{R_2 \text{vers } I - T_2 \sin I}{\text{vers } I_1}$ |
| | $T_1$ | $T_1 = \dfrac{R_1 \text{vers } I + (R_2 - R_1) \text{vers } I_2}{\sin I}$ |
| $T_1$, $T_2$, $I_1$, $I_2$ | $I$ | $I = I_1 + I_2$ |
| | $R_1$ | $R_1 = \dfrac{T_1 \sin I + (\text{vers } I - \text{vers } I_1) - T_2 \sin I \cdot \text{vers } I_2}{\text{vers } I (\text{vers } I - \text{vers } I_1 - \text{vers } I_2)}$ |
| | $R_2$ | $R_2 = \dfrac{T_2 \sin I + (\text{vers } I - \text{vers } I_2) - T_1 \sin I \cdot \text{vers } I_1}{\text{vers } I (\text{vers } I - \text{vers } I_1 - \text{vers } I_2)}$ |

**예제 5** 복곡선에 있어서 교각 $I = 63°24'$, 접선 길이 $T_1 = 135\text{m}$, $T_2 = 248\text{m}$, 곡선 반경 $R_1 = 100\text{m}$인 경우 큰 원의 곡선 반경 $R_2$와 $I_1$, $I_2$를 구하시오.

**해설**

표로부터

$$\tan \frac{I_2}{2} = \frac{T_1 \sin I - R_1 \text{ vers } I_1}{T_2 + T_1 \cos I - R_1 \sin I}$$

$$= \frac{135 \times \sin(63°24') - 100 \times \text{vers}(63°24')}{248 + 135 \times \cos(63°24') - 100 \times \sin(63°24')}$$

$$= 0.298982$$

∴ $I_2 = 33°18'$

∴ $I_1 = I - I_2 = 63°24' - 33°18' = 30°06'$

∴ $R_2 = R_1 + \dfrac{T_1 \sin I - R_1 \text{ vers } I}{\text{vers } I_2}$

$= 100 + \dfrac{135 \times \sin(63°24') - 100 \times \text{vers}(63°24')}{\text{vers}(33°18')}$

$= 499\text{m}$

제2장. 노선 측량

# 기/초/문/제

| 노선 측량 |

**01** 그림과 같이 장애물이 있어 C 및 D점에서 각을 측정하고 CD는 250m의 측선을 관측했다. 또한 도로 기점에서 C점까지 거리가 519.420, $R$은 300m, 중심 말뚝 간격은 20m의 단곡선을 설치하고자 할 때 다음 요소들을 구하시오. (단, 모든 계산은 소수점 아래 4자리에서 반올림하라.)

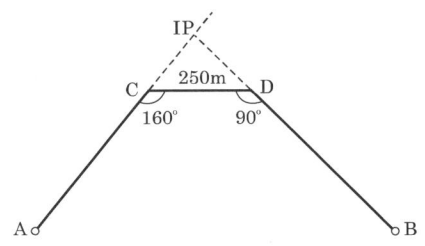

| 측정 요소 | 산출 근거 |
|---|---|
| (1) 교각($I$) | |
| (2) 접선장($TL$) | |
| (3) 곡선장($CL$) | |
| (4) 시단현의 길이($l_1$) | |
| (5) 종단현의 길이($l_2$) | |
| (6) 거리 20m에 대한 편기각($\delta$) | |
| (7) B, C점의 측점 번호 | |
| (8) 중앙 종거($M$) | |

### 해설

(1) 교각($I$)

$I = 180° - 70° = 110°$

(2) 접선장($TL$)

$R \times \tan\dfrac{1}{2}$

∴ $300 \times \tan\dfrac{110°}{2} = 428.444\text{m}$

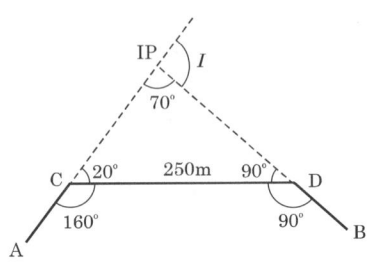

(3) 곡선장($CL$)

$R \times I \times \dfrac{\pi}{180°}$

∴ $300 \times 110 \times \dfrac{\pi}{180°} = 575.959\text{m}$

(4) 시단현($l_1$)

No.18 − BC 까지 거리 = 360 − 357.02 = 2.980m

> ▶BC까지 거리
> 
> BC까지 거리 = IP − TL
> 
> $\qquad\qquad = (519.420 + \text{C} \sim \text{IP 거리}) - TL$
> 
> $\qquad\qquad = (519.420 + 266.044) - 428.444 = 357.02\text{m}$
>
> ▶C ~ IP 거리
>
> $\dfrac{250}{\sin 70°} = \dfrac{\text{C} \sim \text{IP}}{\sin 90°}$
>
> C ~ IP 거리 $= \dfrac{250}{\sin 70°} \times \sin 90° = 266.044\text{m}$

(5) 종단현($l_2$)

EC − No.46 = 932.979 − 920 = 12.979m

> ▶EC
>
> EC까지 거리 = BC + CL = (357.02 + 575.959) = 932.979m

(6) 20m에 대한 편기각($\delta_0$)

$\delta = \dfrac{l}{2R} \times \dfrac{180°}{\pi}$

$\therefore \delta = \dfrac{20}{2 \times 300} \times \dfrac{180°}{\pi} = 1°54'35.49''$

(7) BC점의 측점 번호

BC 거리 = 357.020m

$\therefore$ No.BC = No.$17^{+17.020\text{m}}$

(8) 중앙 종거($M$)

$M = R\left(1 - \cos\dfrac{I}{2}\right)$

$\therefore M = 300\left(1 - \cos\dfrac{110°}{2}\right) = 127.927\text{m}$

**02** 곡선 설치를 중앙 종거법으로 구하려 한다. 다음을 구하시오. (단, 계산은 소수점 아래 3자리에서 반올림할 것)

(1) $M_1$
(2) $M_2$
(3) $M_3$

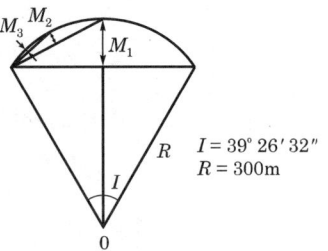

### 해설

$$M_1 = R\left(1 - \cos\frac{I}{2}\right) = 300 \times \left(1 - \cos\frac{39°26'32''}{2}\right) = 17.60\text{m}$$

$$M_2 = R\left(1 - \cos\frac{I}{2^2}\right) = 300 \times \left(1 - \cos\frac{39°26'32''}{4}\right) = 4.43\text{m}$$

$$M_3 = R\left(1 - \cos\frac{I}{2^3}\right) = 300 \times \left(1 - \cos\frac{39°26'32''}{8}\right) = 1.11\text{m}$$

**03** 그림과 같은 단곡선에서 DE=34.50m, $R$=50m, ∠ADE=150°, ∠DEC=90°일 때 다음 요소들을 구하시오. (단, 계산은 소수점 아래 4자리에서 반올림하고, $\sqrt{3}$=1.732, $\pi$=3.141로 계산할 것)

(1) 접선장(TL)  (2) 곡선장(CL)
(3) DF           (4) EH

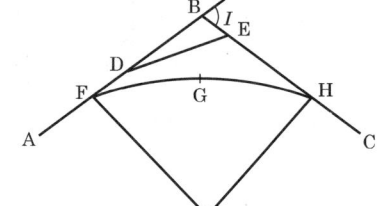

### 해설

(1) $TL$

$$R \cdot \tan\frac{I}{2} = 50 \times \tan 60° = 50 \times \sqrt{3} = 50 \times 1.732 = 86.600\text{m}$$

(2) $CL$

$$R \cdot I \cdot \frac{\pi}{180°} = 50 \times 120° \times \frac{\pi}{180°} = 104.700\text{m}$$

(3) DF

$$TL - \overline{DB} = 86.600 - \left(34.50 \times \frac{2}{\sqrt{3}}\right) = 46.762\text{m}$$

(4) EH

$$TL - \overline{BE} = 86.600 - \left(34.50 \times \frac{1}{\sqrt{3}}\right) = 66.681\text{m}$$

**04** 기점에서 교점(IP)까지의 추가 거리는 386.62m, 곡선 반지름은 100m, 교각은 35°30′일 때 단곡선의 다음 요소를 계산하시오. (단, 측점 거리는 20m이며, $\pi=3.1415$로 계산하고 소수점 아래 3자리에서 반올림할 것)

| | |
|---|---|
| (1) 접선 길이($TL$) | |
| (2) 곡선 길이($CL$) | |
| (3) 외할($E$) | |
| (4) 시단수($l_1$) | |
| (5) 거리 20m에 대한 편각($\delta$) | |

**해설**

| | |
|---|---|
| (1) 접선 길이($TL$) | $R \cdot \tan \dfrac{I}{2} = 100 \times \tan \dfrac{35°30'}{2} = 32.01\text{m}$ |
| (2) 곡선 길이($CL$) | $R \cdot I \cdot \dfrac{\pi}{180°} = 100 \times 35°30' \times \dfrac{3.1415}{180°} = 61.96\text{m}$ |
| (3) 외할($E$) | $R\left(\sec \dfrac{I}{2} - 1\right) = 100 \times \left(\sec \dfrac{35°30'}{2} - 1\right) = 5.00\text{m}$ |
| (4) 시단수($l_1$) | BC까지 거리 = IP까지 거리 − $TL$ = 386.62 − 32.01<br>　　　　　 = 354.61m<br>∴ 360 − 354.61 = 5.39m |
| (5) 거리 20m에 대한 편각($\delta$) | $\dfrac{l}{2R} \times \dfrac{180°}{\pi} = \dfrac{20}{2 \times 100} \times \dfrac{180°}{3.1415} = 5°43'47.09''$ |

**05** 그림과 같은 노선 APB에 편각법에 의해 단곡선을 설치하려고 한다. 주어진 조건하에 다음 요소를 구하시오.

> 〈조건〉 노선 시작점에서 교점(IP)까지 거리=548.22m, 교각($I$)=64°30′, 곡률 반경($R$)=100m 중심 말뚝간 거리(1 chain)=20m(단, 거리 계산은 소수점 아래 4자리에서 반올림, 각 계산은 「° ′ ″」로 나타내고, 초 미만은 반올림하고, $\pi$=3.1416, $\dfrac{\pi}{180°}$=0.01745로 할 것)

(1) 접선 길이($TL$)
(2) 노선 시점 A에서 곡선 시점(BC)까지 거리
(3) 시단현의 길이($l_1$)
(4) 곡선 길이($CL$)
(5) 종단현의 길이($l_2$)
(6) 20m에 대한 편각
(7) 시단현에 대한 편각

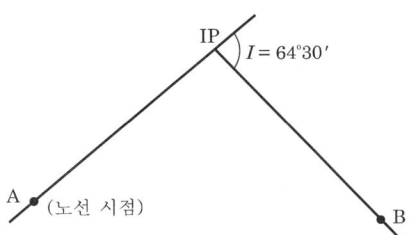

### 해설

(1) 접선 길이($TL$)

$$R \cdot \tan\dfrac{I}{2} = 100 \times \tan\dfrac{64°30′}{2} = 63.095\text{m}$$

(2) 노선 시점 A에서 곡선 시점(BC)까지 거리
 IP 거리 $- TL = 548.22 - 63.095 = 485.125\text{m}$

(3) 시단현의 길이($l_1$)
 No.25 $-$ BC 거리 $= 500 - 485.125 = 14.875\text{m}$

(4) 곡선 길이($CL$)

$$R \cdot I \cdot \dfrac{\pi}{180°} = 100 \times 64°30′ \times \dfrac{\pi}{180°} = 112.553\text{m}$$

(5) 종단현의 길이($l_2$)
 EC 거리 $-$ No.29 $= 597.678 - 580 = 17.678\text{m}$

(6) 20m에 대한 편각

$$\dfrac{l}{2R} \times \dfrac{180°}{\pi} = \dfrac{20}{2 \times 100} \times \dfrac{180°}{3.1416} = 5°43′46″$$

(7) 시단현에 대한 편각

$$\dfrac{l}{2R} \times \dfrac{180°}{\pi} = \dfrac{14.875}{2 \times 100} \times \dfrac{180°}{3.1416} = 4°15′41″$$

▶ EC 거리
EC 거리 = BC 거리 + $CL$
   = 485.125 + 112.553
   = 597.678m

## 06 다음 물음에 답하시오.

(1) 편기각에 의하여 다음을 계산하시오.

| 시곡점 BC | 2,575.117m | 곡선 반경 $R$ | 100m |
|---|---|---|---|
| 종곡점 BC | 2,682.327m | 20m 편각 $\delta$ | |
| 시단수 $l_1$ | | 시단현 편각 $\delta_1$ | |
| 종단수 $l_2$ | | 종단현 편각 $\delta_2$ | |

(2) 편기각 표

| 측점 | 누가 거리 | 편기각 계산 |
|---|---|---|
| BC | 2,575.117m | |
| No.129 | | |
| No.130 | | |
| No.131 | | |
| No.132 | | |
| No.133 | | |
| No.134 | | |
| EC | 2,682.327m | |

### 해설

(1) 편기각에 의하여 다음을 계산하시오.

| 시곡점 BC | 2,575.117m | 곡선 반경 $R$ | 100m |
|---|---|---|---|
| 종곡점 BC | 2,682.327m | 20m 편각 $\delta$ | 5° 43′ 46.48″ |
| 시단수 $l_1$ | 4.883m | 시단현 편각 $\delta_1$ | 1° 23′ 55.96″ |
| 종단수 $l_2$ | 2.327m | 종단현 편각 $\delta_2$ | 0° 39′ 59.89″ |

① 시단수($l_1$) = No.129 − BC = 2,580 − 2,575.117 = 4.883m

② 종단수($l_2$) = EC − No.134 = 2,682.327 − 2,680 = 2.327m

③ 20m 편각($\delta$) = $\dfrac{l}{2R} \times \dfrac{180°}{\pi} = \dfrac{20}{2 \times 100} \times \dfrac{180°}{\pi} = 5° 43′ 46.48″$

④ 시단현 편각($\delta_1$) = $\dfrac{l_1}{2R} \times \dfrac{180°}{\pi} = \dfrac{4.883}{2 \times 100} \times \dfrac{180°}{\pi} = 1° 23′ 55.96″$

⑤ 종단현 편각($\delta_2$) = $\dfrac{l_2}{2R} \times \dfrac{180°}{\pi} = \dfrac{2.327}{2 \times 100} \times \dfrac{180°}{\pi} = 0° 39′ 59.89″$

(2) 편기각표

| 측점 | 누가 거리 | 편기각 계산 |
|---|---|---|
| BC | 2,575.117m | 0° |
| No.129 | 2,580.000m | $\delta_1 = 1°23'55.96''$ |
| No.130 | 2,600.000m | $\delta_1 + \delta = 7°07'42.44''$ |
| No.131 | 2,620.000m | $\delta_1 + 2\delta = 12°51'28.92''$ |
| No.132 | 2,640.000m | $\delta_1 + 3\delta = 18°35'15.40''$ |
| No.133 | 2,660.000m | $\delta_1 + 4\delta = 24°19'01.88''$ |
| No.134 | 2,680.000m | $\delta_1 + 5\delta = 30°02'48.36''$ |
| EC | 2,682.327m | $\delta_1 + 5\delta + \delta_2 = 30°42'48.25''$ |

**07** 그림과 같이 장애물이 있어 C점, D점에서 각을 측정하고 $\overline{CD}=100$m의 측선을 관측했다. 또한 도로 기점에서 C점까지 거리가 470.420m, $R=250$m, 중심 말뚝 간격 20m의 단곡선을 설치하고자 할 때 다음 요소들을 구하시오. (단, 모든 계산은 소수점 아래 4자리에서 반올림하고, 각은 0.1″까지 구할 것)

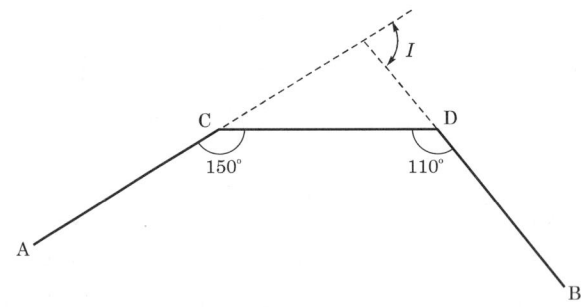

(1) 교각 $I$
(3) 곡선장 $CL$
(5) 종단현 $l_2$
(7) EC점 측점 번호
(9) 종단현 편기각 $l_2$

(2) 접선장 $TL$
(4) 시단현 $l_1$
(6) BC점 측점 번호
(8) 시단현 편기각 $l_1$
(10) 거리 20m에 대한 편기각 $\delta$

### 해설

(1) 교각($I$)

$(180° - 150°) + (180° - 110°) = 100°$

(2) 접선장($TL$)

$R \cdot \tan\dfrac{I}{2} = 250 \times \tan\dfrac{100°}{2} = 297.938\text{m}$

(3) 곡선장($CL$)

$R \cdot I \cdot \dfrac{\pi}{180°} = 250 \times 100° \times \dfrac{\pi}{180°} = 436.332\text{m}$

(4) 시단현($l_1$)

BC까지 거리 = ($\overline{\text{AC}}$까지 거리 + $\overline{\text{C} \sim \text{IP}}$) $- TL$

$= (470.420\text{m} - 95.419) - 297.938 = 12.099\text{m}$

> ▶ $\overline{\text{C} \sim \text{IP}}$
> 
> $\dfrac{\overline{\text{C} \sim \text{IP}}}{\sin 70°} = \dfrac{100}{\sin 80°}$
> 
> ∴ $\text{C} \sim \text{IP} = 95.419$

(5) 종단현($l_2$)

EC까지 거리 = BC 거리 + $CL$ = 267.901 + 436.332 = 704.233m

∴ $l_2 = 4.233\text{m}$

(6) BC점 측점 번호

$\text{No.}13^{+7.901\text{m}}$

(7) EC점 측점 번호

$\text{No.}35^{+4.233\text{m}}$

(8) 시단현 편기각

$\delta_1 = \dfrac{l_1}{2R} \times \dfrac{180°}{\pi} = \dfrac{12.099}{2 \times 250} \times \dfrac{180°}{\pi} = 1°\,23'\,11.2''$

(9) 종단현 편기각

$\delta_2 = \dfrac{l_2}{2R} \times \dfrac{180°}{\pi} = \dfrac{4.233}{2 \times 250} \times \dfrac{180°}{\pi} = 0°\,29'\,06.24''$

(10) 거리 20m에 대한 편기각

$\delta = \dfrac{l}{2R} \times \dfrac{180°}{\pi} = \dfrac{20}{2 \times 250} \times \dfrac{180°}{\pi} = 2°\,17'\,30.6''$

**08** 그림과 같이 교각 $I=60°$, 반경 $R=200\text{m}$의 구곡선 ($\overline{AB}$)이 있다. 곡선의 시점 A의 위치는 그대로 하고 종점 B에서의 접선 $\overline{BD}$만을 외측으로 50m 평행 이동($\overline{AB'}$)하여 도로를 개수하고자 할 때 신곡선($\overline{AB'}$)의 반경($R'$)을 구하시오.

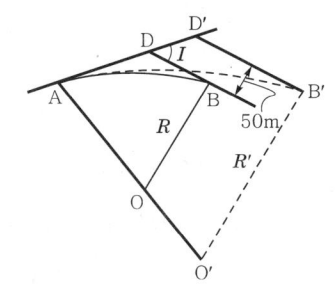

- 반경 $R'$ : _____ m

(1) 구곡선 $TL = R \cdot \tan\dfrac{I}{2} = 200 \times \tan\dfrac{60°}{2} = 115.47\text{m}$

(2) 신곡선의 접선장 $TL$은 $115.47 + 50 = 165.47\text{m}$이다.
따라서 신곡선의 $TL$은 $165.47 = R' \times \tan\dfrac{60°}{2}$이다.

∴ $R' = 286.60\text{m}$

**09** 그림과 같은 단곡선에서 직선과 곡선으로 둘러싸인 부분(빗금)의 면적을 구하시오. (단, 호는 2차 포물선으로 가정한다. $R=100$m, $I=90°$)

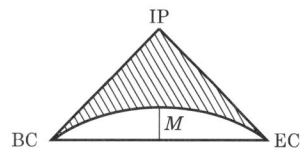

**해설**

- $C = 2R \cdot \sin\dfrac{I}{2} = 2 \times 100 \times \sin\dfrac{90°}{2} = 141.42$m

- $TL = R \cdot \tan\dfrac{I}{2} = 100 \times \tan\dfrac{90°}{2} = 100$m

- $M = R\left(1 - \cos\dfrac{I}{2}\right) = 100\left(1 - \cos\dfrac{90°}{2}\right) = 29.29$m

(1) $S_1$은 사각형 면적의 $\dfrac{2}{3}$배이므로 $S_1 = \dfrac{2}{3} \times 141.42 \times 29.29 = 2,761.46$m$^2$

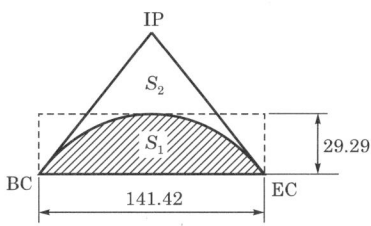

(2) $S_2$는 삼각형의 면적에서 $S_1$의 면적을 $(-)$하면 된다.

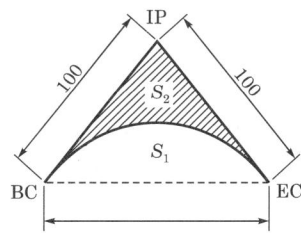

$$S = \dfrac{a+b+c}{2} = \dfrac{100+100+141.42}{2} = 170.71\text{m}$$

$$\therefore A = \sqrt{S(S-a)(S-b)(S-c)}$$
$$= \sqrt{170.71(170.71-100)(170.71-100)(170.71-141.42)} = 5,000\text{m}^2$$

그러므로, 구하고자 하는 $S_2 = 5,000 - 2,761.46 = 2,230.54$m$^2$이다.

# 실/전/문/제

| 노선 측량 |

**01** 기점으로부터 1,000.00m 지점에 교점(IP)이 있고 반지름 $R=100$m, 교각 $I=30°20'$일 때 최초의 단현 $L_f$와 최후의 단현 $L_e$를 구하면? (단, 중심선의 말뚝과 말뚝의 사이는 20m로 한다.)

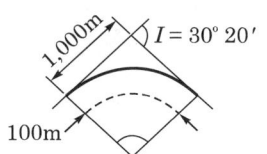

**해설**

$$TL = R \cdot \tan\frac{I}{2} = 27.11\text{m}$$

$$BC = IP - TL = 972.89\text{m} = \text{No.}48^{+12.89\text{m}}$$

∴ 최초의 단현 $L_f(l_1) = 20 - 12.89 = 7.11$m

$$CL = R \cdot I \cdot \frac{\pi}{180°} = 52.94\text{m}$$

$$EC = BC + CL = 972.89 + 52.93 = 1,025.82\text{m} = \text{No.}51^{+5.82\text{m}}$$

∴ 최후의 단현 $L_e(l_2) = 5.82$m

**02** 두 직선의 $I=90°$이다. 그 직선 사이에 곡선을 설치하여 외할 거리 $SL=25$m 이상 취하고자 할 때 곡선 반경은 얼마 이상으로 하면 되겠는가? (단, 끝자리를 5m 단위로 구하라.)

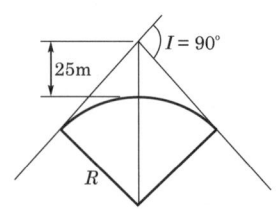

**해설**

$$SL = R\left(\sec\frac{I}{2} - 1\right)$$

$$\therefore R = \frac{SL}{\sec\frac{I}{2} - 1} = \frac{25}{\sec\frac{90°}{2} - 1} = 60.355\text{m}$$

그러므로, 구하고자 하는 답은 65m이다.

**03** 그림에서 AD, BD간에 단곡선을 설치할 때 ∠ADB의 2등분선상의 C점을 곡선의 중점으로 선택하였을 때 이 곡선의 접선 길이를 구한 값은? (단, DC=10.0m, $I=80°21'$이다.)

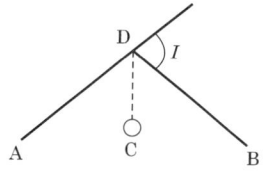

**해설**

$$접선\ 길이(TL) = R \cdot \tan\frac{I}{2}$$
$$= 32.39 \times \tan\frac{80°21'}{2}$$
$$= 27.35\mathrm{m}$$

▶ $R$

$$\therefore R = \frac{10}{\left(\sec\dfrac{I}{2}-1\right)} = \frac{10}{\left(\sec\dfrac{80°21'}{2}-1\right)} = 32.39\mathrm{m}$$

**04** $I=60°$, $R=200$m의 구곡선이 있다. 지금 1점을 제1접선의 방향으로 30m 움직이고, 그에 따라 제2절선도 평행으로 이동한 경우 B, C점의 위치를 이동하지 않고 곡선을 설치할 경우 반경은 몇 m로 하면 좋은가?

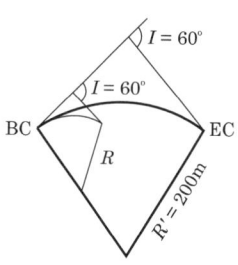

**해설**

$TL = 200 \tan 30° = 115.47\mathrm{m}$
$115.47 - 30 = 85.47\mathrm{m}$
$85.47 = R \tan 30°$
$\therefore R = 148\mathrm{m}$

**05** 그림의 단곡선에서 IP점에 기계를 세울 수 없어서 P점과 Q점을 정하고 실측한 결과 $l=250$m, $P=20°$, $q=75°$를 얻었다. 곡선의 시작점과 끝점을 구하고자 한다. $\overline{PA}$ 및 $\overline{QB}$를 구하시오. (단, $R=100$m이고, 계산은 소수점 아래 4자리에서 반올림할 것)

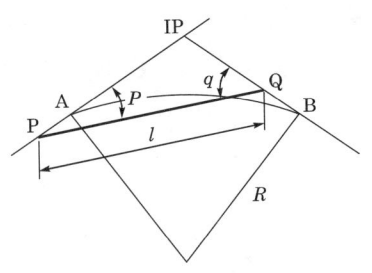

### 해설

(1) PA 길이

① 교각 $I = 180° - 85° = 95°$

② PA 길이 $=$ (P ~ IP 길이) $- TL$

$$= \frac{l}{\sin 85°} \times \sin q - \left(R \times \tan \frac{I}{2}\right)$$

$$= \frac{250}{\sin 85°} \times \sin 75° - \left(100 \times \tan \frac{95°}{2}\right)$$

$$= 133.273 \text{m}$$

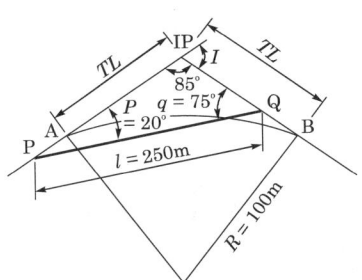

(2) QB 길이

$$\overline{QB} = TL - (Q \sim IP \text{ 길이})$$

$$= \left(R \times \tan \frac{I}{2}\right) - \left(\frac{250}{\sin 85°} \times \sin 20°\right)$$

$$= 23.299 \text{m}$$

**06** $I=59°32'00''$, $R=100m$, 노선 기점에서 IP까지의 거리는 634.528m이다. 이러한 곡선에서 20m 간격의 중심 말뚝을 설치하시오. (단, 거리는 소수점 아래 4자리에서 반올림하고 각은 초단위까지 계산하고 $\pi=3.14159$로 계산한다.)

(1) $TL$ (2) $CL$
(3) $\overline{AB}$ (4) $M$
(5) $SL$ (6) BC
(7) EC (8) 시단수($l_1$)
(9) 종단수($l_2$) (10) 시단 편기각($\delta_1$)
(11) 종단 편기각($\delta_2$) (12) 1 chain 20m에 대한 편기각($\delta$)

| 측점 | 거리 | 편기각 계산 |
|---|---|---|
| BC | | |
| 29 | | |
| 30 | | |
| 31 | | |
| 32 | | |
| 33 | | |
| 34 | | |
| EC | | |

**해설**

| 측점 | 거리 | 편기각 계산 |
|---|---|---|
| BC | 0 | 0° |
| 29 | 2.665 | 0° 45′ 48″($\delta_1$) |
| 30 | 22.665 | $\delta_1$+20m에 대한 편기각=0° 45′ 48″+5° 43′ 47″=6° 29′ 35″ |
| 31 | 42.665 | $\delta_1$+(20m에 대한 편기각)×2=0° 45′ 48″+(5° 43′ 47″×2)=12° 13′ 22″ |
| 32 | 62.665 | $\delta_1$+(20m에 대한 편기각)×3=0° 45′ 48″+(5° 43′ 47″×3)=17° 57′ 09″ |
| 33 | 82.665 | $\delta_1$+(20m에 대한 편기각)×4=0° 45′ 48″+(5° 43′ 47″×4)=23° 40′ 56″ |
| 34 | 102.665 | $\delta_1$+(20m에 대한 편기각)×5=0° 45′ 48″+(5° 43′ 47″×5)=29° 24′ 43″ |
| EC | 103.905 | $\delta_1$+(20m에 대한 편기각)×5+$\delta_2$=0° 45′ 48″+(5° 43′ 47″×5)+0° 21′ 19″<br>=29° 46′ 02″ |

(1) $TL(접선장) = R \times \tan\dfrac{I}{2} = 100 \times \tan\dfrac{59°32'}{2} = 57.193\text{m}$

(2) $CL(곡선장) = R \times I \times \dfrac{\pi}{180°} = 100 \times 59°32' \times \dfrac{\pi}{180°} = 103.905\text{m}$

(3) $\text{AB}(장현) = 2 \times R \times \sin\dfrac{I}{2} = 2 \times 100 \times \sin\dfrac{59°32'}{2} = 99.294\text{m}$

(4) $M(중앙 종거) = R\left(1 - \cos\dfrac{I}{2}\right) = 100\left(1 - \cos\dfrac{59°32'}{2}\right) = 13.195\text{m}$

(5) $SL(E, 외할) = R\left(\sec\dfrac{I}{2} - 1\right) = 100\left(\sec\dfrac{59°32'}{2} - 1\right) = 15.200\text{m}$

> 참고  $\sec\theta = \dfrac{1}{\cos\theta}$

(6) $\text{BC} = \text{IP} - TL = 634.528 - 57.193 = 577.355\text{m}$

(7) $\text{EC} = \text{BC} + CL = 577.335 + 103.905 = 681.240\text{m}$

(8) 시단수$(l_1) = \text{No.29} - \text{BC 까지 거리} = 500 - 577.335 = 2.665\text{m}$

(9) 종단수$(l_2) = \text{EC 거리} - \text{No.34} = 681.240 - 680 = 1.240\text{m}$

(10) 시단 편기각$(\delta_1) = \dfrac{l_1}{2R} \times \dfrac{180°}{\pi} = \dfrac{2.665}{2 \times 100} \times \dfrac{180°}{3.14159} = 0°45'48''$

(11) 종단 편기각$(\delta_2) = \dfrac{l_2}{2R} \times \dfrac{180°}{\pi} = \dfrac{1.240}{2 \times 100} \times \dfrac{180°}{3.14159} = 0°21'19''$

(12) 1 chain 20m 편기각$(\delta) = \dfrac{20}{2R} \times \dfrac{180°}{3.14159} = 5°43'47''$

# 07

그림에서 P에서 Q까지 단곡선을 갖는 노선을 측설하고자 한다. 노선 중에 연못이 있어 곡선 시점(BC)이 연못 가운데 있음을 알았다. 여기서 점 P에서 180m, 점 C에서 거리 50m의 기선 CD를 설치하고 그림과 같이 각 $\alpha$와 $\beta$를 측정했다. 교각 $I$를 90°라 하고 단곡선 $R$을 60m라면 다음 요소를 구하시오. (단, 거리 계산은 소수점 아래 4자리에서 반올림하고 $\alpha = 82°\,20'$이고 $\beta = 67°\,40'$이다.)

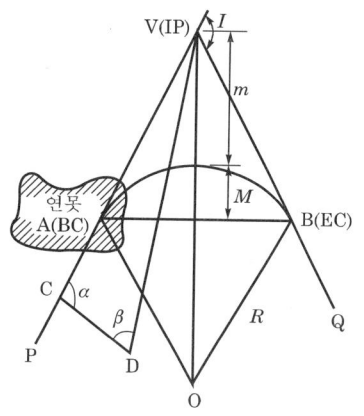

### 해설

(1) 곡선장($CL$)

$$R \cdot I \cdot \frac{\pi}{180°} = 60 \times 90° \times \frac{\pi}{180°} = 94.248\text{m}$$

(2) 외선장($E = SL$)

$$R\left(\sec\frac{I}{2} - 1\right) = 60\left(\sec\frac{90°}{2} - 1\right) = 24.853\text{m}$$

(3) CA 거리

$$(\overline{\text{C} \sim \text{IP}}) - TL = 92.499 - \left(60 \times \tan\frac{90°}{2}\right) = 32.499\text{m}$$

▶ C ~ IP

$$\frac{50}{\sin 30°} = \frac{\text{C} \sim \text{IP}}{\sin\beta}$$

$$\text{C} \sim \text{IP} = 92.499\text{m}$$

**08** 그림과 같은 단곡선에서 IP에 기계를 설치할 수 없어 $\overline{AD}$와 $\overline{BD}$상에 보조점 A′, B′를 정하고 실측한 결과 $\alpha = 10°\,45'\,20''$, $\beta = 19°\,54'\,40''$, $L = 185.35$m이었다. 이때 $\overline{A'D}$와 $\overline{B'D}$의 거리와 접선장($TL$) 및 A′-A와 B′-B의 거리를 구하시오. (단, 반경 $R = 300$m이며, 계산은 소수점 아래 3자리에서 반올림함)

(1) $\overline{A'D}$와 $\overline{B'D}$의 계산
(2) ① $TL$의 계산
    ② A′-A, B′-B

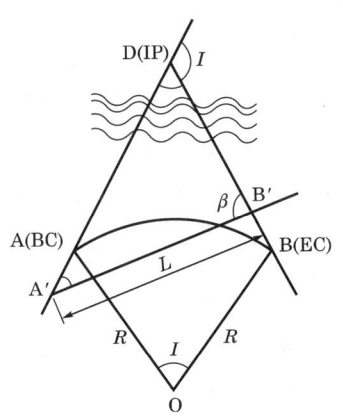

**해설**

(1) $\overline{A'D}$, $\overline{B'D}$의 계산

$$\frac{\overline{A'D}}{\sin 19°\,54'\,40''} = \frac{185.35}{\sin 149°\,20'}$$

$$\therefore \overline{A'D} = \frac{\sin 19°\,54'\,40'' \times 185.35}{\sin 149°\,20'} = 123.76\text{m}$$

$$\frac{\overline{B'D}}{\sin 10°\,45'\,20''} = \frac{185.35}{\sin 149°\,20'}$$

$$\therefore \overline{B'D} = \frac{\sin 10°\,45'\,20'' \times 185.35}{\sin 149°\,20'} = 67.82\text{m}$$

(2) ① $TL$(접선장)

$$TL = R \cdot \tan\frac{I}{2} = 300 \times \tan\frac{I}{2} = 82.26\text{m}$$

▶ $I$
  $I = 10°\,45'\,20'' + 19°\,54'\,40'' = 30°\,40'$

② A′-A와 B′-B의 계산
  ㉠ A′A = A′D - $TL$ = 123.76 - 82.26 = 41.50m
  ㉡ B′B = $TL$ - B′D = 82.26 - 67.82 = 14.44m

## 09

다음 곡선 설치에서 주어진 값에 따른 문제를 계산하시오. (단, 각은 초단위, 거리는 소수점 아래 4자리에서 반올림함)

M좌표 $Y_M = 7,389.256$, $X_M = -5,730.441$
A좌표 $Y_A = 7,451.173$, $X_A = -5,808.967$
$R = 100.00$m, $L = 40.00$m

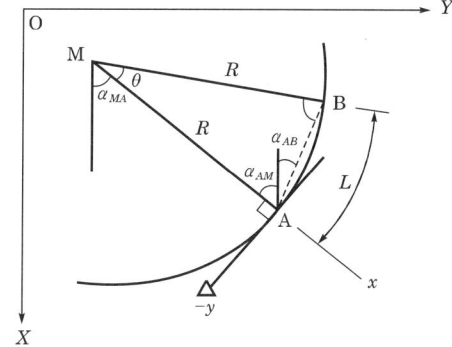

| $\alpha_{AM}$ | |
| --- | --- |
| $\theta$ | |
| $\alpha_{AB}$ | |
| $\overline{(AB)}$ | |

### 해설

(1) $\alpha_{AM} = \alpha_{MA}$

$$\alpha_{AM} = 180° - \tan^{-1}\left(\frac{Y_M - Y_A}{X_M - X_A}\right)$$
$$= 180° - \tan^{-1}\left(\frac{7,389.256 - 7,451.173}{-5,730.441 - (-5,808.967)}\right)$$
$$= 38°15'20''$$

(2) $\theta$

$$360° : \theta = 2\pi R : L$$
$$\therefore \theta = \frac{360°}{2\pi R} \times L = \frac{360°}{2\pi \times 100} \times 40 = 22°55'06''$$

(3) $\alpha_{AB}$

$$\angle MAB = \frac{180° - \theta}{2} = \frac{180° - 22°55'06''}{2} = 78°32'27''$$
$$\therefore \angle \alpha_{AB} = 78°32'27'' - 38°15'20'' = 40°17'07''$$

(4) $\overline{AB}$

$$2R \cdot \sin\frac{\theta}{2} = 2 \times 100 \times \sin\frac{22°55'06''}{2} = 39.734\text{m}$$

**10** 다음 단곡선에서 접선장($TL$), 곡선장($CL$), 외선장($E$)을 구하고 중앙 종거법에 의하여 $M$, $M_1$, $M_2$를 구하시오.
(단, 계산은 소수점 아래 4자리에서 반올림하시오.)

(1) $TL$
(2) $CL$
(3) $E$
(4) $M$
(5) $M_1$
(6) $M_2$

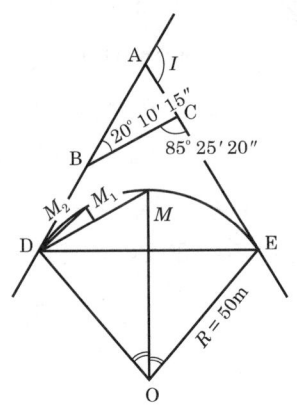

**해설**

먼저 교각($I$)을 구하여 보면
$\angle BAC = 180° - \{20°10'15'' + (180° - 85°25'20'')\} = 65°15'05''$
∴ 교각($I$) $= 180° - 65°15'05'' = 114°44'55''$

| (1) $TL$ | $R \tan \dfrac{I}{2} = 50 \times \tan \dfrac{114°44'55''}{2} = 78.106\text{m}$ |
|---|---|
| (2) $CL$ | $R \cdot I \cdot \dfrac{\pi}{180°} = 50 \times 114°44'55'' \times \dfrac{\pi}{180°} = 100.137\text{m}$ |
| (3) $E$ | $R\left(\sec \dfrac{114°44'55''}{2} - 1\right) = 42.739\text{m}$ |
| (4) $M$ | $R\left(1 - \cos \dfrac{114°44'55''}{2}\right) = 23.043\text{m}$ |
| (5) $M_1$ | $R\left(1 - \cos \dfrac{114°44'55''}{4}\right) = 6.137\text{m}$ |
| (6) $M_2$ | $R\left(1 - \cos \dfrac{114°44'55''}{8}\right) = 1.559\text{m}$ |

**11** 그림과 같이 곡선을 설치하려고 한다. 이때 다음 조건이라면 물음에 답하시오. (단, 거리는 소수 이하 2자리까지 하고 각도는 0.1″까지 하시오.)

$\alpha = 45° 35' 00''$
AB의 방위각 = 47° 57′ 20″
CB의 방위각 = 317° 46′ 20″

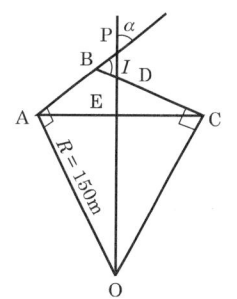

(1) 외할 $\overline{DE}$      (2) 장현 $\overline{AC}$
(3) OC의 방위각      (4) AE의 방위각
(5) 접선 $\overline{AB}$      (6) 곡선 AC의 거리

### 해설

(1) $\overline{DE}$ (외할)

$$DE(E) = R\left(\sec\frac{I}{2} - 1\right) = 150\left(\sec\frac{89°49'00''}{2} - 1\right) = 61.79\text{m}$$

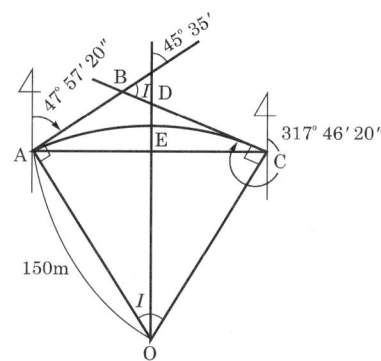

▶ 교각 ($I$)
BC 방위각 − AB 방위각
$(317°46'20'' + 180°) - 47°57'20''$
$= 89°49'00''$

(2) $\overline{AC}$ (장현)

$$C = 2R \cdot \sin\frac{I}{2}$$
$$= 2 \times 150 \times \sin\frac{89°49'00''}{2}$$
$$= 211.79\text{m}$$

제2장. 노선 측량    **369**

(3) OC의 방위각

$$CO의\ 방위각 = 317°46'20'' - 90° = 227°46'20''$$
$$\therefore OC의\ 방위각 = 227°46'20'' - 180° = 47°46'20''$$

(4) AE 방위각

△AEO는 이등변 삼각형이므로 ∠OAE = ∠OEA

$$\therefore \angle OAE = \frac{180° - 44°54'30''}{2} = 67°32'45''$$

따라서 ∠BAE = 90° − 67°32′45″ = 22°27′15″

$$\therefore AE\ 방위각 = 47°57'20'' + 22°12'30'' = 70°24'35''$$

(5) 접선 AB의 거리($TL$)

$$TL = R \cdot \tan\frac{I}{2} = 150 \times \tan\frac{89°49'00''}{2} = 149.52\text{m}$$

(6) 곡선 AC의 거리($CL$)

$$CL = R \cdot I \cdot \frac{\pi}{180°} = 150 \times 89°49' \times \frac{\pi}{180°} = 235.14\text{m}$$

**12** 그림에서와 같이 $T_1$, D, $T_2$의 세 점을 지나는 원곡선을 설치하고 B, D점에 기계를 세우고 측정한 결과 BA 방위각=270°, BC의 방위각=110°, BD의 거리=150m, BD의 방위각=260°의 측정값을 얻었다. 필요한 $R$을 결정하고 $TL$, $CL$ 및 30m 거리에 대한 편각을 구하시오. (단, 각은 초단위까지, 거리는 소수점 아래 4자리에서 반올림할 것)

(1) 각 $\theta$  (2) $R$
(3) $TL$  (4) $CL$
(5) 30m의 편각 $\delta$

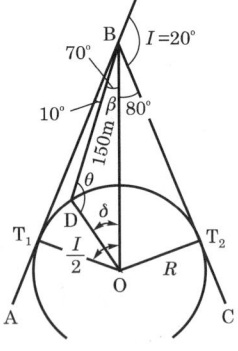

(1) 각 $\theta$의 계산

① △BOD에서 sin 법칙

$$\frac{BO}{\sin\theta} = \frac{R}{\sin\beta} \quad \therefore \sin\theta = \frac{\sin\beta}{R} \times BO \cdots\cdots ①식$$

② △BOT₁에서

$$\sin 80° = \frac{R}{BO} \quad \therefore BO = \frac{R}{\sin 80°} \cdots\cdots\cdots ②식$$

②식을 ①식에 대입하면

$$\sin \theta = \frac{\sin \beta}{R} \times \frac{R}{\sin 80°}$$

$$\therefore \theta = \sin^{-1}\left(\frac{\sin 70°}{R} \times \frac{R}{\sin 80°}\right) = 72°35'25''$$

그런데 $\theta$는 $90° \leq \theta < 180°$이다.

$$\therefore \theta 는 180° - 72°35'25'' = 107°24'35''$$

(2) $R$(△ABOD에서 sin 법칙)

$$\frac{R}{\sin \beta} = \frac{BD}{\sin \delta}$$

$$\therefore R = \frac{150}{\sin \delta} \times \sin \beta = \frac{150}{\sin 2°35'25''} \times \sin 70° = 3,118.899\text{m}$$

> ▶ $\delta$
> $\delta = 180° - (\theta + \beta) = 180° - (107°24'35'' + 70°) = 2°35'25''$

(3) $TL$

$$R \cdot \tan \frac{I}{2} = 3,118.899 \times \tan \frac{20°}{2} = 549.946\text{m}$$

(4) $CL$

$$R \cdot I \cdot \frac{\pi}{180°} = 3,118.899 \times 20° \times \frac{\pi}{180°} = 1,088.701\text{m}$$

(5) 30m 편각 $\delta$

$$\frac{l}{2R} \times \frac{180°}{\pi} = \frac{30}{2 \times 3,118.899} \times \frac{180°}{\pi} = 0°16'32''$$

**13** 그림과 같은 구도로에서 10m 안쪽으로 새로운 도로를 만들려고 한다. 교점의 추가 거리가 1,325m일 때 신도로의 반경 $R'$ 및 $TL$, $CL$, 시단현, 종단현, 시단현 편기각, 종단현 편기각, 편기각의 총화를 구하시오. (단, 거리는 소수점 아래 4자리에서 반올림하고 각은 초단위까지 구할 것)

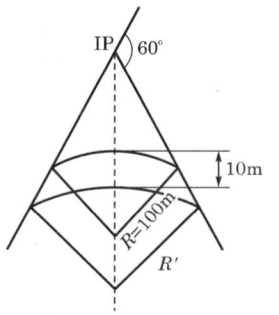

(1) 신곡선 반경 $R'$  (2) $CL$
(3) $TL$  (4) $l_1$
(5) $l_2$  (6) $\delta_1$
(7) $\delta_2$  (8) $\delta$
(9) 편기각표

| 측점 | 누가 거리 | 편기각 계산 |
|---|---|---|
| BC | | |
| No.62 | | |
| No.63 | | |
| No.64 | | |
| No.65 | | |
| No.66 | | |
| No.67 | | |
| No.68 | | |
| No.69 | | |
| No.70 | | |
| EC | | |

### 해설

(1) 신곡선 반경 $R'$

구곡선 $E = R\left(\sec\dfrac{I}{2} - 1\right)$

신곡선 $E' = R'\left(\sec\dfrac{I}{2} - 1\right)$

$\therefore E' = E + e$

$\therefore R'\left(\sec\dfrac{I}{2} - 1\right) = R\left(\sec\dfrac{I}{2} - 1\right) + e$

$\therefore R' = R + \dfrac{e}{\sec\dfrac{I}{2} - 1} = 100 + \dfrac{10}{\sec\dfrac{60°}{2} - 1}$

$= 164.641\text{m}$

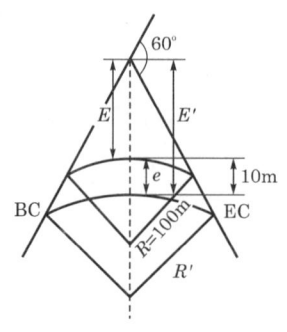

(2) $CL$

$$CL = R' \cdot I \cdot \frac{\pi}{180°} = 164.641 \times 60° \times \frac{\pi}{180°} = 172.412\text{m}$$

(3) $TL$

$$TL = R' \cdot \tan\frac{I}{2} = 164.641 \times \tan\frac{60°}{2} = 95.056\text{m}$$

(4) $l_1$

BC 거리 = IP $-$ $TL$ = 1,325 $-$ 95.056 = 1,229.944m

$\therefore l_1 = 1,240 - \text{BC} = 10.056\text{m}$

(5) $l_2$

EC 거리 = BC $+$ $CL$ = 1,229.944 + 172.412 = 1,402.356m

$\therefore l_2 = 2.356\text{m}$

(6) $\delta_1$

$$\frac{l_1}{2R'} \cdot \frac{180°}{\pi} = \frac{10.056}{2 \times 164.641} \times \frac{180°}{\pi} = 1°44'59''$$

(7) $\delta_2$

$$\frac{l_2}{2R'} \cdot \frac{180°}{\pi} = \frac{2.356}{2 \times 164.641} \times \frac{180°}{\pi} = 0°24'36''$$

(8) $\delta$

$$\frac{l}{2R'} \cdot \frac{180°}{\pi} = \frac{20}{2 \times 164.641} \times \frac{180°}{\pi} = 3°28'48''$$

(9) 편기각표

| 측점 | 누가 거리 | 편기각 계산 |
|---|---|---|
| BC | 1,229.944m | $0°$ |
| No.62 | 1,240.000m | $\delta_1 = 1°44'59''$ |
| No.63 | 1,260.000m | $\delta_1 + 1\delta = 1°44'59'' + 3°28'48'' = 5°13'47''$ |
| No.64 | 1,280.000m | $\delta_1 + 2\delta = 1°44'59'' + 2(3°28'48'') = 8°42'35''$ |
| No.65 | 1,300.000m | $\delta_1 + 3\delta = 1°44'59'' + 3(3°28'48'') = 12°11'23''$ |
| No.66 | 1,320.000m | $\delta_1 + 4\delta = 1°44'59'' + 4(3°28'48'') = 15°40'11''$ |
| No.67 | 1,340.000m | $\delta_1 + 5\delta = 1°44'59'' + 5(3°28'48'') = 19°08'59''$ |
| No.68 | 1,360.000m | $\delta_1 + 6\delta = 1°44'59'' + 6(3°28'48'') = 22°37'47''$ |
| No.69 | 1,380.000m | $\delta_1 + 7\delta = 1°44'59'' + 7(3°28'48'') = 26°06'35''$ |
| No.70 | 1,400.000m | $\delta_1 + 8\delta = 1°44'59'' + 8(3°28'48'') = 29°35'23''$ |
| EC | 1,402.356m | $\delta_1 + 8\delta + \delta_2 = 1°44'59'' + 8(3°28'48'') + 0°14'36'' = 29°59'59''$ |

※ 측설 오차 $= \dfrac{I}{2} - \text{EC각} = 30° - 29°59'59'' = 1''$

**14** 도로 중심선의 말뚝을 20m 간격으로 설치하기 위한 선형 설계 제원이 다음과 같이 주어졌을 경우 요구 사항을 구하시오. (단, 각은 1″ 단위까지, 거리는 0.001m 단위까지 계산하시오.)

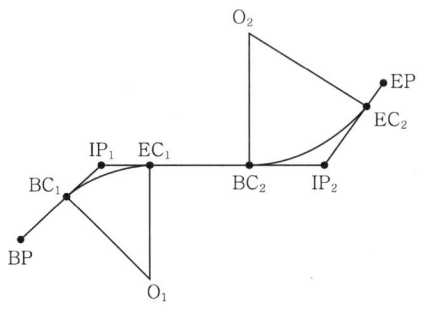

[선형 설계 제원표]

| 측점 | X(N)[m] | Y(E)[m] | 곡선 반경(R)[m] |
|---|---|---|---|
| 노선 시점(BP) | 408,297.936 | 151,237.667 | |
| 첫번째 교점($IP_1$) | 408,335.748 | 151,267.670 | 50 |
| 두번째 교점($IP_2$) | 408,341.148 | 151,357.150 | 60 |
| 노선 종점(EP) | 408,379.558 | 151,382.847 | |

(1) $\overline{BP.IP_1}$의 방위각

(2) $IP_1$의 교각($IA_1$)

(3) 첫 번째 원곡선의 접선장($T.L_1$)

(4) 첫 번째 원곡선의 시점의 좌표

① $X_{BC_1}$

② $Y_{BC_1}$

**해설**

(1) $\overline{BP.IP_1}$의 방위각

$$\overline{BP.IP_1} \text{ 방위각} = \tan^{-1}\left(\frac{Y_{IP_1} - Y_{BP_1}}{X_{IP_1} - X_{BP_1}}\right) = 38°25'52''$$

(2) $IP_1$의 교각

$IP_1$ 교각 = $\overline{IP_1.IP_2}$ 방위각 − $\overline{BP.IP_1}$ 방위각
= $86°32'47'' - 38°25'52'' = 48°06'55''$

(3) $TL_1$(첫 번째 원곡선의 접선장)

$$TL_1 = R \times \tan\frac{I}{2} = 50 \times \tan\left(\frac{48°06'55''}{2}\right) = 22.322\text{m}$$

(4) $X_{BC_1}$, $Y_{BC_1}$

$$X_{BC_1} = X_{BP} + \overline{BP.BC_1}\cos\alpha$$
$$= 408,297.936 + 25.947 \times \cos 38°25'52''$$
$$= 408,318.262\text{m}$$

$$Y_{BC_1} = Y_{BP} + \overline{BP.BC_1}\sin\alpha$$
$$= 151,237.667 + 25.947 \times \sin 38°25'52''$$
$$= 151,253.795\text{m}$$

**15** 교각 $I=60°$이고 원곡선 반경 $R=1,000$m인 철도에서의 차량 최대 속도 $V=100$km/h 일 때 완화 곡선을 설치하시오. $S=1.435$m, $N=700$ (단, 계산은 소수점 아래 4자리에서 반올림할 것)

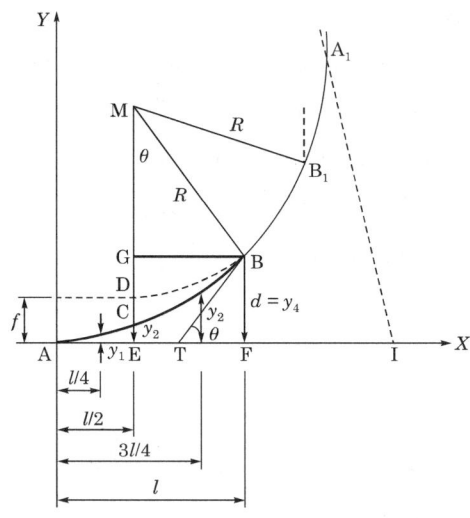

(1) 캔트 $C$  
(2) 완화 곡선장 $l$  
(3) 이정 $f$  
(4) $IE$  
(5) $x$ 값에 대한 종거 $y_4, y_3, y_2, y_1$

(1) 캔트 $C$

$$\frac{SV^2}{Rg} = \frac{1.435 \times (27.778)^2}{1,000 \times 9.8} = 0.113\text{m} = 113\text{mm}$$

> ▶ $V$
> 
> $V = \frac{100 \times 10^3}{3,600} = 27.778\text{m/s}$

(2) 완화 곡선장 $l$

$$\frac{C \cdot N}{1,000} = \frac{113 \times 700}{1,000} = 79.100\text{m}$$

(3) 이정 $f$

$$f = \frac{l^2}{24R} = \frac{79.1^2}{24 \times 1,000} = 0.261\text{m}$$

(4) $IE$

$$IE = (R+f) \cdot \tan\frac{I}{2} = (1{,}000 + 0.261)\tan\frac{60°}{2} = 577.501\text{m}$$

(5) $x$값에 대한 종거

① $x = l$ 일 때 → $y_4 = \dfrac{l^3}{6Rl} = \dfrac{79.1^3}{6 \times 1{,}000 \times 79.1} = 1.043\text{m}$

② $x = \dfrac{3}{4}l$ → $y_3 = \dfrac{\left(\dfrac{3}{4}l\right)^3}{6Rl} = \dfrac{27}{64} \times \dfrac{l^2}{6R} = 0.440\text{m}$

③ $x = \dfrac{1}{2}l$ → $y_2 = \dfrac{\left(\dfrac{1}{2}l\right)^3}{6Rl} = \dfrac{1}{8} \times \dfrac{l^2}{6R} = 0.130\text{m}$

④ $x = \dfrac{1}{4}l$ → $y_1 = \dfrac{\left(\dfrac{1}{4}l\right)^3}{6Rl} = \dfrac{1}{64} \times \dfrac{l^2}{6R} = 0.016\text{m}$

**16** 국철 2급선에서 다음과 같은 조건하에 완화 곡선을 제1법칙으로 삽입하시오. (단, 계산은 소수점 아래 4자리에서 반올림할 것)

- 교점 거리 IP = 48,658.35m
- 원곡선 반경 $R$ = 600m
- Cant 체감량 $n$ = 800
- 교각 $I$ = 42° 36′ 40″
- 고도 $C$ = 141mm

(1) 완화 곡선 길이($l$)
(2) 이정($f$)
(3) 제1원점에서 제2원점까지 간격($K$)
(4) 원곡선의 접선 길이($TL$)
(5) 원곡선의 시점(BC)
(6) 완화 곡선의 시점(BTC)
(7) 신곡선의 시점(BCC)
(8) 완화 곡선의 최초의 단현($l_f$)
(9) 완화 곡선의 최후의 단현($l_t$)
(10) 철도 완화 곡선 측설표

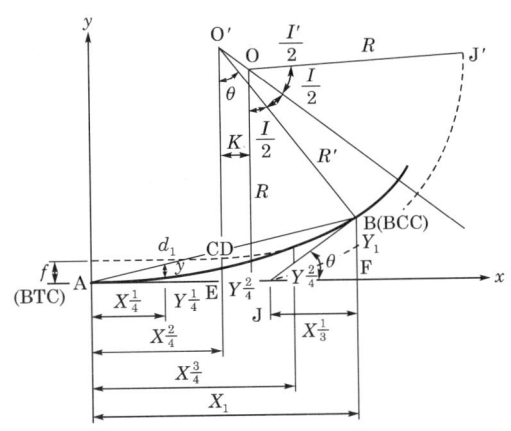

| 중심점 | 구간 거리(m) | $x$(m) | $y = \dfrac{x^3}{6Rl}$ (m) |
|---|---|---|---|
| BTC | | | |
| ① | | | |
| ② | | | |
| ③ | | | |
| ④ | | | |
| ⑤ | | | |
| ⑥ | | | |
| BCC | | | |

**해설**

(1) 완화 곡선 길이($l$)

$$l = \frac{c \cdot n}{1,000} = \frac{141 \times 800}{1,000} = 112.800\text{m}$$

(2) 이정($f$)

$$f = \frac{l^2}{24R} = \frac{(112.8^2)}{24 \times 600} = 0.884\text{m}$$

(3) 제1원점에서 제2원점까지 간격($K$)

$$\text{횡축 이정}(k) = f \cdot \tan\frac{I}{2} = 0.884 \times \tan\frac{42°36'40''}{2} = 0.345\text{m}$$

(4) 원곡선의 접선 길이($TL$)

$$R \cdot \tan\frac{I}{2} = 600 \times \tan\frac{42°36'40''}{2} = 233.997\text{m}$$

(5) 원곡선의 시점(BC)

$$\text{IP} - TL = 48,658.35 - 233.997 = 48,424.353\text{m}$$

(6) 완화 곡선의 시점(BTC)

$$\text{BC} - K - \frac{l}{2} = 48,424.353 - 0.345 - \frac{112.8}{2} = 48,367.608\text{m}$$

(7) 신곡선의 시점(BCC)

$$\text{BTC} + l = 48,367.608 + 112.8 = 48,480.408\text{m}$$

(8) 완화 곡선의 최초의 단현($l_f$)

$$48,380 - \text{BTC}(48,367.608) = 12.392\text{m}$$

(9) 완화 곡선의 최후의 단현($l_t$)

$$\text{BCC}(48,480.408) - 48,480 = 0.408\text{m}$$

(10) 철도 완화 곡선 측설표

| 중심점 | 구간 거리(m) | $x$(m) | $y = \dfrac{x^3}{6Rl}$(m) |
|---|---|---|---|
| BTC | 0 | 0 | 0 |
| ① | 12.392 | 12.392 | $\dfrac{12.392^3}{6 \times 600 \times 112.8} = 0.005\text{m}$ |
| ② | 20 | 32.392 | $\dfrac{32.392^3}{6 \times 600 \times 112.8} = 0.084\text{m}$ |
| ③ | 20 | 52.392 | $\dfrac{52.392^3}{6 \times 600 \times 112.8} = 0.354\text{m}$ |
| ④ | 20 | 72.392 | $\dfrac{72.392^3}{6 \times 600 \times 112.8} = 0.934\text{m}$ |
| ⑤ | 20 | 92.392 | $\dfrac{92.392^3}{6 \times 600 \times 112.8} = 1.942\text{m}$ |
| ⑥ | 20 | 112.392 | $\dfrac{112.392^3}{6 \times 600 \times 112.8} = 3.496\text{m}$ |
| BCC | 0.408 | 112.800 | $\dfrac{112.800^3}{6 \times 600 \times 112.8} = 3.534\text{m}$ |

**17** 다음 그림과 같은 종단 곡선을 설치하려고 한다면 B점의 계획고는? (단, 종단 곡선은 포물선이고 A점의 계획고는 78.63m이다.)

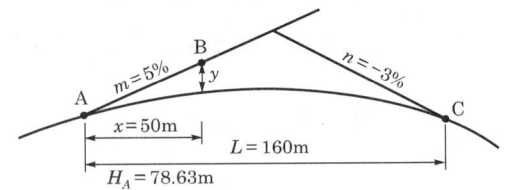

해설

(1) B점 지반고
$$H_B = H_A + (구배 \times 추가\ 거리) = 78.63 + (0.05 \times 50) = 81.13\text{m}$$

(2) 종거
$$y = \frac{(m-n)}{2L}x^2 = \frac{0.05-(-0.03)}{2 \times 160} \times 50^2 = 0.625\text{m}$$

∴ B점 계획고 $= H_B - y = 81.13 - 0.625 = 80.51\text{m}$

**18** 이차 포물선에 대한 종단 곡선 설치에서 $i_1 = 0\%$이고, $i_2 = 7.0\%$이며 경사도의 변환점은 No.26$^{+8.5\text{m}}$에 위치할 때 $y_1$, $y_2$, $y_3$, $y_4$를 계산하시오. (단, $l = 40\text{m}$)

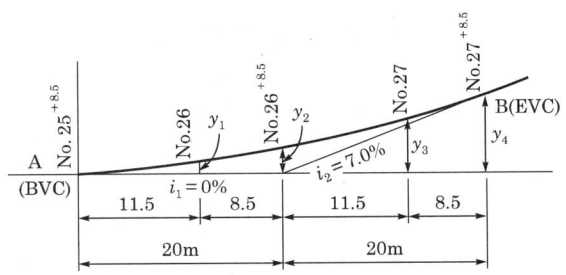

해설

$$\boxed{종거(y) = \frac{(m-n)}{2L}x^2}$$

(1) $y_1 = \dfrac{(m-n)}{2L}x^2 = \dfrac{0-0.07}{2 \times 40} \times 11.5^2 = -0.116\text{m}$

(2) $y_2 = \dfrac{(m-n)}{2L}x^2 = \dfrac{-0.07}{2 \times 40} \times (11.5+8.5)^2 = -0.358\text{m}$

(3) $y_3 = \dfrac{(m-n)}{2L}x^2 = \dfrac{-0.07}{2 \times 40} \times (11.5+8.5+11.5)^2 = -0.868\text{m}$

(4) $y_4 = \dfrac{(m-n)}{2L}x^2 = \dfrac{-0.07}{2 \times 40} \times (11.5+8.5+11.5+8.5)^2 = -1.400\text{m}$

**19** 상향 구배 4.5/1,000선과 하향 구배 35/1,000선이 반경 3,000m의 곡선 중에서 교차할 때 접선 길이($l$)와 각각 종거를 구하시오.

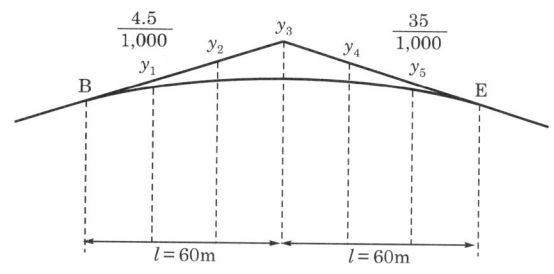

**해설**

(1) 접선 길이($l$)

$$l = \frac{R}{2}(m-n) = \frac{3,000}{2}\{0.0045-(-0.035)\} = 59.25\text{m} \fallingdotseq 60\text{m}$$

(2) 종거($y$)

$$y_1 = \frac{x^2}{2R} = \frac{20^2}{2 \times 3,000} = 0.067\text{m} = 67\text{mm}$$

$$y_2 = \frac{x^2}{2R} = \frac{40^2}{2 \times 3,000} = 0.267\text{m} = 267\text{mm}$$

$$y_3 = \frac{x^2}{2R} = \frac{60^2}{2 \times 3,000} = 0.6\text{m} = 600\text{mm}$$

$$y_4 = \frac{x^2}{2R} = \frac{40^2}{2 \times 3,000} = 0.267\text{m} = 267\text{mm}$$

$$y_5 = \frac{x^2}{2R} = \frac{20^2}{2 \times 3,000} = 0.067\text{m} = 67\text{mm}$$

**20** 상향 구배 $m=3.5\%$, 하향 구배 $n=-2.5\%$, 종곡선 시점의 계획고가 78.26m일 때 종곡선 설치를 계산하시오. (단, 종곡선장을 160m로 한다.)

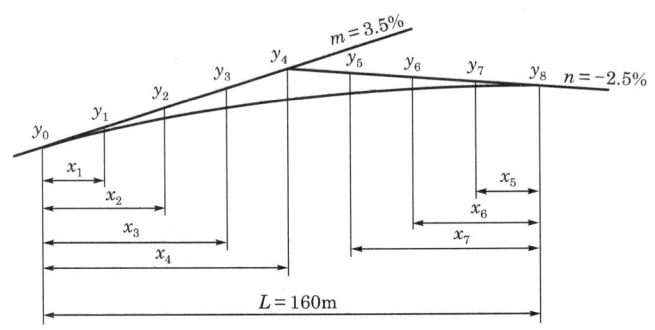

| 중심점 | 0 | 1 | 2 | 3 | 4 | 5 | 6 | 7 | 8 |
|---|---|---|---|---|---|---|---|---|---|
| 구배선의 계획고 | | | | | | | | | |
| $y$ | | | | | | | | | |
| 종곡선의 계획고 | | | | | | | | | |

**해설**

종거$(y) = \dfrac{(m-n)x^2}{2L}$ 의 계산

$x_1 = 20\text{m}, \quad y_1 = \dfrac{0.06 \times 20^2}{2 \times 160} = 0.075\text{m} = y_7$

$x_2 = 40\text{m}, \quad y_2 = \dfrac{0.06 \times 40^2}{320} = 0.300\text{m} = y_6$

$x_3 = 60\text{m}, \quad y_3 = \dfrac{0.06 \times 60^2}{320} = 0.675\text{m} = y_5$

$x_4 = 80\text{m}, \quad y_4 = \dfrac{0.06 \times 80^2}{320} = 1.200\text{m} = y_4$

| 중심점 | 0 | 1 | 2 | 3 | 4 | 5 | 6 | 7 | 8 |
|---|---|---|---|---|---|---|---|---|---|
| 구배선의 계획고 | 78.260 | 78.960 | 79.660 | 80.360 | 81.060 | 80.560 | 80.060 | 79.560 | 79.060 |
| $y$ | 0.000 | 0.075 | 0.300 | 0.675 | 1.200 | 0.675 | 0.300 | 0.075 | 0.000 |
| 종곡선의 계획고 | 78.260 | 78.885 | 79.360 | 79.686 | 79.860 | 79.885 | 79.760 | 79.485 | 79.060 |

**21** 도로의 종단 구배 $m=-4\%$, $n=+12\%$의 구간에 종곡선을 설치하기 위한 곡선표를 완성하시오. (단, ① 양구배의 교점 C의 누가 거리는 500m, ② $R=2,000$m, ③ 자동차 속도는 60km/h, ④ 1 chain 20m마다 종곡선을 설치, ⑤ 곡선장 $l=\dfrac{m-n}{360}\cdot v^2$, ⑥ 종거 $y=\dfrac{x^2}{2R}$, $R=2,000$m에 대하여 2로 계산한다. ⑦ No.PI의 절선상의 고도는 167.570m이다.)

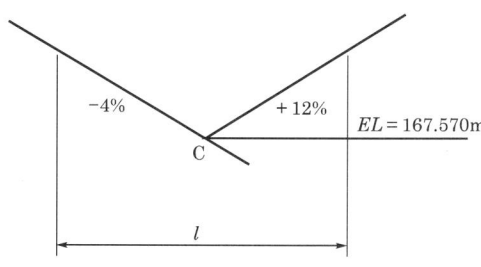

(1) 곡선장($l$)
(2) 종거($y_1$, $y_2$, $y_3$, $y_4$, $y_5$, $y_6$, $y_7$)
(3) 종곡선표

| 측점 | 누가 거리 | 구배 | 절선상의 $GH$ | 종거($y$) | 곡선상의 $GH$ |
|---|---|---|---|---|---|
| PC |  |  |  |  |  |
| 22 |  |  |  |  |  |
| 23 | | −4% | | | |
| 24 |  |  |  |  |  |
| PI |  |  |  |  |  |
| 26 |  |  |  |  |  |
| 27 | | +12% | | | |
| 28 |  |  |  |  |  |
| PT |  |  |  |  |  |

### 해설

(1) 곡선장 $l$

$$l = \frac{(m-n)}{360} \times V^2 = \frac{-4-12}{360} \times 60^2 = 160\text{m}(좌우\ 80\text{m}씩)$$

(2) 종거

① $y_1 = \dfrac{x^2}{2R} = \dfrac{(20 \times 10^{-3})^2}{2 \times 2} = 0.0001\text{km} = 100\text{mm}$

② $y_2 = 0.25 \times 0.04^2 = 0.0004\text{km} = 400\text{mm}$

③ $y_3 = 0.25 \times 0.06^2 = 0.0009\text{km} = 900\text{mm}$

④ $y_4 = 0.25 \times 0.08^2 = 0.0016\text{km} = 1{,}600\text{mm}$

⑤ $y_5 = 0.25 \times 0.06^2 = 0.0009\text{km} = 900\text{mm}$

⑥ $y_6 = 0.25 \times 0.04^2 = 0.0004\text{km} = 400\text{mm}$

⑦ $y_7 = 0.25 \times 0.02^2 = 0.0001\text{km} = 100\text{mm}$

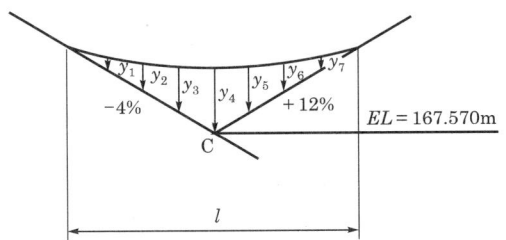

(3) 종곡선표

(단위 : m)

| 측점 | 누가 거리 | 구배 | 절선상의 $GH$ | 종거($y$) | 곡선상의 $GH$ |
|---|---|---|---|---|---|
| PC | 420 | | 170.770 | 0 | 170.770 |
| 22 | 440 | | 169.970 | 0.1 | 170.070 |
| 23 | 460 | −4% | 169.170 | 0.4 | 169.570 |
| 24 | 480 | | 168.370 | 0.9 | 169.270 |
| PI | 500 | | 167.570 | 1.6 | 169.170 |
| 26 | 520 | | 169.970 | 0.9 | 170.870 |
| 27 | 540 | +12% | 172.370 | 0.4 | 172.770 |
| 28 | 560 | | 174.770 | 0.1 | 174.870 |
| PT | 580 | | 177.170 | 0 | 177.170 |

**22** 종단 구배가 +3.4%에서 -3.2%로 변화하는 구간에서의 凸형 종단 곡선을 설치하시오. (단, 종곡선장은 $(L)=18(l_1-l_2)$로 구하고 지점 BC의 지반고는 110.25m 구간 거리는 20m로 한다. 두 종단 구배의 교차 지점까지의 추가 거리를 60km로 한다. 종곡선장은 소수점 아래 반올림하며 접선고, 종거, 계획고는 소수점 아래 3자리에서 반올림함)

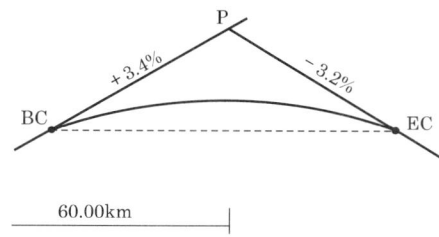

| 측점 번호 | BC로부터 수평 거리 | 추가 거리 | 접선고($l$) | 종거(m) | 계획고($Y$) |
|---|---|---|---|---|---|
| BC | | | | | |
| 1 | | | | | |
| 2 | | | | | |
| 3 | | | | | |
| 4 | | | | | |
| 5 | | | | | |
| BC | | | | | |

### 해설

| 측점 번호 | BC로부터 수평 거리 | 추가거리 | 접선고($l$) | 종거(m) | 계획고($Y$) |
|---|---|---|---|---|---|
| BC | 0 | 59,940 | 110.25 | 0 | 110.25 |
| 1 | 20m | 59,960 | 110.93 | 0.11 | 110.82 |
| 2 | 40m | 59,980 | 111.61 | 0.44 | 111.17 |
| 3 | 60m | 60,000 | 112.29 | 0.99 | 111.30 |
| 4 | 80m | 60,020 | 111.65 | 0.44 | 111.21 |
| 5 | 100m | 60,040 | 111.01 | 0.11 | 111.90 |
| BC | 120m | 60,060 | 110.37 | 0 | 110.37 |

**(1) 종곡선장**

$L = 18(l_1 - l_2) = 18\{3.4-(3.2)\} = 118.8\text{m}$

따라서 120m를 종곡선의 길이로 정한다.

$L = 2l$이므로 $l = 60\text{m}$가 된다.

### (2) 접선상의 지반고 계산

$$H' = H_0 + \left(\frac{m}{100} \times x\right) \text{이므로}$$

$H_1 = 110.25 + (0.034 \times 20) = 110.93$

$H_2 = 110.25 + (0.034 \times 40) = 111.61$

$H_3 = 110.25 + (0.034 \times 60) = 112.29$

$H_4 = 112.29 - (0.032 \times 20) = 111.65$

$H_5 = 112.29 - (0.032 \times 40) = 111.01$

$H_{EC} = 112.29 - (0.032 \times 60) = 111.37$

### (3) 종거값의 계산

$$\text{종거}(y) = \frac{m-n}{2L}x^2 = \frac{0.034+0.032}{2 \times 120}x^2 = 0.000275x^2$$

BC = 0

$1 = 0.000275 \times (20)^2 = 0.11$

$2 = 0.000275 \times (40)^2 = 0.44$

$3 = 0.000275 \times (60)^2 = 0.99$

$4 = 0.000275 \times (120-80)^2 = 0.44$

$5 = 0.000275 \times (120-100)^2 = 0.11$

BC = 0

### (4) 계획고(곡선상의 지반고 계산)

계획고＝접선고－종거

**23** 다음 각 조건에 따라 종곡선을 계산하시오.

하향 구배 $m = -10‰$, 상향 구배 $n = 5‰$인 두 구배선의 교점이 20m마다 종선 위에 있을 때 종곡선을 계산하시오. (단, 선로는 2급선이며 계산은 소수점 아래 3자리에서 반올림 할 것)

> [종곡선 계산]
>
> 두 구배의 대수차 $m - n$과 중심점 20m마다의 구배 평균 변화율 $i$를 정하여 $\dfrac{m-n}{i}$을 사용하여 다음과 같이 계산한다.
>
> <20m의 구배 평균 변화율(‰)>
>
> |  | 일반적인 $i$ 경우 | 부득이한 $i$ 경우 |
> |---|---|---|
> | 1, 2급선 | 2‰ | 4‰ |
> | 3, 4급선 | 3‰ | 5‰ |
>
> (1) 두 구배선의 교점 P가 선로 종단도의 수평 거리 20m마다 종선 위에 있을 때 종곡선장 $L$은 $\dfrac{m-n}{i}$에 가장 가까운 짝수에 20m를 곱한 것이다.
>
> (2) 두 구배선의 교점 P가 선로 종단도의 수평 거리 20m마다 종선의 중앙에 있을 때 종곡선장 $L$은 $\dfrac{m-n}{i}$에 가장 가까운 홀수에 20m를 곱한 것이다.
>
> (3) 두 구배선의 교점 P가 선로 종단면도의 수평 거리 20m마다 종선 사이에 있을 때 종곡선장 $L$은 $\dfrac{m-n}{i}$에 20m를 곱하여 얻은 수에 가장 가까운 수이다.

**해설**

(1) 구배 평균 변화율 2‰, $m = -10$, $n = 5$

$$\therefore \frac{m-n}{i} = \frac{-10-5}{2} = 7.5$$

따라서 7.5에 가까운 짝수는 8이므로 종곡선장($L$)은 $8 \times 20 = 160\text{m}$

$x_1 = 20\text{m}$에서의 종거$(y) = \dfrac{m-n}{2L}x^2 = \dfrac{-10-5}{2 \times 160} \times 20^2 = 160\text{m}$

$x_2 = 40\text{m}$에서의 종거$(y) = \dfrac{m-n}{2L}x^2 = \dfrac{-10-5}{2 \times 160} \times 40^2 = -0.08\text{m}$

$x_3 = 60\text{m}$에서의 종거$(y) = \dfrac{m-n}{2L}x^2 = \dfrac{-10-5}{2 \times 160} \times 60^2 = -0.17\text{m}$

$x_4 = 80\text{m}$에서의 종거$(y) = \dfrac{m-n}{2L}x^2 = \dfrac{-10-5}{2\times 160}\times 80^2 = -0.30\text{m}$

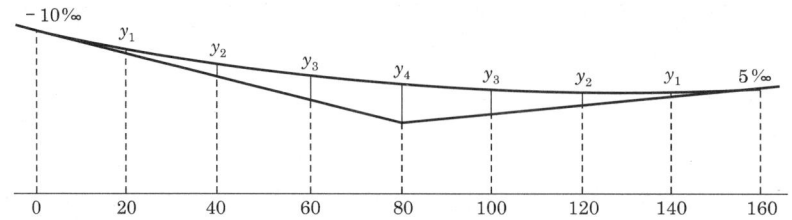

(2) 2급선의 상향 구배 $m = +10‰$, 하향 구배 $n = -12‰$의 두 종단 구배의 교점이 서로 종단면도의 20m마다 종선의 중앙에 있을 때 종곡선을 설치하라.

$\dfrac{m-n}{i} = \dfrac{10-(-12)}{2} = 11$

∴ 종곡선장$(l) = 11 \times 20 = 220\text{m}$

$x_1 = 20\text{m}$일 때 $y_1 = \dfrac{m-n}{2L}x^2 = \dfrac{10-(-12)}{2\times 220}\times 20^2 = 0.02\text{m}$

$x_2 = 40\text{m}$일 때 $y_2 = \dfrac{m-n}{2L}x^2 = \dfrac{10-(-12)}{2\times 220}\times 40^2 = 0.08\text{m}$

$x_3 = 60\text{m}$일 때 $y_3 = \dfrac{m-n}{2L}x^2 = \dfrac{10-(-12)}{2\times 220}\times 60^2 = 0.18\text{m}$

$x_4 = 80\text{m}$일 때 $y_4 = \dfrac{m-n}{2L}x^2 = \dfrac{10-(-12)}{2\times 220}\times 80^2 = 0.32\text{m}$

$x_5 = 100\text{m}$일 때 $y_5 = \dfrac{m-n}{2L}x^2 = \dfrac{10-(-12)}{2\times 220}\times 100^2 = 0.50\text{m}$

$x_6 = 110\text{m}$일 때 $y_6 = \dfrac{m-n}{2L}x^2 = \dfrac{10-(-12)}{2\times 220}\times 110^2 = 0.61\text{m}$

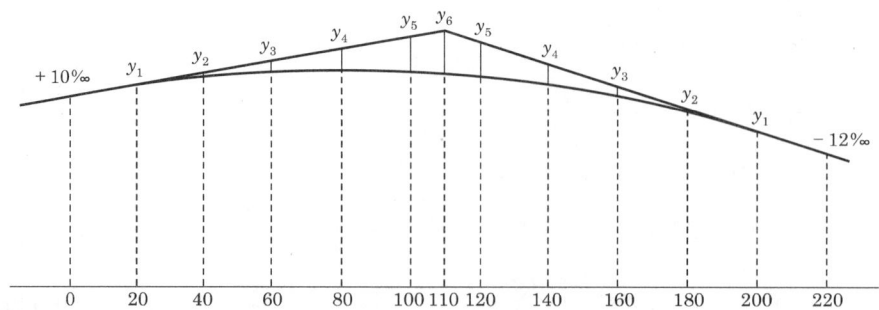

## 24 복심 곡선을 설치하고자 한다. 제원(諸元)을 이용하여 $R_2$를 구하시오.

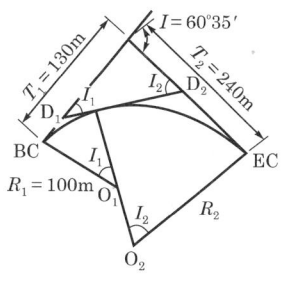

### 해설

제원표를 참조하면

| 주어진 원 | 구하는 원 | 계산식 |
|---|---|---|
| $R_1$ | $I_2$ | $\tan \dfrac{I_2}{2} = \dfrac{T_1 \sin I - R_1 \text{vers } I}{T_2 + T_1 \cos I - R_1 \sin I}$ |
| $T_1$ | | |
| $T_2$ | $I_1$ | $I_1 = I - I_2$ |
| $I$ | $R_2$ | $R_2 = R_1 + \dfrac{T_1 \sin I - R_1 \text{vers } I}{\text{vers } I_2}$ |

(1) $\tan \dfrac{I_2}{2} = \dfrac{T_1 \sin I - R_1 \text{vers } I}{T_2 + T_1 \cos I - R_1 \sin I}$

$= \dfrac{130 \cdot \sin 60°35' - 100(1 - \cos 60°35')}{240 + 130 \cdot \cos 60°35' - 100 \cdot \sin 60°35'}$

$= 0.287690245$

$\therefore \dfrac{I_2}{2} = 16°03'0.04''$

$\therefore I_2 = 32°06'0.08''$

(2) $I_1 = I - I_2 = 60°35' - 32°06'0.08'' = 28°28'59.92''$

(3) $R_2 = R_1 + \dfrac{T_1 \sin I - R_1 \text{vers } I}{\text{vers } I_2}$

$= 100 + \dfrac{130 \cdot \sin 60°35' - 100(1 - \cos 60°35')}{1 - \cos 32°06'0.08''}$

$= 507.873 \text{m}$

**25** 반경 $R=600$m의 원곡선에 접속하는 매개 변수 $A=300$의 클로소이드를 설치하고자 한다. 완화 곡선의 시점 KA의 추가 거리가 126.764m일 때 주접선으로부터 직교 좌표법에 의해 200m 간격으로 중간점을 설치하는 클로소이드 곡선표를 완성하시오. (단, $l$는 소수 여덟째 자리에서 $X$, $Y$는 소수 넷째 자리에서 반올림하여 구하시오.)

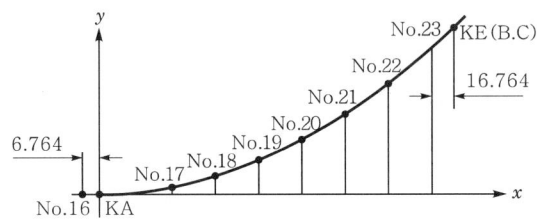

| 측점 No. | 추가 거리 | $L$ | $l$ | $x$ | $y$ | $X$ | $Y$ |
|---|---|---|---|---|---|---|---|
| KA=No.6 +6.764 | 126.764 | 0 | 0 | 0 | 0 | 0 | 0 |
| No.17 | | | | 0.044120 | 0.000014 | | |
| No.18 | | | | 0.110787 | 0.000227 | | |
| No.19 | | | | 0.177449 | 0.000931 | | |
| No.20 | | | | 0.244098 | 0.002425 | | |
| No.21 | | | | 0.310714 | 0.005003 | | |
| No.22 | | | | 0.377262 | 0.008959 | | |
| No.23 | | | | 0.443688 | 0.014590 | | |
| KE(B.C) | | | | 0.499219 | 0.020810 | | |

### 해설

| 측점 No. | 추가 거리 | $L$ | $l$ | $x$ | $y$ | $X$ | $Y$ |
|---|---|---|---|---|---|---|---|
| KA=No.6 +6.764 | 126.764 | 0 | 0 | 0 | 0 | 0 | 0 |
| No.17 | 140.000 | 13.236 | 0.0441200 | 0.044120 | 0.000014 | 13.236 | 0.004 |
| No.18 | 160.000 | 33.236 | 0.1107867 | 0.110787 | 0.000227 | 33.236 | 0.068 |
| No.19 | 180.000 | 53.236 | 0.1774533 | 0.177449 | 0.000931 | 53.235 | 0.279 |
| No.20 | 200.000 | 73.236 | 0.2441200 | 0.244098 | 0.002425 | 73.229 | 0.728 |
| No.21 | 220.000 | 93.236 | 0.3107867 | 0.310714 | 0.005003 | 93.214 | 1.501 |
| No.22 | 240.000 | 113.236 | 0.3774533 | 0.377262 | 0.008959 | 113.179 | 2.688 |
| No.23 | 260.000 | 133.236 | 0.4441200 | 0.443688 | 0.014590 | 133.106 | 4.377 |
| KE(B.C) | 276.764 | 150.000 | 0.5000000 | 0.499219 | 0.020810 | 149.766 | 6.243 |

(1) 곡선 길이($L$)
   ① No.17=140.000−126.764=13.236
   ② No.18=160.000−126.764=33.236
   ③ No.19=180.000−126.764=53.236
   ④ No.20=200.000−126.764=73.236
   ⑤ No.21=220.000−126.764=93.236
   ⑥ No.22=240.000−126.764=113.236
   ⑦ No.23=260.000−126.764=133.236
   ⑧ BC=276.764−126.764=150.000

(2) 단위 클로소이드($l$) 계산 $\left(l=\dfrac{L}{R}\right)$
   ① No.17=13.236/300=0.0441200
   ② No.18=33.236/300=0.1107867
   ③ No.19=53.236/300=0.1774533
   ④ No.20=73.236/300=0.2441200
   ⑤ No.21=93.236/300=0.3107867
   ⑥ No.22=113.236/300=0.3774533
   ⑦ No.23=133.236/300=0.4441200
   ⑧ BC=150.000/300=0.5000000

(3) 좌표 계산($X$, $Y$)
$$\begin{pmatrix} X = A \times x \\ Y = A \times y \end{pmatrix}$$

# 03 사진 측량

제2편 | 응용 측량

## 1 사진 측량의 개요

### (1) 정의
사진 측량은 사진 영상을 이용하여 피사체에 대한 정량적, 정성적 해석을 하는 학문이다.

### (2) 사진 측량의 장점
① 정량 및 정성적인 측량이 가능하다.
② 동적인 측량이 가능하다.
③ 측량의 정확도가 균일하다.
   ㉮ 평면의 정도 $(0.01 \sim 0.03)\,\text{mm} \times M$(축척 분모수)
   ㉯ 높이의 정도 $(0.0001 \sim 0.0002)\,\text{m} \times H$(항공 고도)
④ 축척 변경이 용이하다.
⑤ 시간($T$)을 포함한 4차원 측량이 가능하다.
⑥ 경제적이다.

## 2 사진의 특성

### (1) 중심 투영
사진의 상이 피사체로부터 반사된 광이 렌즈 중심을 직진하여 필름면에 투영되어 나타나는 투영

### (2) 정사 투영
평탄한 곳에서는 지도와 사진은 같으나 지표면에 높낮이가 있는 경우에는 사진의 형상이 틀린다. 항공 사진이 중심 투영인 것에 대해 지도는 정사 투영이다.

# 3 특수 3주점

## (1) 주점
사진의 중심점으로서 렌즈 중심으로부터 화면에 내린 수선의 발

## (2) 연직점
렌즈 중심으로부터 지표면에 내린 수선의 발. 주점에서 연직점까지 거리

$$\overline{(mm)} = f \tan i$$

## (3) 등각점
주점과 연직선이 이루는 각을 2등분한 선. 주점에서 등각점까지의 거리

$$\overline{(mj)} = f \tan \frac{i}{2}$$

# 4 항공 사진 촬영

## (1) 지형도의 작성 공정

촬영 계획 → 기준점 측량 → 사진 촬영 → 인화 → 도화 → 지형도 (시진 지도)

## (2) 사진 축척

① 지표면이 평탄할 때

축척 : $\dfrac{1}{m} = \dfrac{ab}{AB} = \dfrac{f}{H}$

여기서, $f$ : 초점 거리
$H$ : 비행 고도

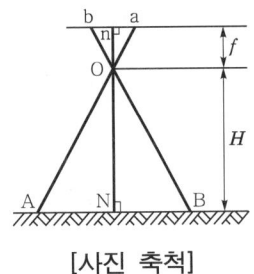

[사진 축척]

② 지표면에 기복이 있을 때

축척 : $\dfrac{1}{m} = \dfrac{f}{H \pm h}$

여기서, $h$ : 비고

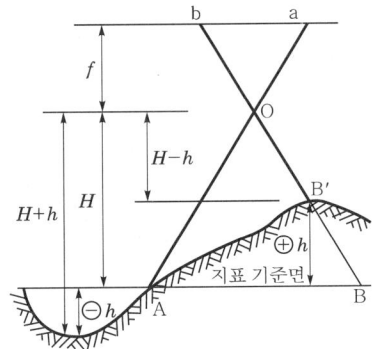

[기복이 있을 때의 사진 축척]

# 5 촬영 고도와 등고선의 간격

$H = C \cdot \Delta h$

여기서, $H$ : 촬영 고도
$C$ : 도화기 계수
$\Delta h$ : 등고선 간격

# 6 중복도

## (1) 종중복(overlap)

촬영 진행 방향에 따라 중복시키는 것을 말하며 일반적으로 종중복을 보통 60%를 중복시키고 최소한 50% 이상은 중복시켜야 한다.

## (2) 횡중복(sidelap)

촬영 진행 방향에 직각으로 중복시키는 것을 말하며, 일반적으로 횡중복은 30%를 중복시키고 최소한 5% 이상은 중복시켜야 한다.

## (3) 중복도의 일반

① 종중복을 60% 중복시키는 이유 : 인접 사진의 주점을 구하기 위해
② 산악 지역이나 고층 빌딩이 밀집된 시가지 촬영 방법은 10~20% 이상 중복도를 높여 촬영하거나 2단 촬영한다.

# 7 촬영 기선 길이

## (1) 주점 기선 길이

임의의 사진의 주점과 다음 사진의 주점과의 거리

$$b_0 = a\left(1 - \frac{P}{100}\right)$$

여기서, $b_0$ : 주점 기선장
       $a$ : 사진 1변 크기
       $P$ : 중복도(%)

## (2) 촬영 기선 길이

1코스의 촬영 중 임의의 촬영점으로부터 다음 촬영점까지의 실제 거리를 촬영 종기선 길이($B$)라 하며, 코스 간격을 나타내는 $C$를 촬영 횡기선 길이라 한다.

① 촬영 종기선 길이

$$B = mb_0 = ma\left(1 - \frac{p}{100}\right)$$

② 촬영 횡기선 길이

$$C = ma\left(1 - \frac{q}{100}\right)$$

여기서, $p$ : 종중복(%), $q$ : 횡중복(%), $b_0$ : 주점 기선 길이

# 8 사진 및 모델의 매수

### (1) 사진의 실제 면적 계산

① 사진 한 매의 경우

$$A = (a \cdot m)(a \cdot m) = a^2 \cdot m^2 = \frac{a^2 H^2}{f^2}$$

여기서, $A$ : 1매 사진의 실제 면적,　$m$ : 사진 축척
　　　　$a$ : 사진 1변 길이,　　　　　$H$ : 비행 고도
　　　　$f$ : 초점 거리

② 단코스(strip)의 경우

$$A_0 = A\left(1 - \frac{p}{100}\right) = (ma)^2\left(1 - \frac{p}{100}\right)$$

여기서, $A$ : 1매 사진의 실제 면적
　　　　$p$ : 종중복
　　　　$A_0$ : 촬영 유효 면적(한 모델의 면적)

③ 복코스(bloc)의 경우

$$A_0 = A\left(1 - \frac{p}{100}\right)\left(1 - \frac{q}{100}\right) = (ma)^2\left(1 - \frac{p}{100}\right)\left(1 - \frac{q}{100}\right)$$

여기서, $p$ : 종중복(60%),　　　$q$ : 횡중복(30%)
　　　　$A$ : 1매 사진의 실제 면적,　$A_0$ : 촬영 유효 면적(한 모델의 면적)

### (2) 사진 매수

① 안전율을 고려한 전체 면적의 사진 매수

$$\text{사진 매수} = \frac{F}{A_0} \times (1 + \text{안전율})$$

여기서, $F$ : 촬영 대상 지역의 전체 면적($S_1 \times S_2$(km))
$A_0$ : 1 모델의 면적

② 안전율을 고려한 모델수에 의한 사진 매수

㉮ 종모델수(단코스) $= \dfrac{S}{B} = \left(\dfrac{\text{코스의 종길이}}{\text{종기선의 길이}}\right)$

$= \dfrac{S_1}{B} = \dfrac{S_1}{ma\left(\dfrac{1-p}{100}\right)}$

㉯ 횡모델수 $= \left(\dfrac{\text{코스의 횡길이}}{\text{횡기선의 길이}}\right) = \dfrac{S_2}{C} = \dfrac{S_2}{ma\left(1-\dfrac{q}{100}\right)}$

㉰ 총 모델수=종모델수×횡모델수
㉱ 사진 매수=[(종모델수+1)×횡모델수]

### (3) 삼각점수 · 수준점수 및 경비 계산

① **삼각점수**=총 모델수×2
② **수준점수**=[코스의 종길이×(2×종모델수+1)+코스의 횡길이×2]
   ※ Model(모델) : 모델은 중복된 한 쌍의 사진에 의하여 입체시 되는 부분이며 일명 입체 모델 혹은 스테레오 모델이라고 한다.

# 9 노출 시간

### (1) 최장 노출 시간

$$T_l = \frac{\Delta S \cdot m}{V}$$

### (2) 최단 노출 시간

$$T_s = \frac{B}{V}$$

여기서, $\Delta S$ : 흔들림의 양,  $m$ : 축척 분모수
$B$ : 촬영 기선 길이 $\left[ma\left(1-\dfrac{p}{100}\right)\right]$,  $V$ : 비행기 초속(m/sec)

# 10 기복 변위

### (1) 기복 변위

지표면에 기복이 있을 경우 연직으로 촬영하여도 축척은 동일하지 않으며 사진면에서 연직점을 중심으로 방사상의 변위가 생기는데 이를 기복 변위라 한다.

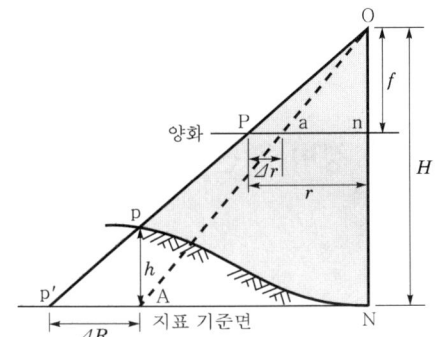

$$\Delta r = \frac{h}{H} \cdot r$$

$$\Delta r_{\max} = \frac{h}{H} \cdot r_{\max}$$

여기서, $\Delta r$ : 편위량(기복 변위량),  $H$ : 비행 고도
$h$ : 기준면으로부터 비고,  $r$ : 연직점으로부터 사진상까지 거리
$r_{\max}$ : 최대화면 연직점에서의 거리, $r_{\max} = \dfrac{\sqrt{2}}{2} a$ (연직점에서 대각선 길이)

### (2) 측각 중심

① 주점 사용시
　㉮ 엄밀한 연직 사진
　㉯ 화면의 경사가 3 이내에서 지면의 비고가 적을 때

② 연직점 사용시
　㉮ 화면의 경사가 3 이내에서 지면의 비고가 클 때
　㉯ 화면의 경사, 지면의 비고가 같을 때

③ 등각점 사용시
　㉮ 지면이 평탄할 때
　㉯ 화면의 경사가 클 때

# 17 시차

### (1) 시차의 정의

한 쌍의 사진상에 있어서 동일점에 대한 상점이 연직하에서 만나야 되는 일점에서 생기는 종횡의 시각적인 오차를 시차라 한다. 즉, 두 장의 연속된 사진에서 발생하는 동일 지점의 사진상의 변위이다.

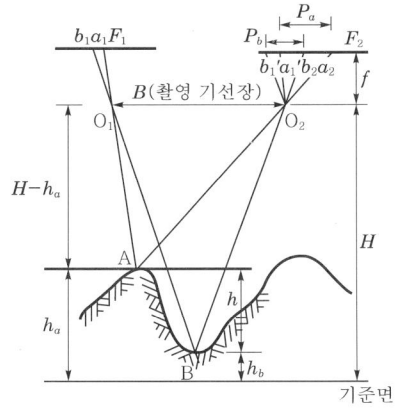

[시차에 의한 고저 측량]

① 봉의 높이(비고)를 구하면

$$h = \frac{H}{P_r + \Delta p} \Delta p$$

여기서, $H$ : 비행 고도, $\quad\quad \Delta p$ : 시차차$(P_a - P_r)$
$\quad\quad\quad P_a$ : 정상 시차, $\quad\quad P_r$ : 기준면 시차
$\quad\quad\quad b_0$ : 주점 기선 길이

② 기준면의 시차 대신 주점 기선 길이를 관측한 경우

$$h = \frac{H}{b_0 + \Delta p} \Delta p$$

③ 시차차가 기준면의 시차보다 무시할 정도로 작을 때

$$h = \frac{H}{b_0} \Delta p$$

### (2) 입체상의 변화

① 입체상은 촬영 기선에 긴 경우가 촬영 기선이 짧은 경우보다 더 높게 보인다.
② 렌즈의 초점 거리가 긴 쪽의 사진이 짧은 쪽의 사진보다 더 낮게 보인다.
③ 같은 촬영 기선에서 촬영하였을 때 낮은 촬영 고도로 촬영한 사진이 높은 고도로 촬영한 경우보다 더 높게 보인다.
④ 눈의 위치가 약간 높아짐에 따라 입체상은 더 높게 보인다.

# 03 사진 측량 문제

**01** 촬영 축척을 1/10,000이라 할 때 표정점의 평면 오차 한계는?

해설

평면 오차 $= (0.01 \sim 0.03)\text{mm} \times M$ (축척 분모수)
$= (0.01 \sim 0.03) \times 10,000$
$= 100\text{m} \sim 300\text{mm}$

**02** 주점 거리 180mm인 항공 사진기로 촬영 경사 5grade로 평지를 촬영하였다. 사진의 등각점은 주점보다 최대 경사선상 몇 mm인 곳에 있는가?
(1) 7mm  (2) 14mm
(3) 21mm  (4) 28mm

해설

$5g = 4.5° (1g = 0.9°)$
$mj = f \tan \dfrac{i}{2} = 180 \times \tan \dfrac{4.5°}{2} ≒ 7\text{mm}$

**03** 화면 거리 15cm의 카메라로 평지를 지면에서 3,000m의 촬영 고도로 찍은 사진의 축척은 얼마인가?

해설

$M = \dfrac{1}{m} = \dfrac{f}{H} = \dfrac{0.15}{3,000} = \dfrac{1}{20,000}$

**04** $f=200$mm의 카메라로 평지로부터 8,000m의 높이에서 찍은 수직 사진의 경우, 사진 상에 기준면 아래 비고 500m의 사진 축척은?

해설

$$M = \frac{1}{m} = \frac{f}{H} = \frac{f}{(H+h)} = \frac{0.2}{8,000+500} = \frac{0.2}{8,500} = \frac{1}{42,500}$$

**05** 촬영 고도 3,000m의 비행기에서 $f=150$mm의 사진기로 촬영한 수직 사진에서 길이 500m의 교량은 몇 cm에 찍히는가?

해설

$$M = \frac{1}{m} = \frac{f}{H} = \frac{0.15}{3,000} = \frac{1}{20,000}$$

$$\frac{1}{20,000} = \frac{도상\ 거리}{500}$$

$$도상\ 거리 = \frac{500}{20,000} = 0.025\text{m} = 2.5\text{cm}$$

**06** 평탄지 축척 1/10,000로 촬영한 연직 사진에서 촬영에 사용한 카메라의 $f=150$mm, 화면의 크기 23×23cm, 종중복도 60%일 때 기선 고도비는?

해설

$$B = ma\left(1 - \frac{p}{100}\right) = 10,000 \times 0.23 \times \left(1 - \frac{60}{100}\right) = 920\text{m}$$

$$m = \frac{1}{m} = \frac{f}{H}, \quad H = mf = 10,000 \times 0.15 = 1,500\text{m}$$

$$\therefore 기선\ 고도비 = \frac{B}{H} = \frac{920}{1,500} = 0.613$$

**07** $f$=150mm, 비행 고도 3,000m, 화면 크기 23cm일 때 종중복이 65%라면 이때의 기선장은 몇 m인가?

**해설**

$$M = \frac{1}{m} = \frac{f}{H} = \frac{0.15}{3,000} = \frac{1}{20,000}$$

$$B = ma\left(1 - \frac{p}{100}\right) = 20,000 \times 0.23 \times \left(1 - \frac{65}{100}\right) = 1,610\text{m}$$

**08** 종중복 70%, 횡중복 20%일 때 촬영 종기선 길이와 촬영 횡기선 길이와의 비는?

**해설**

$$ma\left(1 - \frac{p}{100}\right) : ma\left(1 - \frac{q}{100}\right) = \left(1 - \frac{70}{100}\right) : \left(1 - \frac{20}{100}\right) = 0.3 : 0.8 = 3 : 8$$

**09** Stereoplotter A8로 1/10,000 지형도를 그릴 때 촬영 고도는? (단, A8의 $C$=1,600, $\Delta h$=1.0m)

**해설**

$$H = C \times \Delta h = 1,600 \times 1.0 = 1,600\text{m}$$

**10** $f$=150mm이고, 축척이 1/50,000일 때 $C$=1,200이면 등고선 간격은?

**해설**

$$m = \frac{1}{M} = \frac{f}{H}, \quad H = mf = 50,000 \times 0.15 = 7,500\text{m}$$

$$\Delta h = \frac{H}{C} = \frac{7,500}{1,200} = 6.25\text{m}$$

## 11

평지를 화면 크기 23×23cm의 카메라로 촬영한 항공 사진이 있다. 이 사진의 주점 기선 길이는 밀착 사진상에서 10cm였다. 인접 사진과의 중복도는?

**해설**

주점 기선장$(b) = a\left(1 - \dfrac{p}{100}\right)$

$\dfrac{p}{100} = 1 - \dfrac{b}{a}$

$p = \left(1 - \dfrac{b}{a}\right) \times 100$

$\phantom{p} = \left(1 - \dfrac{10}{23}\right) \times 100$

$\phantom{p} = 56.5\%$

∴ 종중복도는 57%이다.

## 12

두 변의 길이가 동서 20km, 남북 15km인 장방형의 지역을 종중복 60%, 횡종복 30%로 촬영하였다. 이 작업에 필요한 삼각점수는 최소 몇 점이 있어야 하는가? (단, 사진의 크기 =23×23cm, $f$=150mm, $H$=3,000m)

**해설**

① 사진 축척$(M) = \dfrac{1}{m} = \dfrac{f}{H} = \dfrac{3,000}{0.15} = 20,000$

② 촬영 기선 길이$(B) = ma\left(1 - \dfrac{p}{100}\right) = 20,000 \times 0.23 \times \left(1 - \dfrac{60}{100}\right) = 1,840\text{m}$

③ 촬영 횡기선 길이$(C) = ma\left(1 - \dfrac{q}{100}\right) = 20,000 \times 0.23 \times \left(1 - \dfrac{30}{100}\right) = 3,220\text{m}$

④ 종모델수$(D) = \dfrac{S_1(\text{동서 길이})}{B(\text{촬영 기선 길이})} = \dfrac{20,000}{1,840} = 10.87 ≒ 11\text{모델}$

⑤ 횡모델수$(D') = \dfrac{S_2(\text{남북 길이})}{B(\text{촬영 기선 길이})} = \dfrac{15,000}{3,220} = 4.66 ≒ 5\text{모델}$

⑥ 총 모델수= 11×5 = 55모델

⑦ 삼각점수=모델수×2 = 55×2 = 110점

**13** 촬영 고도 3,000m에서 $f=150$mm의 사진기로 평지를 촬영한 밀착 사진의 크기가 23×23cm이고 종중복 52%, 횡종복 30%일 때 연직 사진의 유효 면적은?

① 사진 축척$(M) = \dfrac{1}{m} = \dfrac{f}{H} = \dfrac{3{,}000}{0.15} = 20{,}000$

② 유효 면적$(A_0) = (ma)^2 \left(1 - \dfrac{p}{100}\right)\left(1 - \dfrac{30}{100}\right)$

$\quad = (20{,}000 \times 0.23)^2 \times \left(\dfrac{1-52}{100}\right) \times \left(1 - \dfrac{30}{100}\right)$

$\quad = 7{,}109{,}760 \text{m}^2 = 7.11 \text{km}^2$

**14** 가로 30km, 세로 20km인 장방형의 토지를 축척 1/50,000의 항공 사진으로 종중복 60%, 횡중복 20%인 경우 사진 매수는? (단, 화면의 크기는 23×23cm이다.)

① 사진 매수 $= \dfrac{F(\text{촬영 대상 지역 면적})}{A_0(\text{유효 면적})} \times (1 + \text{안전율})$

② 촬영 대상 지역 면적$(F) = 30{,}000\text{m} \times 20{,}000\text{m} = 600{,}000{,}000 \text{m}^2$

③ 유효 면적$(A_0) = (ma)^2 \left(1 - \dfrac{p}{100}\right)\left(1 - \dfrac{q}{100}\right)$

$\quad = (50{,}000 \times 0.23)^2 \times \left(1 - \dfrac{60}{100}\right) \times \left(1 - \dfrac{20}{100}\right) = 42{,}320{,}000 \text{m}^2$

④ 사진 매수 $= \dfrac{F}{A_0} \times (1 + \text{안전율}) = \dfrac{600{,}000{,}000}{42{,}320{,}000} \times (1 + 0) = 14.18 = 15$매

**15** 가로 50km, 세로 25km인 장방형 토지를 축척 1/20,000의 항공 사진으로 $p=60\%$, $q=30\%$일 경우 사진 매수는? (단, 사진의 크기는 18×18cm, 안전율은 40%이다.)

① 사진 매수 = $\dfrac{F(\text{촬영 대상 지역 면적})}{A_0(\text{유효 면적})} \times (1+\text{안전율})$

② 촬영 대상 지역 면적($F$) = $50{,}000\text{m} \times 25{,}000\text{m} = 1{,}250{,}000{,}000\text{m}^2$

③ 유효 면적($A_0$) = $(ma)^2\left(1-\dfrac{p}{100}\right)\left(1-\dfrac{q}{100}\right)$

   = $(20{,}000 \times 0.18)^2 \times \left(1-\dfrac{60}{100}\right) \times \left(1-\dfrac{30}{100}\right) = 4{,}635{,}800\text{m}^2$

④ 사진 매수 = $\dfrac{F}{A_0} \times (1+\text{안전율}) = \dfrac{1{,}250{,}000{,}000}{4{,}635{,}800} \times (1+0.4) = 377.42 = 378$매

**16** 가로 30km, 세로 20km인 장방형의 지역을 초점 거리 150mm, 화면 크기 23×23cm의 엄밀 수직 사진으로 찍은 항공 사진상에서 삼각점 a, b의 거리가 150.0mm이고, 이에 대응하는 삼각점의 평면 좌표($x$, $y$)는 A(24,763.48m, 23,545.09m), B(22,763.48m, 21,309.02m)이다. 비행 코스 방향의 중복도를 60%로 하며, 비행 코스간의 중복도를 20%로 하였을 때 다음 사항을 구하시오.

(1) 사진 축척   (2) 촬영 기선장의 길이
(3) 촬영 경로간의 길이   (4) 사진 1매의 피복 면적
(5) 사진의 매수

(1) 사진 축척

① $\overline{AB} = \sqrt{(22{,}763.48-24{,}763.48)^2 + (21{,}309.02-23{,}545.09)^2}$
   = $3{,}000.00\text{m}$

② $\dfrac{1}{m} = \dfrac{\text{도상 거리}}{\text{실제 거리}} = \dfrac{0.15}{3{,}000.00} = \dfrac{1}{20{,}000}$

(2) 촬영 기선장의 길이

$B = m \cdot a\left(1-\dfrac{P}{100}\right) = 20{,}000 \times 0.23 \times \left(1-\dfrac{60}{100}\right)$

   = $1{,}840.00\text{m}$

(3) 촬영 경로간의 길이

$$C = m \cdot a\left(1 - \frac{q}{100}\right) = 20,000 \times 0.23 \times \left(1 - \frac{20}{100}\right)$$
$$= 3,680.00 \text{m}$$

(4) 사진 1매의 피복 면적

$$A = (m \cdot a)^2 = (20,000 \times 0.23)^2 = 21.16 \text{km}^2$$

(5) 사진의 매수

① $A_o = (m \cdot a)^2 \left(1 - \frac{P}{100}\right)\left(1 - \frac{q}{100}\right)$
$= 21.16 \times 0.4 \times 0.8 = 6.77 \text{km}^2$

② $N = \frac{F}{A_o} = \frac{30 \times 20}{6.77} = 88.63 = 89$ 매

**17** $H = 4,000$m에서 16cm 주점 거리의 광각 사진기로 시속 180km로 항공 사진을 촬영 사진으로 촬영할 때 사진 노출점간의 최소 노출 시간은? (단, $a = 23 \times 23$cm, $p = 60\%$)

$$m = \frac{H}{f} = \frac{4,000}{0.16} = 25,000$$
$$B = ma\left(1 - \frac{p}{100}\right) = 25,000 \times 0.23 \times \left(1 - \frac{60}{100}\right) = 2,300 \text{m}$$
$$T_s = \frac{B}{V} = \frac{2,300}{180 \times 10^3 \times \frac{1}{3,600}} = 46 \text{초}$$

**18** 축척 1/10,000의 항공 사진을 시속 180km로 촬영한 경우 허용 흔들림을 0.02mm로 하면 최장 노출 시간은?

$$Tl = \frac{\Delta S \cdot m}{V} = \frac{0.02 \times 10,000}{180 \times 1,000,000 \times \frac{1}{3,600}} = \frac{1}{250} \text{초}$$

**19** 주점 거리 15cm, 사진의 크기 23×23cm, 종중복도 60%, 사진 축척 1/20,000일 때 기선 고도비와 과고감은? (단, 입체시의 기선 고도비($be/h$)는 0.2이다.)

**해설**

(1) 기선 고도비는 $\dfrac{B}{H}$

$$B = ma\left(1 - \dfrac{p}{100}\right) = 20,000 \times 0.23 \times \left(1 - \dfrac{60}{100}\right) = 1,840\text{m}$$

$$H = m \cdot f = 20,000 \times 0.15 = 3,000\text{m}$$

$$\therefore \dfrac{1,840}{3,000} = 0.61$$

(2) 과고감 $\left(\dfrac{B}{H}\right) \times \left(\dfrac{h}{be}\right) = 0.61 \times \dfrac{1}{0.2} = 3.05$

**20** 촬영 고도 3,000m, 비고 200m인 사진 주점에서 투영점까지의 거리가 9.6cm 지점에서 사진상의 기복 변위량은?

**해설**

$$\varDelta r = \left(\dfrac{\varDelta h}{H}\right) \times r = \dfrac{200}{3,000} \times 0.096 = 0.0064\text{m} = 6.4\text{mm}$$

**21** 평탄한 지역을 초점 거리 15cm의 카메라로 촬영한 1/20,000의 연직 사진이 있다. 사진상의 높이 30m의 철탑이 주점 기선의 철탑 꼭지가 그 근원에 대하여 변위하고 있는 양은? (단, 밀착 사진의 크기는 23×23cm이며 중복도는 60%이다.)

**해설**

연직 사진에서 주점과 화면 연직점과는 일치한다.
따라서, 연직점에서 철탑까지의 거리 $r$은 주점 기선의 중점에 있으므로,

$$r = 230 \times (1 - 0.6) \times \dfrac{1}{2} = 46\text{mm}$$

$$H = mf = 20,000 \times 0.15 = 3,000\text{m}$$

$$\therefore \varDelta r = \left(\dfrac{\varDelta h}{H}\right) \times r = \dfrac{30}{3,000} \times 46 = 0.46\text{mm}$$

**22** 평탄한 토지를 $f=150\text{mm}$의 카메라로 촬영한 축척 1/20,000의 공중 사진이 있다. 이 사진의 연직점으로부터 10cm 떨어진 위치에 굴뚝이 있다. 이 굴뚝상의 길이를 측정한 결과 2mm였다면 굴뚝의 높이는?

**해설**

$$\Delta r = \left(\frac{\Delta h}{H}\right) \times r$$

$$\Delta h = \frac{H}{r} \times \Delta r$$

$$H = mf = 20,000 \times 0.15 = 3,000\text{m}$$

$$\therefore \Delta h = \frac{3,000}{0.1} \times 0.002 = 60\text{m}$$

**23** 촬영 고도 6,000m, 사진 Ⅰ을 기준으로 입체 모형화한 주점 기선 길이가 80mm, 사진 Ⅱ를 6,000m, 81mm일 때 시차차 1.0mm의 그림자의 고저차는 얼마인가?

**해설**

$$h = \frac{P}{b} \times H = \frac{1.0}{\frac{(80+81)}{2}} \times 6,000 = 74.5\text{m}$$

**24** 사진에 나타난 건물의 정상에 대한 시차값이 16.00mm, 건물 기준 밑 부분의 시차값은 15.96mm였다. 건물의 높이는? (단, $H=6,000\text{m}$)

**해설**

$$h = \frac{\Delta P}{(\Delta P + b)} H$$

$$= \frac{6,000}{15.96 + (16-15.96)} \times (16-15.96) = 15\text{m}$$

**25** 평지를 촬영 고도 1,500m로 촬영한 연직 사진이 있다. 이 밀착 사진상에 있는 2점간의 시차를 측정한 결과 1mm였다. 2점간의 비고는 얼마인가? (단, 카메라의 화면 거리는 15cm, 화면의 크기 23×23cm, 종중복 60%이다.)

**해설**

$$b_0 = a\left(1 - \frac{P}{100}\right) = 0.23\left(1 - \frac{60}{100}\right) = 9.2\text{cm}$$

$$\therefore h = \frac{H}{b_0} \times \Delta P = \frac{1,500}{0.092} \times 0.001 = 16.3\text{m}$$

**26** 60m 높이의 굴뚝을 촬영 고도 3,000m의 높이에서 촬영한 항공 사진이 있고 그 사진의 주점 기선 길이가 100m였다고 하면 이 굴뚝의 시차차는 얼마인가?

**해설**

$$P = \frac{h}{H} \times b_0$$

$$P = \frac{h}{(H-h)} \times b_0 = \frac{60}{(3,000-60)} \times 0.1 = 0.002\text{m}$$

$$= 0.2\text{mm}$$

**27** 평탄한 토지를 화면 거리 15cm의 카메라로 고도 1,200m로부터 촬영한 공중 사진을 편위 수정하고 그 일부를 표현한 사진이 있다. 사진상의 연직점으로부터 굴뚝 아래 부분까지의 거리, 연직점으로부터 굴뚝 정점까지의 거리를 각각 mm자를 사용하여 실측하고 아래 부분까지의 거리 8.50cm, 정점까지의 거리 8.95cm를 얻었다면 굴뚝의 실제 높이는?

**해설**

$$\Delta r = 8.95 - 8.50 = 0.45\text{cm}$$

$$\Delta r = \frac{h}{H} \times r$$

$$h = \frac{\Delta r}{r} \times H = \frac{0.45}{8.95} \times 120,000 = 6,033.52\text{cm} = 60.34\text{m}$$

**28** 화면 거리 15cm인 카메라로 촬영한 공중 사진을 편위 수정한 평탄한 토지에 있는 TV탑의 실제 높이는 200m이다. 지금 도상에서 연직점과 TV탑의 정점까지의 실측 거리 6.0cm를 얻었다. 촬영 고도는 얼마인가?

**해설**

$$\Delta r = 6.0 - 5.0 = 1.0 \text{cm}$$
$$\Delta r = \frac{h}{H} \times r$$
$$H = \frac{h}{\Delta r} \times r = \frac{6}{1} \times 200 = 1,200 \text{m}$$

**29** 입체 영상을 해석하기 위한 기계식 도화에서는 내부 표정, 상호 표정, 절대 표정을 수행하게 된다. 각 표정 단계에 해당하는 내용만을 모두 선택하여 각각의 번호를 괄호 안에 써넣으시오.

(1) 내부 표정(                    )
(2) 상호 표정(                    )
(3) 절대 표정(                    )

| ① 수준면(또는 경사 조정)의 결정 | ② 주점 거리의 조정 |
| ③ 건판 신축 보정 | ④ 종시차 소거 |
| ⑤ 축척의 결정 | ⑥ 사진 주점을 투영기의 중심에 일치 |
| ⑦ 절대 위치의 결정 | ⑧ 대기 굴절, 지구 곡률 보정 |
| ⑨ 렌즈 왜곡의 보정 | |

**해설**

(1) 내부 표정(②, ③, ⑥, ⑧, ⑨)
(2) 상호 표정(④)
(3) 절대 표정(①, ⑤, ⑦)

| 세부 측량 |

# 04 거리 측량 문제

**01** 다음과 같이 '사과길'로부터 은행 건물의 위치를 정확히 고치고자 다음과 같은 측량 결과를 얻었다. CD의 거리는? (단, ∠EAB=62°, AB=7.40m, BC=10m, ∠ADC=∠ABC=90°)

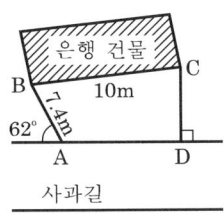

**해설**

CD = CC′ + C′D = CC′ + BE′

① $\overline{CC'}$ = BC sin 28° = 10 sin 28° = 4.695m
② $\overline{C'D}$ = $\overline{BE'}$ = BA sin 62° = 7.40 sin 62° = 6.533m

그러므로, 구하고자 하는 $\overline{CD}$ 는
$\overline{CD}$ = 4.695m + 6.533m = 11.23m 이다.

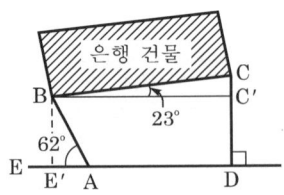

## 02 다음 설명에서 ( ) 안을 채우시오.

> 어떤 50m의 쇠줄자의 정수가 다음과 같다.
>   50m − 4.6mm(15℃ 장력 10kg)
> 이 쇠줄자는 온도 15℃에 있어서 50m에 대하여 4.6mm (A)이며, 그 바른 길이는 (B)이다. 평탄한 도로상에서 이 쇠줄자를 사용하여 거리를 관측하였더니 온도 20℃에서 그 관측값 100.000m를 얻었다. 쇠줄자의 팽창 계수를 0.000012라 할 때 15℃에서의 길이에 대한 온도 보정량은 (C)로 계산되며 그 값은 (D)이다. 또한 쇠줄자의 정수와 온도 보정량을 고려한 결과는 (E)이다.

### 해설

A = 줄어 있으며

B = 50m − 0.0046m = 49.9954m

C = $L \cdot \alpha(t - t_0) = 100 \times 0.000012 \times (20 - 15)$

D = +0.006m

E = $\left(100 - 100 \times \dfrac{0.0046}{50}\right) + 0.006 = 99.9968$m

### 참고 거리(기선) 측정의 보정(6보정)

① 표준척(특성치)에 대한 보정

테이프 길이와 표준자 길이와의 차(특성치)를 보정한다.

$$C_u = \pm L \cdot \dfrac{\Delta l}{l}$$

여기서, $L$ : 구간 측정 길이
 $l$ : Tape 길이
 $\Delta l$ : 특성치(늘음량이나 줄음량)

② 온도의 보정

테이프의 표준 온도와 측정시의 온도가 다를 때 온도 보정을 한다.

$$C_t = L \cdot \alpha \cdot (t - t_0)$$

여기서, $\alpha$ : tape의 팽창 계수(0.0000112 ~ 0.0000117/℃)
 $t$ : 측정시의 온도
 $t_0$ : 표준 온도(15℃)

③ 경사에 대한 보정
경사 거리를 수평으로 보정한다.

$$C_h = -\frac{h^2}{2L}$$

여기서, $h$ : 경사 높이(양단 고저차)
$L$ : 경사 거리

④ 당기는 힘(장력)에 대한 보정

$$C_p = \frac{(P-P_0) \cdot L}{AE}$$

여기서, $P_0$ : 표준 장력(10kg)
$A$ : Tape의 단면적
$E$ : Tape의 탄성 계수($2.0 \times 10^6 \sim 2.2 \times 10^6 \,\text{kg/cm}^2$)

⑤ 처짐에 대한 보정
테이프가 지점간에서 처짐으로 인한 길이를 구하여 실제 거리로 보정한다.

$$C_s = -\frac{L}{24}\left(\frac{wl}{P}\right)^2$$

여기서, $w$ : Tape의 단위 무게
$l$ : 지지 말뚝 간격
$P$ : 관측 장력

⑥ 평균 해수면에 대한 보정
측정면의 거리와 이것을 평균 해수면에 투영한 거리와의 차를 구하여 보정한다.

$$C_g = -\frac{L \cdot H}{R}$$

여기서, $H$ : 기선의 표고
$R$ : 지구의 반지름(6,370km)

**03** 해발 1,200m의 산지 A점에서 B점까지 일정한 경사의 지형에서 50m의 쇠줄자로 거리 측정을 실시하여 656.214m를 얻었다. 측정시의 평균 온도는 28℃, 수준 측량에 의해서 구한 AB의 고저차는 20.08m였다. 또 이 쇠줄자를 15℃에서 검정한 경우 50m에서 3.8mm 늘었다. 온도, 경사, 정수, 고도에 대한 보정을 실시할 경우 AB간의 바른 수평 거리는 얼마인가? (단, 이 쇠줄자의 팽창 계수는 +0.000019/℃, 지구의 곡률 반경은 6,370km로 하며, 계산은 반올림하여 mm단위까지 구함)

**해설**

(1) 정수의 보정($C_u$)

$$\pm L \frac{\Delta l}{l} = +656.214 \times \frac{0.0038}{50} = 0.049872264\text{m} ≒ 0.050\text{m}$$

(2) 온도 보정($C_t$)

$$L \cdot \alpha(t - t_0) = 656.214 \times 0.000019(28 - 15) = 0.162\text{m}$$

(3) 경사 보정($C_h$)

$$-\frac{h^2}{2L} = -\frac{20.08^2}{2 \times 656.214} = -0.307\text{m}$$

(4) 평균 해수면에 대한 보정($C_g$)

$$-\frac{H \cdot L}{R} = -\frac{1,200 \times 656.214}{6,370 \times 1,000} = -0.124\text{m}$$

그러므로, 구하고자 하는 수평 거리는

$$\begin{aligned}
\text{AB의 수평 거리}(D) &= L_0 + \sum C \\
&= 656.214 + (0.050 + 0.162 - 0.307 - 0.124) \\
&= 655.995\text{m}
\end{aligned}$$

## 04

50m tape를 이용하여 $l_1$, $l_2$, $l_3$를 측정하여 다음 결과를 얻었다. 15℃에서 표준척과 비교한 결과 5mm가 늘어나 있었다. 다음 측정 요소를 이용하여 AP, BP, CP, DP의 거리를 구하시오. (단, $\alpha = 0.000012$/℃이고, 계산은 소수점 아래 5자리에서 반올림할 것)

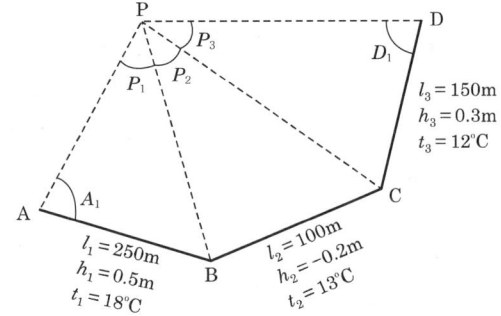

| 측점 | 관측각 | 측선 | 거리 | 표준척 보정량 |
|---|---|---|---|---|
| $A_1$ | 100° 10′ 20″ | AB | | |
| $P_1$ | 60° 30′ 10″ | BC | | |
| $P_2$ | 35° 20′ 20″ | CD | | |
| $P_3$ | 58° 25′ 20″ | | | |
| $D_1$ | 88° 35′ 30″ | | | |

| 온도 보정량 | 경사 보정량 | 보정 거리 | 측선 | 거리 |
|---|---|---|---|---|
| | | | AP | |
| | | | BP | |
| | | | CP | |
| | | | DP | |

### 해설

(1) 표준척 보정량 $\left( C_u = \pm L \dfrac{\Delta l}{l} \right)$

| 측점 | 관측각 | 측선 | 거리 | 표준척 보정량 |
|---|---|---|---|---|
| $A_1$ | 100° 10′ 20″ | AB | 250m | +0.0250 |
| $P_1$ | 60° 30′ 10″ | BC | 100m | +0.0100 |
| $P_2$ | 35° 20′ 20″ | CD | 150m | +0.0150 |
| $P_3$ | 58° 25′ 20″ | | | |
| $D_1$ | 88° 35′ 30″ | | | |

① $A_1$ 보정량 $= +250 \times \dfrac{0.005}{50} = \oplus 0.025\text{m}$

② $A_2$ 보정량 $= +100 \times \dfrac{0.005}{50} = \oplus 0.001\text{m}$

③ $A_3$ 보정량 $= +150 \times \dfrac{0.005}{50} = \oplus 0.015\text{m}$

(2) 온도 보정량($\{C_t = \alpha \cdot L \cdot (t - t_0)\}$)

| 측점 | 측정 거리 | $\alpha$ | $L$ | $t$(온도) | 온도 보정량 |
|---|---|---|---|---|---|
| $A_1$ | AB | 0.000012 | 250 | 18 | +0.0090 |
| $P_1$ | BC | 0.000012 | 100 | 13 | −0.0024 |
| $P_2$ | CD | 0.000012 | 150 | 12 | −0.0054 |

① $A_1$ 보정량 $= 0.000012 \times 250 \times (18-15) = \oplus 0.0090$

② $A_2$ 보정량 $= 0.000012 \times 100 \times (13-15) = \ominus 0.0024$

③ $A_3$ 보정량 $= 0.000012 \times 150 \times (12-15) = \ominus 0.0054$

(3) 경사 보정량 $\left( C_h = -\dfrac{h^2}{2L} \right)$

| 측점 | 측정 거리 | $L$ | $h$ | 경사 보정량 |
|---|---|---|---|---|
| $A_1$ | AB | 250 | 0.5 | −0.0005 |
| $P_1$ | BC | 100 | −0.2 | −0.0002 |
| $P_2$ | CD | 150 | 0.3 | −0.0003 |

① $A_1$ 보정량 $= -\dfrac{0.5^2}{2 \times 250} = \ominus 0.0005$

② $P_1$ 보정량 $= -\dfrac{(-0.2)^2}{2 \times 100} = \ominus 0.0002$

③ $P_2 A_3$ 보정량 $= -\dfrac{0.3^2}{2 \times 150} = \ominus 0.0003$

(4) 보정 거리

| 측점 | 측정 거리 | 거리 | 표준척 보정량 | 온도 보정량 | 경사 보정량 | 보정 거리 |
|---|---|---|---|---|---|---|
| $A_1$ | AB | 250m | ⊕0.0250 | ⊕0.0090 | ⊖0.0005 | 250.0335 |
| $P_1$ | BC | 100m | ⊕0.0100 | ⊕0.0024 | ⊖0.0002 | 100.0074 |
| $P_2$ | CD | 150m | ⊕0.0150 | ⊕0.0054 | ⊖0.0003 | 150.0093 |

(5) 거리

| 측정 거리 | 거리 | 측정 거리 | 거리 |
|---|---|---|---|
| AB | 250.0335 | AP | 95.0650m |
| BC | 100.0074 | BP | 282.7540m |
| CD | 150.0093 | CP | 176.0285m |
|  |  | DP | 95.8652m |

제4장. 세부 측량

<sin 법칙>

① $AP = \dfrac{250.0335}{\sin 60°30'10''} \times \sin 19°19'30'' = 95.0650\text{m}$

② $BP = \dfrac{250.0335}{\sin 60°70'10''} \times \sin 100°10'20'' = 282.7540\text{m}$

③ $CP = \dfrac{150.0093}{\sin 58°25'20''} \times \sin 88°35'30'' = 176.0285\text{m}$

④ $DP = \dfrac{150.0093}{\sin 58°25'20''} \times \sin 32°59'10'' = 95.8652\text{m}$

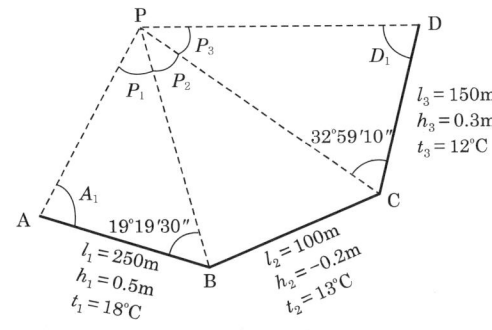

**05** 그림과 같은 제방의 일부를 나타내는 제방에 있어서 AC, CD의 거리를 50m 쇠줄자로 관측하였더니 AC 구간은 40.050m, CD 구간은 2.500m이었다. AB면과 CD면은 수평이며 CD면은 AB면에서 2.000m 높이에 있다. 관측시의 기온은 25℃, 장력은 바르게 주어져 있다. 이때 AD간의 수평 거리는 얼마인가? (단, 이 쇠줄자의 길이는 15℃에 있어서 50m +4.36mm, 팽창 계수는 0.000012이다. 또한 쇠줄자에 대한 장력 보정과 평균 해면상에 대한 길이는 고려할 필요가 없다. 또한 계산은 소수점 아래 5자리에서 반올림할 것)

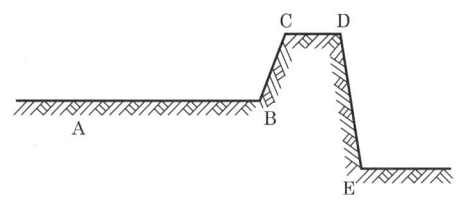

### 해 설

**(1) 온도 보정량**
- AC 구간 : $C_t = L \cdot \alpha(t - t_0) = 40.050 \times 0.000012 \times (25 - 15) = 0.0048\mathrm{m}$
- CD 구간 : $C_t = L \cdot \alpha(t - t_0) = 2.500 \times 0.000012 \times (25 - 15) = 0.0003\mathrm{m}$

**(2) 경사 보정량**
- AC 구간 : $C_h = -\dfrac{h^2}{2L} = \dfrac{2^2}{2 \times 40.050} = -0.05\mathrm{m}$

**(3) 표준척 보정량**
- AC 구간 : $C_u = L \cdot \dfrac{\Delta l}{l} = 40.050 \times \dfrac{0.00436}{50} = 0.0035\mathrm{m}$
- CD 구간 : $C_u = L \cdot \dfrac{\Delta l}{l} = 2.500 \times \dfrac{0.00436}{50} = 0.0002\mathrm{m}$

**(4) AD 거리**

$\mathrm{AC + CD} = (40.050 + 0.0048 - 0.05 + 0.0035) + (2.500 + 0.0003 + 0.0002)$
$= 42.5088\mathrm{m}$

그러므로, 구하고자 하는 수평 거리는 42.5088m이다.

**06** 온도 20℃에서 양 끝을 10kg으로 당겼을 때 30.004m를 나타내는 강철 줄자가 있다. 줄자의 단면적 $A=0.129\text{cm}^2$, $w=0.00101\text{kg/m}$, $E=2.1\times10^6\text{kg/cm}^2$, 선팽창 계수 $\alpha=0.0000116$이라고 한다. 이 줄자를 사용하여 9개의 지지 구간으로 되어 있는 AB 구간을 두 지지점 위에서 각각 7kg으로 당겨서 측정하였다. 각 구간별 측정 거리와 측정시의 온도가 다음 표와 같다고 할 때 표준척에 대한 보정, 온도, 장력, 처짐에 대한 보정과 보정된 총 거리를 구하시오.

| 구간 | 측정 거리 | 측정 온도 |
|---|---|---|
| A-1 | 30m | 14.5℃ |
| 1-2 | 30m | 14.5℃ |
| 2-3 | 30m | 15.0℃ |
| 3-4 | 30m | 15.0℃ |
| 4-5 | 30m | 15.0℃ |
| 5-6 | 30m | 15.5℃ |
| 6-7 | 30m | 15.5℃ |
| 7-8 | 30m | 15.5℃ |
| 8-B | 21.5m | 16.0℃ |
| 합 | 261.50m | |

### 해설

(1) 표준척 보정량

$$\pm L\frac{\Delta l}{l} = +261.5\times\frac{0.004}{30} = +0.035$$

(2) 온도 보정량

① $C_{t_1} = \alpha\cdot L\cdot(t-t_0) = 0.0000116\times 60\times(14.5-20) = -0.004\text{m}$

② $C_{t_2} = \alpha\cdot L\cdot(t-t_0) = 0.0000116\times 90\times(15-20) = -0.005\text{m}$

③ $C_{t_3} = \alpha\cdot L\cdot(t-t_0) = 0.0000116\times 90\times(15.5-20) = -0.005\text{m}$

④ $C_{t_4} = \alpha\cdot L\cdot(t-t_0) = 0.0000116\times 21.5\times(16-20) = -0.001\text{m}$

(3) 장력 보정량

$$\frac{(P-P_0)\cdot L}{A\cdot E} = \frac{(7-10)\times 261.50}{0.129\times 2.1\times 10^6} = -0.003\text{m}$$

(4) 처짐 보정량

① $C_{S_1} = -\dfrac{L}{24}\cdot\left(\dfrac{\omega l}{P}\right)^2 = -\dfrac{30\times 8}{24}\times\left(\dfrac{0.00101\times 30}{7}\right)^2 = -0.0002\text{m}$

② $C_{S_2} = -\dfrac{L}{24}\cdot\left(\dfrac{\omega l}{P}\right)^2 = -\dfrac{21.5}{24}\times\left(\dfrac{0.00101\times 21.5}{7}\right)^2 = -0.0000\text{m}$

그러므로, 구하고자 하는 보정된 AB의 총 거리는
AB = 261.50 + 0.035 - 0.015 - 0.003 - 0.0002 = 261.5168m 이다.

## 07 교차각 $\theta = 85° 47' 32''$이고, 우절장 $L = 10\text{m}$일 때

(1) 전제장 $l$은 얼마인가?
(2) 우절 면적 $A$는 얼마인가?

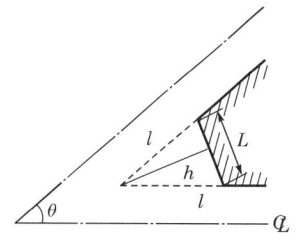

### 해설

**(1) 전제장 계산**

가구 정점에서 가구점 A, B점까지의 거리를 전제장이라 하여 전제장을 구하여 가구점을 결정하고 면적을 구할 수 있다.

① 전제장 $l$

$$l \sin \frac{\theta}{2} = \frac{L}{2}$$

$$\therefore l = \frac{L}{2} \cdot \csc \frac{\theta}{2} = \frac{10}{2} \times \csc\left(\frac{85° 47' 32''}{2}\right) = 7.346\text{m}$$

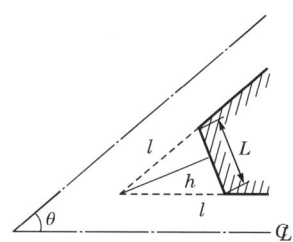

② 우절 면적 $A$

$$h \tan \frac{\theta}{2} = \frac{L}{2}$$

$$\therefore A = \frac{1}{2} \cdot L \cdot h = \left(\frac{L}{2}\right)^2 \cdot \cot \frac{\theta}{2} = \left(\frac{10}{2}\right)^2 \times \cot\left(\frac{85° 47' 32''}{2}\right)$$

$$= 26.907\text{m}^2$$

그러므로, 구하고자 하는 답은 $l = 7.346\text{m}$, $A = 26.907\text{m}^2$이다.

# 04 평판 측량 문제

**01** 변장 CD를 양쪽에서 관측한 결과이다.

| 于C  경사 거리=2,112.617m | 于D  경사 거리=2,112.601m |
| 연직각=+1° 26′ 50″ | 연직각=−1° 26′ 38″ |

이때 HI, 반사경과 목표판의 높이를 모두 같다고 할 때
(1) CD의 수평 거리를 구하시오.
(2) C의 표고가 150.166m일 때 D점의 표고는 얼마인가?

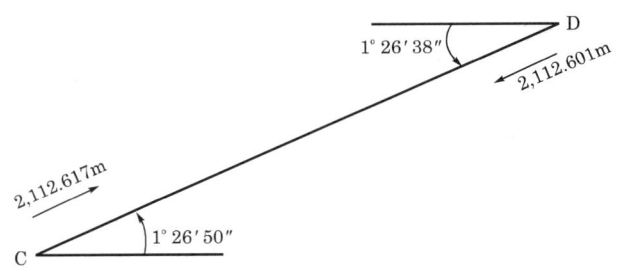

(1) CD의 수평 거리(평균 거리)

$$CD \text{ 평균 거리} = \frac{2{,}112.617 \times \cos 1°26'50'' + 2{,}112.601 \times \cos 1°26'38''}{2}$$

$$= 2{,}111.937 \text{m}$$

(2) D점의 표고

$$H_D = H_C + H$$
$$= 150.166 + 2{,}111.937 \times \tan\left(\frac{1°26'50'' + 1°26'38''}{2}\right)$$
$$= 203.461 \text{m}$$

**02** 축척 1/1,200 지역에서 평판 측량을 교회법으로 시행하여 시오 삼각형이 다음 그림과 같이 생겼다. 내접원의 반경은 지상에서 얼마인가? (단, mm단위 이하에서 반올림하여 mm단위까지 계산한다.)

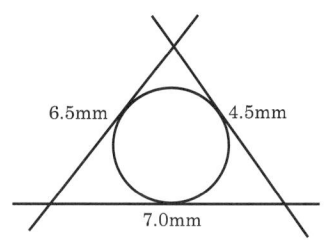

**해설**

$\triangle ABC = \triangle AOB + \triangle AOC + \triangle BOC$
먼저 $\triangle ABC$ (삼변법)는
$$S = \frac{6.5 + 4.5 + 7.0}{2} = 9$$
$\therefore \triangle ABC = \sqrt{9(9-6.5)(9-4.5)(9-7.0)} = 14.230 \text{mm}^2$

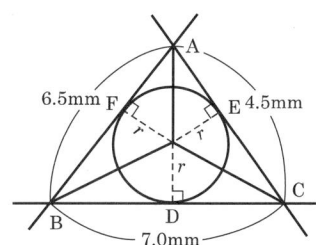

식을 정리하면
$$14.230 = \frac{6.5 \times r}{2} + \frac{4.5 \times r}{2} + \frac{7.0 \times r}{2}$$
$$28.460 = 6.5r + 4.5r + 7.0r$$
$\therefore r = 1.581 \text{mm}$
지상에서의 반경은 축척을 고려하여
$$\frac{1}{1,200} = \frac{1.581}{x}, \quad x = 1,897.2 \text{mm} = 1.897 \text{m}$$
그러므로, 구하고자 하는 반경은 지상에서는 1.897m이다.

# 03

기지점 A에 평판을 설치하고, 앨리데이드와 3m의 시거 표척을 써서 점 ①, ②에 대한 분획을 읽었다. 점 ①, ②까지의 거리 및 표고를 m 이하 1자리까지 구하시오. (단, A점의 표고 및 앨리데이드로 읽은 눈금은 표와 같고 지상에서 평판상에 있는 앨리데이드의 시준공까지의 높이와 지상에서 하방 목표판의 중앙까지의 높이는 같은 것으로 한다. A점의 표고는 35.8m이다.)

| 점 | A로부터 양 목표판까지의 눈금수 | A로부터 아래 목표판의 중앙을 시준한 눈금수 |
|---|---|---|
| ① | 6.2 | +3.4 |
| ② | 8.4 | +6.2 |

(1) A~① 거리  (2) A~② 거리
(3) ① 표고    (4) ② 표고

### 해설

- A로부터 양 목표판까지의 눈금수

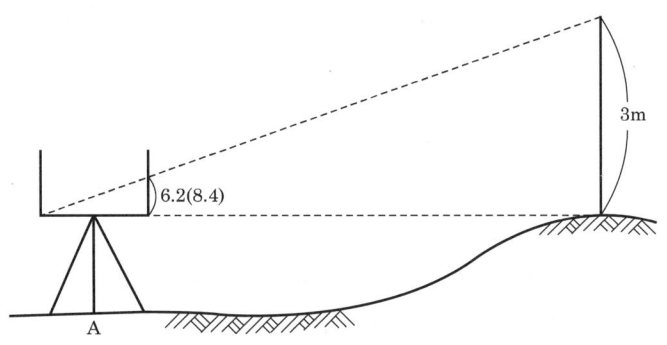

- A로부터 아래 목표판의 중앙을 시준한 눈금수

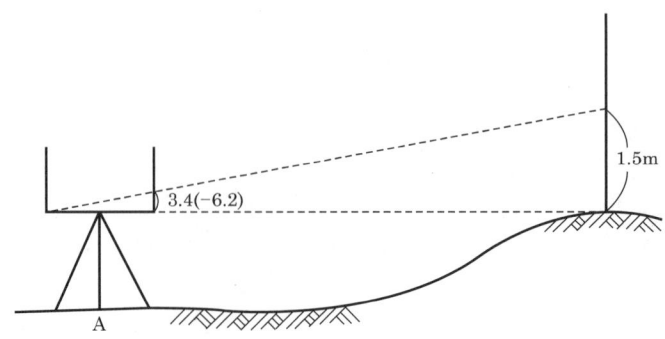

(1) A~① 거리
$$D = \frac{100 \times h}{n} = \frac{100 \times 3}{6.2} = 48.4\text{m}$$

(2) A~② 거리
$$D = \frac{100 \times h}{n} = \frac{100 \times 3}{8.4} = 35.7\text{m}$$

(3) ① 표고($I = S$)
$$H_A + I + h - s = H_A + h = 35.8 + \frac{3.4 \times 48.4}{100} = 37.4\text{m}$$

(4) ② 표고($I = S$)
$$H_A + I + h' - s = H_A + h' = 35.8 + \frac{-6.2 \times 35.7}{100} = 33.6\text{m}$$

**04** 높이가 5m인 표척을 사용하여 2.3m 되는 곳을 관측하였다. 이때에 표척이 전방으로 기울어져 5m 되는 곳에서 30cm가 경사졌다. 2.3m가 되는 곳의 관측 오차를 계산하여 보정하고 B점의 지반고를 계산하시오. (단, AB의 수평 거리는 150m이다.)

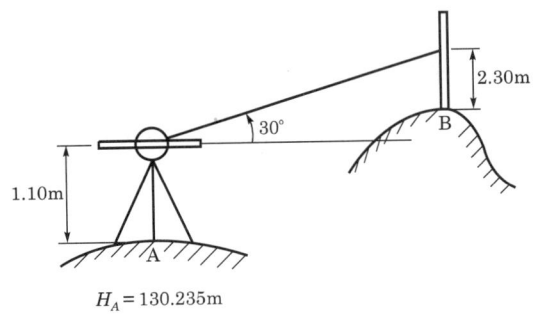

**해설**

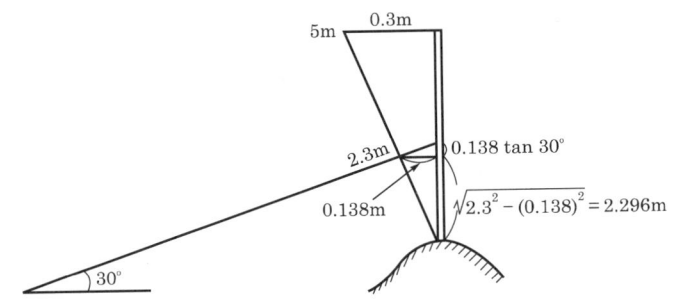

$$H_B = H_A + I + h - s'$$
$$= 130.235 + 1.10 + 150 \tan 30° - (2.296 + 0.138 \tan 30°)$$
$$= 215.562 \text{m}$$

▶ 만약 표척이 후방으로 기울어진 경우
$$H_B = H_A + I + h - s'$$
$$= 130.235 + 1.10 + 150 \tan 30° - (2.296 - 0.138 \tan 30°)$$
$$= 215.721 \text{m}$$

**05** 그림과 같은 측량 결과를 보고 B점의 지반고를 구하시오. (단, $H_A = 33.290$m, 계산은 소수점 아래 4자리에서 반올림할 것)

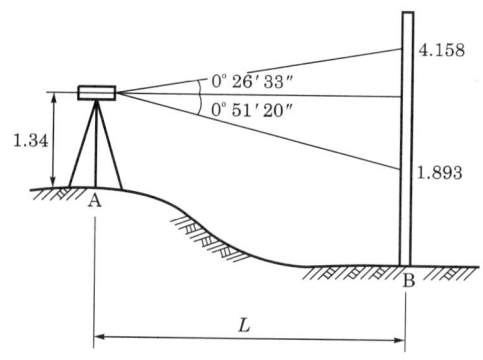

**해설**

$H_B = H_A + I + h - s$
$\quad = 33.290 + 1.34 + (-L \times \tan 0°51'20'') - 1.893$
$\quad = 31.244$m

또는

$H_B = 33.290 + 1.34 + L \tan 0°26'33'' - 4.158 = 31.244$m

▶ $L$

$L \times \tan 0°26'33'' + L \times \tan 0°51'20'' = 2.265$

$\therefore L = \dfrac{2.265}{\tan 0°26'33'' + \tan 0°51'20''} = 99.971$m

**06** 직사각형 ABCD 점이 있다. AD 선상에 E점을 잡아서 A, B점의 표척을 읽음값이 1.598, 0.688이었다. 레벨을 D점으로 옮겨서 A, B, C점의 표척 읽음값이 2.369, 1.525, 1.364 이었다. 시준 오차를 제거한 후 B, C점의 지반고를 구하시오. (단, A점의 표고는 100m 이다.)

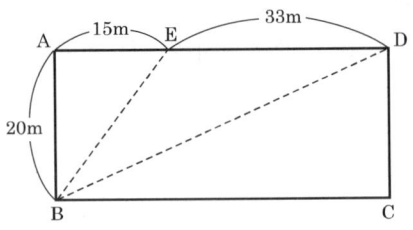

**해설**

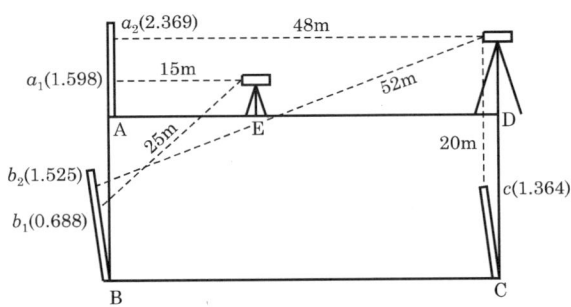

먼저, 각의 오차($e$)를 구하면
$$\{(a_1 - 15e) - (b_1 - 25e)\} = \{(a_2 - 48e) - (b_2 - 52e)\}$$
$$1.598 - 15e - 0.688 + 25e = 2.369 - 48e - 1.525 + 52e$$
정리하면
$$6e = -0.066$$
$$\therefore e = -0.011$$
시준 오차를 제거한 시준값은
$a_2$ 시준값 $= 2.369 + (48 \times 0.011) = 2.897$
$b_2$ 시준값 $= 1.525 + (52 \times 0.011) = 2.097$
$c$ 시준값 $= 1.364 + (20 \times 0.011) = 1.584$
시준 오차를 제거한 B, C점의 지반고는
$$H_B = H_A + a_2 - b_2 = 100 + 2.897 - 2.097 = 100.800 \text{m}$$
$$H_C = H_B + b_2 - C = 100.800 + 2.097 - 1.584 = 101.313 \text{m}$$
$$= H_A + a_2 - C = 100 + 2.897 - 1.584 = 101.313 \text{m}$$

# 04 스타디아 측량 문제

**01** 트랜싯의 스타디아 상수(stadia constant)를 알기 위하여 평탄한 지형에 세운 표척을 읽은 결과 다음 그림과 같다. 대물 렌즈의 초점 거리 $f=230$mm, 대물 렌즈에서 트랜싯의 연직축까지의 거리 $C=150$mm, 연직축에서 표척까지의 수평 거리 $D=112.489$m라고 한다. 스타디아 상, 하선 간격 $I$와 승정수 $K$와 가정수 $C$를 구하시오. (단, 계산은 mm단위에서 소수점 이하 첫째 자리까지이다.)

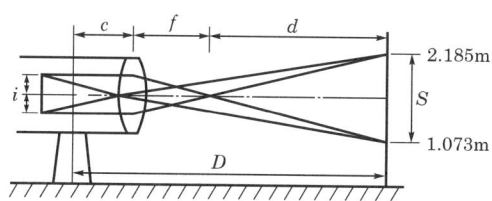

### 해설

(1) $i$ (비례식)

$$i : f = s : (D-f-c)$$

$$\therefore i = \frac{f \cdot s}{D-f-c} = \frac{0.23 \times (2.185-1.073)}{112.489-0.23-0.15} = 2.3 \text{mm}$$

(2) $D = d+f+c = \left(\dfrac{f}{i}\right)s + f + c$

$$\therefore \frac{f}{i} = k, \quad f+c = C$$

정리하면

- $k = \dfrac{f}{i} = \dfrac{230}{2.3} = 100$
- $C = f+c = 230+150 = 380$mm

그러므로, 구하고자 하는 답은

  $I = 2.3$mm, $k=100$, $C=380$mm 이다.

## 측량 및 지형공간정보

**02** 다음 시거 측량의 결과를 이용하여 시거 정수($K$ 및 $C$)를 구하시오. (단, 소수점 아래 2자리까지 계산하시오.)

| 시거선 | | | 연직각 | 수평 거리 |
|---|---|---|---|---|
| 상 | 중 | 하 | | |
| 1.334 | 1.267 | 1.200 | 4° 4′ | 23.33m |
| 1.720 | 1.560 | 1.400 | 2° 2′ | 41.96m |

**해설**

$D = Kl\cos^2\alpha + C\cos\alpha$ 이므로

$23.33 = K(1.334 - 1.200) \times (\cos^2 4°4′) + C\cos 4°4′$ ·········①

$41.96 = K(1.720 - 1.400) \times (\cos^2 2°2′) + C\cos 2°2′$ ·········②

정리하면

$23.33 = 0.133326082K + 0.997482210C$ ·······················①′

$41.96 = 0.319597154K + 0.999370354C$ ·······················②′

①′식 ②′을 $C$의 계수로 나누어 주면

$23.38888831 = 0.133662616K + C$ ·······················①″

$41.98643659 = 0.319798514K + C$ ·······················②″

②″−①″

$18.59754828 = 0.186135898K$

∴ $K = 99.91$, $C = 10.03$

그러므로, 구하고자 하는

시거 정수 $K = 99.91$, $C = 10.03$이다.

**03** A점에 트랜싯을 세우고 B점에 표척을 연적으로 세워 시거 측량한 결과 다음을 얻었다. 각종 data가 다음과 같을 때 AB간의 수평 거리($D$) 및 B점의 표고($H_B$)는 소수 첫째 자리까지 구하시오. (단, 기계고=1.45m, 시거 하선의 읽음값=1.10m, 시거 상선의 읽음값=1.78m, 고저각=3° 25′, $H_A$=28.5m, $K$=100, $C$=0)

해설

(1) $D = Kl \cos^2 \alpha$

$= 100 \times 0.68 \times \cos^2 3° 25′$

$= 67.8\text{m}$

▶ $l$
$l = 1.78 - 1.10 = 0.68\text{m}$

(2) $H_B = H_A + I + h - \left( l_1 + \dfrac{l_2 - l_1}{2} \right)$

$= 28.5 + 1.45 + 4.0 - \left( 1.10 + \dfrac{1.78 - 1.10}{2} \right)$

$= 32.5\text{m}$

▶ $h$
$h = \dfrac{1}{2} Kl \sin 2\alpha$

$= \dfrac{1}{2} \times 100 \times 0.68 \times \sin(2 \times 3° 25′)$

$= 4.0\text{m}$

**04** 다음은 시거 측량에 의한 간접 거리 측량의 예이다. $\overline{AB}$의 직선 거리와 B점의 표고를 구하시오. (유효 숫자는 소수점 아래 2자리까지 계산할 것) (단, $\theta = 0°\,26'\,30''$, $\alpha = 0°\,51'\,26''$, C점에서 표척 읽음은 4.390m, D점에서의 표척 읽음은 1.890m, 기계고는 1.350m, A점 표고는 32.42m, $\overline{TE}$선은 시준선(수평선)이다.)

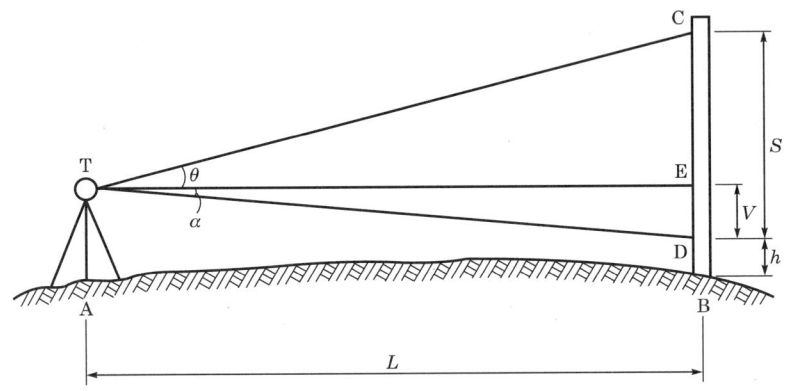

**해설**

(1) AB 거리

$$S = L\tan\theta + L\tan\alpha$$

$$\therefore L = \frac{S}{\tan\theta + \tan\alpha}$$

$$= \frac{(4.390 - 1.890)}{\tan 0°\,26'\,30'' + \tan 0°\,51'\,26''}$$

$$= 110.27\text{m}$$

(2) $H_B$

$$H_B = H_A + I - L\tan\alpha - h$$

$$= 32.42 + 1.350 - 110.27 \times \tan 0°\,51'\,26'' - 1.890$$

$$= 30.23\text{m}$$

**05** 한 직선상에 나란히 설치한 점 1~5가 있다. 트랜싯($K=100$, $C=0.2$)을 이용하여 각 구간의 스타디아 측량 결과이다. 각 구간별 거리, 각점의 표고 및 고도 정수($l-r$)를 구하시오. (1점 표고는 24m, 기계고와 시준고는 같다.) (단, 계산은 소수점 아래 4자리에서 반올림할 것)

| 기계의 위치 | 표적 위치 | 망원경 | U<br>L | 연직각 |
|---|---|---|---|---|
| 2 | 1 | 정 | 1.772<br>1.160 | 1° 10′ 00″ |
|   |   | 반 | 1.773<br>1.1160 | 1° 11′ 00″ |
| 2 | 3 | 정 | 1.761<br>1.210 | 0° 45′ 20″ |
|   |   | 반 | 1.764<br>1.210 | 0° 46′ 00″ |
| 4 | 3 | 정 | 1.504<br>0.900 | -2° 02′ 20″ |
|   |   | 반 | 1.502<br>0.900 | -2° 01′ 00″ |
| 4 | 5 | 정 | 1.475<br>0.980 | 2° 47′ 40″ |
|   |   | 반 | 1.471<br>0.980 | 2° 49′ 00″ |

(1) 거리
  ① 1-2, ② 2-3, ③ 3-4, ④ 4-5
(2) 표고
  ① $H_2$, ② $H_3$, ③ $H_4$, ④ $H_5$
(3) 고도 정수
  $K$

> **해설**
>
> **(1) 각 구간별 길이**
> $$D = Kl\cos^2\alpha + C\cos\alpha$$
> ① 1-2 거리
> $$= 100 \times \frac{(1.772-1.160)+(1.773-1.160)}{2}$$
> $$\times \left(\cos\frac{1°10′00″+1°11′}{2}\right)^2 + 0.2 \times \cos\frac{1°10′+1°11′}{2}$$
> $$= 61.424\text{m}$$

상시 거선(U)
협장($l$) = U - L
하시 거선(L)

② 2-3 거리 $= 100 \times \dfrac{(1.761-1.210)+(1.764-1.210)}{2}$

$\times \left( \cos \dfrac{0°\,45'\,20''+0°\,46'\,00''}{2} \right)^2$

$+ 0.2 \times \cos \dfrac{0°\,45'\,20''+0°\,46'\,00''}{2} = 55.440\text{m}$

③ 3-4 거리 $= 100 \times \dfrac{(1.504-0.900)+(1.502-0.900)}{2}$

$\times \left[ \cos \left\{ -\left( \dfrac{2°\,02'\,20''+2°\,01'\,00''}{2} \right) \right\} \right]^2$

$+ 0.2 \times \cos \left\{ -\left( \dfrac{2°\,02'\,20''+2°\,01'\,00''}{2} \right) \right\} = 60.424\text{m}$

④ 4-5 거리 $= 100 \times \dfrac{(1.475-0.980)+(1.471-0.980)}{2}$

$\times \left\{ \cos \left( \dfrac{2°\,47'\,40''+2°\,49'\,00''}{2} \right) \right\}^2$

$+ 0.2 \times \cos \left( \dfrac{2°\,47'\,40''+2°\,49'\,00''}{2} \right) = 49.382\text{m}$

(2) 표고

$\left( H = \dfrac{1}{2} Kl \sin 2\alpha + C \sin \alpha \right)$

① $H_2 = H_1 - \dfrac{1}{2} \times 100 \times l \sin 2\alpha + C \sin \alpha = 22.740\text{m}$

② $H_3 = H_2 + \dfrac{1}{2} \times 100 \times l \sin 2\alpha + C \sin \alpha = 23.477\text{m}$

③ $H_4 = H_3 + \dfrac{1}{2} \times 100 \times l \sin 2\alpha + C \sin \alpha = 25.616\text{m}$

④ $H_5 = H_4 + \dfrac{1}{2} \times 100 \times l \sin 2\alpha + C \sin \alpha = 28.036\text{m}$

(3) 고도 정수

$K$ = 정 − 반   $11' - 10' = 1' = 60''$

$46' - 45'\,20'' = 40''$

$2'\,20'' - 1' = 80''$

$49' - 47'\,40'' = 80''$

$\therefore \dfrac{\sum 260''}{4} = 65'' = 1'\,05''$

**06** B점에 세오돌라이트(theodolite)를 세우고 각 측선의 방향각, 연직각, 각점에 세운 표척의 읽음값이 다음과 같다. $\overrightarrow{BA}$ 측선의 방위각은 28° 46'이며, theodolite의 기계 상수는 승정수 100, 가정수 0이다. C점과 D점의 높이차를 구하고, $\overrightarrow{CD}$의 방위각을 구하시오. (단, 각은 초단위, 높이는 mm단위까지 계산하라.)

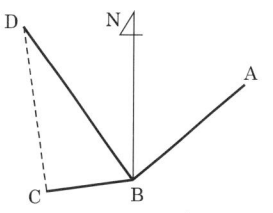

| 측선 방향 | 스타디아선 읽음(m) | | | 방향각(수평각) | 연직각 |
|---|---|---|---|---|---|
| | 하 | 중 | 상 | | |
| A | | | | 301° 10' | |
| C | 1.044 | 2.283 | 3.522 | 152° 36' | −5° 00' |
| D | 0.645 | 2.376 | 4.110 | 205° 06' | +2° 30' |

### 해설

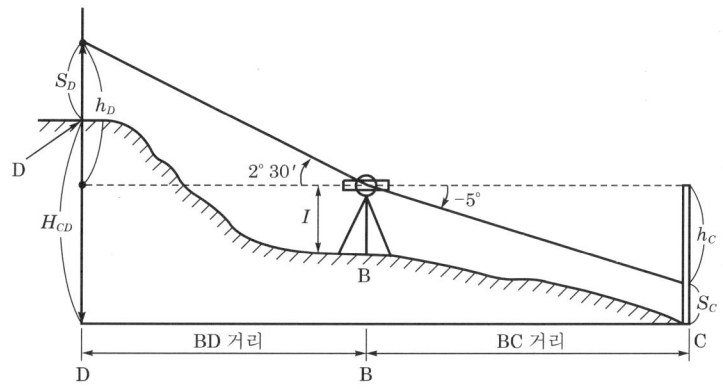

(1) $H_{CD}$ (D점과 C점의 높이차)

$$H_{CD} = H_D - H_C = (H_B + I + h_D - S_D) - (H_B + I + h_C - S_C)$$
$$= (h_D - S_D) - (h_C - S_C) = (15.100 - 2.376) - (-21.515 - 2.283)$$
$$= 36.522 \text{m}$$

▶ $h_D, h_C$

① $h_D = \dfrac{1}{2} Kl \sin 2\alpha + C \sin \alpha$

$= \dfrac{1}{2} \times 100 \times (4.110 - 0.645) \times \sin(2 \times 2°30') = 15.100 \text{m}$

> $l$(협장)
> 상시 거선($l_2$) - 하시 거선($l_1$)

② $h_C = \dfrac{1}{2} Kl \sin 2\alpha + C \sin \alpha$

$= \dfrac{1}{2} \times 100 \times (3.522 - 1.044) \times \sin(2 \times -5°) = -21.515\text{m}$

▶ $S_D$, $S_C$

① $S_D = 2.376\text{m}$

② $S_C = 2.283\text{m}$

(2) CD 방위각

$$\text{CD 방위각} = \tan^{-1}\left(\dfrac{Y_D - Y_C}{X_D - X_C}\right)$$

① $X_C$, $Y_C$

$X_C = X_B + \text{BC 거리} \times \cos \text{BC 방위각} = 0 + 245.918 \times \cos 240°12'$
$= -122.215$

$Y_C = Y_B + \text{BC 거리} \times \sin \text{BC 방위각} = 0 + 245.918 \times \sin 240°12'$
$= -213.399$

∴ C점의 좌표는
$X_C = -122.215$, $Y_C = -213.399$

> ▶ BC 거리
> $\overline{BC} = Kl \cos^2 \alpha + C \cos \alpha = 100 \times (3.522 - 1.044) \times (\cos -5°)^2$
> $= 245.918\text{m}$

> ▶ BC 방위각
>
>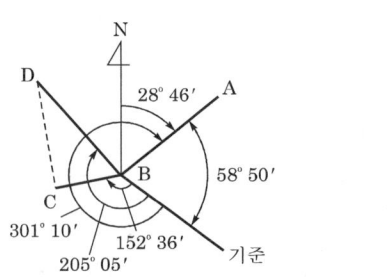
>
> BC 방위각 $= 28°46' + 58°50' + 152°36' = 240°12'$

② $X_D$, $Y_D$

$X_D = X_B + \text{BD 거리} \times \cos \text{BD 방위각} = 0 + 345.841 \times \cos 292°42'$
$\quad = 133.462$

$Y_D = Y_B + \text{BD 거리} \times \sin \text{BD 방위각} = 0 + 345.841 \times \sin 292°42'$
$\quad = -319.051$

그러므로, D점의 좌표는 $X_D = 133.462$, $Y_D = -319.051$이다.

▶BC 거리
$$\overline{BD} = Kl\cos^2\alpha + C\cos\alpha = 100 \times (4.110 - 0.645) \times \cos^2(2°30')$$
$$= 345.841 \text{m}$$

▶BC 방위각

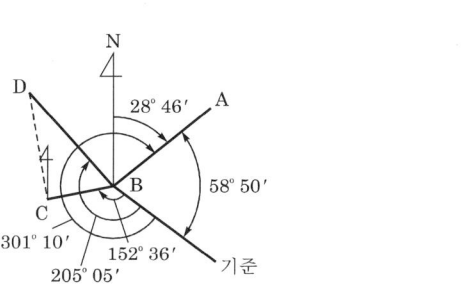

BC 방위각 $= 28°46' + 58°50' + 205°06' = 292°42'$

$\therefore$ BC 방위각 $= \tan^{-1}\left(\dfrac{Y_D - Y_C}{X_D - X_C}\right) = \tan^{-1}\left(\dfrac{-319.051 - (-213.399)}{133.462 - (-122.215)}\right)$
$\quad = -22°27'06''$

그러므로, CD의 방위각은 $360° - 22°27'06'' = 337°32'54.19''$이다.

**07** 평지에 있어서 관측값이 다음과 같을 때 시거 정수 $K$, $C$를 구하시오.

| 측점 | $D$(m) | $l$(m) | $lD$ | $ll$ |
|---|---|---|---|---|
| 1 | 10 | 0.098 | | |
| 2 | 20 | 0.198 | | |
| 3 | 30 | 0.298 | | |
| 4 | 40 | 0.399 | | |
| 5 | 50 | 0.500 | | |

### 해설

| 측점 | $D$(m) | $l$(m) | $lD$ | $ll$ |
|---|---|---|---|---|
| 1 | 10 | 0.098 | 0.98 | 0.009604 |
| 2 | 20 | 0.198 | 3.96 | 0.039204 |
| 3 | 30 | 0.298 | 8.94 | 0.088804 |
| 4 | 40 | 0.399 | 15.96 | 0.159201 |
| 5 | 50 | 0.500 | 25.00 | 0.250000 |
| 합 | 150 | 1.493 | 54.84 | 0.546813 |

$$K = \frac{n[lD] - [l][D]}{n[ll] - [l][l]} = \frac{5 \times 54.84 - 1.493 \times 150}{5 \times 0.546813 - 1.493 \times 1.493} = 99.50$$

$$C = \frac{[ll][D] - [l][lD]}{n[ll] - [l][l]} = \frac{0.546813 \times 150 - 1.493 \times 54.84}{5 \times 0.546813 - 1.493 \times 1.493} = 0.29$$

### 참고 1. 스타디아 정수를 구하는 법

① 간략법

수평 길이 $D_1$, $D_2$를 정확히 알고 있는 두 지점에 대하여 스타디아 측량을 했을 때의 협장이 $l_1$, $l_2$라 하면 그림과 같이 연립 방정식을 이용하여 쉽게 $K$, $C$를 구할 수 있다.

$$D_1 = Kl_1 + C, \quad D_2 = Kl_2 + C$$

(연립을 풀면 $K$, $C$를 얻음)

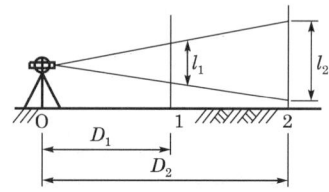

[간략법에 의한 시거 정수 결정]

② 엄밀법
$K$와 $C$를 정확히 구하고자 할 경우에는 관측 횟수를 보다 많이 하여 최소 제곱법에 의하여 구한다.

$$K = \frac{n[lD] - [l][D]}{n[ll] - [l][l]}$$

$$C = \frac{[ll][D] - [l][lD]}{n[ll] - [l][l]}$$

여기서, $[Dl] : D_1 l_1 + D_2 l_2 + \cdots\cdots + D_n l_n$
$[ll] : l_1 l_1 + l_2 l_2 + \cdots\cdots + l_n l_n$
$[D] : D_1 + D_2 + \cdots\cdots + D_n$
$[l] : l_1 + l_2 + \cdots\cdots + l_n$

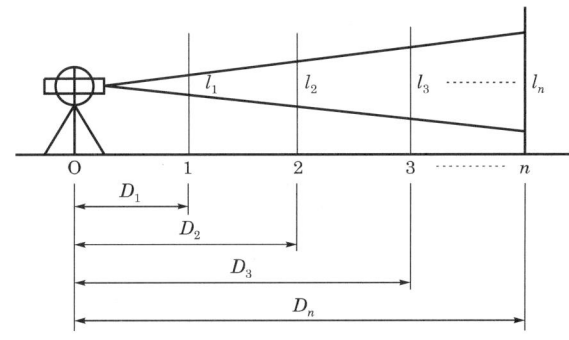

[엄밀법에 의한 시거 정수 결정]

**08** A점에서 B점까지의 EDM으로 측정한 거리가 920.850m였다. EDM이 지상에서 1.840m 높이에 위치하고, 반사경이 지상에서 2.000m에 설치되었고, 지상에서 1.740m 떨어진 세오돌라이트와 지상에서 1.800m 떨어진 목표판을 시준한 경사각이 $-4°30'00''$라면 수평거리는 얼마인가? (단, 값은 mm단위까지)

**해설**

수평 거리$(S) = L \cdot \cos \alpha$

▶ $\alpha$

$\alpha = \alpha' + \Delta\alpha = -4°30'00'' + 0°00'22'' = -4°29'38''$

① $\alpha' = -4°30'$

② $\Delta\alpha = \sin^{-1}\dfrac{(\Delta HR - \Delta HI) \cdot \cos\alpha}{L}$

$= \sin^{-1}\left(\dfrac{(2-1.8)-(1.840+1.740)\times\cos 4°30'}{920.850}\right)$

$= 22.33''$

∴ $S = 920.850 \times \cos(-4°29'38'') = 918.019\text{m}$

**참고** 1. EDM에 의한 측정 원리(1)

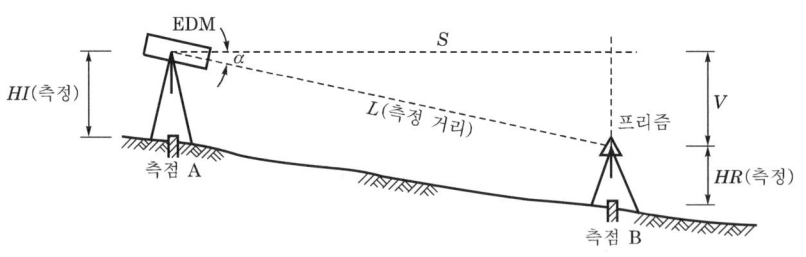

경사 거리 $L$이 EDM에 의해 측정되고 경사각 $\alpha$가 부착된 세오돌라이트에 의해 측정되었을 때, $L$을 수평 거리 $S$로 환산하기 위해서는 다음 식을 이용한다.

$S = L\cos\alpha, \quad V = L\sin\alpha$

A점의 표고가 기지라면, B점의 표고는 다음과 같이 구할 수 있다.

B점의 표고 = A점의 표고 + $HI \pm V - HR$

여기서, $HI$ : EDM과 세오돌라이트의 높이(기계고)

$V$ : 기계 높이 점간의 고저차

$HR$ : 프리즘의 높이(기계고)

[Electronic Distance Meters]          [프리즘]

2. EDM에 의한 측정 원리(2)

그림과 같이 EDM과 세오돌라이트가 $\Delta HI$ 만큼 떨어져 있어 각이 $\Delta \alpha$ 로 읽힐 때, 또 목표판(target)과 프리즘이 $\Delta HR$ 만큼 차가 있을 경우에는 다음 식에 의해 보정해야 한다.

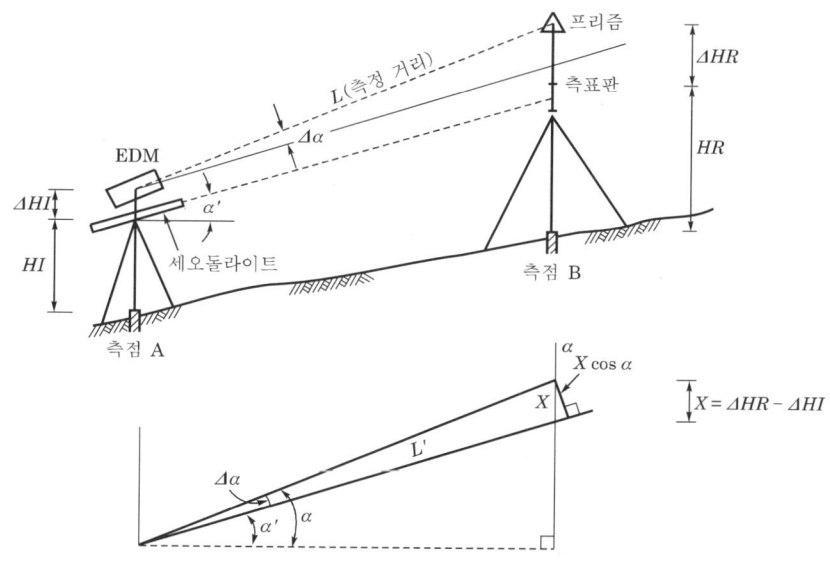

$$\sin \Delta \alpha = \frac{(\Delta HR - \Delta HI) \cdot \cos \alpha}{L}$$

$$\therefore \Delta \alpha = \sin^{-1} \frac{(\Delta HR - \Delta HI) \cdot \cos \alpha}{L}$$

| 세부 측량 |

# 04 지형 측량 문제

**01** 그림에서와 같이 건물의 위치 변화를 관측하기 위해 기선 AB를 설정하고, 주기적으로 동일 지점인 P점을 관측한 결과 다음과 같은 성과를 획득하였다. 관측 성과를 토대로 P점의 3차원 위치 변화량을 계산하시오. (단, A와 B의 높이는 동일하며, 계산은 소수 다섯째 자리에서 반올림할 것)

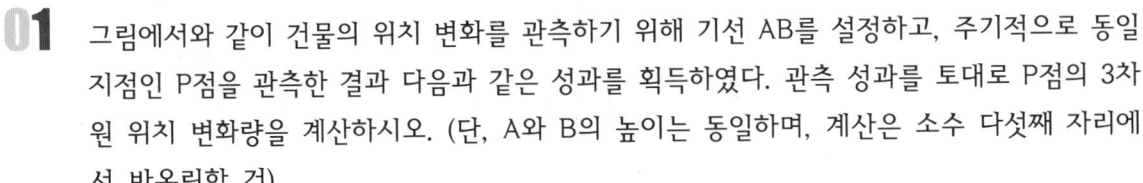

| 관측 일시 | 수평각 | | 고저각 |
|---|---|---|---|
| | $\alpha$ | $\beta$ | $\gamma$ |
| 00년 1월 | 45° 50′ 50″ | 47° 21′ 27″ | 60° 12′ 37″ |
| 00년 2월 | 45° 50′ 52″ | 47° 21′ 21″ | 60° 12′ 36″ |

위치 변화량 : _____ m

1월과 2월의 $\overline{PC}$ 거리를 관측한 차이를 구하면

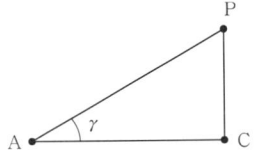

(1) 1월 관측한 $\overline{PC}$ 거리

$\overline{PC} = AC \times \tan\gamma$
$= 22.1024 \times \tan 60°12′37″$
$= 38.6090\,m$

▶ AC

$$\frac{AC}{\sin 47°21′27″} = \frac{30}{\sin 86°47′43″}$$

∴ AC = 22.1024 m

(2) 2월 관측한 $\overline{PC}$ 거리

$\overline{PC} = AC \times \tan \gamma$
$= 22.1018 \times \tan 60°12'36''$
$= 38.6075\text{m}$

▶ AC
$$\frac{AC}{\sin 47°21'21''} = \frac{30}{\sin 86°47'43''}$$
$\therefore AC = 22.1018\text{m}$

따라서 구하고자 하는 P점의 3차원 위치 변화량은 $38.6090 - 38.6075 = 0.0015\text{m}$ 이다.

**02** 어느 점 A의 표고가 33.26m, B점의 표고가 77.26m이고, AB간의 도상 거리는 10cm이다. A점으로부터 AB 선상에 10m 간격의 등고선이 통과하는 표고의 위치를 계산에 의해서 구하시오. (단, 계산은 소수점 아래 3자리에서 반올림할 것)

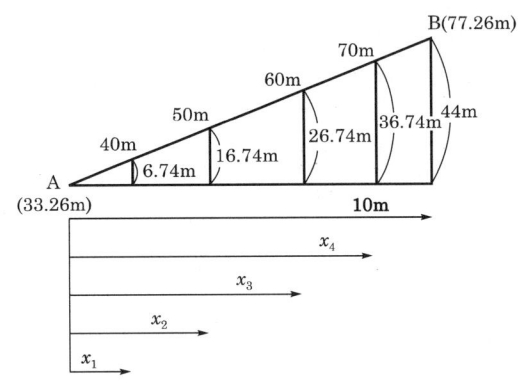

(1) A점으로부터 40m 등고선의 위치는 비례식으로 44m : 6.74m=10cm : $x_1$

$$\therefore x_1 = \frac{6.74 \times 10}{44} = 1.53\,\text{cm}$$

(2) A점으로부터 50m 등고선의 위치는 비례식으로 44m : 16.74m=10cm : $x_2$

$$\therefore x_2 = \frac{16.74 \times 10}{44} = 3.8\,\text{cm}$$

(3) A점으로부터 60m 등고선의 위치는 비례식으로 44m : 26.74m=10cm : $x_3$

$$\therefore x_3 = \frac{26.74 \times 10}{44} = 6.08\,\text{cm}$$

(4) A점으로부터 70m 등고선의 위치는 비례식으로 44m : 36.74m=10cm : $x_4$

$$\therefore x_4 = \frac{36.74 \times 10}{44} = 8.35\,\text{cm}$$

**03** 어느 점 A의 표고가 33.26m, B점의 표고가 77.26m이고, AB간 수평 거리가 100m일 때 A점마다 등고선을 넣을 때의 각 표고는 얼마인가?

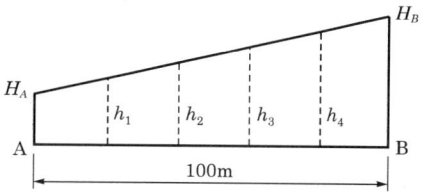

**해설**

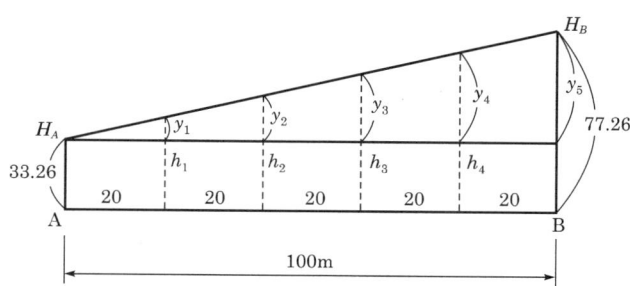

비례식을 이용해서 종거($y$)를 구하면

(1) $h_1$

$$44 : y_1 = 100 : 20$$

$$\therefore y_1 = \frac{44}{100} \times 20 = 8.8\text{m}, \quad \therefore h_1 = H_A + y_1 = 42.06\text{m}$$

(2) $h_2$

$$44 : y_2 = 100 : 40$$

$$\therefore y_2 = \frac{44}{100} \times 40 = 17.6\text{m}, \quad \therefore h_2 = H_A + y_2 = 50.86\text{m}$$

(3) $h_3$

$$44 : y_3 = 100 : 60$$

$$\therefore y_3 = \frac{44}{100} \times 60 = 26.4\text{m}, \quad \therefore h_3 = H_A + y_3 = 59.66\text{m}$$

(4) $h_4$

$$44 : y_4 = 100 : 80$$

$$\therefore y_4 = \frac{44}{100} \times 80 = 35.2\text{m}, \quad \therefore h_4 = H_A + y_4 = 68.46\text{m}$$

**04** 사갱의 고저차를 구하기 위해 측량한 결과 다음을 얻었다. A, B의 고저차는 얼마인가? (단, A점의 기계 높이와 B점의 시준 높이는 천정으로부터 관측한 값이다. A점의 기계 높이 $IH$ =1.15m, B점의 시준 높이 $S$=1.56m, 사거리 $L$=31.69m, 연직각 $\alpha = +17° 41'$)

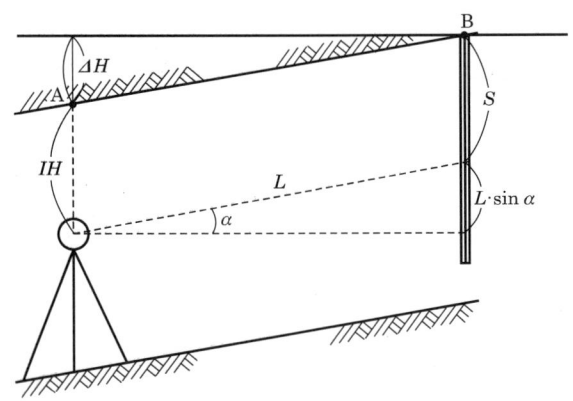

천정에 측점이 있는 것에 주의한다.

$\Delta H + IH = S + L \cdot \sin \alpha$

$\Delta H = S + L \sin \alpha - IH$
$= 1.56 + 31.69 \times \sin 17° 41' - 1.15$
$= 10.04 \text{m}$

**05** 터널 측량에서 측위 망원경에 의해 수평각을 측정하여 67° 32′을 얻었다. 주망원경과 측위 망원경과의 시준 선간 거리는 10cm, 시준점까지의 거리 AO=32.56m, BO=25.40m이다. 실제 수평각은? (단, 각 계산은 0.1″ 단위까지 계산한다.)

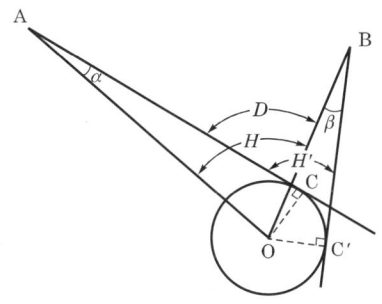

### 해설

삼각형의 기하학적인 성질에 의해

$H + \alpha = H' + \beta$ 이므로

$$\begin{aligned} H &= H' + \beta - \alpha \\ &= 67°\,32' + 0°\,13'\,32.1'' - 0°\,10'\,33.5'' \\ &= 67°\,34'\,58.6'' \end{aligned}$$

▶ $\alpha, \beta$

$$\alpha = \sin^{-1}\frac{OC}{AO} = \sin^{-1}\frac{0.1}{32.56} = 0°\,10'\,33.5''$$

$$\beta = \sin^{-1}\frac{OC}{BO} = \sin^{-1}\frac{0.1}{25.40} = 0°\,13'\,32.1''$$

06 다음 지형도에서 A점과 B점간의 단면도를 작성하고 작성된 단면도로부터 각점 $\overrightarrow{PQ}$, $\overrightarrow{ST}$ 가 보일 수 있는지 검토하시오.

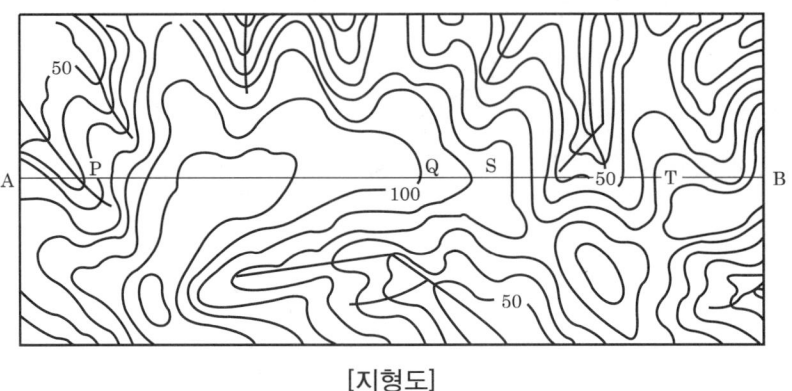

[지형도]

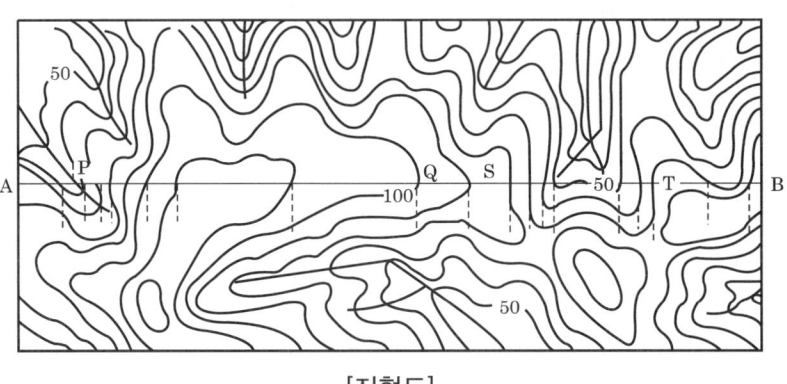

[지형도]

(1) 단면도

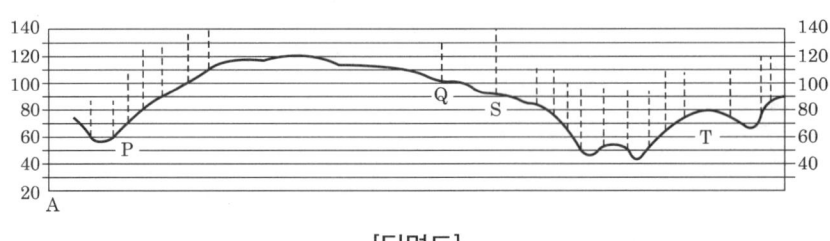

[단면도]

(2) ① $\overline{PQ}$ : 보이지 않는다.
　　② $\overline{ST}$ : 보인다.

**07** 그림과 같이 표척을 천정에서 거꾸로 세운 수준 측량이 있다. 다음 야장(승강식)을 완성하고 각 점의 지반고(또는 천정점의 높이)를 구하라.

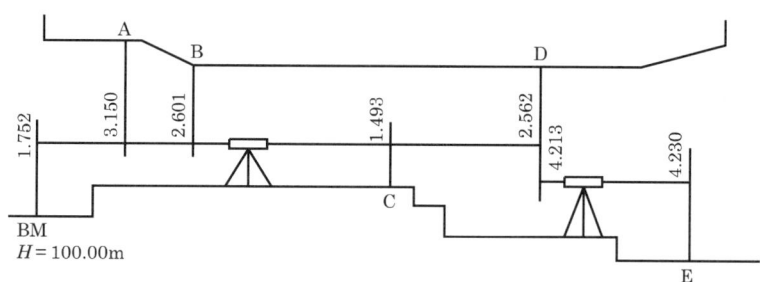

| 측점 | BS | IS | FS | 승(+) | 강(−) | 지반고 |
|---|---|---|---|---|---|---|
| BM | | | | | | |
| A | | | | | | |
| B | | | | | | |
| C | | | | | | |
| D | | | | | | |
| E | | | | | | |
| 합 | | | | | | |

### 해설

| 측점 | BS | IS | FS | 승(+) | 강(−) | 지반고 |
|---|---|---|---|---|---|---|
| BM | 1.752 | | | | | 100.000 |
| A | | −3.150 | | 4.902 | | 104.902 |
| B | | −2.601 | | 4.353 | | 104.353 |
| C | | 1.493 | | 0.259 | | 100.259 |
| D | −4.213 | | −2.562 | 4.314 | | 104.314 |
| E | | | 4.230 | | 8.443 | 95.871 |
| 합 | −2.461 | | 1.668 | | | |

**08** 그림에서와 같이 지하에 배수관을 1/300 구배로 묻는 경우 B, C점에서 읽어야 할 표척의 눈금은 얼마인가? (단, TBM=50.490m, A점에 매설관에 대한 $FS=3.240$m이다.)

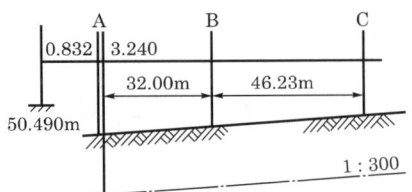

### 해설

(1) B점 시준고
   $(\text{A점 } FS) - h_B = 3.240 - 0.107 = 3.133\text{m}$

> ▶ $h_B$
> $1 : 300 = h_B : 32$
> $h_B = 0.107$

(2) C점 시준고
   $(\text{A점 } FS) - h_C = 3.240 - 0.261 = 2.979\text{m}$

> ▶ $h_C$
> $1 : 300 = h_C : (32 + 46.23)$
> $h_C = 0.261$

**09** 도로 공사에서 다음 그림과 같이 성토(또는 절토)면의 경사를 결정하기 위하여 현장 경사 말뚝을 설치코자 C점에 레벨을 세우고 수준 측량을 하였다. A점(도로 중심선 위의 점, 지반고는 31.614m)에 세운 표척의 읽음값은 1.646m였고, B점(A점으로부터 직각 방향으로 15.2m 떨어진 점)에 세운 표척의 읽음값이 1.798m였다. 도로의 폭을 6.1m, 노면의 지반고를 37.783m로 하고 경사면의 경사도를 1 : 2로 하고자 한다. 이때 도로 경사면의 끝점(P점)은 A점으로부터 도로 중심선의 직각 방향으로 얼마의 거리에 있어야 하며, 기계 C로부터 P에 세운 표척 P의 읽음값은 얼마이어야 하는가?

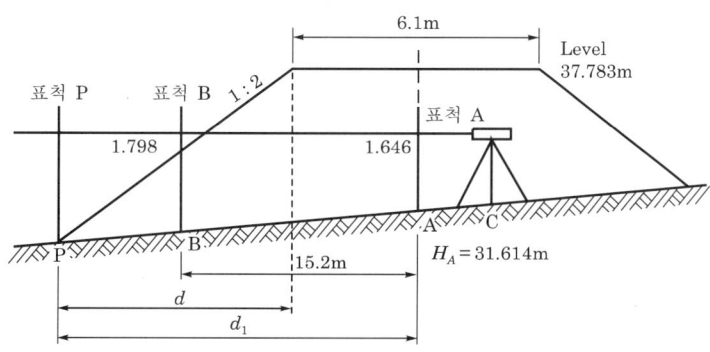

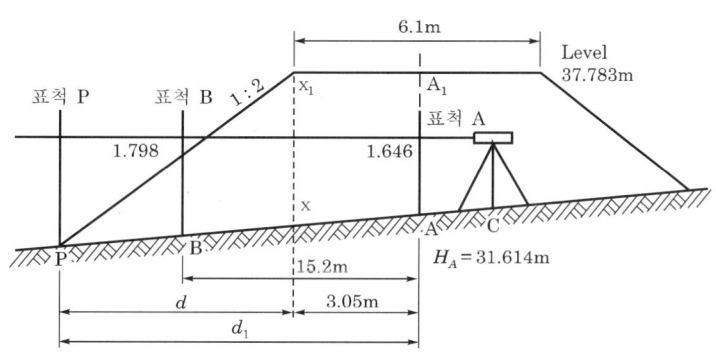

(1) $\overline{AB}$ 의 경사도 $= \dfrac{1.798 - 1.646}{15.2} = \dfrac{0.152}{15.2} = \dfrac{1}{100}$

(2) $\overline{AA'} = 37.783 - 31.614 = 6.169\text{m}$

(3) $\overline{xx_1} = 6.169 + \left(\dfrac{6.1}{2} \times \dfrac{1}{100}\right) = 6.2\text{m}$

(4) $\overline{xP} = d$ (수평 거리)

$(6.2 + xP') : d = 1 : 2$

$d = 2(6.2 + xP') = 2\left(6.2 + \dfrac{d}{100}\right)$

▶ $xP'$
$100 : 1 = d : xP'$
$d = 100 \times xP'$
$\therefore xP' = \dfrac{d}{100}$

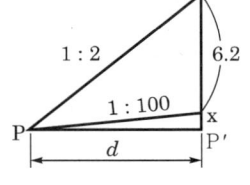

$\dfrac{d}{2} = 6.2 + \dfrac{d}{100}$

$\therefore \dfrac{d}{2} - \dfrac{d}{100} = 6.2, \quad \dfrac{49}{100}d = 6.2$

따라서, $d(\overline{xP}) = 12.653\text{m}$

(5) $\overline{AP} = d_1$ (수평 거리)

$12.653 + \dfrac{6.1}{2} = 15.703\text{m}$

(6) $\overline{xP}$ (경사 거리) $= \sqrt{12.653^2 + 0.12653^2} = 12.654$

(7) $\Delta H_{AP} = \dfrac{1}{100} \times (-15.703) = -0.157\text{m}$

$\therefore H_P = H_A + \Delta H_{AP} = 31.614 - 0.157 = 31.457\text{m}$

(8) C점 기계고 $= 31.614 + 1.646 = 33.260\text{m}$

$\therefore$ P의 표척 읽음값 $= 33.260 - 31.457 = 1.803\text{m}$

따라서, 해답은 $d_1 = 15.703\text{m}$, P점 표척 읽음값 $= 1.803\text{m}$ 이다.

## 10. 다음 측정 결과에 의하여 야장을 정리하시오.

(1) 단축법 측정법

| 기계점 | 망원경 | 시준점 | 도(°) | 버니어 A | 버니어 B | 평균 | 관측각 | 결과(평균) | 비고 |
|---|---|---|---|---|---|---|---|---|---|
| 0 | 정위 | A | 0 | 0′ 00″ | 0′ 00″ | | | | |
| | | B | 50 | 17′ 40″ | 17′ 20″ | | | | |
| | 반위 | B | 230 | 17′ 20″ | 17′ 40″ | | | | |
| | | A | 180 | 0′ 40″ | 0′ 20″ | | | | |

(2) 배각법 측정법

| 기계점 | 망원경 | 시준점 | 도(°) | 버니어 A | 버니어 B | 평균 | 누계각 | 반복 횟수 | 결과 | 비고 |
|---|---|---|---|---|---|---|---|---|---|---|
| 0 | 정위 | A | 0 | 2′ 20″ | 2′ 20″ | | | | | |
| | | B | 96 | 41′ 40″ | 42′ 00″ | | | 3 | | |
| | 반위 | B | 276 | 41′ 20″ | 41′ 40″ | | | | | |
| | | A | 180 | 2′ 00″ | 2′ 00″ | | | 3 | | |

| 대회 | 분도원 | 망원경 | 측점 | 도(°) | 버니어 A | 버니어 B | 평균 |
|---|---|---|---|---|---|---|---|
| 제1대회 | 0° | 정위 | A | 0 | 2′ 00″ | 2′ 00″ | |
| | | | B | 118 | 35′ 20″ | 35′ 40″ | |
| | | | C | 259 | 21′ 40″ | 21′ 20″ | |
| | | 반위 | C | 79 | 22′ 00″ | 22′ 20″ | |
| | | | B | 298 | 35′ 20″ | 35′ 40″ | |
| | | | A | 180 | 2′ 20″ | 2′ 20″ | |
| 제2대회 | 90° | 정위 | A | 90 | 0′ 20″ | 0′ 20″ | |
| | | | B | 208 | 33′ 40″ | 33′ 20″ | |
| | | | C | 349 | 20′ 00″ | 20′ 20″ | |
| | | 반위 | C | 169 | 20′ 00″ | 20′ 20″ | |
| | | | B | 28 | 33′ 40″ | 34′ 00″ | |
| | | | A | 270 | 0′ 20″ | 0′ 20″ | |

| 대회 | 분도원 | 망원경 | 관측각 | 배각 | 교차 | 배각차 | 관측차 |
|---|---|---|---|---|---|---|---|
| 제1대회 | 0° | 정위 | | | | | |
| | | | | | | | |
| | | 반위 | | | | | |
| | | | | | | | |
| 제2대회 | 90° | 정위 | | | | | |
| | | | | | | | |
| | | 반위 | | | | | |
| | | | | | | | |

### (1) 단축법 측정법

| 기계점 | 망원경 | 시준점 | 도(°) | 버니어 | | | 관측각 | 결과(평균) | 비고 |
| | | | | A | B | 평균 | | | |
|---|---|---|---|---|---|---|---|---|---|
| O | 정위 | A | 0 | 0′ 00″ | 0′ 00″ | 0′ 00″ | | | |
| | | B | 50 | 17′ 40″ | 17′ 20″ | 17′ 30″ | 50° 17′ 30″ | 50° 17′ 15″ | |
| | 반위 | B | 230 | 17′ 20″ | 17′ 40″ | 17′ 30″ | 50° 17′ 00″ | | |
| | | A | 180 | 0′ 40″ | 0′ 20″ | 0′ 30″ | | | |

① 단축법(단각법)

O점에 트랜싯을 세우고 A점을 시준하고(초독), 다시 B점을 시준하여(종독) 각을 구하는 방법이다. 이렇게 읽은 종독에서 초독을 뺀 값이 측정각(∠AOB)이다.

이때, 초독을 0° 0′ 0″로 하여 측각하면 종독만 읽으면 그것이 측정각이 되므로 편리하다.

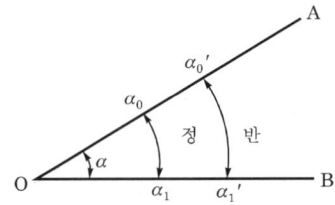

### (2) 배각법 측정법

| 기계점 | 망원경 | 시준점 | 도(°) | 버니어 A | 버니어 B | 버니어 평균 | 누계각 | 반복 횟수 | 결과 | 비고 |
|---|---|---|---|---|---|---|---|---|---|---|
| O | 정위 | A | 0 | 2′ 20″ | 2′ 20″ | 2′ 20″ | | | 32° 13′ 10″ | |
| | | B | 96 | 41′ 40″ | 42′ 00″ | 41′ 50″ | 96° 39′ 30″ | 3 | | |
| | 반위 | B | 276 | 41′ 20″ | 41′ 40″ | 41′ 30″ | | | | |
| | | A | 180 | 2′ 00″ | 2′ 00″ | 2′ 00″ | 96° 39′ 30″ | 3 | | |

① 배각법

배각법은 ∠AOB를 2회 이상 반복 측정하여 더해진 각도를 반복 횟수로 나누어 구하는 방법이다. 반복 횟수는 3~5회가 적당하고 3회 반복하면 3배각이라 하며, 더욱 정밀을 요하는 경우에는 망원경을 정위 및 반위로 측정하여 평균값을 구한다. 또 망원경을 정위와 반위로 1번씩 측정하는 것을 1대회 관측이라 한다.

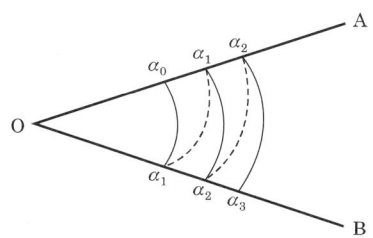

### (3) 방향각 측정법

① 방향각법

한 점 주위에 여러 개의 각이 있을 때 한 점을 기준으로 하여 시계 방향으로 순차적으로 A, B, C의 각 점을 시준하여 값을 기록하고 그들의 차에 의하여 ∠AOB, ∠AOC 등을 측정하는 방법이다.

방향각을 측정하는 순서는 다음과 같다.

㉠ 기계를 측점 O에 설치하고 망원경을 정위로 하여 점 A를 시준하고 최초의 각 A, B 버니어를 읽는다.

㉡ 상부 운동으로 점 B를 시준하고 A, B 버니어를 읽는다.

㉢ 차례로 점 C를 시준하여 A, B 버니어를 읽는다.

㉣ 맨 끝점 C의 측정이 끝나면 망원경을 반전시켜 반위 상태에서 상부 운동으로 망원경을 180° 돌려 점 C를 시준한다.

㉤ 반시계 방향으로 점 C, B, A를 차례로 시준하여 A, B 버니어값을 읽는다. 이것으로 1대회 측정이 끝난다.

ⓗ 표와 같이 야장을 기입하고 A, B 버니어의 평균값을 구한다. 관측각 계산은 ∠A를 0°로 기준한다면 각 B 및 각 C를 시준한 평균값에 각 A를 시준한 평균값을 제하면 된다.

> ⓐ 배각 : 동일 시준점의 1대회에 대한 정위, 반위 초수의 합이다.
> ⓑ 교차 : 동일 시준점의 1대회에 대한 정위, 반위 초수의 차이다.
> ⓒ 배각차 : 각 대회 시준점에 대한 배각의 최대와 최소의 차이다.
> ⓓ 관측차 : 각 대회 시준점에 대한 교차의 최대와 최소의 차이다.

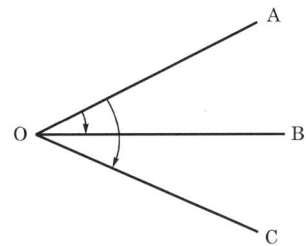

| 대회 | 분도원 | 망원경 | 측점 | 도(°) | 버니어 | | |
|---|---|---|---|---|---|---|---|
| | | | | | A | B | 평균 |
| 제1대회 | 0° | 정위 | A | 0 | 2′ 00″ | 2′ 00″ | 2′ 00″ |
| | | | B | 118 | 35′ 20″ | 35′ 40″ | 35′ 30″ |
| | | | C | 259 | 21′ 40″ | 21′ 20″ | 21′ 30″ |
| | | 반위 | C | 79 | 22′ 00″ | 22′ 20″ | 22′ 10″ |
| | | | B | 298 | 35′ 20″ | 35′ 40″ | 35′ 30″ |
| | | | A | 180 | 2′ 20″ | 2′ 20″ | 2′ 20″ |
| 제2대회 | 90° | 정위 | A | 90 | 0′ 20″ | 0′ 20″ | 0′ 20″ |
| | | | B | 208 | 33′ 40″ | 33′ 20″ | 33′ 30″ |
| | | | C | 349 | 20′ 00″ | 20′ 20″ | 20′ 10″ |
| | | 반위 | C | 169 | 20′ 00″ | 20′ 20″ | 20′ 10″ |
| | | | B | 28 | 33′ 40″ | 34′ 00″ | 33′ 50″ |
| | | | A | 270 | 0′ 20″ | 0′ 20″ | 0′ 20″ |

| 대회 | 분도원 | 망원경 | 관측각 | 배각 | 교차 | 배각차 | 관측차 |
|---|---|---|---|---|---|---|---|
| 제1대회 | 0° | 정위 | 0° 00′ 00″ | | | | |
| | | | 118° 33′ 30″ | 40″ | 20″ | 0″ | 40″ |
| | | | 259° 19′ 30″ | 80″ | −20″ | 20″ | 20″ |
| | | 반위 | 259° 19′ 50″ | | | | |
| | | | 118° 33′ 10″ | | | | |
| | | | 0° 00′ 00″ | | | | |
| 제2대회 | 90° | 정위 | 0° 00′ 00″ | | | | |
| | | | 118° 33′ 10″ | 40″ | −20″ | | |
| | | | 259° 19′ 50″ | 100″ | 20″ | | |
| | | 반위 | 259° 19′ 50″ | | | | |
| | | | 118° 33′ 30″ | | | | |
| | | | 0° 00′ 00″ | | | | |

## 11 다음 측정 방법에 의해 야장을 정리하시오.

### (1) 단각법에 의한 야장

| 관측점 | 시준점 | 분도원 | 망원경 | 관측방향 | ° | 버니어 A ' | 버니어 A " | 버니어 B ' | 버니어 B " | 평균 ' | 평균 " | 관측각 ° | 관측각 ' | 관측각 " | 비고 |
|---|---|---|---|---|---|---|---|---|---|---|---|---|---|---|---|
| O | A<br>B | 0° | 정 | 시계<br>방향 | 0<br>82 | 02<br>18 | 20<br>40 | 02<br>18 | 00<br>20 | | | | | | |
| O | B<br>A | 0° | 반 | 반시계<br>방향 | 262<br>180 | 19<br>02 | 00<br>20 | 18<br>02 | 40<br>00 | | | | | | |
| | | | | | | | | | | | | 평 | | 균 | |

### (2) 배각법에 의한 야장

| 관측점 | 시준점 | 분도원 | 망원경 | 관측방향 | ° | 버니어 A ' | 버니어 A " | 버니어 B ' | 버니어 B " | 평균 ' | 평균 " | 누계각 ° | 누계각 ' | 누계각 " | 관측각 ° | 관측각 ' | 관측각 " | 비고 |
|---|---|---|---|---|---|---|---|---|---|---|---|---|---|---|---|---|---|---|
| O | A<br>B | 0° | 시계<br>방향 | 3 | 0<br>212 | 39<br>29 | 40<br>20 | 39<br>29 | 20<br>00 | | | | | | | | | |
| O | B<br>A | 180° | 시계<br>방향 | 3 | 180<br>32 | 31<br>21 | 20<br>20 | 31<br>21 | 20<br>20 | | | | | | | | | |
| O | B<br>A | 90° | 반시계<br>방향 | 3 | 90<br>302 | 29<br>19 | 20<br>20 | 29<br>19 | 20<br>00 | | | | | | | | | |
| | | | | | | | | | | | | | | | 평 | | 균 | |

### (3) 방향각법에 의한 야장

| 관측점 | 대회 | 분도원 | 망원경 | 시준점 | 도 | 버니어 A | 버니어 B | 평균 |
|---|---|---|---|---|---|---|---|---|
| O | 제1대회 | 0° | 정위 | A | 0° | 02' 00" | 02' 00" | |
| | | | | B | 120° | 34' 20" | 34' 40" | |
| | | | | C | 260° | 21' 40" | 21' 20" | |
| | | | 반위 | C | 80° | 22' 00" | 22' 20" | |
| | | | | B | 300° | 34' 20" | 34' 40" | |
| | | | | A | 180° | 02' 20" | 02' 20" | |
| O | 제2대회 | 90° | 정위 | A | 90° | 0' 20" | 00' 20" | |
| | | | | B | 210° | 32' 40" | 32' 20" | |
| | | | | C | 350° | 20' 00" | 20' 20" | |
| | | | 반위 | C | 170° | 20' 00" | 20' 20" | |
| | | | | B | 30° | 34' 40" | 33' 00" | |
| | | | | A | 270° | 00' 20" | 00' 20" | |

| 관측점 | 대회 | 분도원 | 망원경 | 관측각 | 배각 | 교차 | 배각차 | 관측차 |
|---|---|---|---|---|---|---|---|---|
| O | 제1대회 | 0° | 정위 | | | | | |
| | | | 반위 | | | | | |
| O | 제2대회 | 90° | 정위 | | | | | |
| | | | 반위 | | | | | |

### 해설

**(1) 단각법에 의한 야장 기입**

| 관측점 | 시준점 | 분도원 | 망원경 | 관측방향 | ° | 버니어 A ′ | 버니어 A ″ | 버니어 B ′ | 버니어 B ″ | 평균 ′ | 평균 ″ | 관측각 ° | 관측각 ′ | 관측각 ″ | 비고 |
|---|---|---|---|---|---|---|---|---|---|---|---|---|---|---|---|
| O | A<br>B | 0° | 정 | 시계<br>방향 | 0<br>82 | 02<br>18 | 20<br>40 | 02<br>18 | 00<br>20 | 02<br>18 | 10<br>30 | 82 | 16 | 20 | |
| O | B<br>A | 0° | 반 | 반시계<br>방향 | 262<br>180 | 19<br>02 | 00<br>20 | 18<br>02 | 40<br>00 | 18<br>02 | 50<br>10 | 82 | 16 | 40 | |
| | | | | | | | | | | | | 평균 82° 16′ 30″ | | | |

**(2) 배각법에 의한 야장 기입**

| 관측점 | 시준점 | 분도원 | 망원경 | 관측방향 | | ° | A ′ | A ″ | B ′ | B ″ | 평균 ′ | 평균 ″ | 누계각 ° | 누계각 ′ | 누계각 ″ | 관측각 ° | 관측각 ′ | 관측각 ″ | 비고 |
|---|---|---|---|---|---|---|---|---|---|---|---|---|---|---|---|---|---|---|---|
| O | A<br>B | 0° | 시계<br>방향 | 3 | | 0<br>212 | 39<br>29 | 40<br>20 | 39<br>29 | 20<br>00 | 39<br>29 | 30<br>10 | 211 | 49 | 40 | 70 | 36 | 33.3 | |
| O | B<br>A | 180° | 시계<br>방향 | 3 | | 180<br>32 | 31<br>21 | 20<br>20 | 31<br>21 | 20<br>20 | 31<br>21 | 20<br>20 | 211 | 50 | 00 | 70 | 36 | 40.0 | |
| O | B<br>A | 90° | 반시계<br>방향 | 3 | | 90<br>302 | 29<br>19 | 20<br>20 | 29<br>19 | 20<br>00 | 29<br>19 | 20<br>10 | 211 | 49 | 50 | 70 | 36 | 36.7 | |
| | | | | | | | | | | | | | 평균 70° 36′ 36.7″ | | | | | | |

### (3) 방향각법에 의한 야장 기입

| 관측점 | 대회 | 분도원 | 망원경 | 시준점 | 도 | 버니어 | | |
|---|---|---|---|---|---|---|---|---|
| | | | | | | A | B | 평균 |
| O | 제1대회 | 0° | 정위 | A | 0° | 02' 00" | 02' 00" | 00' 00" |
| | | | | B | 120° | 34' 20" | 34' 40" | 120° 34' 30" |
| | | | | C | 260° | 21' 40" | 21' 20" | 260° 21' 30" |
| | | | 반위 | C | 80° | 22' 00" | 22' 20" | 80° 22' 10" |
| | | | | B | 300° | 34' 20" | 34' 40" | 300° 34' 30" |
| | | | | A | 180° | 02' 20" | 02' 20" | 180° 02' 20" |
| O | 제2대회 | 90° | 정위 | A | 90° | 0' 20" | 00' 20" | 90° 00' 20" |
| | | | | B | 210° | 32' 40" | 32' 20" | 210° 32' 30" |
| | | | | C | 350° | 20' 00" | 20' 00" | 350° 20' 10" |
| | | | 반위 | C | 170° | 20' 00" | 20' 20" | 170° 20' 10" |
| | | | | B | 30° | 34' 40" | 33' 00" | 30° 32' 50" |
| | | | | A | 270° | 00' 20" | 00' 20" | 270° 00' 20" |

| 관측점 | 대회 | 분도원 | 망원경 | 관측각 | 배각 | 교차 | 배각차 | 관측차 |
|---|---|---|---|---|---|---|---|---|
| O | 제1대회 | 0° | 정위 | 0° 00' 00" | | | | |
| | | | | 120° 32' 30" | 40 | 20 | 0 | 40 |
| | | | | 260° 19' 30" | 80 | −20 | 20 | 20 |
| | | | 반위 | 260° 19' 50" | | | | |
| | | | | 120° 32' 10" | | | | |
| | | | | 0° 00' 00" | | | | |
| O | 제2대회 | 90° | 정위 | 0° 00' 00" | | | | |
| | | | | 120° 32' 10" | 40 | −20 | | |
| | | | | 260° 19' 50" | 100 | 0 | | |
| | | | 반위 | 260° 19' 50" | | | | |
| | | | | 120° 32' 30" | | | | |
| | | | | 0° 00' 00" | | | | |

**12** 다음 표는 무게가 다른 측정치에 대한 결과이다. 물음에 답하시오. (단, 소수점 아래 2자리까지 계산할 것)

| 측정치(cm) | 무게($W_i$) | $W_i \times Z_i$ | $v$ | $v^2 \times W_i$ |
|---|---|---|---|---|
| 914.4 | 1 | | | |
| 914.3 | 1 | | | |
| 914.0 | 1 | | | |
| 914.9 | 2 | | | |
| 915.1 | 2 | | | |
| 914.8 | 3 | | | |
| 914.5 | 3 | | | |
| $\Sigma$ | 13 | | | |

(1) 최확치 $L_0$
(2) 최확치의 중등 오차(표준 오차) $\sigma_{68}$
(3) 최확치의 확률 오차 $\sigma_{50}$
(4) $L_0$의 상대 정밀도 $\sigma_{50}/L_0$

### 해설

| 측정치(cm) | 무게($W_i$) | $W_i \times Z_i$ | $v$ | $v^2 \times W_i$ |
|---|---|---|---|---|
| 914.4 | 1 | 914.4 | 0.26 | 0.0676×1 |
| 914.3 | 1 | 914.3 | 0.36 | 0.1296×1 |
| 914.0 | 1 | 914.0 | 0.66 | 0.4356×1 |
| 914.9 | 2 | 1,829.8 | −0.24 | 0.0576×2 |
| 915.1 | 2 | 1,830.2 | −0.44 | 0.1936×2 |
| 914.8 | 3 | 2,744.4 | −0.14 | 0.0196×3 |
| 914.5 | 3 | 2,743.5 | 0.16 | 0.0256×3 |
| $\Sigma$ | 13 | 11,890.6 | | 1.2708 |

(1) 최확값($L_0$)

$$\frac{\sum W_i \cdot Z_i}{\sum W_i} = \frac{11,890.6}{13} = 914.66 \text{cm}$$

(2) 최확치의 중등 오차(표준 오차)

$$\sqrt{\frac{\sum (W_i)(V^2)}{(\sum W_i)(n-1)}} = \sqrt{\frac{1.2708}{13 \times (7-1)}} = \pm 0.13 \text{cm}$$

(3) 최확치의 확률 오차

$0.6745 \times (\pm 중등\ 오차) = 0.06745 \times (\pm 0.13) = \pm 0.09 \text{cm}$

(4) 최확치의 상대 정밀도

$$\frac{0.09}{914.66} = \frac{1}{10,162.89} \fallingdotseq \frac{1}{10,000}$$

**13** 수갱의 심도 측정에서 다음 결과치를 얻었다. P점의 표고를 계산하시오.

BM의 표고 = 637.263m
$a = 1.367$m, $b = 67.362$m, $b' = 68.308$m,
$c = 0.456$m, $b = 0.000$m, $d = 1.386$m,
$w = 0.000485$kg/cm, $A = 0.05512$cm$^2$,
$P_0 = 10$kg, $W = 15$kg,
$E = 2,000,000$kg/cm$^2$
표준 온도 $t_0 = 5°$,
측정시의 지상 온도 = 12.30°
항내 온도 = 26.37°,
테이프 팽창 계수 $\alpha = 0.00001018/°C$
(단, 계산은 소수점 아래 3자리까지 구할 것)

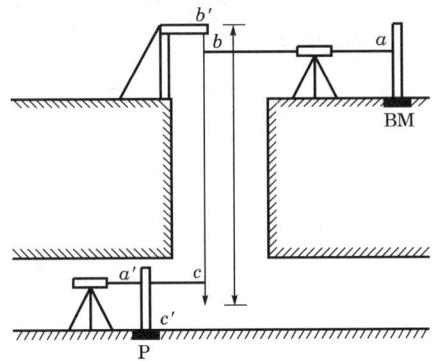

### 해설

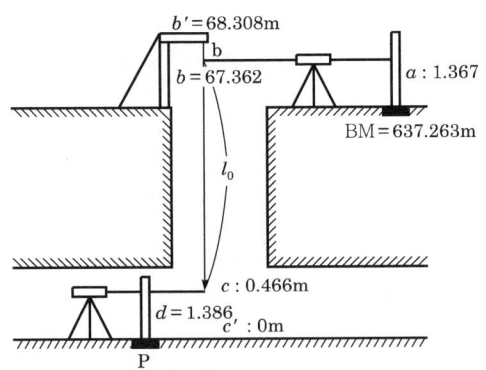

$H_P = H_{BM} + a - (b - c) - d$

측정에 사용한 강철 테이프의 전장
   $l = b' - c' = 68.308 - 0 = 68.308$m

레벨로 읽은 강철 테이프의 길이
   $l_0 = b - c = 67.362 - 0.456 = 66.906$m

보정 $\begin{cases} \text{온도 보정} = \alpha \cdot l_0(t-t_0) \\ \qquad = 0.00001018 \times 6{,}690.6 \times \left(\dfrac{12.30° + 26.37°}{2} - 5°\right) \\ \qquad = 0.010\text{m} \\ \text{장력 보정} = \dfrac{(P-P_0)\times L}{AE} = \dfrac{(P-10)\times 6{,}690.6}{0.05512 \times 2{,}000{,}000} \\ \qquad = \dfrac{\left(\dfrac{0.000485\times 6{,}830.8}{2}+15\right)-10}{0.05512\times 2{,}000.000}\times 6{,}690.6 \\ \qquad = 0.4\text{cm} = 0.004\text{m} \end{cases}$

따라서 보정된 $l_0 = l_0 +$ 온도 보정량 + 장력 보정량
$\qquad = 66.906 + 0.010 + 0.004 = 66.920$

$\therefore H_P = H_{BM} + a - (b-c) - d = 637.263 + 1.367 - 66.920 - 1.386$
$\qquad = 570.324\text{m}$

▶ $P$

$P = \dfrac{W + wl + W}{2} = W + \dfrac{wl}{2}$

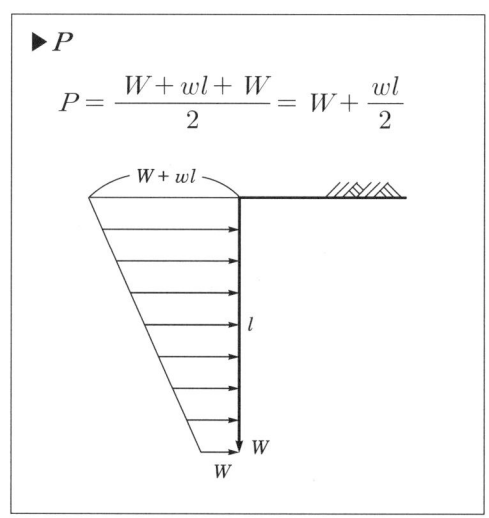

**14** A점에 있어서 C점을 기준 방향으로서 B점과 P점과의 교각을 관측하여 수평각 136° 57′ 07″를 얻었다. 그러나 C점에는 그림과 같은 편심이 있었다면 올바른 교각은? (단, A점과 C점과의 거리를 2,000m로 하고 A점 및 B점에는 편심이 없는 것으로 하여 P를 시준 목표의 중심 위치, C점은 표석 중심 위치로 한다. 교각은 초단위로 할 것)

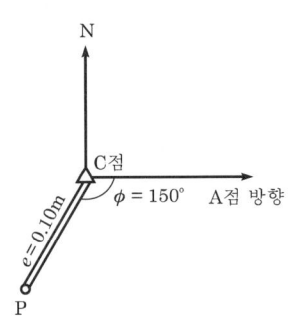

**해설**

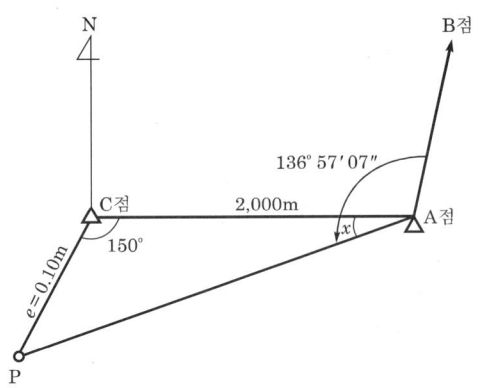

(1) AP의 길이를 구하면
$$\overline{AP} = \sqrt{0.1^2 + 2,000^2 - 2 \times 0.1 \times 2,000 \times \cos 150°} = 2,000.087\text{m}$$

(2) 교각 $x$ 는
$$\frac{2,000.087}{\sin 150°} = \frac{0.10}{\sin x}$$
$$\therefore\ x = 0° 00′ 05.16″$$
따라서, 올바른 교각은
$$137° 57′ 07″ - 0° 00′ 05.16″ = 136° 57′ 02″\text{이다.}$$

**15** 유속계를 보정하기 위하여 다음과 같은 측정값을 얻었다. $N$ : 회전수, $V$ : 유속일 때 유속계의 상수, $a$, $b$는 얼마인가? (단, $V = aN + b$로 계산한다.)

| 측정 횟수 | $N$ | $V$ |
|---|---|---|
| 1회 | 2.5 | 0.80 |
| 2회 | 3.4 | 1.00 |

**해설**

$V = aN + b$ 에서
$0.8 = a \times 2.5 + b$ ········①
$1.00 = a \times 3.4 + b$ ······②
연립 방적식을 풀면
∴ $a ≒ 0.22$, $b ≒ 0.24$
∴ $V = 0.22N + 0.24$

**16** 마찰 유속 측정에서 수면부터 $0.2H$, $0.4H$, $0.6H$, $0.8H$ 깊이에서의 유속이 각각 0.565m/sec, 0.514m/sec, 0.450m/sec, 0.385m/sec이었다. 2점법에 의한 평균 유속은 어느 것인가?

**해설**

2점법은 $0.2H$, $0.8H$ 2점만 택하여 계산한다.
∴ $V_m = \dfrac{1}{2}(V_{0.2} + V_{0.8})$
$= \dfrac{1}{2}(0.565 + 0.385)$
$= 0.475 \text{m/sec}$

제4장. 세부 측량

**17** 우리나라의 수치 지도에 표시되는 좌표계에 대한 다음 물음에 답하시오.

(1) 우리나라 평면 직각 좌표계 4원점의 명칭과 위치(위도와 경위)를 쓰시오.
   ①
   ②
   ③
   ④

(2) 우리나라에서 사용하는 지도 제작에 사용되는 직각 좌표의 기준이 되는 투영법을 쓰시오.

(3) 수치 지도에 표시되는 표고의 기준(표고=0인 면)을 쓰시오.

(1) 평면 직각 좌표계

| | 명칭 | 경도 | 위도 |
|---|---|---|---|
| ① | 서부 원점 | 동경 125° | 북위 38° |
| ② | 중부 원점 | 동경 127° | 북위 38° |
| ③ | 동부 원점 | 동경 129° | 북위 38° |
| ④ | 동해 원점 | 동경 131° | 북위 38° |

* 2004년 1월 측량법 개정으로 기존 3원점에 동해 원점을 추가하여 현재 평면 직각 좌표 원점은 4원점을 사용하고 있음.

(2) 지도 투영법
  • TM(횡 메르카토르) 도법

(3) 표고의 기준
  • 인천만 평균 해수면

**18** 하천의 유량을 구하기 위하여 수심과 유속을 측정한 결과 다음과 같다. 제2구간의 유량은 얼마인가? (단위는 m/sec이다.)

| 좌안으로부터의 거리(m) | 0 | 5 | 10 | 15 |
|---|---|---|---|---|
| 수심 | 0 | 2.4 | 2.8 | 0 |

| 구간 | 1 | 2 | 3 |
|---|---|---|---|
| $V_{0.2}$ | 1.8 | 2.6 | 1.9 |
| $V_{0.6}$ |  | 2.1 |  |
| $V_{0.8}$ | 0.9 | 1.2 | 1.0 |

제2구간의 유량($Q$)

$$Q = A \times V_m$$

① $A$ (제2구간)

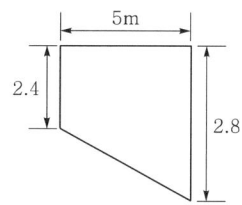

$$A = \frac{(2.4+2.8) \times 5}{2} = 13\text{m}^2$$

② $V_m$ (제2구간)

$$V_m = \frac{V_{0.2} + 2V_{0.6} + V_{0.8}}{4}$$

$$= \frac{2.6 + 2(2.1) + 1.2}{4}$$

$$= 2\text{m/s}$$

∴ 제2구간의 유량($Q$)

$$Q = A \times V_m$$

$$= 13\text{m}^2 \times 2\text{m/s}$$

$$= 26\text{m}^3/\text{sec}$$

측량 및 지형공간정보 기사·산업기사 실기

# PART 3 오차론

1. 관측값의 처리
2. 오차의 전파
3. 최소 제곱법
4. Matrix(행렬)

# 01 관측값의 처리

## 1 개요

 숙련된 사람이 정밀한 기계로 주의깊게 각을 측정하였을 때에도 그 값은 참값(true value)과 일치하지 않는다. 이것은 참값을 측정하지 못함을 의미한다. 이 때 참값과 관측치와의 차이를 오차(error)라고 한다.
 측량을 할 때마다 오차의 원인과 측량에 미치는 오차의 영향을 생각하여 측량 방법을 결정하여야 하며, 또 관측 결과를 참값과 비교하여 관리하는 것은 오차론에 따르게 된다. 측량 중에 발생하는 오차의 성질을 가능한 명백히 소거할 수 있는 것은 소거하고 소거할 수 없는 것은 수학적인 처리에 의해서 참값에 가까운 최확치를 얻도록 노력해야 한다.

## 2 오차의 종류

### (1) 정오차(constant error)

 일정한 조건에서는 언제나 같은 방향으로, 또 같은 크기가 일어나는 오차로 작은 오차가 모여서 큰 오차가 되는 수가 있어 이를 누차(cumulative error)라고 하며, 이것은 일정한 법칙에 따라 생기므로 그 원인과 상태만 알게 되면 이 오차의 크기는 이론적으로 찾아서 없앨 수가 있다. 이 오차의 원인은 다음과 같다.

① **물리적 원인(자연적 오차)**
 온도의 변화에 따라 자의 눈금의 신축과 광선의 굴절에 따른 측각의 차이 등이며, 이것은 일정한 관측에 따라 보정량을 구할 수가 있다.

② **기계적 원인**
 사용하는 기계·기구가 정확하지 않을 경우인데, 이때는 사용하기 전에 미리 조정을 하든가 조정이 곤란할 때는 관측한 다음에 보정하든가, 관측법은 오차가 생기지 않는 방법을 이용한다.

③ 개인적 원인

눈금을 읽을 때나 목표를 시준할 때 상당히 숙련된 사람이라도 자기의 개성에 따라 일정한 방향으로 오차가 생기는데, 이것은 관측하는 사람을 바꿈으로서 보정이 된다.

### (2) 우연 오차(accidental error)

숙련된 사람이 정밀한 기계로 주의깊게 관측을 하였을 때 관측치에 정오차나 착오가 없다고 하더라도 몇 번이고 측정한 값이 일정하지 않다. 관측을 할 때 조건이 순간 또는 때때로 변화하여 그 원인을 찾기 힘들거나 원인을 전혀 잘 모르는 오차이며, 이 오차들은 크기와 방향이 일정하지 않기 때문에 때로는 서로 다른 방향의 같은 크기로 일어나서 없어지는 수도 있다고 하여 상차(compensating error)라고도 한다. 또 관측 횟수가 많으면 방향이 서로 다른 오차가 쌓여서 그 차이가 작게 되며, 오차론에서 다루게 되는 오차이다.

### (3) 착오(mistake)

관측하는 사람의 부주의나 숙달치 못해서 일어나는 과실로, 눈금 읽기가 잘못되었거나 야장 기입이 잘못될 때 계산의 잘못 등이 있으며, 측량한 값에 큰 오차가 있을 때는 반드시 착오가 있음을 알아야 한다.

## 3 용어의 설명

### (1) 참값

참값이라는 의미를 추상적인 개념이다. 따라서 참값은 절대로 발견될 수 없으며 혹시 발견되었다 하더라고 그것이 참값이었다는 사실조차 알 수 없다.

### (2) 참오차

참오차는 단지 참값과 측정값의 차로서, 참값을 알 수 없기 때문에 추상적인 개념에 불과하다.

### (3) 최확값

측정값들로부터 얻어질 수 있는 참값에 가장 가까운 추정값이다.

## (4) 잔차

최확값과 측정값의 차를 말한다.

## (5) 중량(경중률)

어느 한 측정값과 이와 연관된 다른 측정값에 대한 상대적인 신용성을 표현하는 척도를 말한다.

# 4 추계학의 용어

## (1) 모집단 표본

어떤 양 $M$을 $n$개 또는 $n$회 측정한 결과 $M_1, M_2, M_3, \cdots\cdots, M_n$이라 하고, $n$개의 측정치를 얻었다고 한다. 이들의 측정치 $M_1, M_2, \cdots\cdots, M_n$은 $M$이라고 하는 모집단의 평균에서 생겨난 표본이다.

## (2) 오차의 특성

측정치로부터 정오차를 보정한 후에도 잔류하는 오차가 우차(우연 오차, 부정 오차)이다. 이 오차는 다음과 같은 성질을 가지고 있다.

㉮ 같은 크기의 정부(正負, +-)의 오차는 같은 횟수만큼 일어난다.
㉯ 작은 오차는 큰 오차보다 많이 일어난다.
㉰ 매우 큰 오차는 일어나지 않는다.

이상의 3가지를 오차의 특성이라고 한다. 이것은 다음과 같이 설명할 수 있다.

사격의 명수가 다음 그림과 같이 표적 0를 향하여 많은 탄환을 쏘면 표적 0에 가까운 곳에 많은 탄흔이 모이고 표적 0에서 멀어질수록 탄흔이 적어진다.

더욱 표적 0을 중심으로 하여 좌우 대체로 균등하게 탄흔이 생기고 표적에서 형편없이 떨어져서는 탄흔이 생기지 않는다. 만일 있었다고 하여도 그것은 사격수가 무엇인가의 과실로 생긴 경우이다.

즉, 이 경우 0에서의 거리를 오차($\Delta$)라고 생각하면 좋을 것이다.

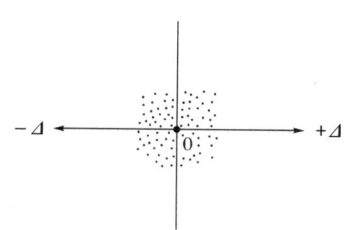

즉, 어떤 크기의 오차가 나타나는 확률은 그 크기의 오차의 수와 총수와의 비로 표현된다. 따라서 오차의 특성은 확률로 표현하면 다음과 같다.

㉮ 정(+)의 오차가 생기는 확률은 부(−)의 오차가 생기는 확률과 같다.
㉯ 작은 오차가 생기는 확률은 큰 오차가 생기는 확률보다는 크다.
㉰ 매우 큰 오차가 생기는 확률은 0이다.

### (3) 정규 분포

동일 모집단에 속하는 측정치 $M_1$, $M_2$, ……, $M_n$에 있어서 표본의 개수, 즉 $n$의 값을 크게 할수록 정측정치의 오차의 확률은 위의 오차의 특성에 따른다.

오차를 $\Delta$, $y$를 오차 $\Delta$의 확률 밀도라 하고, $y$와 $\Delta$의 관계를 그림으로 표현하면 다음 그림과 같이 된다.

이와 같은 곡선을 오차 곡선 또는 확률 곡선이라고 하며, 또 이와 같은 곡선에 따른 오차의 분포를 정규 분포라고 한다(측정치의 우차는 정규 분포된다고 생각한다). 이 곡선이 $\Delta=-\infty$에서 $\Delta=+\infty$의 사이에 끼는 면적은 1이다. 즉 모든 오차의 크기는 $-\infty$에서 $+\infty$ 사이의 값이므로 $-\infty$에서 $+\infty$ 사이에 일어나는 오차의 확률은 1이다.

$y$와 $\Delta$와의 관계를 식으로 표현하면

$$y = \left(\frac{h}{\sqrt{\pi}}\right) e^{-h^2 \Delta^2}$$

여기서, $h$는 정도 지수라고 불리우는 정수인데 실제로는 많이 쓰이지 않는다. 측정의 정도를 표현하는 정수로서 일반적으로 $h$ 대신에 분산 $\sigma^2$을 사용하고 있다.

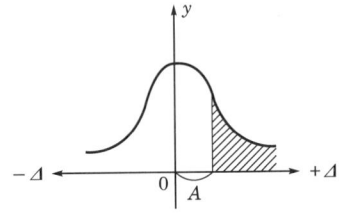

### (4) 표준 편차(평균 제곱 오차)·확률 오차

오차 $\Delta$의 자승합을 $[\Delta\Delta]$로 표현한다. 즉,

$$[\Delta\Delta] = \Delta_1^2 + \Delta_2^2 + \cdots\cdots + \Delta_n^2$$

이 평균치 $\sigma^2$를 모분산이라고 하며, 평방근 $\sigma$를 모표준 편차라고 한다.

$$\sigma^2 = \frac{[\Delta\Delta]}{n}, \quad \sigma = \sqrt{\frac{[\Delta\Delta]}{n}}$$

$\sigma$는 확률 곡선의 변곡점에 있어서 $\Delta$의 값이다. 오차가 $-\Delta$와 $+\gamma$의 사이에 있는 확률이 1/2이 되는 $\Delta$의 값을 $\gamma$로 표시하고, 이 $\gamma$를 모확률 오차라고 한다. 즉, 오차가 $-\gamma$와 $+\gamma$의 사이에서 생기는 확률은 1/2이다.

$\sigma$와 $\gamma$ 사이에는 다음의 관계가 있다.

$$\gamma = 0.6745\sigma$$

일반적으로 오차의 $\Delta$의 값은 실제로는 모르기 때문에 이것을 잔차로 대용하지 않으면 안 된다.

측정치 $M_1, M_2, M_3, \cdots\cdots, M_n$의 오차가 정규 분포한다고 가정하고, 표본의 최확치를 $M_0$라고 하면, 잔차 $v$는

$$v_1 = M_1 - M_0$$
$$v_2 = M_2 - M_0$$
$$\cdots\cdots\cdots\cdots$$
$$v_n = M_n - M_0$$

이다.

$$[vv] = v_1^2 + v_2^2 + \cdots\cdots + v_n^2$$

이때 측정치 $M_1, M_2, \cdots\cdots, M_n$의 표준 편차(평균 제곱 오차) $\sigma$는

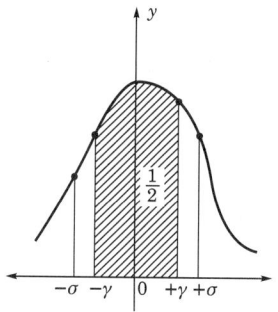

$$\sigma = \sqrt{\frac{[vv]}{n-1}}$$

또한 측정치 $M_1, M_2, M_3, \cdots\cdots, M_n$의 확률 오차 $\gamma$는

$$\gamma = 0.6745\sigma = 0.6745\sqrt{\frac{[vv]}{n-1}}$$

모집단의 표준 편차 및 확률 오차, 즉 모표준 편차 및 모확률 오차를 알 수가 없기 때문에 이들의 측정치의 표준 편차 및 확률 오차를 가지고 모집단의 표준 편차 및 확률 오차를 추정한다. 측정치 $M_1, M_2, \cdots\cdots, M_n$이 최확치 $M_0$에 가까우면 정잔차 $v$의 절대치는 작아진다.

다시 말해 $\sigma$ 및 $\gamma$ 값도 작아진다. $\sigma$ 또는 $\gamma$의 값이 작을수록 정도(精度)가 높은 측정이라고 할 수 있다.

# 5 직접 측정

측정치 $M_1, M_2, \cdots\cdots, M_n$ 측정치의 경중률 $P_1, P_2, \cdots\cdots, P_n$ 최확치 $M_0$, 잔차 $v_1, v_2, \cdots\cdots, v_n$이라고 정하면,

## (1) 경중률이 동일한 경우

- 최확치$(M_0) = \dfrac{M_1 + M_2 + \cdots\cdots + M_n}{n} = \dfrac{[M]}{n}$

  평균치를 최확치라고 할 때 잔차 자승합 $[vv] = v_1{}^2 + v_2{}^2 + \cdots\cdots + v_n{}^2$ 은 최소가 되는 것이다.

- 측정치의 평균 자승 오차 $\sigma = \sqrt{\dfrac{[vv]}{n-1}}$

- 최확치의 평균 자승 오차 $\sigma_0 = \sqrt{\dfrac{[vv]}{n(n-1)}}$

또한 확률 오차는

- $\gamma = 0.6745\sigma = 0.6745\sqrt{\dfrac{[vv]}{n-1}}$

- $\gamma_0 = 0.6745\sigma_0 = 0.6745\sqrt{\dfrac{[vv]}{n(n-1)}}$

## (2) 경중률이 다를 경우

- 최확치$(M_0) = \dfrac{P_1 M_1 + P_2 M_2 + \cdots\cdots + P_n M_n}{P_1 + P_2 + P_3} = \dfrac{[PM]}{[P]}$

- 무게 $P_i$의 측정치와 자승 평균 오차 $\sigma_t = \sqrt{\dfrac{P[vv]}{P_i(n-1)}}$

- 최확치의 평균 자승 오차 $\sigma_0 = \sqrt{\dfrac{P[vv]}{[P](n-1)}}$

또한 확률 오차는

- $\gamma = 0.6745\sigma = 0.6745\sqrt{\dfrac{P[vv]}{P_i(n-1)}}$

- $\gamma_0 = 0.6745\sigma_0 = 0.6745\sqrt{\dfrac{P[vv]}{[P](n-1)}}$

- 최확치의 검산식 $[Pv] = P_1 v_1 + P_2 v_2 + \cdots\cdots + P_n v_n \fallingdotseq 0$

## (3) 참값의 신뢰 구간

<예제 1>을 가지고 설명하자. 6개의 측정치에서 최확치 35.432m를 얻고 이 최확치의 평균 자승 오차 0.018m를 가지고 35.432±0.018이라는 참값을 추정한 것이다.

그런데 다시 나머지 1회 측정을 하고 측정치 35.52m를 얻으면 7개의 측정치가 되며 그 평균치는

$$\frac{1}{7}(212.59 + 35.52) = \frac{1}{7} \times 248.11 = 35.444\text{m}$$

이므로 최확치는

$$M_0 = 35.444\text{m}$$

로 된다.

즉, 전의 최확치가 다른 값이 된다.

이와 같이 최확치는 측정 횟수가 변하면 달라지기 때문에 하나의 최확치로서는 아무래도 안심할 수 없는 기분이 든다. 그래서 이 하나의 최확치를 사용하여 참값은 일체 이 최확치에서 얼마의 폭에 존재하는가를 추정하고 하나의 최확치의 폭을 가지고 하는 방법을 생각한다.

이것을 구간 추정법이라고 한다.

**예제 1** 어떤 거리를 같은 정도로 6회 재고 다음의 측정치를 얻었다. 이 거리의 최확치, 그 평균 자승 오차(중등 오차)와 확률 오차를 구하시오.

① 35.44m,  ② 35.50m,  ③ 35.41m
④ 35.38m,  ⑤ 35.40m,  ⑥ 35.46m

**해설**

① 최확치

$$M_0 = \frac{[M]}{n} = \frac{212.59}{6} = 35.432\text{m}$$

|   | $M$ | $v$ | $vv$ |
|---|---|---|---|
| 1 | 35.44 | $0.8 \times 10^{-2}$ | $0.64 \times 10^{-4}$ |
| 2 | 35.50 | $6.8 \times 10^{-2}$ | $46.24 \times 10^{-4}$ |
| 3 | 35.41 | $-2.2 \times 10^{-2}$ | $4.84 \times 10^{-4}$ |
| 4 | 35.38 | $-5.2 \times 10^{-2}$ | $27.04 \times 10^{-4}$ |
| 5 | 35.40 | $-3.2 \times 10^{-2}$ | $10.24 \times 10^{-4}$ |
| 6 | 35.46 | $2.8 \times 10^{-2}$ | $7.84 \times 10^{-4}$ |
| [계] | 212.59 | $-0.002 \fallingdotseq 0$ | $96.84 \times 10^{-4}$ |

② 평균 자승 오차(중등 오차)

$$M_0 = \sqrt{\frac{v^2}{(n-1)n}} = \sqrt{\frac{(96.84 \times 10^{-4})}{(6-1)6}} = \pm 0.018\text{m}$$

③ 확률 오차

$$\gamma_0 = \pm 0.018 \times 0.6745 = \pm 0.012\text{m}$$

지금 $n$개의 측정치에서 최확치 $M_0$를 얻었다고 하자. 참값 $M$이 신뢰도 $\alpha\%$를 가지고 $\underline{M}$와 $\overline{M}$의 사이에 있다고 하면 $\underline{M}, \overline{M}$를 신뢰 구간이라고 한다.

신뢰 구간은 다음식에 의하여 산출된다.

$$\underline{M} = M_0 - \sigma_0 t_0$$
$$\overline{M} = M_0 + \sigma_0 t_0$$

여기서, $\sigma_0$ : 평균 자승 오차
$t_0$ : 신뢰도 $\alpha\%$일 때, 자유도$(n-1)$의 $t$ 분포의 값

$\alpha$는 95% 또는 99%를 채용한다.

신뢰도 95%라 함은 대략 100개 중에서 95개는 참값으로 $\underline{M}$와 $\overline{M}$의 사이에 있을 것이라는 의미다. 따라서, 신뢰도 99%의 경우의 $\underline{M}$와 $\overline{M}$의 중에는 95%의 신뢰도보다 커지게 된다.

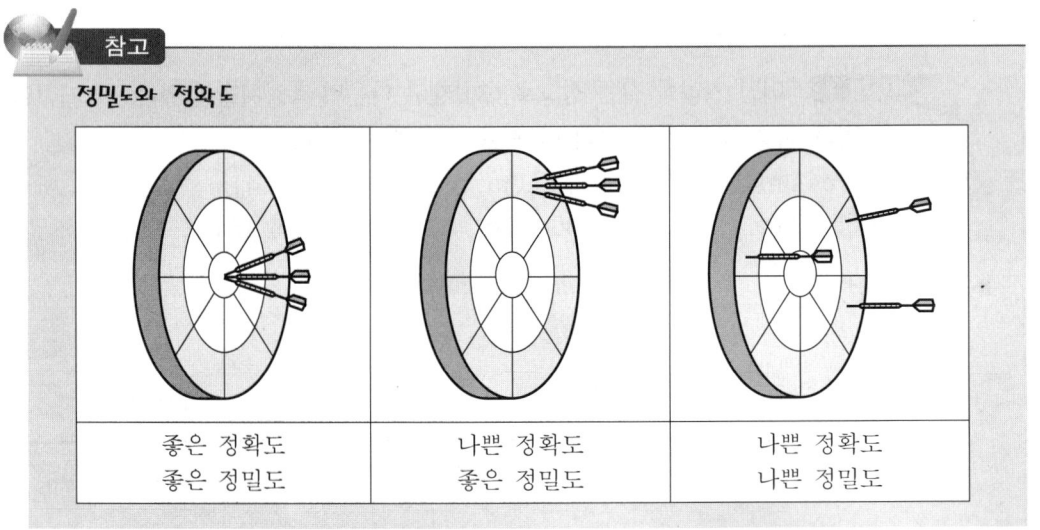

참고

정밀도와 정확도

| 좋은 정확도 좋은 정밀도 | 나쁜 정확도 좋은 정밀도 | 나쁜 정확도 나쁜 정밀도 |

# 02 오차의 전파

## 1 개요

측량에서는 한 번에 측정할 수 없는 경우에는 구간을 나누어 측정하거나 각과 거리를 측정하여 이들의 함수로 만들어진 좌표를 이용한다. 이 경우에 각각의 측정값에는 오차가 포함되어 계산된 좌표에 측정 오차가 누적되므로 이를 고려해야 한다.

예를 들면 2변과 협각을 알고 삼각형의 면적을 구하는 공식은 $S = \dfrac{a \cdot b \cdot \sin c}{2}$ 이다.

2변 $a$, $b$와 그 협각 $c$는 직접 측정하고, 그 최확치 $a_0$, $b_0$, $c_0$ 및 평균 자승 오차 $\sigma_a$, $\sigma_b$, $\sigma_c$를 알 수가 있다. 삼각형의 면적 $S$의 최확치 $S_0 = \dfrac{a_0 \cdot b_0 \cdot \sin c_0}{2}$ 라고 하여 계산된다. 이때 $S_0$의 평균 자승 오차 $\sigma$에 대하여 $\sigma_a$, $\sigma_b$ 및 $\sigma_c$가 미치는 영향을 조사하는 것을 오차 전파의 법칙이라고 한다.

## 2 정오차의 전파

정오차의 전파는 최확값과 직접 관계되는 보정량(correction)의 문제로 취급할 수 있으며 측정 단위(자릿수)를 정하거나 보정식에서 측정 요소를 채택할 때 사용된다.

### (1) 정오차의 전파

다음과 같은 모델을 고려해 보자.

$y = f(x_1,\ x_2,\ x_3,\ \cdots\cdots,\ x_n)$

여기서 측정치를 $x_{10}$, $x_{20}$, $x_{30}$, …… 라 하고 측정치에 포함된 정오차를 $\Delta x_1$, $\Delta x_2$, ……, $\Delta x_n$이라 하면

$$x_1 = x_{10} + \Delta x_1, \ x_2 = x_{20} + \Delta x_2, \ \cdots\cdots, \ x_n = x_{no} + \Delta x_n$$

이 되므로 Taylor 급수 전개에 의해 선형화한 값을 사용하여 다음과 같은 전파식이 된다.

$$\Delta y = f(x_1, x_2, \cdots\cdots, x_n) - f_0(x_{10}, x_{20}, \cdots\cdots, x_{10})$$

$$\Delta y = \frac{\partial y}{\partial x_1}\Delta x_1 + \frac{\partial y}{\partial x_2}\Delta x_2 + \cdots\cdots + \frac{\partial y}{\partial x_n}\Delta x_n$$

## 3 우연 오차 전파

우연 오차의 전파는 측량 계획에서 계산 결과에 대한 오차 크기를 정하는 등의 예비 분석이나 조정 결과의 분석에 사용되고 있다.

기선을 분할 측정한 경우와 같이 측정값들이 조합되어 있는 경우, 계산 결과의 표준 오차는 개개의 표준 오차에 대한 제곱합의 평방근으로 나타낸다. 즉,

$$x = x_1 + x_2 + x_3 + \cdots\cdots + x_n$$

$$\sigma_x = \sqrt{\sigma_1^{\,2} + \sigma_2^{\,2} + \cdots\cdots \sigma_n^{\,2}}$$

$x_1, x_2, \cdots\cdots, x_n$이 서로 독립되어 있고 $y = f(x_1, x_2, \cdots\cdots, x_n)$을 구성한다면 Taylor 급수로부터 고차항을 소거하면, 통계량인 분산(variance)에 대한 오차 전파식이 된다.

$$\sigma_f^{\,2} = \left(\frac{\partial f}{\partial x_1}\right)^2 \sigma_1^{\,2} + \left(\frac{\partial f}{\partial x_2}\right)^2 \sigma_2^{\,2} + \cdots\cdots + \left(\frac{\partial f}{\partial x_n}\right)^2 \cdot \sigma_n^{\,2}$$

**참고**

1. 미분

(1) 미분법의 기본 공식
① $y = c$ (상수)이면 → $y' = 0$
② $y = x^n$ ($n$ : 자연수)이면 → $y' = nx^{n-1}$
③ $y = cg(x)$ ($c$ : 상수)이면 → $y' = cg'(x)$
④ $y = f(x) + g(x)$ 이면 → $y' = f'(x) + g'(x)$
⑤ $y = f(x) \cdot g(x)$ 이면 → $y' = f'(x)g(x) + g'(x) \cdot f(x)$

<예제 1> 다음 함수의 도함수를 구하여라.

① $y = 10$  $\rightarrow$  $y' = 0$
② $y = x^7$  $\rightarrow$  $y' = 7x^{7-1} = 7x^6$
③ $y = 2x^3 + 3x^2 - x + 5$  $\rightarrow$  $y' = 6x^2 + 6x - 1$

> (2) 몫의 미분법 공식
> $$\left(\frac{f(x)}{g(x)}\right)' = \frac{f'(x)g(x) - f(x)g'(x)}{[g(x)]^2}$$

<예제 2> 다음 함수를 미분하여라.

① $y = \dfrac{1-x}{2x+1} \rightarrow y' = \dfrac{(1-x)'(2x+1) - (1-x)(2x+1)'}{(2x+1)^2}$

$= \dfrac{-(2x+1) - 2(1-x)}{(2x+1)^2} = \dfrac{-3}{(2x+1)^2}$

> (3) 합성 함수의 미분법
> ① $y = f(ax+b)$  $\rightarrow$  $\dfrac{dy}{dx} = af'(ax+b)$
> ② $y = \{f(x)\}^n$  $\rightarrow$  $\dfrac{dy}{dx} = n\{(x)^{n-1} \cdot f'(x)\}$

<예제 3> $y = (2x+1)^3$ 에서 $\dfrac{dy}{dx}$ 를 구하여라.

$\dfrac{dy}{dx} = 3(2x+1)^2 \cdot (2x+1)' = 6(2x+1)^2$

> (4) 역함수의 미분법
> $y = f(x) \leftrightarrow x = g(y)$
> $\dfrac{dy}{dx} = \dfrac{1}{\dfrac{dx}{dy}} \left[ f'(x) = \dfrac{1}{g'(y)} \right]$

<예제 4> $y = \sqrt{x}$ 에서 $\dfrac{dy}{dx}$ 를 구하여라.

$\dfrac{dy}{dx} = (x^{\frac{1}{2}})' = \dfrac{1}{2} x^{\frac{1}{2} - 1} = \dfrac{1}{2\sqrt{x}}$

<예제5> $y = x^2 + 1$ 에서 $\dfrac{dy}{dx}$를 구하여라.

$$x = \sqrt{y-1} = (y-1)^{\frac{1}{2}} = \frac{1}{2}(y-1)^{\frac{1}{2}}(y-1)' = \frac{1}{2\sqrt{y-1}}$$

(5) 삼각 함수의 미분법
① $y = \sin x \rightarrow y' = \cos x$
② $y = \cos x \rightarrow y' = -\sin x$
③ $y = \tan x \rightarrow y' = \sec^2 x$
④ $y = \cot x \rightarrow y' = -\csc^2 x$
⑤ $y = \sec x \rightarrow y' = \sec x \cdot \tan x$
⑥ $y = \csc x \rightarrow y' = -\csc x \cdot \cot x$

① $\left(\cot \dfrac{\alpha}{2}\right)' = \left(\dfrac{\cos \dfrac{\alpha}{2}}{\sin \dfrac{\alpha}{2}}\right)' = \dfrac{-\dfrac{1}{2} \cdot \left(\sin^2 \dfrac{\alpha}{2} + \cos^2 \dfrac{\alpha}{2}\right)}{\sin^2 \dfrac{\alpha}{2}} = \dfrac{1}{2\sin^2 \dfrac{\alpha}{2}}$

② $\left(\dfrac{1}{\sin \theta}\right)' = \dfrac{-\cos \theta}{\sin^2 \theta}$

③ $(\cos^2 \alpha)' = -2 \cdot \cos \alpha \cdot \sin \alpha \cdot \Delta \alpha = -\sin 2\alpha \cdot \Delta \alpha'$

▶삼각 함수의 덧셈 정리
$\sin(\alpha + \beta) = \sin \alpha \cdot \cos \beta + \cos \alpha \cdot \sin \beta$ 이므로
$\sin 2\alpha = \sin(\alpha + \alpha) = \sin \alpha \cdot \cos \alpha + \cos \alpha \cdot \sin \alpha$
$\qquad = 2\sin \alpha \cdot \cos \alpha$

④ $(\sin 2\theta)' = 2 \cdot \cos 2\theta \cdot \Delta \theta'$

---

**예제 1** 구형의 두 변을 측정하여 $D_1 = 25.36\text{m} \pm 0.003\text{m}$, $D_2 = 34.76\text{m} \pm 0.004\text{m}$를 얻었다. 면적의 오차는? (단, 소수 다섯째 자리에서 반올림)

**해설**

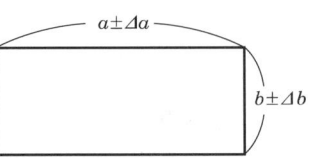

$A = a \times b$

$\Delta A^2 = \left(\dfrac{\partial A}{\partial a}\right)^2 \cdot \Delta a^2 + \left(\dfrac{\partial A}{\partial a}\right)^2 \cdot \Delta b^2$

$\Delta A^2 = b^2 \cdot \Delta a^2 + a^2 \cdot \Delta b^2$

$\therefore \Delta A = \sqrt{b^2 \cdot \Delta a^2 + a^2 \cdot \Delta b^2}$

그러므로 면적의 오차$(\Delta A) = \sqrt{(34.76^2 \times 0.003^2) + (25.36^2 \times 0.004^2)} = \pm 0.1455\text{m}^3$이다.

### 예제 2
장방형의 두 변을 측정하여 $x_1 = 25\text{m}$, $x_2 = 50\text{m}$를 얻었다. 줄자의 1m당 자승 오차는 $\pm 3\text{mm}$일 때 면적의 평균 자승 오차는?

**해설**

$\Delta a = \pm 3\sqrt{25} = 0.015\text{m}$, $\Delta b = \pm 3\sqrt{50} = 0.021\text{m}$

$M = \pm\sqrt{(x_2 \Delta a)^2 + (x_1 \Delta b)^2} = \pm\sqrt{(50 \times 0.015)^2 + (25 \times 0.021)^2} = \pm 0.92\text{m}^2$

### 예제 3
경사 거리 $a$는 30m이고 $\angle c$는 30°이다. 거리의 오차 $\Delta a = \pm 0.01\text{m}$, 각의 오차 $= \pm 2''$일 때 높이의 오차 $\Delta h$는 얼마인가?

**해설**

$h = a \cdot \sin \angle c$

$\Delta h^2 = \left(\dfrac{\partial h}{\partial a}\right)^2 \cdot \Delta a^2 + \left(\dfrac{\partial h}{\partial \angle c}\right)^2 \cdot \Delta \angle c^2$

$= \sin^2 \angle c \times \Delta a^2 + (a \cos \angle c)^2 \times \left(\dfrac{\Delta \angle c}{\rho}\right)^2$

$= \sin^2 30° \times 0.01^2 + (30 \cos 30°)^2 \times \left(\dfrac{2}{206,265}\right)^2 = 2.5 \times 10^{-5}\text{m}$

$\therefore \Delta h = \sqrt{2.5 \times 10^{-5}} = \pm 5 \times 10^{-3}\text{m}$

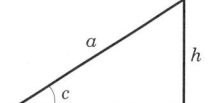

### 예제 4
삼각형의 토지 면적을 관측하여 그림과 같은 값을 얻었다. 면적과 그 평균 제곱근 오차를 구하여라.

**해설**

① $A = x \times y \times \dfrac{1}{2} = 60 \times 70 \times \dfrac{1}{2} = 2,100\text{m}^2$

② $\Delta A^2 = \left(\dfrac{\partial A}{\partial x}\right)^2 \cdot \Delta x^2 + \left(\dfrac{\partial A}{\partial y}\right)^2 \cdot \Delta y^2$

$= \left(y \cdot \dfrac{1}{2}\right)^2 \cdot \Delta x^2 + \left(x \cdot \dfrac{1}{2}\right)^2 \cdot \Delta y^2$

$\Delta A = \sqrt{\left[\left(60 \times \dfrac{1}{2}\right)^2 \times (0.01)^2\right] + \left[\left(70 \times \dfrac{1}{2}\right)^2 \times (0.02)^2\right]} = \pm 0.76\text{m}^2$

따라서, $A = 2,100\text{m}^2$, $\Delta A = \pm 0.76\text{m}^2$이다.

### 예제 5
원의 직경 $D$를 측정한 결과 $D=40\text{cm}\pm0.25\text{cm}$를 얻었다. 이 원의 면적의 최확치 및 평균 자승 오차는?

**해설**

① 최확치$(A) = \dfrac{1}{4}\pi \times D \times D$

$\qquad\qquad\quad = \dfrac{1}{4}\times \pi \times 40 \times 40 = 1,256.64\text{cm}^2$

② 평균 자승 오차는

$\Delta A^2 = \left(\dfrac{\partial A}{\partial D}\right)^2 \times \Delta D^2 + \left(\dfrac{\partial A}{\partial D}\right)^2 \times \Delta D^2$

$\qquad = \left(\dfrac{1}{4}\times\pi\times D\right)^2 \times \Delta D^2 + \left(\dfrac{1}{4}\times\pi\times D\right)^2 \times \Delta D^2$

$\qquad = \left(\dfrac{1}{4}\times\pi\times 40\right)^2 \times 0.25^2 + \left(\dfrac{1}{4}\times\pi\times 40\right)^2 \times 0.25^2 = 123.37\text{cm}^2$

$\therefore\ \Delta A = \pm 11.11\text{cm}^2$

### 예제 6
면적이 약 500m²인 지역에서 다각 측량을 하여, 그 면적을 0.1m²까지 정확히 관측하고자 할 때 각 관측선의 거리는 어느 정도 정확히 관측하면 좋은가? (단, 변길이의 관측 오차가 거의 같은 정밀도로 관측되었다.)

**해설**

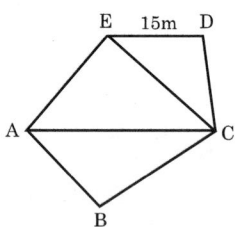

$\dfrac{\Delta A}{A} = \left(2\times\dfrac{\Delta l}{l}\right)\times 3,\quad \dfrac{\Delta A}{A} = \dfrac{6\Delta l}{l}$

$\dfrac{\Delta l}{l} = \dfrac{\Delta A}{6A} = \dfrac{0.1}{6\times 500}$

$\therefore\ \dfrac{\Delta l}{l} = \dfrac{1}{30,000}$

그러므로,

$\dfrac{1}{30,000}$ 정도로 관측을 해야 한다.

| 오차의 전파 |

# 02 실/전/문/제

**01** 거리의 고도각으로부터 고저차 $H$를 $H = S \tan \alpha$로 구할 때 거리 $S$에 오차가 없고 고도각 $\alpha$에 ±5″의 오차가 있다고 하면 $H$에는 어느 정도의 오차가 생기나? (단, $S=1$km, $\alpha=30°$)

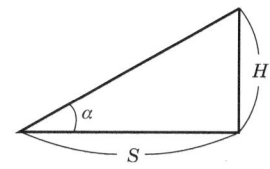

**해설**

$H = S \cdot \tan \alpha$을 이용

$\therefore \Delta H^2 = \left(\dfrac{\partial H}{\partial \alpha}\right)^2 \cdot \Delta \alpha^2$

$\Delta H^2 = (S \cdot \sec^2 \alpha)^2 \times \Delta \alpha^2 = \{1,000 \times (\sec^2 30°)\}^2 \times \left(\dfrac{5}{206,265}\right)^2$

$\Delta H^2 = 0.00104$m $\quad \therefore \Delta H = \pm 0.032$m $= \pm 3.2$cm

**02** 삼각 수준 측량에 의하여 BC의 높이 $h$를 구하고자 한다. 경사 거리 $s = 50.00$m, 경사각 $\beta = 30°00'$, 거리($S$)와 각($\beta$)에 대한 표준 오차가 각각 $\sigma_s = \pm 0.5$m, $\sigma_\beta = \pm 30'00''$일 때, 높이 $h$와 높이에 대한 표준 오차를 $\Delta h$를 구하시오.

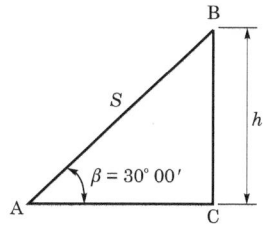

**해설**

(1) $h$

$h = S \cdot \sin \beta = 50 \times \sin 30° = 25.00$m

(2) $\Delta h$

$\Delta h^2 = \left(\dfrac{\partial h}{\partial S}\right)^2 \times \Delta S^2 + \left(\dfrac{\partial h}{\partial \beta}\right)^2 \times \Delta \beta^2 = (\sin \beta)^2 \times S^2 + (S \times \cos \beta)^2 \times \Delta \beta^2$

$= \sin^2 30° \times 0.5^2 + (50 \times \cos 30°)^2 \times \left(\dfrac{30' \times 60}{206,265''}\right)^2 = 0.20529$m

$\therefore \Delta h = \sqrt{0.20529} = \pm 0.45$m

따라서, $h = 25.00$m, $\Delta h = \pm 0.45$m 이다.

제2장. 오차의 전파 **485**

**03** 기지점 A로부터 구점 B의 방위각 $\alpha$와 거리 $S$를 측정하여 다음과 같은 결과를 얻었다.

$$\alpha = 60° \pm 20'', \quad S = 200\text{m} \pm 2\text{cm}$$

A점의 좌표($x_A$, $y_A$)에 근거하여, B점의 좌표($x_B$, $y_B$)를 구하는 경우에 $x_B$에 생기는 오차는 얼마인가? (단, $\rho''$는 $2 \times 10^5$으로 계산하고 기지점 A에는 오차가 없는 것으로 한다.)

**해설**

$$x_B = x_A + S \cdot \cos \alpha$$

$$\Delta x_B^2 = \left(\frac{\partial x_B}{\partial S}\right)^2 \times \Delta S^2 + \left(\frac{\partial x_B}{\partial \alpha}\right)^2 \times \Delta \alpha^2$$

$$= \cos^2 \alpha \times \Delta S^2 + (-S \cdot \sin \alpha)^2 \times \Delta \alpha^2$$

$$= \cos^2 60° \times (0.02)^2 + (-200 \times \sin 60°)^2 \times \left(\frac{20}{2 \times 10^5}\right)^2$$

$$= 3.82 \times 10^{-4}$$

$\therefore \Delta x_B = \pm 0.02\text{m} = \pm 2\text{cm}$

그러므로, $\Delta x_B = \pm 2\text{cm}$ 이다.

**04** 직선 $\overline{AB}$를 그림과 같이 세 구간으로 나누어 각각 독립적으로 측정한 결과 $x_1 = 51.00\text{m}$ $\pm 0.05\text{m}$, $x_2 = 36.50\text{m} \pm 0.04\text{m}$, $x_3 = 26.75\text{m} \pm 0.03\text{m}$이라고 한다. 직선 $\overline{AB}$의 거리와 이에 대한 표준 오차를 계산하시오.

**해설**

$$\overline{AB} = x_1 + x_2 + x_3 = 114.25\text{m}$$

오차 전파식으로부터

$$\overline{AB}^2 = \Delta x_1^2 + \Delta x_2^2 + \Delta x_3^2 = (0.05)^2 + (0.04)^2 + (0.03)^2 = 0.005\text{m}^2$$

$\therefore \Delta \overline{AB} = \pm 0.07\text{m}$

그러므로, $y = 114.25\text{m} \pm 0.07\text{m}$ 이다.

**05** 세 가지의 각각 다른 EDM(전파, 적외선, 레이저)을 사용하여 어떤 기선을 측정한 결과 각각 1,250.25m, 1,250.36m, 1,250.27m였다. 측정에 사용된 EDM의 정밀도가 전파의 경우 $\pm(15\text{mm}+5\times D\text{mm/km})$, 적외선의 경우 $\pm(5\text{mm}+5\times D\text{mm/km})$, 레이저의 경우 $\pm(10\text{mm}+2\times D\text{ppm})$이라고 할 때 기선의 최확값을 구하시오.

**해설**

먼저, 기계의 표준 편차를 구하면

$$\text{전파} = \pm\sqrt{0.015^2 + (0.005 \times 1,250.25 \times 10^{-3})^2} = \pm 0.016\text{m}$$

$$\text{적외선} = \pm\sqrt{0.005^2 + (0.005 \times 1,250.36 \times 10^{-3})^2} = \pm 0.008\text{m}$$

$$\text{레이저} = \pm\sqrt{0.010^2 + (1,250.27 \times 2 \times 10^{-6})^2} = \pm 0.010\text{m}$$

경중률을 구하면

$$\frac{1}{0.016^2} : \frac{1}{0.008^2} : \frac{1}{0.010^2} = 1 : 4 : 2.56$$

최확값은

$$\frac{P_1 l_1 + P_2 l_2 + P_3 l_3}{P_1 + P_2 + P_3} = \frac{1 \times 1,250.25 + 4 \times 1,250.36 + 2.56 \times 1,250.27}{1 + 4 + 2.56}$$

$$= 1,250.31\text{m}$$

∴ 기선의 최확값은 1,250.31m이다.

**06** 삼각형의 두 변($a$, $b$)과 그 낀각($c$)에 대한 값과 그들에 대한 표준 오차가 다음과 같다. 삼각형의 면적과 면적에 대한 표준 오차를 구하시오. (단, 최종 결과는 소수 이하는 반올림한다.)

$a = 472.58\text{m}$,       $b = 214.55\text{m}$
$c = 37°15'$,       $\Delta a = \pm 0.09\text{m}$
$\Delta b = \pm 0.06\text{m}$,       $\Delta c = \pm 30''$

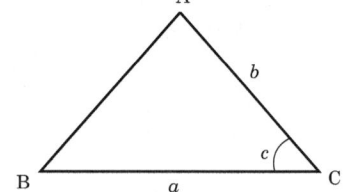

**해설**

(1) 면적($A$)

$$\text{면적}(A) = \frac{1}{2} \cdot a \cdot b \cdot \sin c$$

$$= \frac{1}{2} \times 472.58 \times 214.55 \times \sin 37°15' = 30,686\text{m}^2$$

(2) 면적의 표준 오차($\Delta A$)

면적 오차는 오차 전파의 법칙으로부터 계산하면

$$\Delta A^2 = \left(\frac{\partial A}{\partial a}\right)^2 \Delta a^2 + \left(\frac{\partial A}{\partial b}\right)^2 \Delta b^2 + \left(\frac{\partial A}{\partial c}\right)^2 \Delta c^2$$

$$= \left(\frac{1}{2} \cdot b \cdot \sin c\right)^2 \cdot \Delta a^2 + \left(\frac{1}{2} \cdot a \cdot \sin c\right)^2 \cdot \Delta b^2$$

$$+ \left(\frac{1}{2} \cdot a \cdot b \cdot \cos c\right)^2 \left(\frac{\Delta c}{\rho''}\right)^2$$

$$= \left\{\left(\frac{1}{2} \times 214.55 \times \sin 37°15'\right)^2 \times (0.09)^2\right\}$$

$$+ \left\{\left(\frac{1}{2} \times 472.58 \times 214.55 \times \cos 37°15'\right)^2 \times \left(\frac{30}{206,265}\right)^2\right\}$$

$$= 34.15 + 73.64 + 34.45 = \pm 142.24\text{m}^2$$

$$\Delta A = \sqrt{142.24} = \pm 11.93\text{m}^2 = 12\text{m}^2$$

그러므로, 면적은 $30,686\text{m}^2$이고, 면적에 대한 표준 오차는 $\pm 12\text{m}^2$이다.

**07** 직각 삼각형의 직각을 낀 두 변 $a$, $b$를 측정하여 다음과 같은 결과를 얻었다. 빗변 $c$의 거리는? (단, $a=92.56\pm0.08$, $b=43.25\pm0.06$) (단위는 m이다.)

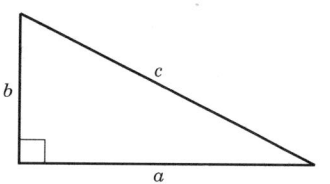

### 해설

(1) 빗변($c$)
$$c = \sqrt{a^2+b^2} = \sqrt{92.56^2+43.25^2} = 102.166\text{m}$$

(2) 빗변 $c$의 표준 오차($\Delta c$)
$$\Delta c^2 = \left(\frac{\partial c}{\partial a}\right)^2 \cdot \Delta a^2 + \left(\frac{\partial c}{\partial b}\right)^2 \cdot \Delta b^2$$

$$\therefore \Delta c^2 = \left[\left\{\frac{1}{2}(a^2+b^2)^{-\frac{1}{2}}\right\}\times 2a\right]^2 \times \Delta a^2 + \left[\left\{\frac{1}{2}(a^2+b^2)^{-\frac{1}{2}}\right\}\times 2b\right]^2 \times \Delta b^2$$

$$= \left(\frac{a}{\sqrt{a^2+b^2}}\right)^2 \times \Delta a^2 + \left(\frac{b}{\sqrt{a^2+b^2}}\right)^2 \times \Delta b^2$$

$$= \left(\frac{92.56}{\sqrt{92.56^2+43.25^2}}\right)^2 \times 0.08^2 + \left(\frac{43.25}{\sqrt{92.56^2+43.25^2}}\right)^2 \times 0.06^2$$

$$= 0.00525 + 0.000645$$

$$\therefore \Delta c = \sqrt{0.00525+0.000645} = \pm 0.077\text{m}$$

그러므로, 빗변 $c$는 $102.166\text{m} \pm 0.077\text{m}$이다.

**08** 거리와 방향각에서 새로운 P점의 $X$좌표 및 $Y$좌표를 $X = S \cos\alpha$, $Y = S \sin\alpha$로 구할 경우, 거리 $S$에 오차가 없고, 방향각 $\alpha$에 ±5″의 오차가 있다고 하면 $x$와 $y$에 얼마쯤의 오차가 생기는가? (단, $S = 2,000$m, $\alpha = 45°$이다.)

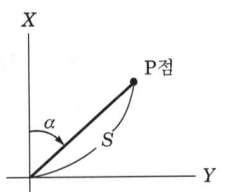

**해설**

(1) $x$에 대한 오차($\Delta x$)

$x = S \cdot \cos\alpha$

$\Delta x^2 = \left(\dfrac{\partial x}{\partial \alpha}\right)^2 \times \Delta\alpha^2 = \{S \times (-\sin\alpha)\}^2 \times \Delta\alpha^2$

$\Delta x^2 = \{2,000 \times (-\sin 45°)\}^2 \times \left(\dfrac{5}{206,265}\right)^2$

∴ $\Delta x = \pm 0.034$m $= \pm 3.4$cm

(2) $y$에 대한 오차($\Delta y$)

$y = S \cdot \sin\alpha$

$\Delta y^2 = \left(\dfrac{\partial y}{\partial \alpha}\right)^2 \times \Delta\alpha^2 = (S \times \cos\alpha)^2 \times \Delta\alpha^2$

$\Delta y^2 = (2,000 \times \cos 45)^2 \times \left(\dfrac{5}{206,265}\right)^2$

∴ $\Delta y = \pm 0.034$m $= \pm 3.4$cm

그러므로, $x$와 $y$에 ±3.4cm만큼의 오차가 생긴다.

**09** △PQR에서 ∠P와 EDM으로 측정한 변 $q$, $r$이 각각 다음과 같다. ∠P=52° 17′ 20″, $q$=468.21m, $r$=352.76m, 각에 대한 표준 오차 $\sigma_p = \pm 40''$, 변에 대한 표준 오차 $\sigma_x = \pm 0.01\text{m} + D/10{,}000$($D$는 수평 거리)라 할 때 삼각형의 면적에 대한 표준 오차 $\Delta A$를 계산하시오.

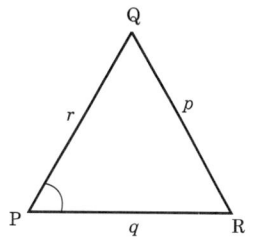

**해설**

$$\text{면적}(A) = \frac{1}{2} \cdot q \cdot r \cdot \sin \angle P = \frac{1}{2} \times 468.21 \times 352.76 \times \sin 52°17'20''$$
$$= 65{,}331.7 \text{m}^2$$

면적에 대한 표준 오차는

$$\Delta A^2 = \left(\frac{\partial A}{\partial q}\right)^2 \times \Delta q^2 + \left(\frac{\partial A}{\partial r}\right)^2 \times \Delta r^2 + \left(\frac{\partial A}{\partial p}\right)^2 \times \Delta p^2$$
$$= \left(\frac{1}{2} r \sin \angle P\right)^2 \times \Delta q^2 + \left(\frac{1}{2} q \sin \angle P\right)^2 \times \Delta r^2 + \left(\frac{1}{2} qr \cos \angle P\right)^2 \times \Delta p^2$$

> ▶ $\Delta q^2$, $\Delta r^2$
> $$\Delta q^2 = (0.01)^2 + \left(468.21 \times \frac{1}{10{,}000}\right)^2 = 0.00229$$
> $$\Delta r^2 = (0.01)^2 + \left(352.76 \times \frac{1}{10{,}000}\right)^2 = 0.00134$$

$$= \left(\frac{1}{2} \times 352.76 \times \sin 52°17'20''\right)^2 \times 0.00229$$
$$+ \left(\frac{1}{2} \times 468.21 \times \sin 52°17'20''\right)^2 \times 0.00134$$
$$+ \left(\frac{1}{2} \times 468.21 \times 352.76 \times \cos 52°17'20''\right)^2 \times \left(\frac{40}{206{,}265}\right)^2$$
$$= 186.5097 \text{m}^2$$

그러므로, 삼각형의 면적에 대한 표준 오차는

$$\Delta A = \pm 13.7 \text{m}^2 \text{이다.}$$

제2장. 오차의 전파

**10** 길이 2m인 수평 표척(substens bar)을 사용하여 수평 거리 100m를 측정하였다. 만일 중심각 $\alpha$와 수평 표척의 길이 $b$에 대한 표준 오차가 각각 $\sigma_\alpha = \pm 0.1''$, $\sigma_b = \pm 0.002$m였다고 하면, 이들에 의해 전파되는 수평 거리 $D$에 대한 표준 오차를 구하시오.

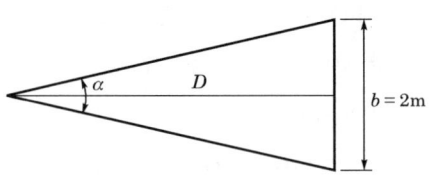

**해설**

$$\tan\frac{\alpha}{2} = \frac{\frac{b}{2}}{D}, \quad \tan\frac{\alpha}{2} = \frac{b}{2D}$$

$$\therefore D = \frac{b}{2} \cdot \cot\frac{\alpha}{2}$$

$$\Delta D^2 = \left(\frac{\partial D}{\partial b}\right)^2 \times \Delta b^2 + \left(\frac{\partial D}{\partial \alpha}\right) \times \Delta \alpha^2$$

$$= \left(\frac{1}{2} \cdot \cot\frac{\alpha}{2}\right)^2 \times \Delta b^2 + \left\{\frac{b}{2} \cdot \left(-\frac{1}{2\sin^2\frac{\alpha}{2}}\right)\right\}^2 \times \Delta\alpha^2$$

**참고**

- $\cot\frac{\alpha'}{2} = \left(\frac{\cos\frac{\alpha}{2}}{\sin\frac{\alpha}{2}}\right)' = \frac{-\frac{1}{2}\left(\sin^2\frac{\alpha}{2} + \cos^2\frac{\alpha}{2}\right)}{\sin^2\frac{\alpha}{2}} = -\frac{1}{2\sin^2\frac{\alpha}{2}}$

- $\tan\frac{\alpha}{2} = \frac{1}{100}$

  $\frac{\alpha}{2} = \tan^{-1}\frac{1}{100} = 34'23''$

$$= \left(\frac{1}{2} \times \cot 34'23''\right)^2 \times 0.0002^2 + \left\{\frac{2}{2} \times \left(-\frac{1}{2\sin^2 34'23''}\right)\right\}^2 \times \left(\frac{0.1}{206,265}\right)^2$$

$\therefore \Delta D^2 = 0.00010583$m

$\Delta D = \pm 0.0103$m $= \pm 1.03$cm

따라서 해설은 $\Delta D = \pm 0.0103$m 또는 $\pm 1.03$cm이다.

## 11

수평 표척의 길이가 2m이고 각 $\alpha$와 표척의 길이 $b$의 측정에 대한 표준 편차가 각각 $\sigma_\alpha = \pm 1''$, $\sigma_b = \pm 0.2$mm이라고 할 때, 수평 거리 100m에 대한 오차는 얼마인가?

**해설**

$D = \dfrac{b}{2} \cdot \cot \dfrac{\alpha}{2}$ 에서

$$\Delta D^2 = \left(\frac{\partial D}{\partial b}\right)^2 \times \Delta b^2 + \left(\frac{\partial D}{\partial \alpha}\right)^2 \times \Delta \alpha^2$$

$$= \left(\frac{1}{2} \cdot \cot \frac{\alpha}{2}\right)^2 \times \Delta b^2 + \left(-\frac{b}{4\sin^2\left(\frac{\alpha}{2}\right)}\right)^2 \times \Delta \alpha^2$$

$$= \left(\frac{1}{2} \cdot \cot 34' 23''\right)^2 \times (0.0002)^2 + \left(-\frac{2}{4\sin^2(34'23'')}\right)^2 \times \left(\frac{1}{206,265}\right)^2$$

> **참고**
> - $\dfrac{\alpha}{2} = \tan^{-1} \dfrac{1}{100} = 34' 23''$

$\Delta D^2 = 0.0006872$m

그러므로, 수평 거리에 대한 오차는

$\Delta D = \pm 0.026$m 이다.

**12** 다음 그림에서 $c = 126.540\text{m} \pm 0.012\text{m}$, $\angle A = 30°11.5' \pm 2.0'$, $\angle C = 54°7.7' \pm 2.6'$일 때 $a$의 표준 편차는?
(단위 : cm단위까지)

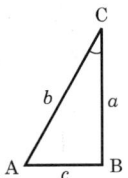

### 해설

$$a = \frac{c \cdot \sin \angle A}{\sin \angle C} = \frac{126.540 \times \sin 30°11.5'}{\sin 54°7.7'} = 78.53\text{m}$$

$$\Delta a^2 = \left(\frac{\partial a}{\partial c}\right)^2 \cdot \Delta c^2 + \left(\frac{\partial a}{\partial \angle A}\right)^2 \cdot \angle A^2 + \left(\frac{\partial a}{\partial \angle C}\right)^2 \cdot A\angle C^2$$

$$\therefore \Delta a^2 = \left(\frac{\sin \angle A}{\sin \angle C}\right)^2 \times 0.012^2 + \left(\frac{c \times \cos \angle A}{\sin \angle C}\right)^2 \times \left(2.0' \times 60 \times \frac{1}{206,265}\right)^2$$

$$+ \left(\frac{-c \times \sin \angle A \times \cos \angle C}{\sin^2 \angle C}\right)^2 \times \left(2.6' \times 60 \times \frac{1}{206,265}\right)^2$$

$$= \left(\frac{\sin 30°11.5'}{\sin 54°7.7'}\right)^2 \times 0.012^2 + \left(\frac{126.540 \times \cos 30°11.5'}{\sin 54°7.7'}\right)^2$$

$$\times \left(2.0' \times 60 \times \frac{1}{206,265}\right)^2$$

$$+ \left(\frac{-126.540 \times \sin 30°11.5' \times \cos 54°7.7'}{\sin^2 54°7.7'}\right)^2$$

$$\times \left(2.6' \times 60 \times \frac{1}{206,265}\right)^2$$

$$= 0.008066\text{m}$$

그러므로, $a$의 표준 편차는
$\Delta a = \pm 0.09\text{m}$ 이다.

**13** 삼각형의 2변 $b$, $c$와 그 협각을 측정하여 다음 결과를 얻었다. 그 면적과 평균 자승 오차를 구하시오.

$b = 250.56\text{m} \pm 0.03\text{m}$

$c = 300.13\text{m} \pm 0.04\text{m}$

$\angle A = 45° 12' \pm 30''$

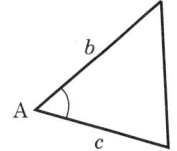

**해설**

$$S = \frac{b \cdot c \cdot \sin \angle A}{2} = 26,680.06\text{m}^2$$

$$\Delta S^2 = \left(\frac{\partial S}{\partial b}\right)^2 \cdot \Delta b^2 + \left(\frac{\partial S}{\partial c}\right)^2 \cdot \Delta c^2 + \left(\frac{\partial S}{\partial A}\right)^2 \cdot \Delta A^2$$

$$= \left(\frac{c \cdot \sin \angle A}{2}\right)^2 \times \Delta b^2 + \left(\frac{b \cdot \sin \angle A}{2}\right)^2 \times \Delta c^2 + \left(\frac{b \cdot c \cos \angle A}{2}\right)^2 \times \Delta A^2$$

$$= \left(\frac{300.13 \times \sin 45° 12'}{2}\right)^2 \times (0.03)^2 + \left(\frac{250.56 \times \sin 45° 12'}{2}\right)^2 \times (0.04)^2$$

$$+ \left(\frac{250.56 \times 300.13 \times \cos 45° 12'}{2}\right)^2 \times \left(\frac{30}{206,265}\right)^2$$

$$= 37.6974\text{m}^2$$

$\therefore \Delta S = \sqrt{37.6974} = \pm 6.14\text{m}^2$

그러므로, 구하고자 하는 답은

$S = 26,680.06\text{m}^2$, $\Delta S = \pm 6.14\text{m}^2$이다.

**14** 거리 $S$, 고저각 $\alpha$를 측정하여 $H = S \cdot \tan \alpha$의 관계식에 의하여 높이 $H$를 구할 때 $S$, $\alpha$의 값을 각각 52.320m, 25° 30′, 그 평균 자승 오차를 각각 2mm, 10″라고 하면 $H$와 그의 평균 자승 오차는 얼마인가?

**해설**

$H = S \cdot \tan \alpha$

(1) $H$

$H = S \tan \alpha = 52.320 \times \tan 25° 30′ = 24.96\text{m}$

(2) $\Delta H$

$$\Delta H^2 = \left(\frac{\partial H}{\partial S}\right)^2 \cdot \Delta S^2 + \left(\frac{\partial H}{\partial \alpha}\right)^2 \cdot \Delta \alpha^2$$

$$= (\tan \alpha)^2 \times \Delta S^2 + (S \cdot \sec^2 \alpha)^2 \times \Delta \alpha^2$$

$$= (\tan \alpha)^2 \times \Delta S^2 + \left(S \cdot \frac{1}{\cos^2 \alpha}\right)^2 \times \Delta \alpha^2$$

$$= (\tan \alpha)^2 \times \Delta S^2 + \left(S \cdot \frac{1}{\cos^2 \alpha}\right)^2 \times \Delta \alpha^2$$

$$= (\tan 25°30′)^2 \times (0.002)^2 + \left(52.320 \times \frac{1}{\cos^2 25°30′}\right)^2 \times \left(\frac{10}{206,265}\right)^2$$

$\therefore \Delta H^2 = 1.06 \times 10^{-5}\text{m}$

따라서 $\Delta H = \sqrt{1.06 \times 10^{-5}} = \pm 0.003\text{m}$이다.

그러므로, 구하는 답은

$H = 24.96\text{m}, \quad \Delta H = \pm 0.003\text{m}$이다.

**15** 삼각 수준 측량을 실시한 결과 평균 연직각 $\alpha = 9°\ 46'\ 29''$, AB간의 경사 거리 $S_1 = 332.791$m, B점에 세운 표척의 읽음 $\overline{CB} = 1.372$m이며, 기계고 $I = 1.558$m이다. (단, A점의 지반고는 21.935m이다.).

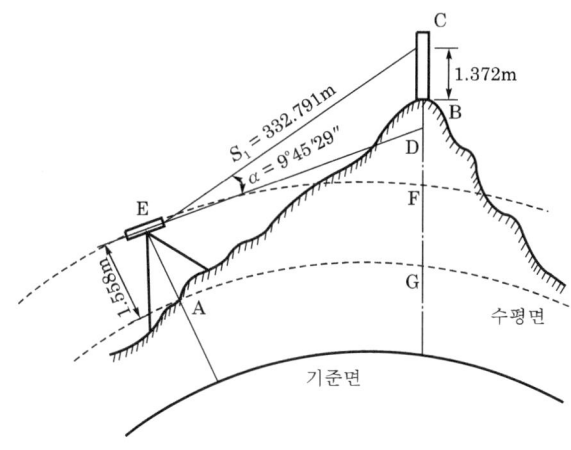

(1) 지구의 곡률과 대기의 굴절에 의한 영향을 고려했을 때 B점의 지반고를 구하시오. (단, 지구의 반경 $R = 6,370$km, 굴절 계수 $k = 0.14$)
(2) 경사 거리 $S$에 대한 표준 오차는 $\sigma_s = \pm 0.02$m, 각 $\alpha$에 대한 표준 오차는 $\sigma_a = \pm 4''$, 기계고 및 표척 높이에 대한 표준 오차는 $\sigma_h = \pm 0.005$m, 지구의 곡률과 대기 굴절에 의한 표준 오차를 $\sigma_{cr} = \pm 0.002$m라 할 때, A, B 두 점간의 높이차에 대한 표준 오차 $\sigma_{\Delta h}$를 구하시오. (단, mm 단위까지 구한다.)

### 해설

**(1) B점의 지반고($H_B$)**

$$H_B = H_A + I + h - S + \frac{D^2(1-k)}{2R}$$

$$= 21.935 + 1.558 + 332.791 \times \sin 9°\ 46'\ 29'' - 1.372$$

$$+ \left( \frac{(332.791 \times \cos 9°\ 46'\ 29'')^2}{2 \times 6,370,000} \right)(1 - 0.14)$$

$$= 78.621\text{m}$$

그러므로, B점의 지반고는
$H_B = 78.621$m 이다.

(2) $\sigma_{\Delta H}$

$$\Delta H = P = H_B - H_A = I + h - S + \frac{D^2(1-k)}{2R}$$

$$= I + S_1 \times \sin\alpha - S + \frac{D^2}{2R}(1-k)$$

$$\Delta H^2 = \left(\frac{\partial P}{\partial I}\right)^2 \cdot \Delta I^2 + \left(\frac{\partial P}{\partial S_1}\right)^2 \cdot \Delta S_1^2 + \left(\frac{\partial P}{\partial \alpha}\right)^2 \cdot \Delta\alpha^2$$

$$+ \left(\frac{\partial P}{\partial S}\right)^2 \cdot S^2 + \left(\frac{\partial P}{\partial C_r}\right)^2 \cdot \Delta C_r^2$$

▶ $C_r$
$$C_r = \frac{D^2}{2R}(1-k)$$

$$= 1 \times \Delta I^2 + \sin^2\alpha \times \Delta S_1^2 + S_1 \cos^2\alpha \times \Delta\alpha^2 + 1 \times \Delta S^2 + 1 \times \Delta C_r^2$$

$$= 0.005^2 + (\sin 9°46'29'')^2 \times 0.02^2 + (332.791 \times \cos 9°46'29'')^2$$

$$\times \left(\frac{4}{206,265}\right)^2 + 0.005^2 + 0.002^2$$

$$= 1.0598 \times 10^{-4} \text{m}$$

$$\therefore \Delta H(\sigma_{\Delta H}) = \sqrt{1.0598 \times 10^{-4}} = \pm 0.010 \text{m}$$

그러므로 A, B 높이차에 대한 표준 오차는

$\Delta H = \pm 0.010$m 이다.

**16** 다음 그림과 같은 삼각 수준 측량을 실시한 결과 연직각 $\alpha = 10°\ 20'\ 35''$, AB간의 경사 거리 $S = 325.795$m, B점에 세운 표척의 읽음 $\overline{CB} = 1.375$m, 기계고 $I = 1.498$m였다고 한다. (단, A점의 지반고는 200.935m이다.)

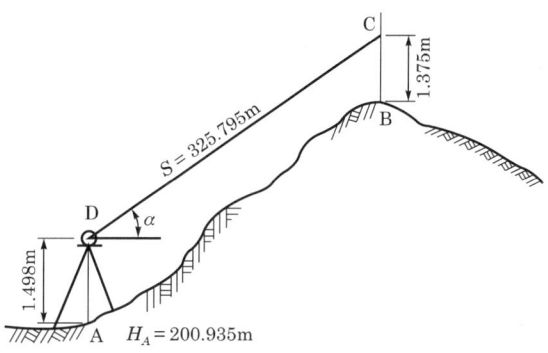

(1) 지구의 곡률과 대기의 굴절에 의한 영향을 고려했을 때 B점의 지반고를 구하시오. (단, 지구의 반경 $R = 6,370$km, 굴절 계수 $k = 0.14$)

(2) 경사 거리 $S$에 대한 표준 오차는 $\sigma_s = \pm 0.02$m, 각 $\alpha$에 대한 표준 오차는 $\sigma_\alpha = \pm 4''$, 기계고 및 표척 높이에 대한 표준 오차는 $\sigma_h = \pm 0.005$m, 지구의 곡률과 대기 굴절에 의한 표준 오차를 $\sigma_{cr} = \pm 0.002$m라 할 때, A, B 두 점간의 높이차에 대한 표준 오차 $\sigma_{\Delta H}$를 구하시오.

### 해설

(1) $H_B = H_A + I + h - S + 양차(C_r)$

$= 200.935 + 1.498 + (325.795 \times \sin 10°\ 20'\ 35'') - 1.375$

$+ \left( \dfrac{(325.795 \times \cos 10°\ 20'\ 35'')^2}{2 \times 6,370,000}(1 - 0.14) \right) = 259.559$m

$\therefore H_B = 259.559$m

(2) $\Delta H = I + h - S + 양차 = I + S \cdot \sin \alpha - BC + 양차(C_r)$

$\sigma_{\Delta H}^2 = \left( \dfrac{\partial \Delta H}{\partial I} \right)^2 \cdot \Delta I^2 + \left( \dfrac{\partial \Delta H}{\partial S} \right)^2 \cdot \Delta S^2 + \left( \dfrac{\partial \Delta H}{\partial \alpha} \right)^2 \cdot \Delta \alpha^2$

$+ \left( \dfrac{\partial \Delta H}{\partial BC} \right)^2 \cdot \Delta BC^2 + \left( \dfrac{\partial \Delta H}{\partial C_r} \right)^2 \cdot \Delta C_r^2$

$= 1^2 \times 0.005^2 + (\sin 10°\ 20'\ 35'')^2 \times 0.02^2 + (325.795 \times \cos 10°\ 20'\ 35'')^2$

$\times \left( \dfrac{4}{206,265} \right)^2 + (-1)^2 \times 0.005^2 + 1^2 \times 0.002^2 = 1.06 \times 10^{-4}$m

$\therefore \sigma_{\Delta H} = \pm 0.01$m

**17** 그림과 같은 $\overline{AB}$ 두 지점의 경사 거리 $L_{AB}$와 연직각 $\theta$를 이용하여 수평 거리 $D_{AB}$를 구하고자 한다.

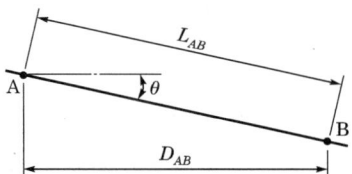

(1) 만일 연직각 $\theta$의 측정 오차가 수평 거리 $D_{AB}$에 미치는 영향이 0.005m를 넘지 않아야 한다면, $L_{AB}$=200m, $\theta$=3.5°일 때, 연직각 $\theta$를 어느 정도의 정밀도로 측정하여야 이 조건을 충족시킬 수 있겠는가?

(2) 수평 거리 $D_{AB}$에 대한 상대 오차를 1/10,000로 한다면 연직각 $\theta$의 정밀도는 어떻게 하여야 하겠는가?

(1) $D_{AB} = L_{AB} \cos\theta$

$$\Delta D^2 = \left(\frac{\partial D}{\partial L}\right)^2 \times \Delta L^2 + \left(\frac{\partial D}{\partial \theta}\right)^2 \times \Delta\theta^2 \text{에서}$$

$$\Delta D^2 = \left(\frac{\partial D}{\partial \theta}\right)^2 \times \Delta\theta^2 = (-L\sin\theta)^2 \times \frac{\Delta\theta^2}{\rho^2}$$

$$\therefore \Delta\theta = \sqrt{\frac{\Delta D^2}{(-L\sin\theta)^2} \times \rho^2} = \sqrt{\frac{0.005^2}{(-200 \times \sin 3.5°)^2} \times \left(\frac{180°}{\pi}\right)^2}$$

$$= \pm 1' 24.47''$$

따라서, $\theta$는 측정각의 표준 오차가 $01' 24.47''$보다는 더 정밀하여야 하므로 각의 측정에 있어서 최소 읽음각이 $1' 24.47''$ 또는 이보다 더 정밀하게 측정하여야 한다.

(2) 상대 오차가 1/10,0000이 되어야 하므로

$$\frac{\Delta D}{D} = \frac{L\sin\theta \cdot \sigma_\theta}{L\sin\theta} = \tan\theta \; \sigma_\theta$$

그런데 상대 오차가 $\Delta D/D = 1/10,000$이 되어야 하므로

$$\frac{1}{10,000} = \tan 3.5° \; \sigma_\theta$$

$$\therefore \sigma_\theta = \pm 5.89''$$

따라서, 경사각 $\theta$는 최소 읽음값이 $5.89''$보다 더 정밀하게 측정하여야 한다.

또는 $\dfrac{1}{35,000}$ 의 정밀도로 측정하여야 한다.

**18** $K=100$, $C=0$인 transit을 사용하여 시거 측량을 한 결과 $l=100$cm, $\alpha=30°$에 있어서 $D=97$m를 얻었다. 그런데 이 관측에는 $K$에 $\Delta K=\pm 0.3$, $l$에 $\Delta l=\pm 0.5$cm, $\alpha$에 $\Delta \alpha=\pm 3'$의 오차와 표척에 $\delta=\pm 2°$의 경사가 있었다. 이 관측에서 거리의 종합 오차는 얼마인가? (단, 계산은 소수점 아래 4자리에서 반올림할 것)

### 해설

$$D = kl\cos^2\alpha + \cos\alpha = kl\cos^2\alpha$$

$$\Delta D^2 = \left(\frac{\partial D}{\partial k}\right)^2 \times \Delta k^2 + \left(\frac{\partial D}{\partial l}\right)^2 \times \Delta l^2 + \left(\frac{\partial D}{\partial \alpha}\right)^2 \times \Delta \alpha^2 + \Delta h^2$$

$$= (l \cdot \cos^2\alpha)^2 \times \Delta k^2 + (k \cdot \cos^2\alpha)^2 \times \Delta l^2 + (-kl\sin 2\alpha)^2 \times \Delta \alpha^2 + \Delta h^2$$

$$= (1 \cdot \cos^2 30°)^2 \times 0.3^2 + (100 \times \cos^2 30°)^2 \times 0.005^2 + \{-100 \times 1 \times \sin(2 \times 30)\}^2 \times \left(\frac{3' \times 60}{206,265}\right)^2 + \Delta h^2 = 0.051 + 0.141 + 0.006 + \Delta h^2$$

▶ $\Delta h$

$\dfrac{\Delta h}{h} = \dfrac{\Delta \delta''}{\rho''}$, $h = D\tan\alpha$ 이므로

$$\Delta h = \frac{\Delta \delta''}{\rho''} \times h$$

$$= \frac{2° \times 60 \times 60}{206,265} \times 97 \times \tan 30°$$

$$= 1.955 \text{m}$$

$$= 0.051 + 0.141 + 0.006 + 3.822 = 4.020 \text{m}$$

∴ $\Delta D = \sqrt{4.020} = \pm 2.005$m

그러므로, 거리의 종합 오차는

$\Delta D = \pm 2.005$m 이다.

**19** 그림에서와 같이 $a$, $b$, $\psi$를 측정하였다. 변장 $C$ 및 표준 편차 $\Delta C$를 구하시오(소수점 아래 4자리에서 반올림). (단, 거리의 표준 편차 $\Delta S = 2 \times 10^{-6} \cdot S$, 각의 표준 편차 $\Delta \psi = 7 \times 10^{-6}$rad)

(1) 변장            (2) 표준 편차 $\Delta c$

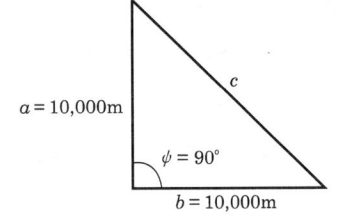

### 해설

(1) 변의 길이

$$c = \sqrt{a^2 + b^2 - 2ab\cos\psi}$$
$$= \sqrt{10{,}000^2 + 10{,}000^2 - 2 \times 10{,}000 \times 10{,}000 \times \cos 90°} = 14{,}142.136\text{m}$$

(2) 표준 편차($\sigma_c = \Delta c$)

$$c = (a^2 + b^2 - 2ab\cos\psi)^{\frac{1}{2}}$$

$$\Delta c^2 = \left(\frac{\partial c}{\partial a}\right)^2 \times \Delta a^2 + \left(\frac{\partial c}{\partial b}\right)^2 \times \Delta b^2 + \left(\frac{\partial c}{\partial \psi}\right)^2 \times \Delta \psi^2$$

$$= \left\{\frac{1}{2}(a^2 + b^2 - 2ab\cos\psi)^{-\frac{1}{2}} \times (2a - 2b \times \cos\psi)\right\}^2 \times \Delta a^2$$

$$+ \left\{\frac{1}{2}(a^2 + b^2 - 2ab\cos\psi)^{-\frac{1}{2}} \times (2b - 2a \times \cos\psi)\right\}^2 \times \Delta b^2$$

$$+ \left\{\frac{1}{2}(a^2 + b^2 - 2ab\cos\psi)^{-\frac{1}{2}} \times (2ab \times \sin\psi)\right\}^2 \times \Delta \psi^2$$

$$= \frac{1}{4}(a^2 + b^2 - 2ab\cos\psi)^{-1}$$

$$\{(2a - 2b \times \cos\psi)^2 \times \Delta a^2 + (2b - 2a \times \cos\psi)^2 \times \Delta b^2$$

$$+ (2ab\sin\psi)^2 \times \Delta \psi^2\}$$

$$= \frac{1}{4}(10^8 + 10^8 - 2 \times 10^4 \times 10^4 \times \cos 90°)^{-1}$$

$$\{(2 \times 10^4 - 2 \times 10^4 \times \cos 90°)^2 \times (2 \times 10^{-2})^2$$

$$+ (2 \times 10^4 - 2 \times 10^4 \times \cos 90°)^2 \times (2 \times 10^{-2})^2$$

$$+ (2 \times 10^4 \times 10^4 \times \sin 90°)^2 \times \left(\frac{1.44}{206{,}265}\right)^2\}$$

$$= 1.25 \times 10^{-9}(160{,}000 + 160{,}000 + 1{,}842{,}743.892) = 2.3034 \times 10^{-3}$$

∴ $\Delta c = \pm 0.048$m

그러므로, 구하고자 하는 변장($C$) = 14,142.136m, 표준 편차($\Delta c$) = ±0.048m 이다.

**20** 공의 반지름을 측정한 결과 반지름($r$)=10.00m±0.08m이다. 부피에 대한 표준 오차와 부피의 최확값을 구하시오.

(1) 부피의 최확값
$$V = \frac{4}{3} \cdot \pi r^3 = \frac{4}{3} \times \pi \times 10^3 = 4,188.79 \text{m}^3$$

(2) 부피의 표준 오차
$$V = \frac{4}{3} \cdot \pi \cdot r \cdot r \cdot r$$
$$\Delta V^2 = \left(\frac{\partial v}{\partial r}\right)^2 \times \Delta r^2 + \left(\frac{\partial v}{\partial r}\right)^2 \times \Delta r^2 + \left(\frac{\partial v}{\partial r}\right)^2 \times \Delta r^2$$
$$= \left(\frac{4 \times \pi \times r^2}{3}\right)^2 \times \Delta r^2 + \left(\frac{4 \times \pi \times r^2}{3}\right)^2 \times \Delta r^2 \left(\frac{4 \times \pi \times r^2}{3}\right)^2 \times \Delta r^2$$
$$= 3,368.82497 \text{m}^3$$
$$\therefore \Delta V = \pm 58.04 \text{m}^3$$

그러므로, 구하고자 하는 값은 $V = 4,188.79 \text{m}^3 \pm 58.04 \text{m}^3$이다.

**21** 원기둥의 지름과 높이를 측정한 결과 $D$=10m±0.02m, $H$=30m±0.04m라고 한다. 원기둥의 부피와 이에 대한 표준 오차를 구하시오.

(1) 부피의 최확값
$$V = \frac{\pi}{4} \cdot D^2 \cdot H = \frac{\pi}{4} \times 10^2 \times 30 = 2,356.19 \text{m}^3$$

(2) 부피의 표준 오차
$$V = \frac{\pi}{4} \cdot D \cdot D \cdot H$$
$$\Delta V^2 = \left(\frac{\partial v}{\partial D}\right)^2 \times \Delta D^2 + \left(\frac{\partial v}{\partial D}\right)^2 \times \Delta D^2 + \left(\frac{\partial v}{\partial H}\right)^2 \times \Delta H^2$$
$$= \left(\frac{\pi \times D \times H}{4}\right)^2 \times \Delta D^2 + \left(\frac{\pi \times D \times H}{4}\right)^2 \times \Delta D^2 + \left(\frac{\pi \times D^2}{4}\right)^2 \times \Delta H^2$$
$$= 54.2828 \text{m}^3$$
$$\therefore \Delta V = \pm 7.37 \text{m}^3$$

그러므로, 구하고자 하는 값은 $V = 2,356.19 \text{m}^3 \pm 7.37 \text{m}^3$이다.

**22** $a=85\text{m}$, $b=100\text{m}$인 정방형의 면적을 $\pm 0.6\text{m}^2$의 표준 편차까지 허용한다면 동등 정확도를 가질 각 변의 측정 정확도를 구하시오.

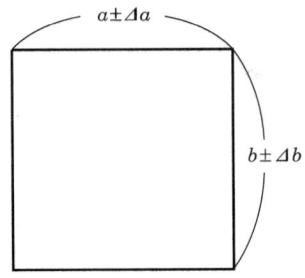

$$A = a \times b$$
$$\Delta A^2 = \left(\frac{\partial A}{\partial a}\right)^2 \times \Delta a^2 + \left(\frac{\partial A}{\partial b}\right)^2 \times b^2$$
$$= b^2 \times \Delta a^2 + a^2 \times \Delta b^2$$

동등의 정확도를 가질 각 변의 측정 정확도는

(1) $\Delta a$

$$\Delta A^2 = (b^2 \times \Delta a^2) \times 2$$
$$0.6^2 = (100^2 \times \Delta a^2) \times 2$$
$$\therefore \Delta a = \sqrt{\frac{0.6^2}{100^2 \times 2}} = \pm 0.004\text{m}$$

(2) $\Delta b$

$$\Delta b = \sqrt{\frac{0.6^2}{85^2 \times 2}} = \pm 0.005\text{m}$$

그러므로, $a$변에는 4mm, $b$변에는 5mm의 정확도로 측정해야 한다.

## 23
삼각 수준 측량을 할 경우에 연직 거리는 다음 식으로 구해진다.

$$h = L\sin\alpha - S$$

(1) 이때 $L$=400m, $\alpha$=30°이고, $\Delta h$=±0.01m 의 표준 오차를 허용한다면 동등 정확도를 가질 측정치의 표준 오차를 각각 구하시오.

(2) 측각 기계가 5″까지 가능하다면 $\Delta L, \Delta S$를 구하시오.

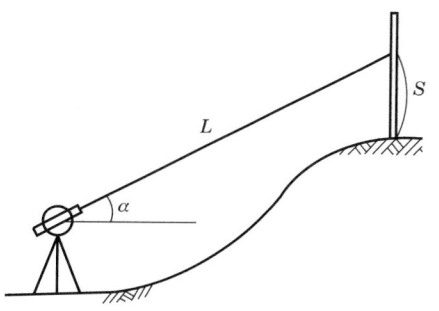

### 해설

(1) $h = L\sin\alpha - S$

$$\Delta h^2 = \left(\frac{\partial h}{\partial L}\right)^2 \cdot \Delta L^2 + \left(\frac{\partial h}{\partial \alpha}\right)^2 \cdot \Delta \alpha^2 + \left(\frac{\partial h}{\partial S}\right)^2 \cdot \Delta S^2$$

① $\Delta L$

$$\Delta L^2 = \frac{\Delta h^2}{\left(\frac{\partial h}{\partial L}\right)^2 \times n}$$

$$\therefore \Delta L = \sqrt{\frac{\Delta h^2}{\left(\frac{\partial h}{\partial L}\right)^2 \times n}} = \sqrt{\frac{\Delta h^2}{\sin^2\alpha \times n}} = \sqrt{\frac{0.01^2}{\sin^2 30° \times 3}}$$

$$= \pm 0.012\text{m}$$

② $\Delta \alpha$

$$\Delta \alpha = \sqrt{\frac{\Delta h^2}{\left(\frac{\partial h}{\partial \alpha}\right)^2 \times n}} \times \rho'' = \sqrt{\frac{\Delta h^2}{(L\cos\alpha)^2 \times n}} \times \rho''$$

$$= \sqrt{\frac{0.01^2}{(400 \times \cos 30°)^2 \times 3}} \times \rho'' = 3.44''$$

③ $\Delta S$

$$\Delta S = \sqrt{\frac{\Delta h^2}{\left(\frac{\partial h}{\partial S}\right)^2 \times n}} = \sqrt{\frac{\Delta h^2}{(-1)^2 \times n}} = \sqrt{\frac{0.01^2}{(-1)^2 \times 3}}$$

$$= \pm 0.006\text{m}$$

(2) $\Delta L$, $\Delta S$

① $\Delta L$

$$\Delta h^2 = \left(\frac{\partial h}{\partial L}\right)^2 \cdot \Delta L^2 + \left(\frac{\partial h}{\partial \alpha}\right)^2 \cdot \Delta \alpha^2 + \left(\frac{\partial h}{\partial S}\right)^2 \cdot \Delta S^2$$

정리하면

$$\sin^2\alpha \cdot \Delta L^2 + \Delta S^2 = \Delta h^2 - (L\cos\alpha)^2 \cdot \Delta\alpha^2$$

$$\Delta L^2 = \frac{\Delta h^2 - (L\cos\alpha)^2 \times \Delta\alpha^2}{\sin^2\alpha \times 2}$$

$$\Delta L = \sqrt{\frac{\Delta h^2 - (L\cos\alpha)^2 \times \Delta\alpha^2}{\sin^2\alpha \times 2}}$$

$$= \sqrt{\frac{0.01^2 - (400 \times \cos 30°)^2 \times \left(\frac{5}{206,265}\right)^2}{\sin^2 30° \times 2}}$$

$$= \pm 0.008\text{m}$$

② $\Delta S$

$$\Delta S^2 = \frac{\Delta h^2 - (L\cos\alpha)^2 \times \Delta\alpha^2}{1 \times 2}$$

$$\Delta S = \sqrt{\frac{\Delta h^2 - (L\cos\alpha)^2 \times \Delta\alpha^2}{1 \times 2}}$$

$$= \sqrt{\frac{0.01^2 - (400 \times \cos 30°)^2 \times \left(\frac{5}{206,265}\right)^2}{1 \times 2}}$$

$$= \pm 0.004\text{m}$$

## 24

유량 관측을 하기 위하여 구간을 10구간으로 나누어 각 구간마다 수심을 관측하여 횡단면적 $A$를 구하고 또한 각 구간마다 평균 유속을 구하여 그 유량 $Q$를 계산하였다. 측심점의 하안에서의 거리는 정확히 결정되어야 하지만 수심의 관측에 ±5%, 또한 유속의 관측에 ±10% 오차는 허용한다고 하면 전유량에는 몇 %의 오차를 예상하여야 하는가?

**해설**

소구간의 유량 $q$는

$$q = a \cdot v = l \cdot h \cdot v$$

$$\Delta q^2 = \left(\frac{\partial q}{\partial h}\right)^2 \cdot \Delta h^2 + \left(\frac{\partial q}{\partial v}\right)^2 \cdot \Delta v^2$$

$$= l^2 \cdot v^2 \cdot \Delta h^2 + l^2 \cdot h^2 \cdot \Delta v^2$$

여기서, $\Delta h = \pm \dfrac{5}{100} h$, $\Delta v = \pm \dfrac{10}{100} v$

$$\therefore \Delta q^2 = l^2 \cdot v^2 \cdot h^2 \cdot \left(\frac{5}{100}\right)^2 + l^2 \cdot h^2 \cdot v^2 \cdot \left(\frac{10}{100}\right)^2$$

$$= l^2 \cdot v^2 \cdot h^2 \cdot \left\{\left(\frac{5}{100}\right)^2 + \left(\frac{10}{100}\right)^2\right\}$$

$$\therefore \Delta q = q \times \frac{\sqrt{5^2 + 10^2}}{100} = \pm q \times \frac{11.180}{100}$$

10구간에서 전유량 $Q$의 오차 $\Delta Q$는

$$\frac{\Delta Q}{Q} = \sqrt{\left(\frac{\Delta q}{q}\right)^2 + \left(\frac{\Delta q}{q}\right)^2 + \cdots\cdots}$$

$$= \left(\frac{\Delta q}{q}\right) \cdot \sqrt{n}$$

$$\therefore \Delta Q = \left(\frac{\Delta q}{q}\right) \cdot \sqrt{n} \times Q = \left(\frac{11}{100}\right)\sqrt{10} \cdot Q$$

$$= 0.35 Q$$

즉, 전유량 $Q$의 35%의 오차를 예상하여야 한다.

**25** 부표를 띄울 때 그 필요한 유하 거리는 시간의 관측 오차에 의한 유속의 허용 정확도에 따라 정해진다고 한다. 지금 유하 거리에 ±0.1m, 그리고 시간의 관측에 ±0.5초의 오차가 따른다고 하면 관측 유속 1.0m/s인 경우 그 오차를 2% 이내로 하기 위하여는 유하 거리를 얼마로 하면 되는가?

**해설**

$$유속(v) = 유하 거리(L) \times \frac{1}{유하 시간(T)} \quad \cdots\cdots \text{㉠}$$

양변을 변수에 대해 편미분하면

$$\Delta v^2 = \left(\frac{\partial v}{\partial L}\right)^2 \times \Delta L^2 + \left(\frac{\partial v}{\partial T}\right)^2 \times \Delta T^2$$

$$= \frac{1}{T^2} \times \Delta L^2 + \frac{L^2}{T^4} \times \Delta T^2$$

㉠식에서 관측 유속이 1m/s이므로

$$1 = L \times \frac{1}{T}$$

$$\therefore L = T$$

$$= \frac{1}{L^2} \times 0.1^2 + \frac{1}{L^2} \times 0.5^2 = \frac{0.1^2 + 0.5^2}{L^2}$$

(관측 유속이 커지면 $L$은 정비례한다.)

$$= \frac{0.26}{L^2}$$

주어진 조건이 $0 \leq \Delta V \leq \dfrac{2}{100}$ 이므로 $0 \leq (\Delta V)^2 \leq \left(\dfrac{2}{100}\right)^2$ 이다.

$$\therefore L^2 \geq \frac{0.26}{0.02^2} = 650, \quad L \geq 25.50\text{m}$$

그러므로 오차를 2% 이내로 하기 위해서는 유하 거리를 25.5m로 하면 된다.

**26** 다음 그림과 같이 P점의 표고를 구하기 위해 수평각 $a$, $b$, $c$와 연직각 $\beta$ 및 기선 $S_1$, $S_2$를 측정한 결과가 표와 같다. △ABD와 △BCD에 의해 각각 B, D간의 거리 $S$를 계산하고, 이 조정 결과를 이용하여 PD간의 고저차와 표준 오차를 구하시오. (단, 계산은 소수점 아래 4자리에서 반올림할 것)

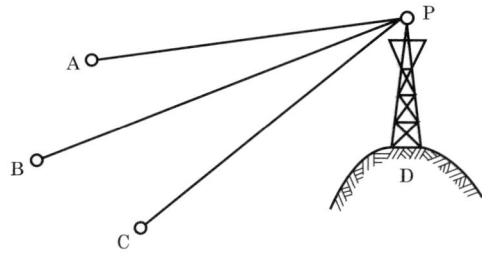

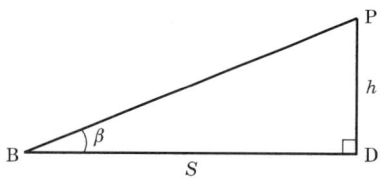

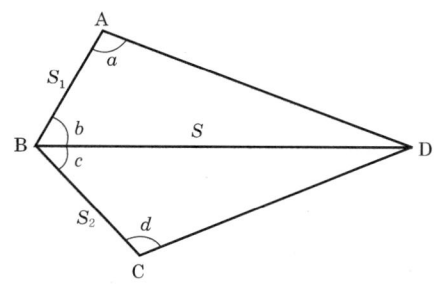

| 기호 | 측정치 |
| --- | --- |
| $a$ | 58° 15′ 00″±20″ |
| $b$ | 85° 45′ 00″±20″ |
| $c$ | 77° 42′ 00″±20″ |
| $d$ | 67° 42′ 00″±20″ |
| $S_1$ | 200.30±0.09m |
| $S_2$ | 177.80±0.07m |
| $\beta$ | 17° 40′ 00″±12″ |

### 해설

(1) △ABD에서

① $S = \dfrac{S_1 \times \sin\alpha}{\sin(a+b)} = 289.775\text{m}$

② $\Delta S$

$$\Delta S^2 = \left(\dfrac{\partial S}{\partial S_1}\right)^2 \times \Delta S_1{}^2 \left(\dfrac{\partial S}{\partial a}\right)^2 \times \Delta a^2 + \left(\dfrac{\partial S}{\partial b}\right)^2 \times \Delta b^2$$

$$= \left(\dfrac{\sin a}{\sin(a+b)}\right)^2 \times \Delta S_1{}^2$$

$$+ \left(\dfrac{S_1 \cdot \cos a \cdot \sin(a+b) - S_1 \cdot \sin a \cdot \cos(a+b)}{\sin^2(a+b)}\right)^2 \times \Delta a^2$$

$$+ \left(\dfrac{-S_1 \cdot \sin a \cdot \cos(a+b)}{\sin^2(a+b)}\right)^2 \times \Delta b^2$$

$$\Delta S^2 = \left(\frac{\sin 58°15'}{\sin(58°15' + 85°45')}\right)^2 \times 0.09^2$$

$$+ \left(\frac{200.3 \times \cos 58°15' \times \sin(58°15' + 85°45') -}{\sin^2(58°15' + 85°45')}\right.$$

$$\left.\frac{200.3 \times \sin 58°15' \times \cos(58°15' + 85°45')}{}\right)^2 \times \left(\frac{20''}{\rho''}\right)^2$$

$$+ \left(\frac{-200.3 \times \sin 58°15' \times \cos(58°15' + 85°45')}{\sin^2(58°15' + 85°45')}\right)^2 \times \left(\frac{20''}{\rho''}\right)^2$$

$$= 0.0216\text{m}$$

$$\therefore \Delta S = \pm 0.147\text{m}$$

(2) △BCD에서

① $S = \dfrac{S_2 \times \sin d}{\sin(c+d)} = 289.696\text{m}$

② $\Delta S$

$$\Delta S^2 = \left(\frac{\partial S}{\partial S_2}\right)^2 \times \Delta S_2{}^2 + \left(\frac{\partial S}{\partial d}\right)^2 \times \Delta d^2 + \left(\frac{\partial S}{\partial c}\right) \times \Delta c^2$$

$$= \left(\frac{\sin d}{\sin(c+d)}\right)^2 \times \Delta S_2{}^2$$

$$+ \left(\frac{S_2 \cdot \cos d \cdot \sin(c+d) - S_2 \cdot \sin d \cdot \cos(c+d)}{\sin^2(c+d)}\right)^2 \times \Delta d^2$$

$$+ \left(\frac{-S_2 \cdot \sin d \cdot \cos(c+d)}{\sin^2(c+d)}\right)^2 \times \Delta c^2$$

$$= \left(\frac{\sin 67°42'}{\sin(77°42' + 67°42')}\right)^2 \times 0.07^2$$

$$+ \left(\frac{177.8 \times \cos 67°42' \times \sin(77°42' + 67°42')}{\sin(77°42' + 67°42')}\right.$$

$$\left.- \frac{177.8 \times \sin 67°42' \times \cos(77°42' + 67°42')}{\sin^2(77°42' + 67°42')}\right)^2 \times \left(\frac{20''}{\rho''}\right)^2$$

$$+ \left(\frac{-177.8 \times \cos 67°42' \times \cos(77°42' + 67°42')}{\sin^2(77°42' + 67°42')}\right)^2 \times \left(\frac{20''}{\rho''}\right)^2$$

$$= 0.0174\text{m}$$

$$\therefore \Delta S = 0.132\text{m}$$

그러므로,

△ABD에서 $S = 289.775\text{m} \pm 0.147\text{m}$

△BCD에서 $S = 289.696\text{m} \pm 0.132\text{m}$

### (3) 최확값, 표준 편차

① 경중률

$$\frac{1}{(0.147)^2} : \frac{1}{(0.132)^2} = 46.277 : 57.392$$

② 최확값

$$\frac{P_1 l_1 + P_2 l_2}{P_1 + P_2} = \frac{289.775 \times 46.277 + 289.696 \times 57.392}{46.277 + 57.392} = 289.731\mathrm{m}$$

③ 표준 오차

$$\Delta S = \sqrt{\frac{\sum PV^2}{\sum P(n-1)}}$$

| 측정치 | 최확치 | $V$ | $V^2$ | $P$ | $PV^2$ |
|---|---|---|---|---|---|
| 289.775 | 289.731 | 0.044 | $(0.044)^2$ | 46.277 | 0.089592272 |
| 289.696 | 289.731 | 0.035 | $(0.035)^2$ | 57.392 | 0.070305200 |

$$\therefore \sum PV^2 = 0.159897472$$

$$\therefore \Delta S = \sqrt{\frac{0.159897472}{103.669(2-1)}} \pm 0.039\mathrm{m}$$

그러므로, $S = 289.731\mathrm{m} \pm 0.039\mathrm{m}$ 이다.

④ $h$, $\Delta h$

㉠ $h = S \cdot \tan\beta = 289.731 \times \tan 17°40' = 92.279\mathrm{m}$

㉡ $\Delta h^2 = \left(\dfrac{\partial h}{\partial S}\right)^2 \times \Delta S^2 + \left(\dfrac{\partial h}{\partial \beta}\right)^2 \times \Delta\beta^2$

$\qquad = (\tan\beta)^2 \times \Delta S^2 + (S \times \sec^2\beta)^2 \times \Delta\beta^2$

$\qquad = (\tan 17°40')^2 \times (0.039)^2 + (289.731 \times \sec^2 17°40')^2 \times \left(\dfrac{12''}{\rho''}\right)^2$

$\qquad = 4.990 \times 10^{-4}\mathrm{m}$

$\therefore \Delta h = \pm 0.022\mathrm{m}$

그러므로, 문제에서 요구하는

$S = 289.733\mathrm{m} \pm 0.039\mathrm{m}$

$h = 92.280\mathrm{m} \pm 0.022\mathrm{m}$

## 27

삼각형의 한변 $c$와 양 끝각 $A$, $B$를 측정하였을 때 변 $a$와 $a$에 대한 중등 오차는? (단, 소수점 아래 3자리까지 구하시오.)

$$A = 40°\,14'\,30'' \pm 3.0''$$
$$B = 54°\,17'\,42'' \pm 3.5''$$
$$c = 226.450\text{m} \pm 0.015\text{m}$$

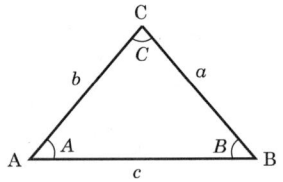

### 해설

(1) $a$

$$\frac{c}{\sin(A+B)} = \frac{a}{\sin A}$$

그러므로 구하고자 하는 변 $a$는

$$a = \frac{c}{\sin(A+B)} \times \sin A$$
$$= \frac{226.450}{\sin(40°\,14'\,30'' + 54°\,17'\,42'')} \times \sin 40°\,14'\,30'' = 146.749\text{m}$$

(2) $\Delta a$

$$a = \frac{c}{\sin(A+B)} \times \sin A$$

그러므로 $a$에 대한 중등 오차는

$$\Delta a^2 = \left(\frac{\partial a}{\partial c}\right)^2 \times \Delta c^2 + \left(\frac{\partial a}{\partial A}\right)^2 \times \Delta A^2 + \left(\frac{\partial a}{\partial B}\right)^2 \times \Delta B^2 = \left(\frac{\sin A}{\sin(A+B)}\right)^2 \times \Delta c^2$$
$$+ \left(\frac{c \cdot \cos A \cdot \sin(A+B) - c \cdot \sin A \cdot \cos(A+B)}{\sin^2(A+B)}\right)^2$$
$$\times \Delta A^2 + \left(\frac{-c \cdot \sin A \cdot \cos(A+B)}{\sin^2(A+B)}\right)^2 \times \Delta B^2$$
$$= \left(\frac{\sin 40°\,14'\,30''}{\sin(40°\,14'\,30'' + 54°\,17'\,42'')}\right)^2 \times 0.015^2$$
$$+ \left(\frac{(226.450 \times \cos 40°\,14'\,30'' \times \sin(40°\,14'\,30'' + 54°\,17'\,42'')}{\phantom{aaa}} \right.$$
$$\left. \frac{-226.450 \times \sin 40°\,14'\,30'' \times \cos(40°\,14'\,30'' + 54°\,17'\,42'')}{\sin^2(40°\,14'\,30'' + 54°\,17'\,42'')}\right)^2 \times \left(\frac{3.0''}{\rho''}\right)^2$$
$$+ \left(\frac{-226.450 \times \sin 40°\,14'\,30'' \times \cos(40°\,14'\,30'' + 54°\,17'\,42'')}{\sin^2(40°\,14'\,30'' + 54°\,17'\,42'')}\right)^2$$
$$\times \left(\frac{3.5''}{\rho''}\right)^2$$

따라서, $a$의 중등 오차는 $\Delta a = \sqrt{1.0177 \times 10^{-4}} = \pm 0.01\text{m}$ 이다.

# 03 최소 제곱법

## 1 개요

잔차에는 정부(+, −)의 부호가 있기 때문에 잔차의 절대치가 작을수록 극측정치는 참값에 가까운 값이라는 것을 알 수 있다.

정부의 부호를 지워버리고 모두 정의값으로 하기 위하여 각 측정치의 잔차를 자승하고 이들의 잔차 자승치의 총계를 최소로 하기 위한 하나의 값 $P$를 구하고 이것을 최확치 $P$라고 하는 수학적 방법을 최소 자승법이라고 한다.

즉, $V_1^2 + V_2^2 + V_3^2 + \cdots\cdots + V_n^2 =$ 최소로 하기 위한 $P$를 구하는 것이다. 최소 제곱의 풀이 방법에는 조건 방정식과 관측 방정식이 있다.

## 2 관측 방정식과 조건 방정식(미정 계수법)

관측 방정식에 의한 방법은 측정된 값을 직접 사용하기 때문에 측정한 수와 똑같은 수의 관측 방정식이 만들어진다. 즉 미지수에 해당하는 독립된 방정식과 추가 미지수를 합한 관측 방정식이 만들어진다. 이 방법에서는 미지수, 즉 최확값이 직접 얻어진다.

조건 방정식에 의한 방법은 어떤 기하학적인 성질을 이용하여 조건 방정식을 형성한다. 조건 방정식의 총수는 미지수의 수보다 적거나 같다.

즉, 독립된 방정식과 추가 미지수를 합한 관측 방정식이 형성된다. 이 방법에서는 먼저 조건식으로부터 잔차(조정량)을 구한 다음 최확값을 구한다.

## (1) 관측 방정식의 예

**예제 1** 관측 방정식에 의하여 다음 관측치를 보정하시오.

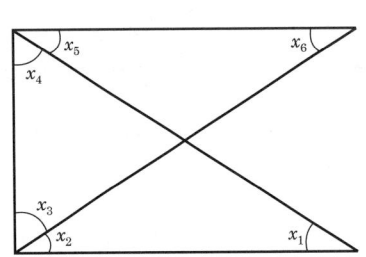

| 각 | 관측치 | 보정량 | 최확값(보정값) |
|---|---|---|---|
| $x_1$ | 48.88° | | |
| $x_2$ | 42.10° | | |
| $x_3$ | 44.52° | | |
| $x_4$ | 43.80° | | |
| $x_5$ | 46.00° | | |
| $x_6$ | 44.70° | | |

**해설**

먼저 관측 방정식을 세우면

$$\begin{cases} \overline{x_1} = x_1 + v_1 \\ \overline{x_1} + \overline{x_3} + \overline{x_4} = 180° - (x_2 + v_2) \\ \overline{x_3} = x_3 + v_3 \\ \overline{x_4} = x_4 + v_4 \\ \overline{x_3} + \overline{x_4} + \overline{x_6} = 180° - (x_5 + v_5) \\ \overline{x_6} = x_6 + v_6 \end{cases} \Rightarrow \begin{cases} v_1 = \overline{x_1} - 48.88° \\ v_2 = 137.9° - (\overline{x_1} + \overline{x_3} + \overline{x_4}) \\ v_3 = \overline{x_3} - 44.52° \\ v_4 = \overline{x_4} - 43.8° \\ v_5 = 134° - (\overline{x_3} + \overline{x_4} + \overline{x_6}) \\ v_6 = \overline{x_6} - 44.70° \end{cases}$$

최소 제곱법에 의하여

$$P = v_1^2 + v_2^2 + v_3^2 + v_4^2 + v_5^2 + v_6^2$$

$$= (\overline{x_1} - 48.88°)^2 + (137.9° - (\overline{x_1} + \overline{x_3} + \overline{x_4}))^2 + (\overline{x_3} - 44.52°)^2 + (\overline{x_4} - 43.8°)^2$$
$$+ \{(134° - (\overline{x_3} + \overline{x_4} + \overline{x_6}))\}^2 + (\overline{x_6} - 44.70°)^2$$

$P$를 $\overline{x_1}, \overline{x_3}, \overline{x_4}, \overline{x_6}$에 대하여 편미분하면

$$\frac{\partial P}{\partial \overline{x_1}} = 2(\overline{x_1} + 48.88°) - 2\{137.9° - (\overline{x_1} + \overline{x_3} + \overline{x_4})\} = 0$$

$$= 2\overline{x_1} - 97.76° - 275.8° + 2\overline{x_1} + 2\overline{x_3} + 2\overline{x_4} = 0$$

$$= 4\overline{x_1} + 2\overline{x_3} + 2\overline{x_4} = 373.56° \quad \cdots\cdots\cdots\cdots ①식$$

$$\frac{\partial P}{\partial \overline{x_3}} = -2\{137.9° - (\overline{x_1} + \overline{x_3} + \overline{x_4})\} + 2(\overline{x_3} - 44.52°) - 2\{134° - (\overline{x_3} + \overline{x_4} + \overline{x_6})\} = 0$$

$$= -275.8° + 2\overline{x_1} + 2\overline{x_3} + 2\overline{x_4} + 2\overline{x_3} - 89.04° - 268° + 2\overline{x_3} + 2\overline{x_4} + 2\overline{x_6} = 0$$

$$= 2\overline{x_1} + 6\overline{x_3} + 4\overline{x_4} + 2\overline{x_6} = 632.84° \quad \cdots\cdots\cdots ②식$$

$$\frac{\partial P}{\partial \overline{x_4}} = -2\{137.9° - (\overline{x_1} + \overline{x_3} + \overline{x_4})\} + 2(\overline{x_4} - 43.8°) - 2\{134° - (\overline{x_3} + \overline{x_4} + \overline{x_6})\} = 0$$

$$= -275.8° + 2\overline{x_1} + 2\overline{x_3} + 2\overline{x_4} + 2\overline{x_4} - 87.6° - 268° + 2\overline{x_3} + 2\overline{x_4} + 2\overline{x_6} = 0$$

$$= 2\overline{x_1} + 4\overline{x_3} + 6\overline{x_4} + 2\overline{x_6} = 631.4° \quad \cdots\cdots\cdots ③식$$

$$\frac{\partial P}{\partial \overline{x_6}} = -2\{134° - (\overline{x_3} + \overline{x_4} + \overline{x_6})\} + 2(\overline{x_6} - 44.70°) = 0$$

$$= -268° + 2\overline{x_3} + 2\overline{x_3} + 2\overline{x_4} + 2\overline{x_6} + 2\overline{x_6} - 89.4° = 0$$

$$= 2\overline{x_3} + 2\overline{x_4} + 4\overline{x_6} = 357.4° \quad \cdots\cdots\cdots ④식$$

①, ②, ③, ④식을 정리하면

$\overline{x_1} = 48.95°$, $\overline{x_3} = 44.80°$, $\overline{x_4} = 44.08°$, $\overline{x_6} = 44.91°$가 된다.

∴ $\overline{x_2} = 42.17°$, $\overline{x_5} = 46.21°$

따라서 측정값(보정값)은

$x_1 = 48.95°$, $x_2 = 42.17°$, $x_3 = 44.80°$, $x_4 = 44.08°$, $x_5 = 46.21°$, $x_6 = 44.91°$이다.

### 예제 2

삼각형의 내각을 측정한 결과 $\alpha = 41°\,32'$, $\beta = 78°\,58'$, $\gamma = 59°\,27'$을 얻었다. 관측 방정식에 의해 조정각을 구하시오.

**해설**

관측 방정식은

$\overline{\alpha} = \alpha + V_1$, $\overline{\beta} = \beta + V_2$, $\overline{\gamma} = \gamma + V_3 = 180° - (\overline{\alpha} + \overline{\beta})$

잔차($V$) 즉, 조정량에 대해 정리하면

$V_1 = \overline{\alpha} - \alpha = \overline{\alpha} - 41°\,32'$

$V_2 = \overline{\beta} - \beta = \overline{\beta} - 78°\,58'$

$V_3 = 180° - (\overline{\alpha} - \overline{\beta}) - \gamma = 120°\,33' - \overline{\alpha} - \overline{\beta}$

최소 제곱의 원리에 의하여

$P = V_1{}^2 + V_2{}^2 + V_3{}^2 = (\overline{\alpha} - 41°32')^2 + (\overline{\beta} - 78°58')^2 + (120°33' - \overline{\alpha} - \overline{\beta})^2$

$$\begin{cases} \dfrac{\partial P}{\partial \overline{\alpha}} = 2(\overline{\alpha} - 41°32') - 2(120°33' - \overline{\alpha} - \overline{\beta}) = 0 \\ \dfrac{\partial P}{\partial \overline{\beta}} = 2(\overline{\beta} - 78°58') - 2(120°33' - \overline{\alpha} - \overline{\beta}) = 0 \end{cases}$$

두 식을 정리하면

$$\begin{cases} 4\overline{\alpha} + 2\overline{\beta} = 324°\,10' \\ 2\overline{\alpha} + 4\overline{\beta} = 399°\,02' \end{cases}$$

이원 일차 연립 방정식을 풀면

각각의 조정각은 $\overline{\alpha} = 41°\,33'$, $\overline{\beta} = 78°\,59'$, $\overline{\gamma} = 59°\,28'$이다.

**예제 3** 거리 측정을 한 결과가 다음과 같을 때 각각의 최확값을 구하시오. (단, 관측방정식에 의해 조정하시오.)

```
A ———————— B ———————— C
  x = 220.10m    y = 211.52m
       z = 431.71
```

**[해설]**

먼저 관측 방정식을 구하여 보면

$$\begin{cases} \bar{x} = x_1 + v_1 \\ \bar{y} = y + v_2 \\ \bar{z} = z + v_3 = \bar{x} + \bar{y} \end{cases}$$

잔차에 대해 정리하면

$$\begin{cases} V_1 = \bar{x} - x = \bar{x} - 222.10 \\ V_2 = \bar{y} - y = \bar{y} - 211.52 \\ V_3 = \bar{x} + \bar{y} - z = \bar{x} + \bar{y} - 431.71 \end{cases}$$

최소 제곱의 원리에 의하여

$$P = V_1^2 + V_2^2 + V_3^2 = (\bar{x} - 220.10)^2 + (\bar{y} - 211.52)^2 + (\bar{x} + \bar{y} - 431.71)^2$$

$$\begin{cases} \dfrac{\partial P}{\partial \bar{x}} = 2(\bar{x} - 220.10) + 2(\bar{x} + \bar{y} - 431.71) = 0 \\ \dfrac{\partial P}{\partial \bar{y}} = 2(\bar{y} - 211.52) + 2(\bar{x} + \bar{y} - 431.71) = 0 \end{cases}$$

정리하면

$$\begin{cases} 4\bar{x} + 2\bar{y} = 1,303.62 \\ 2\bar{x} + 4\bar{y} = 1,286.46 \end{cases}$$

이원 일차 연립 방정식을 풀어서 각각의 최확값을 구하면

$$\begin{cases} \bar{x} = 220.13\text{m} \\ \bar{y} = 211.55\text{m} \\ \bar{z} = 431.68\text{m} \end{cases}$$

# 3. 미정 계수법(Lagrange의 미정 계수법)

미정 계수법은 조건식수를 결정하고 이 조건식을 정리하여 관측 오차를 구한 다음 표준 방정식으로부터 미정 계수를 구한다. 얻어진 미정 계수로부터 보정값을 구해 최확값을 구한다.

**<해법 순서>**
① 조건식수를 센다.
② 조건식을 만든다.
③ 관측 오차를 계산한다.
④ 보정을 한다.
⑤ 최소 제곱법의 원리를 적용한다.
⑥ 편미분을 한다.
⑦ 조정을 한다.

> ❖ 조건식수
> ㉠ 삼각 측량=변수−삼각점수+1
> ㉡ 수준 측량=노선−측점+기지점수
> ㉢ 각측량=측정각−변수+1

## (1) 조건 방정식(미정 계수법)의 예

 **예제 4** 미정 계수법(조건 방정식)에 의하여 다음 관측치를 보정하시오.

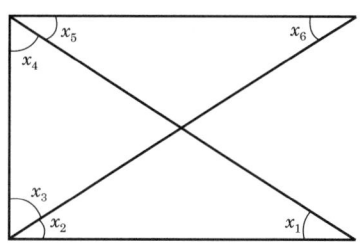

| 각 | 관측치 | 보정량 | 최확값(보정값) |
|---|---|---|---|
| $x_1$ | 48.88° | | |
| $x_2$ | 42.10° | | |
| $x_3$ | 44.52° | | |
| $x_4$ | 43.80° | | |
| $x_5$ | 46.00° | | |
| $x_6$ | 44.70° | | |

**해설**

① 조건식수
 (삼각 측량) → 변수−삼각점수+1=5−4+1=2개
② 조건식
 ㉠ $x_1+x_2+x_3+x_4=180°$
 ㉡ $x_3+x_4+x_5+x_6=180°$
③ 관측 오차
 ㉠ $(48.88°+42.10°+44.52°+43.80°)-180°=-0.7°$
 ㉡ $(44.52°+43.80°+46.00°+44.70°)-180°=-0.98°$
④ 보정
 최확값($\bar{x}$)은 관측값($x$)에 잔차($v$)를 더한 값이다. 관측값에 대한 잔차값을 $v_1$, $v_2$, $v_3$, $v_4$, $v_5$, $v_6$라 하면
 ㉠ $v_1+v_2+v_3+v_4=0.7° \rightarrow v_1+v_2+v_3+v_4-0.7°=0$
 ㉡ $v_3+v_4+v_5+v_6=0.98° \rightarrow v_3+v_4+v_5+v_6-0.98°=0$
⑤ 최소 제곱법의 원리 적용
$$P={v_1}^2+{v_2}^2+{v_3}^2+{v_4}^2+{v_5}^2+{v_6}^2$$
$$-2k_1(v_1+v_2+v_3+v_4-0.7)$$
$$-2k_2(v_3+v_4+v_5+v_6-0.98)$$

여기서, $-2$는 잔차를 구분할 때 ($-$)부호가 생기는 것을 방지하기 위해 ($-$)부호를 붙였으며, "2"는 계산의 편의를 위해 단순히 첨가된 숫자이다. $k_1$, $k_2$는 Lagrange의 미정 계수이다.

⑥ 편미분
 $P$를 최소로 하기 위해 미지 변수에 대해 편미분하면 다음과 같다.
 ㉠ $\frac{\partial P}{\partial v_1}=2v_1-2k_1=0$ ∴ $v_1=k_1$
 ㉡ $\frac{\partial P}{\partial v_2}=2v_2-2k_1=0$ ∴ $v_2=k_1$
 ㉢ $\frac{\partial P}{\partial v_3}=2v_3-2k_1-2k_2=0$ ∴ $v_3=k_1+k_2$
 ㉣ $\frac{\partial P}{\partial v_4}=2v_4-2k_1-2k_2=0$ ∴ $v_4=k_1+k_2$
 ㉤ $\frac{\partial P}{\partial v_5}=2v_5-2k_2=0$ ∴ $v_5=k_2$
 ㉥ $\frac{\partial P}{\partial v_6}=2v_6-2k_2=0$ ∴ $v_6=k_2$

⑦ 조정
 편미분한 값을 보정값에 대입
 ㉠ $k_1+k_1+(k_1+k_2)+(k_1+k_2)=0.7°$
 ㉡ $(k_1+k_2)+(k_1+k_2)+k_2+k_2=0.98°$

정리하면

  ㉠ $4k_1 + 2k_2 = 0.7°$

  ㉡ $2k_1 + 4k_2 = 0.98°$

㉡식에 2를 곱하여 정리하면

  ㉠' $4k_1 + 2k_2 = 0.7°$

  ㉡' $4k_1 + 8k_2 = 1.96°$

㉠'식에 ㉡'식을 빼주면

  $k_2 = 0.21°$

  ∴ $k_1 = 0.07°$

$k_1$, $k_2$값이 결정되었으면 편미분을 한 값에다 대입하여 각각의 잔차를 구한다.

따라서, 보정량은

 ① $v_1 = k_1 = 0.07°$

 ② $v_2 = k_1 = 0.07°$

 ③ $v_3 = k_1 + k_2 = 0.28°$

 ④ $v_4 = k_1 + k_2 = 0.28°$

 ⑤ $v_5 = k_2 = 0.21°$

 ⑥ $v_6 = k_2 = 0.21°$

그러므로, 최확값은

$$\begin{cases} \overline{x_1} = x_1 + v_1 = 48.88° + 0.07° = 48.95° \\ \overline{x_2} = x_2 + v_2 = 42.10° + 0.07° = 42.17° \\ \overline{x_3} = x_3 + v_3 = 44.52° + 0.28° = 44.80° \\ \overline{x_4} = x_4 + v_4 = 43.80° + 0.28° = 44.08° \\ \overline{x_5} = x_5 + v_5 = 46.00° + 0.21° = 46.21° \\ \overline{x_6} = x_6 + v_6 = 44.70° + 0.21° = 44.91° \end{cases}$$

| 각 | 관측치 | 보정량 | 최확값(보정값) |
| --- | --- | --- | --- |
| $x_1$ | 48.88° | +0.07° | 48.95° |
| $x_2$ | 42.10° | +0.07° | 42.17° |
| $x_3$ | 44.52° | +0.28° | 44.80° |
| $x_4$ | 43.80° | +0.28° | 44.08° |
| $x_5$ | 46.00° | +0.21° | 46.21° |
| $x_6$ | 44.70° | +0.21° | 44.91° |

**예제 5** 삼각형의 내각을 관측한 결과 $\alpha = 41°32'$, $\beta = 78°58'$, $\gamma = 59°27'$을 얻었다. 조건 방정식에 의해 조정각을 구하시오.

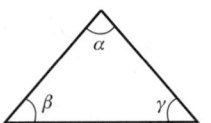

**해설**

① 조건 방정식을 세우면
$\alpha + \beta + \gamma - 180° = 0$

② 관측 오차는
$(41°32') + (78°58') + (59°27') - 180° = -3'$

③ 보정
$v_1 + v_2 + v_3 - 3' = 0$

④ 최소 제곱의 원리
$P = v_1^2 + v_2^2 + v_3^2 - 2k_1(v_1 + v_2 + v_3 - 3')$

⑤ 편미분

㉠ $\dfrac{\partial P}{\partial v_1} = 2v_1 - 2k_1 = 0 \qquad \therefore v_1 = k_1$

㉡ $\dfrac{\partial P}{\partial v_2} = 2v_2 - 2k_1 = 0 \qquad \therefore v_2 = k_1$

㉢ $\dfrac{\partial P}{\partial v_3} = 2v_3 - 2k_1 = 0 \qquad \therefore v_3 = k_1$

⑥ 조정
$k_1 + k_1 + k_1 = 3'$
$\therefore k_1 = 1' = v_1$

따라서, 최확값은
$\begin{cases} \overline{\alpha} = \alpha + v_1 = 41°32' + 1' = 41°33' \\ \overline{\beta} = \beta + v_2 = 78°58' + 1' = 78°59' \\ \overline{\gamma} = \gamma + v_3 = 59°27' + 1' = 59°28' \end{cases}$

**예제 6** 거리 측정을 한 결과가 다음과 같을 때 각각의 최확값을 구하시오. (단, 조건 방정식에 의해 조정하시오.)

해설

① 조건식은
$x+y-z=0$

② 관측 오차
$220.10+211.52-431.71=-0.09\text{m}$

③ 보정
$v_1+v_2-v_3=0.09\text{m}$

④ 최소 제곱의 원리
$P=v_1{}^2+v_2{}^2+v_3{}^2-2k_1(v_1+v_2-v_3-0.09)$

⑤ 편미분

㉠ $\dfrac{\partial P}{\partial v_1}=2v_1-2k_1=0 \qquad \therefore v_1=k_1$

㉡ $\dfrac{\partial P}{\partial v_2}=2v_2-2k_1=0 \qquad \therefore v_2=k_1$

㉢ $\dfrac{\partial P}{\partial v_3}=2v_3+2k_1=0 \qquad \therefore v_3=-k_1$

⑥ 조정
$k_1+k_1+k_1=0.09$
$\therefore k_1=0.03$
$k_1$값을 이용해서 각각의 잔차를 구하면
$v_1=0.03, \quad v_2=0.03, \quad v_3=-0.03$
최확값은
$\begin{cases} \bar{x}=x+v_1=220.10+0.03=220.13\text{m} \\ \bar{y}=y+v_2=211.52+0.03=211.55\text{m} \\ \bar{z}=z+v_3=431.71-0.03=431.68\text{m} \end{cases}$

**예제 7**  다음은 수준 측량을 한 결과이다. 미정 계수법을 이용하여 P, Q의 표고를 구하시오. (단, A점 표고는 17.533m이고, 각 구간의 거리는 같은 것으로 한다.)

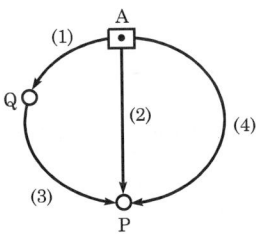

| 노선 | 고저차(m) |
|---|---|
| (1) | 4.250 |
| (2) | −8.357 |
| (3) | −12.781 |
| (4) | −8.557 |

**해설**

① 조건식수
  (수준 측량) → 노선수−측점수+기지점수=4−3+1=2개

② 조건식
  ㉠ (1)+(3)−(2)=0
  ㉡ (1)+(3)−(4)=0

③ 관측 오차
  ㉠ $4.250+(-12.781)-(-8.537)=0.006$
  ㉡ $4.250+(-12.781)-(-8.537)=0.026$

④ 보정
  ㉠ $v_1+v_3-v_2+0.006=0$
  ㉡ $v_1+v_3-v_4+0.026=0$

⑤ 최소 제곱의 원리
  $P=v_1^2+v_2^2+v_3^2+v_4^2-2k_1(v_1+v_3-v_2+0.006)-2k_2(v_1+v_3-v_4+0.026)$

⑥ 편미분
  ㉠ $\dfrac{\partial P}{\partial v_1}=2v_1-2k_1-2k_2=0$ ∴ $v_1=k_1+k_2$
  ㉡ $\dfrac{\partial P}{\partial v_2}=2v_2+2k_1=0$ ∴ $v_2=-k_1$
  ㉢ $\dfrac{\partial P}{\partial v_3}=2v_3-2k_1-2k_2=0$ ∴ $v_3=k_1+k_2$
  ㉣ $\dfrac{\partial P}{\partial v_4}=2v_4+2k_2=0$ ∴ $v_4=-k_2$

⑦ 조정
  ㉠ $(k_1+k_2)+(k_1+k_2)+k_1=-0.006$
  ㉡ $(k_1+k_2)+(k_1+k_2)+k_2=-0.026$
  정리하면
  ㉠ $3k_1+2k_2=-0.006$
  ㉡ $2k_1+3k_2=-0.026$
  ∴ $k_1=0.0068$, $k_2=-0.0132$

그러므로 잔차는
$$\begin{cases} v_1 = -0.006 \\ v_2 = -0.007 \\ v_3 = -0.006 \\ v_4 = 0.013 \end{cases}$$
따라서, P, Q점의 표고는

$$\boxed{보정\ 고저차(최확값) = 측정값 + 잔차}$$

$$H_P = \begin{cases} H_A + (2) = 8.989\text{m} \\ H_A + (4) = 8.989\text{m} \end{cases}$$
$$H_Q = H_A + (1) = 21.777\text{m}$$

---

❖ **별해〈관측 방정식에 의한 해법〉**

관측 방정식은

$$\begin{cases} A + \overline{l_1} - Q = 0 \\ A + \overline{l_2} - P = 0 \\ Q + \overline{l_3} - P = 0 \\ A + \overline{l_4} - P = 0 \end{cases} \Rightarrow \begin{cases} v_1 = -A - l_1 + Q = -21.783 + Q \\ v_2 = -A + l_2 + P = -8.996 + P \\ v_3 = -Q - l_3 + P = 12.781 + P - Q \\ v_4 = -A - l_4 + P = -8.976 + P \end{cases}$$

$S$의 최소값을 구하기 위해 Q, P에 대하여 편미분하면

$$S = (-21.783 + Q)^2 + (-8.996 + P)^2 + (12.781 + P - Q)^2 + (-8.976 + P)^2$$

$$\frac{\partial S}{\partial Q} = 2(-21.783 + Q) - 2(12.781 + P - Q) = 0$$

∴ $4Q - 2P = 69.128$

$$\frac{\partial S}{\partial P} = 2(-8.996 + P) + 2(12.781 + P - Q) + 2(-8.976 + P) = 0$$

∴ $-2Q + 6P = 10.382$

각각의 정규 방정식을 풀면

Q = 21.1766, P = 8.9892

∴ $H_P = 8.989\text{m}, \ H_Q = 21.777\text{m}$

| 최소 제곱법 |

# 03 실/전/문/제

**01** 그림에서 $l_1$, $l_2$, $l_3$, $l_4$를 균등한 정밀도로 측정하여 다음과 같은 결과를 얻었다. $l_1 = 60°00'00''$, $l_2 = 150°00'10''$, $l_3 = 210°00'00''$, $l_4 = 150°00'00''$, ∠AOB, ∠OBC, ∠COA의 최확치를 구하시오.

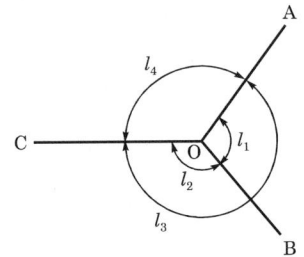

### 해설

(1) 조건식수(각측량)

측정각수−변수+1 = 4−3+1 = 2개

(2) 조건식

① $l_1 + l_2 = l_3$

② $l_3 + l_4 = 360°$

(3) 오차

① $60° + 150°00'00'' - 210°00'00'' = 10''$

② $210°00'00'' + 150° - 360° = 0$

(4) 보정

① $V_1 + V_2 - V_3 + 10'' = 0$

② $V_3 + V_4 = 0$

(5) 최소 제곱의 원리

$$P = V_1^2 + V_2^2 + V_3^2 + V_4^2 - 2k_1(V_1 + V_2 - V_3 + 10) - 2k_2(V_3 + V_4)$$

(6) 편미분

① $\dfrac{\partial P}{\partial V_1} = 2V_1 - 2k_1 = 0,$  ∴ $V_1 = k_1$

② $\dfrac{\partial P}{\partial V_2} = 2V_2 - 2k_1 = 0,$  ∴ $V_2 = k_1$

③ $\dfrac{\partial P}{\partial V_3} = 2V_3 + 2k_1 - 2k_2 = 0,$  ∴ $V_3 = -k_1 + k_2$

④ $\dfrac{\partial P}{\partial V_4} = 2V_4 - 2k_2 = 0,$  ∴ $V_4 = k_2$

(7) 조정

$\begin{cases} k_1 + k_1 - (-k_1 + k_2) = -10 \\ (-k_1 + k_2) + k_2 = 0 \end{cases}$ 　　　정리하면 $3k_1 - k_2 = -10$
　　　　　　　　　　　　　　　　　　　　정리하면 $-k_1 + 2k_2 = 0$

두 식을 연립해서 풀면
$\quad k_1 = -4'', \ k_2 = -2''$

따라서,
$\quad \angle AOB = l_1 + V_1 = 60° - 4'' = 59°59'56''$
$\quad \angle BOC = l_2 + V_2 = 150°00'00'' - 4'' = 150°00'06''$
$\quad \angle COA = l_4 + V_4 = 150° - 2'' = 149°59'58''$

❖ **별해〈관측 방정식에 의한 해법〉**

관측 방정식은

$\begin{cases} \overline{l_1} = 60° + V_1 \\ \overline{l_2} = 150°00'10'' + V_2 \\ \overline{l_1} + \overline{l_2} = 210° + V_3 \\ 360° - (\overline{l_1} + \overline{l_2}) = 150° + V_4 \end{cases}$ ➡ $\begin{cases} V_1 = \overline{l_1} - 60° \\ V_2 = \overline{l_2} - 150°00'10'' \\ V_3 = \overline{l_1} + \overline{l_2} - 210° \\ V_4 = 210° - \overline{l_1} - \overline{l_2} \end{cases}$

$P$의 최소값을 구하기 위해 $\overline{l_1}, \overline{l_2}$에 대하여 편미분한다.

$P = (\overline{l_1} - 60°)^2 + (\overline{l_2} - 150°00'10'')^2 + (\overline{l_1} + \overline{l_2} - 210°)^2$
$\qquad + (210° - \overline{l_1} - \overline{l_2})^2$

① $\dfrac{\partial P}{\partial \overline{l_1}} = 2(\overline{l_1} - 60°) + 2(\overline{l_1} + \overline{l_2} - 210°) - (210° - \overline{l_1} - \overline{l_2}) = 0$

$\quad \therefore \ 6\overline{l_1} + 4\overline{l_2} = 960°$

② $\dfrac{\partial P}{\partial \overline{l_2}} = 2(\overline{l_2} - 150°00'10'') + 2(\overline{l_1} + \overline{l_2} - 210°) - 2(210° - \overline{l_1} - \overline{l_2}) = 0$

$\quad \therefore \ 4\overline{l_1} + 6\overline{l_2} = 1140°00'20''$

각각의 정규 방정식을 풀면
$\quad \overline{l_1} = 59°59'56''$
$\quad \overline{l_2} = 150°00'06''$
$\quad \therefore \ \angle AOB = 59°59'56''$
$\qquad \angle BOC = 150°00'06''$
$\qquad \angle COA = 360° - (59°59'56'' + 150°00'06'') = 149°59'58''$

## 02 수준점 A, B, C로부터 신점 P의 표고를 결정하기 위하여 수준 측량을 한 결과이다. P의 표고를 최소 자승법 원리로 구하시오.

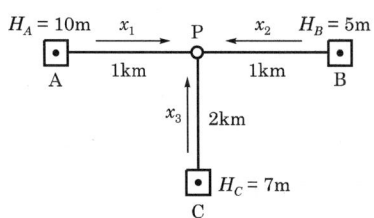

| 노선 | 고저차 | 지반고 | 조정량 | 조정 지반고 |
|---|---|---|---|---|
| A→P | −1.541 | | | |
| B→P | 3.472 | | | |
| C→P | 1.458 | | | |

### 해 설

**(1) 조건식수(수준 측량)**

노선수−측점수+기지점수=3−4+3=2개

**(2) 조건식**

① $H_A + x_1 - x_3 = H_C$

② $H_B + x_2 - x_3 = H_C$

**(3) 오차**

① $10 + (-1.541) - 1.458 - 7 = 0.001$

② $5 + 3.472 - 1.458 - 7 = 0.014$

**(4) 보정**

① $V_1 - V_3 + 0.001 = 0$

② $V_2 - V_3 + 0.014 = 0$

**(5) 경중률**

$$A : B : C = \frac{1}{1} : \frac{1}{1} : \frac{1}{2} = 2 : 2 : 1$$

**(6) 최소 제곱의 원리**

$$P = 2V_1^2 + 2V_2^2 + V_3^2 - 2k_1(V_1 - V_3 + 0.001) - 2k_2(V_2 - V_3 + 0.014)$$

**(7) 편미분**

① $\dfrac{\partial P}{\partial V_1} = 4V_1 - 2k_1 = 0$, $\quad \therefore V_1 = \dfrac{k_1}{2}$

② $\dfrac{\partial P}{\partial V_2} = 4V_2 - 2k_2 = 0$, $\quad \therefore V_2 = \dfrac{k_2}{2}$

③ $\dfrac{\partial P}{\partial V_3} = 2V_3 + 2k_1 + 2k_2 = 0$, $\quad \therefore V_3 = -k_1 - k_2$

## (8) 조정

① $\dfrac{k_1}{2} - (-k_1 - k_2) = -0.001$      ∴ $3k_1 + 2k_2 = -0.002$

② $\dfrac{k_2}{2} - (-k_1 - k_2) = -0.014$      ∴ $2k_1 + 3k_2 = -0.028$

두 식을 정리하면
$$k_1 = 0.010, \; k_2 = -0.016$$

∴ $V_1 = \dfrac{k_1}{2} = 0.005$

$V_2 = \dfrac{k_2}{2} = -0.008$

$V_3 = -k_1 - k_2 = 0.006$

| 노선 | 고저차 | 지반고 | 조정량 | 조정 지반고 |
|---|---|---|---|---|
| A→P | −1.541 | 8.459 | +0.005 | 8.464 |
| B→P | 3.472 | 8.472 | −0.008 | 8.464 |
| C→P | 1.458 | 8.458 | +0.006 | 8.464 |

### ❖ 별해〈관측 방정식에 의한 해법〉

관측 방정식은

$\begin{cases} A + \overline{x_1} - P = 0 \\ B + \overline{x_2} - P = 0 \\ C + \overline{x_3} - P = 0 \end{cases}$ ➡ $\begin{cases} V_1 = -10 + 1.541 + P = -8.459 + P \\ V_2 = -5 - 3.472 + P = -8.472 + P \\ V_3 = -7 - 1.458 + P = -8.458 + P \end{cases}$

$S$의 최소값을 구하기 위해 $V_1, V_2, V_3$에 대하여 편미분하면

$$S = 2(-8.459 + P) + 2(-8.472 - P)^2 + (-8.458 + P)^2$$

$$\dfrac{\partial S}{\partial P} = 4(-8.459 + P) + 4(-8.472 + P) + 2(-8.458 + P) = 0$$

∴ $-33.836 + 4P - 33.888 + 4P - 16.916 + 2P = 0$

정리하면
$$10P = 84.64, \; P = 8.464\text{m}$$

따라서, 조정 지반고는 8.464m이다.

**03** 그림에서와 같이 AB=100.000m, BC=100.000m, CD=100.080m, AC=200.040m, BD=200.000m를 측정했다. 각각 측정치는 서로 독립되고 같은 정밀도를 갖고 있다면 최확치와 AD간 거리를 최소 제곱법의 원리를 이용하여 계산하시오.

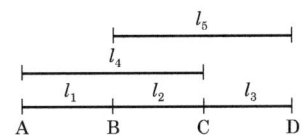

**해설**

(1) 조건식

① $l_1 + l_2 = l_4$

② $l_2 + l_3 = l_5$

(2) 오차

① $100 + 100 - 200.040 = -0.04$

② $100 + 100.080 - 200 = 0.08$

(3) 보정

① $V_1 + V_2 - V_4 = 0.04 = 0$

② $V_2 + V_3 - V_5 + 0.08 = 0$

(4) 최소 제곱의 원리

$$P = V_1^2 + V_2^2 + V_3^2 + V_4^2 + V_5^2 - 2k_1(V_1 + V_2 - V_4 - 0.04)$$
$$- 2k_2(V_2 + V_3 - V_5 + 0.08)$$

(5) 편미분

① $\dfrac{\partial P}{\partial V_1} = 2V_1 - 2k_1 = 0,$    $\therefore V_1 = k_1$

② $\dfrac{\partial P}{\partial V_2} = 2V_2 - 2k_1 - 2k_2 = 0,$    $\therefore V_2 = k_1 + k_2$

③ $\dfrac{\partial P}{\partial V_3} = 2V_3 - 2k_2 = 0,$    $\therefore V_3 = k_2$

④ $\dfrac{\partial P}{\partial V_4} = 2V_4 + 2k_1 = 0,$    $\therefore V_4 = -k_1$

⑤ $\dfrac{\partial P}{\partial V_5} = 2V_5 + 2k_2 = 0,$    $\therefore V_5 = -k_2$

(6) 조정

① $k_1 + k_2 + k_2 - (-k_1) = 0.04$    $\therefore 3k_1 + k_2 = 0.04$

② $k_1 + k_2 + k_2 - (-k_2) = -0.08$    $\therefore k_1 + 3k_2 = -0.08$

두 식을 정리하면

$k_1 = 0.025, \ k_2 = -0.035$

따라서

$\overline{AB} = l_1 + V_1 = 100 + 0.025 = 100.025\text{m}$

$\overline{BC} = l_2 + V_2 = 100 + (-0.01) = 99.990\text{m}$

$\overline{CD} = l_3 + V_3 = 100.080 + (-0.035) = 100.045\text{m}$

$\overline{AC} = l_4 + V_4 = 200.040 + (-0.025) = 200.015\text{m}$

$\overline{BD} = l_5 + V_5 = 200 + 0.035 = 200.035\text{m}$

$\therefore \overline{AD} = \overline{AB} + \overline{BC} + \overline{CD} = 300.06\text{m}$

❖ **별해〈관측 방정식에 의한 해법〉**

관측 방정식은

$\begin{cases} \overline{l_1} = l_1 + V_1 \\ \overline{l_2} = l_2 + V_2 \\ \overline{l_3} = l_3 + V_3 \\ \overline{l_1} + \overline{l_2} = l_4 + V_4 \\ \overline{l_2} + \overline{l_3} = l_5 + V_5 \end{cases} \Rightarrow \begin{cases} V_1 = \overline{l_1} - 100 \\ V_2 = \overline{l_2} - 100 \\ V_3 = \overline{l_3} - 100.08 \\ V_4 = \overline{l_1} + \overline{l_2} - 200.04 \\ V_5 = \overline{l_2} + \overline{l_3} - 200 \end{cases}$

$P$의 최소값을 구하기 위해 $V_1, V_2, V_3, V_4, V_5$에 대하여 편미분한다.

$P = (\overline{l_1} - 100)^2 + (\overline{l_2} - 100)^2 + (\overline{l_3} - 100.08)^2 + (\overline{l_1} + \overline{l_2} - 200.04)^2$
$\quad + (\overline{l_2} + \overline{l_3} - 200)^2$

① $\dfrac{\partial P}{\partial l_1} = 2(\overline{l_1} - 100) + 2(\overline{l_1} + \overline{l_2} - 200.04) = 0$

$\therefore 4\overline{l_1} + 2\overline{l_2} = 600.08$

② $\dfrac{\partial P}{\partial l_2} = 2(\overline{l_2} - 100) + 2(\overline{l_1} + \overline{l_2} - 200.04) + 2(\overline{l_2} + \overline{l_3} - 200) = 0$

$\therefore 2\overline{l_1} + 6\overline{l_2} + 2\overline{l_3} = 1,000.08$

③ $\dfrac{\partial P}{\partial l_3} = 2(\overline{l_3} - 100.08) + 2(\overline{l_2} + \overline{l_3} - 200) = 0$

$\therefore 2\overline{l_2} + 4\overline{l_3} = 600.16$

각각의 정규 방정식을 풀면

$\overline{l_1} = 100.025\text{m}, \ \overline{l_2} = 99.990\text{m}, \ \overline{l_3} = 100.04\text{m}$

따라서, AD간의 최확치는 $\overline{l_1} + \overline{l_2} + \overline{l_3} = 300.06\text{m}$이다.

제3장. 최소 제곱법

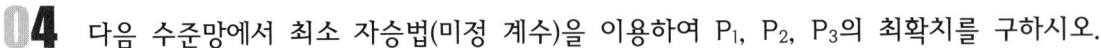

**04** 다음 수준망에서 최소 자승법(미정 계수)을 이용하여 $P_1$, $P_2$, $P_3$의 최확치를 구하시오.

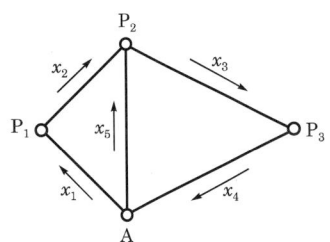

| 노선 | 관측값 (m) | 거리 (km) | 조정량 | 조정값 | 측점 | 최확값 |
|---|---|---|---|---|---|---|
| A→$P_1$ | 2.370 | 4 | | | A | 10.000m |
| $P_1$→$P_2$ | 1.109 | 3 | | | $P_1$ | |
| $P_2$→$P_3$ | −2.301 | 2 | | | $P_2$ | |
| $P_3$→A | −1.192 | 1 | | | $P_3$ | |
| A→$P_2$ | 3.497 | 2 | | | | |

### 해설

(1) 조건식수(수준 측량)

　수준 측량=노선수−측점수+기지점수=5−4+1=2개

(2) 조건식

　① $x_1 + x_2 - x_3 = 0$

　② $x_3 + x_3 + x_4 = 0$

(3) 관측 오차

　① $2.370 + 1.109 - 3.497 = -0.018$

　② $3.497 + (-2.301) + (-1.192) = 0.004$

(4) 경중률

$$P_1 : P_2 : P_3 : P_4 : P_5 = \frac{1}{4} : \frac{1}{3} : \frac{1}{2} : \frac{1}{1} : \frac{1}{2} = 3 : 4 : 6 : 12 : 6$$

(5) 보정

　① $V_1 + V_2 - V_5 - 0.018 = 0$

　② $V_5 + V_3 + V_4 + 0.004 = 0$

(6) 최소 제곱의 원리

$$P = 3V_1^2 + 4V_2^2 + 6V_3^2 + 12V_4^2 + 6V_5^2 - 2k_1(V_1 + V_2 - V_5 - 0.01)$$
$$- 2k_2(V_5 + V_3 + V_4 + 0.004)$$

(7) 편미분

　① $\dfrac{\partial P}{\partial V_1} = 6V_1 + 2k_1 = 0,$　　∴ $V_1 = \dfrac{1}{3}k_1$

　② $\dfrac{\partial P}{\partial V_2} = 8V_2 - 2k_1 = 0,$　　∴ $V_2 = \dfrac{1}{4}k_1$

　③ $\dfrac{\partial P}{\partial V_3} = 12V_3 + 2k_2 = 0,$　　∴ $V_3 = \dfrac{1}{6}k_2$

④ $\dfrac{\partial P}{\partial V_4} = 24 V_4 + 2k_2 = 0,$ $\qquad\qquad\qquad \therefore V_4 = \dfrac{1}{12}k_2$

⑤ $\dfrac{\partial P}{\partial V_5} = 12 V_5 + 2k_1 - 2k_2 = 0,$ $\qquad\qquad \therefore V_5 = \dfrac{1}{6}(k_2 - k_1)$

**(8) 보정값**

① $\dfrac{1}{3}k_1 + \dfrac{1}{4}k_1 - \dfrac{1}{6}(k_2 - k_1) = 0.018$ $\qquad \therefore 9k_1 - 2k_2 = 0.216$

② $\dfrac{1}{6}(k_2 - k_1) + \dfrac{1}{6}k_2 + \dfrac{1}{12}k_2 = -0.004$ $\qquad \therefore -2k_1 + 5k_2 = -0.048$

두 식을 정리하면

$\qquad k_1 = 0.024,\ k_2 = 0$

따라서, $V_1 = \dfrac{1}{3}k_1 = 0.008$

$\qquad\quad V_2 = \dfrac{1}{4}k_1 = 0.006$

$\qquad\quad V_3 = \dfrac{1}{6}k_2 = 0$

$\qquad\quad V_4 = \dfrac{1}{12}k_2 = 0$

$\qquad\quad V_5 = \dfrac{1}{6}(k_2 - k_1) = -0.004$

| 노선 | 관측값(m) | 거리(km) | 조정량 | 조정값 | 측점 | 최확값 |
|---|---|---|---|---|---|---|
| A→$P_1$ | 2.370 | 4 | +0.008 | 2.378 | A | 10.000m |
| $P_1$→$P_2$ | 1.109 | 3 | +0.006 | 1.115 | $P_1$ | 12.378m |
| $P_2$→$P_3$ | −2.301 | 2 | 0 | −2.301 | $P_2$ | 13.493m |
| $P_3$→A | −1.192 | 1 | 0 | −1.192 | $P_3$ | 11.192m |
| A→$P_2$ | 3.497 | 2 | −0.004 | +3.493 | | |

> ❖ **별해〈관측 방정식에 의한 해법〉**
> 관측 방정식은
> $\begin{cases} A + \overline{lx_1} - P_1 = 0 \\ P_1 + \overline{lx_2} - P_2 = 0 \\ P_2 + \overline{lx_3} - P_3 = 0 \\ P_3 + \overline{lx_4} - A = 0 \\ A + \overline{lx_5} - P_2 = 0 \end{cases}$ ➡ $\begin{cases} Vx_1 = -A - lx_1 + P_1 = -12.37 + P_1 \\ Vx_2 = -P_1 - lx_2 + P_2 = -1.109 - P_1 + P_2 \\ Vx_3 = -P_2 - lx_3 + P_3 = 2.301 - P_2 + P_3 \\ Vx_4 = -P_3 - lx_4 + A = 11.192 - P_3 \\ Vx_5 = -A - lx_5 + P_2 = -13.497 + P_2 \end{cases}$
>
> $S$의 최소값을 구하기 위하여 $V_1, V_2, V_3, V_4, V_5$에 대하여 편미분한다.

제3장. 최소 제곱법

$$S = 3V_1^2 + 4V_2^2 + 6V_3^2 + 12V_4^2 + 6V_5^2$$
$$= 3(-12.37 + P_1)^2 + 4(-1.109 - P_1 + P_2)^2$$
$$+ 6(2.301 - P_2 + P_3)^2 + 12(11.192 - P_3)^2 + 6(-13.497 + P_2)^2$$

① $\dfrac{\partial S}{\partial P_1} = 6(-12.37 + P_1) - 8(-1.109 - P_1 + P_2) = 0$

∴ $14P_1 - 8P_2 = 65.348$

② $\dfrac{\partial S}{\partial P_2} = 8(-1.109 - P_1 + P_2)$
$- 12(2.301 - P_2 + P_3) + 12(-13.497 + P_2) = 0$

∴ $-8P_1 + 32P_2 - 12P_3 = 198.448$

③ $\dfrac{\partial S}{\partial P_3} = 12(2.301 - P_2 + P_3) - 24(11.192 - P_3) = 0$

∴ $-12P_2 + 36P_3 = 240.996$

각각의 정규 방정식을 풀면

$H_{P1} = 12.378\text{m}$

$H_{P2} = 13.493\text{m}$

$H_{P3} = 11.192\text{m}$

05 각각의 관측값이 다음과 같을 때 최소 제곱법 중 조건 방정식(미정 계수법)에 의한 방법으로 풀이하시오. (단, 관측각의 경중률은 동일함.)

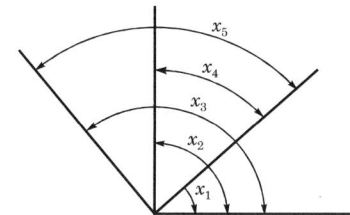

$x_1 = 48.35°$
$x_2 = 96.86°$
$x_3 = 152.92°$
$x_4 = 48.57°$
$x_5 = 104.61°$

**해설**

(1) 조건식수

각측량 : 측정각수−변수+1=5−4+1=2개

(2) 조건식

① $x_1 + x_4 = x_2$
② $x_1 + x_5 = x_3$

(3) 관측 오차

① $48.35° + 48.57° − 96.86° = 0.06°$
② $48.35° + 104.61° − 152.92° = 0.04°$

(4) 보정

① $V_1 + V_4 − V_2 + 0.06° = 0$
② $V_1 + V_5 − V_3 + 0.04° = 0$

(5) 최소 제곱의 원리

$$P = V_1^2 + V_2^2 + V_3^2 + V_4^2 + V_5^2 - 2k_1(V_1 + V_4 - V_2 + 0.06°) \\ - 2k_2(V_1 + V_5 - V_3 + 0.04°)$$

(6) 편미분

① $\dfrac{\partial P}{\partial V_1} = 2V_1 - 2k_1 - 2k_2 = 0,$      $\therefore V_1 = k_1 + k_2$

② $\dfrac{\partial P}{\partial V_2} = 2V_2 + 2k_1 = 0,$     $\therefore V_2 = -k_1$

③ $\dfrac{\partial P}{\partial V_3} = 2V_3 + 2k_2 = 0,$     $\therefore V_3 = -k_2$

④ $\dfrac{\partial P}{\partial V_4} = 2V_4 - 2k_1 = 0,$     $\therefore V_4 = k_1$

⑤ $\dfrac{\partial P}{\partial V_5} = 2V_5 - 2k_2 = 0,$     $\therefore V_5 = k_2$

(7) 조정

① $(k_1 + k_2) + k_1 + k_1 = -0.06°$

② $(k_1 + k_2) + k_2 + k_2 = -0.04°$

따라서,

$$\begin{cases} 3k_1 + k_2 = -0.06° \\ k_1 + 3k_2 = -0.04° \end{cases}$$

두 식을 정리하면

$$k_2 = 0.0075°$$

$$k_1 = -0.0175°$$

그러므로 보정값은

$$\begin{cases} x_1 = 48.35° + V_1 = 48.33° \\ x_2 = 96.86° + V_2 = 96.88° \\ x_3 = 152.92° + V_3 = 152.93° \\ x_4 = 48.57° + V_4 = 48.55° \\ x_5 = 104.61° + V_5 = 104.60° \end{cases}$$

❖ 별해〈관측 방정식에 의한 해법〉

관측 방정식은

$$\begin{cases} \overline{x_1} = x_1 + V_1 \\ \overline{x_4} = x_4 + V_4 \\ \overline{x_1} + \overline{x_4} = x_2 + V_2 \\ \overline{x_5} + \overline{x_1} = x_3 + V_3 \\ \overline{x_3} - \overline{x_1} = x_5 + V_5 \end{cases} \Rightarrow \begin{cases} V_1 = \overline{x_1} - 48.35° \\ V_4 = \overline{x_4} - 48.57° \\ V_2 = \overline{x_1} + \overline{x_4} - 96.86° \\ V_3 = \overline{x_5} + \overline{x_1} - 152.92° \\ V_5 = \overline{x_3} - \overline{x_1} - 104.61° \end{cases}$$

$P$의 최소값을 구하기 위해 $V_1, V_2, V_3, V_4, V_5$에 대하여 편미분한다.

$$P = V_1^2 + V_2^2 + V_3^2 + V_4^2 + V_5^2$$

$$= (\overline{x_1} - 48.35)^2 + (\overline{x_1} + \overline{x_4} - 96.86)^2 + (\overline{x_5} + \overline{x_1}^2 - 152.92)^2$$

$$+ (\overline{x_4} - 48.57)^2 + (\overline{x_3} - \overline{x_1} - 104.61)^2$$

① $\dfrac{\partial P}{\partial x_1} = 2(\overline{x_1} - 48.35)^2 + 2(\overline{x_1} + \overline{x_4} - 96.86) + 2(\overline{x_5} + \overline{x_1} - 152.92)$

$$- 2(\overline{x_3} - \overline{x_1} - 104.61) = 0$$

$$\therefore 8\overline{x_1} - 2\overline{x_3} + 2\overline{x_4} + 2\overline{x_5} = 387.04$$

② $\dfrac{\partial P}{\partial x_3} = 2(\overline{x_3} - \overline{x_1} - 104.61) = 0$

$\therefore -2\overline{x_1} + 2\overline{x_3} = 209.22$

③ $\dfrac{\partial P}{\partial x_4} = 2(\overline{x_4} - 48.57) + 2(\overline{x_1} + \overline{x_4} - 96.86) = 0$

$\therefore 2\overline{x_1} + 4\overline{x_4} = 290.86$

④ $\dfrac{\partial P}{\partial x_5} = 2(\overline{x_5} - \overline{x_1} - 152.92) = 0$

$\therefore 2\overline{x_1} + 2\overline{x_5} = 305.84$

각각의 정규 방정식을 풀면

$\overline{x_1} = 48.33°$

$\overline{x_2} = 96.88°$

$\overline{x_3} = 152.94°$

$\overline{x_4} = 48.55°$

$\overline{x_5} = 104.59°$

## 06 그림에서 ∠AOB, ∠BOC, ∠COD를 결정하기 위해서 다음과 같은 관측 결과를 얻었다.

$\angle AOB = 46°53'29.8''$, $P_1 = 4$

$\angle AOC = 83°14'37.4''$, $P_2 = 16$

$\angle AOD = 135°27'15.0''$, $P_3 = 9$

$\angle BOD = 88°33'45.0''$, $P_4 = 2$

여기서, ∠AOB, ∠BOC, ∠COD의 최확치를 구하시오.
(단, 각은 0.01″까지)

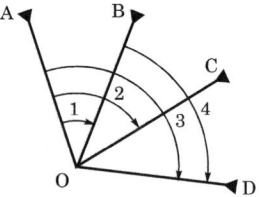

### 해설

**(1) 조건식수**

각 측량=측정각수−변수+1=4−4+1=1

**(2) 조건식**

$\angle AOB + \angle BOD = \angle AOD \rightarrow \angle 1 + \angle 4 = \angle 3$

**(3) 관측 오차**

$46°53'29.8'' + 88°33'45'' - 135°27'15'' = -0.2''$

**(4) 보정**

$V_1 + V_4 - V_3 - 0.2'' = 0$

**(5) 경중률**

$P_1 : P_2 : P_3 : P_4 = 4 : 16 : 9 : 2$

**(6) 최소 제곱의 원리**

$P = 4V_1^2 + 16V_2^2 + 9V_3^2 + 2V_4^2 - 2k_1(V_1 + V_4 - V_3 - 0.2'')$

**(7) 편미분**

① $\dfrac{\partial P}{\partial V_1} = 8V_1 - 2k_1 = 0$, ∴ $V_1 = \dfrac{k_1}{4}$

② $\dfrac{\partial P}{\partial V_2} = 32V_2 = 0$, ∴ $V_2 = 0$

③ $\dfrac{\partial P}{\partial V_3} = 18V_3 + 2k_1 = 0$, ∴ $V_3 = \dfrac{-k_1}{9}$

④ $\dfrac{\partial P}{\partial V_4} = 4V_4 - 2k_1 = 0$, ∴ $V_4 = \dfrac{k_1}{2}$

윗식에서 $\dfrac{k_1}{4} + \dfrac{k_1}{2} - \left(-\dfrac{k_1}{9}\right) = 0.2''$ ∴ $k_1 = 0.23''$

따라서 ① $V_1 = 0.06''$, ② $V_2 = 0$

③ $V_3 = -0.03''$, ④ $V_4 = 0.12''$

그러므로 구하고자 하는 답은

$\angle AOB = (1) + V_1 = 46°53'29.8'' + 0.06'' = 46°53'29.86''$

$\angle BOC = [(2) + V_2] - \angle AOB = 83°14'37.4'' - 46°53'29.86''$
$= 36°21'07.54''$

$\angle COD = [(4) + V_4] - \angle BOC = (88°33'45'' + 0.12'') - 36°21'07.54''$
$= 52°12'37.58''$

❖ **별해〈관측 방정식에 의한 해법〉**

관측 방정식은

$\begin{cases} \overline{l_1} = l_1 + V_1 \\ \overline{l_4} = l_4 + V_4 \\ \overline{l_1} + \overline{l_4} = l_3 + V_3 \\ \overline{l_2} = l_2 + V_2 \end{cases} \Rightarrow \begin{cases} V_1 = \overline{l_1} - 46°53'29.8'' \\ V_2 = \overline{l_2} - 83°14'37.4'' \\ V_3 = \overline{l_1} + \overline{l_4} - 135°27'15'' \\ V_4 = \overline{l_4} - 88°33'45'' \end{cases}$

$P$의 최소값을 구하기 위해 $\overline{l_1}, \overline{l_2}, \overline{l_3}$에 대하여 편미분한다.

$P = (\overline{l_1} - 46°53'29.8'')^2 + (\overline{l_2} - 83°14'37.4'')^2$
$\quad + (\overline{l_1} + \overline{l_4} - 135°27'15'')^2 + (\overline{l_4} - 88°33'45'')^2$

① $\dfrac{\partial P}{\partial \overline{l_1}} = 2(\overline{l_1} - 46°53'29.8'') + 2(\overline{l_1} + \overline{l_4} - 135°27'15'')^2 = 0$

$\therefore 4\overline{l_1} + 2\overline{l_4} = 364°41'29.6''$ ·············①

② $\dfrac{\partial P}{\partial \overline{l_2}} = 2(\overline{l_2} - 83°14'37.4'') = 0$

$\therefore 2\overline{l_2} = 166°29'14.8''$ ·············②

③ $\dfrac{\partial P}{\partial \overline{l_3}} = 2(\overline{l_1} - \overline{l_4} - 135°27'15'') + 2(\overline{l_4} - 88°33'45'') = 0$

$\therefore 2\overline{l_1} - 4\overline{l_4} = 448°02'00''$ ·············③

①, ②, ③식의 정규 방정식을 풀면

$\overline{l_1} = 46°53'29.87''$

$\overline{l_2} = 83°14'37.4''$

$\overline{l_3} = 88°33'45.07''$

그러므로 구하고자 하는 답은

$\angle AOB = 46°53'29.87''$

$\angle BOC = 36°21'07.54''$

$\angle COD = 52°12'37.58''$

**07** 다음 그림에서 O를 기지점으로 하여 A, B, C 3점의 표고를 결정하기 위하여 각 점간의 수준 측량을 화살표 방향으로 실시하여 다음과 같은 결과를 얻었다. A, B, C점의 표고를 구하시오. (단, O점의 표고는 0m로 한다.)

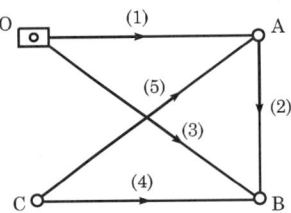

(1) 호선의 관측치(높이차) : +1.0m, 거리 4km
(2) 호선의 관측치(높이차) : +0.7m, 거리 4km
(3) 호선의 관측치(높이차) : +1.8m, 거리 4km
(4) 호선의 관측치(높이차) : +0.9m, 거리 3km
(5) 호선의 관측치(높이차) : +0.2m, 거리 12km

(1) 조건식수

　　수준 측량 : 노선수−측점수+기지점수=5−4+1=2

(2) 조건식

　　① (1)+(2)−(3)=0
　　② (5)+(2)−(4)=0

(3) 관측 오차

　　① 1+0.7−1.8=−0.1
　　② 0.2+0.7−0.9=0

(4) 보정

　　① $V_1 + V_2 - V_3 - 0.1 = 0$
　　② $V_5 + V_2 - V_4 = 0$

(5) 경중률

$$P_{(1)} : P_{(2)} : P_{(3)} : P_{(4)} : P_{(5)} = \frac{1}{4} : \frac{1}{4} : \frac{1}{4} : \frac{1}{3} : \frac{1}{12} = 3 : 3 : 3 : 4 : 1$$

(6) 최소 제곱의 원리

$$P = 3V_1^2 + 3V_2^2 + 3V_3^2 + 4V_4^2 + V_5^2 - 2k_1(V_1 + V_2 - V_3 - 0.1)$$
$$\quad - 2k_2(V_5 + V_2 - V_4)$$

(7) 편미분

　　① $\dfrac{\partial P}{\partial V_1} = 6V_1 - 2k_1 = 0,$ 　　　　　$\therefore V_1 = \dfrac{k_1}{3}$

　　② $\dfrac{\partial P}{\partial V_2} = 6V_2 - 2k_1 - 2k_2 = 0,$ 　　　$\therefore V_2 = \dfrac{k_1}{3} + \dfrac{k_2}{3}$

③ $\frac{\partial P}{\partial V_3} = 6V_3 + 2k_1 = 0$,      ∴ $V_3 = \frac{-k_1}{3}$

④ $\frac{\partial P}{\partial V_4} = 8V_4 + 2k_2 = 0$,      ∴ $V_4 = \frac{-k_2}{4}$

⑤ $\frac{\partial P}{\partial V_5} = 2V_5 - 2k_2 = 0$,      ∴ $V_5 = k_2$

(8) 조정

① $\frac{k_1}{3} + \left(\frac{k_1}{3} + \frac{k_2}{3}\right) - \left(-\frac{k_1}{3}\right) = 0.1 \rightarrow k_1 + k_1 + k_2 + k_1 = 0.3$

② $k_2 + \left(\frac{k_1}{3} + \frac{k_2}{3}\right) - \left(-\frac{k_2}{4}\right) = 0 \rightarrow 12k_2 + 4k_1 + 4k_2 + 3k_2 = 0$

두 식을 정리하면

     $k_1 = 0.108, \ k_2 = -0.023$

따라서

     ① $V_1 = 0.036$

     ② $V_2 = 0.028$

     ③ $V_3 = -0.036$

     ④ $V_4 = 0.006$

     ⑤ $V_5 = -0.023$

∴ $H_A = H_0 + (1) + V_1 = 0 + 1 + 0.036 = 1.036$m

    $H_B = H_0 + (3) + V_3 = 0 + 1.8 - 0.036 = 1.764$m

        $H_A + (2) + V_2 = 1.036 + 0.7 + 0.028 = 1.764$m

    $H_C = H_B - ((4) + V_4) = 1.764 - (0.9 + 0.006) = 0.858$m

---

❖ **별해〈관측 방정식에 의한 해법〉**

관측 방정식은

$\begin{cases} O + \overline{l_1} - A = 0 \\ A + \overline{l_2} - B = 0 \\ O + \overline{l_3} - B = 0 \\ C + \overline{l_4} - B = 0 \\ C + \overline{l_5} - A = 0 \end{cases}$ ➡ $\begin{cases} V_1 = A - l_1 - O = A - 1 \\ V_2 = B - A - l_2 = B - A - 0.7 \\ V_3 = B - l_3 - O = B - 1.8 \\ V_4 = B - l_4 - C = B - 0.9 - C \\ V_5 = A - l_5 - C = A - 0.2 - C \end{cases}$

$P$의 최소값을 구하기 위해 A, B, C에 대하여 편미분하면

$P = 3(A-1)^2 + 3(B-A-0.7)^2 + 3(B-1.8)^2$
     $+ 4(B-0.9-C)^2 + (A-0.2-C)^2$

① $\dfrac{\partial P}{\partial A} = 6(A-1) - 6(B-A-0.7) + 2(A-0.2-C) = 0$

∴ $14A - 6B - 2C = 2.2$

② $\dfrac{\partial P}{\partial B} = 6(B-A-0.7) + 6(B-1.8) + 8(B-0.9-C) = 0$

∴ $-6A + 20B - 8C = 22.2$

③ $\dfrac{\partial P}{\partial C} = -8(B-0.9-C) - 2(A-0.2-C) = 0$

∴ $-2A - 8B + 10C = -7.6$

각각의 정규 방정식을 풀면

$\begin{cases} A = 1.036 \\ B = 1.764 \\ C = 0.858 \end{cases}$

∴ $H_A = 1.036\text{m},\ H_B = 1.764\text{m},\ H_C = 0.858\text{m}$

## 08
다음 그림은 표고가 281.130m인 수준점 A로부터 측정된 직접 수준 측량의 결과이다. 최소 자승법의 원리에 의하여 수준망을 조정하고자 한다. 물음에 답하시오. (단, 각 관측값은 서로 상관 관계가 없으며 모두 같은 정도(precision)를 가졌다고 가정하며, 계산은 소수점 아래 3자리까지 계산하라.)

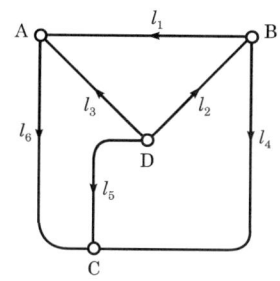

| 출발 | 도착 | 표고차(m) |
|---|---|---|
| B | A | $l_1$=11.973 |
| D | B | $l_2$=10.940 |
| D | A | $l_3$=22.932 |
| B | C | $l_4$=21.040 |
| D | C | $l_5$=31.891 |
| A | C | $l_6$=8.983 |

(1) $l_1$, $l_3$, $l_6$(표고차)에 대한 최확치
(2) B, C, D점의 최종 조정된 높이

(1) 조건식수

수준 측량 : 노선수-측점수+기지점수=6-4+1=3개

(2) 조건식

① $l_1 - l_3 + l_2 = 0$

② $l_2 + l_4 - l_5 = 0$

③ $l_3 + l_6 - l_5 = 0$

(3) 관측 오차

① $11.973 - 22.932 + 10.940 = -0.019$

② $10.940 + 21.040 - 31.891 = 0.089$

③ $22.932 + 8.983 - 31.891 = 0.024$

(4) 보정

① $V_1 - V_3 + V_2 - 0.019 = 0$

② $V_2 + V_4 - V_5 + 0.089 = 0$

③ $V_3 + V_6 - V_5 + 0.024 = 0$

(5) 최소 제곱의 원리

$$P = V_1^2 + V_2^2 + V_3^2 + V_4^2 + V_5^2 + V_6^2 - 2k_1(V_1 - V_3 + V_2 - 0.019)$$
$$- 2k_2(V_2 + V_4 - V_5 + 0.089) - 2k_3(V_3 + V_6 - V_5 + 0.024)$$

제3장. 최소 제곱법 **541**

(6) 편미분

① $\dfrac{\partial P}{\partial V_1} = 2V_1 - 2k_1 = 0,$      $\therefore V_1 = k_1$

② $\dfrac{\partial P}{\partial V_2} = 2V_2 - 2k_2 - 2k_2 = 0,$    $\therefore V_2 = k_1 + k_2$

③ $\dfrac{\partial P}{\partial V_3} = 2V_3 + 2k_1 - 2k_3 = 0,$    $\therefore V_3 = -k_1 + k_3$

④ $\dfrac{\partial P}{\partial V_4} = 2V_4 - 2k_2 = 0,$      $\therefore V_4 = k_2$

⑤ $\dfrac{\partial P}{\partial V_5} = 2V_5 + 2k_2 + 2k_3 = 0,$    $\therefore V_5 = -k_2 - k_3$

⑥ $\dfrac{\partial P}{\partial V_6} = 2V_6 - 2k_3 = 0,$      $\therefore V_6 = k_3$

(7) 조정

① $k_1 - (-k_1 + k_3) + (k_1 + k_2) = 0.019$
② $(k_1 + k_2) + k_2 - (-k_2 - k_3) = -0.089$
③ $(-k_1 + k_3) + k_3 - (-k_2 - k_3) = -0.024$

윗식을 정리하면

$3k_1 + k_2 - k_3 = 0.019$ ················ⓐ
$k_1 + 3k_2 + k_3 = -0.089$ ·············ⓑ
$-k_1 + k_2 + 3k_3 = -0.024$ ···········ⓒ

3원 일차 연립 방정식을 풀면

㉮ ⓐ+ⓑ($k_3$ 소거)

 $4k_1 + 4k_2 = -0.07$ ················ⓓ

㉯ (ⓑ×3)−③($k_3$ 소거)

 $4k_1 + 8k_2 = -0.243$ ···············ⓔ

㉰ ⓓ−ⓔ

$$-\begin{vmatrix} 4k_1 + 4k_2 = -0.07 \\ 4k_1 + 8k_2 = -0.243 \end{vmatrix}$$
$$-4k_2 = 0.173$$

$\therefore k_1 = 0.02575,\ k_2 = -0.04325,\ k_3 = 0.015$

그러므로 각각의 최확치는

$\overline{l_1} = 11.973 + V_1 = 11.999\text{m}$

$\overline{l_3} = 22.932 + V_3 = 22.921\text{m}$

$\overline{l_6} = 8.983 + V_6 = 8.998\text{m}$

따라서, B, C, D점의 최종 조정된 높이는

① $H_B = H_A - \overline{l_1} = 281.130 - 11.999 = 269.131\text{m}$

② $H_C = H_A + \overline{l_6} = 281.130 + 8.998 = 290.128\text{m}$

③ $H_D = H_A - \overline{l_3} = 281.130 - 22.921 = 258.209\text{m}$

---

❖ **별해〈관측 방정식에 의한 해법〉**

관측 방정식을 세우면

① $B + l_1 + v_1 - A = 0$    $\therefore v_1 = 269.157 - B$

② $D + l_2 + v_2 - B = 0$    $\therefore v_2 = B - D - 10.940$

③ $D + l_3 + v_3 - A = 0$    $\therefore v_3 = 258.198 - D$

④ $B + l_4 + v_4 - C = 0$    $\therefore v_4 = C - B - 21.040$

⑤ $D + l_5 + v_5 - C = 0$    $\therefore v_5 = C - D - 31.891$

⑥ $A + l_6 + v_6 - C = 0$    $\therefore v_6 = C - 290.113$

최소 제곱법을 적용하기 위하여 함수 $P$를 구하면

$P = v_1^2 + v_2^2 + v_3^2 + v_4^2 + v_5^2 + v_6^2$

$\quad = (269.157 - B)^2 + (B - D - 10.940)^2 + (258.198 - D)^2$

$\quad\quad + (C - B - 21.040)^2 + (C - D - 31.891)^2 + (C - 290.113)^2$

① $\dfrac{\partial P}{\partial B} = -2(269.157 - B) + 2(B - D - 10.940) - 2(C - B - 21.040)$

$\quad = 0$

② $\dfrac{\partial P}{\partial C} = 2(C - B - 21.040) + 2(C - D - 31.891) + 2(C - 290.113)$

$\quad = 0$

③ $\dfrac{\partial P}{\partial D} = -2(B - D - 10.940) - 2(258.198 - D) - 2(C - D - 31.891)$

$\quad = 0$

정리하면

$\begin{cases} 6B - 2C - 2D = 518.114 \\ -2B + 6C - 2D = 686.088 \\ -2B - 2C + 6D = 430.734 \end{cases}$

B, C, D에 대하여 풀면 각 점의 조정 표고가 구하여진다.

$H_B = 269.131\text{m}, \ H_C = 290.128\text{m}, \ H_D = 258.209\text{m}$

**09** PQ점의 표고를 구하기 위하여 그림과 같이 A점에서 수준 측량을 하여 다음의 값을 얻었다. A점의 표고를 17.533m로 하여 P, Q점의 표고를 구하시오.

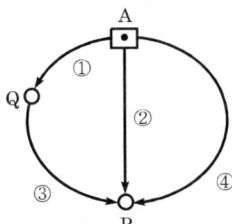

| 노선 | 고저차 | 거리 |
|---|---|---|
| ① | +4.250m | 2km |
| ② | −8.537m | 4km |
| ③ | −12.781m | 6km |
| ④ | −8.557m | 12km |

**해설**

(1) 조건식수

수준 측량 : 노선수−측점수+기지점수=4−3+1=2개

(2) 조건식

① $x_1 + x_3 - x_2 = 0$

② $x_2 - x_4 = 0$

(3) 관측 오차

① $4.250 + (-12.781) - (-8.537) = 0.006$

② $-8.537 - (-8.557) = 0.020$

(4) 보정

① $V_1 + V_3 - V_2 + 0.006 = 0$

② $V_2 - V_4 + 0.020 = 0$

(5) 경중률

$$P_1 : P_2 : P_3 : P_4 = \frac{1}{2} : \frac{1}{4} : \frac{1}{6} : \frac{1}{12} = 6 : 3 : 2 : 1$$

(6) 최소 제곱의 원리

$$P = 6V_1^2 + 3V_2^2 + 2V_3^2 + V_4^2 - 2k_1(V_1 + V_3 - V_2 + 0.006)$$
$$- 2k_2(V_2 - V_4 + 0.020)$$

(7) 미분

① $\dfrac{\partial P}{\partial V_1} = 12V_1 - 2k_1 = 0,\qquad \therefore\ V_1 = \dfrac{1}{6}k_1$

② $\dfrac{\partial P}{\partial V_2} = 6V_2 + 2k_1 - 2k_2 = 0,\qquad \therefore\ V_2 = \dfrac{-k_1 + k_2}{3}$

③ $\frac{\partial P}{\partial V_3} = 4V_3 - 2k_1 = 0$,      $\therefore V_3 = \frac{1}{2}k_1$

④ $\frac{\partial P}{\partial V_4} = 2V_4 + 2k_2 = 0$,      $\therefore V_4 = -k_2$

(8) 조정

① $\frac{1}{6}k_1 + \frac{1}{2}k_1 - \left(\frac{-k_1 + k_2}{3}\right) = -0.006 \rightarrow k_1 + 3k_1 + 2k_1 - 2k_2 = -0.036$

 $k_1 + 3k_1 + 2k_1 - 2k_2 = -0.006 \times 6$

 $\therefore 6k_1 - 2k_2 = -0.036$ ············ ⓐ

② $-\frac{1}{3}k_1 + \frac{1}{3}k_2 + k_2 = -0.020 \rightarrow -k_1 + k_2 + 3k_2 = -0.06$

 $-k_1 + k_2 + 3k_2 = -0.060$

 $-k_1 + 4k_2 = -0.060$ ················ ⓑ

따라서 ⓐ식과 ⓑ식을 연립하여 풀면

$$+\begin{vmatrix} 12k_1 - 4k_2 = -0.072 \\ -k_1 + 4k_2 = -0.060 \end{vmatrix}$$
$$\overline{\phantom{xxxxxx}11k_1 = -0.132\phantom{xxx}}$$

$\therefore k_1 = -0.012, \ k_2 = -0.018$

그러므로 최확값은

① $\overline{x_1} = x_1 + V_1 = 4.250 - 0.002 = 4.248$m

② $\overline{x_2} = x_2 + V_2 = -8.537 - 0.002 = -8.539$m

③ $\overline{x_3} = x_3 + V_3 = -12.781 - 0.006 = -12.787$m

④ $\overline{x_4} = x_4 + V_4 = -8.557 + 0.018 = -8.539$m

$\therefore$ P점 표고 $= H_A + \overline{x_2} = 17.533 + (-8.539) = 8.994$m

$\therefore$ Q점 표고 $= H_A + \overline{x_1} = 17.533 + 4.248 = 21.781$m

❖ **별해〈관측 방정식에 의한 해법〉**

관측 방정식은

 ① $A + \overline{l_1} - Q = 0$    $\therefore V_1 = Q - A - l_1 = Q - 21.783$

 ② $A + \overline{l_2} - P = 0$    $\therefore V_2 = P - A - l_2 = P - 8.996$

 ③ $Q + \overline{l_3} - P = 0$    $\therefore V_3 = P - Q - l_3 = P - Q + 12.781$

 ④ $A + \overline{l_4} - P = 0$    $\therefore V_4 = P - A - l_4 = P - 8.976$

$S$의 최소값을 구하기 위해 Q, P에 대하여 편미분하면

$S = 6(Q-21.783)^2 + 3(P-8.996)^2 + 2(P-Q+12.781)^2$
$\quad + (P-8.976)^2$

① $\dfrac{\partial S}{\partial Q} = 12(Q-21.783) - 4(P-Q+12.781)$

$\quad \therefore\ 16Q - 4P = 312.52$

② $\dfrac{\partial S}{\partial P} = 6(P-8.996) + 4(P-Q+12.781) + 2(P-8.976)$

$\quad \therefore\ -4Q + 12P = 20.804$

각각의 정규 방정식을 풀면 Q = 21.781, P = 8.994

$\therefore$ P점 표고 = 8.994m, Q점 표고 = 21.781m

**10** 다음 수준망의 측정값을 최소 제곱법에 의하여 조정량을 구하고 각 노선의 최확값을 산출하시오. (단, A점은 기지점이다.)

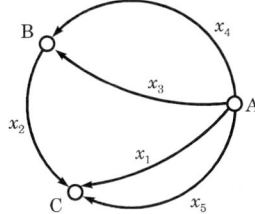

〈각 노선의 측정값〉
- $x_1 = 5.750$m
- $x_2 = 2.528$m
- $x_3 = 3.242$m
- $x_4 = 3.239$m
- $x_5 = 5.751$m

### 해설

**(1) 조건식수**

노선수−측점수+기지점수=5−3+1=3

**(2) 조건식**

① $x_1 - x_2 - x_3 = 0$

② $x_3 - x_4 = 0$

③ $x_1 - x_5 = 0$

**(3) 관측 오차**

① 5.750−2.528−3.242=−0.020

② 3.242−3.239=0.003

③ 5.750−5.751=−0.001

**(4) 보정**

① $V_1 - V_2 - V_3 - 0.020 = 0$

② $V_3 - V_4 + 0.003 = 0$

③ $V_1 - V_5 - 0.001 = 0$

**(5) 최소 제곱의 원리**

$$P = V_1^2 + V_2^2 + V_3^2 + V_4^2 + V_5^2 - 2k_1(V_1 - V_2 - V_3 - 0.020)$$
$$- 2k_2(V_3 - V_4 + 0.003) - 2k_3(V_1 - V_5 - 0.001)$$

**(6) 미분**

① $\dfrac{\partial P}{\partial V_1} = 2V_1 - 2k_1 - 2k_3 = 0,$  ∴ $V_1 = k_1 + k_3$

② $\dfrac{\partial P}{\partial V_2} = 2V_2 + 2k_1 = 0,$  ∴ $V_2 = -k_1$

③ $\dfrac{\partial P}{\partial V_3} = 2V_3 + 2k_1 - 2k_2 = 0,$      ∴ $V_3 = k_2 - k_1$

④ $\dfrac{\partial P}{\partial V_4} = 2V_4 + 2k_2 = 0,$       ∴ $V_4 = -k_2$

⑤ $\dfrac{\partial P}{\partial V_5} = 2V_5 + 2k_3 = 0,$       ∴ $V_5 = -k_3$

**(7) 조정**

① 각각 식을 정리하면

$(k_1 + k_3) - (-k_1) - (k_2 - k_1) = 0.020$   ∴ $3k_1 - k_2 + k_3 = 0.020$ ······ ⓐ

$(k_2 - k_1) - (-k_2) = -0.003$       ∴ $-k_1 + 2k_2 = -0.003$ ······ ⓑ

$(k_1 + k_3) - (-k_3) = 0.001$        ∴ $k_1 + 2k_3 = 0.001$ ·············· ⓒ

② 3원 일차 연립 방정식을 풀면

㉮ ⓐ식과 ⓑ식을 연립

$$+\begin{array}{|l} 3k_1 - k_2 + k_3 = 0.020 \\ -3k_1 + 6k_2 = -0.009 \end{array}$$
$$\phantom{+}\quad 5k_2 + k_3 = 0.011 \quad \cdots\cdots\text{ⓓ}$$

㉯ ⓑ식과 ⓒ식을 연립

$$+\begin{array}{|l} -k_1 + 2k_2 = -0.003 \\ k_1 + 2k_3 = 0.001 \end{array}$$
$$\phantom{+}\quad 2k_2 + 2k_3 = -0.002 \quad \cdots\cdots\text{ⓔ}$$

㉰ ⓓ식과 ⓔ식을 연립

$$-\begin{array}{|l} 10k_2 + 2k_3 = 0.022 \\ 2k_2 + 2k_3 = -0.002 \end{array}$$
$$\phantom{-}\quad 8k_2 = 0.024 \qquad \therefore k_2 = 0.003$$

㉱ $k_2$를 ⓓ식에 대입        ∴ $k_3 = -0.004$

  $k_3$를 ⓒ식에 대입        ∴ $k_1 = 0.009$

㉲ $V_1 = 0.005,\ V_2 = -0.009,\ V_3 = -0.006$

  $V_4 = -0.003,\ V_5 = 0.004$

각각의 최확값은

① $\overline{x_1} = 5.750 + 0.005 = 5.755,$    ② $\overline{x_2} = 2.528 - 0.009 = 2.519$

③ $\overline{x_3} = 3.242 - 0.006 = 3.236,$    ④ $\overline{x_4} = 3.239 - 0.003 = 3.236$

⑤ $\overline{x_5} = 5.751 + 0.004 = 5.755$

**11** 다음 사각형의 측정각을 최소 제곱법에 의하여 조정각을 구하시오.

$\angle 1 = 39.75°$
$\angle 2 = 26.55°$
$\angle 3 = 75.32°$
$\angle 4 = 38.86°$
$\angle 5 = 23.86°$
$\angle 6 = 42.44°$

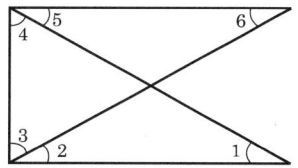

**해설**

(1) 조건식수

측정각수−변수+1=6−5+1=2개

(2) 조건식

① $x_1 + x_2 + x_3 + x_4 - 180° = 0$

② $x_3 + x_4 + x_5 + x_6 - 180° = 0$

(3) 관측 오차

① $39.75° + 26.55° + 75.32° + 38.86° = 0.48°$

② $75.32° + 38.86° + 23.86° + 42.44° = 0.48°$

(4) 보정

① $V_1 + V_2 + V_3 + V_4 + 0.48° = 0$

② $V_3 + V_4 + V_5 + V_6 + 0.48° = 0$

(5) 확률 오차 공식

$P = V_1^2 + V_2^2 + V_3^2 + V_4^2 + V_5^2 + V_6^2 - 2k_1(V_1 + V_2 + V_3 + V_4 + 0.48)$
$\quad - 2k_2(V_3 + V_4 + V_5 + V_6 + 0.48)$

(6) 미분

① $\dfrac{\partial P}{\partial V_1} = V_1 - k_1 = 0,$ $\quad\therefore V_1 = k_1$

② $\dfrac{\partial P}{\partial V_2} = V_2 - k_1 = 0,$ $\quad\therefore V_2 = k_1$

③ $\dfrac{\partial P}{\partial V_3} = V_3 - k_1 - k_2 = 0,$ $\quad\therefore V_3 = k_1 + k_3$

④ $\dfrac{\partial P}{\partial V_4} = V_4 - k_1 - k_2 = 0,$ $\quad\therefore V_4 = k_1 + k_2$

⑤ $\dfrac{\partial P}{\partial V_5} = V_5 - k_2 = 0,$ $\quad\therefore V_5 = k_2$

⑥ $\dfrac{\partial P}{\partial V_6} = V_6 - k_2 = 0,$ $\quad\therefore V_6 = k_2$

(7) 조정

① $k_1 + k_1 + (k_1 + k_2) + (k_1 + k_2) = -0.48°$

$4k_1 + 2k_2 = -0.48$ ············ⓐ

② $(k_1 + k_2) + (k_1 + k_2) + k_2 + k_2 = -0.48°$

$2k_1 + 4k_2 = -0.48°$ ············ⓑ

ⓐ식과 ⓑ식을 연립하여 풀면

$$-\begin{vmatrix} 8k_1 + 4k_2 = -0.96 \\ 2k_1 + 4k_2 = -0.48 \end{vmatrix}$$
$$6k_1 = -0.48$$

∴ $k_1 = -0.08°$, $k_2 = -0.08$

따라서 조정각은

① $\overline{x_1} = x_1 + V_1 = 39.75 - 0.08 = 39.67°$

② $\overline{x_2} = x_2 + V_2 = 26.55 - 0.08 = 26.47°$

③ $\overline{x_3} = x_3 + V_3 = 75.32 - 0.16 = 75.16°$

④ $\overline{x_4} = x_4 + V_4 = 38.86 - 0.16 = 38.70°$

⑤ $\overline{x_5} = x_5 + V_5 = 23.86 - 0.08 = 23.78°$

⑥ $\overline{x_6} = x_6 + V_6 = 42.44 - 0.08 = 42.36°$

**12** 다음 오각형에서 $A$, $C$각은 3배각으로 측정했고, $B$, $D$, $E$는 단측각으로 측정하였다. 각을 조정하시오.

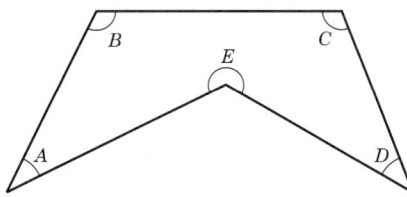

$\angle A = 70°06'00''$
$\angle B = 138°04'20''$
$\angle C = 133°56'00''$
$\angle D = 91°04'40''$
$\angle E = 106°50'40''$

### 해설

(1) 조건식수 → 1개

(2) 조건식

$\angle A + \angle B + \angle C + \angle D + \angle E = 540°$

(3) 오차

$(70°06' + 138°04'20'' + 133°56' + 91°04'40'' + 106°50'40'') - 540° = 1'40''$

(4) 보정량

$V_1 + V_2 + V_3 + V_4 + V_5 + 1'40'' = 0$

> ▶경중률
> $A : B : C : D : E = 3 : 1 : 3 : 1 : 1$

(5) 확률 오차

$P = 3V_1^2 + V_2^2 + 3V_3^2 + V_4^2 + V_5^2 - 2k_1(V_1 + V_2 + V_3 + V_4 + V_5 + 1'40'')$

(6) 미분

① $\dfrac{\partial P}{\partial V_1} = 6V_1 - 2k_1 = 0,$ ∴ $V_1 = \dfrac{1}{3}k_1$

② $\dfrac{\partial P}{\partial V_2} = 2V_2 - 2k_1 = 0,$ ∴ $V_2 = k_1$

③ $\dfrac{\partial P}{\partial V_3} = 6V_3 - 2k_1 = 0,$ ∴ $V_3 = \dfrac{1}{3}k_1$

④ $\dfrac{\partial P}{\partial V_4} = 2V_4 - 2k_1 = 0,$ ∴ $V_4 = k_1$

⑤ $\dfrac{\partial P}{\partial V_5} = 2V_5 - 2k_1 = 0,$ ∴ $V_5 = k_1$

(7) 조정

각각의 식을 정리하면

① $\frac{1}{3}k_1 + k_1 + \frac{1}{3}k_1 + k_1 + k_1 = -1'40''$

② $\frac{2}{3}k_1 + 3k_1 = -1'40''$

③ $\frac{11}{3}k_1 = -1'40''$

∴ $k_1 = -27.27''$

그러므로 구하고자 하는 최확값은

① $\angle \overline{A} = \angle A + V_1 = 70°06' - \left(\frac{27.27''}{3}\right) = 70°05'50.91''$

② $\angle \overline{B} = \angle B + V_2 = 138°04'20'' - 27.27'' = 138°03'52.73''$

③ $\angle \overline{C} = \angle C + V_3 = 133°56'00'' - \left(\frac{27.27''}{3}\right) = 133°55'50.9''$

④ $\angle \overline{D} = \angle D + V_4 = 91°04'40'' - 27.27'' = 91°04'12.73''$

⑤ $\angle \overline{E} = \angle E + V_5 = 106°50'40'' - 27.27'' = 106°50'12.7''$

**13** 다음과 같은 수준망을 관측하여 다음과 같은 결과를 얻었다. 미정 계수법으로 조정하고, C, D, E점의 지반고를 구하시오. (단, $H_A$=18.396m, $H_B$=26.317m)

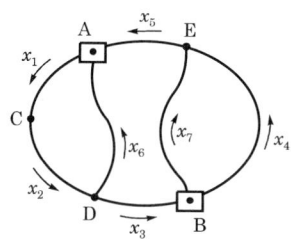

| 번호 | 노선 | 관측값 | 보정량 | 보정값 |
|---|---|---|---|---|
| $x_1$ | A→C | 5.666m | | |
| $x_2$ | C→D | -1.195m | | |
| $x_3$ | D→B | 3.481m | | |
| $x_4$ | B→E | -1.999m | | |
| $x_5$ | E→A | -5.972m | | |
| $x_6$ | D→A | -4.463m | | |
| $x_7$ | B→E | -1.981m | | |

### 해설

**(1) 조건식수**

수준 측량=노선수-측점수+기지점수
= 7-5+2
= 4개

**(2) 조건식**

① $x_1 + x_2 + x_6 = 0$
② $H_A - x_6 + x_3 - H_B = 0$
③ $H_B + x_7 + x_5 - H_A = 0$
④ $x_4 - x_7 = 0$

**(3) 관측 오차**

① 5.666-1.195-4.463=0.008
② 18.396+4.463+3.481-26.317=0.023
③ 26.317-1.981-5.972-18.396=-0.032
④ -1.999+1.981=-0.018

**(4) 보정**

① $V_1 + V_2 + V_6 + 0.008 = 0$
② $V_3 - V_6 + 0.023 = 0$
③ $V_5 + V_7 - 0.032 = 0$
④ $V_4 - V_7 - 0.018 = 0$

(5) 확률 오차

$$P = V_1^2 + V_2^2 + V_3^2 + V_4^2 + V_5^2 + V_6^2 + V_7^2$$
$$- 2k_1(V_1 + V_2 + V_6 + 0.008) - 2k_2(V_3 - V_6 + 0.023)$$
$$- 2k_3(V_5 + V_7 - 0.032) - 2k_4(V_4 - V_7 - 0.018)$$

(6) 편미분

① $\dfrac{\partial P}{\partial V_1} = 2V_1 - 2k_1 = 0$ $\quad\quad\quad \therefore V_1 = k_1$

② $\dfrac{\partial P}{\partial V_2} = 2V_2 - 2k_1 = 0$ $\quad\quad\quad \therefore V_2 = k_1$

③ $\dfrac{\partial P}{\partial V_3} = 2V_3 - 2k_2 = 0$ $\quad\quad\quad \therefore V_3 = k_2$

④ $\dfrac{\partial P}{\partial V_4} = 2V_4 - 2k_4 = 0$ $\quad\quad\quad \therefore V_4 = k_4$

⑤ $\dfrac{\partial P}{\partial V_5} = 2V_5 - 2k_3 = 0$ $\quad\quad\quad \therefore V_5 = k_3$

⑥ $\dfrac{\partial P}{\partial V_6} = 2V_6 - 2k_1 + 2k_2 = 0$ $\quad\quad \therefore V_6 = k_1 - k_2$

⑦ $\dfrac{\partial P}{\partial V_7} = 2V_7 - 2k_3 + 2k_4 = 0$ $\quad\quad \therefore V_7 = k_3 - k_4$

(7) 조정

① $k_1 + k_1 + (k_1 - k_2) = -0.008$ $\quad\quad \therefore 3k_1 - k_2 = -0.008$

② $k_2 - (k_1 - k_2) = -0.023$ $\quad\quad\quad \therefore -k_1 + 2k_2 = -0.023$

③ $k_3 + (k_3 - k_4) = 0.032$ $\quad\quad\quad\quad \therefore 2k_3 - k_4 = 0.032$

④ $k_4 - (k_3 - k_4) = 0.018$ $\quad\quad\quad\quad \therefore -k_3 + 2k_4 = 0.018$

①과 ②식을 연립하면

$\quad 5k_1 = -0.039$

$\quad \therefore k_1 = -0.0078,$ $\quad\quad\quad\quad \therefore k_2 = -0.0154$

③과 ④식을 연립하면

$$+\begin{array}{|l} 4k_3 - 2k_4 = 0.064 \\ -k_3 + 2k_4 = 0.018 \end{array}$$

$\quad\quad\quad 3k_3 = 0.082$

$\therefore k_3 = 0.0273, \quad k_4 = 0.0227$

∴ 보정량

① $V_1 = -0.0078$

② $V_2 = -0.0078$

③ $V_3 = -0.0154$

④ $V_4 = 0.0227$
⑤ $V_5 = 0.0273$
⑥ $V_6 = 0.0076$
⑦ $V_7 = 0.0046$

따라서 보정값은

① $\overline{x_1} = 5.666 - 0.0078 = 5.6582$
② $\overline{x_2} = -1.195 - 0.0078 = -1.2028$
③ $\overline{x_3} = 3.481 - 0.0154 = 3.4656$
④ $\overline{x_4} = -1.999 + 0.0227 = -1.9763$
⑤ $\overline{x_5} = -5.972 + 0.0273 = -5.9447$
⑥ $\overline{x_6} = -4.463 + 0.0076 = -4.4554$
⑦ $\overline{x_7} = -1.981 + 0.0046 = -1.9764$

그러므로 구하고자 하는 지반고는

$H_C = 24.0542$

$H_D = 22.8514$

$H_E = 24.3407$

| 번호 | 노선 | 관측값 | 보정량 | 보정값 |
| --- | --- | --- | --- | --- |
| $x_1$ | A→C | 5.666m | −0.0078 | 5.6582 |
| $x_2$ | C→D | −1.195m | −0.0078 | −1.2028 |
| $x_3$ | D→B | 3.481m | −0.0154 | 3.4656 |
| $x_4$ | B→E | −1.999m | 0.0227 | −1.9763 |
| $x_5$ | E→A | −5.972m | 0.0273 | −5.9447 |
| $x_6$ | D→A | −4.463m | 0.0076 | −4.4554 |
| $x_7$ | B→E | −1.981m | 0.0046 | −1.9764 |

### ❖ 별해〈관측 방정식에 의한 해법〉

먼저 관측 방정식은

① $A + \overline{x_1} - C = 0$ ∴ $V_1 = -18.396 - 5.666 + C = -24.062 + C$
② $C + \overline{x_2} - D = 0$ ∴ $V_2 = -C + 1.195 + D = 1.195 - C + D$
③ $D + \overline{x_3} - B = 0$ ∴ $V_3 = -D - 3.481 + 26.317 = 22.836 - D$
④ $B + \overline{x_4} - E = 0$ ∴ $V_4 = -26.317 + 1.999 + E = -24.318 + E$

⑤ $E + \overline{x_5} - A = 0$  ∴ $V_5 = -E + 5.972 + 18.396 = 24.368 - E$

⑥ $D + \overline{x_6} - A = 0$  ∴ $V_6 = -D + 4.463 + 18.396 = 22.859 - D$

⑦ $B + \overline{x_7} - E = 0$  ∴ $V_7 = -26.317 + 1.981 + E = -24.336 + E$

$P$의 최소값을 구하기 위해 $V_1, V_2, V_3, V_4, V_5, V_6, V_7$에 대하여 편미분한다.

$$P = (-24.062 + C)^2 + (1.195 - C + D)^2 + (22.836 - D)^2$$
$$+ (-24.318 + E)^2 + (24.368 - E)^2 + (22.859 - D)^2$$
$$+ (-24.336 + E)^2$$

① $\dfrac{\partial P}{\partial C} = 2(-24.062 + C) - 2(1.195 - C + D) = 0$

  ∴ $4C - 2D = 50.514$

② $\dfrac{\partial P}{\partial D} = 2(1.195 - C + D) - 2(22.836 - D) - 2(22.859 - D) = 0$

  ∴ $-2C + 6D = 89$

③ $\dfrac{\partial P}{\partial E} = 2(-24.318 + E) - 2(24.368 - E) + 2(-24.336 + E) = 0$

  ∴ $6E = 146.044$

각각의 정규 방정식을 풀면

$H_C = 24.054\text{m}, \; H_D = 22.851\text{m}, \; H_E = 24.341\text{m}$

---

### 참고 연립 방정식의 해법

① 3원 1차 연립 방정식

  $2x + 2y - 3x = 1$ ⋯⋯⋯⋯ ⓐ
  $3x - 3y + z = 8$ ⋯⋯⋯⋯ ⓑ
  $3x + y + 2z = -1$ ⋯⋯⋯⋯ ⓒ

  point 미지수를 하나씩 소거

  ⓐ + (ⓑ×3) → $z$ 소거

  $+ \begin{vmatrix} 2x + 2y - 3z = 1 \\ 9x - 9y + 3z = 24 \end{vmatrix}$
  $\quad\quad 11x - 7y = 25$ ⋯⋯⋯ ⓓ

  (ⓑ×2) − ⓒ → $z$ 소거

  $- \begin{vmatrix} 6x - 6y + 2z = 16 \\ 3x + y + 2z = -1 \end{vmatrix}$
  $\quad\quad 3x - 7y = 17$ ⋯⋯⋯ ⓔ

ⓓ-ⓔ

$$-\begin{vmatrix} 11x - 7y = 25 \\ 3x - 7y = 17 \end{vmatrix}$$
$$8x = 8$$

$x=1$을 ⓔ에 대입하면

$y=-2$

ⓐ에 대입

$2-4-3z=1$

∴ $z=-1$

∴ $x=1,\ y=-2,\ z=-1$

② 4원 1차 연립 방정식

$3x-4y-2z-v=5$ ············ⓐ

$x+5y+7z+2v=2$ ············ⓑ

$4x-3y+5z+v=-4$ ············ⓒ

$x-3y+4z=-11$ ············ⓓ

ⓓ식에 $v$를 포함하지 않았다는 것에 착안하여 ⓐ, ⓑ, ⓒ에서 $v$를 소거하면

ⓐ+ⓒ → $v$ 소거

$$+\begin{vmatrix} 3x-4y-2z-v=5 \\ 4x-3y+5z+v=-4 \end{vmatrix}$$
$$7x-7y+3z=1 \cdots\cdots\text{ⓔ}$$

(ⓒ×2)-ⓑ

$$-\begin{vmatrix} 8x-6y+10z+2v=-8 \\ 2x+5y+7z+2v=2 \end{vmatrix}$$
$$6x-11y+3z=-10 \cdots\text{ⓕ}$$

ⓔ-ⓕ  $x+4y=11$ ············ⓖ

ⓕ, ⓖ 연립 → $x=3,\ y=2$

ⓔ 대입  $z=-1$

ⓐ 대입  $v=-0$

∴ $x=3,\ y=2,\ z=-2,\ v=0$

제3장. 최소 제곱법 **557**

# Matrix(행렬)

## 1 Matrix(행렬)

### (1) 정의

$m \times n$ 행렬이란 다음의 $A$와 같이 $mn$개의 수를 $m$개의 행과 $n$개의 열에 일정한 순서로 나열한 사각 형태의 배열이다.

$$A = \begin{pmatrix} a_{11} & a_{12} & \cdots & a_{1j} & \cdots & a_{1n} \\ a_{21} & a_{22} & \cdots & a_{2j} & \cdots & a_{2n} \\ \vdots & \vdots & & \vdots & & \vdots \\ a_{i1} & a_{i2} & \cdots & a_{ij} & \cdots & a_{in} \\ \vdots & \vdots & & \vdots & & \vdots \\ a_{m1} & a_{m2} & \cdots & a_{mj} & \cdots & a_{mn} \end{pmatrix}$$

$A$의 제 $i$행과 제 $j$열의 수 $a_{ij}$를 $A$의 $ij$-성분이라 한다. 행렬 $A$의 간단한 표현은 $A = (a_{ij})$이고, 대체로 대문자로 표시한다. $A$가 $m \times n$ 행렬이고 $m=n$이면 $A$를 정사각 행렬이라 한다. $m \times n$ 행렬의 모든 성분이 0이면 영행렬이라 하고 0으로 표시한다.

$m \times n$ 행렬은 크기가 $m \times n$이라고 말한다. 두 행렬 $A = (a_{ij})$와 $B = (b_{ij})$는 (i) 크기가 같고 (ij) 대응하는 성분이 서로 같을 때, 같은 행렬이라 하고 $A = B$로 나타낸다.

벡터는 특수한 종류의 행렬이다. $n$-성분 행벡터 $(a_{i1},\ a_{i2},\ \cdots\cdots,\ a_{in})$는 $1 \times n$ 행렬이고, 다음과 같은 $n$-성분 열벡터는 $n \times 1$ 행렬이다.

$$\begin{pmatrix} a_{1j} \\ a_{2j} \\ \vdots \\ a_{nj} \end{pmatrix}$$

### (2) 행렬의 연산

① 행렬의 덧셈

$A = (a_{ij})$와 $B = (b_{ij})$가 $m \times n$ 행렬이라 하자. 그러면 $A$와 $B$의 합은

$$A+B=(a_{ij}+b_{ij})=\begin{pmatrix} a_{11}+b_{11} & a_{12}+b_{12} & \cdots & a_{1n}+b_{1n} \\ a_{21}+b_{22} & a_{22}+b_{22} & \cdots & a_{2n}+b_{2n} \\ \vdots & \vdots & & \vdots \\ a_{m1}+b_{m1} & a_{m2}+b_{m2} & \cdots & a_{mn}+b_{mn} \end{pmatrix}$$

으로 주어진 $m \times n$ 행렬이다. 즉, $A+B$는 $A$와 $B$의 대응하는 성분을 더해서 얻은 $m \times n$ 행렬이다. 두 행렬의 합은 같은 크기의 행렬일 경우에만 정의된다.

② **행렬의 곱셈**

$m \times n$ 행렬 $A=(a_{ij})$의 제 $i$행을 $a_i$로 표시하고 $n \times p$ 행렬 $B=(b_{ij})$의 제 $j$열을 $b_j$로 표시하자. 그러면 $A$와 $B$의 곱은 각 성분이 다음과 같은 $m \times p$ 행렬 $C=(c_{ij})$로 정의하자.

$$c_{ij}=a_i \cdot b_j$$

즉, 곱 $AB$은 $ij$-성분은 $A$의 제 $i$행 $a_i$와 $B$의 제 $j$열 $b_j$의 내적이다.

$$c_{ij}=a_i \cdot b_j \cdot (a_{i1}, a_{i2}, \cdots, a_{in}) \cdot \begin{pmatrix} b_{1j} \\ b_{2j} \\ \vdots \\ b_{nj} \end{pmatrix} = a_{i1}b_{1j}+a_{i2}b_{2j}+\cdots+a_{in}b_{nj}=\sum_{k=1}^{n} a_{ik}b_{kj}$$

두 행렬의 곱셈은 첫째 행렬의 행의 성분 개수와 둘째 행렬의 열의 성분 개수가 같을 때만 정의된다. 즉, 벡터 $a_i$와 $b_j$의 성분의 개수가 다르면 곱할 수 없다.

---

 **예제 1**   $A=\begin{pmatrix} 1 & 3 \\ -2 & 4 \end{pmatrix}$, $B=\begin{pmatrix} 3 & -2 \\ 5 & 6 \end{pmatrix}$일 때, $AB$와 $BA$를 계산하시오.

**해설**

$A$와 $B$는 $2 \times 2$ 행렬이므로 곱 $AB$와 $BA$도 $2 \times 2$ 행렬이다.
정의에 의하여 다음을 얻는다.

$\therefore AB=\begin{pmatrix} 18 & 16 \\ 14 & 28 \end{pmatrix}$, $BA=\begin{pmatrix} 7 & 1 \\ -7 & 39 \end{pmatrix}$

---

### (3) 역행렬

$A$와 $B$가 $n \times n$ 행렬이라 할 때

$$AB=BA=I$$

가 성립하면, $B$를 $A$의 역행렬(inverse matrix)이라 하고 $A^{-1}$로 쓴다.

따라서 $AA^{-1}=A^{-1}A=I$이다.

제4장. Matrix(행렬)

$A$가 역행렬을 가지면 $A$를 가역(invertible) 행렬 또는 정칙 행렬이라고 한다. 이 정의로부터 $A$가 가역 행렬이면 $(A^{-1})^{-1} = A$이 성립한다.

$A$를 $n \times n$ 행렬이라 하자. 그러면 다음이 성립한다.
$AI_n = I_n A = A$
즉, $I_n$은 모든 $n \times n$ 행렬과 가환이고, 오른쪽의 곱이든 왼쪽의 곱이든 불변이다.
$n \times n$ 행렬에 대해서 $I_n$은 실수에서 곱셈에 관한 항등원 1과 같은 기능을 가진다.
항등 행렬을 간단히 $I$로 표시하기도 한다.

## (4) 행렬식

$A = (a_{ij})$를 $m \times n$ 행렬이라 하자. $A$의 전치 행렬은 $A$의 행과 열을 교환해서 얻은 $n \times m$ 행렬이고, $A^T$로 표기한다. 간단하게 $A^T = (a_{ji})$로 쓸 수 있다. 즉,

$$A = \begin{pmatrix} a_{11} & a_{12} & \cdots & a_{1n} \\ a_{21} & a_{22} & \cdots & a_{2n} \\ \vdots & \vdots & & \vdots \\ a_{m1} & a_{m2} & \cdots & a_{mn} \end{pmatrix}$$ 이면, $A^T = \begin{pmatrix} a_{11} & a_{21} & \cdots & a_{m1} \\ a_{12} & a_{22} & \cdots & a_{m2} \\ \vdots & \vdots & & \vdots \\ a_{1n} & a_{2n} & \cdots & a_{mn} \end{pmatrix}$ 이다.

단순하게 $A$의 제 $i$행을 $A^T$의 제 $i$열로, $A$의 제 $j$열을 $A^T$의 제 $j$행으로 두었다.

$A$와 $A^T$는 많은 공통의 성질을 가진다. $A^T$의 열이 $A$의 행이므로, 행렬의 행에 관해 참인 사실은 행렬의 열에 대해서도 참이라는 결과를 얻기 위해서 전치 행렬에 관한 성질을 사용할 것이라는 추측이 가능하다.

$n \times n$ 행렬 $A$에서 모든 $i, j = 1, 2 \cdots, n$에 대해 $a_{ij} = a_{ji}$일 때 $A$를 대칭(symmetric) 행렬이라고 한다.

$$A = \begin{pmatrix} a_{11} & a_{12} \\ a_{21} & a_{22} \end{pmatrix}$$

일 때 $A$의 행렬식을 다음과 같이 정의한다.

$$\det A = a_{11} a_{22} - a_{12} a_{21}$$

때로는 $\det A$를 다음과 같이 나타낸다.

$$|A| = \begin{vmatrix} a_{11} & a_{12} \\ a_{21} & a_{22} \end{vmatrix}$$

$3 \times 3$ 행렬식을 정의하기 위해서 $2 \times 2$ 행렬식의 결과를 사용하고, $4 \times 4$ 행렬식을 정의하기 위해서 $3 \times 3$ 행렬식을 사용한다. 행렬식을 정의하는 방법은 여러가지인데, 'det'를 정사각 행렬의

하나의 수로 배정하는 함수로 이해하는 것이 중요하다.

2차 행렬식과 3차 행렬식은 다음 도표와 같은 Sarrus 공식을 이용하는 것이 편리하다.

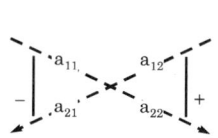 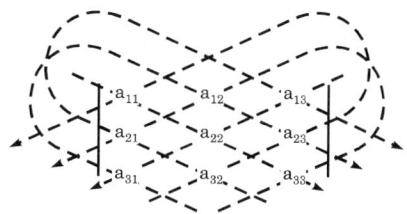

[Sarrus 공식]

**예제 2**

$A = \begin{pmatrix} a_{11} & a_{12} & a_{13} \\ a_{21} & a_{22} & a_{23} \\ a_{31} & a_{32} & a_{33} \end{pmatrix}$ 의 행렬식을 구하시오.

**해설**

$\begin{pmatrix} a_{11} & a_{12} & a_{13} \\ a_{21} & a_{22} & a_{23} \\ a_{31} & a_{32} & a_{33} \end{pmatrix} \begin{matrix} a_{11} & a_{12} \\ a_{21} & a_{22} \\ a_{31} & a_{32} \end{matrix}$

$= \{(a_{11} \times a_{22} \times a_{33}) + (a_{12} \times a_{23} \times a_{31}) + (a_{13} \times a_{21} \times a_{32})\}$
$\quad - \{(a_{13} \times a_{22} \times a_{31}) + (a_{11} \times a_{23} \times a_{32}) + (a_{12} \times a_{21} \times a_{33})\}$

## (5) 역행렬의 계산

미지수가 $n$개이고 방정식이 $n$개인 연립 방정식

$\quad Ax = b$

를 생각하고, $A$는 가역 행렬이라 하자. 그러면 다음을 얻는다.

$\quad A^{-1}Ax = A^{-1}b \,(A^{-1}$을 왼쪽에 곱함$)$

$\quad Ix = A^{-1}b \,(A^{-1}A = I)$

$\quad x = A^{-1}b \,(Ix = x)$

즉, $A$가 가역 행렬이면, 방정식 $Ax = b$는 유일한 해 $x = A^{-1}b$를 가진다.

역행렬을 계산하기 위해서 행렬식을 사용하기 전에 행렬 $A$의 딸림 행렬 또는 수반 행렬을 정의할 필요가 있다. 다음과 같이 $A$의 여인수를 성분으로 갖는 행렬 $B = (a_{ij})$를 $A$의 여인수 행렬이라 한다(여인수는 수임을 상기하자).

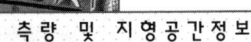

$$B = \begin{pmatrix} A_{11} & A_{12} & \cdots & A_{1n} \\ A_{21} & A_{22} & \cdots & A_{2n} \\ \vdots & \vdots & & \vdots \\ A_{n1} & A_{n2} & \cdots & A_{n3} \end{pmatrix}$$

그리고 여인수 행렬 $B$의 전치 행렬을 $A$의 딸림 행렬 또는 수반 행렬(adjoint)이라 하고 기호로 adj $A$와 같이 나타낸다. 종종 $A$의 딸림 행렬을 $A$의 여행렬(comatrix)이라고도 한다. $A$를 $n \times n$ 행렬이라 하자. $A$가 가역 행렬이기 위한 필요 충분 조건은 det$\neq 0$이다.

det $A \neq 0$이면, $A$의 역행렬은 다음과 같다.

$$A^{-1} = \frac{1}{|A|} \text{adj } A$$

 **예제 3**

$A = \begin{pmatrix} 2 & 4 & 3 \\ 0 & 1 & -1 \\ 3 & 5 & 7 \end{pmatrix}$일 때 $A^{-1}$을 구하시오.

**해설**

$A_{11} = \begin{vmatrix} 1 & -1 \\ 5 & 7 \end{vmatrix} = 12$, $A_{12} = -\begin{vmatrix} 0 & -1 \\ 3 & 7 \end{vmatrix} = -3$, $A_{13} = -3$, $A_{21} = -13$, $A_{22} = 5$, $A_{23} = 2$,

$A_{31} = -7$, $A_{32} = 2$, $A_{33} = 2$이므로, $A$의 여인수 행렬과 adj $A$는 다음과 같다.

$B = \begin{pmatrix} 12 & -3 & -3 \\ -13 & 5 & 2 \\ -7 & 2 & 2 \end{pmatrix}$이므로 adj $A = B^T = \begin{pmatrix} 12 & -13 & -7 \\ -3 & 5 & 2 \\ -3 & 2 & 2 \end{pmatrix}$이다.

따라서, $A$의 역행렬은 다음과 같다.

$$A^{-1} = \frac{1}{3} \begin{pmatrix} 12 & -13 & -7 \\ -3 & 5 & 2 \\ -3 & 2 & 2 \end{pmatrix}$$

## (6) 관측 방정식에 의한 방법

일치된 방정식 $AX = Y$가 $A$의 계수와 열의 수가 같으면 단 하나의 해가 존재한다. 물론 $A$가 정방 행렬이고 정칙이면 항상 일치되고 $A^{-1}Y$라는 해를 갖는다. 여기서는 $A$의 계수가 열의 수가 같은 경우에 대해서 설명한다.

$A$의 계수와 열의 수가 같은 경우 $AX = Y$의 해는 다음과 같이 구해진다.

$$X = A^{-1}Y$$

또 다른 방법으로 $A$의 좌측 역행렬을 이용하는 방법이 있다.

$LA = I$가 되는 $L$이 좌측 역행렬이고 해는 $X = L \cdot Y$가 된다.

세 번째 방법으로는 $(A^TA)^{-1}A^T$을 $A$의 좌측 역행렬로 사용하여 $X=(A^TA)^{-1}A^TY$와 같은 형태의 해를 구할 수 있다.

관측 방정식일 경우 행렬에 의한 최소 제곱법 관측 방정식을 행렬로 표시하면 다음과 같다.

$$nAm \cdot mX_1 = nL_1 + nV_1$$

여기서,

$$A = \begin{vmatrix} a_1 & b_1 & c_1 & \cdots & m_1 \\ a_1 & b_2 & c_2 & \cdots & m_2 \\ a_3 & b_3 & c_3 & \cdots & m_3 \\ \vdots & \vdots & \vdots & & \vdots \\ a_n & b_n & c_n & \cdots & m_n \end{vmatrix}, \quad X = \begin{vmatrix} x_1 \\ x_1 \\ x_3 \\ \vdots \\ x_m \end{vmatrix}, \quad L = \begin{vmatrix} L_1 \\ L_1 \\ L_3 \\ \vdots \\ L_n \end{vmatrix}, \quad V = \begin{vmatrix} V_1 \\ V_1 \\ V_3 \\ \vdots \\ V_n \end{vmatrix}$$

만일 경중률이 동일하다면 행렬 $X$는 다음과 같이 구할 수 있다.

$$A^TAX = A^TL$$
$$(A^TA)^{-1} \cdot (A^TA) \cdot X = (A^TA)^{-1} \cdot TA^TL$$
$$I \cdot X = (A^TA)^{-1} \cdot A^TL$$
$$X = (A^TA)^{-1} \cdot A^TL$$

만일 경중률이 일정하지 않다면 행렬 $X$는 다음과 같이 된다.

$$X = (A^TWA)^{-1} \cdot A^TWL$$

여기서, $W$ : 대각선 행렬이다.

$$W = \begin{vmatrix} W_1 & & & & \\ & W_2 & & & \\ & & W_3 & & \\ & & & \ddots & \\ & & & & W_4 \end{vmatrix}$$

## (7) 조건 방정식에 의한 해법

관측 방정식에 의한 조정에서와 같이 각각의 측정치 $M_i$는 잔차 $v_i$를 수반한다.

$$X_i = M_i + v_i$$

이때 조건 방정식은 $m<n$인 다음과 같은 형태로 된다.

$$a_1v_1 + a_2v_2 + \cdots\cdots + a_nv_n = d_1 - [aM] = f_1$$
$$b_1v_1 + b_2v_2 + \cdots\cdots + b_nv_n = d_2 - [bM] = f_2$$
$$\cdots\cdots\cdots\cdots\cdots$$
$$m_1v_1 + m_2v_2 + \cdots\cdots + m_nv_n = d_m - [mM] = f_n$$

매트릭스로 표현하면

$$AV = f$$

여기서, $A$ : 미지의 잔차에 대한 계수 매트릭스($m \times n$)
$V$ : 7개의 측정에 대한 잔차 벡터($n \times 1$)
$f$ : 상수항 벡터($m \times 1$)로서 $f = d - AM$으로서 구한다.

여기서, $d$값은 폐합일 경우에 0이며 다른 경우도 조건의 기본값을 의미한다.

여기서, 최소 제곱법을 적용하면 함수 $F$는 다음 식으로 나타낼 수 있다.

$$F = w_1 v_1^2 + w_2 v_2^2 + \cdots\cdots + w_n v_n^2$$
$$- 2k_1(a_1 v_1 + a_2 v_2 + \cdots\cdots + a_n v_n) - f_1$$
$$- 2k_2(b_1 v_1 + b_2 v_2 + \cdots\cdots + b_n v_n) - f_2$$
$$\cdots\cdots\cdots\cdots\cdots\cdots$$
$$- 2k_m(m_1 v_1 + m_2 v_2 + \cdots\cdots + m_n v_n) - f_m$$

여기서, $k_1$는 상관 계수로서 조건의 수와 같은 수다. 잔차에 대한 최확치를 구하기 위해서는 각 변수에 대한 미분값이 0이어야 한다. 한 경우에 대해

$$\frac{\partial F}{\partial v_1} = 2w_1 v_1 - 2k_1 a_1 - 2k_2 b_1 - \cdots\cdots - 2k_m m_1 = 0$$

$$\therefore v_1 = \frac{1}{w_1}(k_1 a_1 + k_2 b_1 + \cdots\cdots + k_m m_1)$$

이 된다.

일반식으로 쓰면,

$$v_1 = \left(\frac{1}{w_1}\right)(k_1 a_1 + k_2 b_1 + \cdots\cdots + k_m m_1)$$

$$v_2 = \left(\frac{1}{w_2}\right)(k_1 a_2 + k_2 b_2 + \cdots\cdots + k_m m_2)$$

$$\cdots\cdots\cdots\cdots\cdots\cdots$$

$$v_n = \left(\frac{1}{w_n}\right)(k_1 a_n + k_2 b_n + \cdots\cdots + k_m m_n)$$

가 된다. 이를 매트릭스로 표현하면,

$$\varnothing = V^T W V - 2k^T(AV - f)$$

$$\frac{\partial \varnothing}{\partial V} = 2V^T W - 2k^T A$$

$$\therefore WV = A^T k \, (\because W^T = W)$$

이로부터,
$$V = W^{-1}A^T k$$
가 된다. 다시 이를 식$(AV-f)$에 대입하면,
$$(AW^{-1}A^T)k = f$$
가 된다. 이로부터 상관 계수를 구하면,
$$k = (AW^{-1}A^T)^{-1} f$$
가 된다. 또 이 식을 이용하여 잔차에 대한 최확치는 식$(V = W^{-1}A^T k)$에 대입하여 다음과 같이 구한다.
$$V = (W^{-1}A^T)(AW^{-1}A^T)^{-1} f$$

## (8) 선형 방정식 해법

### ① 선형 방정식의 기본 조건
다음과 같은 조건을 만족시키는 방정식을 선형 방정식이라고 한다.
$$f(a \cdot x) = af(x) \ (a : 상수)$$
$$f(x \pm y) = f(x) \pm f(y)$$

### ② 연립 방정식의 해법
일반적으로 사용되고 있는 선형 연립 방정식의 해법으로는 다음과 같은 몇 가지의 방법이 사용되고 있다. 소거법(elimination method)으로는 Gauss 소거법 및 이 방법으로 개량한 Gauss-Jordan 소거법이 있고, 삼각 행렬(L.U) 분해법으로는 Crout법, Cholesky법 등이 있으며, 반복법(Iterative method)으로는 Jacobi 반복법 및 이 방법의 수렴 속도를 향상시킨 Gauss-Seidel 반복법이 있으며, 잔차를 이용한 이완법(relaxation method) 등이 있다. 여기에서는 대표적으로 사용되고 있는 Gauss-Jordan 소거법에 대해서 설명하기로 한다.

㉮ Gauss-Jordan

Gauss-Jordan 소거법의 장점으로는 직접법이기 때문에 방정식의 수가 반복 횟수가 된다. 또한 수순이 간단하기 때문에 계산량이 적고 까다로운 형태의 계수 행렬에도 적용 가능하다. 단점으로는 정규화 과정에서 분수가 발생하기 때문에 마무리 오차가 발생한다. 또한 방정식 수가 많아지면 소거 과정에서 유효 숫자 부분이 탈락할 수가 있다. 곱셈 횟수가 많아져서 오차 축적의 가능성이 커진다.

$n$원 연립 1차 방정식이 다음과 같다고 하자.
$$a_{11}x_1 + a_{12}x_2 + \cdots\cdots + a_{1n}x_n = b_1$$
$$a_{12}x_1 + a_{22}x_2 + \cdots\cdots + a_{2n}x_n = b_2$$

$$a_{n1}x_1 + a_{n2}x_2 + \cdots + a_{nn}x_n = b_n$$

이것을 행렬-벡터로 표현하면 다음과 같이 표현할 수 있다.

$$Ax = b$$

$$A = \begin{vmatrix} a_{11} & a_{12} & \cdots & a_{1n} \\ a_{21} & a_{22} & \cdots & a_{2n} \\ \cdots & \cdots & \cdots & \cdots \\ a_{n1} & a_{n2} & \cdots & a_{nn} \end{vmatrix}, \quad x = \begin{vmatrix} x_1 \\ x_2 \\ \cdot \\ x_n \end{vmatrix}, \quad b = \begin{vmatrix} b_1 \\ b_2 \\ \cdot \\ b_n \end{vmatrix}$$

이다. 여기서, $A$는 $n \times n$ 행렬 계수, $x$ 및 $b$는 $n$차원 행벡터이다.

소거법은 방정식의 양변에 0이 아닌 수를 가감승제하여도 연립 방정식의 해가 변하지 않는 특성을 이용하여 상기의 연립 방정식의 계수를 점차적으로 소거하여

$$\begin{vmatrix} 1 & 0 & \cdots & 0 \\ 0 & 1 & \cdots & 0 \\ \cdots & \cdots & \cdots & \cdots \\ 0 & 0 & \cdots & 1 \end{vmatrix} \cdot \begin{vmatrix} x_1 \\ x_2 \\ \cdot \\ x_n \end{vmatrix} = \begin{vmatrix} c_1 \\ c_2 \\ \cdot \\ c_n \end{vmatrix} \quad \text{또는 } I_x = c$$

의 형태로 변형하는 것이다. $I$는 단위 행렬이므로 이 경우는 $x = c$가 해이다.

그러면 Gauss-Jordan 소거법에 대하여 설명하기로 하자. 계수 행렬과 정수 벡터의 요소 $b$를 $a_{i\ n+1}$로 하여 다음의 확대 행렬 $\overline{A}$을 만든다.

$$A = \begin{vmatrix} a_{11} & a_{12} & \cdots & a_{1n+1} \\ a_{21} & a_{22} & \cdots & a_{2n+1} \\ \cdots & \cdots & \cdots & \cdots \\ a_{n1} & a_{n2} & \cdots & a_{nn+1} \end{vmatrix}$$

먼저, 제1행을 $a_{11}$로 나눈다.

$$\begin{vmatrix} 1 & \dfrac{a_{12}}{a_{11}} & \cdots & \dfrac{a_{1n}}{a_{11}} & \dfrac{a_{1n+1}}{a_{11}} \\ a_{21} & a_{22} & \cdots & a_{2n} & a_{2n+1} \\ \cdots & \cdots & \cdots & \cdots & \cdots \\ a_{n1} & a_{n2} & \cdots & a_{nn} & a_{nn+1} \end{vmatrix}$$

제1행을 제외한 모든 행에 대해서 제1행을 $a_{i1}(i=2, 3, \cdots, n)$배한 것을 제 $i$행에서 뺀다. 이렇게 하여 얻어진 행렬을 $\overline{A_1}$이라고 하면

$$\overline{A_1} = \begin{vmatrix} 1 & a_{12}^{(1)} & \cdots & a_{1n}^{(1)} & a_{1n+1}^{(1)} \\ 0 & a_{22}^{(1)} & \cdots & a_{2n}^{(1)} & a_{2n+1}^{(1)} \\ \cdots & \cdots & \cdots & \cdots & \cdots \\ 0 & a_{n2}^{(1)} & \cdots & a_{nn}^{(1)} & a_{nn+1}^{(1)} \end{vmatrix}$$

단, $a_{1j}^{(1)} = \dfrac{a_{1j}}{a_{11}}$, $a_{ij}^{(1)} = a_{ij} - a_{i1}a_{1n}^{(1)}$ ($i = 2, 3, \cdots\cdots, n, \ j = 1, 2, \cdots\cdots, n+1$)

다음으로 이 행렬 $\overline{A_1}$ 제2행을 $a_{22}^{(1)}$로 나누어서 제2행을 제외한 모든 행에 대해서 제2행을 $a_{i2}$ ($i = 1, 3, 4, \cdots\cdots, n$)배한 것을 제 $i$행에서 뺀다. 이 결과 행렬 $\overline{A_2}$을 얻게 된다.

$$\overline{A_2} = \begin{vmatrix} 1 & 0 & a_{13}^{(2)} & \cdots & a_{1n+1}^{(2)} \\ 0 & 1 & a_{23}^{(2)} & \cdots & a_{2n+1}^{(2)} \\ \multicolumn{5}{c}{\cdots\cdots\cdots\cdots\cdots\cdots\cdots} \\ 0 & 0 & a_{n3}^{(2)} & \cdots & a_{nn+1}^{(2)} \end{vmatrix}$$

단, $a_{2j}^{(2)} = \dfrac{a_{2j}^{(1)}}{a_{22}^{(2)}}$, $a_{ij}^{(2)} = a_{ij}^{(1)} - a_{i2}^{(1)} a_{2j}^{(2)}$ ($i = 1, 3, \cdots\cdots, n, j = 1, 2, \cdots\cdots, n+1$)

이러한 과정을 순차적으로 $n$회 반복하여

$$\overline{A_n} = \begin{vmatrix} 1 & 0 & a_{13} & \cdots & a_{1n+1}^{(n)} \\ 0 & 1 & a_{23} & \cdots & a_{2n+1}^{(n)} \\ \multicolumn{5}{c}{\cdots\cdots\cdots\cdots\cdots\cdots\cdots} \\ 0 & 0 & a_{n3} & \cdots & a_{nn+1}^{(n)} \end{vmatrix}$$

되었을 때,

$x_i = a_{1n+1}^{(n)}$ ($i = 1, 2, \cdots\cdots, n$)이 구하고자 하는 해가 된다.

---

 **예제 4** 다음의 연립 1차 방정식을 Gauss-Jardan 소거법에 의하여 풀어라.

$2x_1 + x_2 + x_3 = 2$

$2x_2 + 3x_2 + x_3 = 4$

$x_1 + x_2 + 3x_3 = -1$

**해설**

이것은 행렬-벡터로 표현하면 다음과 같이 표현할 수 있다.

$Ax = b$

$A = \begin{bmatrix} 2 & 1 & 1 \\ 2 & 3 & 1 \\ 1 & 1 & 3 \end{bmatrix}$, $x = \begin{bmatrix} x_1 \\ x_2 \\ x_3 \end{bmatrix}$, $b = \begin{bmatrix} 2 \\ 4 \\ -1 \end{bmatrix}$

이다. 먼저, 계수 행렬 $A$의 확대 행렬 $\overline{A}$을 만든다.

$\overline{A} = \begin{bmatrix} 2 & 1 & 1 & 2 \\ 2 & 3 & 1 & 4 \\ 1 & 1 & 3 & -1 \end{bmatrix}$

①이 확대 행렬 $\overline{A}$에 대해서

조작 1 : 제1행을 $2(=a_{11})$로 나눈다.
조작 2 : 제1행의 $2(=a_{21})$배를 제3행으로부터 뺀다.
조작 3 : 제1행을 $1(=a_{31})$배를 제3행으로부터 뺀다.

이렇게 하여 얻어진 행렬을 $\overline{A_1}$이라고 하면

$$\overline{A_1} = \begin{bmatrix} 1 & 0.5 & 0.5 & 1 \\ 0 & 2 & 0 & 2 \\ 0 & 0.5 & 2.5 & -2 \end{bmatrix}$$

가 된다.

다음으로 이 행렬 $\overline{A_1}$에 대해서

조작 4 : 제2행을 $2(=a_{22})$로 나눈다.
조작 5 : 제2행의 $0.5(=a_{12})$배를 제1행에서 뺀다.
조작 6 : 제2행의 $0.5(=a_{31})$배를 제3행으로 빼면 행렬 $\overline{A_2}$을 얻게 된다.

$$\overline{A_2} = \begin{bmatrix} 1 & 0 & 0.5 & 0.5 \\ 0 & 1 & 0 & 1 \\ 0 & 0 & 2.5 & -2.5 \end{bmatrix}$$

마지막으로

조작 7 : 제3행을 $2.5(=a_{33})$로 나눈다.
조작 8 : 제3행의 $0.5(=a_{13})$배를 제1행에서 뺀다.
조작 9 : 제3행의 $0(a_{23})$배를 제2행으로 빼면 행렬 $\overline{A_3}$를 얻게 된다.

$$\overline{A_3} = \begin{bmatrix} 1 & 0 & 0 & 1 \\ 0 & 1 & 0 & 1 \\ 0 & 0 & 1 & -1 \end{bmatrix}$$

이때, 제4열이 행벡터가 된다. 즉,

$x_1 = 1,\ x_2 = 1,\ x_3 = -1$

이 구하고자 하는 해가 된다.

# 실/전/문/제

**01** EDM에 의해 AB, AC, AD를 측정한 경우에 구간별 거리를 매트릭스에 의해 구하시오.

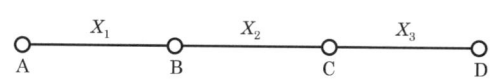

〈측정치〉
$X_1 = 125.27$
$X_1 + X_2 = 259.60$
$X_1 + X_2 + X_3 = 395.85$

조건식을 정리하면

① $X_1 + 0X_2 + 0X_3 = 125.27$

② $X_1 + X_2 + 0X_3 = 259.60$

③ $X_1 + X_2 + X_3 = 395.85$

윗식을 행렬로 정리하면

$A \cdot X = L$

$\begin{bmatrix} 1 & 0 & 0 \\ 1 & 1 & 0 \\ 1 & 1 & 1 \end{bmatrix} \cdot \begin{bmatrix} X_1 \\ X_2 \\ X_3 \end{bmatrix} = \begin{bmatrix} 125.27 \\ 259.60 \\ 395.85 \end{bmatrix}$

구하고자 하는 $X = A^{-1}L$이다.

(1) $A^{-1}$

$A^{-1} = \dfrac{1}{|A|} A(\mathrm{adj})$

① $|A| = \begin{bmatrix} 1 & 0 & 0 & 1 & 0 \\ 1 & 1 & 0 & 1 & 1 \\ 1 & 1 & 1 & 1 & 1 \end{bmatrix} = (1+0+0) - (0+0+0) = 1$

② $A(\mathrm{adj})$

㉠ $A^T = \begin{bmatrix} 1 & 1 & 1 \\ 0 & 1 & 1 \\ 0 & 0 & 1 \end{bmatrix}$

㉡ $A(\mathrm{adj}) = \begin{bmatrix} A_{11} & -A_{12} & A_{13} \\ -A_{21} & A_{22} & -A_{23} \\ A_{31} & -A_{32} & A_{33} \end{bmatrix}$

$$= \begin{vmatrix} \begin{bmatrix} 1 & 1 \\ 0 & 1 \end{bmatrix} - \begin{bmatrix} 0 & 1 \\ 0 & 1 \end{bmatrix} & \begin{bmatrix} 0 & 1 \\ 0 & 0 \end{bmatrix} \\ -\begin{bmatrix} 1 & 1 \\ 0 & 1 \end{bmatrix} & \begin{bmatrix} 1 & 1 \\ 0 & 1 \end{bmatrix} - \begin{bmatrix} 1 & 1 \\ 0 & 0 \end{bmatrix} \\ \begin{bmatrix} 1 & 1 \\ 1 & 1 \end{bmatrix} - \begin{bmatrix} 1 & 1 \\ 0 & 1 \end{bmatrix} & \begin{bmatrix} 1 & 1 \\ 0 & 1 \end{bmatrix} \end{vmatrix} = \begin{bmatrix} 1 & 0 & 0 \\ -1 & 1 & 0 \\ 0 & -1 & 1 \end{bmatrix}$$

$$\therefore A^{-1} = \frac{1}{|A|} A(\text{adj}) = \frac{1}{1} \begin{bmatrix} 1 & 0 & 0 \\ -1 & 1 & 0 \\ 0 & -1 & 1 \end{bmatrix} = \begin{bmatrix} 1 & 0 & 0 \\ -1 & 1 & 0 \\ 0 & -1 & 1 \end{bmatrix}$$

$$\therefore X = A^{-1} \cdot L = \begin{bmatrix} 1 & 0 & 0 \\ -1 & 1 & 0 \\ 0 & -1 & 1 \end{bmatrix} \cdot \begin{bmatrix} 125.27 \\ 259.60 \\ 395.85 \end{bmatrix} = \begin{bmatrix} 125.27 \\ 134.33 \\ 136.25 \end{bmatrix}$$

$$\therefore X = \begin{bmatrix} X_1 \\ X_2 \\ X_3 \end{bmatrix} = \begin{bmatrix} 125.27 \\ 134.33 \\ 136.25 \end{bmatrix}$$

그러므로, 구하고자 하는 답은

$\overline{AB} = X_1 = 125.27\text{m}$

$\overline{BC} = X_2 = 134.33\text{m}$

$\overline{CD} = X_3 = 136.25\text{m}$

## 02  EDM에 의해 AB, AC, AD를 측정한 경우에 구간별 거리를 매트릭스에 의해 구하시오.

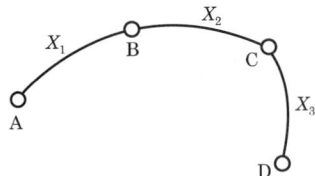

〈측정치〉

$X_1 + X_2 = 258.65$

$X_2 = 132.32$

$X_1 + X_2 + X_3 = 405.15$

### 해설

조건식을 정리하면

① $X_1 + X_2 + 0X_3 = 258.65$

② $0X_1 + X_2 + 0X_3 = 132.32$

③ $X_1 + X_2 + X_3 = 405.15$

윗식을 행렬로 정리하면

$A \cdot X = L$

$$\begin{bmatrix} 1 & 1 & 0 \\ 0 & 1 & 0 \\ 1 & 1 & 1 \end{bmatrix} \cdot \begin{bmatrix} X_1 \\ X_2 \\ X_3 \end{bmatrix} = \begin{bmatrix} 258.65 \\ 132.32 \\ 405.15 \end{bmatrix}$$

$$\therefore X = A^{-1} \cdot L$$

**(1)** $A^{-1} = \dfrac{1}{|A|} A(\text{adj})$

① $|A| = \begin{bmatrix} 1 & 1 & 0 & 1 & 1 \\ 0 & 1 & 0 & 0 & 1 \\ 1 & 1 & 1 & 1 & 1 \end{bmatrix} = (1+0+0) - (0+0+0) = 1$

② $A(\text{adj})$

㉠ $A^T = \begin{bmatrix} 1 & 0 & 1 \\ 1 & 1 & 1 \\ 0 & 0 & 1 \end{bmatrix}$

㉡ $A(\text{adj}) = \begin{bmatrix} \begin{bmatrix} 1 & 1 \\ 0 & 1 \end{bmatrix} - \begin{bmatrix} 1 & 1 \\ 0 & 1 \end{bmatrix} & \begin{bmatrix} 1 & 1 \\ 0 & 0 \end{bmatrix} \\ -\begin{bmatrix} 0 & 1 \\ 0 & 1 \end{bmatrix} & \begin{bmatrix} 1 & 1 \\ 0 & 1 \end{bmatrix} - \begin{bmatrix} 1 & 0 \\ 0 & 0 \end{bmatrix} \\ \begin{bmatrix} 0 & 1 \\ 1 & 1 \end{bmatrix} - \begin{bmatrix} 1 & 1 \\ 1 & 1 \end{bmatrix} & \begin{bmatrix} 1 & 0 \\ 1 & 1 \end{bmatrix} \end{bmatrix} = \begin{bmatrix} 1 & -1 & 0 \\ 0 & 1 & 0 \\ -1 & 0 & 1 \end{bmatrix}$

$\therefore A^{-1} = \dfrac{1}{|A|} A(\text{adj}) = \dfrac{1}{1}\begin{bmatrix} 1 & -1 & 0 \\ 0 & 1 & 0 \\ -1 & 0 & 1 \end{bmatrix} = \begin{bmatrix} 1 & -1 & 0 \\ 0 & 1 & 0 \\ -1 & 0 & 1 \end{bmatrix}$

$\therefore X = A^{-1} \cdot L = \begin{bmatrix} 1 & -1 & 0 \\ 0 & 1 & 0 \\ -1 & 0 & 1 \end{bmatrix} \cdot \begin{bmatrix} 258.65 \\ 132.32 \\ 405.15 \end{bmatrix} = \begin{bmatrix} 126.33 \\ 132.32 \\ 146.50 \end{bmatrix}$

$\therefore X = \begin{bmatrix} X_1 \\ X_2 \\ X_3 \end{bmatrix} = \begin{bmatrix} 126.33 \\ 132.32 \\ 146.50 \end{bmatrix}$

그러므로, 구하는 답은

$\overline{\text{AB}} = X_1 = 126.33\text{m}$

$\overline{\text{BC}} = X_2 = 132.32\text{m}$

$\overline{\text{CD}} = X_3 = 146.50\text{m}$

## 03 구간별 거리를 매트릭스에 의해 구하시오.

| 구간 거리 | 측정치 |
|---|---|
| AB | 18.623 |
| AC | 36.810 |
| BD | 33.547 |

**해설**

조건식을 정리하면

① $\overline{AB} + 0\overline{BC} + 0\overline{CD} = 18.623$
② $\overline{AB} + \overline{BC} + 0\overline{CD} = 36.810$
③ $0\overline{AB} + \overline{BC} + \overline{CD} = 33.547$

윗식을 행렬로 표시하면

$A \cdot X = L$

$\begin{bmatrix} 1 & 0 & 0 \\ 1 & 1 & 0 \\ 0 & 1 & 1 \end{bmatrix} \cdot \begin{bmatrix} \overline{AB} \\ \overline{BC} \\ \overline{CD} \end{bmatrix} = \begin{bmatrix} 18.623 \\ 36.810 \\ 33.547 \end{bmatrix}$  ∴ $X = A^{-1} \cdot L$

(1) $A^{-1} A^{-1} = \dfrac{1}{|A|} A(\mathrm{adj})$

① $|A| = \begin{bmatrix} 1 & 0 & 0 & 1 & 0 \\ 1 & 1 & 0 & 1 & 1 \\ 0 & 1 & 1 & 0 & 1 \end{bmatrix} = (1+0+0) - (0+0+0) = 1$

② $A(\mathrm{adj})$

㉠ $A^T = \begin{bmatrix} 1 & 1 & 0 \\ 0 & 1 & 1 \\ 0 & 0 & 1 \end{bmatrix}$

㉡ $A(\mathrm{adj}) = \begin{vmatrix} \begin{bmatrix} 1 & 1 \\ 0 & 1 \end{bmatrix} & -\begin{bmatrix} 0 & 1 \\ 0 & 1 \end{bmatrix} & \begin{bmatrix} 0 & 1 \\ 0 & 0 \end{bmatrix} \\ -\begin{bmatrix} 1 & 0 \\ 0 & 1 \end{bmatrix} & \begin{bmatrix} 1 & 0 \\ 0 & 1 \end{bmatrix} & -\begin{bmatrix} 1 & 1 \\ 0 & 0 \end{bmatrix} \\ \begin{bmatrix} 1 & 0 \\ 1 & 1 \end{bmatrix} & -\begin{bmatrix} 1 & 0 \\ 0 & 1 \end{bmatrix} & \begin{bmatrix} 1 & 1 \\ 0 & 1 \end{bmatrix} \end{vmatrix} = \begin{bmatrix} 1 & 0 & 0 \\ -1 & 1 & 0 \\ 1 & -1 & 1 \end{bmatrix}$

∴ $A^{-1} = \dfrac{1}{|A|} A(\mathrm{adj}) = \dfrac{1}{1} \begin{bmatrix} 1 & 0 & 0 \\ -1 & 1 & 0 \\ 1 & -1 & 1 \end{bmatrix}$

∴ $X = A^{-1} \cdot L = \begin{bmatrix} 1 & 0 & 0 \\ -1 & 1 & 0 \\ 1 & -1 & 1 \end{bmatrix} \cdot \begin{bmatrix} 18.623 \\ 36.810 \\ 33.547 \end{bmatrix} = \begin{bmatrix} 18.623 \\ 18.187 \\ 15.360 \end{bmatrix}$

$$\therefore X = \begin{bmatrix} \overline{AB} \\ \overline{BC} \\ \overline{CD} \end{bmatrix} = \begin{bmatrix} 18.623 \\ 18.187 \\ 15.360 \end{bmatrix}$$

그러므로, 구하고자 하는 답은
$\overline{AB} = 18.623\text{m}$, $\overline{BC} = 18.187\text{m}$, $\overline{CD} = 15.360\text{m}$

**04** $\overline{PQ}$간의 거리를 3회 측량하였다. 첫 번째 측량의 결과는 52.240m, 두 번째 측량의 결과는 51.370m, 세 번째 측량의 결과는 53.109m이다. 각각의 경중률이 $W_1 = 3$, $W_2 = 2$, $W_3 = 1$일 때 매트릭스로 $\overline{PQ}$간의 거리를 구하시오.

### 해설

관측 방정식은
① $\overline{PQ} = PQ + V_1 = 52.240 + V_1$
② $\overline{PQ} = PQ + V_2 = 51.370 + V_2$
③ $\overline{PQ} = PQ + V_3 = 53.109 + V_3$

행렬로 표시하면
$A \cdot X = L + V$

$$A = \begin{bmatrix} 1 \\ 1 \\ 1 \end{bmatrix}, \quad X = [\overline{PQ}], \quad L = \begin{bmatrix} 52.240 \\ 51.370 \\ 53.109 \end{bmatrix}, \quad V = \begin{bmatrix} V_1 \\ V_2 \\ V_3 \end{bmatrix}$$

구하고자 하는 $X = (A^T \cdot W \cdot A)^{-1} A^T \cdot W \cdot L$이다.

(1) $(A^T \cdot W \cdot A)^{-1}$

① $(A^T W A)$

$$[1 \ 1 \ 1] \cdot \begin{bmatrix} 3 & 0 & 0 \\ 0 & 2 & 0 \\ 0 & 0 & 1 \end{bmatrix} \cdot \begin{bmatrix} 1 \\ 1 \\ 1 \end{bmatrix} = [6]$$

② $(A^T \cdot W \cdot A)^{-1} = \left[\dfrac{1}{6}\right]$

(2) $A^T \cdot W \cdot L$

$$[1 \ 1 \ 1] \cdot \begin{bmatrix} 3 & 0 & 0 \\ 0 & 2 & 0 \\ 0 & 0 & 1 \end{bmatrix} \cdot \begin{bmatrix} 52.240 \\ 51.370 \\ 53.109 \end{bmatrix} = [312.569]$$

$\therefore X = (A^T W A)^{-1} \cdot A^T W L = \dfrac{1}{6} \times 312.569 = 52.095\text{m}$

그러므로, 구하는 값은 $\overline{PQ} = 52.095\text{m}$이다.

**05** A, B 두 점간의 고저차를 구하기 위하여 그림과 같이 (1), (2), (3)코스로 수준 측량 결과는 다음과 같다. 두 점간의 고저차는? (단, matrix에 의해 구하시오.)

| 코스 | 측정 결과 | 거리 |
|---|---|---|
| ① | 23.234m | 4km |
| ② | 23.245m | 2km |
| ③ | 23.240m | 2km |

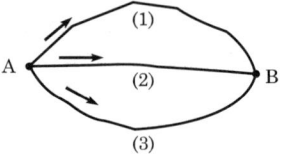

### 해설

관측 방정식은

$$\begin{pmatrix} ① \ B = (1) = 23.234 \\ ② \ B = (2) = 23.245 \\ ③ \ B = (3) = 23.240 \end{pmatrix} \Rightarrow \begin{pmatrix} ① \ \overline{AB} + V_1 = 23.234 + V_1 \\ ② \ \overline{AB} + V_2 = 23.245 + V_2 \\ ③ \ \overline{AB} + V_3 = 23.240 + V_3 \end{pmatrix}$$

행렬로 표시하면

$$A \cdot X = L$$

$$\begin{bmatrix} 1 \\ 1 \\ 1 \end{bmatrix} \cdot [\overline{AB}] = \begin{bmatrix} 23.234 \\ 23.245 \\ 23.240 \end{bmatrix}$$

경중률($W$)은 $P_1 : P_2 : P_3 = \dfrac{1}{4} : \dfrac{1}{2} : \dfrac{1}{2} = 1 : 2 : 2$이다.

구하고자 하는 $X = (A^T W A)^{-1} \cdot (A^T W L)$이다.

**(1)** $(A^T W A)^{-1}$

① $(A^T W A)$

$$\begin{bmatrix} 1 & 1 & 1 \end{bmatrix} \cdot \begin{bmatrix} 1 & 0 & 0 \\ 0 & 2 & 0 \\ 0 & 0 & 2 \end{bmatrix} \cdot \begin{bmatrix} 1 \\ 1 \\ 1 \end{bmatrix} = 5$$

② $(A^T W A)^{-1} = \dfrac{1}{5}$

**(2)** $(A^T W L)$

$$\begin{bmatrix} 1 & 1 & 1 \end{bmatrix} \cdot \begin{bmatrix} 1 & 0 & 0 \\ 0 & 2 & 0 \\ 0 & 0 & 2 \end{bmatrix} \cdot \begin{bmatrix} 23.234 \\ 23.245 \\ 23.240 \end{bmatrix} = 116.204$$

$$\therefore X = (A^T W A)^{-1} \cdot (A^T W L) = \dfrac{1}{5} \times 116.204 = 23.2408$$

그러므로, 구하고자 하는 두 점간의 고저차는 23.24m이다.

## 06

그림과 같이 M점의 표고를 구하기 위하여 수준점(A, B, C)들로부터 고저 측량을 실시하여 다음 표와 같은 결과를 얻었다. 이때 M점의 평균 표고는 얼마인가? (단, matrix에 의해 구하시오.)

| 측점 | 표고(m) | 측정 방향 | 표고(m) |
|---|---|---|---|
| A | 10.03m | A→M | +2.10 |
| B | 12.60m | B→M | −0.50 |
| C | 10.64m | M→C | −1.45 |

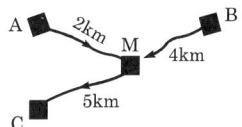

### 해설

관측 방정식은

① $H_M = H_A + 2.1 = 12.13$m

② $H_M = H_B + (-0.5) = 12.10$m

③ $H_M = H_C - (-1.45) = 12.09$m

행렬로 표시하면

$A \cdot X = L$

$$\begin{bmatrix} 1 \\ 1 \\ 1 \end{bmatrix} \cdot [H_M] = \begin{bmatrix} 12.13 \\ 12.10 \\ 12.09 \end{bmatrix}$$

경중률($P$)은 $P_A : P_B : P_C = \dfrac{1}{2} : \dfrac{1}{4} : \dfrac{1}{5} = 10 : 5 : 4$이다.

구하고자 하는 $X = (A^T W A)^{-1} \cdot (A^T W L)$이다.

**(1)** $(A^T W A)^{-1}$

① $A^T W A$

$$[1 \ 1 \ 1] \cdot \begin{bmatrix} 10 & 0 & 0 \\ 0 & 5 & 0 \\ 0 & 0 & 4 \end{bmatrix} \cdot \begin{bmatrix} 1 \\ 1 \\ 1 \end{bmatrix} = [19]$$

② $(A^T W A)^{-1} = \left[\dfrac{1}{19}\right]$

**(2)** $A^T W L$

$$[1 \ 1 \ 1] \cdot \begin{bmatrix} 10 & 0 & 0 \\ 0 & 5 & 0 \\ 0 & 0 & 4 \end{bmatrix} \cdot \begin{bmatrix} 12.13 \\ 12.10 \\ 12.09 \end{bmatrix} = [230.16]$$

$\therefore X = (A^T W A)^{-1} \cdot (A^T W L) = \dfrac{1}{19} \times 230.16 = 12.114$m

구하고자 하는 답은 $H_M = 12.114$m이다.

**07** 그림에서와 같이 AB=100.000m, BC=100.000m, CD=100.080m, AC=200.040m, BD=200.000m를 측정했다. 각각 측정치는 서로 독립되고 같은 정밀도를 갖고 있다면 최확치와 AD간 거리를 매트릭스의 원리를 이용하여 계산하시오.

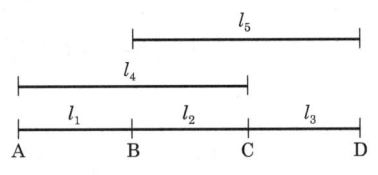

### 해설

관측 방정식으로 정리하면

① $\overline{l_1} = \overline{l_1} + V_1$      ∴ $\overline{l_1} = 100.00 + V_1$

② $\overline{l_2} = l_2 + V_2$      ∴ $\overline{l_2} = 100.00 + V_2$

③ $\overline{l_3} = l_3 + V_3$      ∴ $\overline{l_3} = 100.08 + V_3$

④ $\overline{l_1} + \overline{l_2} = l_4 + V_4$      ∴ $\overline{l_1} + \overline{l_2} = 200.04 + V_4$

⑤ $\overline{l_2} + \overline{l_3} = l_5 + V_5$      ∴ $\overline{l_2} + \overline{l_3} = 200.00 + V_5$

윗식을 행렬로 정리하면

$A \cdot X = L + V$

$$\begin{bmatrix} 1 & 0 & 0 \\ 0 & 1 & 0 \\ 0 & 0 & 1 \\ 1 & 1 & 0 \\ 0 & 1 & 1 \end{bmatrix} \cdot \begin{bmatrix} \overline{l_1} \\ \overline{l_2} \\ \overline{l_3} \end{bmatrix} = \begin{bmatrix} 100.00 \\ 100.00 \\ 100.08 \\ 200.04 \\ 200.00 \end{bmatrix} + \begin{bmatrix} V_1 \\ V_2 \\ V_3 \\ V_4 \\ V_5 \end{bmatrix}$$

구하고자 하는 $X = (A^T A)^{-1} A^T L$이다.

**(1)** $(A^T A)^{-1}$

① $(A^T A)$

$$\begin{bmatrix} 1 & 0 & 0 & 1 & 0 \\ 0 & 1 & 0 & 1 & 1 \\ 0 & 0 & 1 & 0 & 1 \end{bmatrix} \begin{bmatrix} 1 & 0 & 0 \\ 0 & 1 & 0 \\ 0 & 0 & 1 \\ 1 & 1 & 0 \\ 0 & 1 & 1 \end{bmatrix} = \begin{bmatrix} 2 & 1 & 0 \\ 1 & 3 & 1 \\ 0 & 1 & 2 \end{bmatrix} = B$$

② $(A^T A)^{-1} = B^{-1} = \dfrac{1}{|B|} B(\text{adj})$

㉠ $|B| = \begin{bmatrix} 2 & 1 & 0 \\ 1 & 3 & 1 \\ 0 & 1 & 2 \end{bmatrix} \begin{matrix} 2 & 1 \\ 1 & 3 \\ 0 & 1 \end{matrix} = (12+0+0)-(0+2+2)=8$

ⓒ $B(\text{adj})$

ⓐ $B^T = \begin{bmatrix} 2 & 1 & 0 \\ 1 & 3 & 1 \\ 0 & 1 & 2 \end{bmatrix}$

ⓑ $B(\text{adj}) = \begin{bmatrix} A_{11} & -A_{12} & A_{13} \\ -A_{21} & A_{22} & -A_{23} \\ A_{31} & -A_{32} & A_{33} \end{bmatrix} = \begin{bmatrix} \begin{bmatrix} 3 & 1 \\ 1 & 2 \end{bmatrix} & -\begin{bmatrix} 1 & 1 \\ 0 & 2 \end{bmatrix} & \begin{bmatrix} 1 & 3 \\ 0 & 1 \end{bmatrix} \\ -\begin{bmatrix} 1 & 0 \\ 1 & 2 \end{bmatrix} & \begin{bmatrix} 2 & 0 \\ 0 & 2 \end{bmatrix} & -\begin{bmatrix} 2 & 1 \\ 0 & 1 \end{bmatrix} \\ \begin{bmatrix} 1 & 0 \\ 3 & 1 \end{bmatrix} & -\begin{bmatrix} 2 & 0 \\ 1 & 1 \end{bmatrix} & \begin{bmatrix} 2 & 1 \\ 1 & 3 \end{bmatrix} \end{bmatrix}$

$= \begin{bmatrix} 5 & -2 & 1 \\ -2 & 4 & -2 \\ 1 & -2 & 5 \end{bmatrix}$

$\therefore (A^T A)^{-1} = B^{-1} = \dfrac{1}{|B|} B(\text{adj}) = \dfrac{1}{8} \begin{bmatrix} 5 & -2 & 1 \\ -2 & 4 & -2 \\ 1 & -2 & 5 \end{bmatrix}$

(2) $A^T L$

$A^T L = \begin{bmatrix} 1 & 0 & 0 & 1 & 0 \\ 0 & 1 & 0 & 1 & 1 \\ 0 & 0 & 1 & 0 & 1 \end{bmatrix} \begin{bmatrix} 100.00 \\ 100.00 \\ 100.08 \\ 200.04 \\ 200.00 \end{bmatrix} = \begin{bmatrix} 300.04 \\ 500.04 \\ 300.08 \end{bmatrix}$

$\therefore X = (A^T A)^{-1} A^T L = \dfrac{1}{8} \begin{bmatrix} 5 & -2 & 1 \\ -2 & 4 & -2 \\ 1 & -2 & 5 \end{bmatrix} \begin{bmatrix} 300.04 \\ 500.04 \\ 300.08 \end{bmatrix} = \dfrac{1}{8} \begin{bmatrix} 800.20 \\ 799.92 \\ 800.36 \end{bmatrix}$

$\therefore X = \begin{bmatrix} \overline{l_1} \\ \overline{l_2} \\ \overline{l_3} \end{bmatrix} = \begin{bmatrix} 100.025 \\ 99.990 \\ 100.045 \end{bmatrix}$

보정 거리는

$\overline{l_1} = 100.025\text{m}$

$\overline{l_2} = 99.990\text{m}$

$\overline{l_3} = 100.045\text{m}$

그러므로, 구하는 답은 AD 구간 거리는 $\overline{l_1} + \overline{l_2} + \overline{l_3} = 300.06\text{m}$ 이다.

**08** 다음 그림은 표고가 281.130m인 수준점 A로부터 측정된 직접 수준 측량의 결과이다. 최소자승법의 원리에 의하여 수준망을 조정하고자 한다. B, O, D의 표고를 matrix에 의해 구하시오. (단, 각 관측값은 서로 상관 관계가 없으며 모두 같은 정도(precision)를 가졌다고 가정하며, 계산은 소수점 아래 3자리까지 계산하라.)

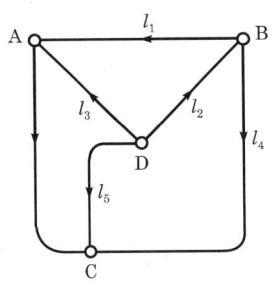

| 출발 | 도착 | 표고차(m) |
|---|---|---|
| B | A | $l_1=11.973$ |
| D | B | $l_2=10.940$ |
| D | A | $l_3=22.932$ |
| B | C | $l_4=21.040$ |
| D | C | $l_5=31.891$ |
| A | C | $l_6=8.983$ |

**해설**

관측 방정식으로 정리하면

① $B + \overline{l_1} - A = 0$      ∴ $-B = -269.157 + V_1$

② $D + \overline{l_2} - B = 0$      ∴ $B - D = 10.940 + V_2$

③ $D + \overline{l_3} - A = 0$      ∴ $-D = -258.198 + V_3$

④ $B + \overline{l_4} - C = 0$      ∴ $-B + C = 21.040 + V_4$

⑤ $D + \overline{l_5} - C = 0$      ∴ $C - D = 31.891 + V_5$

⑥ $A + \overline{l_6} - C = 0$      ∴ $C = 290.113 + V_6$

행렬로 표시하면

$A \times X = L + V$

$$A = \begin{bmatrix} -1 & 0 & 0 \\ 1 & 0 & -1 \\ 0 & 0 & -1 \\ -1 & 1 & 0 \\ 0 & 1 & -1 \\ 0 & 1 & 0 \end{bmatrix}, \quad X = \begin{bmatrix} B \\ C \\ D \end{bmatrix}, \quad L = \begin{bmatrix} -269.157 \\ 10.940 \\ -258.198 \\ 21.040 \\ 31.891 \\ 290.113 \end{bmatrix}, \quad V = \begin{bmatrix} V_1 \\ V_2 \\ V_3 \\ V_4 \\ V_5 \\ V_6 \end{bmatrix}$$

∴ $X = (A^T A)^{-1} A^T L$

(1) $(A^T A)^{-1}$

① $A^T A$

$$\begin{bmatrix} -1 & 1 & 0 & -1 & 0 & 0 \\ 0 & 0 & 0 & 1 & 1 & 1 \\ 0 & -1 & -1 & 0 & -1 & 0 \end{bmatrix} \begin{bmatrix} -1 & 0 & 0 \\ 1 & 0 & -1 \\ 0 & 0 & -1 \\ -1 & 1 & 0 \\ 0 & 1 & -1 \\ 0 & 1 & 0 \end{bmatrix} = \begin{bmatrix} 3 & -1 & -1 \\ -1 & 3 & -1 \\ -1 & -1 & 3 \end{bmatrix} = B$$

② $(A^TA)^{-1} = \dfrac{1}{|B|}B(\text{adj})$

㉠ $|B| = \begin{bmatrix} 3 & -1 & -1 & 3 & -1 \\ -1 & 3 & -1 & -1 & 3 \\ -1 & -1 & 3 & -1 & -1 \end{bmatrix} = (27+(-1)+(-1)) - (3+3+3) = 16$

㉡ $B(\text{adj})$

ⓐ $B^T = \begin{bmatrix} 3 & -1 & -1 \\ -1 & 3 & -1 \\ -1 & -1 & 3 \end{bmatrix}$

ⓑ $B(\text{adj}) = \begin{bmatrix} A_{11} & -A_{12} & A_{13} \\ -A_{21} & A_{22} & -A_{23} \\ A_{31} & -A_{32} & A_{33} \end{bmatrix}$

$= \begin{bmatrix} \begin{bmatrix} 3 & -1 \\ -1 & 3 \end{bmatrix} & -\begin{bmatrix} -1 & -1 \\ -1 & 3 \end{bmatrix} & \begin{bmatrix} -1 & 3 \\ -1 & -1 \end{bmatrix} \\ -\begin{bmatrix} -1 & -1 \\ -1 & 3 \end{bmatrix} & \begin{bmatrix} 3 & -1 \\ -1 & 3 \end{bmatrix} & -\begin{bmatrix} 3 & -1 \\ -1 & -1 \end{bmatrix} \\ \begin{bmatrix} -1 & -1 \\ 3 & -1 \end{bmatrix} & -\begin{bmatrix} 3 & -1 \\ -1 & -1 \end{bmatrix} & \begin{bmatrix} 3 & -1 \\ -1 & 3 \end{bmatrix} \end{bmatrix} = \begin{bmatrix} 8 & 4 & 4 \\ 4 & 8 & 4 \\ 4 & 4 & 8 \end{bmatrix}$

$\therefore (A^TA)^{-1} = \dfrac{1}{|B|}B(\text{adj}) = \dfrac{1}{16}\begin{bmatrix} 8 & 4 & 4 \\ 4 & 8 & 4 \\ 4 & 4 & 8 \end{bmatrix}$

(2) $A^TL$

$$\begin{bmatrix} -1 & 1 & 0 & -1 & 0 & 0 \\ 0 & 0 & 0 & 1 & 1 & 1 \\ 0 & -1 & -1 & 0 & -1 & 0 \end{bmatrix} \begin{bmatrix} -269.157 \\ 10.940 \\ -258.198 \\ 21.040 \\ 31.891 \\ 290.113 \end{bmatrix} \begin{bmatrix} 259.057 \\ 343.044 \\ 215.367 \end{bmatrix}$$

$\therefore X = (A^TA)^{-1}A^TL = \dfrac{1}{16}\begin{bmatrix} 8 & 4 & 4 \\ 4 & 8 & 4 \\ 4 & 4 & 8 \end{bmatrix} \cdot \begin{bmatrix} 259.057 \\ 343.044 \\ 215.367 \end{bmatrix} = \begin{bmatrix} 269.131 \\ 290.128 \\ 258.209 \end{bmatrix}$

$\therefore X = \begin{bmatrix} B \\ C \\ D \end{bmatrix} = \begin{bmatrix} 269.131 \\ 290.128 \\ 258.209 \end{bmatrix}$

그러므로 구하는 답은 $H_B = 269.131\text{m}$, $H_C = 290.128\text{m}$, $H_D = 258.209\text{m}$ 이다.

**09** 다음은 수준 측량을 한 결과이다. 관측 방정식을 이용하여 P, Q의 표고를 matrix로 구하시오. (단, A지점 표고는 17.533m이고, 각 구간의 거리는 같은 것으로 본다.)

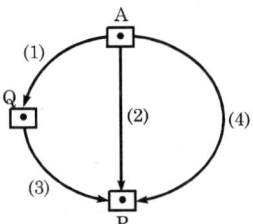

| 노선 | 고저차(m) |
|---|---|
| (1) | 4.250 |
| (2) | −8.537 |
| (3) | −12.781 |
| (4) | −8.557 |

**해설**

관측 방정식은

① $A + \overline{l_1} - Q = 0 \rightarrow A + l_1 + V_1 - Q = 0$  ∴ $Q = V_1 + 21.783$

② $A + \overline{l_2} - P = 0 \rightarrow A + l_2 + V_2 - P = 0$  ∴ $P = V_2 + 8.996$

③ $Q + \overline{l_3} - P = 0 \rightarrow Q + l_3 + V_3 - P = 0$  ∴ $P - Q = V_3 - 12.781$

④ $A + \overline{l_4} - P = 0 \rightarrow A + l_4 + V_4 - P = 0$  ∴ $P = V_4 + 8.976$

행렬로 표시하면

$$A \cdot X = L + V$$

$$A = \begin{bmatrix} 0 & 1 \\ 1 & 0 \\ 1 & -1 \\ 1 & 0 \end{bmatrix}, \quad X = \begin{bmatrix} P \\ Q \end{bmatrix}, \quad L = \begin{bmatrix} 21.783 \\ 8.996 \\ -12.781 \\ 8.976 \end{bmatrix}, \quad V = \begin{bmatrix} V_1 \\ V_2 \\ V_3 \\ V_4 \end{bmatrix}$$

∴ $X = (A^T A)^{-1} A^T L$

(1) $(A^T A)^{-1}$

① $(A^T A)$

$$\begin{bmatrix} 0 & 1 & 1 & 1 \\ 1 & 0 & -1 & 0 \end{bmatrix} \cdot \begin{bmatrix} 0 & 1 \\ 1 & 0 \\ 1 & -1 \\ 1 & 0 \end{bmatrix} = \begin{bmatrix} 3 & -1 \\ -1 & 2 \end{bmatrix} = B$$

② $(A^T A)^{-1} = B^{-1}$  ∴ $\dfrac{1}{5} \begin{bmatrix} 2 & 1 \\ 1 & 3 \end{bmatrix}$

(2) $A^T \cdot L$

$$\begin{bmatrix} 0 & 1 & 1 & 1 \\ 1 & 0 & -1 & 0 \end{bmatrix} \begin{bmatrix} 21.783 \\ 8.996 \\ -12.781 \\ 8.976 \end{bmatrix} = \begin{bmatrix} 5.191 \\ 34.564 \end{bmatrix}$$

$$\therefore X = (A^T A)^{-1} \cdot A^T L = \frac{1}{5}\begin{bmatrix} 2 & 1 \\ 1 & 3 \end{bmatrix} \cdot \begin{bmatrix} 5.191 \\ 34.564 \end{bmatrix} = \begin{bmatrix} 8.9892 \\ 21.7766 \end{bmatrix}$$

$$\therefore X = \begin{bmatrix} P \\ Q \end{bmatrix} = \begin{bmatrix} 8.9892 \\ 21.7766 \end{bmatrix}$$

그러므로, 구하는 답은

$H_P = 8.9892\text{m}$

$H_Q = 21.7766\text{m}$

**10** 다음과 같은 수준망을 관측하여 얻은 결과이다. 행렬을 이용하여 $H_C$, $H_D$, $H_E$를 조정하시오. (단, $H_A = 18.396\text{m}$, $H_B = 26.317\text{m}$)

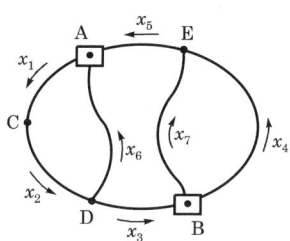

| 번호 | 노선 | 관측값 |
|---|---|---|
| $x_1$ | A→C | 5.666m |
| $x_2$ | C→D | −1.195m |
| $x_3$ | D→B | 3.481m |
| $x_4$ | B→E | −1.999m |
| $x_5$ | E→A | −5.972m |
| $x_6$ | D→A | −4.463m |
| $x_7$ | B→E | −1.981m |

**해설**

관측 방정식은

① $A + \overline{x_1} - C = 0 \rightarrow A + x_1 + Vx_1 - C = 0 \quad \therefore C = 24.062 + V_1$

② $C + \overline{x_2} - D = 0 \rightarrow C + x_2 + Vx_2 - D = 0 \quad \therefore -C + D = -1.195 + V_2$

③ $D + \overline{x_3} - B = 0 \rightarrow D + x_3 + Vx_3 - B = 0 \quad \therefore -D = -22.836 + V_3$

④ $B + \overline{x_4} - E = 0 \rightarrow B + x_4 + Vx_4 - E = 0 \quad \therefore E = 24.318 + V_4$

⑤ $E + \overline{x_5} - A = 0 \rightarrow E + x_5 + Vx_5 - A = 0 \quad \therefore -E = -24.368 + V_5$

⑥ $D + \overline{x_6} - A = 0 \rightarrow D + x_6 + Vx_6 - A = 0 \quad \therefore -D = -22.859 + V_6$

⑦ $B + \overline{x_7} - E = 0 \rightarrow B + x_7 + Vx_7 - E = 0 \quad \therefore E = 24.336 + V_7$

윗식을 행렬로 정리하면

$$A \cdot X = L + V$$

$$A = \begin{bmatrix} 1 & 0 & 0 \\ -1 & 1 & 0 \\ 0 & -1 & 0 \\ 0 & 0 & 1 \\ 0 & 0 & -1 \\ 0 & -1 & 0 \\ 0 & 0 & 1 \end{bmatrix}, \quad X = \begin{bmatrix} C \\ D \\ E \end{bmatrix}, \quad L = \begin{bmatrix} 24.062 \\ -1.195 \\ -22.836 \\ 24.318 \\ -24.368 \\ -22.859 \\ 24.336 \end{bmatrix}, \quad V = \begin{bmatrix} V_1 \\ V_2 \\ V_3 \\ V_4 \\ V_5 \\ V_6 \\ V_7 \end{bmatrix}$$

$$\therefore X = (A^T A)^{-1} \cdot A^T L$$

(1) $(A^T A)^{-1}$

① $(A^T A)$

$$\begin{bmatrix} 1 & -1 & 0 & 0 & 0 & 0 & 0 \\ 0 & 1 & -1 & 0 & 0 & -1 & 0 \\ 0 & 0 & 1 & 1 & -1 & 0 & 1 \end{bmatrix} \begin{bmatrix} 1 & 0 & 0 \\ -1 & 1 & 0 \\ 0 & -1 & 0 \\ 0 & 0 & 1 \\ 0 & 0 & -1 \\ 0 & -1 & 0 \\ 0 & 0 & 1 \end{bmatrix} = \begin{bmatrix} 2 & -1 & 0 \\ -1 & 3 & 0 \\ 0 & 0 & 3 \end{bmatrix} = B$$

② $(A^T A)^{-1} = B^{-1} = \dfrac{1}{|B|} B(\text{adj})$

㉠ $|B|$

$$\begin{vmatrix} 2 & -1 & 0 & 2 & -1 \\ -1 & 3 & 0 & -1 & 3 \\ 0 & 0 & 3 & 0 & 0 \end{vmatrix} = (18 - 3) = 15$$

㉡ $B^T = \begin{bmatrix} 2 & -1 & 0 \\ -1 & 3 & 0 \\ 0 & 0 & 3 \end{bmatrix}$

㉢ $B(\text{adj}) = \begin{bmatrix} A_{11} & A_{12} & A_{13} \\ A_{21} & A_{22} & A_{23} \\ A_{31} & A_{32} & A_{33} \end{bmatrix} = \begin{bmatrix} \begin{bmatrix} 3 & 0 \\ 0 & 3 \end{bmatrix} & \begin{bmatrix} -1 & 0 \\ 0 & 3 \end{bmatrix} & \begin{bmatrix} -1 & 3 \\ 0 & 0 \end{bmatrix} \\ \begin{bmatrix} -1 & 0 \\ 0 & 3 \end{bmatrix} & \begin{bmatrix} 2 & 0 \\ 0 & 3 \end{bmatrix} & \begin{bmatrix} 2 & -1 \\ 0 & 0 \end{bmatrix} \\ \begin{bmatrix} -1 & 0 \\ 3 & 0 \end{bmatrix} & \begin{bmatrix} 2 & 0 \\ -1 & 0 \end{bmatrix} & \begin{bmatrix} 2 & -1 \\ -1 & 3 \end{bmatrix} \end{bmatrix}$

$$= \begin{bmatrix} 9 & 3 & 0 \\ 3 & 6 & 0 \\ 0 & 0 & 5 \end{bmatrix}$$

$$\therefore (A^T A)^{-1} = \dfrac{1}{|B|} B(\text{adj}) = \dfrac{1}{15} \begin{bmatrix} 9 & 3 & 0 \\ 3 & 6 & 0 \\ 0 & 0 & 5 \end{bmatrix}$$

(2) $A^T L$

$$\begin{bmatrix} 1 & -1 & 0 & 0 & 0 & 0 & 0 \\ 0 & 1 & -1 & 0 & 0 & -1 & 0 \\ 0 & 0 & 0 & 1 & -1 & 0 & 1 \end{bmatrix} \begin{bmatrix} 24.062 \\ -1.195 \\ -22.836 \\ 24.318 \\ -24.368 \\ -22.859 \\ 24.336 \end{bmatrix} = \begin{bmatrix} 25.257 \\ 44.500 \\ 73.022 \end{bmatrix}$$

$$\therefore X = (A^T A)^{-1} \cdot A^T L$$

$$= \frac{1}{15} \begin{bmatrix} 9 & 3 & 0 \\ 3 & 6 & 0 \\ 0 & 0 & 5 \end{bmatrix} \cdot \begin{bmatrix} 25.257 \\ 44.500 \\ 73.022 \end{bmatrix} = \begin{bmatrix} 24.054 \\ 22.851 \\ 24.341 \end{bmatrix}$$

$$\therefore X = \begin{bmatrix} C \\ D \\ E \end{bmatrix} = \begin{bmatrix} 24.054 \\ 22.851 \\ 24.341 \end{bmatrix}$$

그러므로, 구하는 답은

$H_C = 24.054\text{m}$

$H_D = 22.851\text{m}$

$H_E = 24.341\text{m}$

**11** 그림에서 $l_1$, $l_2$, $l_3$, $l_4$를 균등한 정밀도를 측정하여 다음과 같은 결과를 얻었다.

| $l_1 = 60°00'00''$, | $l_2 = 150°00'10''$ |
|---|---|
| $l_3 = 210°00'00''$, | $l_4 = 150°00'00''$ |

∠AOB, ∠BOC, ∠COA의 최확치를 매트릭스로 구하시오.

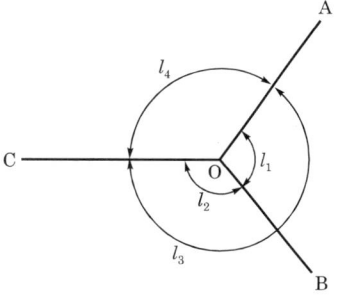

### 해설

관측 방정식은

① $\overline{l_1} = 60° + V_1$      $\therefore \overline{l_1} = 60° + V_1$

② $\overline{l_2} = 150°00'10'' + V_2$      $\therefore \overline{l_2} = 150°10'00'' + V_2$

③ $\overline{l_1} + \overline{l_2} = 210° + V_3$      $\therefore \overline{l_1} + \overline{l_2} = 210° + V_3$

④ $360° - (\overline{l_1} + \overline{l_2}) = 150° + V_4$      $\therefore -\overline{l_1} - \overline{l_2} = -210° + V_4$

행렬로 표시하면

$$A \cdot X = L + V$$

$$A = \begin{bmatrix} 1 & 0 \\ 0 & 1 \\ 1 & 1 \\ -1 & -1 \end{bmatrix}, \quad X = \begin{bmatrix} \overline{l_1} \\ \overline{l_2} \end{bmatrix}, \quad L = \begin{bmatrix} 60° \\ 150°\,00'\,10'' \\ 210° \\ -210° \end{bmatrix}, \quad V = \begin{bmatrix} V_1 \\ V_2 \\ V_3 \\ V_4 \end{bmatrix}$$

$$\therefore X = (A^T A)^{-1} \cdot A^T L$$

(1) $(A^T A)^{-1}$

① $(A^T A)$

$$\begin{bmatrix} 1 & 0 & 1 & -1 \\ 0 & 1 & 1 & -1 \end{bmatrix} \cdot \begin{bmatrix} 1 & 0 \\ 0 & 1 \\ 1 & 1 \\ -1 & -1 \end{bmatrix} = \begin{bmatrix} 3 & 2 \\ 2 & 3 \end{bmatrix}$$

② $(A^T A)^{-1} = \dfrac{1}{5} \begin{bmatrix} 3 & -2 \\ -2 & 3 \end{bmatrix}$

(2) $A^T L$

$$\begin{bmatrix} 1 & 0 & 1 & -1 \\ 0 & 1 & 1 & -1 \end{bmatrix} \cdot \begin{bmatrix} 60° \\ 150°\,00'\,10'' \\ 210° \\ -210° \end{bmatrix} = \begin{bmatrix} 480° \\ 570°\,00'\,10'' \end{bmatrix}$$

$$\therefore X = (A^T A)^{-1} \cdot A^T L = \dfrac{1}{5} \begin{bmatrix} 3 & -2 \\ -2 & 3 \end{bmatrix} \cdot \begin{bmatrix} 480° \\ 570°\,00'\,10'' \end{bmatrix} = \begin{bmatrix} 59°\,59'\,56'' \\ 150°\,00'\,06'' \end{bmatrix}$$

$$\therefore X = \begin{bmatrix} \overline{l_1} \\ \overline{l_2} \end{bmatrix} = \begin{bmatrix} 59°\,59'\,56'' \\ 150°\,00'\,06'' \end{bmatrix}$$

그러므로, 구하는 답은

$\angle \text{AOB} = \overline{l_1} = 59°59'56''$

$\angle \text{BOC} = \overline{l_2} = 150°00'06''$

$\angle \text{COA} = 360° - (\overline{l_1} + \overline{l_2}) = 149°59'58''$

**12** 다음 수준망에서 매트릭스를 이용하여 P₁, P₂, P₃의 최확치를 구하시오.

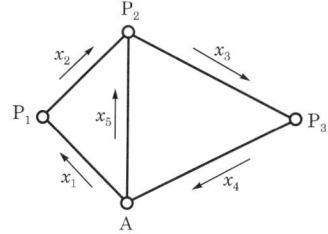

| 노선 | 관측값(m) | 거리(km) | 측점 | 최확값 |
|---|---|---|---|---|
| A→P₁ | 2.370 | 4 | A | 10.000m |
| P₁→P₂ | 1.109 | 3 | P₁ | |
| P₂→P₃ | −2.301 | 2 | P₂ | |
| P₃→A | −1.192 | 1 | P₃ | |
| A→P₂ | 3.497 | 2 | | |

**해 설**

관측 방정식은

① $l + \overline{lx_1} - P_1 = 0$  ∴ $P_1 = 12.37 + Vx_1$

② $P_1 + \overline{lx_2} - P_2 = 0$  ∴ $-P_1 + P_2 = 1.109 + Vx_2$

③ $P_2 + \overline{lx_3} - P_3 = 0$  ∴ $-P_2 + P_3 = -2.301 + Vx_3$

④ $P_3 + \overline{lx_4} - A = 0$  ∴ $-P_3 = -11.192 + Vx_4$

⑤ $A + \overline{lx_5} - P_2 = 0$  ∴ $P_2 = 13.497 + Vx_5$

윗식을 행렬로 표시하면

$A \cdot X = L \cdot V$

$$A = \begin{bmatrix} 1 & 0 & 0 \\ -1 & 1 & 0 \\ 0 & -1 & 1 \\ 0 & 0 & -1 \\ 0 & 1 & 0 \end{bmatrix}, \quad X = \begin{bmatrix} P_1 \\ P_2 \\ P_3 \end{bmatrix}, \quad L = \begin{bmatrix} 12.37 \\ 1.109 \\ -2.301 \\ -11.192 \\ 13.497 \end{bmatrix}, \quad V = \begin{bmatrix} Vx_1 \\ Vx_2 \\ Vx_3 \\ Vx_4 \\ Vx_5 \end{bmatrix}$$

∴ $X = (A^T W A)^{-1} \cdot A^T W L$

**(1)** $(A^T W A)^{-1}$

① $(A^T W A)$

$$\begin{bmatrix} 1 & -1 & 0 & 0 & 0 \\ 0 & 1 & -1 & 0 & 1 \\ 0 & 0 & 1 & -1 & 0 \end{bmatrix} \cdot \begin{bmatrix} 3 & 0 & 0 & 0 & 0 \\ 0 & 4 & 0 & 0 & 0 \\ 0 & 0 & 6 & 0 & 0 \\ 0 & 0 & 0 & 12 & 0 \\ 0 & 0 & 0 & 0 & 0 \end{bmatrix} \cdot \begin{bmatrix} 1 & 0 & 0 \\ -1 & 1 & 0 \\ 0 & -1 & 1 \\ 0 & 0 & -1 \\ 0 & 1 & 0 \end{bmatrix}$$

$$= \begin{bmatrix} 7 & -4 & 0 \\ -4 & 16 & -6 \\ 0 & -6 & 18 \end{bmatrix} = B$$

② $(A^TWA)^{-1} = B^{-1} = \dfrac{1}{|B|}B(\text{adj})$

㉠ $|B|$

$$\begin{bmatrix} 7 & -4 & 0 & 7 & 4 \\ -4 & 16 & -6 & -4 & 16 \\ 0 & -6 & 18 & 0 & -6 \end{bmatrix}$$

$= (7 \times 16 \times 18) - (7 \times 6 \times 6) - (4 \times 4 \times 18) = 1,476$

㉡ $B^T = \begin{bmatrix} 7 & -4 & 0 \\ -4 & 16 & -6 \\ 0 & -6 & 18 \end{bmatrix}$

㉢ $B(\text{adj}) = \begin{bmatrix} \begin{bmatrix} 16 & -6 \\ -6 & 18 \end{bmatrix} & -\begin{bmatrix} -4 & -6 \\ 0 & 18 \end{bmatrix} & \begin{bmatrix} -4 & 16 \\ 0 & -6 \end{bmatrix} \\ -\begin{bmatrix} -4 & 0 \\ -6 & 18 \end{bmatrix} & \begin{bmatrix} 7 & 0 \\ 0 & 18 \end{bmatrix} & -\begin{bmatrix} 7 & -4 \\ 0 & -6 \end{bmatrix} \\ \begin{bmatrix} -4 & 0 \\ 16 & -6 \end{bmatrix} & -\begin{bmatrix} 7 & 0 \\ -4 & -6 \end{bmatrix} & \begin{bmatrix} 7 & -4 \\ -4 & 16 \end{bmatrix} \end{bmatrix}$

$\therefore (A^TWA)^{-1} = \dfrac{1}{|B|}B(\text{adj}) = \dfrac{1}{1,476}\begin{bmatrix} 252 & 72 & 24 \\ 72 & 126 & 42 \\ 24 & 42 & 96 \end{bmatrix}$

(2) $A^TWL$

$\begin{bmatrix} 1 & -1 & 0 & 0 & 0 \\ 0 & 1 & -1 & 0 & 1 \\ 0 & 0 & 1 & -1 & 0 \end{bmatrix} \cdot \begin{bmatrix} 3 & 0 & 0 & 0 & 0 \\ 0 & 4 & 0 & 0 & 0 \\ 0 & 0 & 6 & 0 & 0 \\ 0 & 0 & 0 & 12 & 0 \\ 0 & 0 & 0 & 0 & 6 \end{bmatrix} \cdot \begin{bmatrix} 12.37 \\ 1.109 \\ -2.109 \\ -11.192 \\ 13.497 \end{bmatrix} = \begin{bmatrix} 32.674 \\ 99.224 \\ 120.498 \end{bmatrix}$

$\therefore X = \dfrac{1}{1,476}\begin{bmatrix} 252 & 72 & 24 \\ 72 & 126 & 42 \\ 24 & 42 & 96 \end{bmatrix} \cdot \begin{bmatrix} 32.674 \\ 99.224 \\ 120.498 \end{bmatrix} = \begin{bmatrix} 12.378 \\ 13.493 \\ 11.192 \end{bmatrix}$

$\therefore X = \begin{bmatrix} P_1 \\ P_2 \\ P_3 \end{bmatrix} = \begin{bmatrix} 12.378 \\ 13.493 \\ 11.192 \end{bmatrix}$

그러므로, 구하는 답은

$P_1 = 12.378\text{m}$

$P_2 = 13.493\text{m}$

$P_3 = 11.192\text{m}$

**13** 수준점 A, B, C로부터 신점 P의 표고를 결정하기 위하여 수준 측량을 한 결과이다. P의 표고를 matrix로 구하시오.

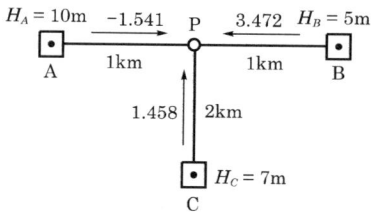

| 노선 | 고저차 | 지반고 |
|---|---|---|
| A→P | -1.541 | |
| B→P | 3.472 | |
| C→P | 1.458 | |

### 해설

관측 방정식은

① $A + \overline{x_1} - P = 0 \to A + x_1 + V_1 - P = 0$  ∴ $P = 8.459 + V_1$

② $B + \overline{x_2} - P = 0 \to B + x_2 + V_2 - P = 0$  ∴ $P = 8.472 + V_2$

③ $C + \overline{x_3} - P = 0 \to C + x_3 + V_3 - P = 0$  ∴ $P = 8.458 + V_3$

윗식을 행렬로 표시하면

$A \cdot X = L + V$

$A = \begin{bmatrix} 1 \\ 1 \\ 1 \end{bmatrix}$, $X = [P]$, $L = \begin{bmatrix} 8.459 \\ 8.472 \\ 8.458 \end{bmatrix}$, $V = \begin{bmatrix} V_1 \\ V_2 \\ V_3 \end{bmatrix}$

∴ $X = (A^T WA)^{-1} \cdot A^T WL$

(1) $(A^T WA)^{-1}$

① $(A^T WA)$

$[1 \ 1 \ 1] \cdot \begin{bmatrix} 2 & 0 & 0 \\ 0 & 2 & 0 \\ 0 & 0 & 1 \end{bmatrix} \cdot \begin{bmatrix} 1 \\ 1 \\ 1 \end{bmatrix} = [5]$

② $(A^T WA)^{-1} = \left[\dfrac{1}{5}\right]$

(2) $A^T$

$[1 \ 1 \ 1] \cdot \begin{bmatrix} 2 & 0 & 0 \\ 0 & 2 & 0 \\ 0 & 0 & 1 \end{bmatrix} \cdot \begin{bmatrix} 8.459 \\ 8.472 \\ 8.458 \end{bmatrix} = [42.32]$

∴ $X = (A^T WA)^{-1} \cdot A^T WL = \left[\dfrac{1}{5}\right] \cdot [42.32] = 8.464 = P$

그러므로, 구하는 답은 $H_P = 8.464 \text{m}$ 이다.

**14** 그림에서 O를 기지점으로 하여 A, B, C 3점의 표고를 결정하기 위하여 각 점간의 수준 측량을 화살표 방향으로 실시하여 다음과 같은 결과를 얻었다. A, B, C점의 표고를 구하시오. (단, O점의 표고는 0m로 한다. matrix에 의해 구하라.)

(1) 호선의 관측치(높이차) : +1.0m, 거리 4km
(2) 호선의 관측치(높이차) : +0.7m, 거리 4km
(3) 호선의 관측치(높이차) : +1.8m, 거리 4km
(4) 호선의 관측치(높이차) : +0.9m, 거리 3km
(5) 호선의 관측치(높이차) : +0.2m, 거리 12km

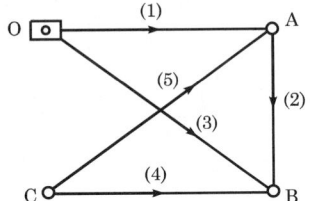

**해설**

관측 방정식을 세우면

① $O + \overline{l_1} - A = 0$     $\therefore A = 1 + V_1$
② $A + \overline{l_2} - B = 0$     $\therefore B - A = 0.7 + V_2$
③ $O + \overline{l_3} - B = 0$     $\therefore B = 1.8 + V_3$
④ $C + \overline{l_4} - B = 0$     $\therefore B - C = 0.9 + V_4$
⑤ $C + \overline{l_5} - A = 0$     $\therefore A - C = 0.2 + V_5$

행렬식으로 정리한다.

$A \cdot X = L + V$

$$A = \begin{bmatrix} 1 & 0 & 0 \\ -1 & 1 & 0 \\ 0 & 1 & 0 \\ 0 & 1 & -1 \\ 1 & 0 & -1 \end{bmatrix}, \quad X = \begin{bmatrix} A \\ B \\ C \end{bmatrix}, \quad L = \begin{bmatrix} 1 \\ 0.7 \\ 1.8 \\ 0.9 \\ 0.2 \end{bmatrix}, \quad V = \begin{bmatrix} V_1 \\ V_2 \\ V_3 \\ V_4 \\ V_5 \end{bmatrix}$$

$\therefore X = (A^T W A)^{-1} \cdot A^T W L$

**(1)** $(A^T W A)^{-1}$

① $(A^T W A)$

$$\begin{bmatrix} 1 & -1 & 0 & 0 & 1 \\ 0 & 1 & 1 & 1 & 0 \\ 0 & 0 & 0 & -1 & -1 \end{bmatrix} \cdot \begin{bmatrix} 3 & 0 & 0 & 0 & 0 \\ 0 & 3 & 0 & 0 & 0 \\ 0 & 0 & 3 & 0 & 0 \\ 0 & 0 & 0 & 4 & 0 \\ 0 & 0 & 0 & 0 & 1 \end{bmatrix} \cdot \begin{bmatrix} 1 & 0 & 0 \\ -1 & 1 & 0 \\ 0 & 1 & 0 \\ 0 & 1 & -1 \\ 1 & 0 & -1 \end{bmatrix}$$

$$= \begin{bmatrix} 7 & -3 & -1 \\ -3 & 10 & -4 \\ -1 & -4 & 5 \end{bmatrix} = B$$

② $(A^TWA)^{-1} = B^{-1} = \dfrac{1}{|B|}B(\text{adj})$

㉠ $|B|$

$$\begin{bmatrix} 7 & -3 & -1 & 7 & -3 \\ -3 & 10 & -4 & -3 & 10 \\ -1 & -4 & 5 & -1 & -4 \end{bmatrix} = \{(10+112+45)-(350-12-12)\} = 159$$

㉡ $B^T = \begin{bmatrix} 7 & -3 & -1 \\ -3 & 10 & -4 \\ -1 & -4 & 5 \end{bmatrix}$

㉢ $B(\text{adj})$

$$\begin{bmatrix} \begin{bmatrix} 10 & -4 \\ -4 & 5 \end{bmatrix} & -\begin{bmatrix} -3 & -4 \\ -1 & 5 \end{bmatrix} & \begin{bmatrix} -3 & 10 \\ -1 & -4 \end{bmatrix} \\ -\begin{bmatrix} -3 & -1 \\ -4 & 5 \end{bmatrix} & \begin{bmatrix} 7 & -1 \\ -1 & 5 \end{bmatrix} & -\begin{bmatrix} 7 & -3 \\ -1 & -4 \end{bmatrix} \\ \begin{bmatrix} -3 & -1 \\ 10 & -4 \end{bmatrix} & -\begin{bmatrix} 7 & -1 \\ -3 & -4 \end{bmatrix} & \begin{bmatrix} 7 & -3 \\ -3 & 10 \end{bmatrix} \end{bmatrix} = \begin{bmatrix} 34 & 19 & 22 \\ 19 & 34 & 31 \\ 22 & 31 & 61 \end{bmatrix}$$

$\therefore (A^TWA)^{-1} = \dfrac{1}{|B|}B(\text{adj}) = \dfrac{1}{159}\begin{bmatrix} 34 & 19 & 22 \\ 19 & 34 & 31 \\ 22 & 31 & 61 \end{bmatrix}$

(2) $A^TWL$

$$\begin{bmatrix} 1 & -1 & 0 & 0 & 1 \\ 0 & 1 & 1 & 1 & 0 \\ 0 & 0 & 0 & -1 & -1 \end{bmatrix} \cdot \begin{bmatrix} 3 & 0 & 0 & 0 & 0 \\ 0 & 3 & 0 & 0 & 0 \\ 0 & 0 & 3 & 0 & 0 \\ 0 & 0 & 0 & 4 & 0 \\ 0 & 0 & 0 & 0 & 1 \end{bmatrix} \cdot \begin{bmatrix} 1 \\ 0.7 \\ 1.8 \\ 0.9 \\ 0.2 \end{bmatrix} = \begin{bmatrix} 1.1 \\ 11.1 \\ -3.8 \end{bmatrix}$$

윗식을 정리하면

$\therefore X = (A^TWA)^{-1} \cdot A^TWL = \dfrac{1}{159}\begin{bmatrix} 34 & 19 & 22 \\ 19 & 34 & 31 \\ 22 & 31 & 61 \end{bmatrix} \cdot \begin{bmatrix} 1.1 \\ 11.1 \\ -3.8 \end{bmatrix} = \begin{bmatrix} 1.0358 \\ 1.7642 \\ 0.8585 \end{bmatrix}$

$\therefore Y = \begin{bmatrix} A \\ B \\ C \end{bmatrix} = \begin{bmatrix} 1.0358 \\ 1.7642 \\ 0.8585 \end{bmatrix}$

그러므로, 구하는 답은

$H_A = 1.036\text{m}$

$H_B = 1.764\text{m}$

$H_C = 0.859\text{m}$

**15** 그림에서 ∠AOB, ∠BOC, COD를 결정하기 위해서 다음과 같은 관측 결과를 얻었다.

∠AOB = 46°53′29.8″
∠AOC = 83°14′37.4″
∠AOD = 135°27′15.0″
∠BOD = 88°33′45.0″

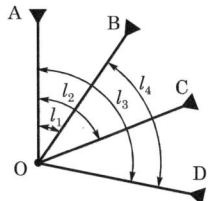

여기서, ∠AOB, ∠BOC, COD의 최확치를 구하시오. (단, 행렬로 구하라. 각은 0.01″까지)

### 해 설

관측 방정식은

① $\overline{l_1} = l_1 + V_1$    ∴ $\overline{l_1} = 46°53′29.8″ + V_1$
② $\overline{l_2} = l_2 + V$    ∴ $\overline{l_2} = 83°14′37.4″ + V_2$
③ $\overline{l_1} + \overline{l_4} = l_3 + V_3$    ∴ $\overline{l_1} + \overline{l_4} = 135°27′15″ + V_3$
④ $\overline{l_2} = l_2 + V_2$    ∴ $\overline{l_4} = 88°33′45″ + V_4$

행렬로 정리하면

$A \cdot X = L + V$

$A = \begin{bmatrix} 1 & 0 & 0 \\ 0 & 1 & 0 \\ 1 & 0 & 1 \\ 0 & 0 & 1 \end{bmatrix}, \quad X = \begin{bmatrix} \overline{l_1} \\ \overline{l_2} \\ \overline{l_3} \end{bmatrix}, \quad L = \begin{bmatrix} 46°53′29.8″ \\ 83°14′37.4″ \\ 135°27′15.0″ \\ 88°33′45.0″ \end{bmatrix}, \quad V = \begin{bmatrix} V_1 \\ V_2 \\ V_3 \\ V_4 \end{bmatrix}$

∴ $X = (A^T A)^{-1} A^T L$

**(1)** $(A^T A)^{-1}$

① $(A^T A)$

$\begin{bmatrix} 1 & 0 & 1 & 0 \\ 0 & 1 & 0 & 0 \\ 0 & 0 & 1 & 1 \end{bmatrix} \begin{bmatrix} 1 & 0 & 0 \\ 0 & 1 & 0 \\ 1 & 0 & 1 \\ 0 & 0 & 1 \end{bmatrix} = \begin{bmatrix} 2 & 0 & 1 \\ 0 & 1 & 0 \\ 1 & 0 & 2 \end{bmatrix} = B$

② $(A^T A)^{-1} = B^{-1} = \dfrac{1}{|B|} B(\text{adj})$

㉠ $|B| = \begin{vmatrix} 2 & 0 & 1 \\ 0 & 1 & 0 \\ 1 & 0 & 2 \end{vmatrix} \begin{matrix} 2 & 0 \\ 0 & 1 \\ 1 & 2 \end{matrix} = \{(1+0+0) - (4+0+0)\} = 3$

㉡ $B^T = \begin{bmatrix} 2 & 0 & 1 \\ 0 & 1 & 0 \\ 1 & 0 & 2 \end{bmatrix}$

ⓒ $B(\text{adj})$

$$\begin{bmatrix} \begin{bmatrix} 1 & 0 \\ 0 & 2 \end{bmatrix} - \begin{bmatrix} 0 & 0 \\ 1 & 2 \end{bmatrix} & \begin{bmatrix} 0 & 1 \\ 1 & 0 \end{bmatrix} \\ -\begin{bmatrix} 0 & 1 \\ 0 & 2 \end{bmatrix} & \begin{bmatrix} 2 & 1 \\ 1 & 2 \end{bmatrix} - \begin{bmatrix} 2 & 0 \\ 1 & 0 \end{bmatrix} \\ \begin{bmatrix} 0 & 1 \\ 1 & 0 \end{bmatrix} - \begin{bmatrix} 2 & 1 \\ 0 & 0 \end{bmatrix} & \begin{bmatrix} 2 & 0 \\ 1 & 1 \end{bmatrix} \end{bmatrix} = \begin{bmatrix} 2 & 0 & -1 \\ 0 & 3 & 0 \\ -1 & 0 & 2 \end{bmatrix}$$

$$\therefore (A^T A)^{-1} = B^{-1} = \frac{1}{|B|} B(\text{adj}) = \frac{1}{3} \begin{bmatrix} 2 & 0 & -1 \\ 0 & 3 & 0 \\ -1 & 0 & 2 \end{bmatrix}$$

(2) $A^T L$

$$\begin{bmatrix} 1 & 0 & 1 & 0 \\ 0 & 1 & 0 & 0 \\ 0 & 0 & 1 & 1 \end{bmatrix} \cdot \begin{bmatrix} 46°53'29.8'' \\ 83°14'37.4'' \\ 135°27'15.0'' \\ 88°33'45.0'' \end{bmatrix} = \begin{bmatrix} 182°20'44.8'' \\ 83°14'37.4'' \\ 224°01'00.0'' \end{bmatrix}$$

$$\therefore X = (A^T A)^{-1} A^T L = \frac{1}{3} \begin{bmatrix} 2 & 0 & -1 \\ 0 & 3 & 0 \\ -1 & 0 & 2 \end{bmatrix} \cdot \begin{bmatrix} 182°20'44.8'' \\ 83°14'37.4'' \\ 224°01'00.0'' \end{bmatrix}$$

$$= \begin{bmatrix} 46°53'29.87'' \\ 83°14'37.40'' \\ 88°33'45.07'' \end{bmatrix} = \begin{bmatrix} \overline{l_1} \\ \overline{l_2} \\ \overline{l_4} \end{bmatrix}$$

∴ 조정된 $\overline{l_1} = 46°53'29.87''$

$\overline{l_2} = 83°14'37.4''$

$\overline{l_4} = 88°33'45.07''$

그러므로 구하는 답은

∠AOB = $\overline{l_1}$ = 46°53'29.87''

∠BOC = $\overline{l_2} - \overline{l_1}$ = 36°21'07.53''

∠COD = $\overline{l_4}$ − ∠BOC = 52°12'37.54''

**16** 관측값이 다음과 같을 때 각각의 값을 행렬로 조정하시오. (단, 관측각의 경중률은 동일함.)

$x_1 = 48.35°$
$x_2 = 96.86°$
$x_3 = 152.92°$
$x_4 = 48.57°$
$x_5 = 104.61°$

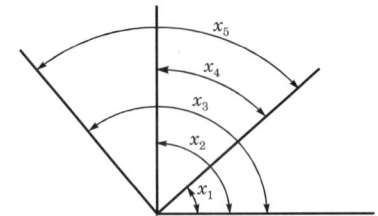

**해설**

조건 방정식에 의한 풀이로 조건식은 5-4+1=2개이다.

**(1) 조건식**

① $x_1 + V_1 + x_4 + V_4 = x_2 + V_2$

② $x_1 + V_1 + x_5 + V_5 = x_3 + V_3$

잔차에 대한 식으로 정리하면

① $V_1 + V_4 - V_2 = -0.06°$

② $V_1 + V_5 - V_3 = -0.04°$

**(2) Matrix로 표현하면**

$A \cdot V = f$

$$\begin{bmatrix} 1 & 1 & 0 & -1 & 0 \\ 1 & 0 & 1 & 1 & -1 \end{bmatrix} \cdot \begin{bmatrix} V_1 \\ V_4 \\ V_5 \\ V_2 \\ V_3 \end{bmatrix} = \begin{bmatrix} -0.06° \\ -0.04° \end{bmatrix}$$

**(3) 조건 방정식에 의한 해법으로 풀면**

$V = A^T \cdot (AA^T)^{-1} \cdot f$

① $(AA^T)^{-1} = \begin{bmatrix} 0.375 & -0.125 \\ -0.125 & 0.375 \end{bmatrix}$

정리하면

$$\begin{bmatrix} V_1 \\ V_4 \\ V_5 \\ V_2 \\ V_3 \end{bmatrix} = \begin{bmatrix} 1 & 1 \\ 1 & 0 \\ 0 & 1 \\ -1 & 0 \\ 0 & -1 \end{bmatrix} \cdot \begin{bmatrix} 0.375 & -0.125 \\ -0.125 & 0.375 \end{bmatrix} \cdot \begin{bmatrix} -0.06° \\ -0.04° \end{bmatrix} = \begin{bmatrix} -0.0250° \\ -0.0175° \\ 0.0075° \\ 0.0175° \\ 0.0075° \end{bmatrix}$$

그러므로, 구하는 보정값은

① $\overline{x_1} = x_1 + V_1 = 48.35° + (-0.025°) = 48.325°$

② $\overline{x_2} = x_2 + V_2 = 96.86° + 0.0175° = 96.8775°$

③ $\overline{x_3} = x_3 + V_3 = 152.92° + 0.0075° = 152.9275°$

④ $\overline{x_4} = x_4 + V_4 = 48.57° + (-0.0175°) = 48.5525°$

⑤ $\overline{x_5} = x_5 + V_5 = 104.61° + (-0.0075°) = 104.6025°$

❖ **별해〈관측 방정식에 의한 해법〉**

관측 방정식은

① $\overline{x_1} = x_1 + V_1$  ∴ $\overline{x_1} = 48.35 + V_1$

② $\overline{x_4} = x_4 + V_4$  ∴ $\overline{x_4} = 48.57 + V_4$

③ $\overline{x_1} + \overline{x_4} = x_2 + V_2$  ∴ $\overline{x_1} + \overline{x_4} = 96.86 + V_2$

④ $\overline{x_5} + \overline{x_1} = x_3 + V_3$  ∴ $\overline{x_5} + \overline{x_1} = 152.92 + V_3$

⑤ $\overline{x_3} - \overline{x_1} = x_5 + V_5$  ∴ $\overline{x_3} - \overline{x_1} = 104.61 + V_5$

윗식을 행렬로 정리하면

$A \cdot X = L + V$

$$A = \begin{bmatrix} 1 & 0 & 0 & 0 \\ 0 & 1 & 0 & 0 \\ 1 & 1 & 0 & 0 \\ 1 & 0 & 1 & 0 \\ -1 & 0 & 0 & 1 \end{bmatrix}, \ X = \begin{bmatrix} \overline{x_1} \\ \overline{x_4} \\ \overline{x_5} \\ \overline{x_3} \end{bmatrix}, \ L = \begin{bmatrix} 48.35 \\ 48.57 \\ 96.86 \\ 152.92 \\ 104.61 \end{bmatrix}, \ V = \begin{bmatrix} V_1 \\ V_4 \\ V_2 \\ V_3 \\ V_5 \end{bmatrix}$$

∴ $X = (A^T A)^{-1} A^T L$

(1) $(A^T A)^{-1}$

① $(A^T A)$

$$\begin{bmatrix} 1 & 0 & 1 & 1 & -1 \\ 0 & 1 & 1 & 0 & 0 \\ 0 & 0 & 0 & 1 & 0 \\ 0 & 0 & 0 & 0 & 1 \end{bmatrix} \cdot \begin{bmatrix} 1 & 0 & 0 & 0 \\ 0 & 1 & 0 & 0 \\ 1 & 1 & 0 & 0 \\ 1 & 0 & 1 & 0 \\ -1 & 0 & 0 & 1 \end{bmatrix} = \begin{bmatrix} 4 & 1 & 1 & -1 \\ 1 & 2 & 0 & 0 \\ 1 & 0 & 1 & 0 \\ -1 & 0 & 0 & 1 \end{bmatrix} = B$$

② $(A^T A)^{-1} = B^{-1} = \dfrac{1}{|B|} B(\text{adj})$

㉠ $|B| = 3$

㉡ $B^T = \begin{bmatrix} 4 & 1 & 1 & -1 \\ 1 & 2 & 0 & 0 \\ 1 & 0 & 1 & 0 \\ -1 & 0 & 0 & 1 \end{bmatrix}$

ⓒ $B(\text{adj}) = \begin{bmatrix} 2 & -1 & -2 & 2 \\ -1 & 2 & 1 & -1 \\ -2 & 1 & 5 & -2 \\ 2 & -1 & -2 & 5 \end{bmatrix}$

$\therefore (A^T A)^{-1} = \dfrac{1}{|B|} B(\text{adj}) = \dfrac{1}{3} \begin{bmatrix} 2 & -1 & -2 & 2 \\ -1 & 2 & 1 & -1 \\ -2 & 1 & 5 & -2 \\ 2 & -1 & -2 & 5 \end{bmatrix}$

(2) $A^T \cdot L$

$\begin{bmatrix} 1 & 0 & 1 & 1 & -1 \\ 0 & 1 & 1 & 0 & 0 \\ 0 & 0 & 0 & 1 & 0 \\ 0 & 0 & 0 & 0 & 1 \end{bmatrix} \cdot \begin{bmatrix} 48.35 \\ 48.57 \\ 96.86 \\ 152.92 \\ 104.61 \end{bmatrix} = \begin{bmatrix} 193.52 \\ 145.43 \\ 152.92 \\ 104.61 \end{bmatrix}$

$\therefore X = (A^T A)^{-1} \cdot A^T L$

$= \dfrac{1}{3} \begin{bmatrix} 2 & -1 & -2 & 2 \\ -1 & 2 & 1 & -1 \\ -2 & 1 & 5 & -2 \\ 2 & -1 & -2 & 5 \end{bmatrix} \cdot \begin{bmatrix} 193.52 \\ 145.43 \\ 152.92 \\ 104.61 \end{bmatrix} = \begin{bmatrix} 48.33 \\ 48.55 \\ 104.59 \\ 152.94 \end{bmatrix}$

$\therefore X = \begin{bmatrix} \overline{x_1} \\ \overline{x_4} \\ \overline{x_5} \\ \overline{x_3} \end{bmatrix} = \begin{bmatrix} 48.33° \\ 48.55° \\ 104.59° \\ 152.94° \end{bmatrix}$

그러므로 구하고자 하는 값은

$x_1 = 48.33°$

$x_2 = 48.55°$

$x_3 = 104.59°$

$x_4 = 152.94°$

**17** 그림과 같은 각들을 측정하여 다음 결과를 얻었다. 행렬을 이용하여 각들을 조정하시오.

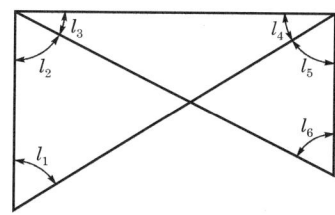

| 각명 | 측정각 | 중량 |
|---|---|---|
| $l_1$ | 44° 50′ 44″ | 1 |
| $l_2$ | 46° 10′ 25″ | 3 |
| $l_3$ | 45° 55′ 12″ | 3 |
| $l_4$ | 43° 04′ 03″ | 3 |
| $l_5$ | 48° 32′ 45″ | 3 |
| $l_6$ | 42° 27′ 42″ | 1 |

**해설**

(1) 조건식의 수

    변수−삼각점수+1=5−4+1=2개

(2) 조건식

    ① $l_1 + V_1 + l_2 + V_2 + l_3 + V_3 + l_4 + V_4 = 180°$

    ② $l_3 + V_3 + l_4 + V_4 + l_5 + V_5 + l_6 + V_6 = 180°$

(3) Matrix로 표현하면

$A \cdot V = f$

$$\begin{bmatrix} 1 & 1 & 1 & 1 & 0 & 0 \\ 0 & 0 & 1 & 1 & 1 & 1 \end{bmatrix} \cdot \begin{bmatrix} V_1 \\ V_2 \\ V_3 \\ V_4 \\ V_5 \\ V_6 \end{bmatrix} = \begin{bmatrix} -24'' \\ 18'' \end{bmatrix}$$

(4) 조건 방정식에 의한 해법으로 풀면

$V = (W^{-1}A^T) \cdot (AW^{-1}A^T) \cdot f$

① $W^{-1}A^T$

$$\begin{bmatrix} \frac{1}{1} & 0 & 0 & 0 & 0 & 0 \\ 0 & \frac{1}{3} & 0 & 0 & 0 & 0 \\ 0 & 0 & \frac{1}{3} & 0 & 0 & 0 \\ 0 & 0 & 0 & \frac{1}{3} & 0 & 0 \\ 0 & 0 & 0 & 0 & \frac{1}{3} & 0 \\ 0 & 0 & 0 & 0 & 0 & 1 \end{bmatrix} \cdot \begin{bmatrix} 1 & 0 \\ 1 & 0 \\ 1 & 1 \\ 1 & 1 \\ 0 & 1 \\ 0 & 1 \end{bmatrix} = \begin{bmatrix} 1 & 0 \\ \frac{1}{3} & 0 \\ \frac{1}{3} & \frac{1}{3} \\ \frac{1}{3} & \frac{1}{3} \\ 0 & \frac{1}{3} \\ 0 & 1 \end{bmatrix}$$

② $(AW^{-1}A^T)^{-1}$

㉠ $AW^{-1}A^T$

$$\begin{bmatrix} 1 & 1 & 1 & 1 & 0 & 0 \\ 0 & 0 & 1 & 1 & 1 & 1 \end{bmatrix} \cdot \begin{bmatrix} \frac{1}{1} & 0 & 0 & 0 & 0 & 0 \\ 0 & \frac{1}{3} & 0 & 0 & 0 & 0 \\ 0 & 0 & \frac{1}{3} & 0 & 0 & 0 \\ 0 & 0 & 0 & \frac{1}{3} & 0 & 0 \\ 0 & 0 & 0 & 0 & \frac{1}{3} & 0 \\ 0 & 0 & 0 & 0 & 0 & 1 \end{bmatrix} \cdot \begin{bmatrix} 1 & 0 \\ 1 & 0 \\ 1 & 1 \\ 1 & 1 \\ 0 & 1 \\ 0 & 1 \end{bmatrix} = \begin{bmatrix} 2 & 0.6666 \\ 0.6666 & 2 \end{bmatrix}$$

㉡ $(AW^{-1}A^T)^{-1} = \begin{bmatrix} 0.5625 & -0.1875 \\ -0.1875 & 0.5625 \end{bmatrix}$

∴ $V = (W^{-1}A^T) \cdot (AW^{-1}A^T)^{-1} \cdot f$

$$\begin{bmatrix} V_1 \\ V_2 \\ V_3 \\ V_4 \\ V_5 \\ V_6 \end{bmatrix} = \begin{bmatrix} 1 & 0 \\ \frac{1}{3} & 0 \\ \frac{1}{3} & \frac{1}{3} \\ \frac{1}{3} & \frac{1}{3} \\ 0 & \frac{1}{3} \\ 0 & 1 \end{bmatrix} \cdot \begin{bmatrix} 0.5625 & -0.1875 \\ -0.1875 & 0.5625 \end{bmatrix} \cdot \begin{bmatrix} -24'' \\ 18'' \end{bmatrix} = \begin{bmatrix} -16.88'' \\ -5.63'' \\ -0.75'' \\ -0.75'' \\ 4.88'' \\ 14.63'' \end{bmatrix}$$

그러므로 조정값은

$\overline{l_1} = l_1 + V_1 = 44°50'44'' + (-16.88'') = 44°50'27.12''$

$\overline{l_2} = l_2 + V_2 = 46°10'25'' + (-5.63'') = 46°10'19.37''$

$\overline{l_3} = l_3 + V_3 = 45°55'12'' + (-0.75'') = 45°55'11.25''$

$\overline{l_4} = l_4 + V_4 = 43°04'03'' + (-0.75'') = 43°04'02.25''$

$\overline{l_5} = l_5 + V_5 = 48°32'45'' + 4.88'' = 48°32'49.88''$

$\overline{l_6} = l_6 + V_6 = 42°27'42'' + 14.63'' = 42°27'56.63''$

# PART 4

# GIS(지리 정보 시스템)

1. GIS의 개요
2. GIS의 구성 요소
3. GIS 데이터 취득
4. GIS 데이터베이스
5. GIS 표준화
6. GIS 구축 과정
7. GIS의 응용
8. GIS의 공간 분석
9. GIS 문제

# GIS의 개요

## 1 GIS의 정의

GIS(Geographic Information System)란 넓은 의미로 인간의 의사 결정 능력의 지원을 위해 공간상 위치를 나타내는 도형 자료(graphic data)와 이에 관련된 속성 자료(attribute data)를 연결하여 처리하는 정보 시스템으로서 다양한 형태의 지리 정보를 효율적으로 수집, 저장, 갱신, 처리, 분석, 출력하기 위해 이용되는 소프트웨어, 지리 자료, 인적 자원의 통합적 시스템으로 정의할 수 있다.

## 2 GIS의 특징

(1) 대량의 정보를 저장하고 관리할 수 있음.
(2) 원하는 정보를 쉽게 찾아볼 수 있고, 새로운 정보의 추가와 수정이 용이함.
(3) 표현 방식이 다른 여러 가지 지도나 도형으로 표현이 가능함.
(4) 지도의 축소·확대가 자유롭고 계측이 용이함.
(5) 복잡한 정보의 분류나 분석에 유용함.
(6) 필요한 자료의 중첩을 통하여 종합적 정보의 획득이 용이함.
(7) 입지 선정의 적합성 판정이 용이함.

## 3 GIS 자료 생성

(1) 기존 지도를 이용하여 생성하는 방법
(2) 지상 측량에 의하여 생성하는 방법

(3) 항공 사진 측량에 의하여 생성하는 방법
(4) 원격 탐측에 의하여 생성하는 방법

# 4 GIS 오차

### (1) 입력 자료의 질에 따른 오차

① 위치 정확도에 따른 오차
② 속성 정확도에 따른 오차
③ 논리적 일관성에 따른 오차
④ 완결성에 따른 오차
⑤ 자료 변천 과정에 따른 오차

### (2) Database 구축시 발생되는 오차

① 절대 위치 자료 생성시 기준점의 오차
② 위치 자료 생성시 발생되는 항공 사진 및 위성 영상의 정확도에 따른 오차
③ 점의 조성시 정확도 불균등에 따른 오차
④ 디지타이징시 발생되는 점양식, 흐름 양식에 발생되는 오차
⑤ 좌표 변환시 투영법에 따른 오차
⑥ 항공 사진 판독 및 위성 영상으로 분류되는 속성 오차
⑦ 사회 자료 부정확성에 따른 오차
⑧ 지형 분할을 수행하는 과정에서 발생되는 편집 오차
⑨ 자료 처리시 발생되는 오차

# 02 GIS의 구성 요소

GIS를 구성하는 요소에는 여러 가지가 있으나 크게 구분하여 하드웨어, 소프트웨어, 자료, 조직 및 인력이 있다.

## 1 하드웨어(hardware)

GIS를 운용하는 데 필요한 각종 입·출력, 연산, 저장 등을 위한 컴퓨터 시스템을 총칭한다.

## 2 소프트웨어(software)

각종 정보의 분석, 출력, 저장을 지원하는 컴퓨터 프로그램을 말하며, 정보의 입력(input) 및 중첩(overlap), 데이터베이스 관리, 질의 분석(query & analysis), 시각화(visualization) 등의 기능을 담당한다.

## 3 자료(data)

지도나 항공 사진 등에서 추출한 지형 등의 도형 자료와 각종 문서, 대장, 통계 자료 등에서 추출한 속성 자료를 모두 포함하며, 최근에는 평면상의 기존 지도나 항공 사진이 아닌 인공위성을 이용하는 방법으로 많은 지형 정보를 얻고 있다. 데이터베이스의 구축은 GIS의 핵심적인 요소로서 많은 시간과 노력이 필요한 방대한 작업이다.

## 4 조직 및 인력

GIS를 구성하는 가장 중요한 요소로서 데이터를 구축하고 실제 업무에 활용하는 사람을 말하며, 시스템을 설계하고 관리하는 전문 인력과 일상 업무에 GIS를 활용하는 사용자 모두를 포함한다.

# 03 GIS 데이터 취득

제4편 | GIS(지리 정보 시스템)

　GIS는 컴퓨터를 통해서 현실 세계의 공간 정보를 표현하는 것이다. 즉, 대상물을 컴퓨터를 통해서 정확한 위치를 표현하고, 그 대상물에 대한 여러 가지 정보를 제공하는 것이다. 따라서 GIS는 데이터 없이는 아무런 의미가 없으며 데이터에 많은 주의를 기울여야 한다.

　GIS 특성을 나타내는 데이터는 공간상에 있는 객체나 현상의 공간적인 위치를 나타내는 도형 데이터(graphic data)와 이와 관련된 속성 데이터(attribute data)로 구분될 수 있다.

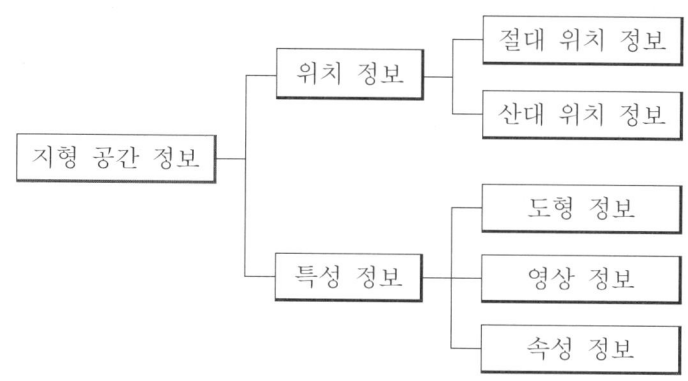

## 1 공간 데이터(특성 정보)

　현세계의 공간상에 있는 객체나 현상의 공간적 위치를 지도학상의 좌표 체계에 따라 표현하는 자료로 정의할 수 있다. 이때 도형 자료는 점, 선, 다각형의 세 가지 유형으로 분류된다.

　기본적인 구분은 벡터 데이터(vector data), 래스터 데이터(raster data), TIN(Triangulated Irregular Network) 데이터이다.

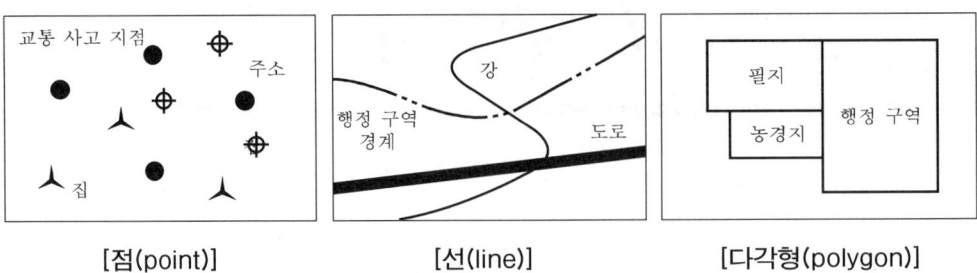

[점(point)]　　　　　[선(line)]　　　　　[다각형(polygon)]

### (1) 래스터 데이터

① 래스터 데이터는 일정한 격자 모양의 셀이 데이터의 위치와 그 값을 표현한다.
② 가장 간단한 데이터 모델로 중첩, 근접성 분석에 있어서 처리 속도가 매우 빠르다.
③ 그러나 격자 모양의 셀로 구성되어 있으므로 공간 데이터를 정확하게 표현하는 것에는 어려움이 있다.

### (2) 벡터 데이터

① 벡터 데이터의 기본적인 구조는 점이며, 객체들은 점들을 직선으로 연결하여 표현한다.
② 객체를 비교적 정확하게 표현할 수 있는 방법이다.
③ 중첩, 접근성 등 계산 처리 속도가 래스터 데이터와 비교해서 상대적으로 빠르다.

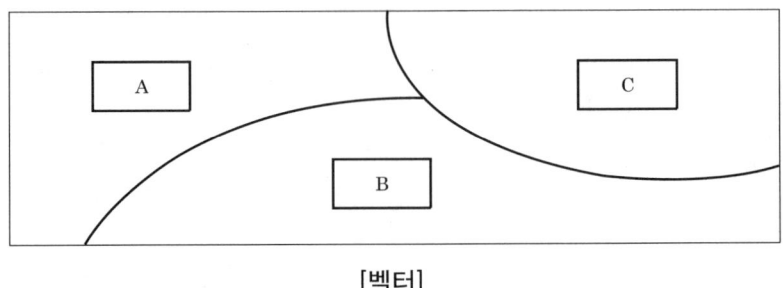

[래스터]

[벡터]

## (3) 벡터와 래스터의 비교

| 구분 | 벡터 | 래스터 |
|---|---|---|
| 장점 | • 복잡한 현실 세계 묘사 가능<br>• 데이터 용량 축소 용이<br>• 다양한 공간 분석 가능<br>• 그래픽의 정확도 높음.<br>• 그래픽 관련 속성 정보의 추출 및 일반화, 갱신 용이 | • 자료 구조 단순<br>• 원격 탐사 자료와의 연계성 용이<br>• 여러 레이어 중첩, 분석 용이<br>• 시뮬레이션이 용이 |
| 단점 | • 자료 구조의 복잡함.<br>• 여러 레이어 중첩, 분석 어려움.<br>• 도식과 출력에 비싼 장비 필요<br>• 초기 비용이 많이 듦. | • 그래픽 자료의 양이 방대함.<br>• 격자 구조로 시각적 효과가 떨어짐.<br>• 격자의 크기가 작아지면 자료의 양이 방대해짐.<br>• 관망 해석과 같은 분석 기능이 이루어지지 않음.<br>• 자료 변환에 많은 시간 소요 |

## (4) TIN 데이터

지표면 데이터를 표현하기에 매우 효과적인 방법이다. TIN은 $x$, $y$, $z$ 좌표를 가지고 있는 점들의 집합을 기본으로 하고 있다. 이 점들을 불규칙한 삼각망으로 구성하게 되는데 이 삼각형들은 각각 경사를 가진 면으로 구성된다. TIN을 활용하여 다양한 분석을 수행할 수 있는데 첫 번째로 특정 지점에서 고도, 경사도(slope), 향(aspect)분석을 할 수 있고, TIN 데이터로부터 등고선(contour)의 추출, visibility 분석, 토공량 분석 등을 할 수 있다.

# 2 속성 데이터(attribute data, 위치 정보)

도형 자료와 연관되어 대상물에 대한 설명, 또는 대상물의 특성에 대한 설명 자료를 의미한다. 속성 자료는 통상 문자 또는 숫자의 형태로 저장되며, 최근에는 영상, 소리 등의 자료들도 속성 자료에 포함되고 있다.

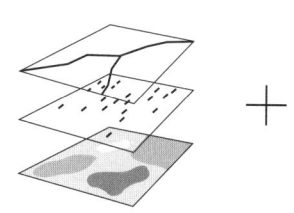

| 지번 | 면적 | 소유주 | 토질 | …… |
|---|---|---|---|---|
| 1 | 100,500 | 김민석 | 상 | …… |
| 2 | 2,000 | 한수희 | 중 | …… |
| 3 | 500 | 한동엽 | 하 | …… |
| 4 | 3,000 | 이정호 | 상 | …… |
| 5 | 35,000 | 조영욱 | 중 | …… |
| …… | …… | …… | …… | …… |

[도형 자료(graphic data)]  [속성 자료(attribute data)]

# 3 공간 데이터(도형 자료)와 속성 데이터(속성 자료)의 상호 연계

지리 정보는 도형 자료와 속성 자료가 상호 연계되어 있어 도형 자료에 의한 속성 자료의 검색, 즉 도형 자료의 선택을 통한 관련된 속성 자료의 검색이 가능하다.

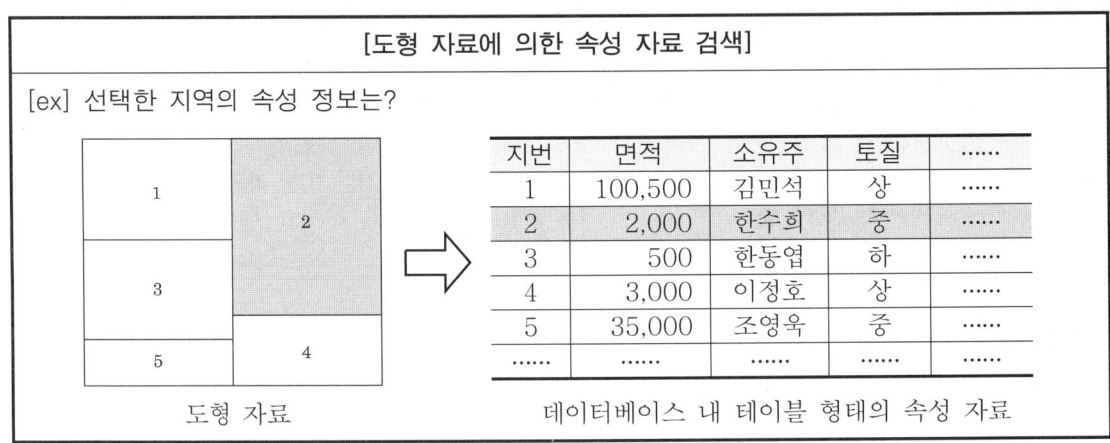

[도형 자료에 의한 속성 자료 검색]

# 4 공간적 위상 관계를 이용한 분석

도형 자료에서 공간 객체간에 존재하는 공간적 상호 관계를 위상 관계라 하며 이는 객체간의 상호 인접성, 연결성, 포함성 등으로 특성 지어진다.

| | | |
|---|---|---|
| 인접성 | 1 2 | • 폴리곤 1, 2는 인접 관계<br>[ex] 폴리곤 1의 오른쪽 폴리곤 → 폴리곤 2 |
| 연결성 | A 1 B<br>C | • 노드 1 : 체인 A, B, C와 연결<br>• 체인 A : 체인 B, C와 연결 |
| 포함성 | 2 1 | • 폴리곤 2는 폴리곤 1을 포함 |

[도형 자료의 위상 관계]

# 04 GIS 데이터베이스

## 1 데이터베이스의 필요성

(1) 똑같은 자료를 중복하여 저장하지 않는 통합된 자료
(2) 컴퓨터가 액세스하여 처리할 수 있는 저장 장치에 수록된 자료
(3) 어떤 조직의 기능을 수행하는 데 없어서는 안 되며 존재 목적이 뚜렷하고 유용성 있는 운영 자료이기 때문에 임시로 필요해서 모아놓은 데이터나 단순한 입출력 자료가 아니다.
(4) 한 조직에서 가지는 데이터베이스는 그 조직 내의 모든 사람들이 소유하고 유지하며 이용하는 공동 자료로서 각 사용자는 같은 데이터라 할지라도 각자의 응용 목적에 따라 다르게 사용할 수 있다.

## 2 데이터베이스 구축 방법

데이터베이스 구축 방법 : 중앙 집중형 DB 구축(자료 수집+이용자 개별 등록)
(1) 목적 설정
(2) 데이터 준비
(3) 테이블 작성 : 데이터들을 각 데이터의 속성에 맞도록 나눈다.
(4) 테이블 일련 번호 작성 : 테이블 안에서 다른 레코드와 구별할 수 있는 유일한 번호
(5) 테이블간의 관계 작성하기
(6) 데이터 삽입

# 05 GIS 표준화

GIS 표준화의 가장 큰 목적은 지리 정보의 전반적 이해를 돕고 이용을 증대시키는 것이다. GIS 표준 제정을 통해 효율적으로 경제적 디지털 지리 정보 및 관련 H/W, S/W를 이용하게 함으로써 궁극적으로 지리 정보의 유용성 및 접근성, 통합성을 재고할 수 있기 때문이다.

이러한 측면에서 GIS 표준은 기본적으로 일관성(uniformity), 적합성(conformity), 전달성 (transferability), 그리고 상호 운용성(interoperability)의 특성을 가진다.

> **참고(용어)**
>
> **수치 모형 종류**
>
> 1. DEM(Digital Elevation Model)
>    ① 수치 표고 모형
>    ② 공간상에 나타난 지표의 연속적인 기복 변화를 수치적으로 표현
> 2. DSM, DTED(Digital Terrain Elevation Data)
>    ① 수치 표고 모형
>    ② 공간상 표면의 형태를 수치적으로 표현(나무, 건물 높이)
> 3. DTM(Digital Terrain Data)
>    ① 수치 지형 모형
>    ② 표고뿐만 아니라 지표의 다른 속성까지 포함하여 표현

# 06 GIS 구축 과정

## 1 입력 과정(input)

각종 종이 지도를 컴퓨터상에서 활용하기 위해 스캐너와 디지타이저 등의 입력 기기를 사용하여 컴퓨터 file로 변환시킨다.

## 2 조작 과정(manipulation)

입력된 각종 데이터를 사용자가 필요로 하는 목적에 따라 변환시키거나 조작하는 작업으로서, 예를 들어 서로 다른 축척으로 입력된 지도(1/1,000 지형도, 1/1,200 도시 계획도, 1/600 지적도)를 동일한 축척으로 변환시키는 등의 작업이 여기에 해당한다.

## 3 질의 및 분석 과정(query and analysis)

사용자가 다양한 조건을 부여한 뒤 이에 적합한 결과물을 도출시키는 과정

### (1) 버퍼링 분석 기능

버퍼링은 특정 공간 데이터를 중심으로 특정 길이만큼의 버퍼 영역을 설정하는 것으로 선택한 공간 데이터의 둘레, 또는 특정한 거리에 무엇이 있는가를 분석한다.

예를 들어 "병충해가 발생한 위치로부터 반경 3km 이내의 영역을 표시하라."와 같은 질의나 "경인로의 도로폭을 양방향으로 1m씩 확장하여 표시하라."와 같은 질의는 특정 공간 데이터에 인접한 또 다른 공간 데이터를 탐색하는 전형적이고 자주 사용되는 형태이다.

이와 같이 특정 공간 객체에 인접한 일정 영역을 계산하는 연산을 버퍼링이라고 한다.

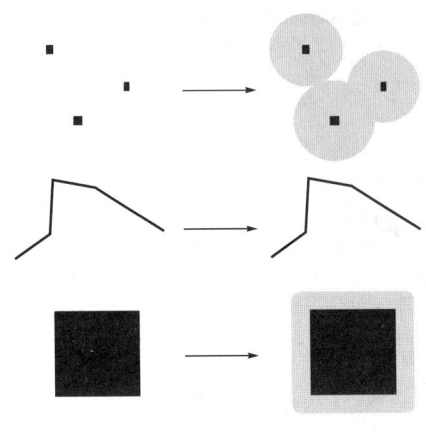

[버퍼링의 예]

### (2) 중첩 분석

GIS에서 중요한 기능의 하나가 서로 다른 도면들간의 중첩 처리 기능이다. 중첩(overlap)이란 특정 지역에 대해 A라는 지리 정보와 B라는 지리 정보가 있을 때 A, B 두 정보를 하나의 새로운 지리 정보로 합성시킴으로써 그 지역에 대해 새롭고 유용한 정보를 창출해 내는 기능이다. 그러므로 특정 지역의 지리 정보를 이용하여 그 지역의 공간 분석을 하는 데 중첩 기능이 필요한 경우가 자주 발생한다.

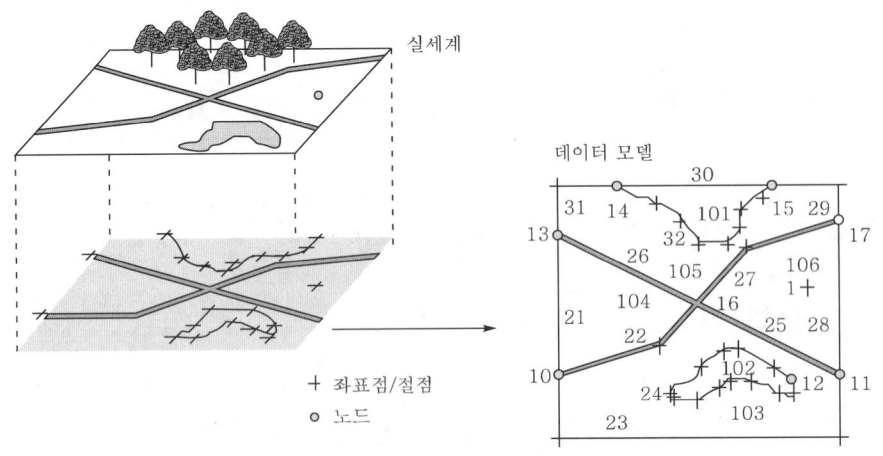

[중첩을 이용한 연산]

## (3) 네트워크 분석

GIS에서는 공간 데이터간의 상호 관련성을 표현하는 공간 관계(spatial relationship)와 이들간의 위상 관계(topological relationship)를 갖는 네트워크를 구성할 수 있다. 네트워크 기능은 목적물간의 교통 안내나 최단 경로를 찾는 등의 다양한 분석 기능을 수행할 수 있게 한다.

# 4 시각화 과정(visualization)

분석 결과물을 화면상에 지도, 그래프, 문자, 3차원 영상 등 다양한 형태로 나타내거나 다른 매체를 이용하여 출력하는 과정이다.

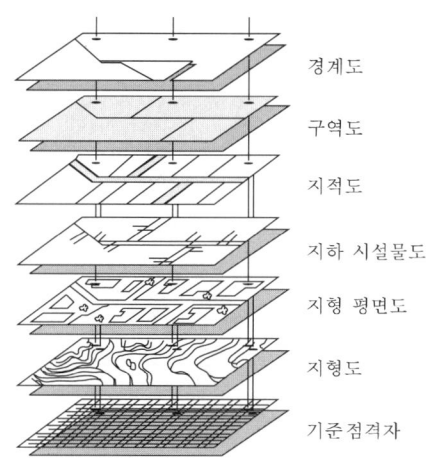

[중첩을 이용한 연산]

# 07 GIS의 응용

## 1 토지 정보 시스템(LIS)

(1) 지형 분석, 적지 선정, 토지 이용 및 개발 등 토지 정보 분석 시스템
(2) 환경 보전 계획, 국토 개발 계획, 도시 계획 등 계획 및 계획 의사 결정 지원
(3) 인공위성, GPS 등을 이용한 수치 지도, 지형도 등 제작

## 2 지도 정보 시스템(DMIS)

(1) 수치 지도 활용
(2) 생활 편의 정보 제공
(3) 관광 및 위락 정보 제공
(4) 마케팅 경영 정보 시스템
(5) 차량 운행 및 보행자 안내 정보 시스템
(6) 부동산 유통 정보 시스템
(7) 토지 평가 및 토지 가옥 관리 시스템
(8) 안전 관리 정보 제공 시스템

## 3 시설물 관리 시스템(FMS)

(1) 상하수도 관리 시스템
(2) 전화 시설 관리 시스템

(3) 전력 시설 관리 시스템
(4) 가스 시설 관리 시스템
(5) 도로, 철도 관리 시스템
(6) 공장 시설물 관리 시스템
(7) 골프장, 콘도 등 위락 시설 관리 시스템

## 4 측량 정보 시스템(SIS)

(1) GPS에 의한 3차원 위치 결정 시스템
(2) 항공 사진을 이용한 정밀 지형도 작성을 위한 사진 측량 정보 시스템
(3) 위성 영상 분석을 통한 자원 탐사 및 환경 변화를 검출할 수 있는 원격 탐사 정보 시스템

## 5 도형 및 영상 정보 시스템(GIIS)

(1) 도형과 영상의 특성을 분석하고 활용하기 위한 응용 시스템
(2) 전파 분석 시스템
(3) 전파 관리 시스템
(4) 표고점 추출 및 측량 기준점 추출 시스템

## 6 교통 정보 시스템(ITS)

(1) 교통 계획, 교통 영향 평가 시스템
(2) 정체 상황, 공사 구간 안내, 사고 구간 안내 등 정보 제공 시스템
(3) 교통 시설물 관리 시스템

## 7 자원 정보 시스템(RIS)

(1) 수자원 관리 시스템(하천 관리 시스템)
(2) 농림 자원 관리 및 운용 시스템
(3) 농작물, 삼림 자원 관리 및 운용 지원 시스템

## 8 환경 정보 시스템(EIS)

(1) 대기 오염 예측 분석 시스템
(2) 원자로 냉각수 온도 분포 조사, 오염물 확산 예측 시스템
(3) 유해 폐기물 위치 평가, 매립지, 소각로 위치 선정 시스템
(4) 고층 건물 등 대형 시설물 건설에 따른 일조량 분석 등 환경 영향 평가 시스템

## 9 조경 및 경관 시스템

(1) computer simulation을 통한 최적 경관 계획 수립
(2) 3차원 도형 해석을 이용한 조경 계획
(3) 자연 경관 보존 및 생태계 피해 최소화를 위한 시설물 설치 계획

## 10 재해 정보 시스템(DIS)

(1) 홍수 대비 체계 수립
(2) 산불 방지 및 대책 수립
(3) 방사능 오염 방지 대책 수립
(4) 응급 환자 이송 계획 수립
(5) 화재 대응 시스템

## 11 해양 정보 시스템

(1) 해저 영상 수집 분석
(2) 영해 분석 및 근거 자료 생성
(3) 해양 지하 자원 탐사, 개발 시스템
(4) 파력 에너지 활용 대책 시스템

## 12 기상 정보 시스템

(1) 기상 변동 추적, 장기 예보 시스템
(2) 태풍 경로 추적 및 피해 방지 계획 수립 시스템
(3) 농업, 어업 정보 제공 시스템

## 13 국방 정보 시스템

(1) 적지역 지형도 제작
(2) 부대 비치 및 전쟁시 최적, 최단 부대 이동 경로 탐색 시스템
(3) 미사일 공격시 목표 선정 및 피해 예측 시스템
(4) 항공, 해상 침투 최적 지역 산출 시스템
(5) 레이더 탐색 범위 추출, 방공 체계 구축 지원 시스템
(6) 적지역 농업 현황 예측을 통한 식량 무기화 방안 대책 시스템

## 14 지하 공간 정보 관리 시스템

(1) 3차원 위치 정보 및 속성 정보 관리 시스템
(2) 최적 공사 구간 설정 및 공사비 예측 시스템
(3) 지하 공간 활용 시스템

## 15 물류 시스템

(1) 최적 물류 경로 예측 시스템
(2) 물류 차량 관리 시스템
(3) 이동 차량 위치 검색을 통한 이동 경로 지시 시스템

## 16 상권 분석 시스템

(1) 위치 선정
(2) 판매 전략 수립
(3) 시장 조사
(4) 분배 최적화
(5) 대리점, 지사 재고 보유 현황 파악

## 17 기타

(1) 금융
(2) 보험
(3) 건설
(4) 제조업
(5) 부동산
(6) 도소매
(7) 통신 등

# 08 GIS의 공간 분석

제4편 | GIS(지리 정보 시스템)

## 1 의의

(1) 공간 분석이란 분석하고자 하는 현상이나 변수들의 공간적인 위치를 고려한 분석을 말한다.
- 분석하고자 하는 자료는 공간과 관련된 위치 정보와 속성 정보로 이루어진다.
- 이때 위치 정보는 2차원 또는 3차원상의 좌표로 표현되며 속성 정보는 변수, 또는 문자 정보를 포함한다.

(2) 공간 분석을 통하여 현실 세계에서 발생하는 각종 현상에 대한 분석을 수행하기 위해서는 분석의 대상이 되는 공간 데이터가 현실의 현상 또는 실제값을 올바르게 반영해야 하며, 이는 데이터의 모델링을 통한 현실의 표현과 연관된다.
- 공간 데이터는 분석의 대상이 되는 주제들과 관련되는 각종 공간상의 객체를 일정 형식으로 표현하고 객체간의 공간적 분포나 연관성을 정량화하여 저장된다.
- 이러한 데이터 모델을 이용하여 필요한 자료를 추출하고 앞으로의 현상을 예측하는 등의 분석을 수행한다.
- 이처럼 데이터 모델을 설계하고 구축하는 전 과정을 공간 모델링이라 부른다.

## 2 위상 관계(topology)

(1) 위상 관계(topology)는 GIS의 자료 구조 개념 중 하나로 공간 데이터의 객체간의 연결성을 표현하고 분석하는 데 유용한 개념이다.
(2) 위상 관계는 점, 선, 면으로 이루어진 공간 데이터에 다음과 같은 특징이 추가된 것으로 정의된다.
- 어디에 존재하는가 : 위상 관계의 가장 기본적인 자료는 공간상의 위치 정보이다.
- 객체의 주변에는 무엇이 존재하는가 : 특정 객체의 주변에 이웃하거나 근접한 사상 또는 객체들을 인식할 수 있다.

- 객체의 주변 환경은 어떠한가 : 주변 환경을 인식하므로 주어진 명령에 의해 그것들의 속성을 사용 분석할 수 있다.
- 주변의 다른 객체와 어떻게 연결되는가 : 점과 점 사이의 선이 존재하는지, 선과 선은 서로 교차하는지, 면과 면은 서로 선을 공유하는지에 대한 연결성을 분석할 수 있다.

(3) 위의 특징을 분석할 수 있는 함수를 위상 구조적인 함수(topological function)라고 부르며, 이 함수는 객체 정보의 데이터베이스에 있는 각각의 선(링크)이나 점의 연결에 대해 좌측이나 우측의 면(polygon)의 식별 같은 자료 특성을 이용하여 분석을 실시한다.

(4) 위상 구조의 표현은 처음 공간 데이터를 저장할 때 특정한 자료 구조를 이용하여 수행되며 이는 다음의 지능형 구조에서 자세히 설명하기로 한다.

(5) 위상 구조의 중요한 기능은 자료상의 주변 환경을 인식하고 사용하는 것으로 사용자가 의도하는 기능을 수행하기 위하여 자동적으로 위상 구조적인 함수의 수행을 위한 자료 구조를 구축한다. 이때 인접성(adjacency), 연결성(connetcivity), 계급성(hierarchy)과 같은 기본적인 연산이 자동으로 수행되기도 한다.

- 인접성 : 서로 이웃하는 폴리곤간의 관계를 의미
- 연결성 : 하나의 지점에서 또 다른 지점으로 이동할 때 경로 선정에 활용
- 계급성 : 폴리곤이나 객체들의 포함 관계를 나타냄.

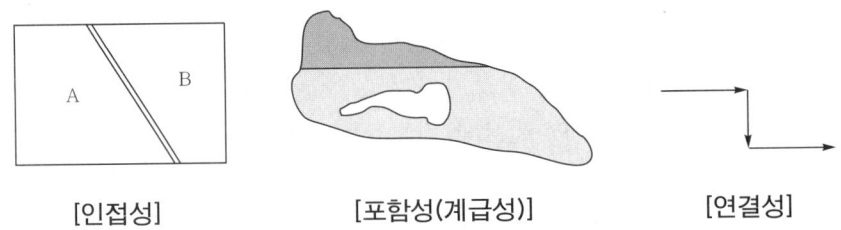

[인접성]   [포함성(계급성)]   [연결성]

# 3 자료층(layer) 편집

## (1) clip

① clip은 정해진 모양으로 자료층상의 특정 영역의 데이터를 잘라내는 기능이다.
- 중첩되는 자료층 영역을 잘라낸다.
- 이때 중첩되는 자료층은 점, 선, 면에 상관없이 모든 유형의 공간 데이터가 가능하지만 잘라낼 범위는 반드시 면개체로 표현되어야 한다.

- 다음 그림의 각 개체별 연산에서 두 번째 그림에서 원의 내부에 해당하는 부분이 clip 기능이 수행되는 공간상의 범위가 된다.

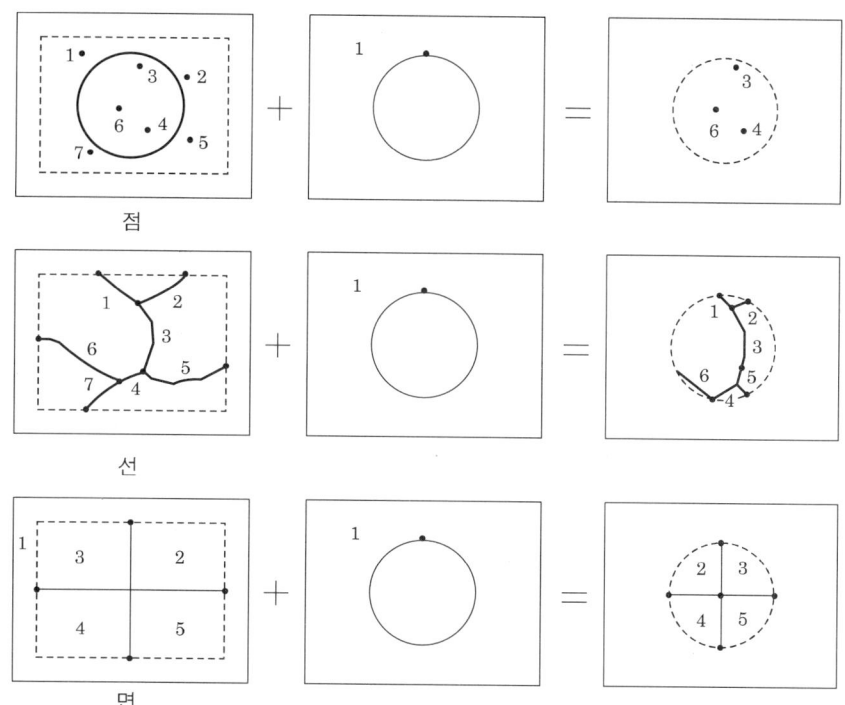

[clip 후의 점, 선, 면 개체별 결과]

② 점, 선, 면 개체별 clip 후 결과는 다음과 같다.
- 점개체로 구성된 자료층에서 clip을 수행한 결과 범위 내에 존재하는 점개체만 남게 된다.
- 선개체로 구성된 자료층의 경우, 범위 내의 선개체만 남지만 경계부에서 새로운 점, 즉 선개체의 시작점과 끝점을 표시하는 점개체들이 새롭게 생성된다.
- 면개체의 경우 정해진 범위 밖에는 미리 정해진 속성값이 할당되거나 그림과 같이 원래 주변의 값을 나타내는 값, 여기서는 1값을 가진다.

③ clip의 결과 원지도의 한 부분으로 이루어진 새로운 자료층을 만들게 되며, 경계와 함께 선택된 지도의 개체는 새로운 구역으로 저장이 된다.
- 간단히 말해 새로운 구역은 원지도의 일부분이다.

④ 이러한 연산은 지도의 일정 부분 분석을 목적으로 할 때에 주로 이용된다.
- 이러한 연산의 예로 전국토를 포함하는 지도로부터 도시의 교통망에 대한 분석을 하고자 할 때, clip으로 도시 경계를 포함하여 일정 도로 구획만을 추출한 후 사용자는 이를 분석하면 된다.

## (2) erase

① erase는 중첩된 부분을 제거하는 기능으로 clip의 반대되는 개념의 기능을 수행한다.
- clip이 원지도 구역의 한 부분을 복사하여 새로운 구역을 만드는 반면, erase는 특정 부분을 제거한다.

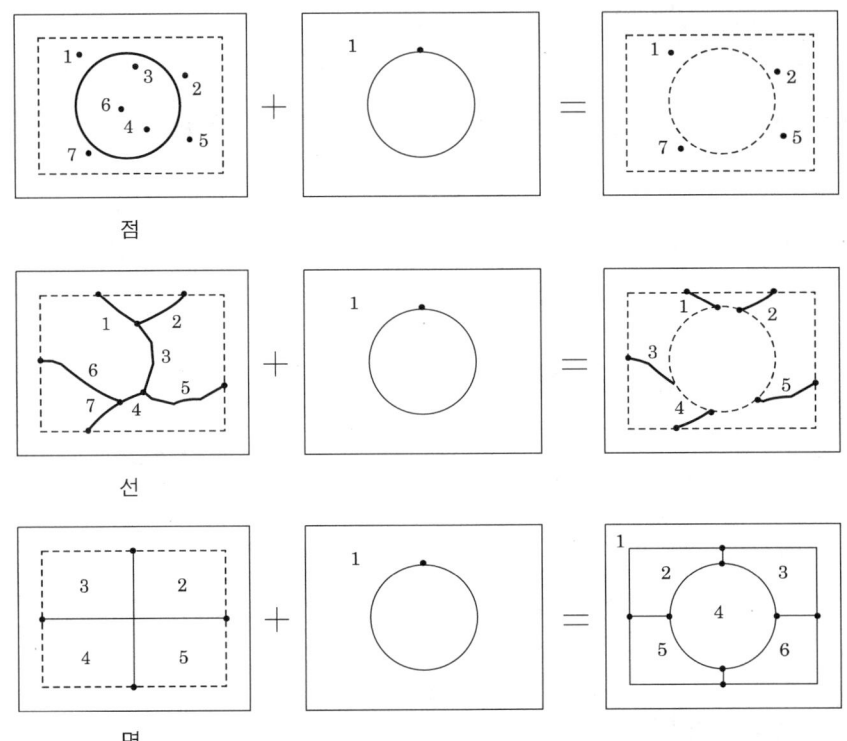

[erase 후의 점, 선, 면 개체별 결과]

② 점, 선, 면에 대해 erase를 수행한 결과는 위 그림과 같으며 두 번째 그림의 원에 해당하는 부분의 외부 개체만 남게 된다.
③ 원지도의 일정 부분에 대해 분석을 하고자 할 때, 또는 일정 부분을 제외시키고 분석을 하고자 할 때에 유용한 기능이다.
④ 특정 지역에 중요한 오류가 있을 때에 오류가 생긴 구역을 지우고, 나머지 구역을 유지할 때 사용되기도 한다.

## (3) update

① 추가하고자 하는 데이터를 자료층의 지정된 위치에 추가하여 수정하고 새로 만들어내는 기능이다.

- update는 지도의 특정 부분에 대해 공간 데이터를 새로운 또는 수정된 구역으로 바꾸는 것을 의미한다.

② 원래의 데이터와 update하고자 하는 공간 데이터가 있을 때 각각의 속성값과 그에 따른 결과는 다음 그림과 같다.
- 이때 1로 표현되는 공간상의 영역은 아무런 데이터가 없는 공란을 의미한다.

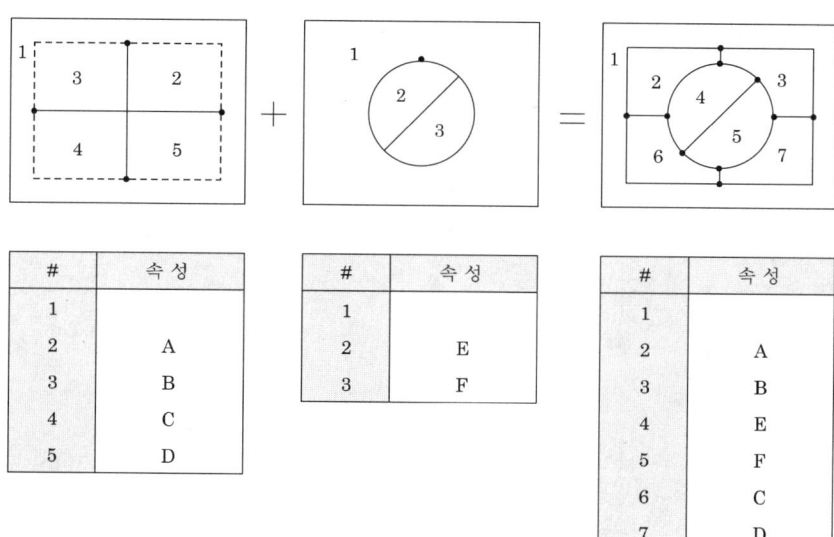

[update의 결과]

③ 기존의 데이터가 있는 영역을 update하는 것은 입력되는 영역에 존재하던 데이터를 대체하는 효과를 가져오며, 경우에 따라서 벡터 구조의 위상 관계와 같은 것은 갱신되는 범위 이상의 영역에도 영향을 준다.
- 새로운 면사상의 형성 또는 절점(node)이나 정점(vertex) 같은 점사상 관련 데이터의 수정이 필요하다.

## (4) union

① union은 Boolean 연산에서의 OR과 유사한 개념으로 두 개 이상의 자료층을 중첩시켜서 새로운 구역을 생성시킨다.
- 이때 합집합처럼 중첩되어 생성되는 모든 종류의 개체는 모두 각각의 ID를 할당하고 저장한다.

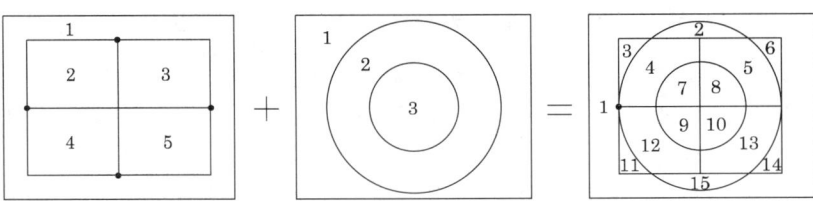

| # | 입력 자료층 | | union 자료층 | | # | 속성 | # | 속성 |
|---|---|---|---|---|---|---|---|---|
|   | # | 용도 지역 | # | 토양 |   |   |   |   |
| 1 | 1 |   | 1 |   | 1 |   | 1 |   |
| 2 | 1 |   | 2 | A | 2 | A | 2 | A |
| 3 | 2 | A | 1 |   | 3 | B | 3 | B |
| 4 | 2 | A | 2 | A | 4 | C |   |   |
| 5 | 3 | B | 2 | A | 5 | D |   |   |
| 6 | 3 | B | 1 |   |   |   |   |   |
| 7 | 4 | A | 3 | B |   |   |   |   |
| 8 | 3 | B | 3 | B |   |   |   |   |
| 9 | 4 | C | 3 | B |   |   |   |   |
| 10 | 5 | D | 3 | B |   |   |   |   |
| 11 | 4 | C | 1 |   |   |   |   |   |
| 12 | 4 | C | 2 | A |   |   |   |   |
| 13 | 5 | D | 2 | A |   |   |   |   |
| 14 | 5 | D | 1 |   |   |   |   |   |
| 15 | 2 |   | 2 | A |   |   |   |   |

[union에 의한 결과]

② 위의 그림을 보면 원자료는 4개로 구분된 사각형의 면사상이며 union 연산을 수행할 커버리지는 두 개의 원으로 표현된 커버리지이다.
- 면사상을 중첩했을 때 각각의 속성값에 의해 구분되어 발생할 수 있는 면사상의 개수는 15이며, 이때의 각각의 Id와 그에 따른 속성값은 위의 그림과 같다.
- 이때 입력 커버리지(원자료)와 연산 커버리지 모두 속성값이 없는 영역(위 그림에서는 1로 표현된 부분)이 존재하므로 결과에서도 속성값이 없거나 1개밖에 없는 면사상이 발생하게 된다.

### (5) intersect

① intersect는 Boolean 연산의 AND 연산과 유사한 것으로 두 개의 구역이 연산될 때 교차되는 구역에 포함되는 입력 구역만 남게 된다.

② 이때 입력 커버리지는 점, 선, 면 구역의 모든 개체가 가능하지만, intersect 구역은 면개체이어야만 하며 입력 자료가 점이라면 결과는 점개체만으로, 선자료가 입력된다면 선개체만 남게 된다.
- 다음 그림은 이러한 intersect 연산의 결과이다.
- 각각의 면개체에 대한 속성값의 할당은 위 그림에 있는 표와 같은 방식으로 결정된다.

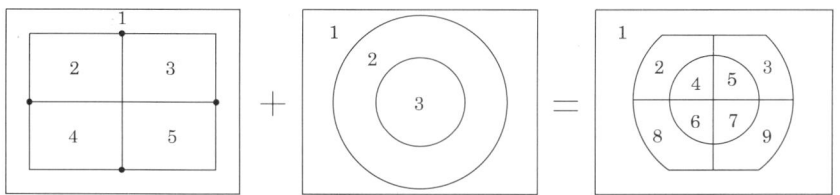

[면사상의 intersect 결과]

③ 다음 그림은 선개체에 intersect 연산을 실시했을 때의 결과로 연산에 의해 새롭게 선개체가 생성되고 각각의 개체에 대한 정보가 새롭게 작성된다.
- 원래 4번 선개체가 intersect 연산 과정에서 2와 3면 개체와 중첩되면서 서로 다른 속성값을 가지게 되었고 그 결과 그림에서는 5와 8번 선개체로 나뉘어졌다.

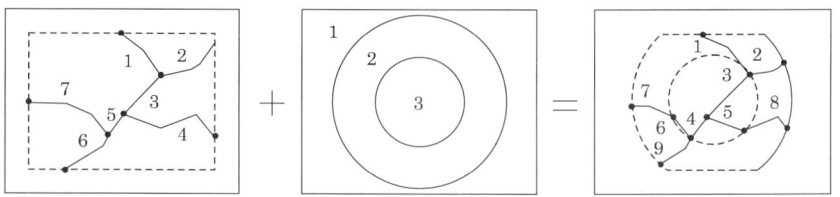

[선사상의 intersect 결과]

④ 다음 그림은 점개체에 intersect 연산을 실시했을 때의 결과로 점개체는 자체의 면적이나 길이의 개념이 없으므로 원개체가 서로 다른 개체로 분리되는 경우 없이 단순히 intersect 되는 자료층의 속성값만이 추가된다.

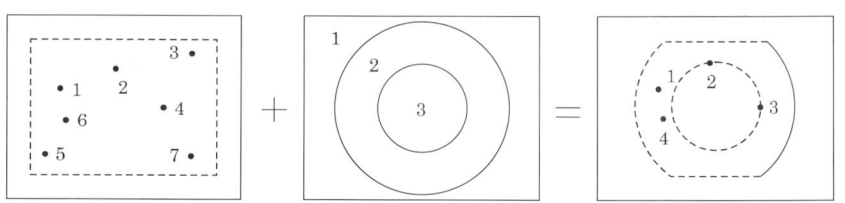

[점사상의 intersect 결과]

## (6) identity

① identity는 두 개의 커버리지를 차집합으로 중첩하는 기능을 수행한다.
- 이때 입력 구역의 경계 안에 위치한 모든 공간 데이터가 합쳐질 때 결과 구역으로 모아진다. 다시 말해서 결과 구역의 외곽 경계선은 입력 구역의 것과 일치하게 된다.

② 이 과정은 모든 개체의 구역을 다루지만, 입력 구역이 점이라면 일치 구역에 관계없이 결과 구역은 출력된다.

③ 다음 그림(점사상의 identity 결과)은 각각 면, 선, 점 사상별로 identity 연산을 수행했을 때의 결과를 보여준다.

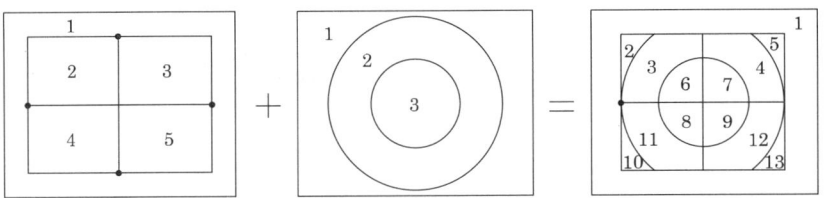

[면사상의 identity 결과]

- 앞의 intersect 연산 처리 중첩에 의해 기존의 선개체가 서로 나뉘어져 새로운 속성값이 할당된다.

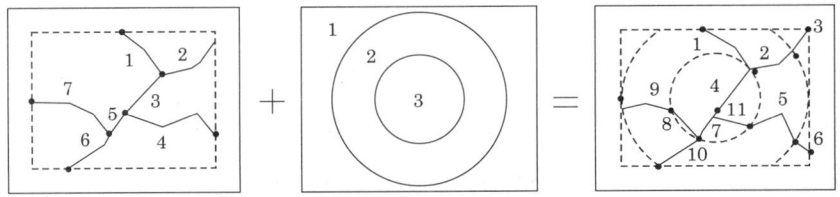

[선사상의 identity 결과]

- 점개체의 경우 연산에 의한 개체의 변화는 없으나 새로운 속성값이 추가된다.

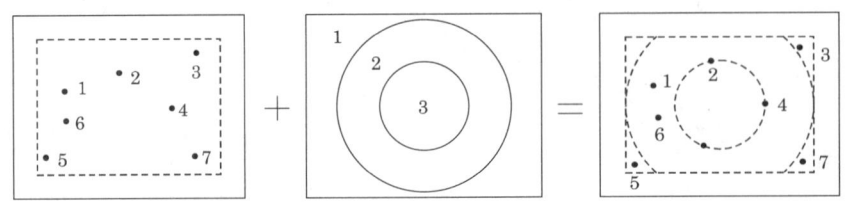

[점사상의 identity 결과]

# GIS 문제

**01** GIS의 자료는 벡터 자료(vector data)와 래스터 자료(raster data)로 구분된다. 다음 물음에 답하시오.
(1) 벡터 자료와 래스터 자료의 위치를 나타내는 단위를 쓰시오.
(2) 두 자료 형태 중 대상에 대한 표현 정확도가 높은 것을 쓰시오.
(3) 두 자료 형태 중 중첩 분석이 용이한 것을 쓰시오.

### 해설

(1) • 벡터 자료 : 점, 선, 면
　　• 래스터 자료 : 격자
(2) 벡터 자료(vector data)
(3) 격자 자료(raster data)

**02** 다음은 도형 정보에 대한 설명이다. 물음에 답하시오.
(1) 한정되고 연속적인 2차원적 표현이고 경계를 포함하는 것과 포함되지 않는 도형 요소는?
(2) 영상에서 눈에 보이는 가장 작은 셀로 2차원적 요소는?
(3) 연속적인 면의 단위 셀을 나타내는 2차원적 표현 요소는?

### 해설

(1) 면(area)
(2) 영상소(pixel)
(3) 격자 셀(grid cell)

**03** 각각의 자료 집단이 주어진 기본도를 기초로 좌표계의 통일이 되면 둘 또는 그 이상의 자료 관측에 대하여 분석될 수 있다. 이 기법을 무엇이라 하는가?

중첩(overlap)

**04** 지형을 3차원으로 표시하기 위해 수치 지형 모형이 사용되고 있다. 최근 지형을 3차원으로 단순히 표시하는 것을 벗어나 보다 다양한 정보를 함께 제공하기 위한 노력이 이뤄지고 있는데 이와 관련된 다음 물음에 답하시오.
(1) DEM(Digital Elevation Model), DTM(Digital Terrain Data), DTED(Digital Terrain Elevation Data)가 사용되고 있는데 각각이 제공하는 정보에 대한 차이점에 대하여 간단히 설명하고 있다. 각 설명에 가장 알맞은 모델을 1개씩만 쓰시오.
  ① 표고뿐만 아니라 강, 하천, 지성선 등과 지리학적 요소, 자연 지물 등이 포함된 자료로서 보다 포괄적인 개념에서는 건물 등의 인공 구조물을 포함한 지형 기복을 표현하는 자료
  ② 표고값 이외에도 최대, 최소, 평균 표고값 등을 제공하여 표고, 경사, 표면의 거칠기 등의 정보를 제공하는 자료
  ③ XY 좌표로 표현된 2차원의 데이터 구조에 각 격자에 대한 표고(Z)값이 연결된 2, 5차원의 자료
(2) 격자점을 이용한 3차원 지형 분석 및 표현에 격자 방식보다 TIN(Triangular Irregular Network)이 많이 사용되고 있는 이유를 쓰시오.

(1) ① DTED(수치 표현 모형)
    ② DTM(수치 지형 모형)
    ③ DEM(수치 표고 모형)
(2) ① 속성값을 이용하여 효율적으로 음영을 표현할 수 있다.
    ② 위상 구조를 가지며, 각각의 삼각형은 세 변으로 된 폴리곤으로 간주될 수 있다.

**05** 다음 설명에 대하여 답하시오.
 (1) 자료·분석을 위해 여러 지도 요소를 겹칠 때 그 지도 요소 하나하나를 나타내는 말
 (2) 한 주제를 다루는 데 중첩이 되는 다양한 자료

　　　(1) 커버리지(coverage)
　　　(2) 층(layer)

**06** 다음은 위상 관계(topology)에 대한 설명을 서술한 것으로 (a)~(e)에 알맞은 용어를 넣으시오.

> 위상이란 자연상에 존재하는 각종 지형 요소를 벡터 구조로 표현하기 위해 각각의 요소를 점, ( a ), ( b )의 3가지 단위 요소로 분류하여 표현하고, 이들 요소들의 상호 관계를 인접성, 연결성, 계급성으로 구분하여 요소간의 관계를 효율적으로 정리한 것이다. 이 상호 관계 중 ( c )은 하나의 지점에서 또 다른 지점으로 이동할 때 경로 선정에 활용되며, ( d )은 폴리곤이나 객체들의 포함 관계를 나타내고 ( e )은 서로 이웃하는 폴리곤간의 관계를 의미한다.

　　　(a) 선
　　　(b) 면
　　　(c) 연결성
　　　(d) 계급성
　　　(e) 인접성

### 측량 및 지형공간정보

**07** GIS의 공간 분석 중 중첩 분석은 기본적이면서도 중요한 분석 기능 중 하나이며 현실 세계의 다양한 문제를 해결하기 위한 의사 결정 수단으로 사용되고 있다. 중첩 분석 방법에 대하여 입력 레이어, UNION, INTERSECT, IDENTITY 레이어를 각각 중첩하여 그 결과 레이어를 그림으로 표현하고 레이어의 폴리곤수를 구하시오.

(1) UNION 결과 레이어

폴리곤수 : (　　　)개

(2) INTERSECT 결과 레이어

폴리곤수 : (　　　)개

(3) IDENTITY 결과 레이어

폴리곤수 : (　　　)개

**해설**

(1) **UNION** : Union 중첩은 두 개 또는 더 많은 레이어들에 대하여 OR 연산자를 적용하여 합병하는 방법이다.
(2) **INTERSECT** : Intersect 중첩은 Boolean의 AND 연산자를 적용한다. 두 개의 레이어가 처리될 때, 입력 레이어의 부분 중 intersect 레이어와 중첩되는 부분만 결과 레이어에 남아 있게 된다.
(3) **IDENTITY** : Identity 중첩은 입력 레이어와의 범위에 위치한 모든 정보는 결과 레이어에 포함된다. 입력 레이어와 부분적으로 중복되는 identity 레이어의 폴리곤만 결과 레이어에 포함된다.

① UNION 결과 레이어

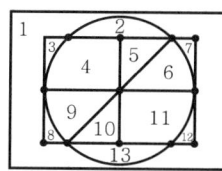 폴리곤수 : (13)개

② INTERSECT 결과 레이어

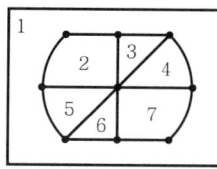 폴리곤수 : (7)개

③ IDENTITY 결과 레이어

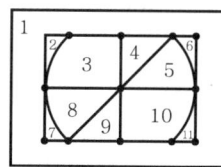 폴리곤수 : (11)개

**08** 두 격자 자료의 입력값이 0과 1일 때, 각 논리 연산자 AND, OR, NOT, XOR에 의한 결과를 각각 그림으로 표현하시오. (단, 참일 때 1, 거짓일 때 0)

| 1 | 1 | 0 |
|---|---|---|
| 1 | 1 | 0 |
| 0 | 0 | 0 |

| 0 | 1 | 0 |
|---|---|---|
| 1 | 1 | 0 |
| 1 | 0 | 0 |

### 해설

(1) AND 연산자의 결과는 두 연산항 중 어느 하나가 false이면 무조건 false이고, 모두 true이면 true가 된다. 비트 연산인 경우는 두 비트가 1인 경우에만 1이며, 나머지 경우는 모두 0이 된다.

(2) OR 연산자의 결과는 두 연산항 중 어느 하나가 true이면 true가 되고, 나머지 경우 false가 된다. 비트 연산인 경우는 어느 한 비트 이상이 1이면 무조건 1이 되고, 그렇지 않으면 0이 된다.

(3) XOR 연산자의 결과는 한 연산항이 true이고, 다른 연산항이 false일 때만 true가 되며, 나머지 경우는 모두 false가 된다. 비트 연산인 경우 한 비트가 0일 때 다른 비트가 1일 때만 1이 되고, 나머지 경우는 모두 0이 된다.

(4) NOT 연산자는 단항 논리 연산자로 그 결과는 true이면 false로, false이면, true로 된다. 비트 연산인 경우는 0은 1로, 1은 0으로 된다.

그러므로 정답은

① AND

| 0 | 1 | 0 |
|---|---|---|
| 1 | 1 | 0 |
| 0 | 0 | 0 |

② OR

| 1 | 1 | 0 |
|---|---|---|
| 1 | 1 | 0 |
| 1 | 0 | 0 |

③ NOT

| 0 | 0 | 1 |
|---|---|---|
| 0 | 0 | 1 |
| 1 | 1 | 1 |

| 1 | 0 | 1 |
|---|---|---|
| 0 | 0 | 1 |
| 0 | 1 | 1 |

④ XOR

| 1 | 0 | 0 |
|---|---|---|
| 0 | 0 | 0 |
| 1 | 0 | 0 |

# PART 5 외업

1. 평판 측량
2. 수준 측량
3. 트랜싯 측량(삼각 측량)
4. 외업 과년도 출제 문제

## 외업 시험 대비 요령

### 1. 외업 시험 과목

(1) 측량 및 지형공간정보 기사
   ① 삼각 측량(16점)
   ② 수준 측량(16점)
   ③ 평판 측량(13점)

(2) 측량 및 지형공간정보 산업기사
   ① 삼각 측량(15점)
   ② 수준 측량(15점)
   ③ 평판 측량(15점)

### 2. 시험 시간

(1) 표준 시간 - 외업 시간 1시간 30분
   ① 평판 측량(30분)
   ② 수준 측량(30분)
   ③ 트랜싯 측량(30분)

(2) 연장 시간 - 각 작업별로 5분

### 3. 수험자 유의 사항

(1) 측량 기계는 안전에 유의하여 조심스럽게 다루고 측량이 끝나면 제자리에 놓는다.
(2) 측점에는 충격이 없도록 기계를 세운다.
(3) 전 수험 과정(필답형, 작업형)을 응시하지 않으면 실격 처리한다.
(4) 평판 측량의 도면을 제외한 모든 답안 작성은 볼펜으로 기재하고 정정시에는 감독관의 확인을 받아야 한다.
(5) 외업(평판 측량, 수준 측량, 삼각 측량)의 3개 작업은 표준 시간을 초과할 경우 각 작업별로 5분까지 연장해서 작업을 할 수 있으나 5분을 초과한 작업에 대해서는 실격 처리된다. (단, 각 작업별로 5분까지 연장 시간을 사용한 수검자는 감점된다.)

## 채점 기준표

| 자격 종목 | 측량 및 지형공간정보 기사 |
|---|---|
| 작 품 명 | 삼각 측량, 수준 측량, 평판 측량 |

| 주요 항목 | 세부 항목 | 항목 번호 | 항목별 채점 방법 ||||| 배점 |
|---|---|---|---|---|---|---|---|---|
| 삼각 측량 (16점) | 방위각의 정밀도 | 1 | 측선 AP의 방위각 ||||| 8 |
| | | | 오차(초) | ±15 이내 | ±20 이내 | ±20 초과 || |
| | | | 배점 | 8 | 4 | 0 || |
| | | 2 | 측선 BQ의 방위각 ||||| 8 |
| | | | 오차(초) | ±1.5 이내 | ±20 이내 | ±20 초과 || |
| | | | 배점 | 8 | 4 | 0 || |
| 수준 측량 (16점) | 측량 성과의 정밀도 | 3 | 측점 No. 4, 5, 7, 9의 오차 ||||| 16 |
| | | | 오차(mm) | ±15 이내 | ±10 이내 | ±10 초과 || |
| | | | 배점 | 4 | 2 | 0 || |
| 평판 측량 (13점) | 평판 측량의 정밀도 | 4 | 측선 AP의 실거리로 채점 ||||| 5 |
| | | | 오차(cm) | ±10 이내 | ±15 이내 | ±20 이내 | ±20 초과 | |
| | | | 배점 | 5 | 3 | 1 | 0 | |
| | | 5 | 측선 DQ의 실거리로 채점 ||||| 5 |
| | | | 오차(cm) | ±10 이내 | ±15 이내 | ±20 이내 | ±20 초과 | |
| | | | 배점 | 5 | 3 | 1 | 0 | |
| | | 6 | P 측점의 위치 오차로 채점 ||||| 3 |
| | | | 오차(cm) | ±1.5 이내 | ±1.5 초과 ||| |
| | | | 배점 | 3 | 0 ||| |
| 총 점 (45) ||||||||  45 |

# 01 평판 측량

제5편 | 외 업

1. 축적 1 : 300으로 시험장에 설치된 측점을 전진법으로 해가면서 P와 Q점은 교회법으로 측량하여 측량한 도면에서 도상에서의 거리와 실제 거리를 스틸 테이프로 측정한 다음 거리와의 차를 정한다. 그 오차가 10cm, 15cm, 20cm 이내여야 해당 점수를 받을 수 있으며 그 이상이면 0점이다.
2. 교회법에 의해 구하여 지는 점 P, Q점이 정답과 비교하여 ±1.5mm 이내에 들면 해당 점수를 받을 수 있고 그 이상이면 0점이다.
3. 제한 시간은 30분(연장 시간 5분) : 연장 시간 5분을 초과하면 0점이다.

## 1 평판 측량의 기계 및 기구

평판 측량에 대한 기초 지식과 평판 측량기의 조작 방법을 이해하고, 특히 평판을 정확하게 세우는데 기본 조건이 되는 정준 구심, 표정의 방법을 이해하여야 한다.

〈기계 및 기구〉
① 평판       ② 삼각       ③ 앨리데이드       ④ 구심기와 추
⑤ 자침함     ⑥ 측침       ⑦ 폴                ⑧ 말뚝

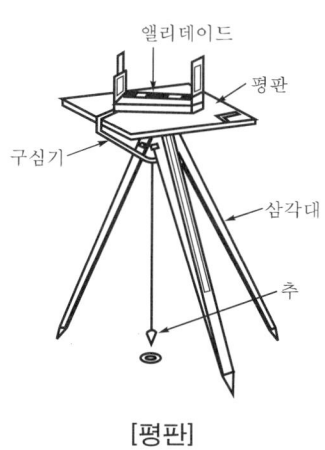

[평판]

제1장. 평판 측량

## 2 평판 측량의 방법

1. 정준 : 평판을 수평으로 맞추는 작업
2. 구심 : 평판상의 측점과 지상의 측점을 일치시키는 작업
3. 표정 : 도판상의 측선의 방향과 지상의 방향을 일치시키는 작업

### (1) 정준(앨리데이드의 기포를 중앙으로 이끈다.)

앨리데이드와 다리 및 정준 나사, 원판 고정 나사 등을 이용하여 평판을 수평으로 한다.

 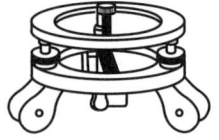 

　　　　　　　　　　　　　　[정준 나사(이심 장치)]　　[원판 고정 나사]

① 삼각으로 정준

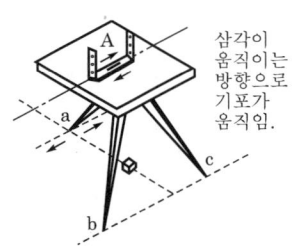 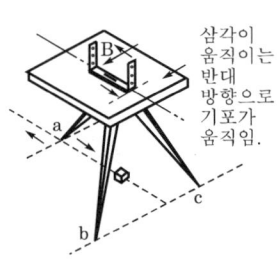

② 앨리데이드로 정준

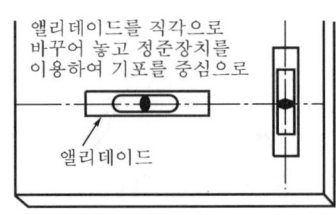

[완성된 정준]

## (2) 구심

구심기와 추를 사용하여 도상의 측점 위치와 지상점이 동일 연직선 위에 있도록 한다. 도상의 허용 오차(제도 오차)를 0.2mm로 하였을 때 허용되는 편심 거리는 도면 축척에 따라 다음 표와 같다.

| 축척 | 허용 범위(mm) |
|---|---|
| 1 : 100 | 10 |
| 1 : 200 | 20 |
| 1 : 300 | 30 |
| 1 : 500 | 50 |
| 1 : 1,000 | 100 |

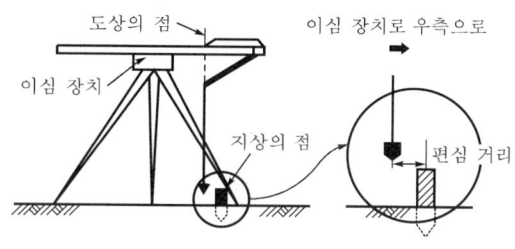

[구심]

## (3) 표정

앨리데이드를 이용하여 도판이 측량 도중 일정한 방향으로 유지하도록 하는 작업이다.

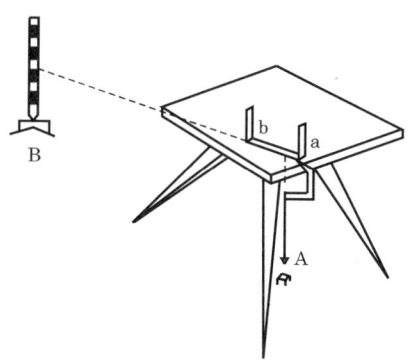

[알고 있는 방향에 의한 표정]

❖ 평판 측량시 주의 사항

보통 시험장에서는 측점 A, B, C, D를 설치하고 측선의 거리는 15m 정도이다. A, B, C, D는 전진법으로 P($R$)와 Q($S$)는 교회법으로 구한다. 도상에서의 거리는 소수점 이하 2자리까지 즉 cm단위까지 구한다.

# 국가기술자격검정 실기시험문제

| 자격 종목 및 등급 | | 작품명 | 삼각 측량, 수준 측량, 평판 측량 |
|---|---|---|---|

| 수검 번호 | | 성 명 | |
|---|---|---|---|

1. 시험 시간 : 표준 시간-외업 1시간 30분
    1) 평판 측량 30분        2) 수준 측량 30분
    3) 트랜싯 측량 30분     4) 연장 시간-각 작업별로 5분
2. 요구 사항
    * 지급된 재료 및 시설을 사용하여 다음 작업을 완성하시오.
    1) 평판 측량
       시험장에 설치한 측점 A, B, C, D를 전진법에 의하여 측량하고 P, Q를 교회법으로 측량하여 측선 AP, DQ의 실거리를 도상에서 구하시오.

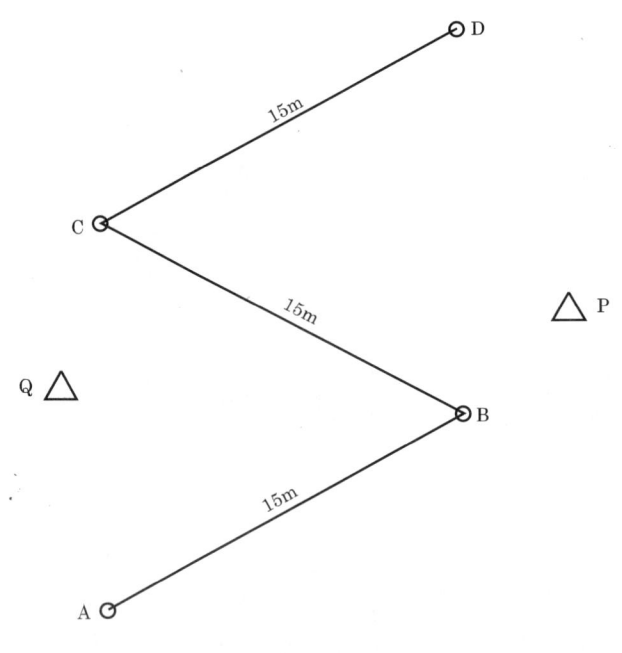

[시험장 전경]

| A-P | D-Q | ( ) |

[평판 측량도지]

## 1. 기계 및 비품 검사

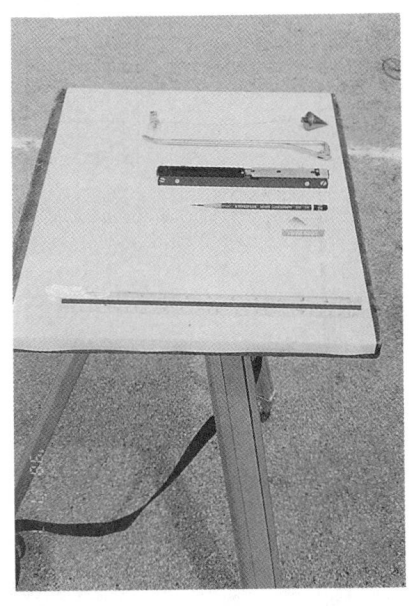

① 기계 기구 점검

- •시험 도구•-
추, 구심기, 엘리데이드, 연필(5H, 7H), 지우개, 측침(2개), 스케일

◀참고▶
연필의 심은 0.2mm 정도로 할 것

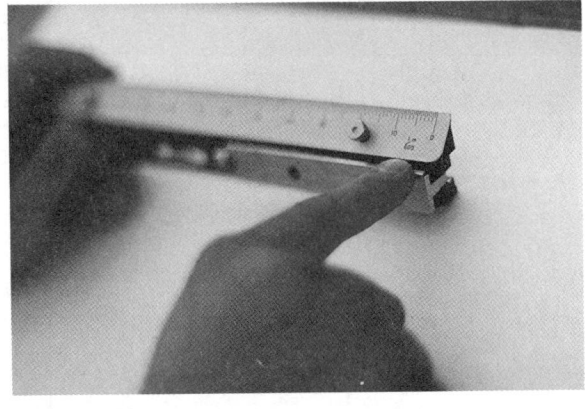

② 엘리데이드 검사

엘리데이드 자의 축척은 1/600 스케일이다. 시험장에는 스케일을 1/300로 해야 하기 때문에 측선을 그릴 때 실수를 많이 한다. 즉 축척 1/300에서의 15m와 축척 1/600에서 15m의 차이는 2배다. 그러므로 오측을 제거하기 위해서 어느 정도는 축척에 맞게 측선을 그려야 한다.

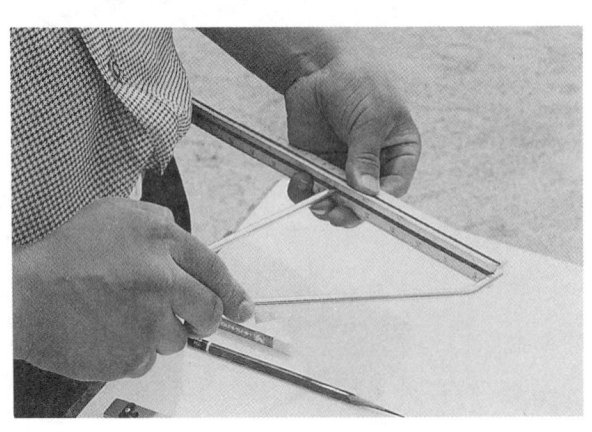

③ 구심기 검사

구심기는 평판의 도점과 지상의 측점이 일치하는지 확인시켜 주는 기계로 휘어져 있는지 확인한다.

④ 그 외의 기계 검사
　㉠ 평판이 고정이 잘 이루어졌는지 확인한다.
　㉡ 평판은 파인 곳이 없고 측침이 잘 꽂혀야 한다.
　㉢ 삼각(다리)은 고정이 잘되고 부드러워야 한다.
　㉣ 연필심은 가늘어야 한다.
　　(5H, 7H : 0.2mm)
　㉤ 측침은 2개 이상 확인(개인이 2개 정도 지참)

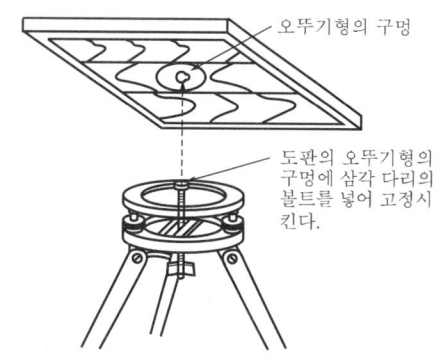

## 〈외업 시작〉

### 2. B점으로 평판을 이동

B-①
기계 검사가 끝난 후, 시험 대기장에서 B점으로 이동한다.

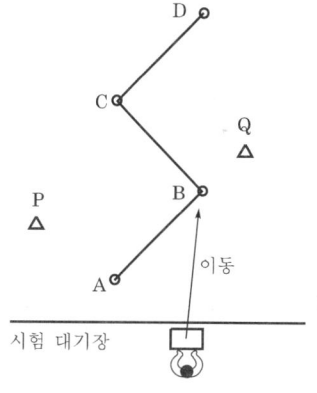

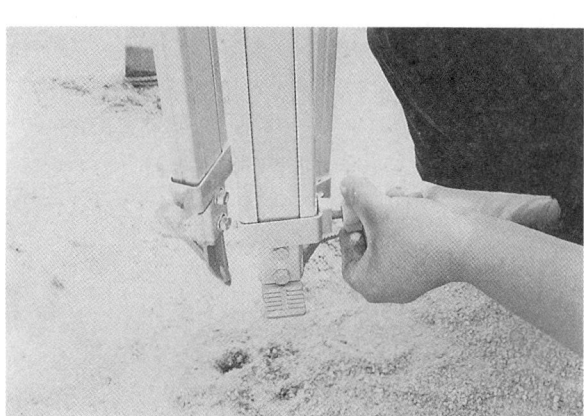

B-②
기계를 세우기 전에 평판의 높이를 측량하기 편한 높이로 조정하기 위하여 삼각 다리의 나사를 푼다.

B-③
3개의 삼각 다리 중 1개의 삼각 다리를 먼저 고정한 후, 나머지 다리를 고정시킨다.

B-④
최종적인 높이 검사(이상적인 평판의 측정 높이는 자기 가슴 정도의 높이이다.)

## 3. B점에서 평판 설치

B-⑤
B점에 기계를 세운다.
양손으로 다리를 고정한 뒤 중간에 있는 다리를 B점 앞에 세운다.

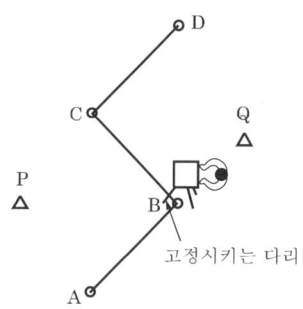
고정시키는 다리

B-⑥
B점 앞에 있는 다리를 사진과 같이 고정시킨다. B점 앞에 있는 다리는 되도록 라인에 안 걸리도록 주의해야 한다.

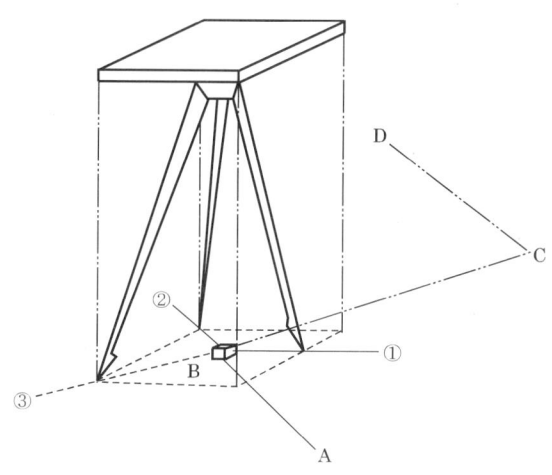

← 그림과 같은 삼각 다리의 위치가 시험장에서는 가장 이상적이다.

제1장. 평판 측량

## 4. B점에서의 정준

B-⑦ 〈삼각 다리를 이용한 정준〉
두 개의 삼각 다리를 이용하여 평판을 기계적으로 정준이 되도록 한다.
(고정 다리는 이동을 하면 안 된다.)

〈삼각 다리를 이용한 정준〉

왼손으로 한 개의 삼각 다리를 화살표 방향으로 움직여서 기포를 중앙으로 이동시킨 후 앨리데이드를 직각으로 바꾸어서 똑같은 작업을 반복해서 정준한다.

〈평판을 이용한 정준〉
평판에 앨리데이드를 올려놓고 상부 고정 나사를 풀어서 평판을 좌우로 흔들어 가로면을 정준한다.

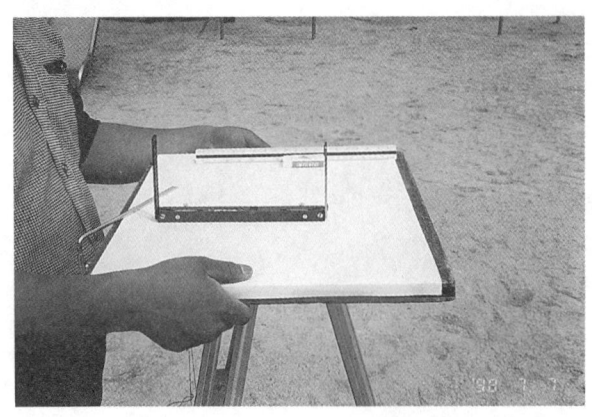

〈평판을 이용한 정준〉
앨리데이드의 위치를 직각으로 바꾸어서 가로면을 정준한 것과 동일하게 세로면을 정준한다.

B-⑧
기계적으로 정준이 끝났으면 상부 고정 나사를 고정한다(평판이 상하로 움직이지 않게 하기 위해서).

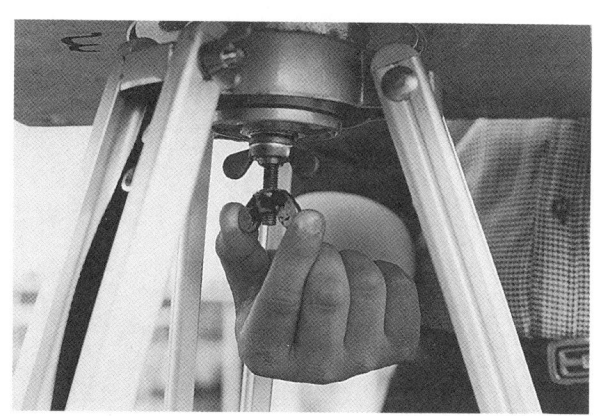

B-⑨
상부 고정 나사를 고정했으면 다음으로 하부 고정 나사를 고정한다(평판이 좌우로 회전하는 것을 방지하기 위해서).

◀ 참고 ▶

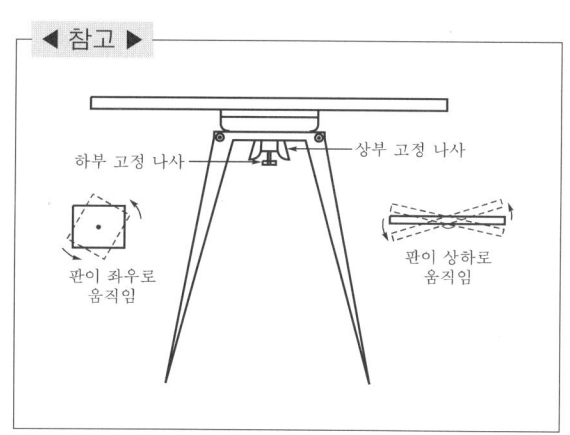

제1장. 평판 측량

## 5. B점에서의 구심

B-⑩
B점에서 평판의 구심추를 내린다.

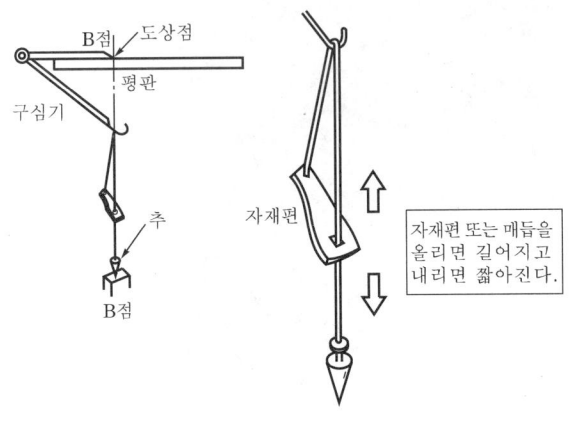

[구심추 줄의 조절]

B-⑪
B점의 측점 위치를 잡아서 측침을 꽂는다(측침을 꽂을 때는 도판에 직각으로 2/3 정도 꽂는다).

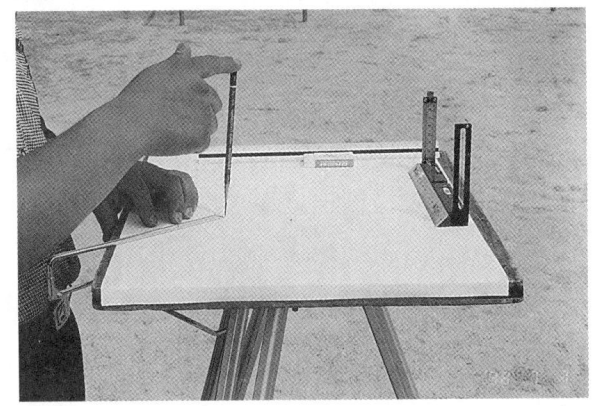

이상적인 B점 위치 : 평판을 세운 뒤 약 1/3 지점이 가장 이상적이다.

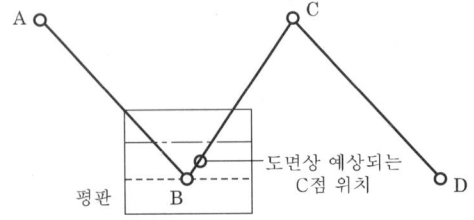

B-⑫
㉠ B점의 구심을 삼각 다리를 이동하면서 맞춘다. 그럴 경우 약간씩 정준이 틀리므로 정준도 보정하면서 구심한다.
㉡ 추가 너무 흔들리면 손으로 고정하면서 맞춘다.

구심을 정확히 일치시키기 위해서는 편심(이심) 장치를 이용하는 방법이 있고 도지를 이동시키는 방법이 있다.

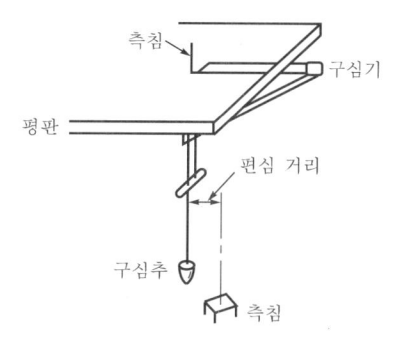

B-⑬
B점에서 구심 완료

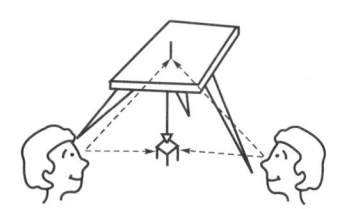

[구심 확인은 2방향에서 시준한다.]

제1장. 평판 측량

## 6. B점에서 A점 표정

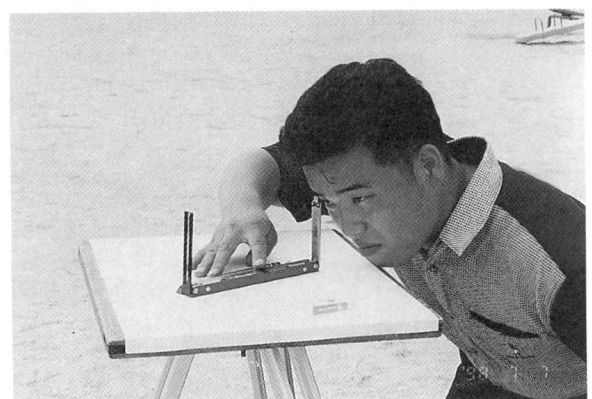

B-⑭
B점에서 A점을 시준한 뒤(축척에 맞게) 측선을 그린다.

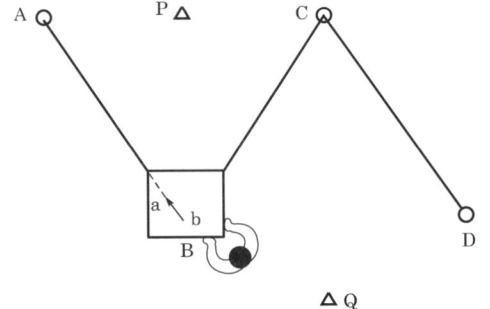

- 표정시에는 두 눈을 반드시 뜬다.
- 평판에 몸의 체중을 의지해서는 안 된다.
- 한쪽 눈만 뜰 경우, 라인을 잘못 시준할 수 있다.

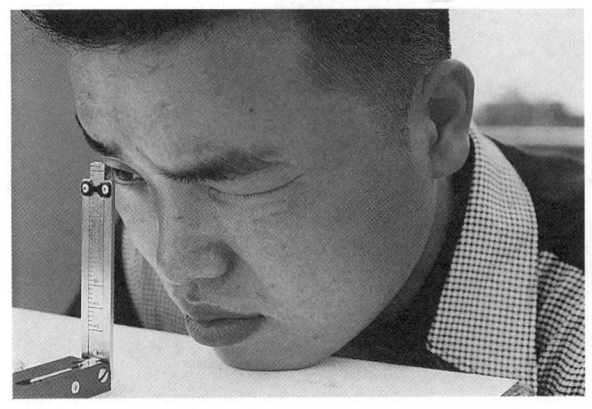

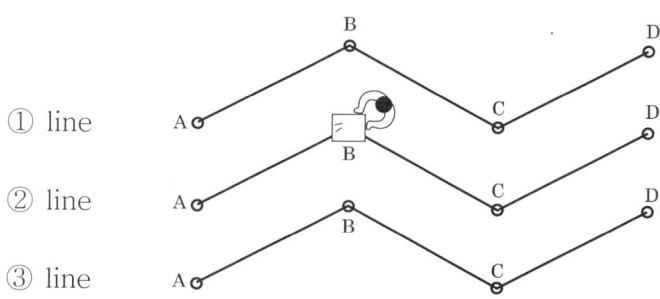

① line
② line
③ line

눈을 감고 시준할 경우 ② line에서 착오로 ①, ③ line으로 시준하는 경우가 있다. 실제로 시험장에서 수험생들이 가장 많이 실수하는 부분이다.

B-⑮
B점에서 C점을 시준한다.

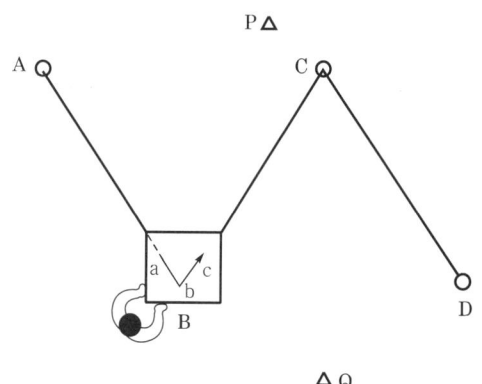

제1장. 평판 측량

측량 및 지형공간정보

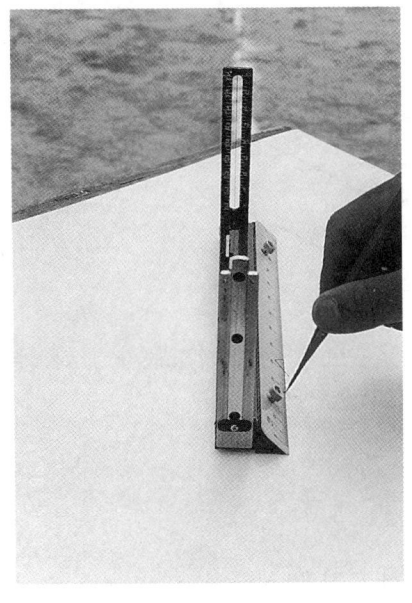

B-⑯
B점에서 C점을 시준한 뒤 앨리데이드를 이용하여 측선을 긋는다.

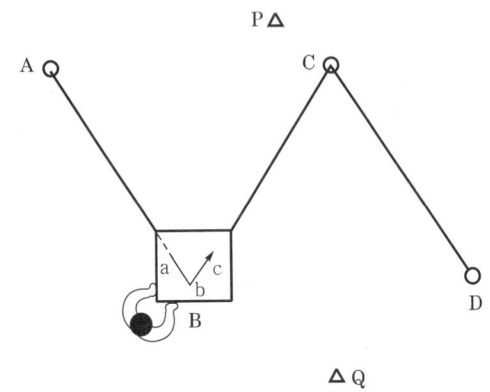

7. B점에서 P, Q(폴) 시준
   보통 폴은 P, Q, R, S가 주어진다.

❖ P, Q 시준시 주의 사항

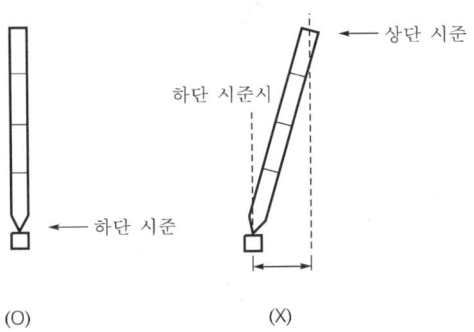

상단 시준은 $\Delta l$의 오차가 있으므로 반드시 폴의 하단을 시준한다.

B-⑰
B점에서 P점 시준
(시험 문제에는 P점까지의 거리가 주어지지 않았으므로 시준이 끝나면 측선을 길게 긋는다.)

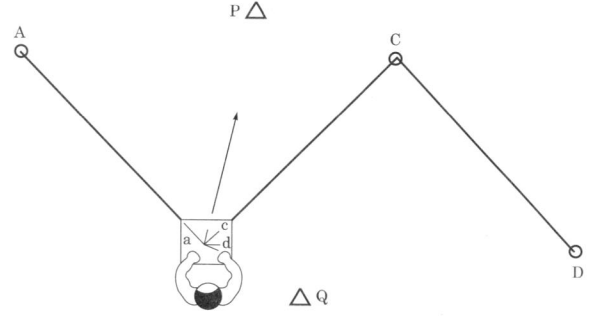

B-⑱
B점에서 Q점 시준
(시험 문제에서는 P점까지의 거리가 주어지지 않았으므로 시준이 끝나면 측선을 길게 긋는다.)

제1장. 평판 측량　**651**

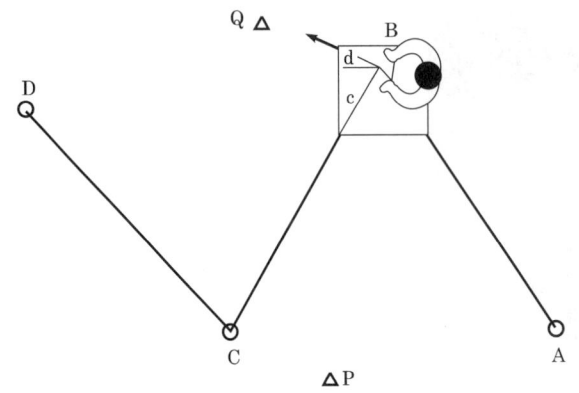

B-⑲
B점에서 D점 시준

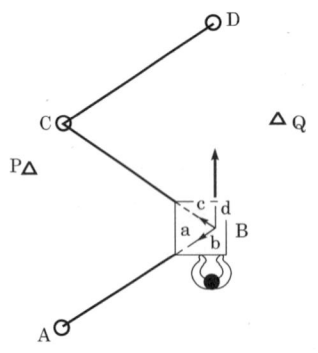

B점에서는 A, C, P, Q점을 시준한 뒤, 가급적 D점도 시준한다.
측량의 정과부는 D점으로 알 수 있으므로 가급적 꼭 시준한다.

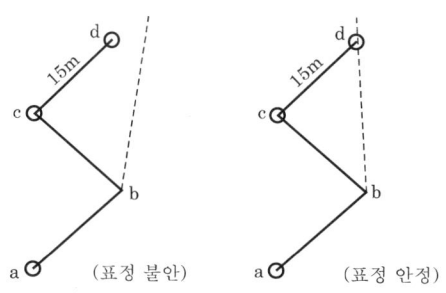

B점에서는 D점 시준과 C점에서 D점 시준선이 일치하여야만 정확한 시준이 된 것이다.

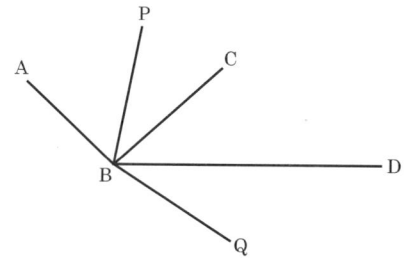

B-⑳
B점에서의 도면
(B점에서 시준할 점은 A, C, D, P(R), Q(S) 등이다.)

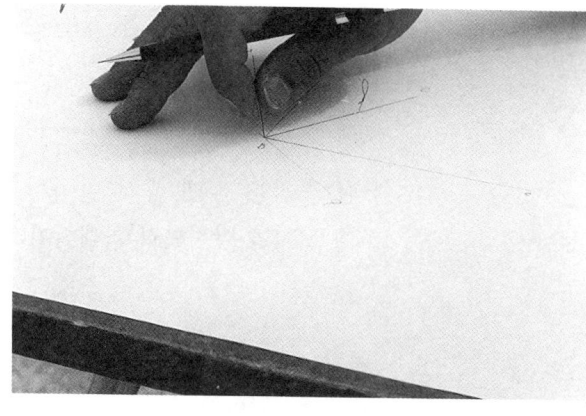

B-㉑
$\overline{AB}$, $\overline{BC}$ 측선을 15m로 스케일을 이용하여 축척에 맞게 잡은 뒤에 C점에 측침을 꽂는다.

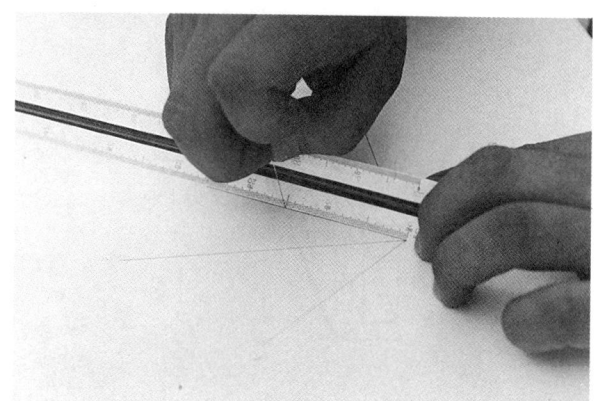

B-㉒
측침을 꽂을 때는 평판과 직각으로 2/3 정도를 꽂는다.

제1장. 평판 측량

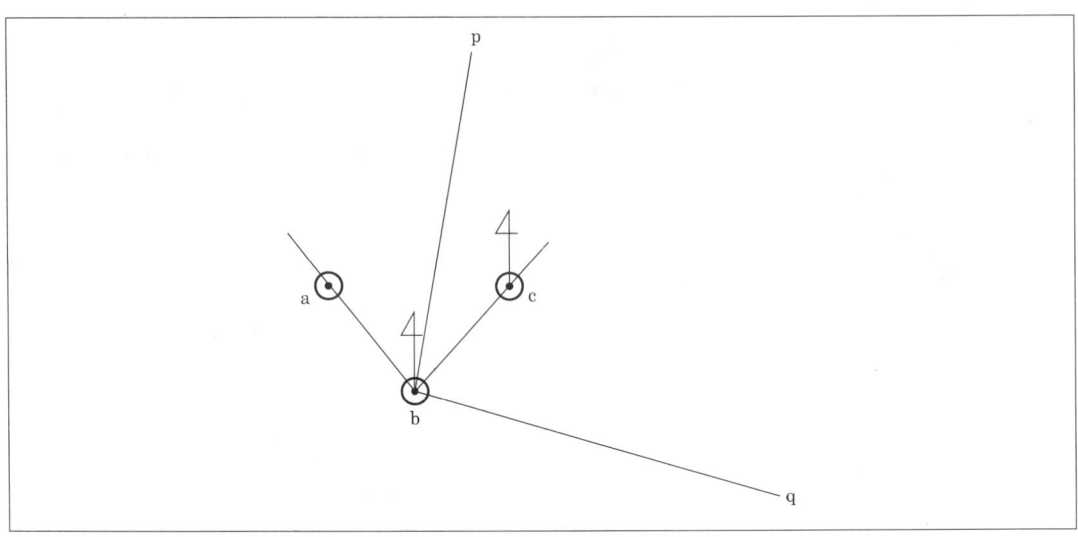

↑ B점에서 완성 도면

∴ B점 측침은 절대 뽑지 말아야 함
(표정 오차를 방지하기 위해서이다.)

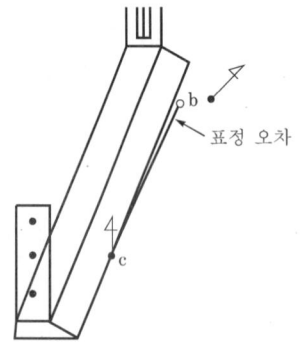

표정 오차

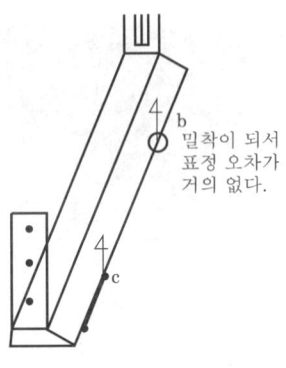

밀착이 되서 표정 오차가 거의 없다.

## 8. B점에서 C점으로 이동

**C-①**
B점에서 측량을 마친 뒤, C점으로 이동한다.

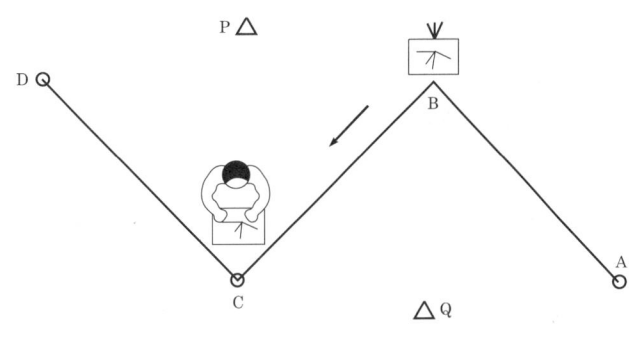

**C-②**
이동시에는 평판을 라인에 따라 옮기는 게 안정적이다. 라인을 밟지 않도록 주의할 것

제1장. 평판 측량

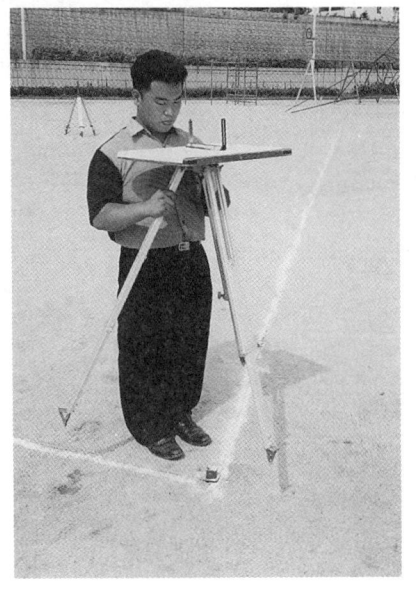

C-③
BC에서도 B점과 마찬가지로 고정 다리를 C점 앞에 고정시킨다.

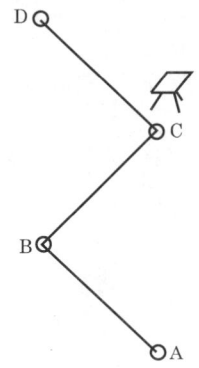

C-④
B점과 마찬가지로 정준, 구심 작업을 한다. 또한 이심 장치를 이용하여 구심을 맞춘다. 평판 측량에서 가장 중요한 것이 C점의 구심이다. 구심시에는 이심(편심) 장치를 이용하고 평판도지를 이동시키는 방법을 이용해서 오차를 최대한 줄인다.

[정준 작업]

## 9. C점에서 B점 표정

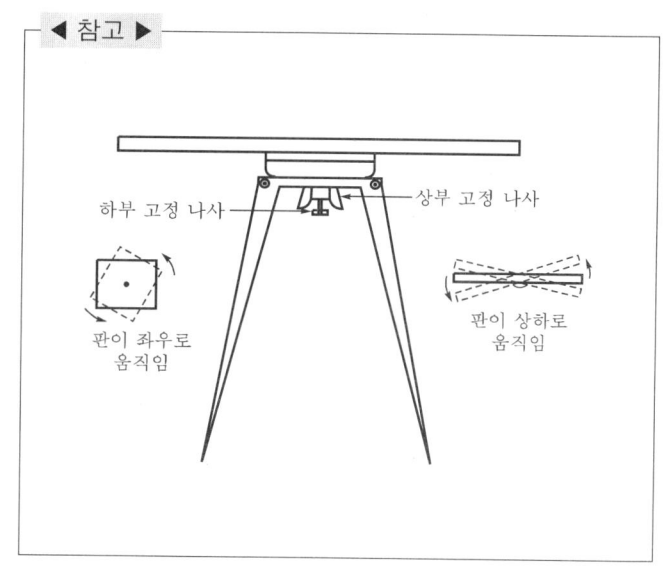

C-⑤
하부 고정 나사를 푼 뒤 앨리데이드로 시준하면서 평판을 회전하여 지상 측선과 도상 측선을 일치시킨다(B점 표정). (평판의 회전각이 적을수록 구심 오차가 줄어든다.)

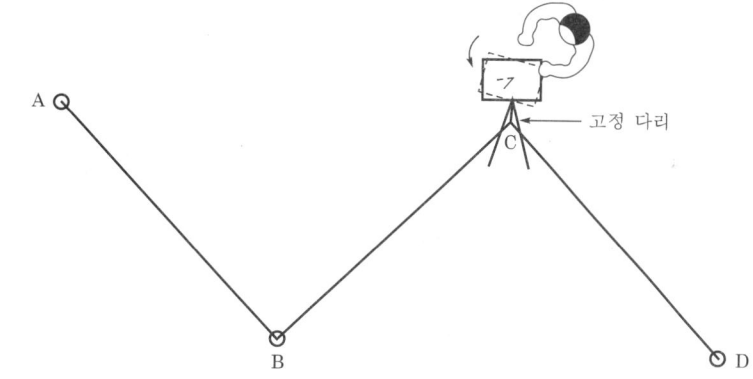

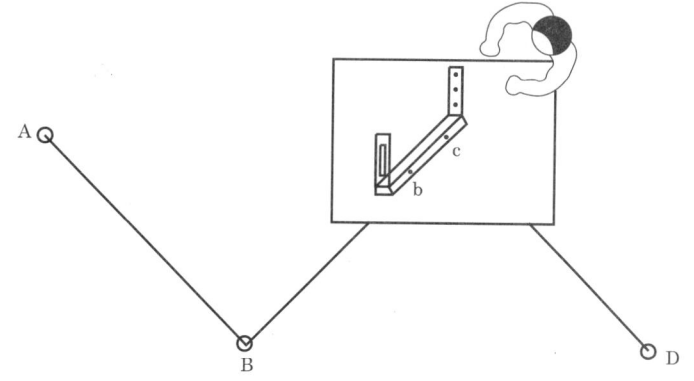

제1장. 평판 측량 **657**

◀ 참고 ▶

평판의 하부 나사를 풀면 사진과 같이 회전하여 표정할 수 있다.

C-⑥
C점에서 A점 시준

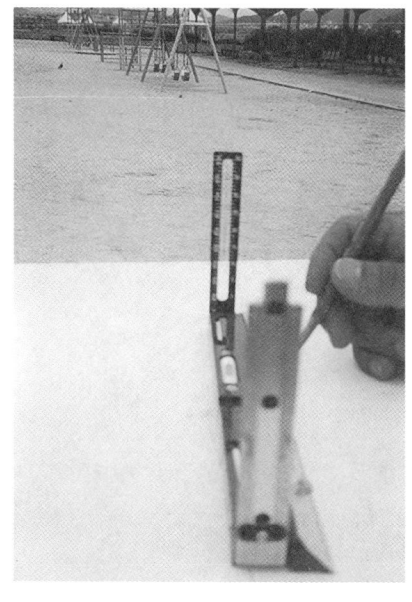

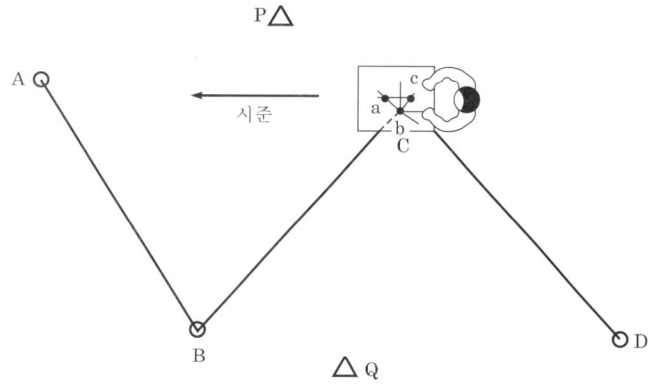

C점에서 A점을 시준하는 이유는 측량의 정과 부를 확인하기 위해서이다.

C-⑦
C점에서 P점 시준
(교회법으로 P점의 위치를 구한다.)

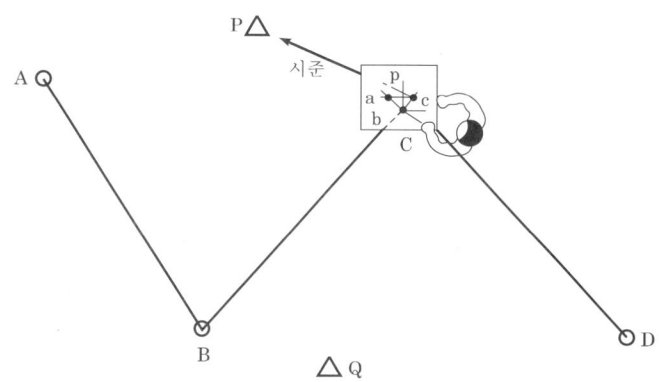

제1장. 평판 측량

C-⑧
C점에서 Q점 시준
(교회법으로 Q점의 위치를 구한다.)

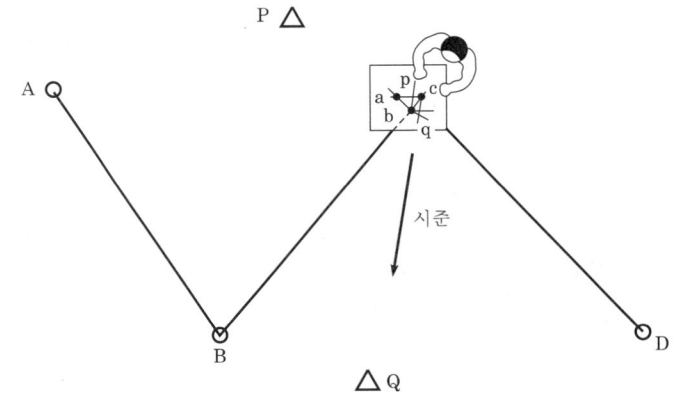

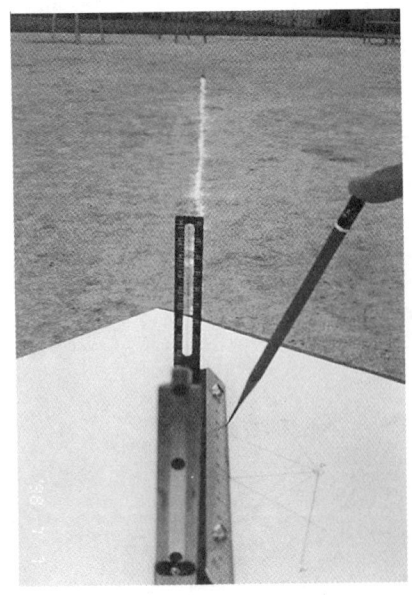

C-⑨
C점에서 D점을 시준한다.

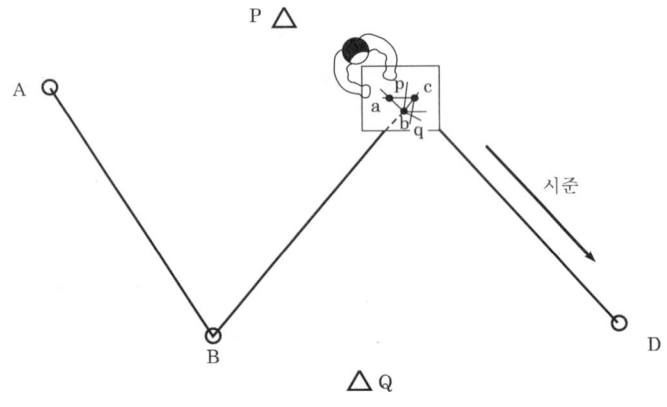

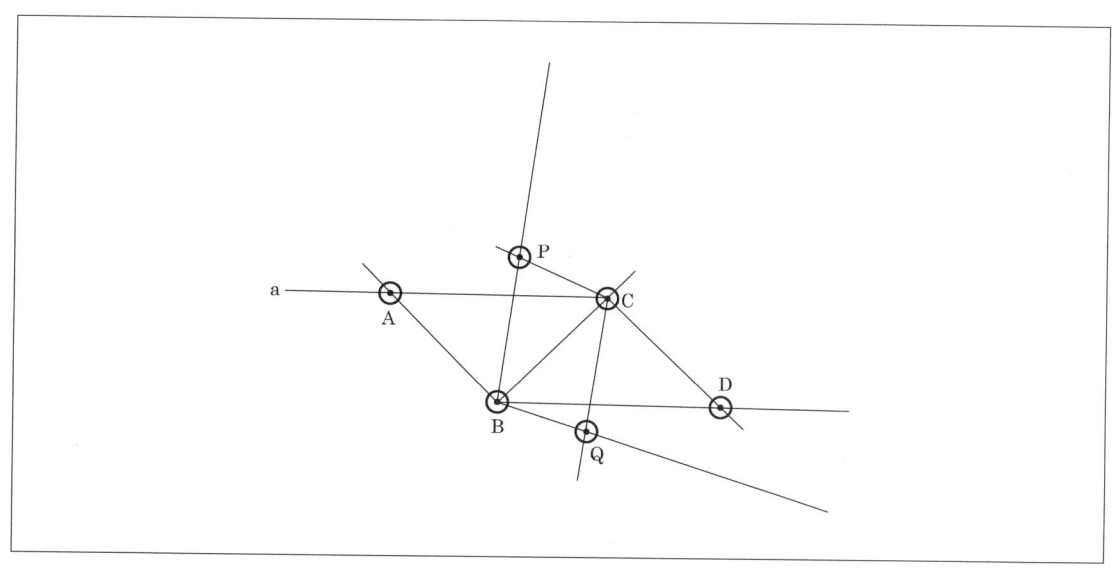

[평판상 완성 도면]

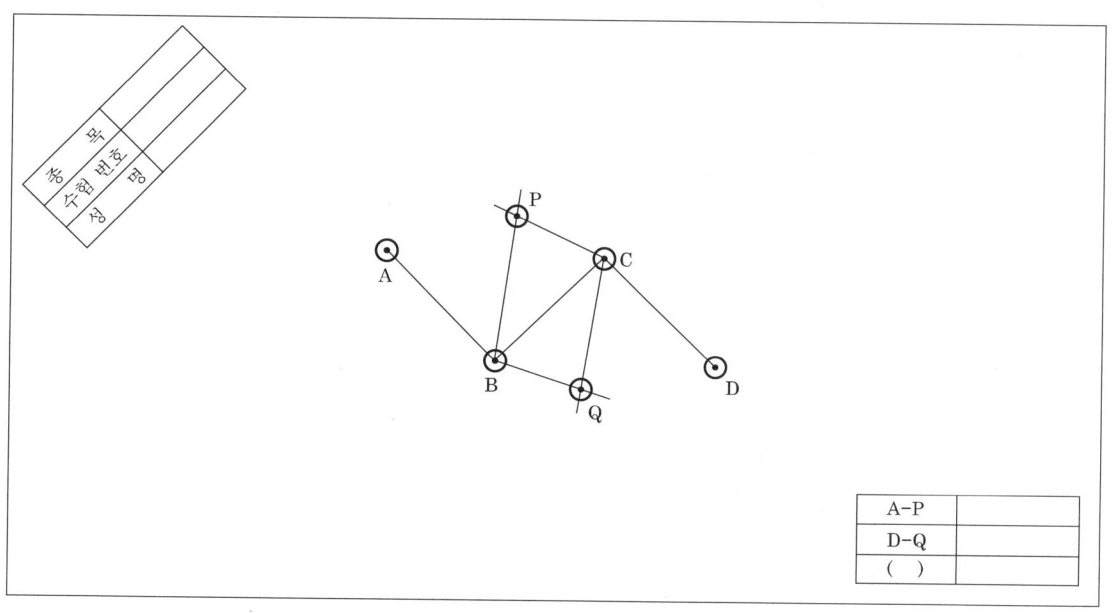

[제출시 완성 도면]
(보통 시험장에서는 시준선을 지우지 않고 제출한다.)

# 02 수준 측량

제5편 | 외 업

레벨(level)은 두 점간의 표고차를 구하는 측량, 즉 수준 측량에 사용되는 기계이다. 따라서 정확한 수평 시준선의 유지는 레벨이 갖추어야 할 가장 기본적인 요소이다.
레벨은 크게 망원경, 기포관, 삼각다리의 3부분으로 구성되어 있으며 정준 나사를 사용하여 기포관의 기포를 중앙에 오도록 함으로써 수평한 시준선을 얻게 된다.

## 1 레벨의 구조

## 2 레벨 세우기

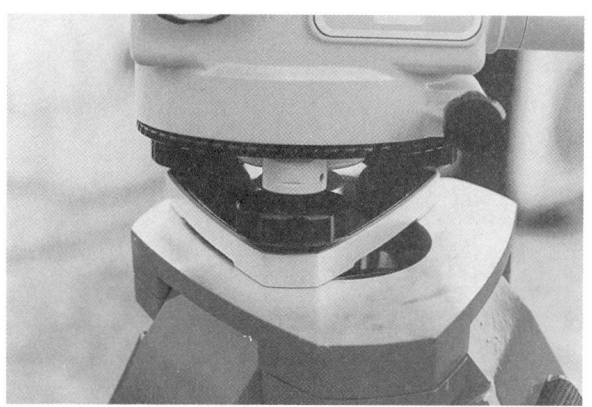

① 정준 나사가 중립에 오도록 미리 돌려 놓고 삼각 다리의 길이를 적당히 조절 한다.

② <정상적인 레벨 설치>
레벨의 위치와 정준 나사가 모두 중립에 위치한다.

③ 견고한 지반을 택하여 삼각 다리 중 두 개를 땅에 고정시켜 두고 나머지 한 개를 전후, 좌우로 움직여 대략 수평을 맞춘다.
④ 나머지 한 개의 삼각 다리도 발을 사용해 땅으로 고정시킨다.
⑤ 정준을 한다.

㉠ 대략 정준(삼각 다리를 이용)
정준 나사의 윗부분에 달려 있는 원형 기포관을 삼각 다리를 이용해서 대략 수평을 맞춘다.

※ **주의** : 정준시 기포관 반사경을 이용할 것.

제2장. 수준 측량　**663**

ⓛ 정밀 정준(정준 나사로 정준)

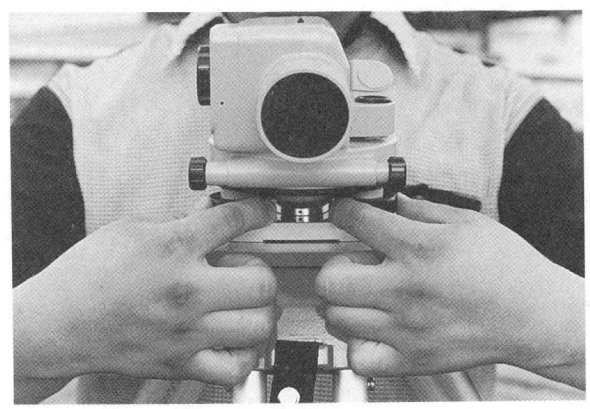
ⓐ

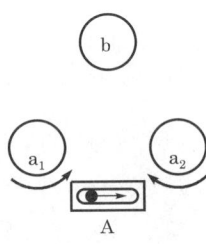

[원형 기포관과 정준 나사의 회전 방향]

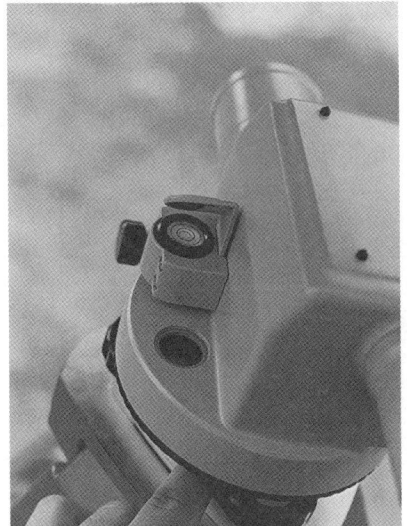
ⓑ

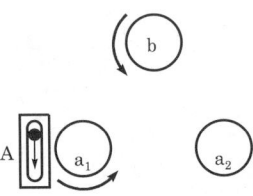

[원형 기포관과 정준 나사의 회전 방향]

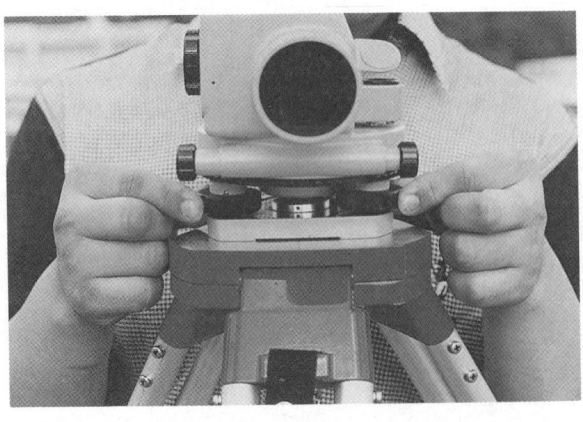

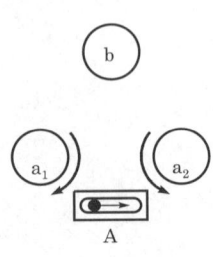

정밀 정준을 할 때에는 첫 번째로 2개의 정준 나사로 원형 기포를 좌우로 움직이게 하고 두 번째로 뒤쪽의 정준 나사로 기포를 전후로 움직여준다. 세 번째로 2개의 정준 나사로 다시 정준 확인을 한다.

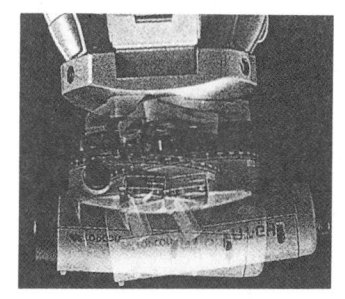

⑥ 시준

  ㉠ 십자선이 뚜렷하게 보이도록 접안 렌즈 조정 나사로 조정한다.

  ㉡ 목표물에 세운 표척을 시준경을 통해 대략 시준한다.

제2장. 수준 측량   **665**

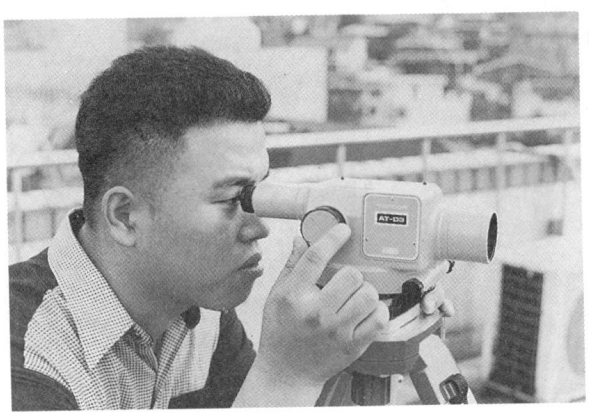

ⓒ 초점 조절 나사로 표척의 눈금이 뚜렷하게 보이도록 한다.

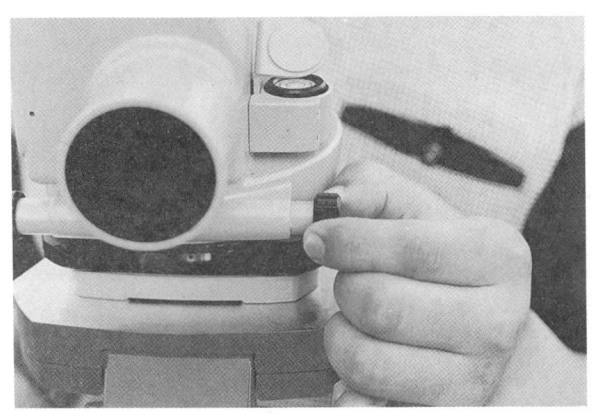

ⓔ 미동 나사로 기계를 미세하게 회전시켜 십자 세로선이 표척과 일치하도록 한다.

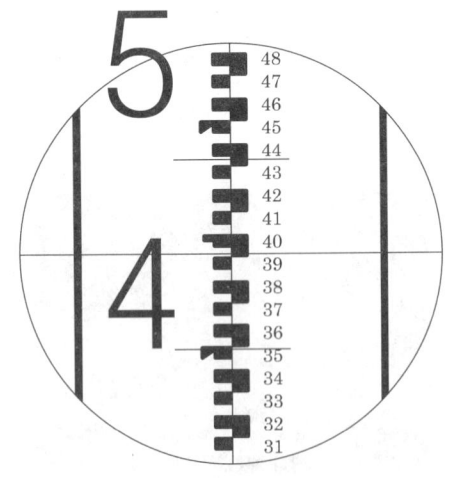

[정준이 잘 된 경우]

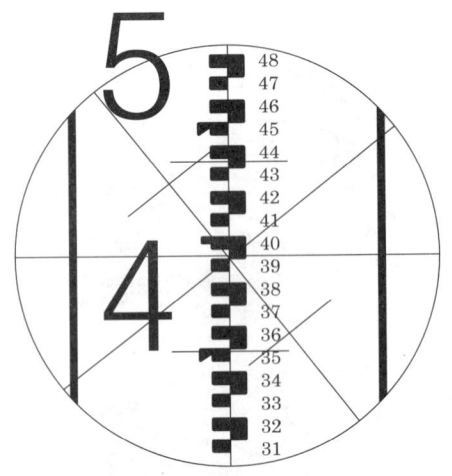

[정준이 안 된 경우]

ⓜ 십자 세로선이 가리키는 표척의 값을 읽고 기록한다.

◀ 참고 ▶

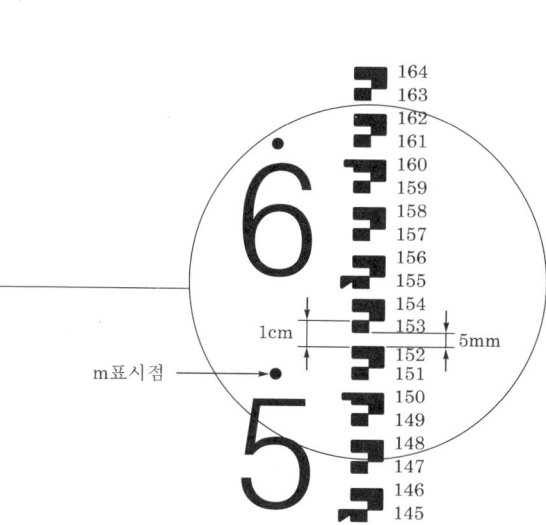

m표시점

※ m 단위는 큰숫자 위에 점으로 표현된다.

| 1m | 2m | 3m | 4m |
|---|---|---|---|
| ● | ● ● | ∴ | ∷ |

제2장. 수준 측량

〈예 1〉

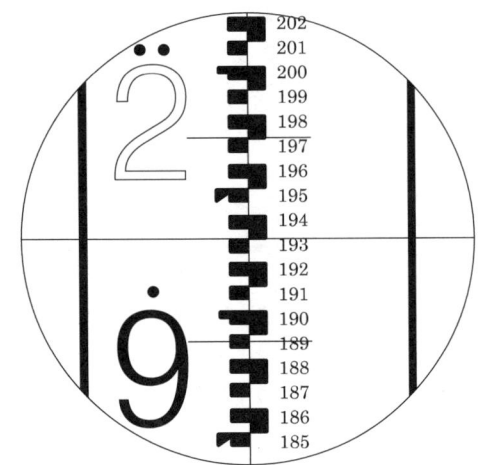

1m와 2m 사이의 함척이다.
읽은 값 : 1.930m

〈예 2〉

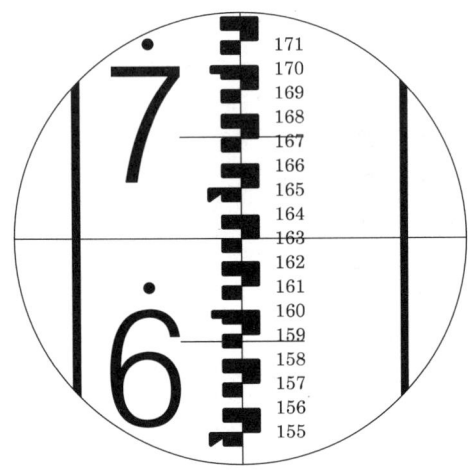

읽은 값 : 1.628m

표척을 읽을시 정준도 확인하면서 읽어야
한다.

# 국가기술자격검정 실기시험문제

년도 기술계 검정 제   회

| 자격 종목 및 등급 | | 작품명 | 수준 측량 |
|---|---|---|---|

수검 번호                                    성 명

1. 표준 시간
   1) 삼각 측량 30분(연장 시간 5분)
   2) 수준 측량 30분(연장 시간 5분)
   3) 평판 측량 30분(연장 시간 5분)
2. 요구 사항
   * 지급된 재료 및 시설을 사용하여 다음 작업을 하시오.
   1) 수준 측량
      시험장에 설치된 No.0에서 No.10까지의 측점을 수준 측량하여 기고식 야장을 작성하고, 각 점의 지반고를 계산하시오. (단, 기계를 3회 이상 설치하여야 하고, No.3, No.6은 부(-)표척이다.)

<부(-)표척이 있을 때>

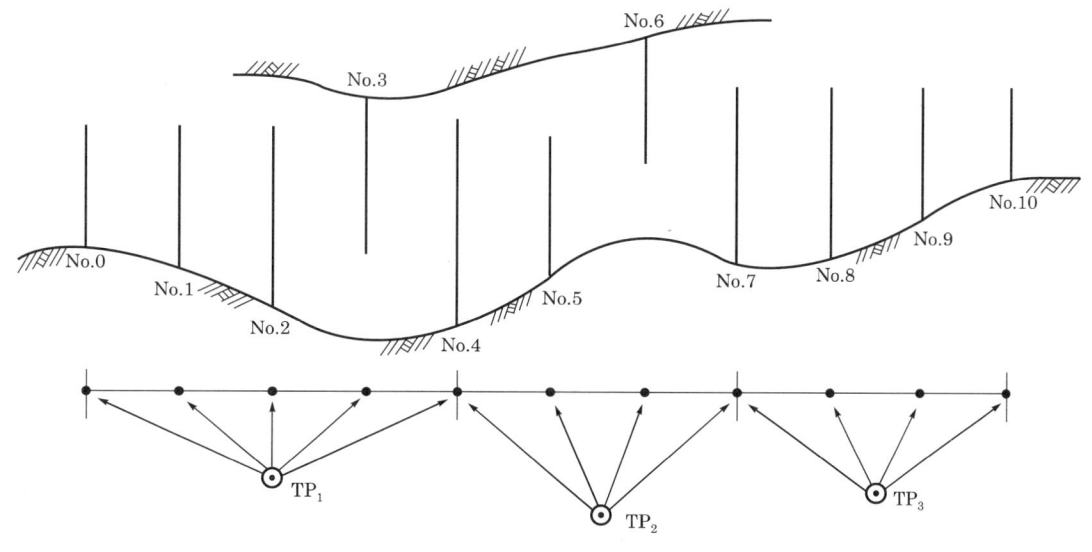

[이상적인 레벨 세우기]

(가급적 부(-)표척을 이기점으로 잡지 않고 전 후시의 거리를 같게 할 것)

제2장. 수준 측량

# 국가기술자격검정 실기시험문제

년도 기술계 검정 제1회

| 자격 종목<br>및 등급 | | 작품명 | 수준 측량 |
|---|---|---|---|

수검 번호                          성 명

## 답 안 지

### 수 준 측 량 야 장

수검장 번호 :

| 측점 | 후시 | 전시 | | 기계고 | 지반고 | *정확치 | *오차 | *점수 |
| | | 이점 | 중간점 | | | | | |
|---|---|---|---|---|---|---|---|---|
| No.0 | | | | | | | | |
| No.1 | | | | | | | | |
| No.2 | | | | | | | | |
| No.3 | | | | | | | | |
| No.4 | | | | | | | | |
| No.5 | | | | | | | | |
| No.6 | | | | | | | | |
| No.7 | | | | | | | | |
| No.8 | | | | | | | | |
| No.9 | | | | | | | | |
| No.10 | | | | | | | | |
| 계 | | | | | | | | |

* 란은 수검생이 기재하지 않는다.

연장 시간 사용 여부

| 연장 시간 | 감독위원 확인 |
|---|---|
| (   )분 | |

득점

| 채점 | 초검 | 재점 |
|---|---|---|
| | | |

①-㉠ 기계를 $TP_1$으로 이동해서 No.0인 후시를 먼저 관측한다.

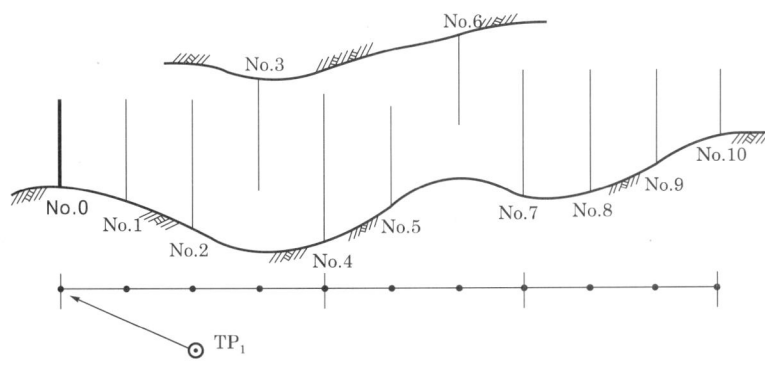

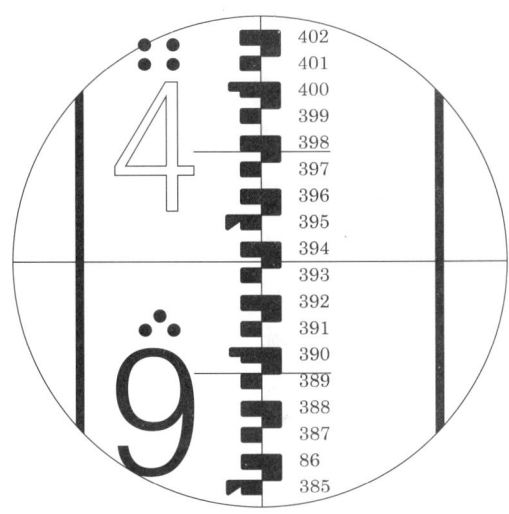

[레벨 시준]

| 측점 | 후시 | 전시 | | 기계고 | 지반고 |
|---|---|---|---|---|---|
| | | 이기 | 중간 | | |
| No.0 | 3.933 | | | | |
| No.1 | | | | | |
| No.2 | | | | | |
| No.3 | | | | | |
| No.4 | | | | | |
| No.5 | | | | | |
| No.6 | | | | | |
| No.7 | | | | | |
| No.8 | | | | | |
| No.9 | | | | | |
| No.10 | | | | | |
| 계 | | | | | |

[야장 기록]

제2장. 수준 측량

①-ⓒ TP$_1$인 지점에서 No.1인 중간점을 관측한다.

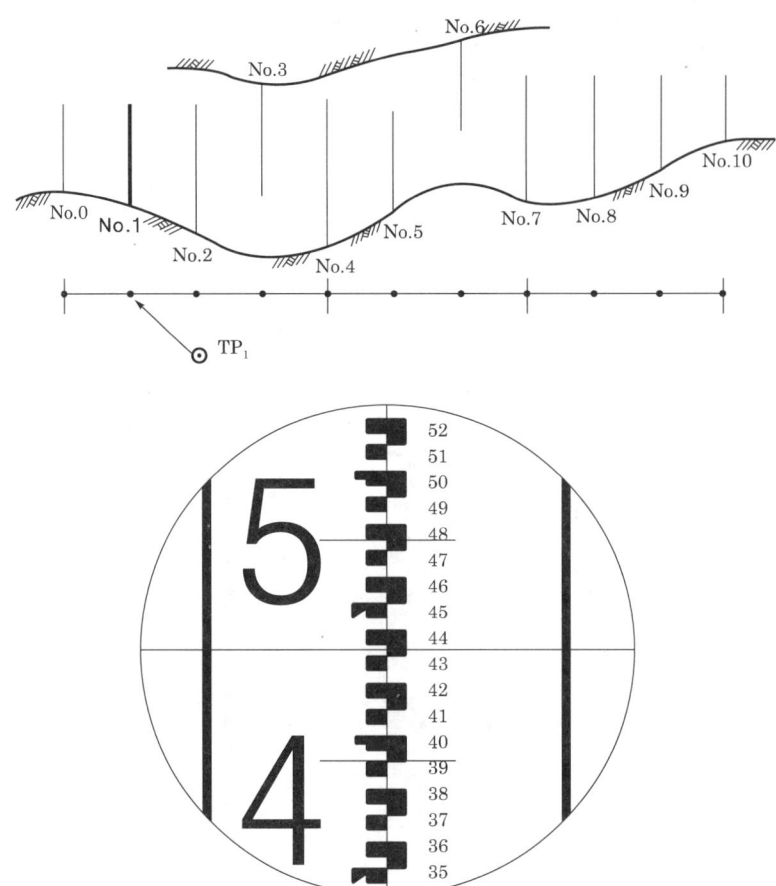

[레벨 시준]

| 측점 | 후시 | 전시 | | 기계고 | 지반고 |
| --- | --- | --- | --- | --- | --- |
| | | 이기 | 중간 | | |
| No.0 | 3.933 | | | | |
| No.1 | | | 0.434 | | |
| No.2 | | | | | |
| No.3 | | | | | |
| No.4 | | | | | |
| No.5 | | | | | |
| No.6 | | | | | |
| No.7 | | | | | |
| No.8 | | | | | |
| No.9 | | | | | |
| No.10 | | | | | |
| 계 | | | | | |

[야장 기록]

①-㉢ $TP_1$인 지점에서 No.2인 중간점을 관측한다.

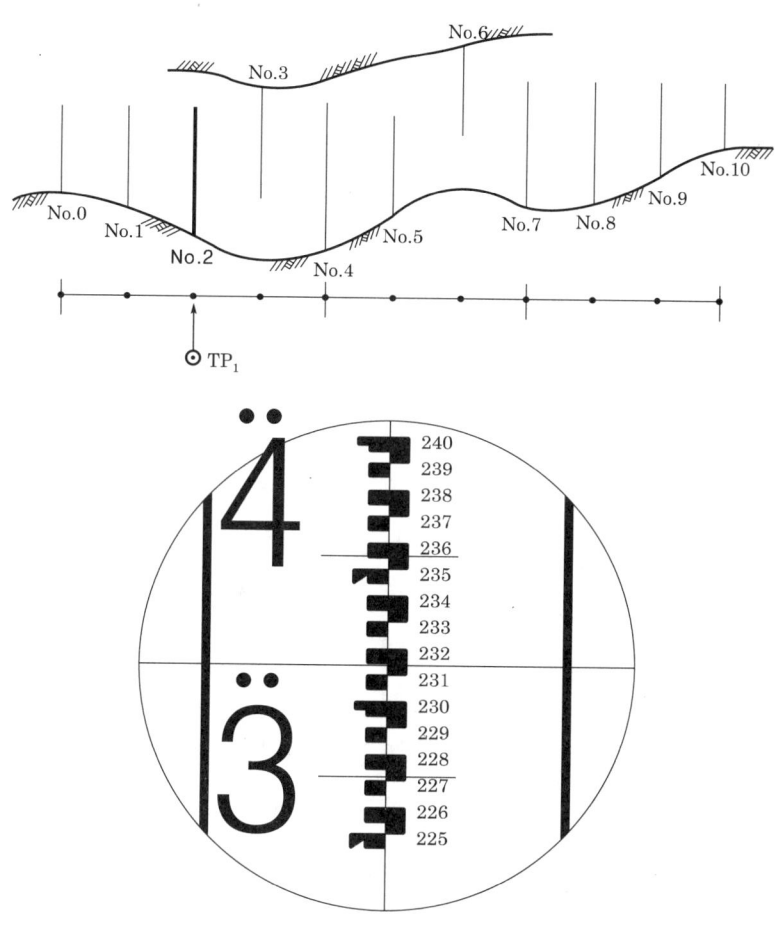

[레벨 시준]

| 측점 | 후시 | 전시 | | 기계고 | 지반고 |
|---|---|---|---|---|---|
| | | 이기 | 중간 | | |
| No.0 | 3.933 | | | | |
| No.1 | | | 0.434 | | |
| No.2 | | | 2.314 | | |
| No.3 | | | | | |
| No.4 | | | | | |
| No.5 | | | | | |
| No.6 | | | | | |
| No.7 | | | | | |
| No.8 | | | | | |
| No.9 | | | | | |
| No.10 | | | | | |
| 계 | | | | | |

[야장 기록]

①-② TP$_1$인 지점에서 No.3인 중간점을 관측한다. 이때 No.3은 부(−)표척이다.

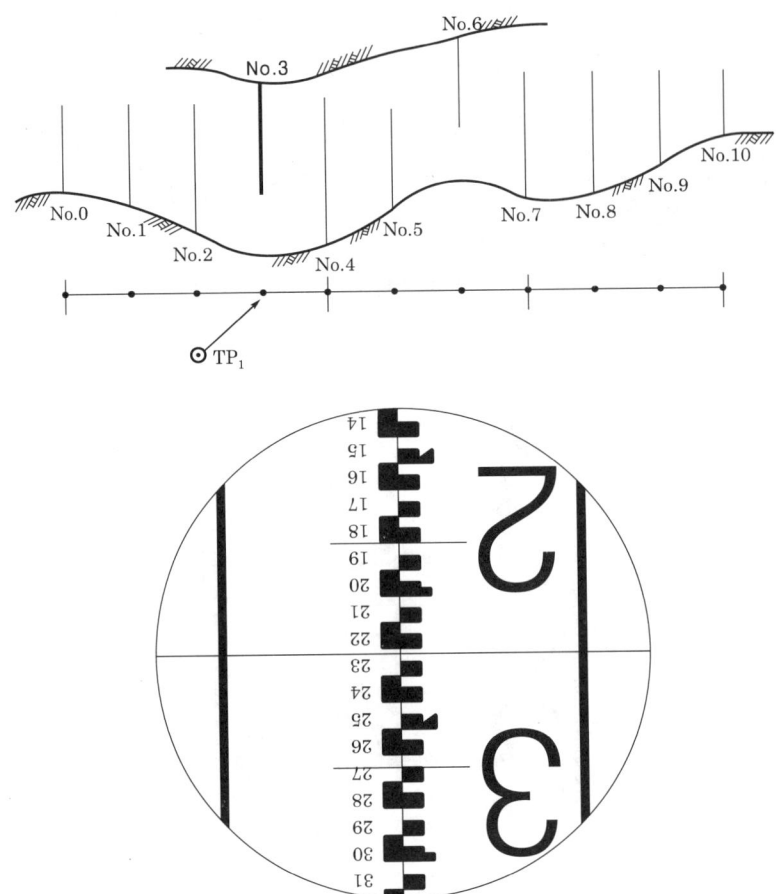

[레벨 시준]

| 측점 | 후시 | 전시 이기 | 전시 중간 | 기계고 | 지반고 |
|---|---|---|---|---|---|
| No.0 | 3.933 | | | | |
| No.1 | | | 0.434 | | |
| No.2 | | | 2.314 | | |
| No.3 | | | −0.222 | | |
| No.4 | | | | | |
| No.5 | | | | | |
| No.6 | | | | | |
| No.7 | | | | | |
| No.8 | | | | | |
| No.9 | | | | | |
| No.10 | | | | | |
| 계 | | | | | |

[야장 기록]

①-㉲ $TP_1$인 지점에서 No.4인 이기점을 관측한다.
(통상 부(−)표척을 이기점으로 잡지 않는다.)

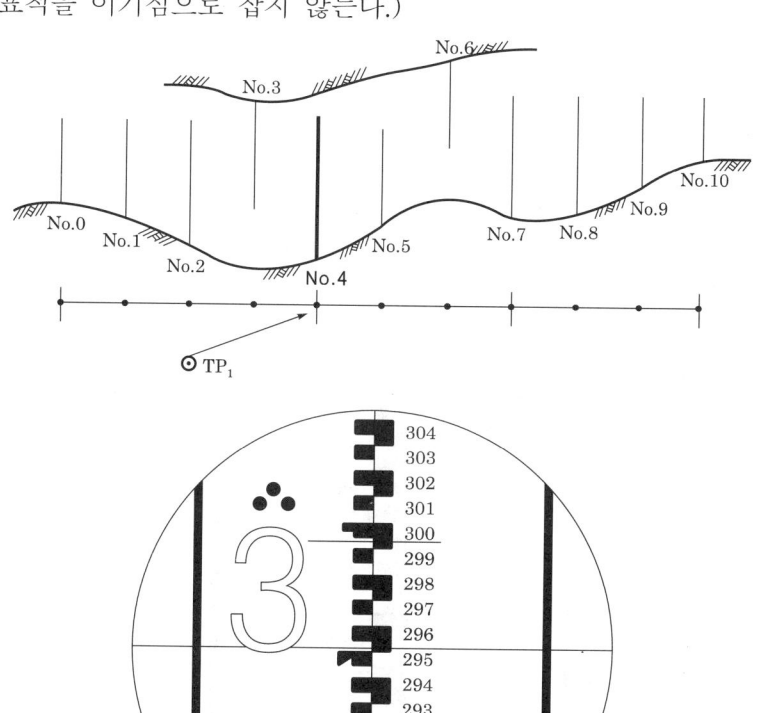

[레벨 시준]

| 측점 | 후시 | 전시 | | 기계고 | 지반고 |
|---|---|---|---|---|---|
| | | 이기 | 중간 | | |
| No.0 | 3.933 | | | | |
| No.1 | | | 0.434 | | |
| No.2 | | | 2.314 | | |
| No.3 | | | −0.222 | | |
| No.4 | | 2.952 | | | |
| No.5 | | | | | |
| No.6 | | | | | |
| No.7 | | | | | |
| No.8 | | | | | |
| No.9 | | | | | |
| No.10 | | | | | |
| 계 | | | | | |

[야장 기록]

②-㉠ 기계를 $TP_2$로 옮겨 No.4의 후시를 관측한다.

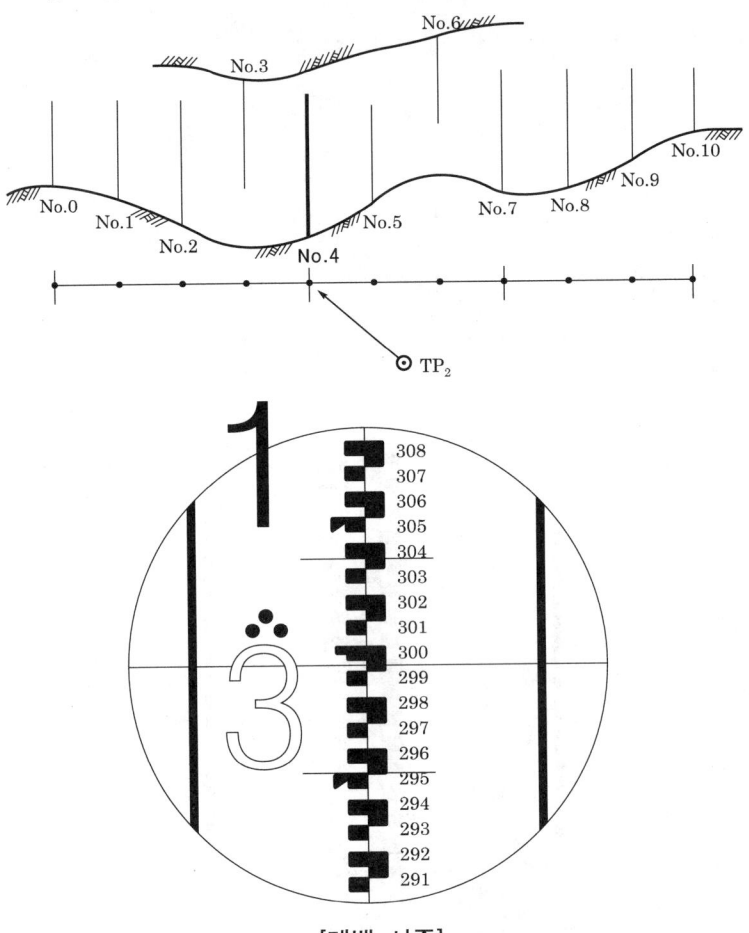

[레벨 시준]

| 측점 | 후시 | 전시 | | 기계고 | 지반고 |
| --- | --- | --- | --- | --- | --- |
| | | 이기 | 중간 | | |
| No.0 | 3.933 | | | | |
| No.1 | | | 0.434 | | |
| No.2 | | | 2.314 | | |
| No.3 | | | −0.222 | | |
| No.4 | 2.991 | 2.952 | | | |
| No.5 | | | | | |
| No.6 | | | | | |
| No.7 | | | | | |
| No.8 | | | | | |
| No.9 | | | | | |
| No.10 | | | | | |
| 계 | | | | | |

[야장 기록]

②-ⓒ TP₂에서 No.5의 중간점을 관측한다.

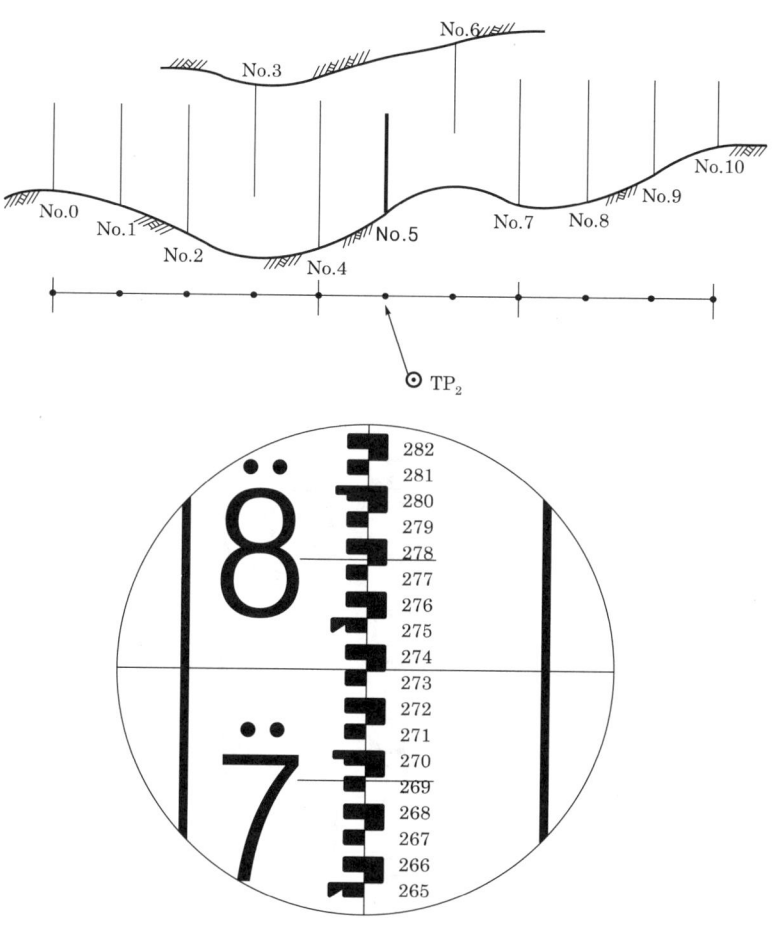

[레벨 시준]

| 측점 | 후시 | 전시 이기 | 전시 중간 | 기계고 | 지반고 |
|---|---|---|---|---|---|
| No.0 | 3.933 | | | | |
| No.1 | | | 0.434 | | |
| No.2 | | | 2.314 | | |
| No.3 | | | −0.222 | | |
| No.4 | 2.991 | 2.952 | | | |
| No.5 | | | 2.730 | | |
| No.6 | | | | | |
| No.7 | | | | | |
| No.8 | | | | | |
| No.9 | | | | | |
| No.10 | | | | | |
| 계 | | | | | |

[야장 기록]

②-ⓒ TP$_2$에서 No.6의 중간점을 관측한다(No.6은 부(-)표척이다).

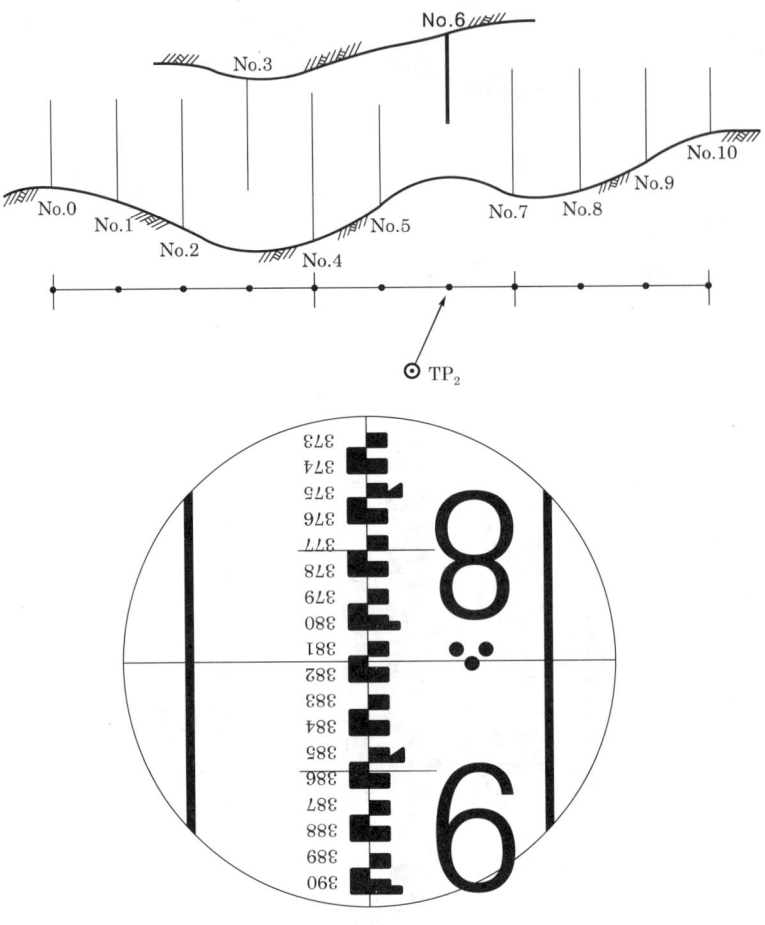

[레벨 시준]

| 측점 | 후시 | 전시 | | 기계고 | 지반고 |
|---|---|---|---|---|---|
| | | 이기 | 중간 | | |
| No.0 | 3.933 | | | | |
| No.1 | | | 0.434 | | |
| No.2 | | | 2.314 | | |
| No.3 | | | −0.222 | | |
| No.4 | 2.991 | 2.952 | | | |
| No.5 | | | 2.730 | | |
| No.6 | | | −3.813 | | |
| No.7 | | | | | |
| No.8 | | | | | |
| No.9 | | | | | |
| No.10 | | | | | |
| 계 | | | | | |

[야장 기록]

②-㉣ TP$_2$에서 No.7의 이기점을 관측한다.

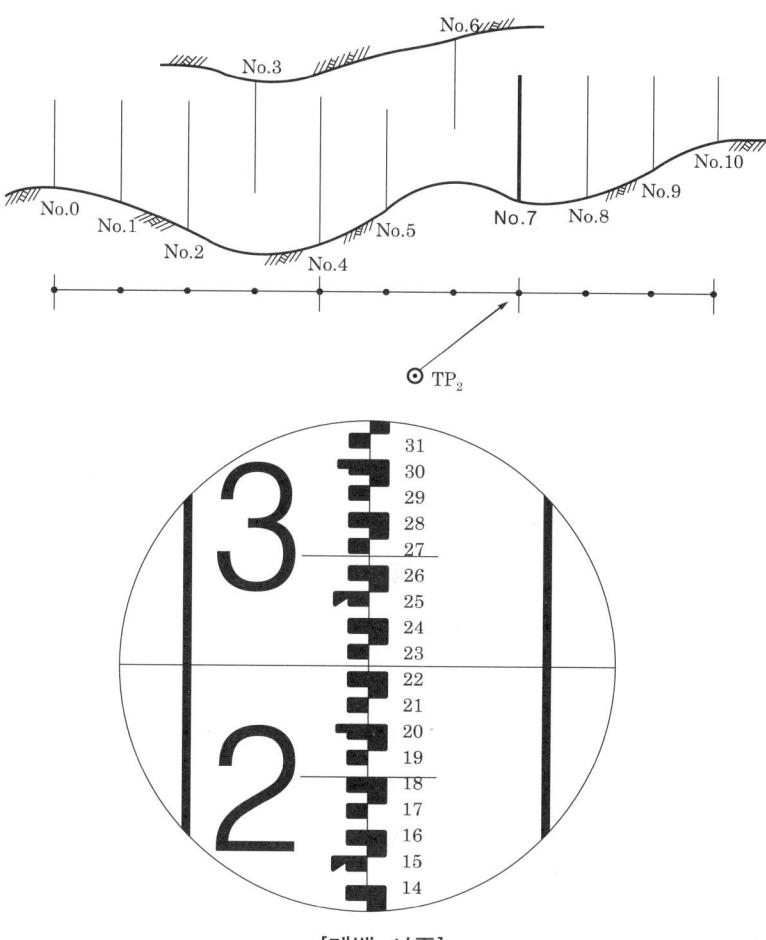

[레벨 시준]

| 측점 | 후시 | 전시 | | 기계고 | 지반고 |
|------|------|------|------|--------|--------|
|      |      | 이기 | 중간 |        |        |
| No.0 | 3.933 |     |      |        |        |
| No.1 |       |     | 0.434 |       |        |
| No.2 |       |     | 2.314 |       |        |
| No.3 |       |     | -0.222 |      |        |
| No.4 | 2.991 | 2.952 |   |        |        |
| No.5 |       |     | 2.730 |       |        |
| No.6 |       |     | -3.813 |      |        |
| No.7 |       | 0.222 |    |        |        |
| No.8 |       |     |      |        |        |
| No.9 |       |     |      |        |        |
| No.10|       |     |      |        |        |
| 계   |       |     |      |        |        |

[야장 기록]

③-㉠ 기계를 TP₃로 이동해서 No.7의 후시를 관측한다.

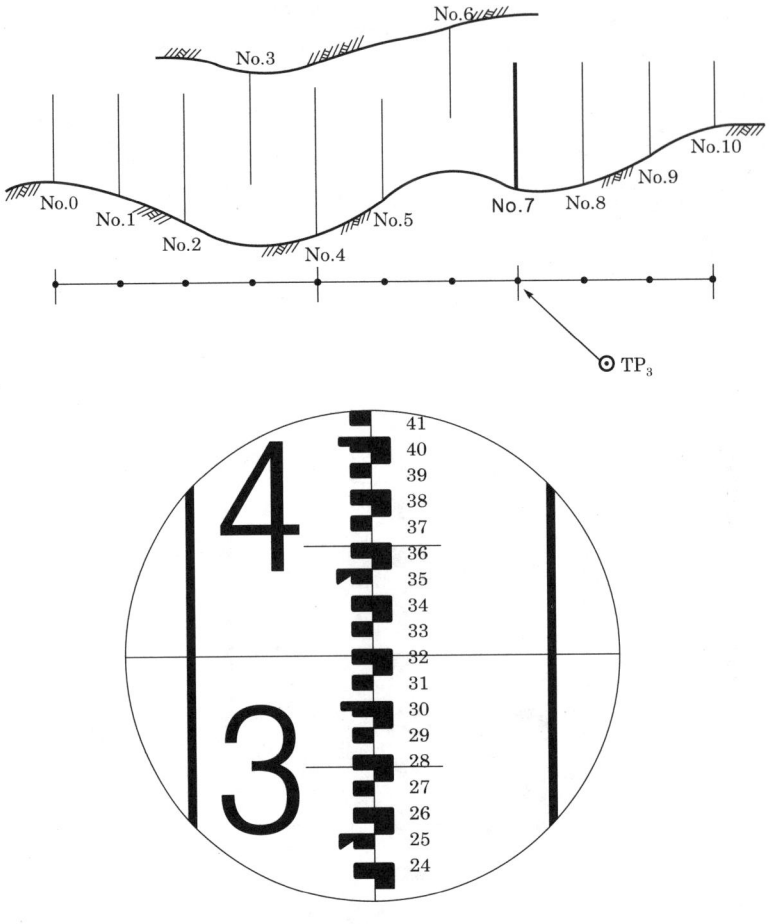

[레벨 시준]

| 측점 | 후시 | 전시 이기 | 전시 중간 | 기계고 | 지반고 |
|---|---|---|---|---|---|
| No.0 | 3.933 | | | | |
| No.1 | | | 0.434 | | |
| No.2 | | | 2.314 | | |
| No.3 | | | −0.222 | | |
| No.4 | 2.991 | 2.952 | | | |
| No.5 | | | 2.730 | | |
| No.6 | | | −3.813 | | |
| No.7 | 0.318 | 0.222 | | | |
| No.8 | | | | | |
| No.9 | | | | | |
| No.10 | | | | | |
| 계 | | | | | |

[야장 기록]

③-ⓒ TP₃에서 No.8의 중간점을 관측한다.

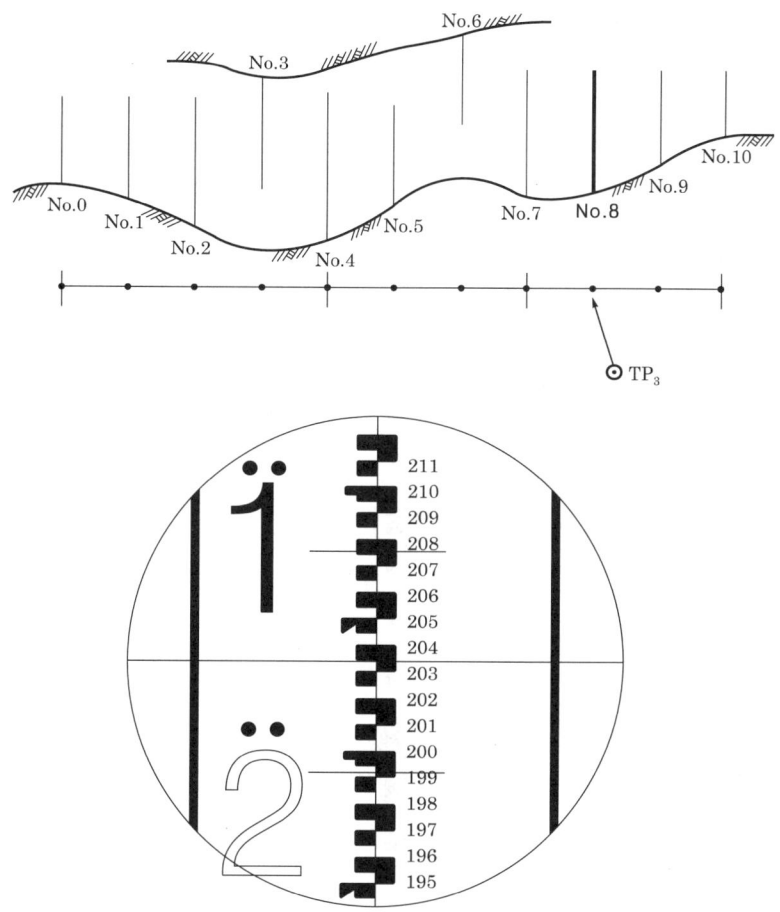

[레벨 시준]

| 측점 | 후시 | 전시 이기 | 전시 중간 | 기계고 | 지반고 |
|---|---|---|---|---|---|
| No.0 | 3.933 | | | | |
| No.1 | | | 0.434 | | |
| No.2 | | | 2.314 | | |
| No.3 | | | −0.222 | | |
| No.4 | 2.991 | 2.952 | | | |
| No.5 | | | 2.730 | | |
| No.6 | | | −3.813 | | |
| No.7 | 0.318 | 0.222 | | | |
| No.8 | | | 2.034 | | |
| No.9 | | | | | |
| No.10 | | | | | |
| 계 | | | | | |

[야장 기록]

③-㉢ TP₃에서 No.9의 중간점을 관측한다.

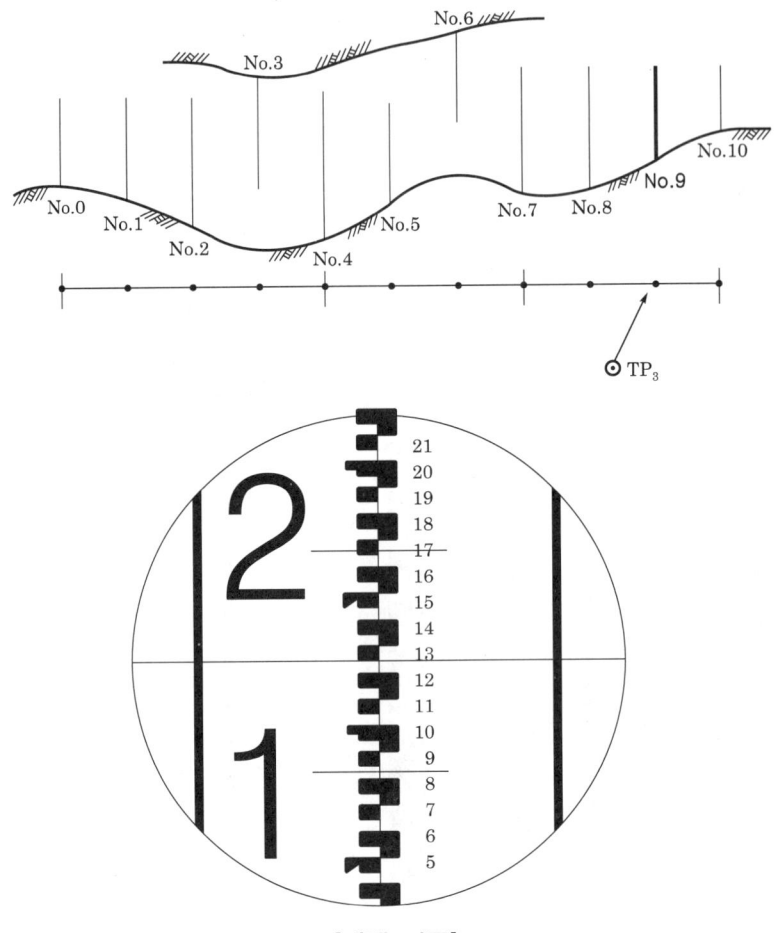

[레벨 시준]

| 측점 | 후시 | 전시 | | 기계고 | 지반고 |
| --- | --- | --- | --- | --- | --- |
| | | 이기 | 중간 | | |
| No.0 | 3.933 | | | | |
| No.1 | | | 0.434 | | |
| No.2 | | | 2.314 | | |
| No.3 | | | −0.222 | | |
| No.4 | 2.991 | 2.952 | | | |
| No.5 | | | 2.730 | | |
| No.6 | | | −3.813 | | |
| No.7 | 0.318 | 0.222 | | | |
| No.8 | | | 2.034 | | |
| No.9 | | | 0.126 | | |
| No.10 | | | | | |
| 계 | | | | | |

[야장 기록]

③-㉣ TP₃에서 No.10인 이기점을 관측한다.

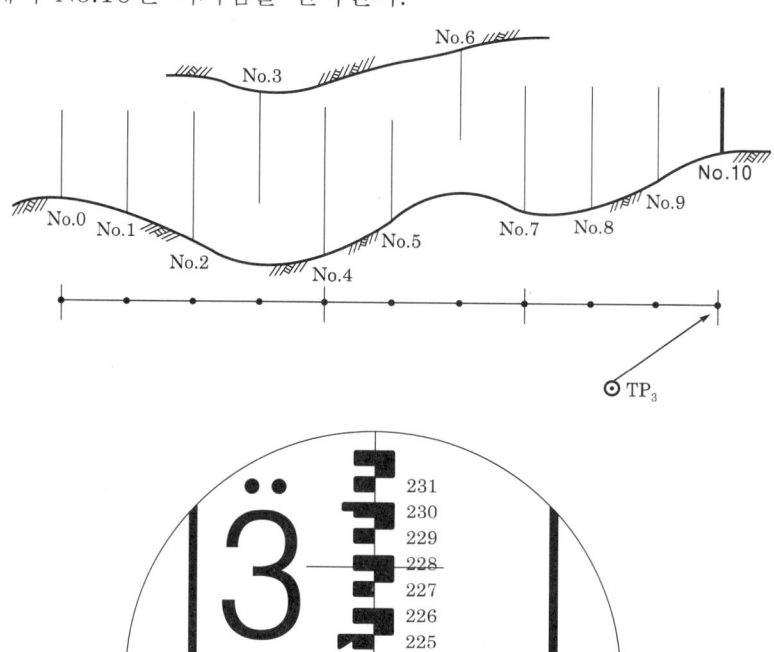

[레벨 시준]

| 측점 | 후시 | 전시 이기 | 전시 중간 | 기계고 | 지반고 |
|---|---|---|---|---|---|
| No.0 | 3.933 | | | | |
| No.1 | | | 0.434 | | |
| No.2 | | | 2.314 | | |
| No.3 | | | −0.222 | | |
| No.4 | 2.991 | 2.952 | | | |
| No.5 | | | 2.730 | | |
| No.6 | | | −3.813 | | |
| No.7 | 0.318 | 0.222 | | | |
| No.8 | | | 2.034 | | |
| No.9 | | | 0.126 | | |
| No.10 | | 2.234 | | | |
| 계 | | | | | |

[야장 기록]

<최종 야장 정리>

| 측점 | 후시 | 전시 | | 기계고 | 지반고 | *정확치 | *오차 | *점수 |
|---|---|---|---|---|---|---|---|---|
| | | 이점 | 중간점 | | | | | |
| No.0 | 3.933 | | | 124.421 | 120.488 | | | |
| No.1 | | | 0.434 | | 123.986 | | | |
| No.2 | | | 2.314 | | 122.107 | | | |
| No.3 | | | −0.222 | | 124.643 | | | |
| No.4 | 2.991 | 2.952 | | 124.460 | 121.469 | | | |
| No.5 | | | 2.730 | | 121.730 | | | |
| No.6 | | | −3.813 | | 128.273 | | | |
| No.7 | 0.318 | 0.222 | | 124.556 | 124.238 | | | |
| No.8 | | | 2.034 | | 122.522 | | | |
| No.9 | | | 0.126 | | 124.430 | | | |
| No.10 | | 2.234 | | | 122.322 | | | |
| 계 | 7.242 | 5.408 | | | | | | |

수검장 번호 :

* 란은 수검생이 기재하지 않는다.

<검산 방법>

$\sum$후시−$\sum$전시(이기점)=No.10−No.0 지반고

① $\sum$후시−$\sum$전시=7.242−5.408=1.834
② No.10의 지반고−No.0의 지반고=122.322−120.488=1.834

그러므로 검산 결과는 이상이 없다.

❖ **야장 정리시 주의 사항**

① 후시($BS$)와 이기점(TP)의 횟수가 동일(위 예에서 3개씩)해야 한다.
② 마지막 점(No.10)은 검산을 쉽게 하기 위해 이기점(TP)란에 기록한다.
③ 검산($\sum$후시−$\sum$전시=No.10 지반고−No.0 지반고)에서 오차가 있는 것은 계산상에서 잘못된 것이지, 측량에 의한 지반고 오차와는 전혀 상관없다.
④ 부(−)표척은 TP점으로 잡지 않는다.

**<야장 계산>**

> 기계고($IH$)=지반고($GH$)+후시($BS$)
> 지반고($GH$)=기계고($IH$)-전시($FS$)

① No.0 지반고=120.488
② No.0 기계고=No.0 지반고+No.0 후시=120.488+3.933=124.421
③ No.1 지반고=No.0 기계고-No.1 중간점=124.421-0.435=123.986
④ No.2 지반고=No.0 기계고-No.2 중간점=124.421-2.314=122.107
⑤ No.3 지반고=No.0 기계고-No.3 중간점=124.421+0.222=124.643
⑥ No.4 지반고=No.0 기계고-No.4 이기점=121.421-2.952=121.469

⑦ No.4 기계고=No.4 지반고+No.4 후시=121.469+2.991=124.460
⑧ No.5 지반고=No.4 기계고-No.5 중간점=124.460-2.730=121.730
⑨ No.6 지반고=No.4 기계고-No.6 중간점=124.460+3.813=128.273
⑩ No.7 지반고=No.4 기계고-No.7 이기점=124.460-0.222=124.238

⑪ No.7 기계고=No.7 지반고+No.7 후시=124.238+0.318=124.556
⑫ No.8 지반고=No.7 기계고-No.8 중간점=124.556-2.034=122.522
⑬ No.9 지반고=No.7 기계고-No.9 중간점=124.556-0.126=124.430
⑭ No.10 지반고=No.7 기계고-No.10 이기점=124.556-2.234=122.322

# 국가기술자격검정 실기시험문제

년도 기술계 검정 제 회

| 자격 종목<br>및 등급 | | 작품명 | 수준 측량 |
|---|---|---|---|

수검 번호                               성 명

---

1. 표준 시간
   1) 삼각 측량 30분(연장 시간 5분)
   2) 수준 측량 30분(연장 시간 5분)
   3) 평판 측량 30분(연장 시간 5분)
2. 요구 사항
   * 지급된 재료 및 시설을 사용하여 다음 작업을 하시오.
   1) 수준 측량
      시험장에 설치된 No.0에서 No.10까지 측점을 수준 측량하여 기고식 야장을 작성하고, 각 점의 지반고를 계산하시오. (단, 기계를 3회 이상 설치하여야 한다.)

<정(+)표척만 있을 경우>

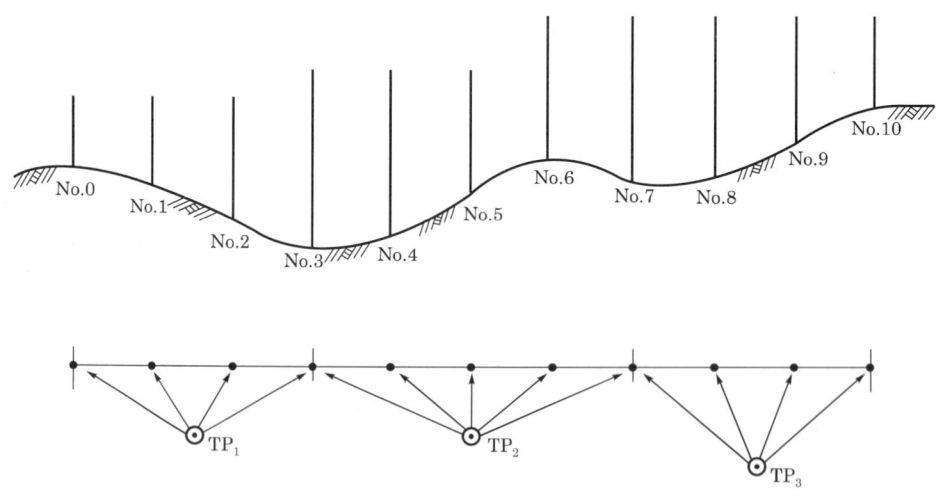

[이상적인 레벨 세우기]
(전·후시의 거리를 같게 함.)

①-㉠ 기계를 $TP_1$으로 이동해서 No.0인 후시를 관측한다.

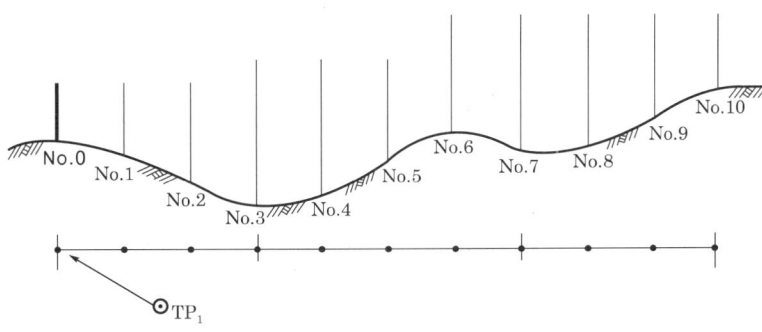

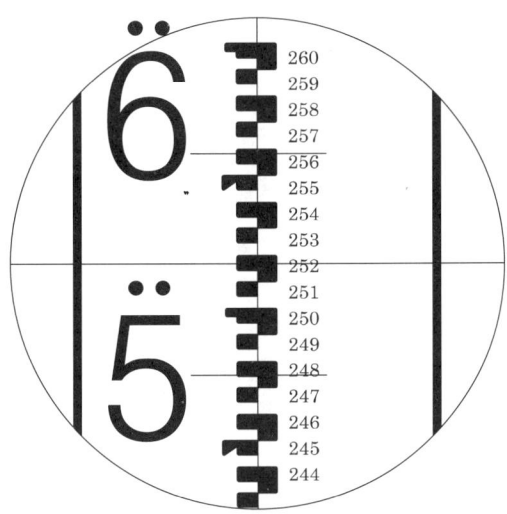

[레벨 시준]

| 측점 | 후시 | 전시 | | 기계고 | 지반고 |
| --- | --- | --- | --- | --- | --- |
| | | 이기 | 중간 | | |
| No.0 | 2.518 | | | | |
| No.1 | | | | | |
| No.2 | | | | | |
| No.3 | | | | | |
| No.4 | | | | | |
| No.5 | | | | | |
| No.6 | | | | | |
| No.7 | | | | | |
| No.8 | | | | | |
| No.9 | | | | | |
| No.10 | | | | | |
| 계 | | | | | |

[야장 기록]

①-ⓒ TP₁인 지점에서 No.1인 중간점을 관측한다.

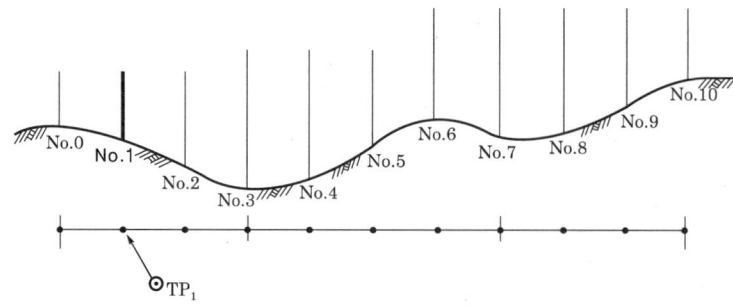

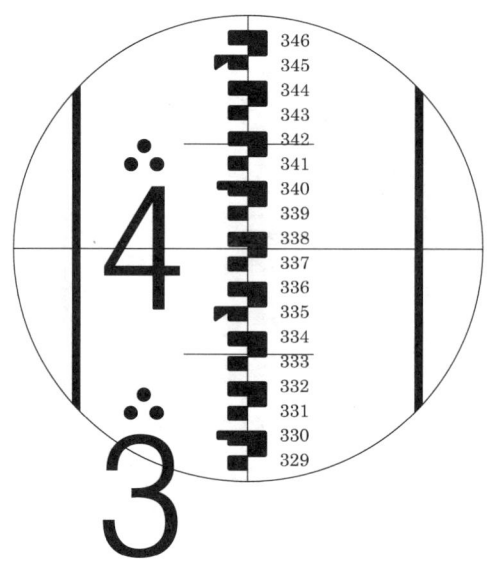

[레벨 시준]

| 측점 | 후시 | 전시 | | 기계고 | 지반고 |
|---|---|---|---|---|---|
| | | 이기 | 중간 | | |
| No.0 | 2.518 | | | | |
| No.1 | | 3.374 | | | |
| No.2 | | | | | |
| No.3 | | | | | |
| No.4 | | | | | |
| No.5 | | | | | |
| No.6 | | | | | |
| No.7 | | | | | |
| No.8 | | | | | |
| No.9 | | | | | |
| No.10 | | | | | |
| 계 | | | | | |

[야장 기록]

①-ⓒ TP₁인 지점에서 No.2인 중간점을 관측한다.

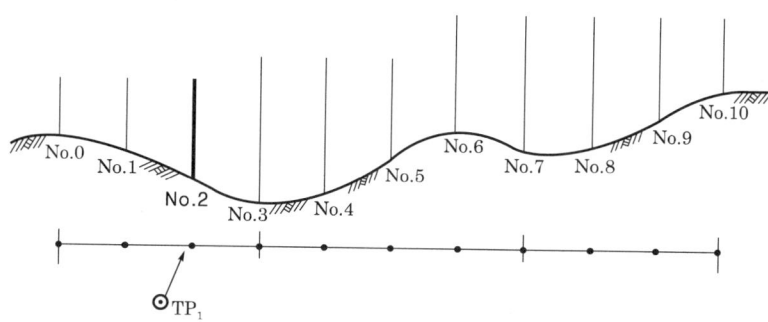

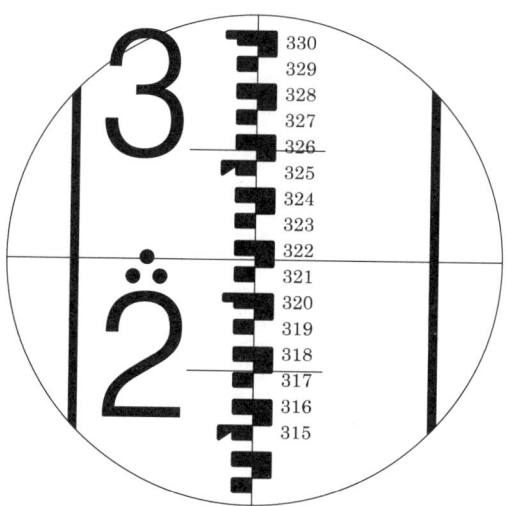

[레벨 시준]

| 측점 | 후시 | 전시 | | 기계고 | 지반고 |
|------|------|------|------|--------|--------|
|      |      | 이기 | 중간 |        |        |
| No.0 | 2.518 |    |       |        |        |
| No.1 |      |      | 3.374 |        |        |
| No.2 |      |      | 3.214 |        |        |
| No.3 |      |      |       |        |        |
| No.4 |      |      |       |        |        |
| No.5 |      |      |       |        |        |
| No.6 |      |      |       |        |        |
| No.7 |      |      |       |        |        |
| No.8 |      |      |       |        |        |
| No.9 |      |      |       |        |        |
| No.10 |     |      |       |        |        |
| 계   |      |      |       |        |        |

[야장 기록]

①-㉣ TP$_1$인 지점에서 No.3인 중간점을 관측한다.

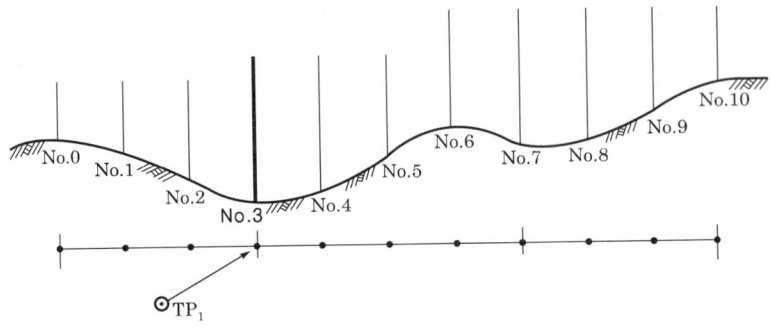

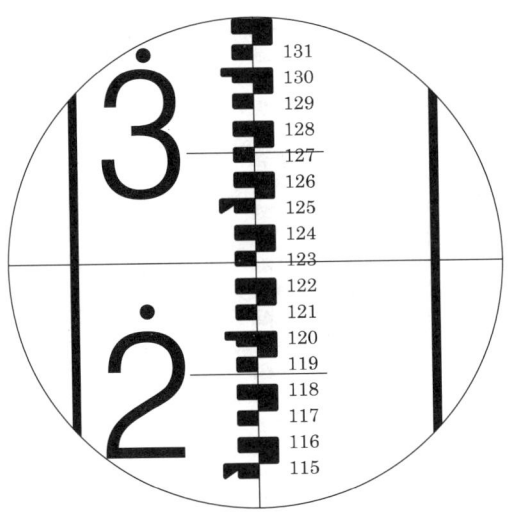

[레벨 시준]

| 측점 | 후시 | 전시 이기 | 전시 중간 | 기계고 | 지반고 |
|---|---|---|---|---|---|
| No.0 | 2.518 | | | | |
| No.1 | | | 3.374 | | |
| No.2 | | | 3.214 | | |
| No.3 | | 1.226 | | | |
| No.4 | | | | | |
| No.5 | | | | | |
| No.6 | | | | | |
| No.7 | | | | | |
| No.8 | | | | | |
| No.9 | | | | | |
| No.10 | | | | | |
| 계 | | | | | |

[야장 기록]

②-㉠ 기계를 TP₂로 옮겨 No.3인 후시를 관측한다.

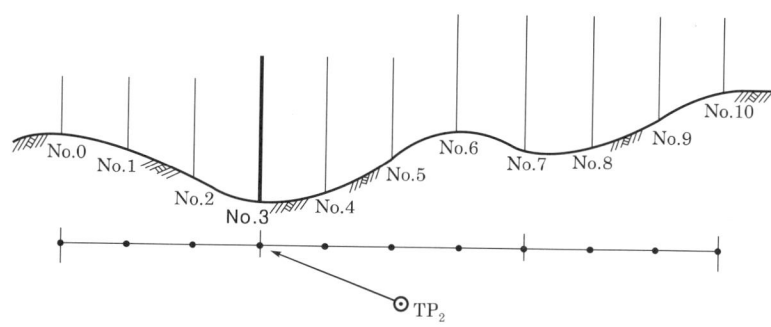

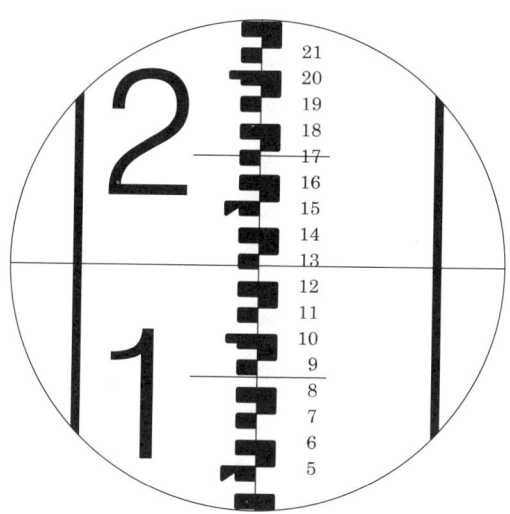

[레벨 시준]

| 측점 | 후시 | 전시 | | 기계고 | 지반고 |
|---|---|---|---|---|---|
| | | 이기 | 중간 | | |
| No.0 | 2.518 | | | | |
| No.1 | | | 3.374 | | |
| No.2 | | | 3.214 | | |
| No.3 | 0.125 | 1.226 | | | |
| No.4 | | | | | |
| No.5 | | | | | |
| No.6 | | | | | |
| No.7 | | | | | |
| No.8 | | | | | |
| No.9 | | | | | |
| No.10 | | | | | |
| 계 | | | | | |

[야장 기록]

제2장. 수준 측량

②-ⓒ TP$_2$에서 No.4의 중간점을 관측한다.

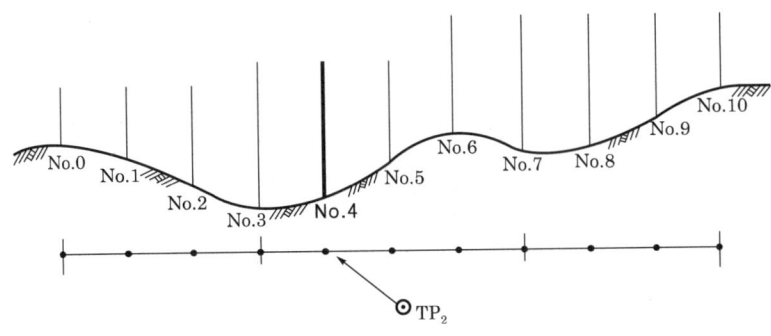

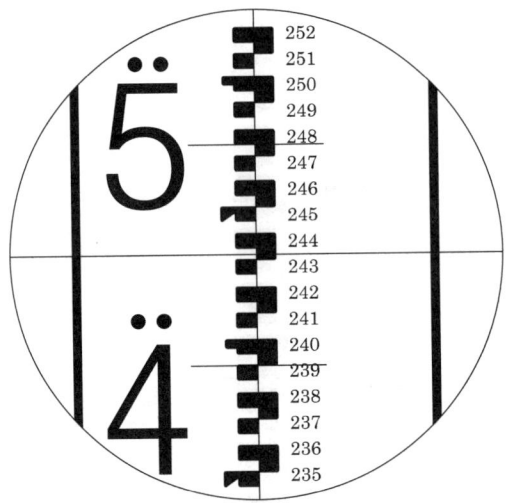

[레벨 시준]

| 측점 | 후시 | 전시 | | 기계고 | 지반고 |
|---|---|---|---|---|---|
| | | 이기 | 중간 | | |
| No.0 | 2.518 | | | | |
| No.1 | | | 3.374 | | |
| No.2 | | | 3.214 | | |
| No.3 | 0.125 | 1.226 | | | |
| No.4 | | | 2.434 | | |
| No.5 | | | | | |
| No.6 | | | | | |
| No.7 | | | | | |
| No.8 | | | | | |
| No.9 | | | | | |
| No.10 | | | | | |
| 계 | | | | | |

[야장 기록]

②-㉢ TP$_2$에서 No.5의 중간점을 관측한다.

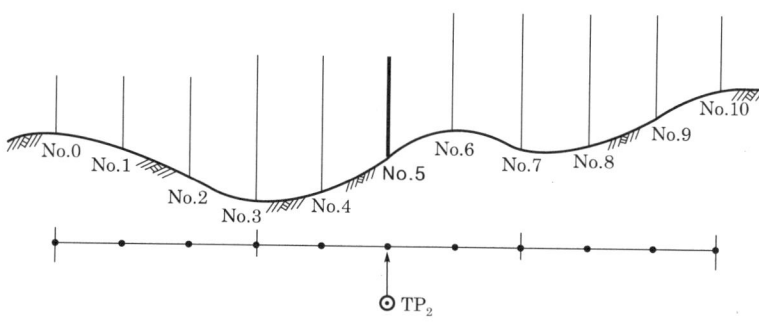

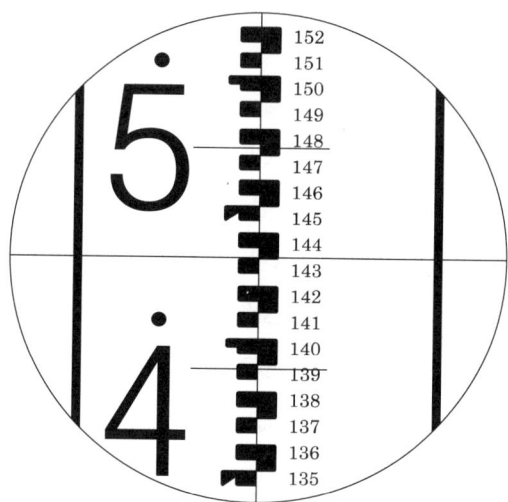

[레벨 시준]

| 측점 | 후시 | 전시 | | 기계고 | 지반고 |
|---|---|---|---|---|---|
| | | 이기 | 중간 | | |
| No.0 | 2.518 | | | | |
| No.1 | | | 3.374 | | |
| No.2 | | | 3.214 | | |
| No.3 | 0.125 | 1.226 | | | |
| No.4 | | | 2.434 | | |
| No.5 | | | 1.431 | | |
| No.6 | | | | | |
| No.7 | | | | | |
| No.8 | | | | | |
| No.9 | | | | | |
| No.10 | | | | | |
| 계 | | | | | |

[야장 기록]

②-㉣ TP$_2$에서 No.6의 중간점을 관측한다.

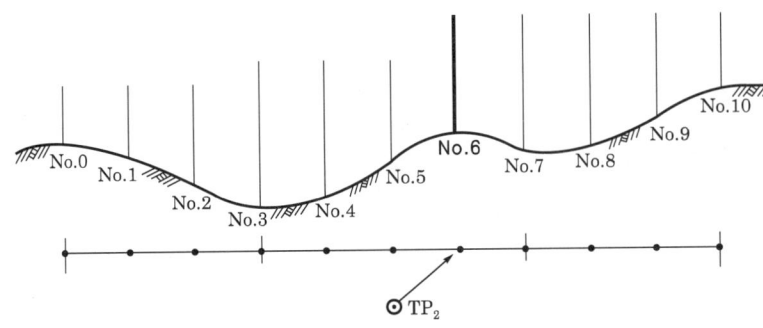

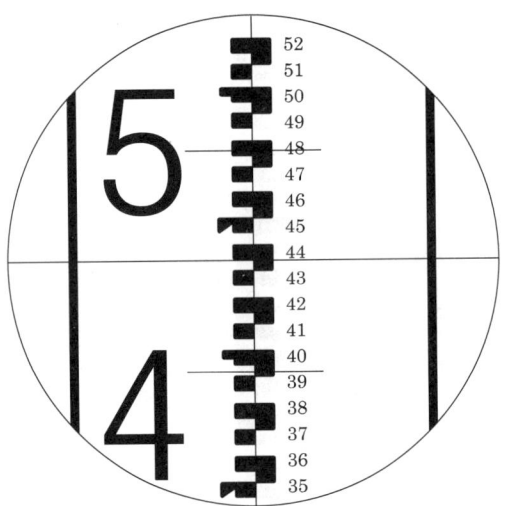

[레벨 시준]

| 측점 | 후시 | 전시 | | 기계고 | 지반고 |
|---|---|---|---|---|---|
| | | 이기 | 중간 | | |
| No.0 | 2.518 | | | | |
| No.1 | | | 3.374 | | |
| No.2 | | | 3.214 | | |
| No.3 | 0.125 | 1.226 | | | |
| No.4 | | | 2.434 | | |
| No.5 | | | 1.431 | | |
| No.6 | | | 0.435 | | |
| No.7 | | | | | |
| No.8 | | | | | |
| No.9 | | | | | |
| No.10 | | | | | |
| 계 | | | | | |

[야장 기록]

②-㉥ TP$_2$에서 No.7의 이기점을 관측한다.

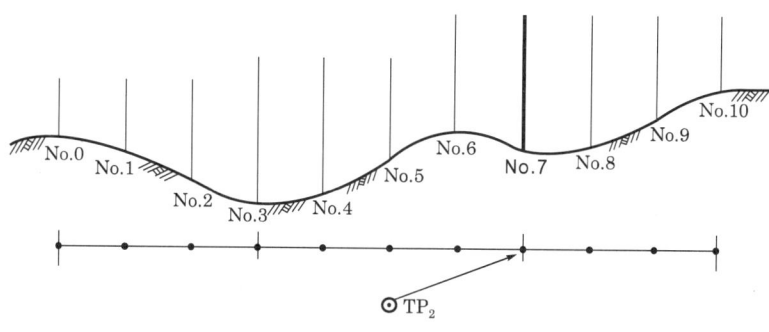

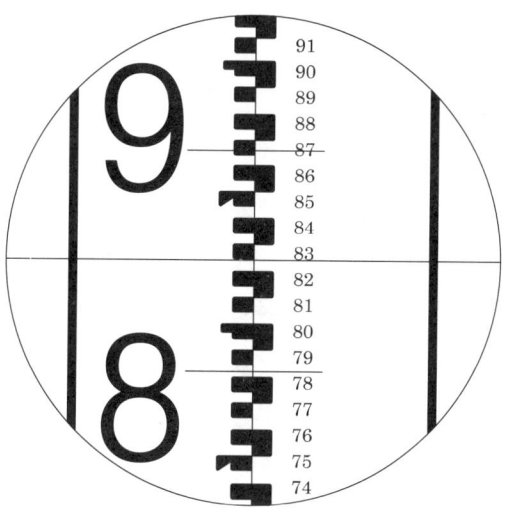

[레벨 시준]

| 측점 | 후시 | 전시 이기 | 전시 중간 | 기계고 | 지반고 |
|---|---|---|---|---|---|
| No.0 | 2.518 | | | | |
| No.1 | | | 3.374 | | |
| No.2 | | | 3.214 | | |
| No.3 | 0.125 | 1.226 | | | |
| No.4 | | | 2.434 | | |
| No.5 | | | 1.431 | | |
| No.6 | | | 0.435 | | |
| No.7 | | 0.825 | | | |
| No.8 | | | | | |
| No.9 | | | | | |
| No.10 | | | | | |
| 계 | | | | | |

[야장 기록]

③-㉠ 기계를 TP₃로 옮겨 No.7의 후시를 관측한다.

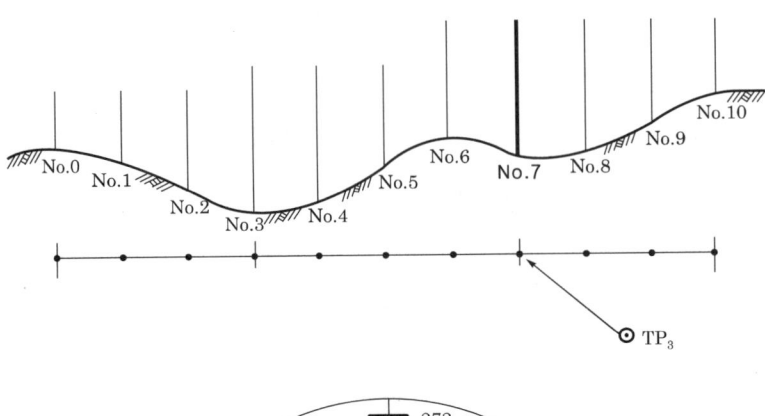

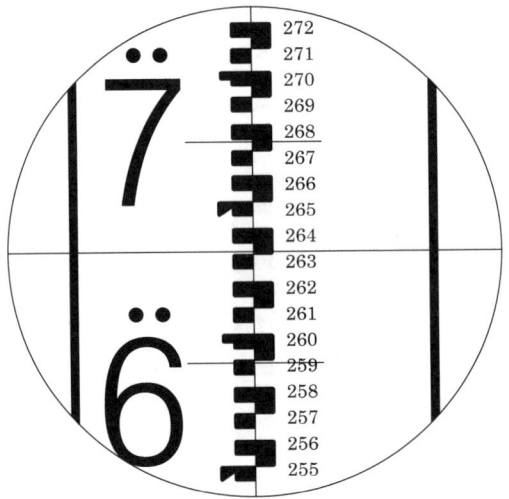

[레벨 시준]

| 측점 | 후시 | 전시 | | 기계고 | 지반고 |
|---|---|---|---|---|---|
| | | 이기 | 중간 | | |
| No.0 | 2.518 | | | | |
| No.1 | | | 3.374 | | |
| No.2 | | | 3.214 | | |
| No.3 | 0.125 | 1.226 | | | |
| No.4 | | | 2.434 | | |
| No.5 | | | 1.431 | | |
| No.6 | | | 0.435 | | |
| No.7 | 2.631 | 0.825 | | | |
| No.8 | | | | | |
| No.9 | | | | | |
| No.10 | | | | | |
| 계 | | | | | |

[야장 기록]

③-ⓒ TP$_3$에서 No.8인 중간점을 관측한다.

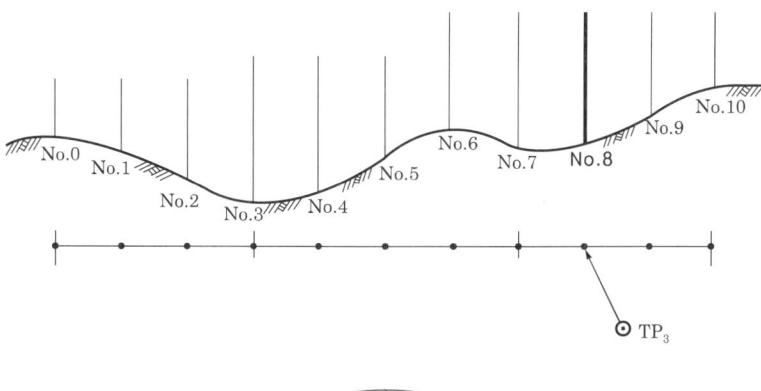

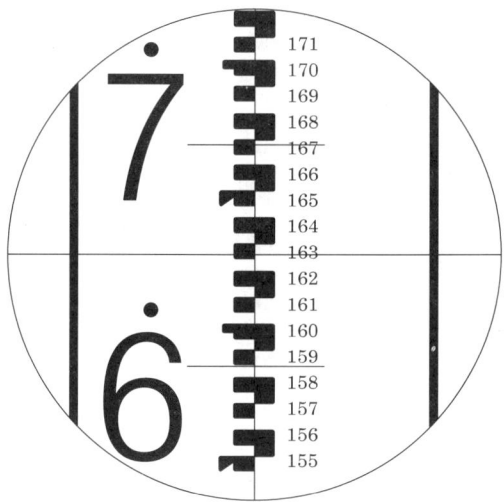

[레벨 시준]

| 측점 | 후시 | 전시 | | 기계고 | 지반고 |
|---|---|---|---|---|---|
| | | 이기 | 중간 | | |
| No.0 | 2.518 | | | | |
| No.1 | | | 3.374 | | |
| No.2 | | | 3.214 | | |
| No.3 | 0.125 | 1.226 | | | |
| No.4 | | | 2.434 | | |
| No.5 | | | 1.431 | | |
| No.6 | | | 0.435 | | |
| No.7 | 2.631 | 0.825 | | | |
| No.8 | | | 1.627 | | |
| No.9 | | | | | |
| No.10 | | | | | |
| 계 | | | | | |

[야장 기록]

③-㉢ $TP_3$에서 No.9인 중간점을 관측한다.

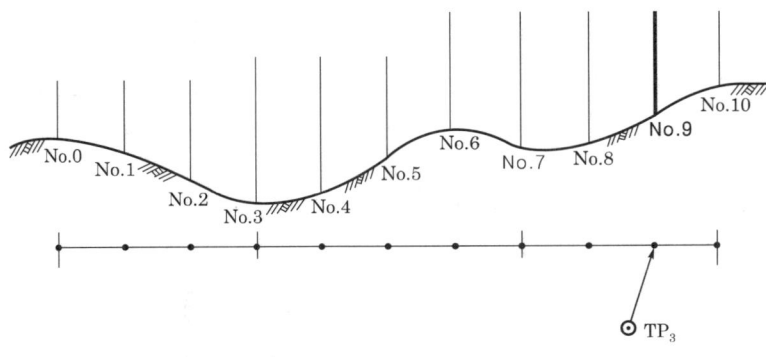

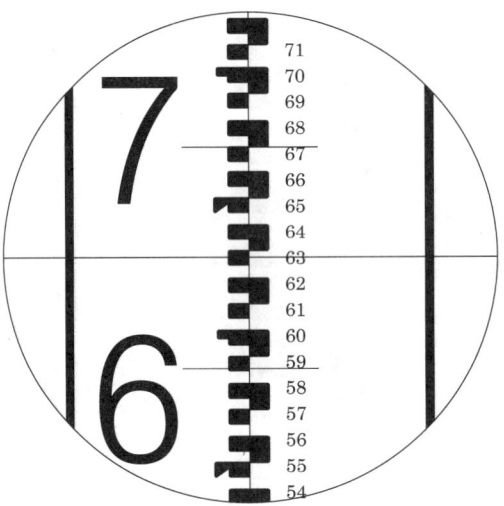

[레벨 시준]

| 측점 | 후시 | 전시 | | 기계고 | 지반고 |
|---|---|---|---|---|---|
| | | 이기 | 중간 | | |
| No.0 | 2.518 | | | | |
| No.1 | | | 3.374 | | |
| No.2 | | | 3.214 | | |
| No.3 | 0.125 | 1.226 | | | |
| No.4 | | | 2.434 | | |
| No.5 | | | 1.431 | | |
| No.6 | | | 0.435 | | |
| No.7 | 2.631 | 0.825 | | | |
| No.8 | | | 1.627 | | |
| No.9 | | | 0.627 | | |
| No.10 | | | | | |
| 계 | | | | | |

[야장 기록]

③-㉣ TP₃에서 No.10인 이기점을 관측한다.

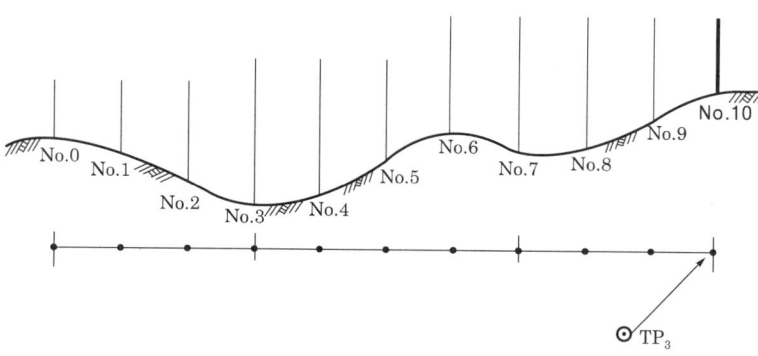

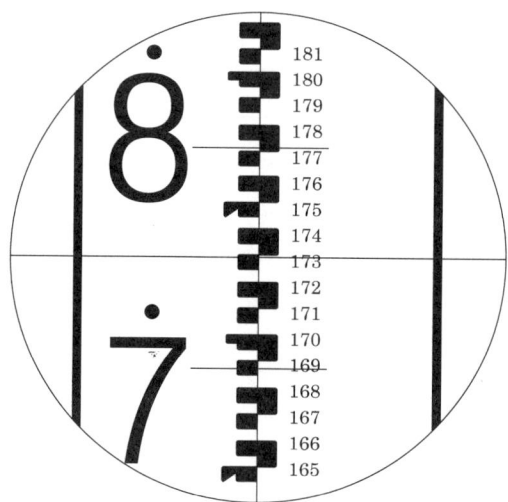

[레벨 시준]

| 측점 | 후시 | 전시 이기 | 전시 중간 | 기계고 | 지반고 |
|---|---|---|---|---|---|
| No.0 | 2.518 | | | | |
| No.1 | | | 3.374 | | |
| No.2 | | | 3.214 | | |
| No.3 | 0.125 | 1.226 | | | |
| No.4 | | | 2.434 | | |
| No.5 | | | 1.431 | | |
| No.6 | | | 0.435 | | |
| No.7 | 2.631 | 0.825 | | | |
| No.8 | | | 1.627 | | |
| No.9 | | | 0.627 | | |
| No.10 | | 1.729 | | | |
| 계 | | | | | |

[야장 기록]

<최종 야장 정리>

| 측점 | 후시 | 전시 | | 기계고 | 지반고 |
| --- | --- | --- | --- | --- | --- |
| | | 이기 | 중간 | | |
| No.0 | 2.518 | | | 102.750 | 100.232 |
| No.1 | | | 3.374 | | 99.376 |
| No.2 | | | 3.214 | 101.649 | 99.536 |
| No.3 | 0.125 | 1.226 | | | 101.524 |
| No.4 | | | 2.434 | | 99.215 |
| No.5 | | | 1.431 | | 100.218 |
| No.6 | | | 0.435 | 103.455 | 101.214 |
| No.7 | 2.631 | 0.825 | | | 100.824 |
| No.8 | | | 1.627 | | 101.828 |
| No.9 | | | 0.627 | | 102.828 |
| No.10 | | 1.729 | | | 101.726 |
| 계 | 5.274 | 3.780 | | | |

<검산 방법>

∑후시−∑전시(이기점)=No.10 지반고−No.0 지반고

① ∑후시−∑전시=5.274−3.780=1.494
② No.10의 지반고−No.0의 지반고=101.726−100.232=1.494

그러므로 검산 결과는 이상이 없다.

❖ 야장 정리시 주의 사항

① 후시(BS)와 이기점(TP)의 횟수가 동일(위 예에서 3개씩)해야 한다.
② 마지막 점(No.10)은 검산을 쉽게 하기 위해 이기점(TP)란에 기록한다.
③ 검산(∑후시−∑전시=No.10 지반고−No.0 지반고)에서 오차가 있는 것은 계산상에서 잘못된 것이지, 측량에 의한 지반고 오차와는 전혀 상관없다.

<야장 계산>

$$기계고(IH) = 지반고(GH) + 후시(BS)$$
$$지반고(GH) = 기계고(IH) - 전시(FS)$$

No.0 지반고=100.232로 주어짐
① No.0 기계고=No.0 지반고+No.0 후시=100.232+2.518=102.750
② No.1 지반고=No.0 기계고-No.1 중간점=102.750-3.374=99.376
③ No.2 지반고=No.0 기계고-No.2 중간점=102.750-3.214=99.536
④ No.3 지반고=No.0 기계고-No.3 이기점=102.750-1.226=101.524

⑤ No.3 기계고=No.3 지반고+No.3 후시=101.524+0.125=101.649
⑥ No.4 지반고=No.3 기계고-No.4 중간점=101.649-2.434=99.215
⑦ No.5 지반고=No.3 기계고-No.5 중간점=101.649-1.431=100.218
⑧ No.6 지반고=No.3 기계고-No.6 중간점=101.649-0.435=101.214
⑨ No.7 지반고=No.3 기계고-No.7 이기점=101.649-0.825=100.824

⑩ No.7 기계고=No.7 지반고+No.7 후시=100.824+2.631=103.455
⑪ No.8 지반고=No.7 기계고-No.8 중간점=103.455-1.627=101.828
⑫ No.9 지반고=No.7 기계고-No.9 중간점=103.455-0.627=102.828
⑬ No.10 지반고=No.7 기계고-No.10 이기점=103.455-1.729=101.726

# 03 트랜싯 측량(삼각 측량)

제5편 | 외 업

1. 교각과 방위각을 관측하여 요구한 대로 야장을 정리하고 계산하여 각의 오차가 60″ 이내이면 점수를 받고 오차가 60″ 이상이면 0점이다(20″ 이내이면 만점).
2. 제한 시간은 30분(연장 시간 5분) : 연장 시간 5분을 초과하면 0점이다.
3. 시험장에서 쓰는 트랜싯의 종류는 SOKKIA사의 DT-5와 TOPCON사의 DT-05.05A이다.

## 1 각 측량 기계

### (1) DT-5(SOKKIA)

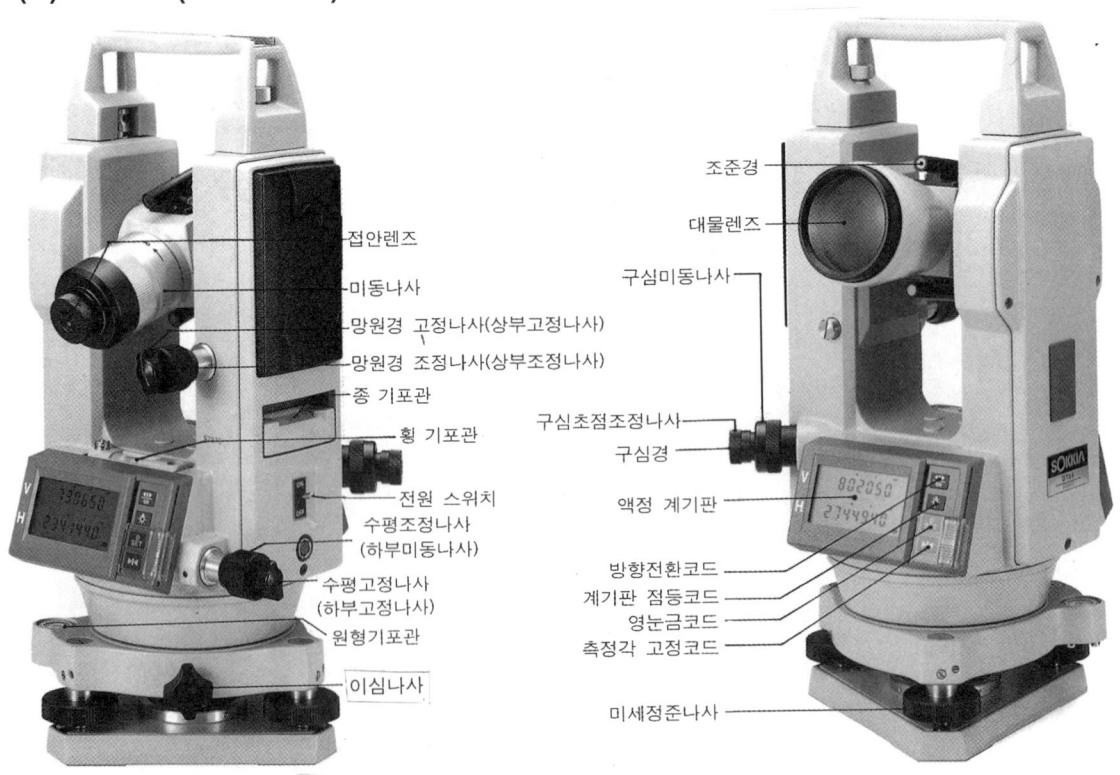

- DT-5(SOKKIA)의 표시 설명/키의 기능

제3장. 트랜싯 측량(삼각 측량) **703**

## (2) TOPCON

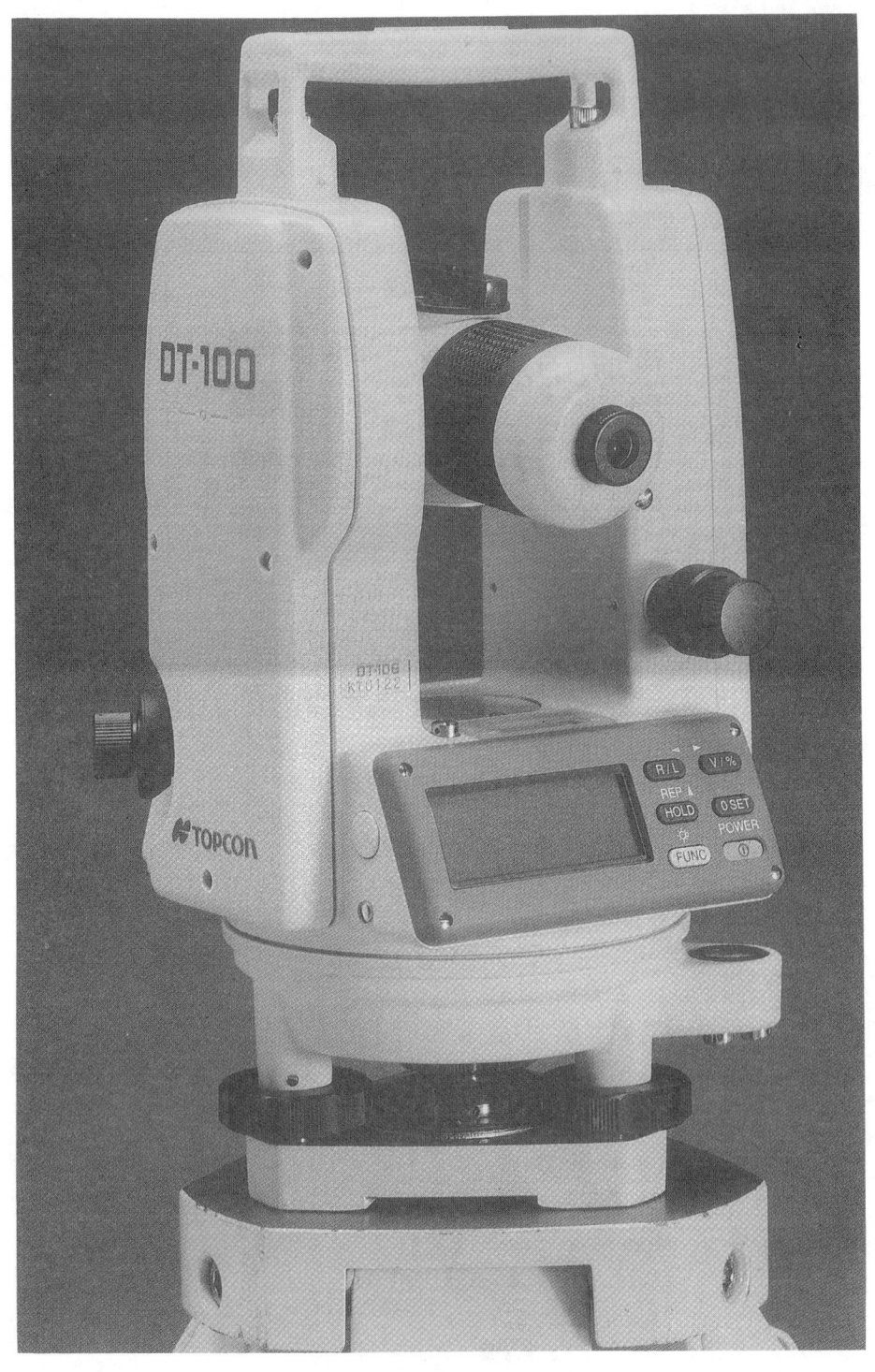

- TOPCON DT-0.505A

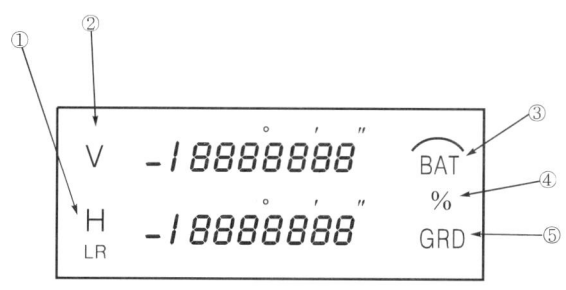

| ① | H R | 수평 우회각 표시 |
|---|---|---|
| | H L | 수평 좌회각 표시 |
| | H H R.L (Flashes) | 수평각 고정 |
| ② | V | 연직각 표시 |
| ③ | BAT | Battery량 표시 |
| ④ | % | 구배(경사)율 표시 |
| ⑤ | GRD | 각 단위 |

(a) 전자식 세오돌라이트 화면 표시 설명

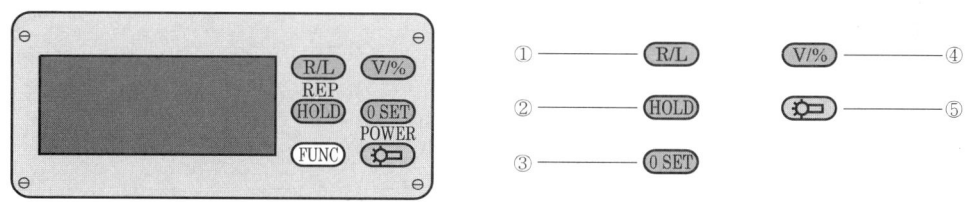

| No. | Name | Function |
|---|---|---|
| ① | R/L | 수평각 좌/우 변환 스위치 |
| ② | HOLD | 수평각 고정 표시 |
| ③ | 0 SET | 수평각 0 SET키 |
| ④ | V/% | 연직각/구배율 선택키 |
| ⑤ | ☼ | 화면 조정키 |

(b) 전자식 세오돌라이트 조작키 설명

제3장. 트랜싯 측량(삼각 측량) **705**

❖ 트랜싯의 조정시 유의 사항

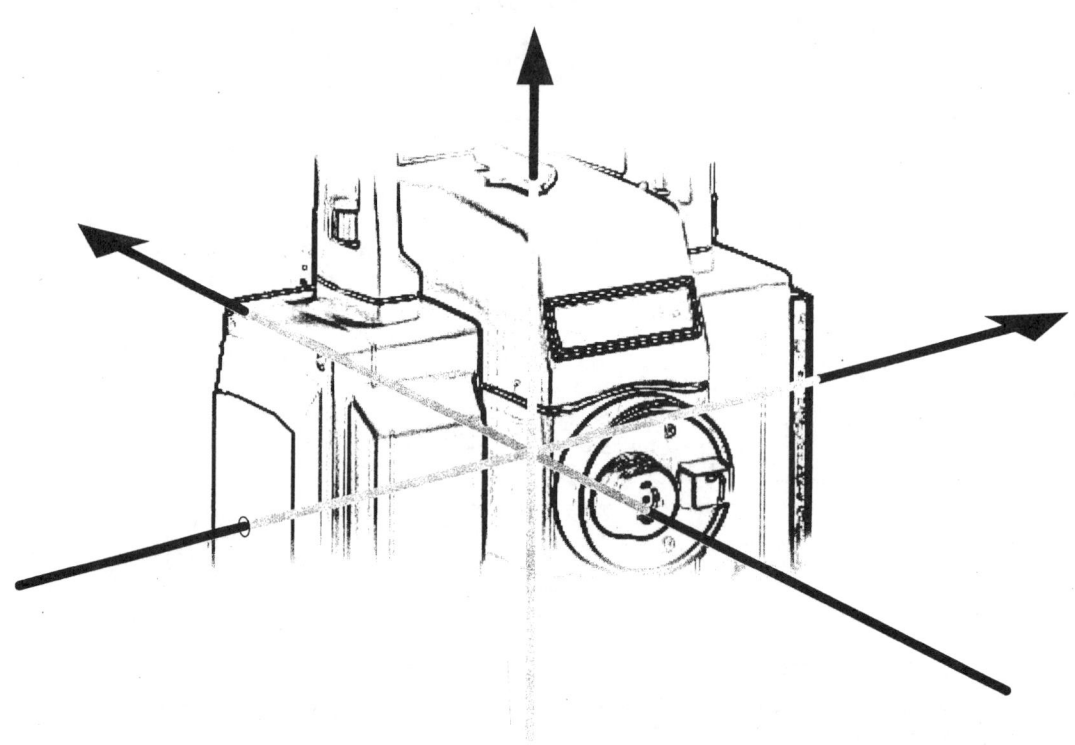

① 기포관축과 연직축은 직교해야 한다.
② 수평축과 연직축은 직교해야 한다.
③ 수평축과 시준선은 직교해야 한다.

# 국가기술자격검정 실기시험문제

| 자격 종목<br>및 등급 | | 작품명 | 수준 측량 |
|---|---|---|---|

수검 번호                    성 명

---

1. 시험 시간 : 표준 시간-외업 1시간 30분
   1) 평판 측량 30분            2) 수준 측량 30분
   3) 트랜싯 측량 30분          4) 연장 시간-각 작업별로 5분
2. 요구 사항
   * 지급된 재료 및 시설을 사용하여 다음 작업을 하시오.
   1) 트랜싯 측량
      시험장에 설치된 측점 B, C의 교각을 측정하여 측선 BC, CD 방위각을 구하시오.
      (단, AB의 방위각은 45° 38′ 20″임.)

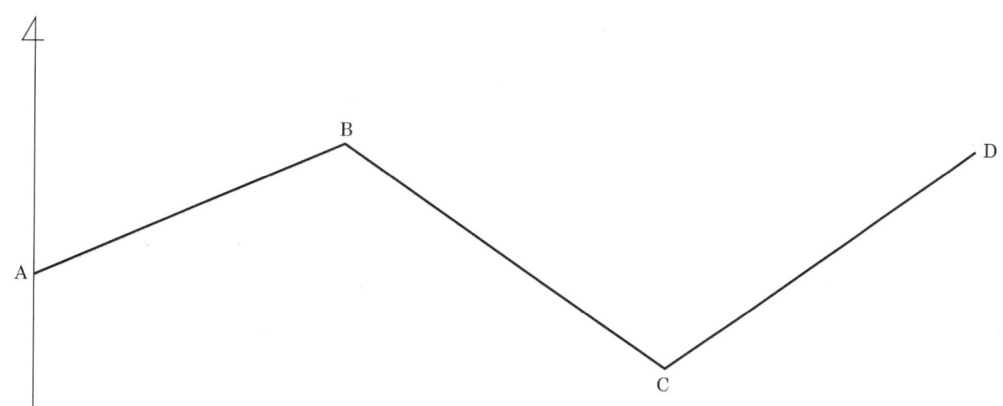

[트랜싯 측량 야장]

| 측점 | 관측각 | 측선 | 방위각 |
|---|---|---|---|
| A | | AB | 45° 38′ 20″ |
| B | | BC | |
| C | | CD | |

〈실습 순서〉
(1) B점의 교각을 측정
(2) C점의 교각을 측정
(3) 야장 정리(BC 측선의 방위각, CD 측선의 방위각)

〈방위각 측정〉
① 진행 방향의 오른쪽 교각을 측량하였을 때
   방위각=전측선의 방위각+180°−교각
② 진행 방향의 왼쪽 교각을 측량하였을 때
   방위각=전측선의 방위각−180°+교각

①
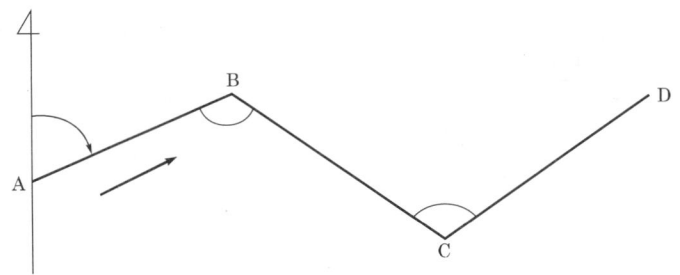

②
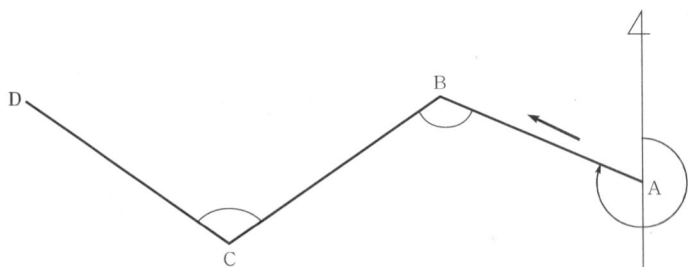

&lt;B점의 교각 관측&gt;

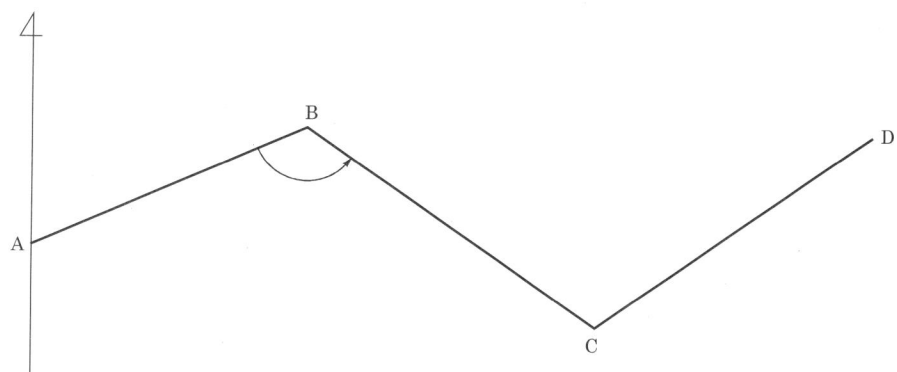

① 기계를 들고 B점으로 이동

② 다리의 위치는 평판의 삼각대와 동일하다(다리 하나는 측점 앞에 두 다리는 몸쪽으로 향한다. 대체로 정삼각형을 만든다).

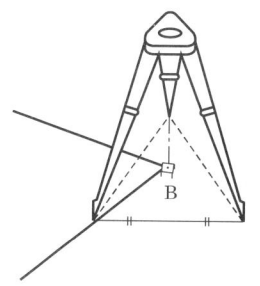

제3장. 트랜싯 측량(삼각 측량)

③ 구심 망원경으로 구심을 맞춘다.

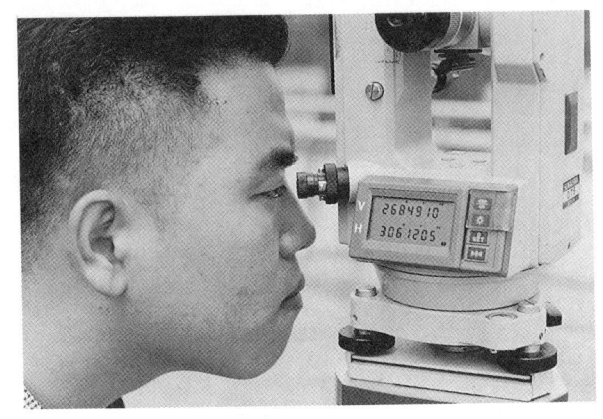 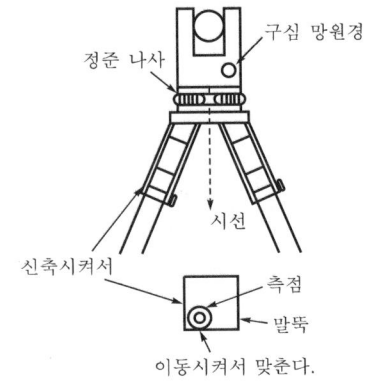

㉮ 구심 망원경을 보고 말뚝의 측점과 트랜싯의 중심축을 일치시키는 작업을 한다. 그 다음에는 구심 망원경을 보고 양손으로 정준 나사를 돌려서 측점과 중심축을 일치시킨다.

㉯ 트랜싯의 원형 기포관의 기포를 3개의 삼각 다리의 길이를 조정하며 원의 중심으로 이동시킨다.

㉰ 또 한 번 구심 망원경을 보고 측점과 중심축의 일치 상황을 점검하며, 아직 일치되지 않았으면 ㉮, ㉯의 동작을 되풀이한다.

④ 정준

㉮ 삼각 다리로 정준(원형 기포관 정준)

ⓐ와 ⓑ처럼 엄지 손가락을 위·아래로 움직이면서 정준을 한다.

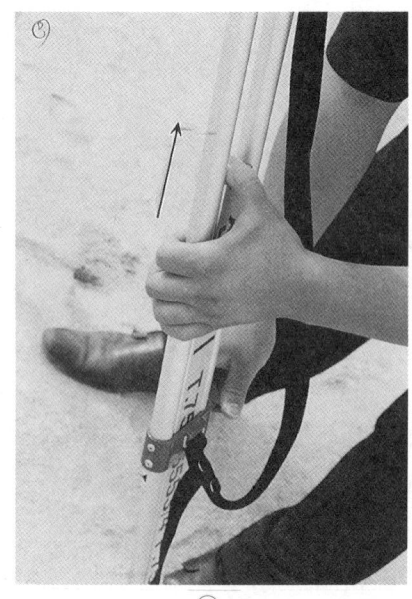

ⓐ

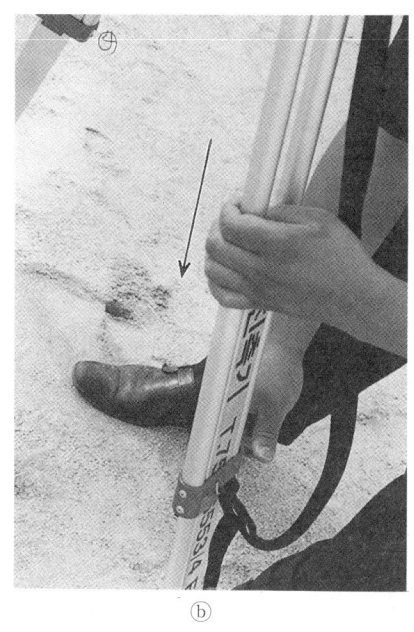

삼각 다리로 정준할 경우 구심 시준선의 방향이 움직이지 않는다.

㉯ 정준 나사로 정준(종, 횡 기포관 정준)

정준 나사로 정준할 경우에는 기포관이 거의 정준 상태에 있을 때 이동을 하는 것이 효과적이다.

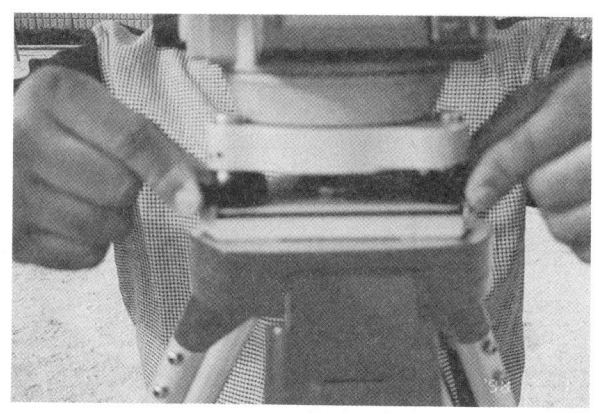

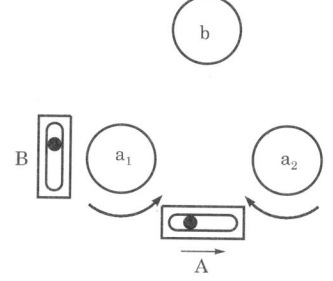

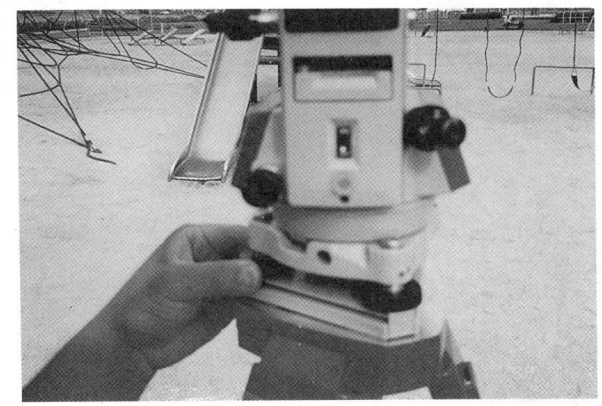

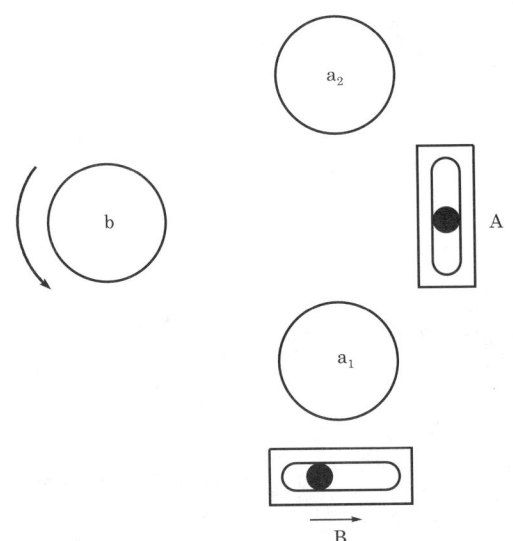

㉠ A와 B의 2개 기포관 중에서 1개(A) 기포관을 먼저 정준한다.
㉡ 정준 나사 $a_1$과 $a_2$의 방향과 나란하게 A 기포관의 정준 나사 $a_1$ 및 $a_2$로 A의 기포가 정확히 중앙에 오게 한다.
㉢ 정준 나사 b로 B의 기포가 중앙에 오게 한다.
㉣ B의 기포가 중앙에 올 때 A의 기포도 중앙에 있는가를 다시 확인하고 A의 기포가 정확히 중앙에 오게 한다.

◀ 참고 ▶

정준 나사가 이동하면 구심 시준선의 방향이 이동된다.

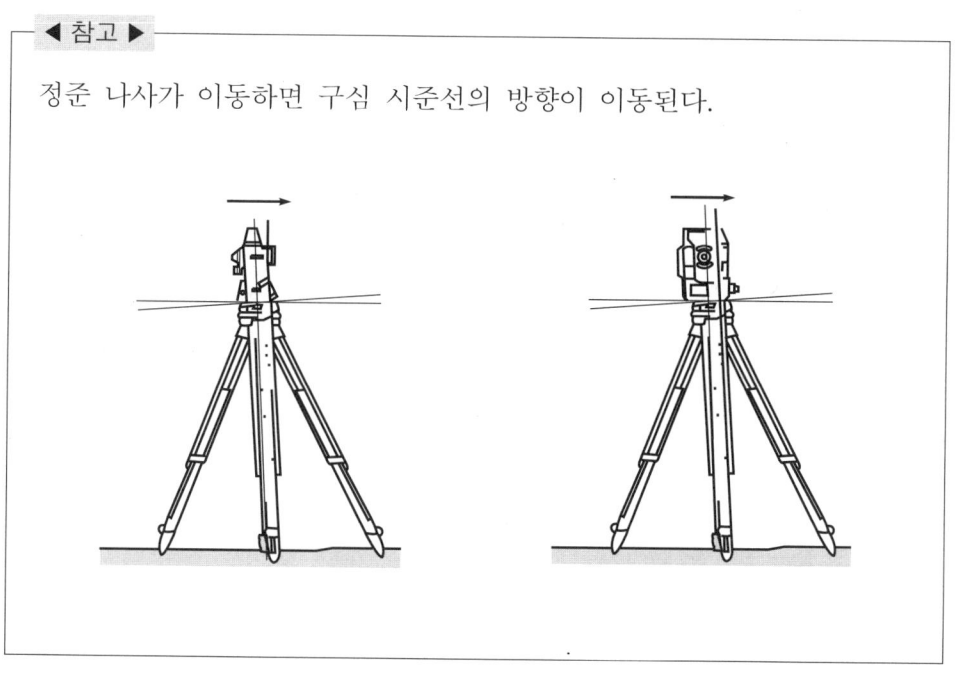

⑤ 정준 작업이 끝난 후에는 구심이 틀려지므로 다시 구심 확인을 한다.

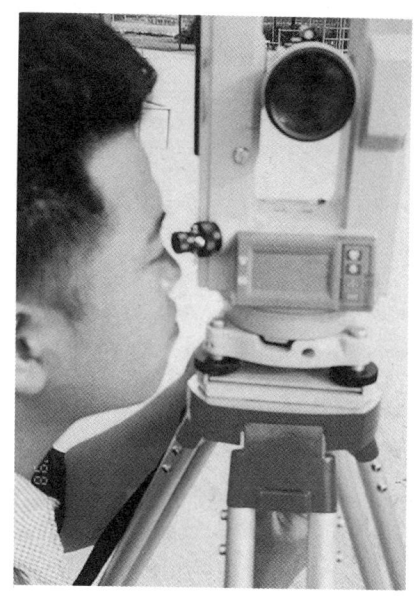

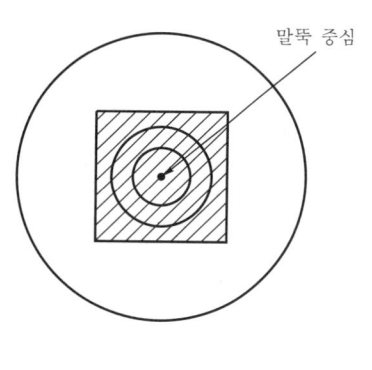

말뚝 중심

[구심 완료]

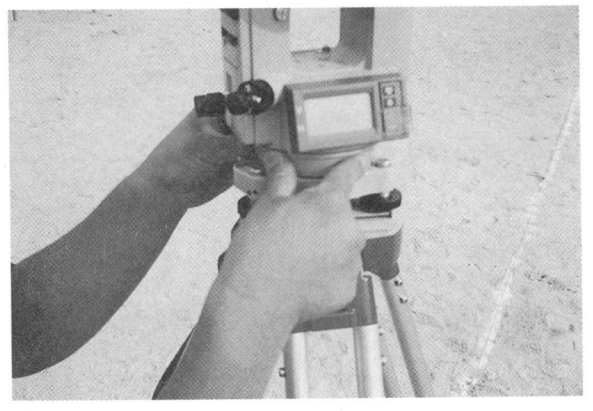

구심이 이동이 되었을 경우에는 이심
(편심) 나사를 풀고, 이심(편심)을 한다.

> ⟨정준의 확인⟩
> 기계 상부를 180° 회전시키고 기포의 위치를 재차 확인한다.

⑥ 시준

㉮ 먼저 조준경으로 A점을 대략 시준
한다.

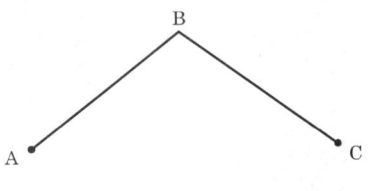

㉯ 망원경으로 A점을 시준한다.
(접안 렌즈 조절 나사를 사용하여
십자선이 선명하게 할 것)

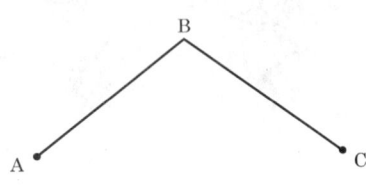

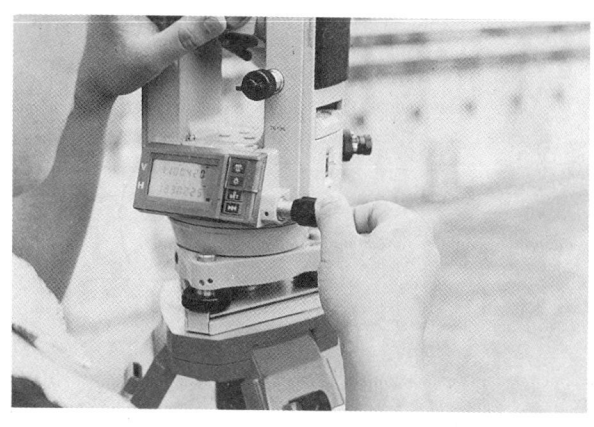
㉰ 수평 고정 나사(하부 고정 나사)를 잠근 뒤 수평 조정 나사(하부 미동 나사)로 좌, 우 조정을 한다.

수평 조정 나사(하부 미동 나사)를 이동시키면 십자선이 좌우로 이동된다.

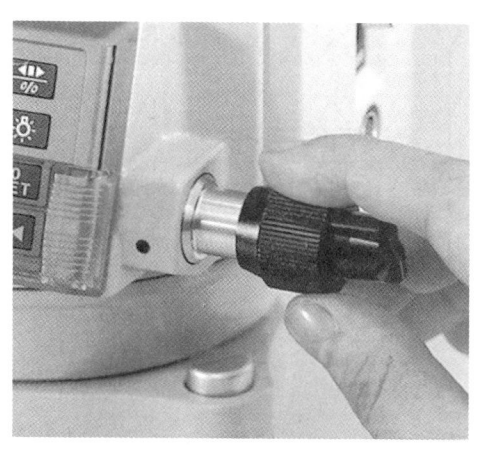
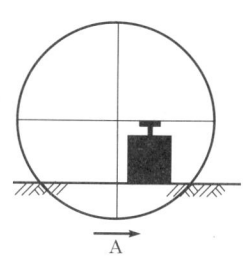

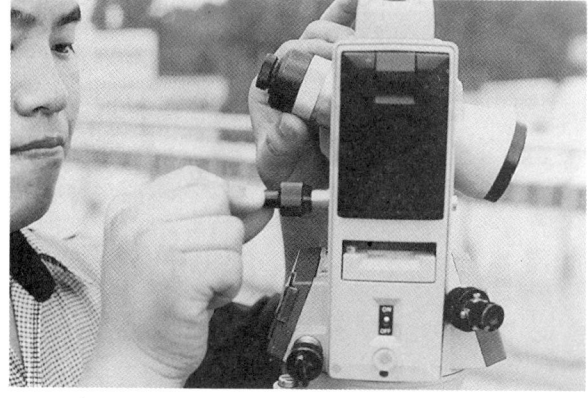
㉱ 망원경 고정 나사(상부 고정 나사)를 잠근 뒤 망원경 조정 나사(상부 미동 나사)로 상, 하 조정을 한다.

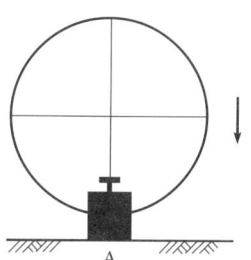

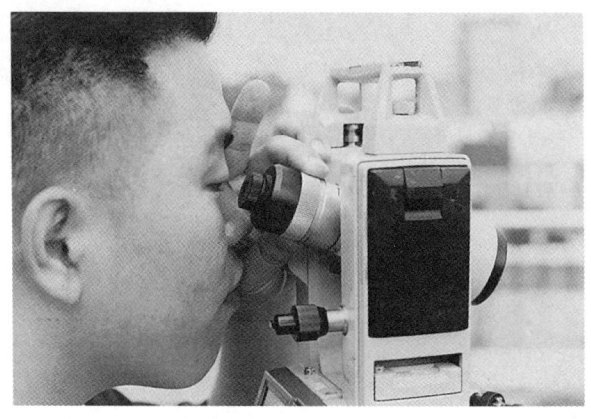

㉮ 마무리 시준을 한다(십자선에 말뚝을 정확히 일치시킨다).

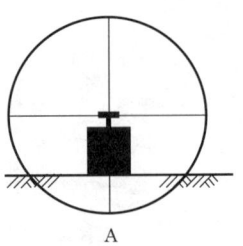

[십자선의 시준]

⑦ B점의 교각 관측
  ㉮ DT-5(SOKKIA)

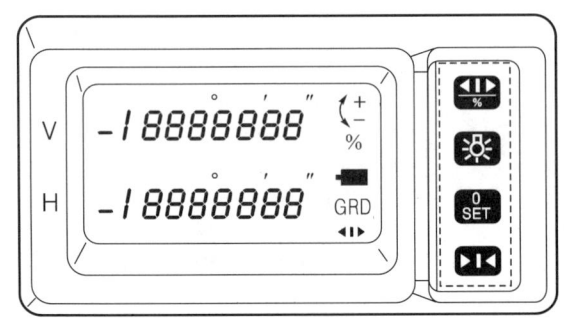

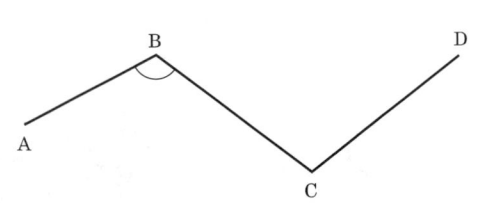

㉠ Power를 킨다.
㉡ 0 세트키(⓪SET)를 누른다(화면에 0° 00′ 00″가 표시된다).
   주의할 것은 모든 키를 누를 때에는 힘을 최대한 줄여서 누른다.
㉢ 각이 풀린 것(■▶)을 확인하고 C점을 시준한다.
   주의할 것은 화면에 (■▶), (◀■)을 확인해서 각을 관측한다. 확인 버튼은 우회전/좌회전 선택키(◀▮▶)이다.
㉣ C점의 시준이 끝났으면 수평각 고정키(▶◀)를 눌러서 각을 고정시킨다.
㉤ 화면에 표시된 각을 읽는다.

㉯ DT-05.05A(TOPCON)

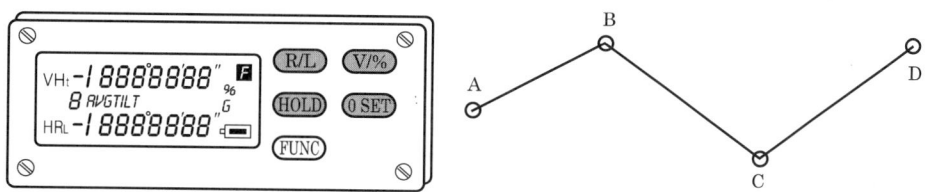

㉠ Power를 킨다.
㉡ 0 세트키( OSET )를 누른다. → 화면에 0° 00′ 00″가 깜박깜박거린다(각이 고정된 상태).
㉢ 0 세트키( OSET )를 또 한 번 누른다. → 화면에 0° 00′ 00″가 깜박깜박이지 않는다(각이 풀린 상태).
㉣ 하부 고정 나사를 풀어 C점을 시준한다. 주의할 것은 화면에서 $H_R$, $_LH$을 확인하면서 각을 관측한다. 확인 버튼은 ( R/L )이다.
㉤ C점의 시준이 끝났으면 HOLD( HOLD ) 버튼을 눌러서 각을 고정시킨다.
㉥ 각을 읽는다.

⑧ 야장 정리

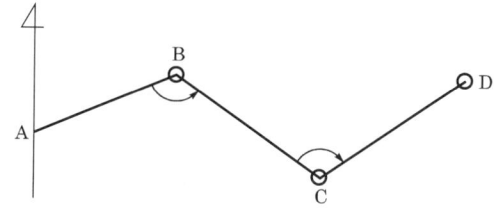

<각 관측(예)>
• AB 측선의 방위각 : 45° 38′ 20″
• B점의 관측각 : 110° 35′ 45″
• C점의 관측각 : 101° 15′ 05″

㉮ BC 측선의 방위각(B점 : 우측각)
 =전측선의 방위각+180°-교각
 =45°38′20″+180°-110°35′45″=115°02′35″
㉯ CD 측선의 방위각(C점 : 좌측각)
 =전측선의 방위각-180°+교각
 =115° 02′ 35″-180°+101° 15′ 05″=36° 17′ 40″

[트랜싯 측량 야장]

| 측점 | 관측각 | 측선 | 방위각 |
|---|---|---|---|
| A | 45° 38′ 20″ | AB | 45° 38′ 20″ |
| B | 110° 35′ 45″ | BC | 115° 02′ 35″ |
| C | 101° 15′ 05″ | CD | 36° 17′ 40″ |

❖ **기계 조작시 주의 사항**

① 기계의 정상 상태 유지를 확인한다.

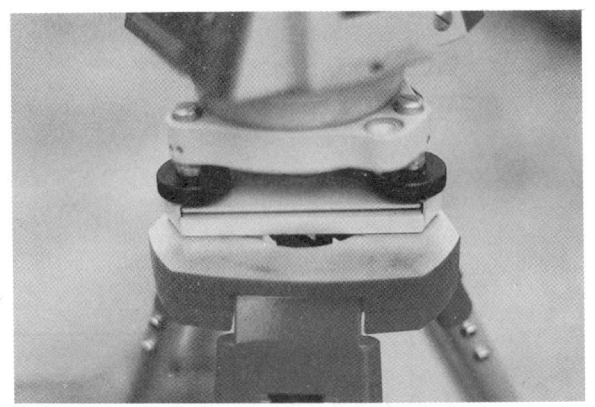

[정상 상태가 아님]

㉠ 트랜싯과 삼각 다리가 일치하지 않았다.
㉡ 정밀 조준 나사가 금속선과 일치하지 않았다.

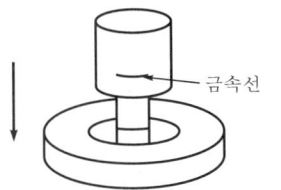

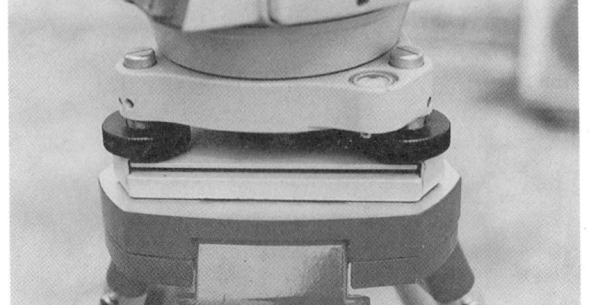

[정상 상태]

㉢ 트랜싯과 삼각 다리가 일치되어 있다.
㉣ 정밀 조준 나사가 금속선과 일치되어 있다.

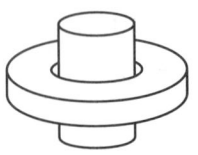

(×)

② 연직 및 수평 이동 나사는 각각 고정 나사를 고정한 뒤에 사용하여야 하며, 한계 이상으로 사용하여 나사가 풀려나가지 않도록 주의한다.

③ 망원경의 높이는 허리를 숙여서 볼 수 있는 높이로 한다. 또한 기계에는 체중을 실어서는 안 된다.

④ Battery 끼우는 법

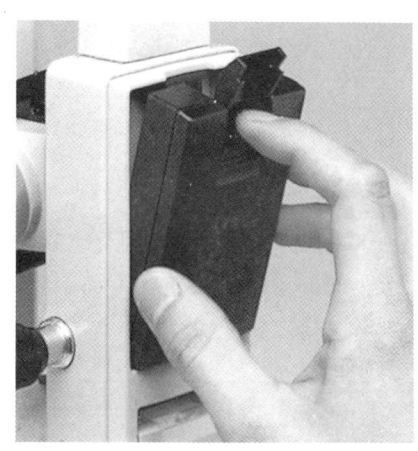

### ◀ 참고 ▶

**1. 기계의 설치**

① 구심 작업 및 정준 작업

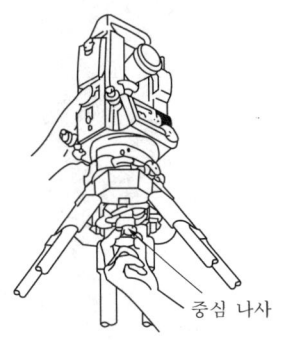

중심 나사

㉮ 삼각의 설치
  ㉠ 삼각의 윗부분을 대략 수평으로 하여 측점상에 오도록 설치한다.
  ㉡ 삼각의 다리를 지면에 확실하게 고정시킨다.
㉯ 기계 본체를 삼각에 탑재하고, 한 손으로 기계를 받치고 기계 밑판에 있는 나사에 삼각의 중심 나사를 꽂아 고정시킨다.

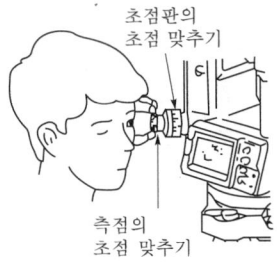

초점판의 초점 맞추기
측점의 초점 맞추기

㉰ 광학 구심을 사용한 측점의 초점 맞추기
  ㉠ 광학 구심 접안 나사를 돌려 초점판의 이중환(이중환)에 초점을 맞춘다.
  ㉡ 광학 구심 초점 나사를 돌려 측점에 초점을 맞춘다.

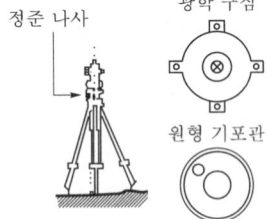

정준 나사  광학 구심  원형 기포관

㉱ 측점이 초점판 이중환의 중앙에 오도록 정준 나사를 조정한다. 다음 원형 기포관의 기포가 모여 있는 방향을 확인한다.

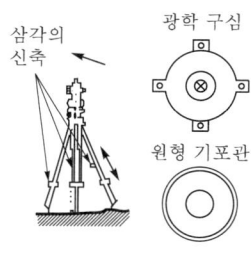

㈎ 기포가 모여 있는 방향에 가장 가까운 삼각의 다리를 모으고, 그 방향에 가장 멀리 있는 삼각의 다리를 펼쳐서 기포를 중앙에 모이게 한다. 또한, 나머지 다리 하나를 움직여 기포를 중앙에 넣는다.

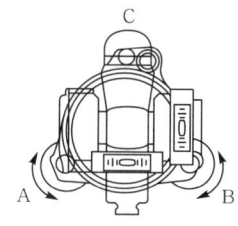

㈏ 수평 고정 나사를 풀고, 횡기포관을 정준 나사 A, B와 평행이 되도록 기계 상부를 회전시킨다. 정준 나사 A, B를 사용하여 횡기포관의 기포를 중앙에 넣는다.

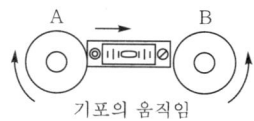

※ **주의**
기포는 우회전한 정준 나사 방향으로 움직인다.

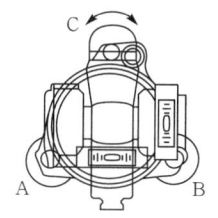

㈐ 다음 정준 나사 C를 사용하여 종기포관의 기포를 중앙에 넣는다.

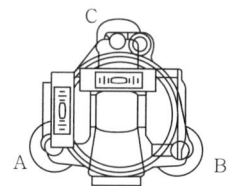

㈑ 기계 상부를 180° 회전시키고, 기포의 위치를 확인한다. 만일 기포가 중앙에서 떨어져 있으면 종기포관의 조정을 수정한다.

이것으로 기포는 기계의 상부를 어느 쪽으로 움직여도 같은 위치가 된다.

(같은 위치가 되지 않을 때는 정준 작업을 반복할 것.)

## 2. SOKKIA DT-5

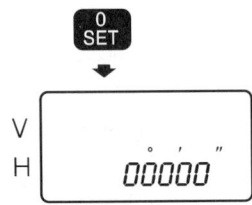

① 수평각의 0° 설정

키보드의 보호 커버를 위로 올리고, [0 SET]을 눌러 수평각 표시를 0°로 한다.

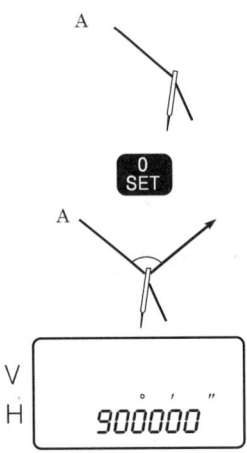

② 임의의 각도를 설정

예 : 목표를 A에서 90°의 지점을 찾고 싶다.
㉮ 목표 A를 시준한다.
㉯ [0 SET]을 누르고 수평각 표시를 0°로 한다.
㉰ 수평 고정 나사의 수평 미동 나사를 사용하여 수평각 표시가 90°로 될 때까지 기계를 회전시킨다.
㉱ 이때 망원경이 시준하고 있는 지점이 목표 A로부터 90°인 지점이다.

③ 2점간의 각도 측정

㉮ 첫 번째 목표 A를 시준한다.
㉯ [0 SET]을 누르고 수평각 표시를 0°로 한다.
㉰ 수평 고정 나사와 미동 나사를 사용하여 두 번째 목표 B를 시준한다.
㉱ 표시된 수평각은 목표 A, B의 각도이다.

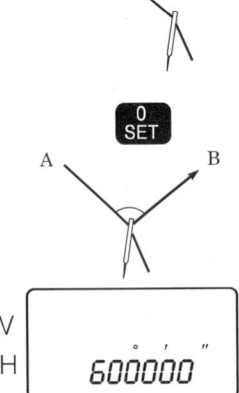

〈수평각의 고정〉

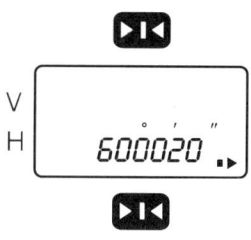

① ▶◀을 누르고 수평각 표시를 고정시킨다(고정 마크 ■이 표시되고, 기계를 회전시켜도 수평각 표시는 변하지 않는다).

② 고정을 해제할 때는 다시 한번 ▶◀을 누른다.

〈정해진 각도에서부터 측정〉

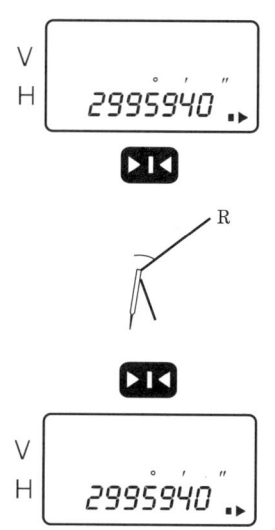

예 참고 목표 R의 수평각을 299° 59′ 40″설정

① 수평 고정 나사와 미동 나사를 사용하여 수평각 표시를 299° 59′ 40″로 한다.

② ▶◀을 누르고 수평각 표시를 고정한다.

③ 기계를 회전시켜 목표 R을 시준한다.

④ ▶◀을 누르고 고정을 해제하여 측정을 개시한다.

〈수평각의 우회전/좌회전 측정〉

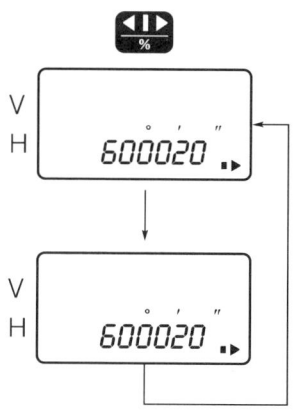

◀▶을 사용하여 수평각 우회전 또는 좌회전의 측정을 선택할 수 있다(단, 내부 스위치 No.1이 OFF인 경우이다).

■▶ : 수평각 우회전 측정

◀■ : 수평각 좌회전 측정

## 3. TOPCON DT-05.05A(전자식 세오돌라이트) 조작 순서

① 전원을 "ON"한다.

② "삐"라고 부저(buzzer)가 울리고, 전체 화면이 약 2초 동안 점등한다.

③ 수평각 우회각(HR) mode가 된다.

④ V/% 키를 누른다.
  연직각 Zero-set 요구 표시가 된다.

⑤ 망원경을 회전해서 연직각을 Zero-set한다. 수평각/연직각 모드가 된다.

⑥ R/L키를 누른다.
  누를 때마다 우회각(HR), 좌회각(HL)이 번갈아 변한다.

⑦ 0 SET키를 누른다.
   한 번 누르면, 표시되어 있는
   수평각이 점멸된다.

   [0 SET]

   93°40'20" BAT.
   H_R 0°00'00"

   ↑
   Flashes

⑧ 두 번 누르면 표시되어 있는
   수평각이 Zero-set된다.

   [0 SET]

   93°40'20" BAT.
   H_R 0°00'00"

   [V/%]

   93°40'20" BAT.
   H_R 0°00'00"

⑨ V/% 키를 누른다.
   누를 때마다 연직각과 % 표시
   가 번갈아 변한다.

   ↕

   6'42" BAT.
   H_R 0°00'00"

⑩ ☼ 키를 누른다.
   30초간 표시 장치와 망원 망선
   이 작동된다.

   [☼]

   V 93°40'20" BAT.
   H_R 0°00'00"

⑪ HOLD키를 누른다.
   HR 플래시(flashs)와 현재 표시
   된 수평각이 hold 상태가 된다.

   [HOLD]

   V 93°40'20" BAT.
   H_R 0°00'00"

제3장. 트랜싯 측량(삼각 측량)  **725**

⑫ REP키를 누른다.
　한 번 누를 때 표시된 수평각이 zero와 flashs(플래시)된다.

[REP]

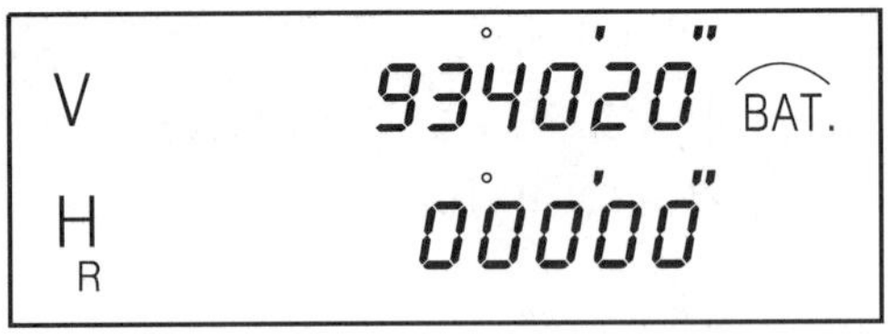

V　93°40′20″ BAT.
H_R　0°00′00″

⑬ 두 번 누르면 stop과 배각 mode가 행해진다.

[REP]

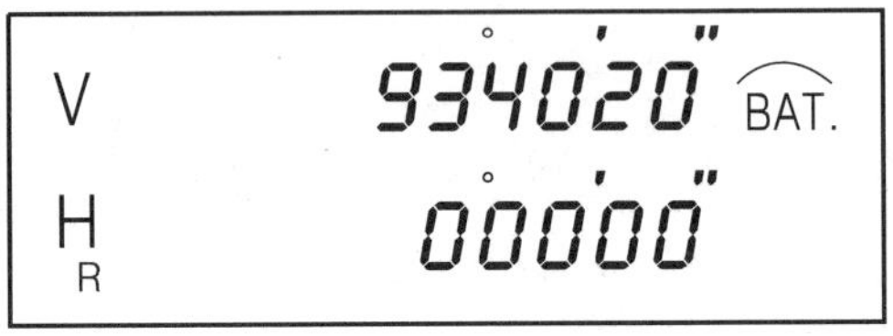

V　93°40′20″ BAT.
H_R　0°00′00″

⑭ 정상 측정 모드로 되돌아가기 위해서는 REP키를 두 번 누른다.

[REP]
[REP]

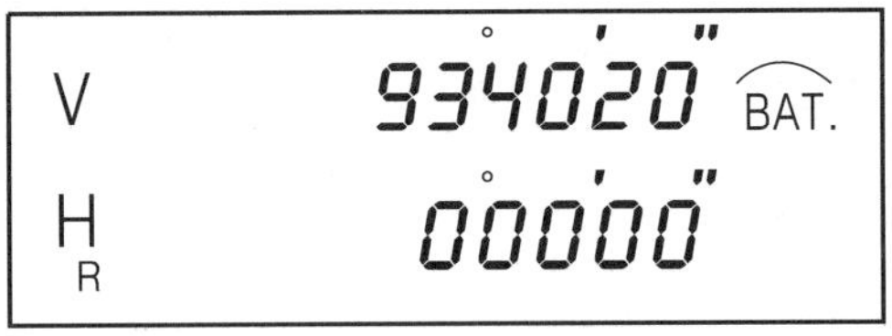

V　93°40′20″ BAT.
H_R　0°00′00″

# 외업 과년도 출제 문제

## 국가기술자격검정 실기시험문제

| 자격 종목<br>및 등급 | | 작품명 | 1) 삼각 측량, 2) 수준 측량, 3) 평판 측량 |
|---|---|---|---|
| 수검 번호 | | 성 명 | |

1. 표준 시간
   1시간 30분(삼각 측량 : 30분, 수준 측량 : 30분, 평판 측량 30분)
   연장 시간 : 15분(각 작업별로 5분)
2. 요구 사항
   * 지급된 재료 및 시설을 사용하여 다음 작업을 완성하시오.
   1) 삼각 측량
      시험장에 설치된 측점 A, B에 기계를 설치하여 관측각을 측정한 후, 측선 AP와 BQ의 방위각을 구하시오. (단, 측선 AB의 방위각은 305° 20′ 40″임.)
   2) 수준 측량
      시험장에 설치된 No.0~No.10 측점을 수준 측량하여 각 점의 지반고를 계산하시오. (단, No.0점의 지반고는 0.415m이며, 기계는 3회 이상 거치하고 No.4, No.7 측점은 천정에 있다.)
   3) 평판 측량
      시험장에 설치된 측점 A, B, C, D는 전진법에 의하여 측량하고 P, Q, R, S는 교회법에 의하여 측량한 후, PQ와 RS의 실거리를 도상에서 구하시오. (단, 축척은 1/300이고, 거리는 cm 단위까지 구하시오.)
3. 수험자 유의 사항
   1) 전수험 과정(작업형, 필답형)을 응시하지 않으면 실격으로 처리된다.
   2) 표준 시간을 초과하여 각 작업별로 5분을 연장할 수 있으나, 5분을 초과한 작업에 대해서는 작업별로 0점 처리된다. (단, 각 작업별로 5분 이내에 연장 시간을 사용한 수험자는 3점씩 감점된다.)
   3) 측량 기계는 안전에 유의하여 조심스럽게 다루고 측량이 끝나면 제자리에 놓는다.
   4) 측점에는 충격이 없도록 주의하여 기계를 세운다.

5) 평판 측량의 도면 작성을 제외한 답안 작성시 반드시 흑색 또는 청색 필기구(연필류 제외) 중 동일한 색의 필기구만을 계속 사용하여야 하며, 기타의 필기구를 사용한 답항은 0점 처리한다.
6) 요구 사항의 측점에 대한 관측값 또는 도면 표시 등이 하나라도 누락된 과정은 미완성으로 각 과정별 0점 처리된다.
   예) 수준 측량의 측점에 대한 관측값 등이 한 곳이라도 누락된 경우
       평판 측량의 도면에 측점에 대한 표시가 한 곳이라도 누락된 경우 등

(1) 삼각 측량

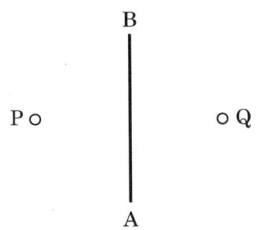

(3) 평판 측량

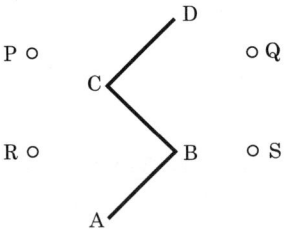

# 국가기술자격검정 실기시험문제

| 자격 종목 및 등급 | | 작품명 | 1) 삼각 측량, 2) 수준 측량, 3) 평판 측량 |
|---|---|---|---|
| 수검 번호 | | 성 명 | |

1. 표준 시간
   1) 삼각 측량 30분(연장 시간 5분)
   2) 수준 측량 30분(연장 시간 5분)
   3) 평판 측량 30분(연장 시간 5분)

2. 요구 사항
   * 지급된 재료 및 시설을 사용하여 다음 작업을 하시오.
   1) 삼각 측량(15점)
      수검장에 설치된 삼각망에서 측점 A와 B에 기계를 설치하여 AP와 BQ의 방향각을 구하시오. (단, 측선 AB의 방향각은 182° 00′ 30″임.)
   2) 수준 측량(15점)
      수검장에 설치된 측점 No.0에서 No.10까지 수준 측량을 하여 기고식 야장을 작성하고 각 점의 지반고를 구하시오. (단, No.0의 지반고는 (−3.267)m이며, 기계는 3회 이상 거치할 것)
   3) 평판 측량(15점)
      수검장에 설치된 측점 A, B, C, D를 전진법에 의하여 측량하고 P, Q는 교회법에 의하여 측량한 후 CP, AQ, BD의 거리를 구하시오. (단, 축척은 1 : 200임.)

3. 수검자 유의 사항
   1) 측량 기계는 안전에 유의하여 조심스럽게 다루고 측량이 끝나면 제자리에 놓는다.
   2) 측점에는 충격이 없도록 주의하여 기계를 세운다.
   3) 전 수검 과정을 응시하지 않으면 실격으로 처리한다.
   4) 평판 측량의 도면 작성을 제외한 모든 답안 작성은 볼펜으로 기재하고 정정시에는 시험위원의 확인을 받아야 한다.
   5) 표준 시간 내에 요구 사항을 완성하도록 하고 표준 시간을 초과할 경우 연장 시간을 각 작업별 5분까지 허용하며, 연장 허용 시간 5분을 초과할 경우에는 실격으로 처리한다. (단, 표준 시간을 초과하여 연장 시간 5분 이내를 이용한 수검자는 해당 작업에 한하여 3점을 감점한다.)

(1) 삼각 측량

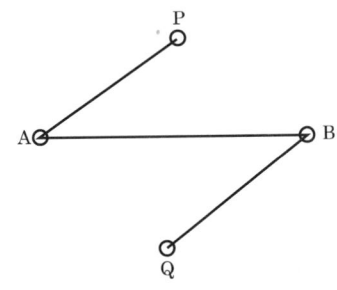

(2) 수준 측량

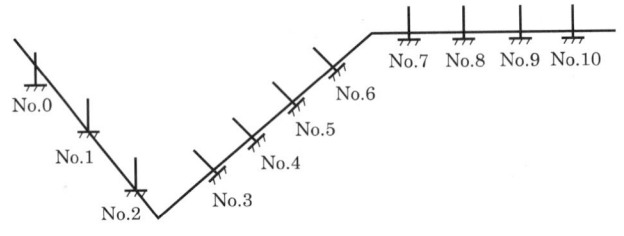

(3) 평판 측량

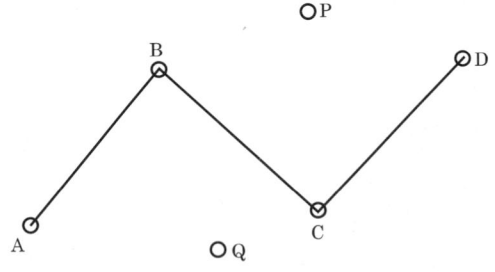

# 국가기술자격검정 실기시험문제

| 자격 종목<br>및 등급 | | 작품명 | 1) 평판 측량, 2) 수준 측량, 3) 삼각 측량 |
|---|---|---|---|

수검 번호                         성 명

1. 표준 시간
   1) 평판 측량 30분(연장 시간 5분)     2) 수준 측량 30분(연장 시간 5분)
   3) 삼각 측량 30분(연장 시간 5분)
2. 요구 사항
   * 지급된 재료 및 시설을 사용하여 다음 작업을 하시오.
   1) 평판 측량(15점) 30분(연장 시간 5분)
      수검장에 설치된 측점 A, B, C, D를 전진법에 의하여 측량하고, P, Q, R, S는 교회법에 의해 측량한 후, PR, QS의 거리를 구하시오. (단, 축척은 1 : 300임.)
   2) 수준 측량(15점) 30분(연장 시간 5분)
      수검장에 설치된 측점 No.0에서 No.10까지 수준 측량하여 기고식 야장을 작성하고 각점의 지반고를 구하시오. (단, No.0의 지반고는 0.819m이며, 기계는 3회 이상 거치할 것)
   3) 삼각 측량(15점) 30분(연장 시간 5분)
      수검장에 설치된 삼각망에서 측점 AB에 기계를 설치하여 AP와 BQ의 방위각을 구하시오. (단, 측선 AB 방위각은 105° 20′ 10″임.)

(1) 평판 측량

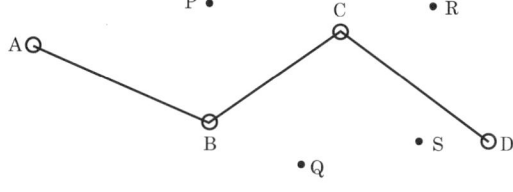

(2) 수준 측량

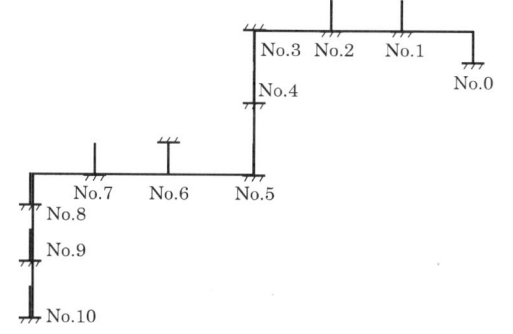

(3) 삼각 측량

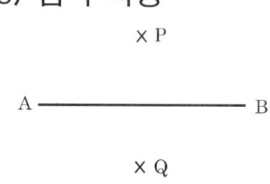

# 국가기술자격검정 실기시험문제

| 자격 종목<br>및 등급 | | 작품명 | 1) 평판 측량, 2) 수준 측량, 3) 트랜싯 측량 |
|---|---|---|---|

수검 번호                                성 명

---

1. 제한 시간 : 평판 측량(30분), 수준 측량(30분), 트랜싯 측량(30분)
2. 요구 사항
   * 지급된 재료 및 시설을 사용하여 다음 작업을 완성하시오.
   1) 평판 측량
      시험장에서 설치한 측점 A, B, C, D를 전진법에 의하여 측량하고, 교회법으로 측량하여 측선 AP와 DQ의 실거리를 도상에서 구하시오. (단, 축척은 1/300임.)
   2) 수준 측량
      시험장에서 설치된 No.0에서 No.10까지 수준 측량하여 지반고를 계산하시오. (단, No.0의 지반고는 0.012m, 기계를 3회 이상 거치할 것)
   3) 트랜싯 측량
      시험장에 설치한 측점 A, B, C에서 편기각 ∠B, ∠O를 2배각으로 측각하여 ∠A를 구하고 측선 CA의 방위각을 구하시오. (단, $\alpha$는 52° 30′ 20″임.)

---

(1) 평판 측량

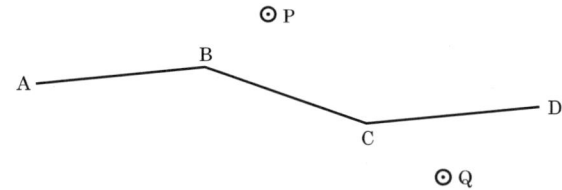

(3) 트랜싯 측량

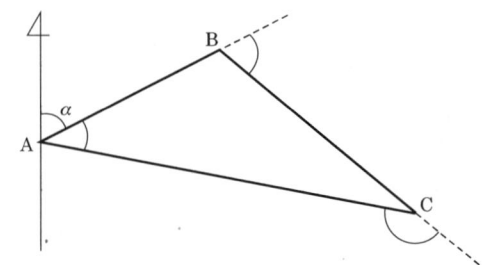

# 국가기술자격검정 실기시험문제

| 자격 종목<br>및 등급 | | 작품명 | 1) 평판 측량, 2) 수준 측량, 3) 트랜싯 측량 |
|---|---|---|---|
| 수검 번호 | | 성 명 | |

1. 제한 시간 : 평판 측량(30분), 수준 측량(30분), 트랜싯 측량(30분)
2. 요구 사항
   * 지급된 재료 및 시설을 사용하여 다음 작업을 완성하시오.
   1) 평판 측량
      시험장에 설치한 측점 A, B, C, D를 전진법에 의하여 측량하고 P를 교회법으로 측량하여 측선 AP와 DP의 실거리를 도상에서 구하시오. (단, 축척은 1/300임.)
   2) 수준 측량
      시험장에 설치된 No.0에서 No.10까지 수준 측량하여 지반고를 계산하시오. (단, No.0의 지반고는 0.048, 기계는 3회 이상 거치할 것)
   3) 트랜싯 측량
      시험장에 설치한 측점 A, B, C, D에서 각 1, 2, 3, 4, 5를 측각하여 변장 CD를 계산하시오. (단, AB는 기선이다.)

(1) 평판 측량

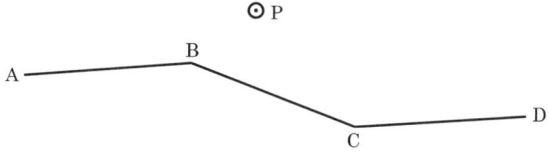

(3) 트랜싯 측량

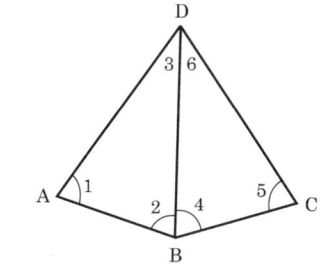

# 국가기술자격검정 실기시험문제

| 자격 종목 및 등급 | | 작품명 | 1) 삼각 측량, 2) 수준 측량, 3) 평판 측량 |
|---|---|---|---|
| 수검 번호 | | 성 명 | |

1. 제한 시간 : 삼각 측량(30분), 수준 측량(30분), 평판 측량(30분)
2. 요구 사항
   * 지급된 재료 및 시설을 사용하여 다음 작업을 완성하시오.
   1) 삼각 측량(15점)
      시험장에 설치된 삼각점 A, B에 기계를 설치하여 관측각을 측정한 후 측선 AP'와 BQ의 방향각을 구하시오. (단, AB의 방향각은 178° 00′ 30″임.)
   2) 수준 측량(15점)
      시험장에 설치된 No.0에서 No.10까지의 측점을 수준 측량하여 기고식 야장을 작성하고 각점의 지반고를 계산하시오. (단, 기계를 3회 이상 설치하여야 하며, No.5의 지반고를 2.118m로 함.)
   3) 평판 측량(15점)
      시험장에 설치된 측점 A, B, C, D와 P, Q를 전진법과 교회법에 의해 측량하고 AC, BD, AD 및 BP, CQ의 거리를 구하시오. (단, 축척은 1/300이며, A, B, C, D 측점간 거리는 20m로 함.)
3. 수검자 유의 사항
   1) 측량 기계는 안전에 유의하여 조심스럽게 다루고 측량이 끝나면 제자리에 놓는다.
   2) 측점에는 충격이 없도록 주의하여 기계를 세운다.
   3) 전 수검 과정을 응시하지 않으면 실격으로 처리한다.
   4) 평판 측량의 도면 작성을 제외한 모든 답안 작성은 볼펜으로 기재하고 정정시에는 시험위원의 확인을 받아야 한다.
   5) 표준 시간 내에 요구 사항을 완성하도록 하고 표준 시간을 초과할 경우에는 연장 시간을 각 작업별 5분까지 허용하며, 연장 허용 시간 5분을 초과할 경우에는 실격으로 처리한다. (단, 표준 시간을 초과하여 연장 시간 5분 이내를 이용한 수검자는 해당 작업에 한하여 3점을 감점한다.)

(1) 삼각 측량

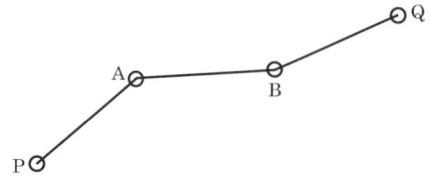

(3) 평판 측량

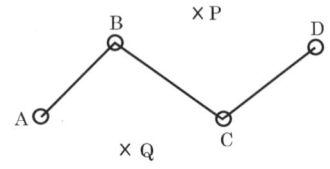

# 국가기술자격검정 실기시험문제

| 자격 종목<br>및 등급 | | 작품명 | 1) 평판 측량, 2) 수준 측량, 3) 트랜싯 측량 |
|---|---|---|---|

수검 번호                               성 명

1. 제한 시간
   1) 평판 측량 30분(연장 시간 5분)    2) 수준 측량 30분(연장 시간 5분)
   3) 트랜싯 측량 30분(연장 시간 5분)
2. 요구 사항
   * 지급된 재료 및 시설을 사용하여 다음 작업을 완성하시오.
   1) 평판 측량
      시험장에 설치한 측점 A, B, C, D를 전진법에 의하여 측량하고 P, Q를 교회법으로 측량하여 측선 AP, DQ, BR, CS의 실거리를 도상에서 구하시오. (단, 축척은 1/300임.)
   2) 수준 측량
      시험장에 설치된 No.0에서 No.10까지 수준 측량하여 지반고를 계산하시오. (단, No.0의 지반고는 12.5m이며 기계는 3회 이상 거치할 것)
   3) 트랜싯 측량
      시험장에 설치한 측점 A, B의 교각을 3배각으로 측정하여 측선 AB, BC의 방위각을 야장에 기록하시오. (단, PA의 방위각은 30° 45′ 52″ 이다.)

(1) 삼각 측량

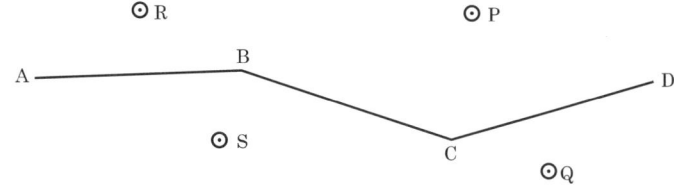

(3) 평판 측량

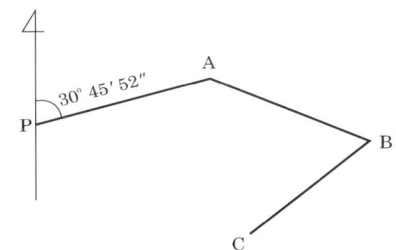

# 국가기술자격검정 실기시험문제

| 자격 종목<br>및 등급 | | 작품명 | 1) 평판 측량, 2) 수준 측량, 3) 삼각 측량 |
|---|---|---|---|

수검 번호                    성 명

1. 제한 시간
   1) 평판 측량 30분(연장 시간 5분)
   2) 수준 측량 30분(연장 시간 5분)
   3) 트랜싯 측량 30분(연장 시간 5분)
2. 요구 사항
   * 지급된 재료 및 시설을 사용하여 다음 작업을 완성하시오.
   1) 평판 측량
      시험장에 설치한 측점 A, B, C, D를 전진법에 의하여 측량하고 P, Q를 교회법으로 측량하여 측선 AP와 DQ의 실거리를 도상에서 구하시오.
   2) 수준 측량
      시험장에 설치된 측점 No.0에서 No.10까지 수준 측량하여 지반고를 계산하시오. (단, No.0의 지반고는 5.546의 범위에서 감독위원이 임의로 수검생에게 제시하며 기계는 3회 이상 거치할 것)
   3) 삼각 측량
      수검장에 설치된 삼각망에서 측점 A, B에 기계를 세워 각도를 측정한 후 측선 AP와 BQ의 거리를 구하시오. (단, 측선 AB는 기선임.)
3. 수검자 유의 사항
   1) 측량 기계는 안전에 유의하여 조심스럽게 다루고 측량이 끝나면 제자리에 놓는다.
   2) 측점에는 충격이 없도록 기계를 세운다.
   3) 전 수검 과정을 응시하지 않으면 실격으로 처리한다.
   4) 평판 측량의 도면 작성을 제외한 모든 답안 작성은 볼펜으로 기재하고 정정시에는 시험위원의 확인을 받아야 한다.
   5) 외업(평판 측량, 수준 측량, 삼각 측량)의 3개 작업은 표준 시간을 초과할 경우 각 작업별로 5분까지 연장해서 작업할 수 있으나 5분을 초과한 작업에 대해서는 실격된다. (단, 각 작업별로 5분까지 연장 시간을 사용한 수검자는 감점된다.)

(1) 평판 측량

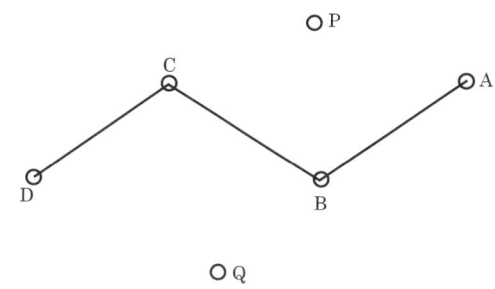

(2) 수준 측량

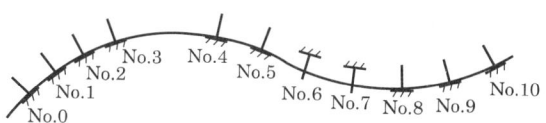

(3) 삼각 측량

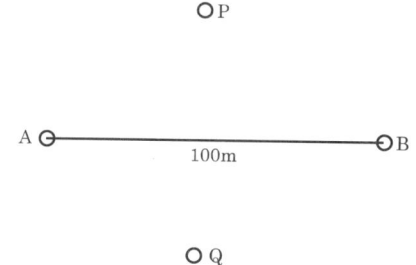

# 국가기술자격검정 실기시험문제

| 자격 종목<br>및 등급 | | 작품명 | 1) 평판 측량, 2) 수준 측량, 3) 트랜싯 측량 |
|---|---|---|---|

수검 번호                   성 명

1. 제한 시간
   1) 평판 측량 30분(연장 시간 5분)
   2) 수준 측량 30분(연장 시간 5분)
   3) 트랜싯 측량 30분(연장 시간 5분)
2. 요구 사항
   * 지급된 재료 및 시설을 사용하여 다음 작업을 완성하시오.
   1) 평판 측량
      시험장에 설치한 측점 A, B, C, D를 전진법에 의하여 측량하고 P, Q를 교회법으로 측량하여 측선 BP와 CQ의 실거리를 도상에서 구하시오. (단, 축척은 1/300임.)
   2) 수준 측량
      시험장에 설치된 No.0에서 No.10까지 수준 측량하여 지반고를 계산하시오. (단, No.0의 지반고는 19.810m, 기계는 3회 이상 거치할 것)
   3) 트랜싯 측량
      시험장에 설치한 측점 A, B, C의 교각을 측각하여 측선 AB, BC의 방위각을 구하시오. (단, $\alpha$의 방위각은 30° 16′ 24″이다.)
3. 지급 재료 목록

| 일련 번호 | 재료명 | 규격 | 단위 | 수량 | 비고 |
|---|---|---|---|---|---|
| 1 | 캔트지 | 400×500mm<br>(180g/m²) | 장 | 1 | |
| 2 | 나무 말뚝 | 50×50×350mm | 개 | 100 | 1일용 |
| 3 | 백회 | 20kg | 포 | 2 | 1일용 |
| 4 | 못 | 1″, 4″ | 개 | 각 100 | 1일용 |
| 5 | 철선 | #21 | kg | 2 | 감정 장소당 |
| 6 | 스카치테이프 | 폭 19mm | 롤 | 2 | 감정 장소당 |
| 7 | 매직 잉크 | 적, 흑색 | 개 | 각 5 | 감정 장소당 |
| 8 | 인주 | 소형 | 개 | 3 | 감정 장소당 |

(1) 평판 측량

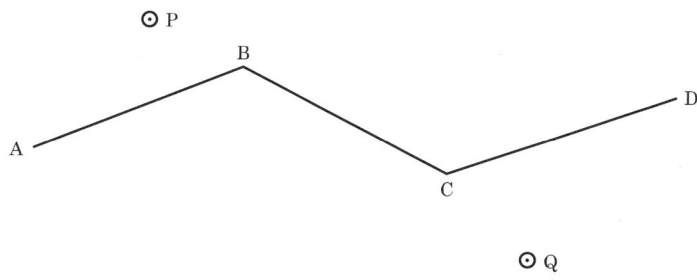

(2) 수준 측량

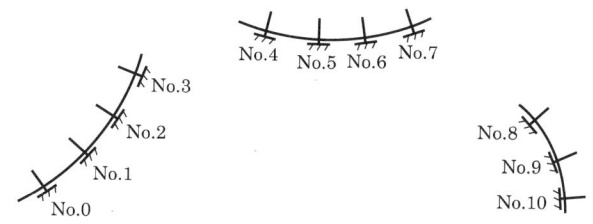

(3) 삼각 측량

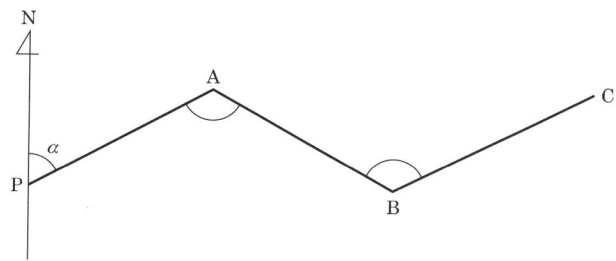

# 국가기술자격검정 실기시험문제

| 자격 종목 및 등급 | | 작품명 | 트랜싯 측량 |
|---|---|---|---|

수 검 번 호　　　　　　　　　성 명

## 답 안 지

트랜싯 측량 야장

수검장 번호 :

| 각명 | 관측각 | 측선 | 거리 | *정확치 | *오차 | *점수 |
|---|---|---|---|---|---|---|
| 1 | | AB | | | | |
| 2 | | | | | | |
| 3 | | BD | | | | |
| 4 | | | | | | |
| 5 | | CD | | | | |
| 6 | | | | | | |

* 란은 수검생이 기재하지 않는다.

연장 시간 사용 여부

| 연장 시간 | 감독위원 확인 |
|---|---|
| (　　)분 | |

득점

| 채점 | 초검 | 재검 |
|---|---|---|
| | | |

# 국가기술자격검정 실기시험문제

| 자격 종목 및 등급 | | 작품명 | 트랜싯 측량 |
|---|---|---|---|

| 수검 번호 | | 성 명 | |
|---|---|---|---|

## 답 안 지

### 트랜싯 측량 야장

수검장 번호 :

| 측점 | 관측각 | 측선 | 방위각 계산 | *정확치 | *오차 | *점수 |
|---|---|---|---|---|---|---|
| A<br>B<br>C | | AB<br>BC<br>CA | | | | |

\* 란은 수검생이 기재하지 않으며 ∠A는 계산에 의하여 구한다.

연장 시간 사용 여부

| 연장 시간 | 감독위원 확인 |
|---|---|
| ( )분 | |

| 채점 | 초검 | 재점 |
|---|---|---|
| | | |

## 국가기술자격검정 실기시험문제

| 자격 종목 및 등급 | | 작품명 | |
|---|---|---|---|

( 　　조, 성명　　　 )

1. ① 배각 관측

| 측점 | 3배각 | 평균각 | *정답 | *점수 |
|---|---|---|---|---|
| A | | | | |
| B | | | | |

② C각 계산

| 측점 | C각 | *정답 | *점수 |
|---|---|---|---|
| C | | | |

2. ① 편각 계산

| 측점 | 편각 | *정답 | *점수 |
|---|---|---|---|
| A | | | |
| B | | | |
| C | | | |

② 방위각 계산

| 측점 | 편각 | *정답 | *점수 |
|---|---|---|---|
| BC | | | |
| CA | | | |

(단, AB 방위각=50° 20′ 40″)

# 국가기술자격검정 실기시험문제

| 자격 종목 및 등급 | | 작품명 | 삼각 측량 |
|---|---|---|---|

수검 번호            성 명

## 답 안 지

### 삼각 측량 야장

수검장 번호 :

| 각명 | 3배각 관측각 | 평균 관측값 | *정확치 | *오차 | *점수 |
|---|---|---|---|---|---|
| ∠PAB | | | | | |
| ∠BAQ | | | | | |
| ∠PBQ | | | | | |
| ∠ABQ | | | | | |

측선 AB의 방향각은 182° 00′ 30″임.

| 측선 | 3배각 관측각 | 평균 관측값 | *정확치 | *오차 | *점수 |
|---|---|---|---|---|---|
| AP | | | | | |
| BQ | | | | | |

\* 란은 수검생이 기재하지 않는다.

\* 감독위원의 수검자 연장 시간 이용 여부 감독란
 (연장 시간을 이용한 수검자에 한하여만 구분란에 연장 시간(분)을
  기재한 후 서명할 것)

| 구분 | 분 | 서명 |
|---|---|---|
| | | |

| 채점 | 초검 | 재점 |
|---|---|---|
| | | |

측량 및 지형공간정보

## 시험장 스케치

측량 및 지형공간정보

측량 및 지형공간정보 기사 · 산업기사 실기

# 부록

내업 과년도 출제 문제

| 부록 |

# 내업 과년도 출제 문제

(※ 본 과년도 문제는 시험 문제와 비슷한 유형임을 알려 드립니다.)

### 답안 작성시 유의 사항

1. 답안지의 인적 사항(수검 번호, 성명 등)은 매장마다 흑색 사인펜으로 기재하여야 한다.
2. 답안은 반드시 흑색 필기구(연필류 제외)로 작성하여야 하며, 기타의 필기구를 사용한 답안은 0점 처리된다.
3. 답안을 정정할 때에는 반드시 정정 부분을 두 줄로 긋고, 감독위원의 정정 날인을 받아야 하며, 정정 횟수는 동일 개소에 2회까지 허용되나 그 이상 정정시에는 해당 답항은 0점 처리된다.
4. 계산기를 사용시 커버를 제거하고 특정 공식이나 수식이 입력되는 계산기는 사전에 반드시 감독위원의 검사(입력, 소멸)를 받고 사용하여야 한다.
5. 답안 내용은 간단, 명료하게 작성하여야 하며, 답안지에 불필요한 낙서나 특이한 기록 사항 등 부정의 목적이 있었다고 판단될 경우에는 모든 득점이 0점으로 처리된다.
6. 계산 문제는 답란에 반드시 계산 과정과 답을 기재하여야 하며, 계산식이 없는 답은 0점 처리된다.
7. 계산 과정에서 소수가 발생되면 문제의 요구 사항에 따르고 명시가 없으면 소수점 이하 셋째 자리에서 반올림하여 둘째 자리까지만 구하여 답하여야 한다.
8. 문제의 요구 사항에서 단위가 주어졌을 경우에는 계산식 및 답에서 생략되어도 되나, 기타의 경우 계산식 및 답란에 단위를 기재하지 않을 경우에는 틀린 답으로 처리된다.
9. 문제에서 요구한 가지수(항수) 이상을 답안지에 표기한 경우에는 답안 기재순으로 요구한 가지수(항수)만 채점한다.

※ **참고 사항** : 전 과정을 응시하지 않으면 채점 대상에서 제외함.

## 1984년도 측량 및 지형공간정보 내업 과년도 출제 문제

| | 과 목 | 배 점 | 문제 No. | 페이지(page) |
|---|---|---|---|---|
| 기사 | 1. 좌표 측량(삼각 측량) | 10 | 문제 3 | 175 |
| | 2. 좌표 측량(트래버스 측량) | 10 | 문제 23 | 100 |
| | 3. 좌표 측량(수준 측량) | 5 | 문제 1 | 216 |
| | 4. 좌표 측량(트래버스 측량) | 10 | 문제 17 | 90 |
| | 5. 좌표 측량(수준 측량) | 10 | 문제 8 | 237 |
| | 6. 오차론(오차의 전파) | 10 | 문제 6 | 488 |

| | 과 목 | 배 점 | 문제 No. | 페이지(page) |
|---|---|---|---|---|
| 산업기사 | 1. 좌표 측량(트래버스 측량) | 10 | 문제 4 | 30 |
| | 2. 좌표 측량(수준 측량) | 10 | 문제 5 | 221 |
| | 3. 좌표 측량(삼각 측량) | 10 | 문제 2 | 138 |
| | 4. 좌표 측량(트래버스 측량) | 10 | 문제 13 | 55 |
| | 5. 좌표 측량(트래버스 측량) | 10 | 문제 9 | 50 |
| | 6. 응용 측량(세부 측량) | 5 | 문제 2 | 444 |

# 1985년도 측량 및 지형공간정보 내업 과년도 출제 문제

|  | 과 목 | 배 점 | 문제 No. | 페이지(page) |
|---|---|---|---|---|
| 기사 | 1. 좌표 측량(트래버스 측량) | 8 | 문제 30 | 109 |
|  | 2. 응용 측량(노선 측량) | 10 | 문제 13 | 372 |
|  | 3. 응용 측량(면적 및 체적 측량) | 10 | 문제 16 | 308 |
|  | 4. 오차론(matrix) | 10 | 문제 4 | 573 |
|  | 5. 좌표 측량(트래버스 측량) | 9 | 문제 11 | 78 |
|  | 6. 좌표 측량(삼각 측량) | 8 | 문제 2 | 138 |

|  | 과 목 | 배 점 | 문제 No. | 페이지(page) |
|---|---|---|---|---|
| 산업기사 | 1. 응용 측량(세부 측량) | 7 | 문제 7 | 450 |
|  | 2. 응용 측량(노선 측량) | 8 | 문제 8 | 358 |
|  | 3. 좌표 측량(트래버스 측량) | 10 | 문제 8 | 48 |
|  | 4. 좌표 측량(트래버스 측량) | 10 | 문제 11 | 53 |
|  | 5. 좌표 측량(삼각 측량) | 10 | 문제 13 | 201 |
|  | 6. 좌표 측량(수준 측량) | 10 | 문제 3 | 230 |

# 1986년도 측량 및 지형공간정보 내업 과년도 출제 문제

| | 과 목 | 배 점 | 문제 No. | 페이지(page) |
|---|---|---|---|---|
| 기사 | 1. 오차론(오차의 전파) | 10 | 문제 7 | 489 |
| | 2. 응용 측량(면적 및 체적 측량) | 10 | 문제 21 | 316 |
| | 3. 좌표 측량(트래버스 측량) | 8 | 문제 16 | 88 |
| | 4. 좌표 측량(트래버스 측량) | 7 | 문제 24 | 102 |
| | 5. 응용 측량(세부 측량) | 10 | 문제 4 | 426 |
| | 6. 응용 측량(세부 측량) | 10 | 문제 1 | 429 |

| | 과 목 | 배 점 | 문제 No. | 페이지(page) |
|---|---|---|---|---|
| 산업기사 | 1. 좌표 측량(수준 측량) | 9 | 문제 6 | 222 |
| | 2. 응용 측량(면적 및 체적 측량) | 8 | 문제 12 | 282 |
| | 3. 응용 측량(노선 측량) | 8 | 문제 4 | 353 |
| | 4. 좌표 측량(삼각 측량) | 10 | 문제 12 | 200 |
| | 5. 좌표 측량(트래버스 측량) | 10 | 문제 6 | 67 |
| | 6. 응용 측량(세부 측량) | 10 | 문제 4 | 426 |

# 1987년도 측량 및 지형공간정보 내업 과년도 출제 문제

| 과 목 | | 배 점 | 문제 No. | 페이지(page) |
|---|---|---|---|---|
| 기사 | 1. 좌표 측량(트래버스 측량) | 6 | 문제 22 | 99 |
| | 2. 응용 측량(노선 측량) | 6 | 문제 6 | 363 |
| | 3. 응용 측량(면적 및 체적 측량) | 7 | 문제 5 | 294 |
| | 4. 좌표 측량(삼각 측량) | 6 | 문제 14 | 166 |
| | 5. 오차론(최소 제곱법) | 15 | 문제 6 | 536 |
| | 6. 오차론(오차의 전파) | 15 | 문제 2 | 485 |

| 과 목 | | 배 점 | 문제 No. | 페이지(page) |
|---|---|---|---|---|
| 산업기사 | 1. 응용 측량(면적 및 체적 측량) | 10 | 문제 27 | 326 |
| | 2. 좌표 측량(삼각 측량) | 10 | 문제 11 | 159 |
| | 3. 오차론(오차의 전파) | 10 | 문제 4 | 486 |
| | 4. 좌표 측량(트래버스 측량) | 10 | 문제 10 | 52 |
| | 5. 좌표 측량(수준 측량) | 10 | 예제 3 | 214 |
| | 6. 응용 측량(세부 측량) | 5 | 문제 6 | 420 |

# 1988년도 측량 및 지형공간정보 내업 과년도 출제 문제

|   | 과 목 | 배 점 | 문제 No. | 페이지(page) |
|---|---|---|---|---|
| 기 사 | 1. 응용 측량(세부 측량) | 10 | 문제 7 | 438 |
| | 2. 좌표 측량(삼각 측량) | 9 | 문제 12 | 162 |
| | 3. 좌표 측량(트래버스 측량) | 10 | 문제 7 | 44 |
| | 4. 응용 측량(면적 및 체적 측량) | 8 | 문제 16 | 286 |
| | 5. 오차론(최소 제곱법) | 10 | 문제 3 | 528 |
| | 6. 좌표 측량(트래버스 측량) | 8 | 문제 13 | 83 |

|   | 과 목 | 배 점 | 문제 No. | 페이지(page) |
|---|---|---|---|---|
| 산 업 기 사 | 1. 좌표 측량(삼각 측량) | 10 | 예제 3 | 127 |
| | 2. 응용 측량(면적 및 체적 측량) | 7 | 문제 12 | 282 |
| | 3. 좌표 측량(트래버스 측량) | 10 | 문제 9 | 74 |
| | 4. 좌표 측량(수준 측량) | 8 | 문제 16 | 222 |
| | 5. 응용 측량(노선 측량) | 10 | 문제 13 | 372 |
| | 6. 오차론(최소 제곱법) | 10 | 문제 2 | 526 |

# 1989년도 측량 및 지형공간정보 내업 과년도 출제 문제

| | 과 목 | 배 점 | 문제 No. | 페이지(page) |
|---|---|---|---|---|
| 기사 | 1. 좌표 측량(삼각 측량) | 10 | 문제 9 | 152 |
| | 2. 응용 측량(노선 측량) | 7 | 문제 7 | 365 |
| | 3. 좌표 측량(삼각 측량) | 7 | 문제 13 | 201 |
| | 4. 오차론(최소 제곱법) | 10 | 문제 10 | 547 |
| | 5. 오차론(최소 제곱법) | 15 | 문제 12 | 551 |
| | 6. 응용 측량(세부 측량) | 6 | 문제 5 | 427 |

| | 과 목 | 배 점 | 문제 No. | 페이지(page) |
|---|---|---|---|---|
| 산업기사 | 1. 좌표 측량(수준 측량) | 10 | 문제 2 | 229 |
| | 2. 좌표 측량(삼각 측량) | 10 | 문제 7 | 187 |
| | 3. 좌표 측량(트래버스 측량) | 10 | 문제 7 | 69 |
| | 4. 좌표 측량(삼각 측량) | 10 | 문제 7 | 148 |
| | 5. 좌표 측량(트래버스 측량) | 10 | 문제 6 | 39 |
| | 6. 응용 측량(세부 측량) | 5 | 문제 3 | 431 |

## 1992년도 측량 및 지형공간정보 내업 과년도 출제 문제

| | 과 목 | 배 점 | 문제 No. | 페이지(page) |
|---|---|---|---|---|
| 기사 | 1. 응용 측량(노선 측량) | 8 | 문제 6 | 355 |
| | 2. 좌표 측량(트래버스 측량) | 9 | 문제 20 | 95 |
| | 3. 오차론(최소 제곱법) | 10 | 문제 2 | 526 |
| | 4. 좌표 측량(삼각 측량) | 8 | 문제 5 | 143 |
| | 5. 좌표 측량(트래버스 측량) | 10 | 문제 8 | 71 |
| | 6. 응용 측량(면적 및 체적 측량) | 10 | 문제 25 | 321 |

| | 과 목 | 배 점 | 문제 No. | 페이지(page) |
|---|---|---|---|---|
| 산업기사 | 1. 응용 측량(면적 및 체적 측량) | 10 | 문제 8 | 297 |
| | 2. 좌표 측량(트래버스 측량) | 10 | 문제 10 | 76 |
| | 3. 응용 측량(노선 측량) | 10 | 문제 10 | 368 |
| | 4. 좌표 측량(삼각 측량) | 10 | 문제 7 | 148 |
| | 5. 응용 측량(세부 측량) | 5 | 문제 4 | 447 |
| | 6. 좌표 측량(수준 측량) | 10 | 문제 4 | 220 |

# 1993년도 측량 및 지형공간정보 내업 과년도 출제 문제

| | 과 목 | 배 점 | 문제 No. | 페이지(page) |
|---|---|---|---|---|
| 기사 | 1. 응용 측량(면적 및 체적 측량) | 10 | 문제 26 | 324 |
| | 2. 응용 측량(노선 측량) | 10 | 문제 12 | 370 |
| | 3. 좌표 측량(삼각 측량) | 10 | 문제 5 | 182 |
| | 4. 오차론(최소 제곱법) | 10 | 예제 1 | 514 |
| | 5. 응용 측량(세부 측량) | 5 | 문제 3 | 415 |
| | 6. 응용 측량(세부 측량) | 10 | 문제 1 | 429 |

| | 과 목 | 배 점 | 문제 No. | 페이지(page) |
|---|---|---|---|---|
| 산업기사 | 1. 좌표 측량(수준 측량) | 10 | 문제 3 | 230 |
| | 2. 좌표 측량(트래버스 측량) | 9 | 문제 1 | 57 |
| | 3. 좌표 측량(수준 측량) | 8 | 문제 4 | 231 |
| | 4. 응용 측량(면적 및 체적 측량) | 10 | 문제 17 | 287 |
| | 5. 응용 측량(노선 측량) | 8 | 문제 7 | 356 |
| | 6. 좌표 측량(삼각 측량) | 10 | 문제 6 | 145 |

## 1993년도 측량 및 지형공간정보 내업 과년도 출제 문제

| | 과 목 | 배 점 | 문제 No. | 페이지(page) |
|---|---|---|---|---|
| 기 사 | 1. 응용 측량(면적 및 체적 측량) | 10 | 문제 18 | 310 |
| | 2. 좌표 측량(트래버스 측량) | 10 | 문제 28 | 106 |
| | 3. 응용 측량(노선 측량) | 5 | 문제 5 | 362 |
| | 4. 좌표 측량(삼각 측량) | 10 | 문제 6 | 185 |
| | 5. 응용 측량(세부 측량) | 10 | 문제 6 | 435 |
| | 6. 오차론(최소 제곱법) | 10 | 문제 1 | 524 |

| | 과 목 | 배 점 | 문제 No. | 페이지(page) |
|---|---|---|---|---|
| 산 업 기 사 | 1. 응용 측량(노선 측량) | 10 | 문제 8 | 366 |
| | 2. 응용 측량(세부 측량) | 10 | 문제 7 | 449 |
| | 3. 응용 측량(세부 측량) | 10 | 문제 2 | 423 |
| | 4. 응용 측량(면적 및 체적 측량) | 10 | 문제 22 | 318 |
| | 5. 좌표 측량(수준 측량) | 10 | 예제 3 | 214 |
| | 6. 좌표 측량(삼각 측량) | 5 | 문제 9 | 191 |

# 1994년도 측량 및 지형공간정보 내업 과년도 출제 문제

|   | 과 목 | 배 점 | 문제 No. | 페이지(page) |
|---|---|---|---|---|
| 기사 | 1. 응용 측량(노선 측량) | 10 | 문제 15 | 376 |
|   | 2. 좌표 측량(수준 측량) | 5 | 문제 2 | 218 |
|   | 3. 좌표 측량(트래버스 측량) | 10 | 문제 19 | 93 |
|   | 4. 응용 측량(세부 측량) | 10 | 문제 4 | 416 |
|   | 5. 응용 측량(면적 및 체적 측량) | 10 | 문제 22 | 318 |
|   | 6. 오차론(오차의 전파) | 10 | 문제 4 | 486 |

|   | 과 목 | 배 점 | 문제 No. | 페이지(page) |
|---|---|---|---|---|
| 산업기사 | 1. 오차론(최소 제곱법) | 10 | 문제 3 | 528 |
|   | 2. 좌표 측량(삼각 측량) | 10 | 문제 4 | 179 |
|   | 3. 좌표 측량(트래버스 측량) | 10 | 문제 1 | 20 |
|   | 4. 응용 측량(면적 및 체적 측량) | 10 | 문제 13 | 283 |
|   | 5. 좌표 측량(수준 측량) | 10 | 문제 3 | 219 |
|   | 6. 응용 측량(노선 측량) | 5 | 문제 3 | 352 |

# 1995년도 측량 및 지형공간정보 내업 과년도 출제 문제

| | 과 목 | 배 점 | 문제 No. | 페이지(page) |
|---|---|---|---|---|
| 기사 | 1. 좌표 측량(수준 측량) | 10 | 문제 14 | 166 |
| | 2. 좌표 측량(삼각 측량) | 10 | 문제 11 | 198 |
| | 3. 좌표 측량(트래버스 측량) | 10 | 문제 14 | 84 |
| | 4. 응용 측량(노선 측량) | 10 | 문제 6 | 363 |
| | 5. 좌표 측량(트래버스 측량) | 5 | 문제 25 | 103 |
| | 6. 좌표 측량(트래버스 측량) | 10 | 문제 9 | 74 |

| | 과 목 | 배 점 | 문제 No. | 페이지(page) |
|---|---|---|---|---|
| 산업기사 | 1. 응용 측량(면적 및 체적 측량) | 10 | 문제 5 | 294 |
| | 2. 좌표 측량(삼각 측량) | 10 | 문제 10 | 156 |
| | 3. 좌표 측량(트래버스 측량) | 10 | 문제 31 | 112 |
| | 4. 응용 측량(노선 측량) | 5 | 문제 5 | 362 |
| | 5. 좌표 측량(수준 측량) | 10 | 문제 5 | 221 |
| | 6. 좌표 측량(트래버스 측량) | 10 | 문제 2 | 26 |

## 1996년도 측량 및 지형공간정보 내업 과년도 출제 문제

|  | 과 목 | 배 점 | 문제 No. | 페이지(page) |
|---|---|---|---|---|
| 기<br>사 | 1. 응용 측량(세부 측량) | 10 | 문제 8 | 451 |
|  | 2. 좌표 측량(삼각 측량) | 8 | 문제 13 | 201 |
|  | 3. 좌표 측량(삼각 측량) | 7 | 문제 9 | 152 |
|  | 4. 오차론(최소 제곱법) | 10 | 문제 11 | 549 |
|  | 5. 응용 측량(노선 측량) | 10 | 문제 20 | 382 |
|  | 6. 오차론(오차의 전파) | 10 | 문제 16 | 499 |

|  | 과 목 | 배 점 | 문제 No. | 페이지(page) |
|---|---|---|---|---|
| 산<br>업<br>기<br>사 | 1. 좌표 측량(트래버스 측량) | 10 | 문제 5 | 65 |
|  | 2. 좌표 측량(삼각 측량) | 10 | 문제 13 | 164 |
|  | 3. 응용 측량(면적 및 체적 측량) | 5 | 문제 12 | 282 |
|  | 4. 응용 측량(세부 측량) | 10 | 문제 4 | 416 |
|  | 5. 응용 측량(노선 측량) | 10 | 문제 5 | 354 |
|  | 6. 좌표 측량(수준 측량) | 10 | 문제 2 | 229 |

## 1997년도 측량 및 지형공간정보 내업 과년도 출제 문제

| | 과 목 | 배 점 | 문제 No. | 페이지(page) |
|---|---|---|---|---|
| 기사 | 1. 좌표 측량(수준 측량) | 10 | 문제 11 | 241 |
| | 2. 좌표 측량(트래버스 측량) | 10 | 문제 4 | 63 |
| | 3. 응용 측량(노선 측량) | 10 | 문제 9 | 367 |
| | 4. 좌표 측량(삼각 측량) | 10 | 문제 7 | 187 |
| | 5. 좌표 측량(삼각 측량) | 8 | 문제 14 | 166 |
| | 6. 응용 측량(면적 및 체적 측량) | 7 | 문제 5 | 276 |

| | 과 목 | 배 점 | 문제 No. | 페이지(page) |
|---|---|---|---|---|
| 산업기사 | 1. 오차론(오차의 전파) | 10 | 문제 1 | 485 |
| | 2. 좌표 측량(트래버스 측량) | 10 | 문제 6 | 39 |
| | 3. 응용 측량(노선 측량) | 5 | 문제 2 | 352 |
| | 4. 좌표 측량(삼각 측량) | 10 | 문제 8 | 150 |
| | 5. 응용 측량(면적 및 체적 측량) | 10 | 문제 22 | 318 |
| | 6. 좌표 측량(수준 측량) | 10 | 문제 5 | 233 |

## 1998년 4월 26일 측량 및 지형공간정보 내업 과년도 출제 문제

| | 과 목 | 배 점 | 문제 No. | 페이지(page) |
|---|---|---|---|---|
| 기사 | 1. 좌표 측량(트래버스 측량) | 5 | 문제 12 | 54 |
| | 2. 응용 측량(노선 측량) | 10 | 문제 13 | 372 |
| | 3. 응용 측량(면적 및 체적 측량) | 10 | 문제 20 | 314 |
| | 4. 오차론(오차의 전파) | 10 | 문제 10 | 492 |
| | 5. 오차론(최소 제곱의 원리) | 10 | 문제 5 | 533 |
| | 6. 좌표 측량(삼각 측량) | 10 | 문제 11 | 198 |

| | 과 목 | 배 점 | 문제 No. | 페이지(page) |
|---|---|---|---|---|
| 산업기사 | 1. 좌표 측량(트래버스 측량) | 10 | 문제 12 | 54 |
| | 2. 응용 측량(노선 측량) | 10 | 문제 13 | 372 |
| | 3. 좌표 측량(트래버스 측량) | 10 | 문제 3 | 61 |
| | 4. 좌표 측량(삼각 측량) | 10 | 문제 4 | 141 |
| | 5. 좌표 측량(수준 측량) | 10 | 문제 2 | 218 |
| | 6. 응용 측량(세부 측량) | 5 | 문제 4 | 432 |

## 1998년 7월 25일 측량 및 지형공간정보 내업 과년도 출제 문제

| | 과 목 | 배 점 | 문제 No. | 페이지(page) |
|---|---|---|---|---|
| 기사 | 1. 오차론(최소 제곱의 원리) | 10 | 문제 4 | 530 |
| | 2. 오차론(오차의 전파) | 10 | 문제 19 | 502 |
| | 3. 응용 측량(노선 측량) | 5 | 문제 11 | 369 |
| | 4. 좌표 측량(트래버스 측량) | 10 | 문제 29 | 108 |
| | 5. 좌표 측량(수준 측량) | 10 | 문제 17 | 248 |
| | 6. 좌표 측량(삼각 측량) | 10 | 문제 28 | 330 |

| | 과 목 | 배 점 | 문제 No. | 페이지(page) |
|---|---|---|---|---|
| 산업기사 | 1. 좌표 측량(수준 측량) | 10 | 문제 14 | 245 |
| | 2. 응용 측량(면적 및 체적 측량) | 10 | 문제 18 | 289 |
| | 3. 응용 측량(노선 측량) | 10 | 문제 1 | 350 |
| | 4. 좌표 측량(수준 측량) | 8 | 문제 1 | 216 |
| | 5. 좌표 측량(트래버스 측량) | 7 | 문제 14 | 56 |
| | 6. 응용 측량(노선 측량) | 10 | 문제 15 | 376 |

**1998년 10월 18일** 측량 및 지형공간정보 내업 과년도 출제 문제

|  | 과 목 | 배 점 | 문제 No. | 페이지(page) |
|---|---|---|---|---|
| 기사 | 1. 좌표 측량(트래버스 측량) | 8 | 문제 12 | 81 |
|  | 2. 오차론(오차의 전파) | 10 | 문제 12 | 494 |
|  | 3. 오차론(최소 제곱법) | 10 | 문제 7 | 538 |
|  | 4. 응용 측량(노선 측량) | 9 | 문제 24 | 389 |
|  | 5. 응용 측량(노선 측량) | 9 | 문제 22 | 385 |
|  | 6. 응용 측량(면적 및 체적 측량) | 10 | 문제 19 | 312 |

|  | 과 목 | 배 점 | 문제 No. | 페이지(page) |
|---|---|---|---|---|
| 산업기사 | 1. 응용 측량(세부 측량) | 10 | 문제 7 | 449 |
|  | 2. 응용 측량(면적 및 체적 측량) | 5 | 문제 10 | 280 |
|  | 3. 좌표 측량(트래버스 측량) | 10 | 문제 8 | 42 |
|  | 4. 좌표 측량(트래버스 측량) | 10 | 문제 31 | 112 |
|  | 5. 좌표 측량(수준 측량) | 10 | 문제 13 | 244 |
|  | 6. 좌표 측량(트래버스 측량) | 10 | 문제 9 | 50 |

## 1999년 3월 7일 측량 및 지형공간정보 내업 과년도 출제 문제

| | 과 목 | 배 점 | 문제 No. | 페이지(page) |
|---|---|---|---|---|
| 기사 | 1. 오차론(Matrix) | 10 | 문제 1 | 569 |
| | 2. 오차론(오차의 전파) | 10 | 문제 24 | 507 |
| | 3. 응용 측량(세부 측량) | 10 | 문제 6 | 420 |
| | 4. 좌표 측량(트래버스 측량) | 8 | 문제 2 | 59 |
| | 5. 좌표 측량(삼각 측량) | 10 | 문제 1 | 168 |
| | 6. 좌표 측량(트래버스 측량) | 7 | 문제 32 | 114 |

| | 과 목 | 배 점 | 문제 No. | 페이지(page) |
|---|---|---|---|---|
| 산업기사 | 1. 좌표 측량(수준 측량) | 10 | 문제 6 | 234 |
| | 2. 응용 측량(노선 측량) | 10 | 문제 13 | 372 |
| | 3. 응용 측량(면적 및 체적 측량) | 5 | 문제 3 | 275 |
| | 4. 좌표 측량(삼각 측량) | 10 | 문제 1 | 168 |
| | 5. 좌표 측량(트래버스 측량) | 10 | 문제 7 | 69 |
| | 6. 좌표 측량(트래버스 측량) | 10 | 문제 8 | 48 |

## 1999년 5월 30일 측량 및 지형공간정보 내업 과년도 출제 문제

| | 과 목 | 배 점 | 문제 No. | 페이지(page) |
|---|---|---|---|---|
| 기 사 | 1. 응용 측량(면적 및 체적 측량) | 10 | 문제 27 | 326 |
| | 2. 좌표 측량(삼각 측량) | 10 | 문제 2 | 172 |
| | 3. 좌표 측량(트래버스 측량) | 10 | 문제 7 | 44 |
| | 4. 응용 측량(노선 측량) | 10 | 문제 6 | 363 |
| | 5. 오차론(matrix) | 10 | 문제 17 | 595 |
| | 6. 좌표 측량(수준 측량) | 5 | 문제 13 | 244 |

| | 과 목 | 배 점 | 문제 No. | 페이지(page) |
|---|---|---|---|---|
| 산 업 기 사 | 1. 응용 측량(면적 및 체적 측량) | 10 | 문제 12 | 282 |
| | 2. 응용 측량(노선 측량) | 5 | 문제 7 | 365 |
| | 3. 좌표 측량(수준 측량) | 10 | 문제 10 | 240 |
| | 4. 오차론(최소 제곱법) | 10 | 문제 8 | 541 |
| | 5. 좌표 측량(트래버스 측량) | 10 | 문제 5 | 35 |
| | 6. 좌표 측량(삼각 측량) | 10 | 문제 11 | 159 |

## 1999년 9월 19일 측량 및 지형공간정보 내업 과년도 출제 문제

| | 과 목 | 배 점 | 문제 No. | 페이지(page) |
|---|---|---|---|---|
| 기사 | 1. 응용 측량(면적 및 체적 측량) | 8 | 문제 4 | 293 |
| | 2. 좌표 측량(삼각 측량) | 8 | 문제 1 | 134 |
| | 3. 좌표 측량(트래버스 측량) | 9 | 문제 6 | 39 |
| | 4. 오차론(오차의 전파) | 10 | 문제 27 | 512 |
| | 5. 오차론(최소 제곱법) | 10 | 문제 9 | 544 |
| | 6. 응용 측량(노선 측량) | 10 | 문제 24 | 389 |

| | 과 목 | 배 점 | 문제 No. | 페이지(page) |
|---|---|---|---|---|
| 산업기사 | 1. 좌표 측량(트래버스 측량) | 10 | 문제 2 | 59 |
| | 2. 응용 측량(세부 측량) | 10 | 문제 5 | 433 |
| | 3. 응용 측량(노선 측량) | 10 | 문제 10 | 368 |
| | 4. 좌표 측량(수준 측량) | 5 | 문제 7 | 224 |
| | 5. 응용 측량(면적 및 체적 측량) | 10 | 문제 13 | 287 |
| | 6. 좌표 측량(트래버스 측량) | 10 | 문제 6 | 67 |

## 1999년 11월 21일 측량 및 지형공간정보 내업 과년도 출제 문제

| | 과 목 | 배 점 | 문제 No. | 페이지(page) |
|---|---|---|---|---|
| 기<br>사 | 1. 응용 측량(세부 측량) | 5 | 문제 3 | 415 |
| | 2. 응용 측량(노선 측량) | 10 | 문제 20 | 382 |
| | 3. 오차론(최소 제곱법) | 10 | 문제 8 | 541 |
| | 4. 응용 측량(면적 및 체적 측량) | 10 | 문제 10 | 301 |
| | 5. 좌표 측량(트래버스 측량) | 10 | 문제 28 | 106 |
| | 6. 좌표 측량(삼각 측량) | 10 | 문제 1 | 134 |

| | 과 목 | 배 점 | 문제 No. | 페이지(page) |
|---|---|---|---|---|
| 산<br>업<br>기<br>사 | 1. 좌표 측량(트래버스 측량) | 10 | 문제 4 | 30 |
| | 2. 좌표 측량(삼각 측량) | 10 | 문제 1 | 134 |
| | 3. 좌표 측량(수준 측량) | 10 | 문제 3 | 219 |
| | 4. 응용 측량(면적 및 체적 측량) | 5 | 문제 13 | 283 |
| | 5. 응용 측량(노선 측량) | 10 | 예제 1 | 339 |
| | 6. 오차론(최소 제곱법) | 10 | 예제 1 | 514 |

## 2000년 2월 20일 측량 및 지형공간정보 내업 과년도 출제 문제

| | 과 목 | 배 점 | 문제 No. | 페이지(page) |
|---|---|---|---|---|
| 기사 | 1. 응용 측량(노선 측량) | 10 | 문제 21 | 385 |
| | 2. 응용 측량(세부 측량) | 10 | 문제 6 | 428 |
| | 3. 좌표 측량(삼각 측량) | 10 | 문제 12 | 200 |
| | 4. 좌표 측량(트래버스 측량) | 10 | 문제 29 | 108 |
| | 5. 좌표 측량(수준 측량) | 10 | 문제 6 | 222 |
| | 6. 응용 측량(면적 및 체적 측량) | 5 | 문제 17 | 287 |

| | 과 목 | 배 점 | 문제 No. | 페이지(page) |
|---|---|---|---|---|
| 산업기사 | 1. 응용 측량(면적 및 체적 측량) | 5 | 문제 3 | 275 |
| | 2. 좌표 측량(트래버스 측량) | 10 | 문제 2 | 59 |
| | 3. 좌표 측량(수준 측량) | 10 | 문제 6 | 234 |
| | 4. 좌표 측량(수준 측량) | 10 | 문제 7 | 224 |
| | 5. 응용 측량(노선 측량) | 10 | 문제 5 | 354 |
| | 6. 좌표 측량(삼각 측량) | 10 | 문제 3 | 175 |

## 2000년 4월 23일 측량 및 지형공간정보 내업 과년도 출제 문제

| | 과 목 | 배 점 | 문제 No. | 페이지(page) |
|---|---|---|---|---|
| 기사 | 1. 오차론(오차의 전파) | 10 | 문제 24 | 507 |
| | 2. 좌표 측량(삼각 측량) | 10 | 문제 2 | 172 |
| | 3. 좌표 측량(트래버스 측량) | 10 | 문제 7 | 44 |
| | 4. 좌표 측량(삼각 측량) | 5 | 문제 12 | 200 |
| | 5. 응용 측량(면적 및 체적 측량) | 5 | 문제 20 | 314 |
| | 6. 오차론(최소 제곱법) | 10 | 예제 7 | 522 |
| | 7. 좌표 측량(수준 측량) | 5 | 문제 8 | 237 |

| | 과 목 | 배 점 | 문제 No. | 페이지(page) |
|---|---|---|---|---|
| 산업기사 | 1. 응용 측량(노선 측량) | 10 | 문제 13 | 372 |
| | 2. 응용 측량(면적 및 체적 측량) | 10 | 문제 8 | 297 |
| | 3. 좌표 측량(트래버스 측량) | 10 | 문제 2 | 59 |
| | 4. 좌표 측량(트래버스 측량) | 10 | 문제 27 | 105 |
| | 5. 좌표 측량(트래버스 측량) | 10 | 문제 14 | 56 |
| | 6. 좌표 측량(수준 측량) | 5 | 문제 16 | 247 |

## 2000년 8월 13일 측량 및 지형공간정보 내업 과년도 출제 문제

| | 과 목 | 배 점 | 문제 No. | 페이지(page) |
|---|---|---|---|---|
| 기사 | 1. 좌표 측량(트래버스 측량) | 5 | 문제 32 | 114 |
| | 2. 좌표 측량(트래버스 측량) | 10 | 문제 9 | 74 |
| | 3. 오차론(최소 제곱법) | 10 | 문제 3 | 528 |
| | 4. 응용 측량(노선 측량) | 10 | 문제 7 | 365 |
| | 5. 응용 측량(면적 및 체적 측량) | 10 | 문제 30 | 333 |
| | 6. 좌표 측량(수준 측량) | 10 | 문제 11 | 241 |

| | 과 목 | 배 점 | 문제 No. | 페이지(page) |
|---|---|---|---|---|
| 산업기사 | 1. 응용 측량(면적 및 체적 측량) | 5 | 문제 12 | 282 |
| | 2. 좌표 측량(삼각 측량) | 10 | 문제 12 | 162 |
| | 3. 좌표 측량(수준 측량) | 10 | 문제 7 | 224 |
| | 4. 좌표 측량(트래버스 측량) | 10 | 문제 5 | 35 |
| | 5. 응용 측량(노선 측량) | 10 | 문제 6 | 355 |
| | 6. 좌표 측량(트래버스 측량) | 10 | 문제 32 | 114 |

# 2000년 11월 12일 측량 및 지형공간정보 내업 과년도 출제 문제

|  | 과 목 | 배 점 | 문제 No. | 페이지(page) |
|---|---|---|---|---|
| 기사 | 1. 응용 측량(노선 측량) | 5 | 문제 4 | 361 |
| | 2. 좌표 측량(트래버스 측량) | 10 | 예제 3 | 263 |
| | 3. 좌표 측량(삼각 측량) | 10 | 예제 1 | 120 |
| | 4. 오차론(오차의 전파) | 5 | 문제 2 | 485 |
| | 5. 오차론(최소 제곱법) | 10 | 문제 4 | 530 |
| | 6. 응용 측량(면적 및 체적 측량) | 5 | 문제 7 | 296 |

|  | 과 목 | 배 점 | 문제 No. | 페이지(page) |
|---|---|---|---|---|
| 산업기사 | 1. 좌표 측량(수준 측량) | 10 | 문제 1 | 216 |
| | 2. 응용 측량(면적 및 체적 측량) | 10 | 문제 11 | 281 |
| | 3. 응용 측량(노선 측량) | 10 | 문제 5 | 354 |
| | 4. 좌표 측량(트래버스 측량) | 10 | 문제 4 | 63 |
| | 5. 좌표 측량(삼각 측량) | 10 | 문제 3 | 175 |
| | 6. 좌표 측량(수준 측량) | 5 | 문제 8 | 237 |

# 2001년 4월 22일 측량 및 지형공간정보 내업 과년도 출제 문제

| | 과 목 | 배 점 | 문제 No. | 페이지(page) |
|---|---|---|---|---|
| 기 사 | 1. 좌표 측량(트래버스 측량) | 10 | 문제 5 | 35 |
| | 2. 좌표 측량(삼각 측량) | 10 | 문제 13 | 201 |
| | 3. 좌표 측량(수준 측량) | 7 | 문제 2 | 229 |
| | 4. 응용 측량(면적 및 체적 측량) | 8 | 문제 4 | 293 |
| | 5. 응용 측량(노선 측량) | 10 | 문제 13 | 372 |
| | 6. 오차론(오차의 전파) | 10 | 문제 24 | 507 |

| | 과 목 | 배 점 | 문제 No. | 페이지(page) |
|---|---|---|---|---|
| 산 업 기 사 | 1. 좌표 측량(트래버스 측량) | 10 | 문제 3 | 29 |
| | 2. 좌표 측량(삼각 측량) | 10 | 예제 1 | 120 |
| | 3. 좌표 측량(수준 측량) | 8 | 문제 2 | 229 |
| | 4. 응용 측량(면적 및 체적 측량) | 7 | 문제 15 | 285 |
| | 5. 응용 측량(노선 측량) | 10 | 문제 13 | 372 |
| | 6. 좌표 측량(세부 측량) | 5 | 문제 3 | 445 |
| | 7. 오차론(오차의 전파) | 5 | 문제 1 | 485 |

# 2001년 7월 15일 측량 및 지형공간정보 내업 과년도 출제 문제

| | 과 목 | 배 점 | 문제 No. | 페이지(page) |
|---|---|---|---|---|
| 기사 | 1. 응용 측량(면적 및 체적 측량) | 5 | 문제 14 | 284 |
| | 2. 좌표 측량(다각 측량) | 10 | 문제 7 | 44 |
| | 3. 오차론(최소 제곱법) | 10 | 문제 10 | 547 |
| | 4. 응용 측량(면적 및 체적 측량) | 10 | 문제 21 | 316 |
| | 5. 좌표 측량(삼각 측량) | 10 | 문제 3 | 175 |
| | 6. 응용 측량(노선 측량) | 10 | 문제 6 | 355 |

| | 과 목 | 배 점 | 문제 No. | 페이지(page) |
|---|---|---|---|---|
| 산업기사 | 1. 좌표 측량(트래버스 측량) | 10 | 문제 8 | 71 |
| | 2. 좌표 측량(삼각 측량) | 10 | 문제 3 | 175 |
| | 3. 좌표 측량(수준 측량) | 10 | 문제 5 | 221 |
| | 4. 응용 측량(면적 및 체적 측량) | 7 | 문제 3 | 275 |
| | 5. 응용 측량(노선 측량) | 10 | 문제 6 | 363 |
| | 6. 오차론(오차의 전파) | 8 | 문제 25 | 508 |

# 2001년 11월 4일 측량 및 지형공간정보 내업 과년도 출제 문제

| | 과 목 | 배 점 | 문제 No. | 페이지(page) |
|---|---|---|---|---|
| 기<br>사 | 1. 오차론(최소 제곱법) | 10 | 문제 13 | 553 |
| | 2. 응용 측량(세부 측량) | 10 | 문제 5 | 433 |
| | 3. 응용 측량(면적 및 체적 측량) | 5 | 문제 20 | 314 |
| | 4. 응용 측량(노선 측량) | 10 | 문제 20 | 382 |
| | 5. 좌표 측량(트래버스 측량) | 10 | 문제 28 | 106 |
| | 6. 좌표 측량(트래버스 측량) | 10 | 문제 14 | 56 |

| | 과 목 | 배 점 | 문제 No. | 페이지(page) |
|---|---|---|---|---|
| 산<br>업<br>기<br>사 | 1. 응용 측량(면적 및 체적 측량) | 5 | 문제 9 | 279 |
| | 2. 응용 측량(노선 측량) | 10 | 문제 6 | 363 |
| | 3. 좌표 측량(트래버스 측량) | 10 | 문제 8 | 48 |
| | 4. 좌표 측량(트래버스 측량) | 10 | 문제 6 | 39 |
| | 5. 좌표 측량(삼각 측량) | 10 | 문제 10 | 156 |
| | 6. 좌표 측량(수준 측량) | 10 | 문제 6 | 222 |

# 2002년 4월 21일 측량 및 지형공간정보 내업 과년도 출제 문제

|   | 과 목 | 배 점 | 문제 No. | 페이지(page) |
|---|---|---|---|---|
| 기사 | 1. 오차론(최소 제곱법) | 10 | 예제 7 | 522 |
|   | 2. 응용 측량(노선 측량) | 10 | 문제 13 | 372 |
|   | 3. 응용 측량(면적 및 체적 측량) | 5 | 문제 11 | 303 |
|   | 4. 좌표 측량(수준 측량) | 10 | 문제 2 | 218 |
|   | 5. 좌표 측량(트래버스 측량) | 10 | 문제 5 | 35 |
|   | 6. 좌표 측량(삼각 측량) | 10 | 문제 7 | 187 |

|   | 과 목 | 배 점 | 문제 No. | 페이지(page) |
|---|---|---|---|---|
| 산업기사 | 1. 좌표 측량(수준 측량) | 10 | 문제 5 | 221 |
|   | 2. 오차론(오차의 전파) | 5 | 예제 1 | 482 |
|   | 3. 좌표 측량(삼각 측량) | 10 | 문제 6 | 145 |
|   | 4. 좌표 측량(트래버스 측량) | 10 | 문제 8 | 71 |
|   | 5. 응용 측량(세부 측량) | 10 | 문제 5 | 419 |
|   | 6. 응용 측량(노선 측량) | 10 | 문제 7 | 356 |

## 2002년 7월 7일 측량 및 지형공간정보 내업 과년도 출제 문제

| | 과 목 | 배 점 | 문제 No. | 페이지(page) |
|---|---|---|---|---|
| 기사 | 1. 오차론(최소 제곱법) | 10 | 예제 7 | 522 |
| | 2. 응용 측량(노선 측량) | 10 | 문제 13 | 372 |
| | 3. 응용 측량(면적 및 체적 측량) | 5 | 문제 11 | 303 |
| | 4. 좌표 측량(수준 측량) | 10 | 문제 2 | 218 |
| | 5. 좌표 측량(트래버스 측량) | 10 | 문제 5 | 35 |
| | 6. 좌표 측량(삼각 측량) | 10 | 문제 7 | 187 |

| | 과 목 | 배 점 | 문제 No. | 페이지(page) |
|---|---|---|---|---|
| 산업기사 | 1. 좌표 측량(트래버스 측량) | 10 | 문제 5 | 65 |
| | 2. 좌표 측량(삼각 측량) | 10 | 문제 10 | 156 |
| | 3. 좌표 측량(수준 측량) | 10 | 문제 7 | 224 |
| | 4. 좌표 측량(수준 측량) | 10 | 문제 5 | 221 |
| | 5. 응용 측량(면적 및 체적 측량) | 5 | 문제 3 | 275 |
| | 6. 응용 측량(노선 측량) | 10 | 문제 5 | 354 |

# 2002년 10월 27일 측량 및 지형공간정보 내업 과년도 출제 문제

| | 과 목 | 배 점 | 문제 No. | 페이지(page) |
|---|---|---|---|---|
| 기사 | 1. 응용 측량(노선 측량) | 10 | 문제 12 | 370 |
| | 2. 응용 측량(면적 및 체적 측량) | 10 | 문제 10 | 301 |
| | 3. 응용 측량(수준 측량) | 5 | 문제 7 | 224 |
| | 4. 좌표 측량(트래버스 측량) | 10 | 문제 2 | 59 |
| | 5. 응용 측량(세부 측량) | 10 | 문제 3 | 431 |
| | 6. 좌표 측량(트래버스 측량) | 10 | 문제 14 | 56 |

| | 과 목 | 배 점 | 문제 No. | 페이지(page) |
|---|---|---|---|---|
| 산업기사 | 1. 좌표 측량(트래버스 측량) | 10 | 문제 14 | 56 |
| | 2. 좌표 측량(삼각 측량) | 10 | 문제 8 | 150 |
| | 3. 좌표 측량(삼각 측량) | 5 | 문제 15 | 167 |
| | 4. 좌표 측량(면적 및 체적 측량) | 5 | 문제 11 | 281 |
| | 5. 오차론(오차의 전파) | 5 | 문제 1 | 485 |
| | 6. 오차론(최소 제곱법) | 10 | 문제 8 | 541 |
| | 7. 응용 측량(노선 측량) | 10 | 문제 7 | 365 |

## 2003년 4월 26일 측량 및 지형공간정보 내업 과년도 출제 문제

| | 과 목 | 배 점 | 문제 No. | 페이지(page) |
|---|---|---|---|---|
| 기사 | 1. 오차론(오차의 전파) | 10 | 문제 24 | 507 |
| | 2. 응용 측량(노선 측량) | 5 | 문제 7 | 365 |
| | 3. 좌표 측량(트래버스 측량) | 10 | 문제 5 | 35 |
| | 4. 좌표 측량(삼각 측량) | 10 | 문제 4 | 179 |
| | 5. 응용 측량(노선 측량) | 5 | 문제 7 | 365 |
| | 6. 좌표 측량(수준 측량) | 5 | 문제 8 | 237 |
| | 7. 좌표 측량(수준 측량) | 5 | 문제 8 | 225 |

| | 과 목 | 배 점 | 문제 No. | 페이지(page) |
|---|---|---|---|---|
| 산업기사 | 1. 좌표 측량(트래버스 측량) | 13 | 예제 7 | 69 |
| | 2. 좌표 측량(삼각 측량) | 15 | 문제 12 | 162 |
| | 3. 좌표 측량(노선 측량) | 7 | 문제 5 | 354 |
| | 4. 오차론(행렬) | 5 | 문제 15 | 590 |
| | 5. 응용 측량(면적 및 체적 측량) | 5 | 문제 20 | 314 |
| | 6. 오차론(오차의 전파) | 10 | 예제 1 | 482 |

## 2003년 10월 26일 측량 및 지형공간정보 내업 과년도 출제 문제

| 과 목 | | 배 점 | 문제 No. | 페이지(page) |
|---|---|---|---|---|
| 기사 | 1. 좌표 측량(트래버스 측량) | 10 | 문제 7 | 44 |
| | 2. 응용 측량(면적 및 체적 측량) | 10 | 문제 5 | 276 |
| | 3. 응용 측량(노선 측량) | 10 | 문제 21 | 383 |
| | 4. 오차론(최소 제곱법) | 10 | 예제 7 | 522 |
| | 5. 좌표 측량(수준 측량) | 5 | 문제 8 | 237 |
| | 6. 좌표 측량(트래버스 측량) | 5 | 문제 11 | 53 |
| | 7. 좌표 측량(삼각 측량) | 5 | 문제 14 | 166 |

| 과 목 | | 배 점 | 문제 No. | 페이지(page) |
|---|---|---|---|---|
| 산업기사 | 1. 좌표 측량(트래버스 측량) | 10 | 문제 7 | 69 |
| | 2. 좌표 측량(삼각 측량) | 10 | 문제 5 | 143 |
| | 3. 좌표 측량(수준 측량) | 10 | 문제 7 | 449 |
| | 4. 응용 측량(면적 및 체적 측량) | 5 | 문제 6 | 277 |
| | 5. 응용 측량(면적 및 체적 측량) | 5 | 문제 13 | 372 |
| | 6. 오차론(최소 제곱법) | 10 | 문제 3 | 528 |
| | 7. 응용 측량(유속 관측) | 5 | 문제 18 | 467 |

## 2004년 3월 25일 측량 및 지형공간정보 내업 과년도 출제 문제

| | 과 목 | 배 점 | 문제 No. | 페이지(page) |
|---|---|---|---|---|
| 기사 | 1. 응용 측량(면적 및 체적 측량) | 8 | 문제 14 | 284 |
| | 2. 좌표 측량(삼각 측량) | 12 | 문제 2 | 172 |
| | 3. 좌표 측량(트래버스 측량) | 8 | 문제 18 | 91 |
| | 4. 응용 측량(노선 측량) | 8 | 문제 10 | 368 |
| | 5. 오차론(최소 제곱법) | 10 | 문제 13 | 553 |
| | 6. 응용 측량(면적 및 체적 측량) | 9 | 문제 27 | 326 |

| | 과 목 | 배 점 | 문제 No. | 페이지(page) |
|---|---|---|---|---|
| 산업기사 | 1. 응용 측량(면적 및 체적 측량) | 5 | 문제 2 | 274 |
| | 2. 응용 측량(노선 측량) | 10 | 문제 6 | 363 |
| | 3. 좌표 측량(삼각 측량) | 10 | 문제 1 | 168 |
| | 4. 좌표 측량(수준 측량) | 10 | 문제 6 | 222 |
| | 5. 좌표 측량(수준 측량) | 5 | 문제 3 | 219 |
| | 6. 좌표 측량(트래버스 측량) | 10 | 문제 3 | 61 |
| | 7. 오차론(최소 제곱법) | 5 | 문제 25 | 508 |

## 2004년 7월 4일 측량 및 지형공간정보 내업 과년도 출제 문제

| | 과 목 | 배 점 | 문제 No. | 페이지(page) |
|---|---|---|---|---|
| 기사 | 1. 좌표 측량(트래버스 측량) | 10 | 문제 2 | 59 |
| | 2. 좌표 측량(삼각 측량) | 10 | 문제 4 | 179 |
| | 3. 좌표 측량(수준 측량) | 10 | 문제 2 | 218 |
| | 4. 응용 측량(면적 및 체적 측량) | 5 | 문제 20 | 314 |
| | 5. 응용 측량(노선 측량) | 10 | 문제 3 | 352 |
| | 6. 오차론(최소 제곱법) | 9 | 예제 7 | 522 |

| | 과 목 | 배 점 | 문제 No. | 페이지(page) |
|---|---|---|---|---|
| 산업기사 | 1. 좌표 측량(트래버스 측량) | 10 | 문제 8 | 48 |
| | 2. 좌표 측량(트래버스 측량) | 5 | 문제 1 | 20 |
| | 3. 좌표 측량(트래버스 측량) | 10 | 문제 4 | 63 |
| | 4. 응용 측량(노선 측량) | 10 | 문제 13 | 372 |
| | 5. 좌표 측량(수준 측량) | 10 | 문제 1 | 228 |
| | 6. 응용 측량(면적 및 체적 측량) | 10 | 문제 25 | 321 |

## 2004년 10월 31일 측량 및 지형공간정보 내업 과년도 출제 문제

| | 과 목 | 배 점 | 문제 No. | 페이지(page) |
|---|---|---|---|---|
| 기사 | 1. 좌표 측량(트래버스 측량) | 6 | 문제 30 | 109 |
| | 2. 좌표 측량(삼각 측량) | 10 | 예제 4 | 130 |
| | 3. 좌표 측량(수준 측량) | 5 | 문제 7 | 224 |
| | 4. 응용 측량(면적 및 체적 측량) | 9 | 문제 30 | 333 |
| | 5. 응용 측량(노선 측량) | 6 | 문제 7 | 356 |
| | 6. 응용 측량(사진 측량) | 10 | 문제 16 | 406 |
| | 7. 지리 정보 시스템 | 9 | 문제 7 | 628 |

| | 과 목 | 배 점 | 문제 No. | 페이지(page) |
|---|---|---|---|---|
| 산업기사 | 1. 좌표 측량(트래버스 측량) | 9 | 문제 7 | 44 |
| | 2. 좌표 측량(삼각 측량) | 10 | 문제 4 | 141 |
| | 3. 좌표 측량(수준 측량) | 5 | 문제 5 | 233 |
| | 4. 응용 측량(면적 및 체적 측량) | 5 | 문제 16 | 286 |
| | 5. 응용 측량(노선 측량) | 10 | 문제 10 | 368 |
| | 6. 응용 측량(사진 측량) | 10 | 문제 16 | 406 |
| | 7. 지리 정보 시스템 | 6 | 문제 1 | 625 |

## 2005년 4월 30일 측량 및 지형공간정보 내업 과년도 출제 문제

| | 과 목 | 배 점 | 문제 No. | 페이지(page) |
|---|---|---|---|---|
| 기<br>사 | 1. 응용 측량(면적·체적 측량) | 6 | 문제 14 | 56 |
| | 2. 좌표 측량(삼각 측량) | 10 | 문제 11 | 198 |
| | 3. 좌표 측량(트래버스 측량) | 6 | 문제 14 | 84 |
| | 4. 좌표 측량(트래버스 측량) | 7 | 문제 29 | 108 |
| | 5. 응용 측량(노선 측량) | 10 | 문제 25 | 390 |
| | 6. 응용 측량(면적·체적 측량) | 6 | 문제 17 | 466 |

| | 과 목 | 배 점 | 문제 No. | 페이지(page) |
|---|---|---|---|---|
| 산<br>업<br>기<br>사 | 1. 응용 측량(세부 측량) | 6 | 문제 17 | 466 |
| | 2. 응용 측량(면적·체적 측량) | 5 | 문제 22 | 318 |
| | 3. 좌표 측량(트래버스 측량) | 10 | 문제 7 | 44 |
| | 4. 좌표 측량(삼각 측량) | 15 | 문제 4 | 179 |
| | 5. 응용 측량(노선 측량) | 10 | 문제 5 | 354 |
| | 6. 오차론(최소 제곱법) | 9 | 문제 10 | 547 |

# 2005년 7월 9일 측량 및 지형공간정보 내업 과년도 출제 문제

| | 과 목 | 배 점 | 문제 No. | 페이지(page) |
|---|---|---|---|---|
| 기사 | 1. 응용 측량(노선 측량) | 8 | 문제 13 | 372 |
| | 2. 좌표 측량(삼각 측량) | 10 | 문제 8 | 150 |
| | 3. 좌표 측량(트래버스 측량) | 10 | 문제 7 | 44 |
| | 4. 응용 측량(면적·체적 측량) | 7 | 문제 19 | 312 |
| | 5. 오차론(최소 제곱법) | 10 | 예제 7 | 522 |

| | 과 목 | 배 점 | 문제 No. | 페이지(page) |
|---|---|---|---|---|
| 산업기사 | 1. 응용 측량(노선 측량) | 10 | 문제 4 | 353 |
| | 2. 좌표 측량(삼각 측량) | 10 | 예제 1 | 120 |
| | 3. 좌표 측량(수준 측량) | 5 | 문제 6 | 222 |
| | 4. 응용 측량(사진 측량) | 5 | 문제 27 | 410 |
| | 5. 좌표 측량(트래버스 측량) | 10 | 문제 5 | 65 |
| | 6. 오차론(최소 제곱법) | 10 | 예제 1 | 514 |
| | 7. 지리 정보 시스템 | 5 | 문제 6 | 627 |

## 2005년 10월 22일 측량 및 지형공간정보 내업 과년도 출제 문제

| | 과 목 | 배 점 | 문제 No. | 페이지(page) |
|---|---|---|---|---|
| 기사 | 1. 좌표 측량(트래버스 측량) | 10 | 문제 5 | 35 |
| | 2. 오차론(최소 제곱법) | 8 | 문제 9 | 544 |
| | 3. 응용 측량(노선 측량) | 10 | 문제 7 | 356 |
| | 4. 응용 측량(면적·체적 측량) | 10 | 문제 11 | 281 |
| | 5. 좌표 측량(삼각 측량) | 10 | 문제 12 | 162 |

| | 과 목 | 배 점 | 문제 No. | 페이지(page) |
|---|---|---|---|---|
| 산업기사 | 1. 오차론(최소 제곱법) | 6 | 문제 9 | 544 |
| | 2. 좌표 측량(트래버스 측량) | 11 | 문제 5 | 65 |
| | 3. 좌표 측량(수준 측량) | 10 | 문제 4 | 231 |
| | 4. 좌표 측량(삼각 측량) | 5 | 문제 1 | 134 |
| | 5. 응용 측량(면적·체적 측량) | 6 | 문제 11 | 281 |
| | 6. 응용 측량(노선 측량) | 13 | 문제 14 | 374 |

## 2006년 4월 22일 측량 및 지형공간정보 내업 과년도 출제 문제

| | 과 목 | 배 점 | 문제 No. | 페이지(page) |
|---|---|---|---|---|
| 기 사 | 1. 응용 측량(노선 측량) | 5 | 문제 8 | 358 |
| | 2. 좌표 측량(트래버스 측량) | 10 | 문제 2 | 59 |
| | 3. 오차론(최소 제곱법) | 10 | 문제 2 | 526 |
| | 4. 지리 정보 시스템 | 10 | 문제 4 | 626 |
| | 5. 응용 측량(사진 측량) | 10 | 문제 16 | 406 |
| | 6. 좌표 측량(삼각 측량) | 10 | 문제 11 | 159 |

| | 과 목 | 배 점 | 문제 No. | 페이지(page) |
|---|---|---|---|---|
| 산 업 기 사 | 1. 응용 측량(사진 측량) | 5 | 문제 5 | 402 |
| | 2. 좌표 측량(삼각 측량) | 10 | 문제 1 | 134 |
| | 3. 좌표 측량(트래버스 측량) | 10 | 문제 6 | 39 |
| | 4. 응용 측량(노선 측량) | 10 | 문제 5 | 354 |
| | 5. 좌표 측량(수준 측량) | 10 | 문제 7 | 224 |
| | 6. 응용 측량(면적·체적 측량) | 10 | 문제 25 | 321 |

# 2006년 7월 8일 측량 및 지형공간정보 내업 과년도 출제 문제

| | 과 목 | 배 점 | 문제 No. | 페이지(page) |
|---|---|---|---|---|
| 기사 | 1. 응용 측량(사진 측량) | 6 | 문제 6 | 402 |
| | 2. 좌표 측량(삼각 측량) | 10 | 문제 2 | 172 |
| | 3. 응용 측량(노선 측량) | 10 | 문제 1 | 350 |
| | 4. 좌표 측량(트래버스 측량) | 10 | 문제 9 | 74 |
| | 5. 좌표 측량(수준 측량) | 10 | 문제 6 | 222 |

| | 과 목 | 배 점 | 문제 No. | 페이지(page) |
|---|---|---|---|---|
| 산업기사 | 1. 응용 측량(면적·체적 측량) | 5 | 문제 22 | 318 |
| | 2. 좌표 측량(트래버스 측량) | 15 | 문제 4 | 63 |
| | 3. 오차론(최소 제곱법) | 10 | 문제 7 | 538 |
| | 4. 좌표 측량(수준 측량) | 10 | 문제 12 | 162 |
| | 5. 응용 측량(노선 측량) | 10 | 문제 1 | 350 |
| | 6. 응용 측량(사진 측량) | 5 | 문제 27 | 410 |

## 2006년 11월 4일 측량 및 지형공간정보 내업 과년도 출제 문제

| | 과 목 | 배 점 | 문제 No. | 페이지(page) |
|---|---|---|---|---|
| 기사 | 1. 좌표 측량(수준 측량) | 10 | 문제 2 | 229 |
| | 2. 지리 정보 시스템 | 9 | 문제 6 | 627 |
| | 3. 좌표 측량(삼각 측량) | 10 | 문제 12 | 162 |
| | 4. 응용 측량(면적·체적 측량) | 10 | 문제 10 | 301 |
| | 5. 응용 측량(노선 측량) | 6 | 문제 5 | 362 |

| | 과 목 | 배 점 | 문제 No. | 페이지(page) |
|---|---|---|---|---|
| 산업기사 | 1. 응용 측량(사진 측량) | 6 | 문제 29 | 411 |
| | 2. 좌표 측량(삼각 측량) | 10 | 문제 12 | 162 |
| | 3. 응용 측량(사진 측량) | 10 | 문제 14 | 405 |
| | 4. 응용 측량(노선 측량) | 10 | 문제 6 | 355 |
| | 5. 오차론(최소 제곱법) | 9 | 예제 7 | 522 |
| | 6. 좌표 측량(트래버스 측량) | 10 | 문제 6 | 39 |

# 2007년 4월 21일 측량 및 지형공간정보 내업 과년도 출제 문제

| | 과 목 | 배 점 | 문제 No. | 페이지(page) |
|---|---|---|---|---|
| 기사 | 1. 좌표 측량(트래버스 측량) | 11 | 문제 2 | 59 |
| | 2. 응용 측량(노선 측량) | 12 | 문제 7 | 365 |
| | 3. 좌표 측량(삼각 측량) | 10 | 문제 3 | 175 |
| | 4. 좌표 측량(트래버스 측량) | 7 | 문제 12 | 54 |
| | 5. 오차론(오차 전파 법칙) | 5 | 문제 8 | 430 |

| | 과 목 | 배 점 | 문제 No. | 페이지(page) |
|---|---|---|---|---|
| 산업기사 | 1. 좌표 측량(트래버스 측량) | 11 | 문제 2 | 59 |
| | 2. 응용 측량(사진 측량) | 6 | 문제 19 | 408 |
| | 3. 좌표 측량(삼각 측량) | 10 | 예제 1 | 120 |
| | 4. 응용 측량(면적·체적 측량) | 6 | 문제 11 | 281 |
| | 5. 응용 측량(노선 측량) | 14 | 문제 6 | 363 |
| | 6. 좌표 측량(수준 측량) | 8 | 문제 13 | 244 |

# 2007년 7월 7일 측량 및 지형공간정보 내업 과년도 출제 문제

| | 과 목 | 배 점 | 문제 No. | 페이지(page) |
|---|---|---|---|---|
| 기사 | 1. 좌표 측량(트래버스 측량) | 10 | 문제 9 | 367 |
| | 2. 좌표 측량(수준 측량) | 6 | 문제 5 | 229 |
| | 3. 좌표 측량(삼각 측량) | 10 | 예제 2 | 127 |
| | 4. 좌표 측량(트래버스 측량) | 10 | 문제 7 | 44 |
| | 5. 응용 측량(면적·체적 측량) | 5 | 문제 15 | 307 |
| | 6. 좌표 측량(수준 측량) | 5 | 문제 13 | 244 |
| | 7. 지리 정보 시스템 | 9 | 문제 7 | 628 |

| | 과 목 | 배 점 | 문제 No. | 페이지(page) |
|---|---|---|---|---|
| 산업기사 | 1. 좌표 측량(수준 측량) | 10 | 문제 6 | 222 |
| | 2. 좌표 측량(트래버스 측량) | 10 | 문제 10 | 76 |
| | 3. 좌표 측량(삼각 측량) | 10 | 문제 1 | 134 |
| | 4. 응용 측량(세부 측량) | 10 | 문제 7 | 449 |
| | 5. 응용 측량(사진 측량) | 5 | 문제 24 | 409 |
| | 6. 응용 측량(노선 측량) | 10 | 문제 7 | 356 |

# 2008년 4월 20일 측량 및 지형공간정보 내업 과년도 출제 문제

| | 과 목 | 배 점 | 문제 No. | 페이지(page) |
|---|---|---|---|---|
| 기사 | 1. 응용 측량(면적·체적 측량) | | 문제 30 | 333 |
| | 2. 응용 측량(노선 측량) | | 문제 4 | 353 |
| | 3. 응용 측량(노선 측량) | | 문제 5 | 354 |
| | 4. 좌표 측량(트래버스 측량) | | 문제 7 | 44 |
| | 5. 좌표 측량(수준 측량) | | 문제 13 | 244 |
| | 6. 좌표 측량(삼각 측량) | | 문제 1 | 134 |

| | 과 목 | 배 점 | 문제 No. | 페이지(page) |
|---|---|---|---|---|
| 산업기사 | 1. 응용 측량(노선 측량) | | 문제 5 | 362 |
| | 2. 응용 측량(사진 측량) | | 문제 5 | 402 |
| | 3. 좌표 측량(트래버스 측량) | | 문제 7 | 44 |
| | 4. 응용 측량(면적·체적 측량) | | 문제 8 | 297 |
| | 5. 좌표 측량(삼각 측량) | | 문제 10 | 156 |
| | 6. 좌표 측량(수준 측량) | | 문제 16 | 247 |
| | 7. 좌표 측량(수준 측량) | | 문제 6 | 222 |

## 2008년 7월 5일 측량 및 지형공간정보 내업 과년도 출제 문제

| | 과 목 | 배 점 | 문제 No. | 페이지(page) |
|---|---|---|---|---|
| 기 사 | 1. 좌표 측량(트래버스 측량) | 10 | 문제 7 | 44 |
| | 2. 좌표 측량(삼각 측량) | 10 | 문제 12 | 162 |
| | 3. 좌표 측량(수준 측량) | 10 | 문제 5 | 221 |
| | 4. 오차론(오차의 전파) | 5 | 문제 13 | 495 |
| | 5. 응용 측량(노선 측량) | 5 | 문제 22 | 385 |
| | 6. 지리 정보 시스템 | 6 | 문제 7 | 628 |

# 2008년 11월 2일 측량 및 지형공간정보 내업 과년도 출제 문제

| | 과 목 | 배 점 | 문제 No. | 페이지(page) |
|---|---|---|---|---|
| 기사 | 1. 좌표 측량(트래버스 측량) | 10 | 문제 5 | 65 |
| | 2. 좌표 측량(삼각 측량) | 10 | 예제 4 | 130 |
| | 3. 응용 측량(노선 측량) | 10 | 문제 24 | 389 |
| | 4. 오차론(최소 제곱법) | 10 | 문제 10 | 547 |
| | 5. 응용 측량(사진 측량) | 9 | 문제 17 | 407 |

| | 과 목 | 배 점 | 문제 No. | 페이지(page) |
|---|---|---|---|---|
| 산업기사 | 1. 좌표 측량(트래버스 측량) | 12 | 문제 4 | 30 |
| | 2. 좌표 측량(삼각 측량) | 10 | 예제 4 | 130 |
| | 3. 응용 측량(노선 측량) | 10 | 문제 6 | 363 |
| | 4. 좌표 측량(수준 측량) | 6 | 문제 13 | 244 |
| | 5. 응용 측량(노선 측량) | 10 | 문제 20 | 382 |
| | 6. 응용 측량(사진 측량) | 7 | 문제 26 | 410 |

경기도 파주시 교하읍 문발리 출판문화정보산업단지 536-3　TEL:031)955-0511　FAX:031)955-0510

## 핵심시리즈 ① 토질 및 기초

박영태 지음/4·6배판/440p/정가 13,000원

본서는 단순공식에 의존하거나 지나친 고정관념적인 학습방법을 탈피하고, 보다 근본적인 이해 및 적용 능력의 함양을 중요시하여 단답형 암기보다는 논리의 이해를 높이기 위한 방식으로 구성되었다. 또한 본서는 출제경향을 알고 싶어하는 독자, 단기간에 시험과목 전반을 복습하고 싶어하는 독자, 시험을 대비해 최종으로 마무리하고 싶어하는 독자들을 염두에 두고 독자들 각자의 목적에 따라 수월하게 읽으면서 문제의 중복을 피하고 상세한 해설을 통해 논리의 반복적 사고를 할 수 있도록 집필한 것이 특징이다.

## 핵심시리즈 ② 수리수문학

박영태·김만식 지음/4·6배판/416p/정가 13,000원

본서는 단순공식에 의존하거나 지나친 고정관념적인 학습방법을 탈피하고, 보다 근본적인 이해 및 적용 능력의 함양을 중요시하여 단답형 암기보다는 논리의 이해를 높이기 위한 방식으로 구성되었다. 또한 본서는 출제경향을 알고 싶어하는 독자, 단기간에 시험과목 전반을 복습하고 싶어하는 독자, 시험을 대비해 최종으로 마무리하고 싶어하는 독자들을 염두에 두고 독자들 각자의 목적에 따라 수월하게 읽으면서 문제의 중복을 피하고 상세한 해설을 통해 논리의 반복적 사고를 할 수 있도록 집필한 것이 특징이다.

## 핵심시리즈 ③ 측량학

송낙원·송용희 지음/4·6배판/408p/정가 13,000원

본서는 단순공식에 의존하거나 지나친 고정관념적인 학습방법을 탈피하고, 보다 근본적인 이해 및 적용 능력의 함양을 중요시하여 단답형 암기보다는 논리의 이해를 높이기 위한 방식으로 구성되었다. 또한 본서는 출제경향을 알고 싶어하는 독자, 단기간에 시험과목 전반을 복습하고 싶어하는 독자, 시험을 대비해 최종으로 마무리하고 싶어하는 독자들을 염두에 두고 독자들 각자의 목적에 따라 수월하게 읽으면서 문제의 중복을 피하고 상세한 해설을 통해 논리의 반복적 사고를 할 수 있도록 집필한 것이 특징이다.

## 핵심시리즈 ④ 철근콘크리트 및 PSC강구조

박경현·고영주 지음/4·6배판/328p/정가 13,000원

본서는 단순공식에 의존하거나 지나친 고정관념적인 학습방법을 탈피하고, 보다 근본적인 이해 및 적용 능력의 함양을 중요시하여 단답형 암기보다는 논리의 이해를 높이기 위한 방식으로 구성되었다. 또한 본서는 출제경향을 알고 싶어하는 독자, 단기간에 시험과목 전반을 복습하고 싶어하는 독자, 시험을 대비해 최종으로 마무리하고 싶어하는 독자들을 염두에 두고 독자들 각자의 목적에 따라 수월하게 읽으면서 문제의 중복을 피하고 상세한 해설을 통해 논리의 반복적 사고를 할 수 있도록 집필한 것이 특징이다.

## 핵심시리즈 ⑤ 상하수도공학

김갑진·이상준 지음/4·6배판/368p/정가 13,000원

본서는 단순공식에 의존하거나 지나친 고정관념적인 학습방법을 탈피하고, 보다 근본적인 이해 및 적용 능력의 함양을 중요시하여 단답형 암기보다는 논리의 이해를 높이기 위한 방식으로 구성되었다. 또한 본서는 출제경향을 알고 싶어하는 독자, 단기간에 시험과목 전반을 복습하고 싶어하는 독자, 시험을 대비해 최종으로 마무리하고 싶어하는 독자들을 염두에 두고 독자들 각자의 목적에 따라 수월하게 읽으면서 문제의 중복을 피하고 상세한 해설을 통해 논리의 반복적 사고를 할 수 있도록 집필한 것이 특징이다.

## 핵심시리즈 ⑥ 응용역학

채수하 지음/4·6배판/424p/정가 13,000원

건설공학 분야에 종사하는 기술자 또는 이러한 분야를 공부하는 학생들이 그 내용을 보다 쉽고 명확하게 이해할 수 있도록 구성되었다. 각 단원의 앞부분에는 기본적인 원리와 사고를 바탕으로 기본개념을 간단하게 설명하였으며, 뒷부분에는 각 단원과 관련된 문제를 기출문제와 함께 수록하였다.

## 그림으로 해설한 토목시리즈 1 수리학

Masakazu Kunizawa 외 2인 지음/Etoki Suirigaku 監修/안원식 監役/최우식 譯/4·6배판/226p/정가 15,000원

수리학은 긴 세월에 걸쳐 실질적인 경험의 축적 위에, 17세기 이후 수학의 발전, 뉴턴(Newton)의 운동법칙의 발견 등에 의해 이론적으로 해석되어 발전해 왔다. 이 책은 이와 같은 수리학의 발전을 토대로 수리학의 기본적인 개념 및 이론에 대해 알기 쉽게 설명하였다. 또한 수리학의 입문서로서, 초보자들이 흥미와 관심을 갖고 학습할 수 있도록 각 페이지마다 정성을 기울여 집필하였다.

## 초보자를 위한 토목 CAD

배창렬·이승원·조신호 지음/국배판/648p/정가 23,000원

이 책은 CAD를 처음 접하는 이들을 위해 기획 및 집필된 것이긴 하지만, 각종 국가기술자격시험을 준비하는 수험생들과 대학에서 공부하는 학생 그리고 토목 실무에 종사하는 모든 이들에게도 훌륭한 기초 자료라 생각한다. 예제의 선정과 그 해설의 체계적인 전개를 위해 많은 노력을 기울였다.

※본사의 사정에 따라 정가가 변동될 수 있습니다.

# 측량 및 지형공간정보 기사 · 산업기사 실기

2010. 1. 5 초판 1쇄 인쇄
2010. 1. 12 초판 1쇄 발행

지은이 | 김용인 · 조준호
펴낸이 | 이종춘
기획 | 황철규
진행 | 이용화
교정·교열 | 이태원 · 김태영
편집 | 박혜진 · 홍신
표지 | 변재은
제작 | 구본철
펴낸곳 | BM 성안당
주소 | 경기도 파주시 교하읍 문발리 출판문화정보산업단지 536-3
전화 | 031) 955-0511
팩스 | 031) 955-0510
등록 | 1973.2.1 제13-12호
독자 상담 서비스 | 080-544-0511
출판사 홈페이지 | www.cyber.co.kr

ISBN | 978-89-315-6647-5 (93530)
정가 | 30,000원

이 책의 어느 부분도 저작권자나 BM 성안당 발행인의 승인 문서 없이 일부 또는 전부를 사진 복사나 디스크 복사 및 기타 정보 재생 시스템을 비롯하여 현재 알려지거나 향후 발명될 어떤 전기적, 기계적 또는 다른 수단을 통해 복사하거나 재생하거나 이용할 수 없음.

※ 잘못된 책은 바꾸어 드립니다.